伝わるビジュアルをつくる考え方と技術のすべて

PowerPoint Design Book

パワーポイント・デザインブック

Wimdac Studio
山内俊幸

技術評論社

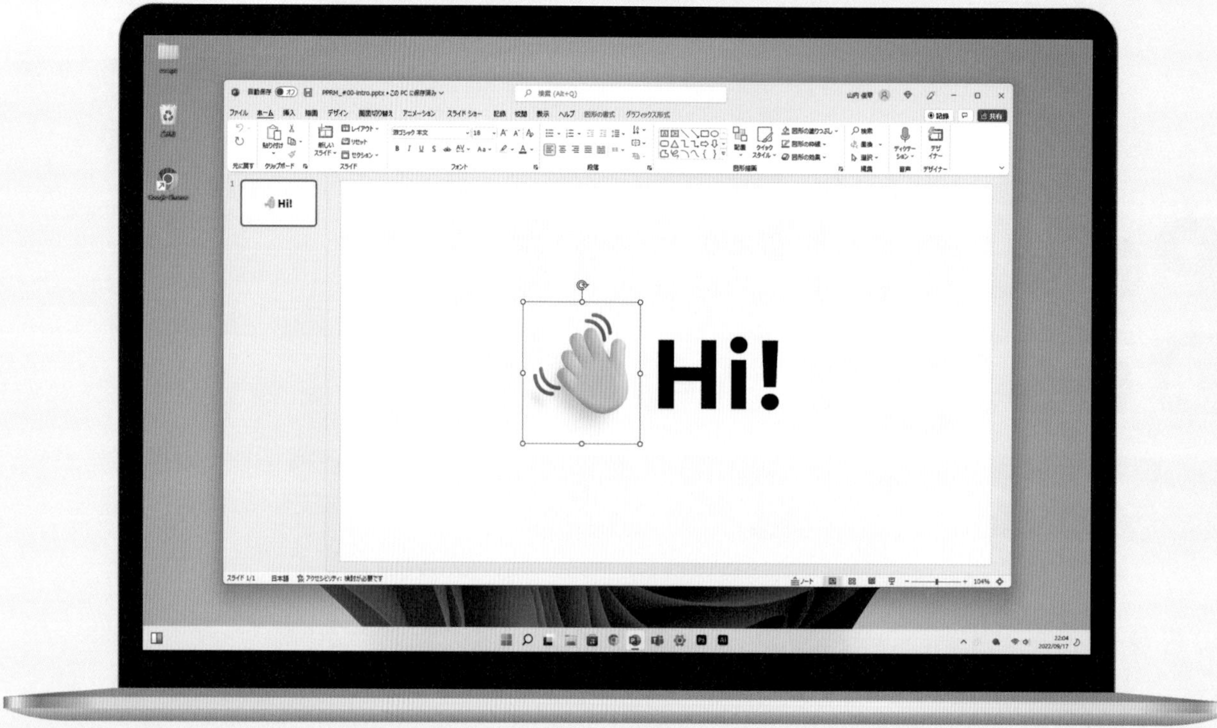
Hi!

ようこそ、デザインの世界へ。

ここが、「伝わるビジュアル」づくりのスタートライン
まずはPowerPointでつくれるようになろう

「伝える」ことが重要な世界だからこそ、「伝わる」ものを生み出すデザインの力を身につけよう

私たちが暮らすこの世界は、年々「伝える」ことがより大切になってきています。日常の会話から、企画のプレゼン、研究発表、教育、商品の宣伝、SNSでのやりとりまで……一人ひとりの考えや専門性を尊重し、仲間と共に新しいものを生み出し、その良さを皆でシェアする時代だからこそ、自分の考えを相手に伝え、情報や理解を共有することが、かつてなく重要になってきているのです。

しかし、いざ「伝えよう」とすると、これがなかなか難しい。特に昨今はビジュアルで伝えることが重要視されるものの、本来はデザイナーの領域。今の自分には難しい、でも"伝わるもの"はつくれるようになりたい、あわよくば魅力的なデザインができるように……と、本書を開いているのではないでしょうか（ありがとうございます！）。

なりましょう。デザインできるように。プロ用ソフトも、美的センスも要りません。道具はPowerPointだけで十分。必要なのは、あなたの「伝えたい気持ち」と「考える力」だけ。本書が、「伝える」ことを「伝わる」ものに生まれ変わらせるデザインの考え方と技術であなたを支えます。

ここが、「伝わるビジュアル」づくりのスタートライン。デザインの力で実現するべく、その門を叩きましょう！

本書で目指すこと

自分で考えて実践するための
デザイン力の基礎づくり

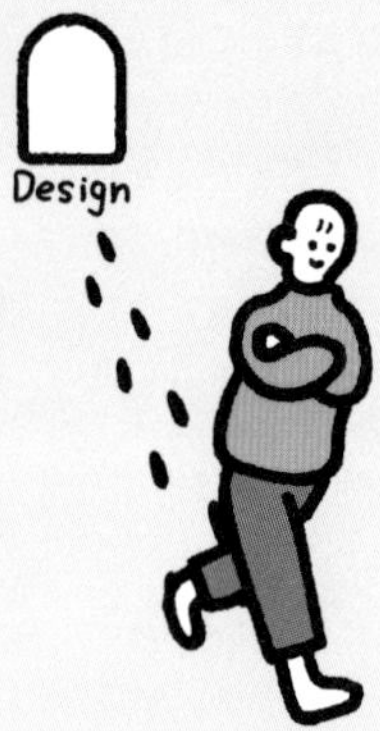

これから必要なデザイン力は、
“キレイ”なビジュアルをつくるスキル、だけではない

本書が案内するデザインの世界は、世間一般でよく語られる“デザイン”より少し広い範囲で捉えてみます。いわゆる“キレイなビジュアル”づくりだけにフォーカスせず、より確実に「伝える」ために「何が、なぜ必要なのか」から考えていきたいのです。それは、デザインの本質的な一面に触れられるだけでなく、なにより、これから習得するあなたにとって本当に必要なことだからです。

PowerPointに限らず、気軽にビジュアルをつくれるツールはどんどん増えています。遠くない未来には、AIを活用することで簡単に魅力的なビジュアルを制作できるツール、なんてものも充実しているでしょう。

つまり、“キレイなビジュアル”をつくるだけなら本当に誰でもできる時代は遠くなく、そのときに真価が問われるのは「本当に良いもの」がなにかを判断し、テーマから技法まで全てをコントロールできる基礎的な実力なのです。

だからこそ、本書ではビジュアルをつくる技術だけではなく、その考え方から巡っていきます。自分の実力として、確実に「デザインできる力」の習得を目指しましょう！

ただし、実践に勝る実力はありません。本書を読んで満足せず、ひたすら手を動かし試行錯誤してみてくださいね。

本書のスタンスと、向いている人

“実力”をつけたい人向けに、「考え方と技術」に集中します

あらゆる場面に応用できる力をつけるため、デザインの「考え方と技術」を客観的に深めていきます

伝えることも、ビジュアルデザインも、どちらも「人」が受け取り解釈するもの。つまり、相手の感覚と感性に大きく左右されてしまいます。

ゆえに、どちらも「答え」はありません。人間の認識の曖昧さ、身体的な多様性、社会情勢と価値観、年齢など、個々の違いや時代によって、最適解すら大きく変わります。私たちにできるのは、その複雑さにひとつずつ向き合い、その時々のベストを見いだすことだけです。

そのため、本書では「〜すべき」「〜した方がいい」といった断定的な答えも、「オススメの〜」といった筆者の主観に依存してしまう紹介も、なるべく避けています。このような紹介は、一つの「答え」になってしまうからです。

あなたにはぜひ、ひたすら考えてほしいのです。仕事で、学業で、遊びで、忙しいことは知っています。でも、その時間の1%だけでもいいから、考える時間に充ててほしいのです。良いものを生み出そうと考えた時間の積み重ねが、知識と経験につながり、将来的な質と時短につながるはず。

本書は、考えるための材料と判断基準、実践のための技術に特化して、徹底的に紹介しています。身の周りにあふれている“作例”と共に、新たな一歩を踏み出しましょう！

本書で目指すこと

本書の構成と目次

デザインの世界をまんべんなく巡っていくため、「下ごしらえ（準備）」と7つの「ビジュアルを構成する要素」を、デザインのプロセスになぞらえた「3つのステップ」に分けて紹介しています。一つずつ、理解を深めていきましょう！

「下ごしらえ」と「7つのビジュアル要素」を、デザインのプロセスになぞらえた「3つのステップ」で構成しています。

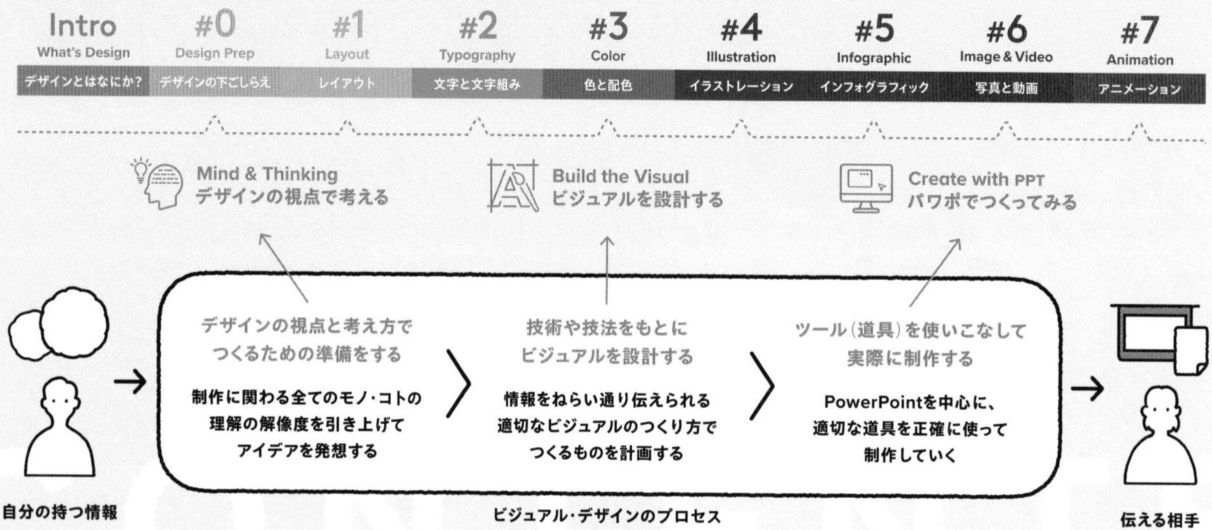

Introduction

デザインとはなにか?

WHAT'S DESIGN?

※目次では「PowerPoint」を略して「PPT」と表記しています

Designing #0

デザインの下ごしらえ

DESIGN PREP

Designing #1

レイアウト

デザインの視点で考える

ビジュアルを設計する

パワポでつくってみる

LAYOUT

Designing #2

文字と文字組み

デザインの視点で考える

ビジュアルを設計する

パワポでつくってみる

TYPOGRAPHY

Designing #3
色と配色

Designing #4
イラストレーション

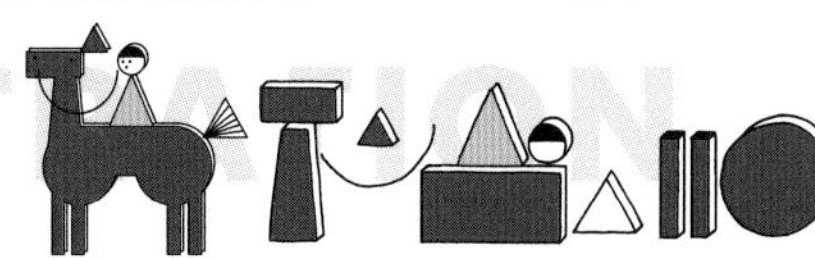

Designing #5

インフォグラフィック

デザインの視点で考える

ビジュアルを設計する

パワポでつくってみる

Designing #6

写真と動画

デザインの視点で考える

ビジュアルを設計する

パワポでつくってみる

Designing #7

アニメーション

デザインの視点で考える

ビジュアルを設計する

パワポでつくってみる

ANIMATION

免責

本書に記載された内容は、情報の提供のみを目的としています。したがって、本書を用いた運用は、必ずお客様自身の責任と判断によっておこなってください。これらの情報の運用の結果について、技術評論社および著者はいかなる責任も負いません。

本書記載の情報は、2022年9月現在のものを掲載しており、ご利用時には変更されている可能性があります。OSやソフトウェアはバージョンアップされる場合があり、本書内の説明とは機能内容や画面図などが異なってしまうこともあり得ます。

以上の注意事項をご承諾いただいた上で、本書をご利用願います。これらの注意事項をお読みいただかずに、お問い合わせいただいても、技術評論社および著者は対処しかねます。あらかじめ、ご承知おきください。

商標、登録商標について

本文中に記載されている製品名、会社名は、すべて関係各社の商標または登録商標です。なお、本文中に™マーク、®マークは明記しておりません。

各パートとページの構成

本書の使い方

本書は、PCに向かって作業をしているときに、省スペースでも開いて使いやすくつくっています。1トピックを見開きで完結しつつ、本を開いたままにしやすい製本を採用。「3つのステップ」を見分けやすいレイアウトと、各解説のタイトルや番号の位置も固定することで、本としての情報の探しやすさ（索引性）を引き出しています。ぜひ、活用してくださいね！

Mind & Thinking
デザインの視点で考える

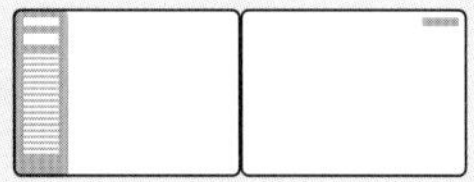

説明文の背景がテーマカラーの帯なら、
「デザインの視点で考える」ステップ

章や項目番号、内容を固定したので、
目次からすぐに参照できます

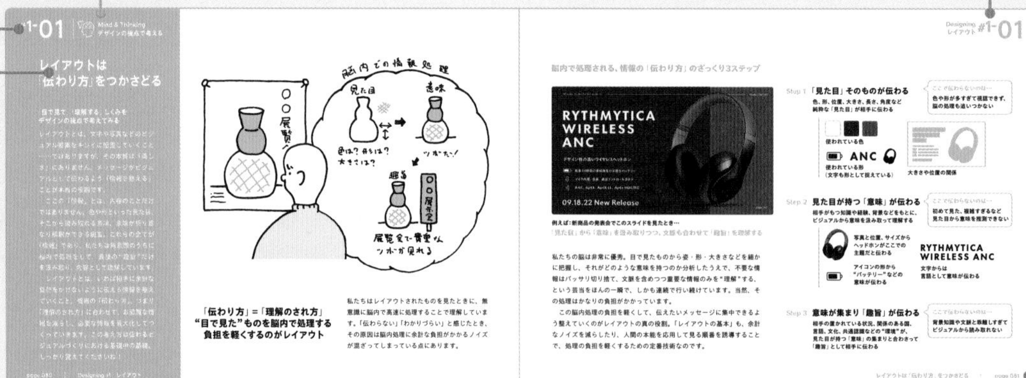

3つのステップ、番号、タイトルを全ページで固定し、
パラパラとめくっても簡単に情報を探しやすくしています

本を開いたままにしやすい製本を採用し、
PC作業中に省スペースで参照しやすくしています

Build the Visual
ビジュアルを設計する

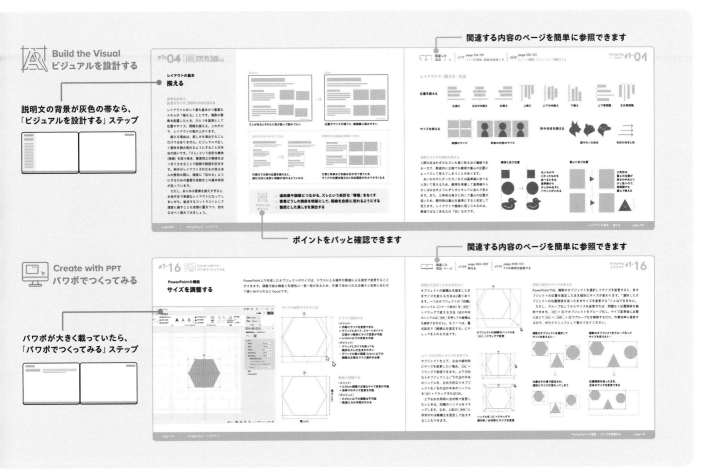

説明文の背景が灰色の帯なら、
「ビジュアルを設計する」ステップ

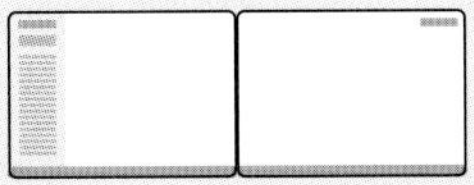

関連する内容のページを簡単に参照できます

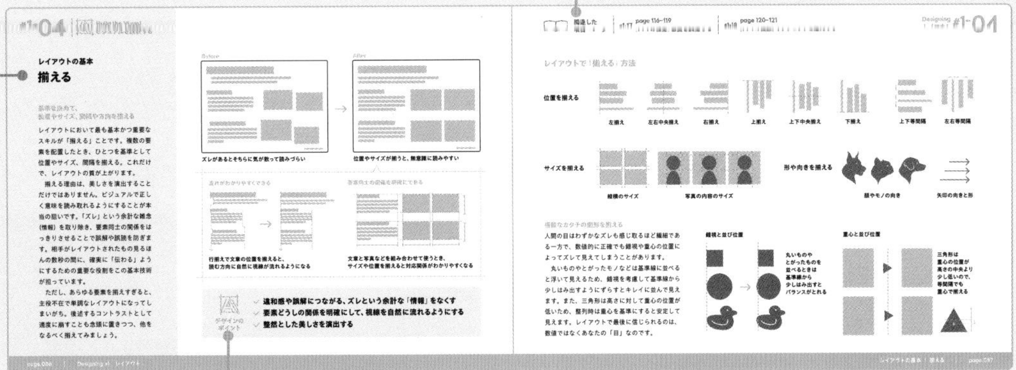

ポイントをパッと確認できます

関連する内容のページを簡単に参照できます

Create with PPT
パワポでつくってみる

パワポが大きく載っていたら、
「パワポでつくってみる」ステップ

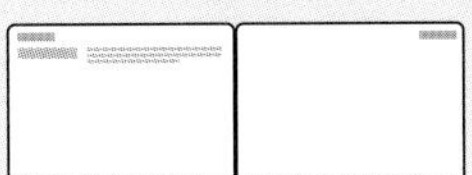

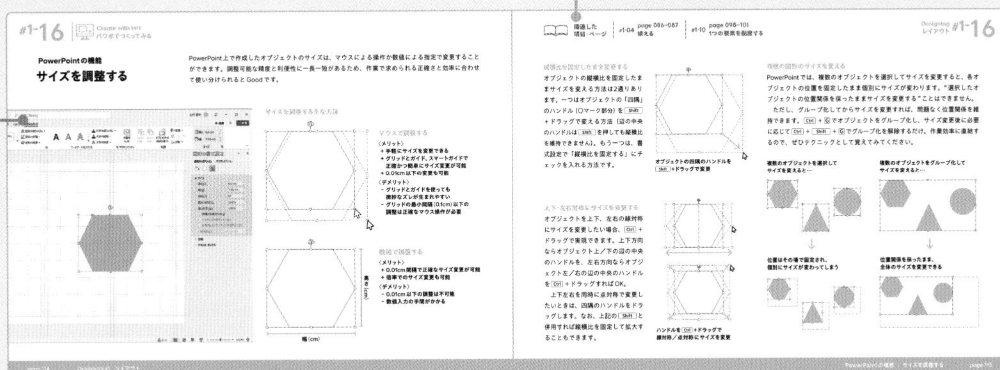

本書の前提

PowerPointのバージョン

PowerPointは、購入できるバージョンがいくつかに分かれています（2022年9月現在）。本書は、Microsoftが提供する「Microsoft 365」というサブスクリプション版のPowerPointを前提に機能を紹介します。

本書が前提とする環境

Windows 11
＋
Microsoft 365版 PowerPoint

最新のPowerPointのバージョン（2022年9月現在）

Microsoft 365

サブスクリプション（月額・年額更新）

- ✓ 最新機能を含めた全機能を利用可能
- ✓ macOSやスマホ版を含めた複数のデバイスにインストール可能（2022年9月では5台）
- ✓ 豊富なストック素材を利用可能
- ✓ OneDriveのストレージ付き（スマホ版との連携やWeb版の使用に便利）

Office 2021

買い切り（永続版）

- ✓ 2021年発売時の機能で据え置き
- ✓ 2台のデバイスにインストール可能 macOS版も含むが、スマホ版はNG（2022年9月現在）
- ✓ 一部のストック素材を利用可能
- ✓ 対応OSは過去3バージョンのみ（Windows OSは「10」以降のみ）

PowerPoint以外の機能も含めて、「Microsoft 365」版がオススメ

Office 2019、2016、2013、2010などの古いバージョンは、
機能不足や世代間でのレイアウトの崩れにつながるため推奨しません。

macOS版など、Windows版以外を使う場合は、レイアウトの崩れに注意！

一部機能が制限（または変更）されているほか、対応するフォントの種類などが原因でレイアウトがズレる、フォントが反映されないなどの意図しない崩れが発生することがあります。

PowerPointのバージョンと違い

PowerPointは、Windows OSとmacOSに向けて、サブスクリプション形式と買い切り形式の2バージョンを展開しています。また、スマホやタブレット（iOS、Android）向けと、Web向けにも展開されています。

全てMicrosoftが開発・提供しているものであり、使い勝手（ユーザーインターフェース）や機能も、基本的なものは全プラットフォーム向けで共通しています。

しかし、各プラットフォームに合わせて一部機能が制限されている（または変更されている）ことがあります。特に対応するフォントの種類に違いが大きく、バージョンをまたいでファイルをやり取りするとレイアウトが大きく崩れてしまうことがあります。

そのため、PowerPointを使う場合、基本的に「Microsoft 365（サブスクリプション）」版を「Windows OS」で使用することを推奨します。macOS版など他バージョンを使う場合は、レイアウトやフォントの崩れが起きていないか注意しましょう。

Introduction

WHAT'
DESIG

デザインとはなにか?

S

N ?

このごろ、私たちの身のまわりで自然に使われる言葉となった「デザイン」。
様々な場面で見かけたり、聞いたり、使ったりしたことがあるのではないでしょうか。「スマホのデザイン」「プレゼンのデザイン」などの意匠やビジュアル、「服のデザイン」などの装飾、「座りやすい椅子のデザイン」などの機能性……果ては「ビジネスデザイン」「デザイン経営」などの組織づくりやシステムまで、ありとあらゆる物事に、いろんな意味が込められて「デザイン」の言葉が使われています。ゆえに、プロのデザイナーたちに「デザインとはなにか」と聞いても、その返答は千差万別。明確な“答え”は返ってきません。しかし、これから学ぶ身としては〈「デザイン」とはなにか〉指標がほしいところ。そこで、はじまりとして本書での捉え方を紹介しつつ、デザインの世界へと飛び立つことにしましょう！

Q ギモン 「デザイン」ってなんだ？

“キレイ”なものをつくることが「デザイン」ではない？

チラシやプレゼン、製品から経営まで、様々な場面で使われる「デザイン」。
世間では、主に“見栄えの良いものをつくること”と思われることが多いものの、
見栄えだけで“伝わらない”ものでは意味がなく、良いデザインとも言えません。
一体、何をすることが本当の「デザイン」なのでしょうか？

A 考え方

本書での「デザイン」の定義

デザインとは……「より良いもの」を生み出そうとする営み

相手にとって最良のものを届けるため「より」「良い」ものを生み出そうと工夫する、その営みそのものが“デザイン”

自分から“モノ・コト”を誰かへ届けるとき、少しでも良くしようと創意工夫を重ねるはず。分析を重ね、計画し、技術を駆使して魅力的に仕上げ、相手に心から「良い」と感じてもらう。“設計”とも訳される「デザイン」の真髄はこの“工夫の仕方”にあります。届ける相手が「良い」と考えるものと、無意識に「より」求めている価値を理解し、内容の構造から見栄えまで全てを“設計”する。その手法がデザインです。ここでは、基礎として「より正確・魅力的に伝わる」ビジュアルの“設計方法”＝デザインを一緒に考えます。

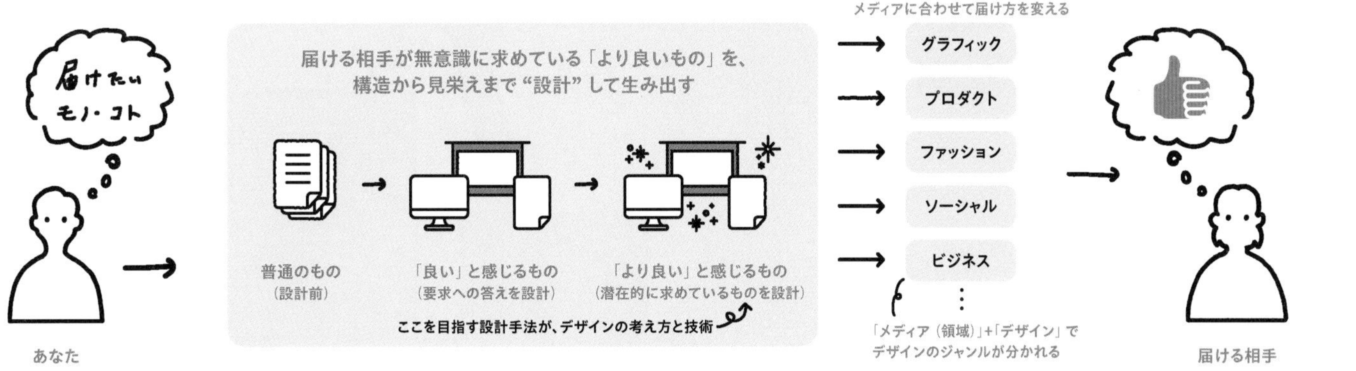

Q ギモン どうすれば「デザイン」できるようになる?

「より良いもの」を生み出すため、どんなステップを辿ればいい?

相手に「より良いもの」を届けよう!と意気込んでいても、無計画に工夫しては意味がありません。レシピのない料理が失敗しがちなように、デザインにもより確実に「より良いもの」を生み出すための基本的なステップがあります。
まずは、ステップの全体像から確かめてみましょう。

A 考え方

「より良いもの」を計画的に生み出すために……

「観察・分析」「計画・設計」「制作」の3ステップが基本

デザインの視点で考える

ビジュアルを設計する

パワポでつくってみる

関わる物事を観察・分析してアイデアをあたため、相手に届ける方法を具体的に計画し、ツールを使って実際に制作する

デザインは、料理と同じ。味の好みや材料の善し悪しを理解して、つくりたい料理のレシピを学び、丹精を込めて実際につくる。デザインも、届ける相手が「良い」と感じる部分を観察・分析して理解し、狙ってつくれるよう計画・設計し、ツールをつかって丹精込めてつくります。この3ステップを習得することが、デザインを身につける第一歩です。

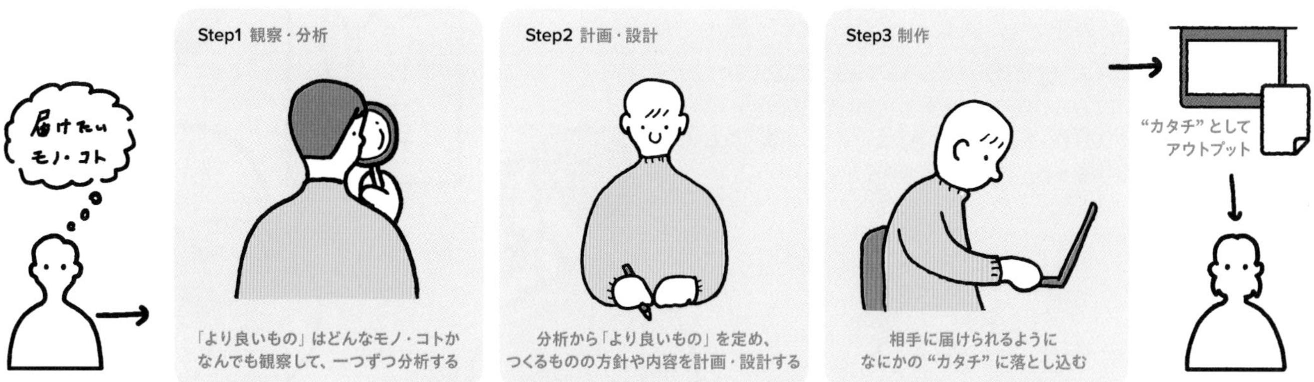
届けたいモノ・コト
Step1 観察・分析
「より良いもの」はどんなモノ・コトかなんでも観察して、一つずつ分析する
Step2 計画・設計
分析から「より良いもの」を定め、つくるものの方針や内容を計画・設計する
Step3 制作
相手に届けられるようになにかの“カタチ”に落とし込む
“カタチ”としてアウトプット

あなた　　届ける相手

3つのステップで、より確実に「より良いもの」=「伝わるビジュアル」をつくっていく

Q ギモン デザインの「より良い」は どうやって見つける？

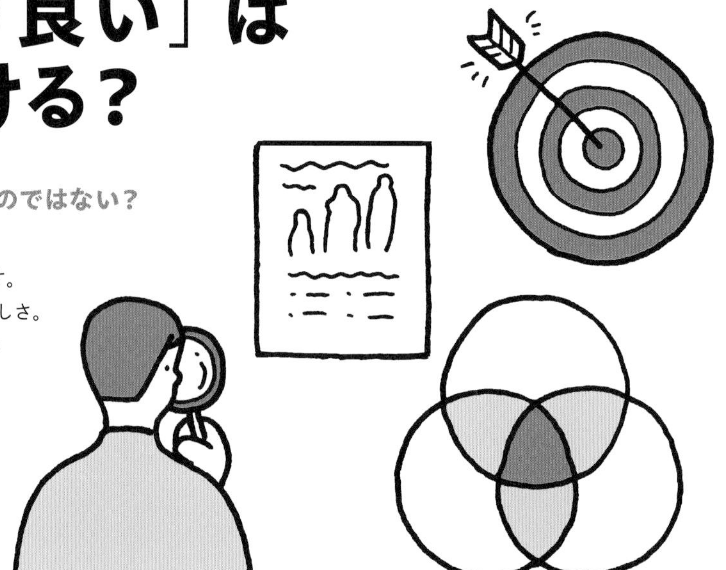

自分にとって最高な内容でも、人によっては「良い」ものではない？

最初にして最大の難関、それが「より良い」が何かを考えること。
自分が伝えたい内容やつくるものは、全て最高の一品に見えるはずです。
しかし、他の人にとっては必ずしも良いものに見えないのが、現実の難しさ。
届ける相手の「良い」を探るため、観察と分析で理解を深めましょう！

A 考え方

そもそも「より良いもの」とは何かを理解するために……
客観的な“視点”と、分析する“考え方”でさぐる

**自分の伝えたいメッセージを、
客観的で、深く、多角的な“視点”で観察し、
分析して理解を深め、アイデアを見つける**

人によって“おいしい”と感じる料理が異なるように、「より良いもの」は届ける相手によって異なります。しかし、好みや感じ方には傾向があり、それに自身の届けたいモノ・コトをマッチさせたらより魅力的に捉えてくれるはず。そのためにも、自分の届けたいもの、届ける相手、社会情勢、伝える環境、表現手法と技術など、あらゆる視点から多くの物事を注意深く観察し、見えた情報を分析して理解の解像度を高めておくことが重要です。

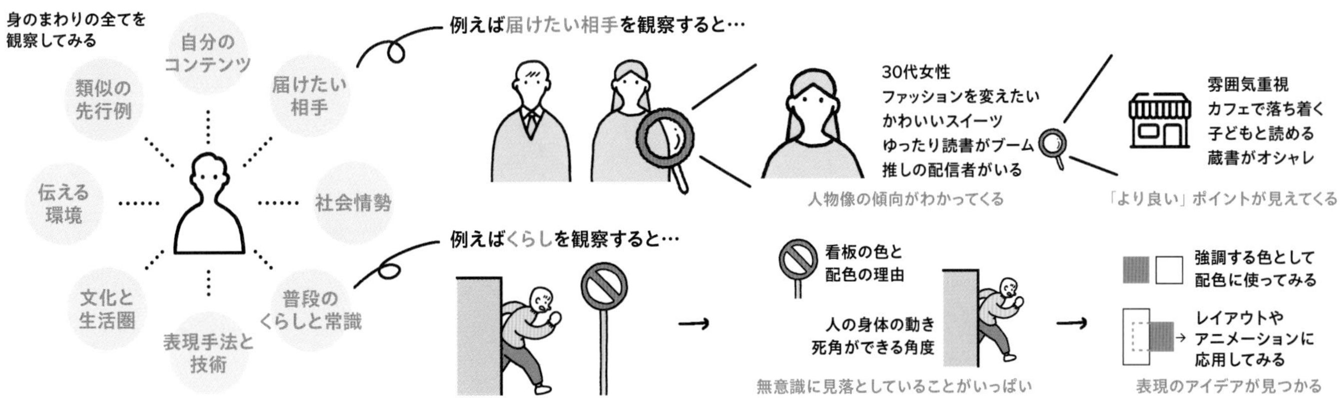

Q ギモン デザインで「どのように」より良いものをつくりだす?

分析した「より良い」を実現するには、どんな伝え方がベストだろう?

あらゆる視点から観察・分析していると、つくりたいものの理想像やアイデアがふんわりとイメージできてくるはず。しかし、イメージしているだけでは生み出せないため、それをどうやって形にするのか、どんな伝え方がベストなのか、多種多様な選択肢から決めないといけません。

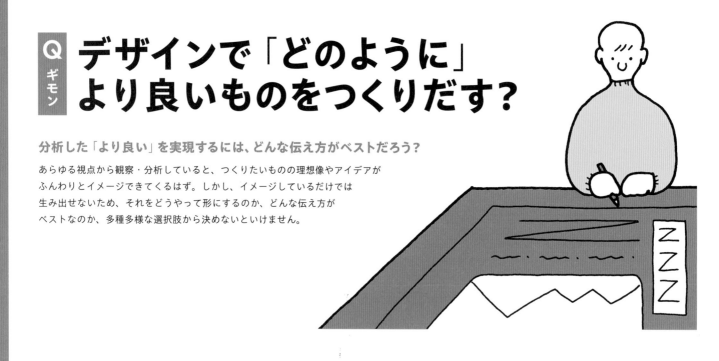

A 考え方

“視点”と“考え方”で見つけたアイデアをもとに……

情報を整理して、実現する手法を“設計”する

**発散したアイデアや情報を整理整頓しながら
ブレない軸になるコンセプトを考えて、
ストーリーや表現方法のプランを立てる**

アイデアがたくさん生まれることは素晴らしいこと。でもそのままでは収集がつきません。相手に届ける「良い」を定めつつ、どんなストーリーで、どんなビジュアルで、どんな媒体や道具をつかって、どんな効果を狙うのか、コンセプトを軸に理想のプランを立ててみましょう！　そこから、かけられる時間やコストに合わせて修正していけばOKです。

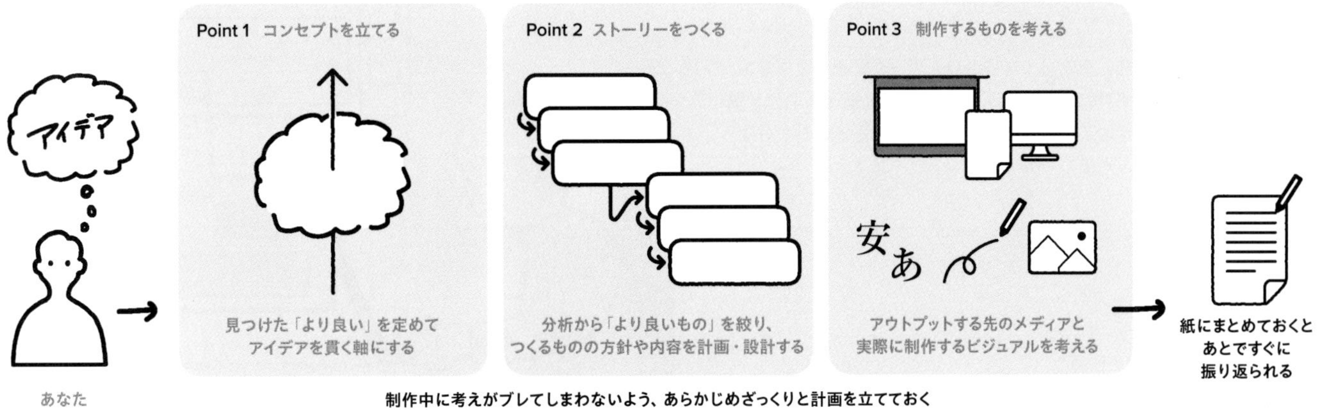

アイデア
あなた
Point 1 コンセプトを立てる
見つけた「より良い」を定めて
アイデアを貫く軸にする
Point 2 ストーリーをつくる
分析から「より良いもの」を絞り、
つくるものの方針や内容を計画・設計する
Point 3 制作するものを考える
安
あ
アウトプットする先のメディアと
実際に制作するビジュアルを考える
紙にまとめておくと
あとですぐに
振り返られる

制作中に考えがブレてしまわないよう、あらかじめざっくりと計画を立てておく

Q ギモン

デザインを「なにを使って」つくる?

制作プランを実現させるには、どんなツールが必要?

プランまで立てられたら、あとはつくるだけ。狙った仕上がりを達成できるなら、どんなツールを使っても問題ありません。しかし、Adobe製品に代表されるプロ向けツールや専門性の高いツールは、コスト面でも学習面でも使うのが難しい……代わりとなるツールがほしいところです。

汎用性と編集能力、シェア率から総合的に優秀な……

万能ツールの「PowerPoint」でつくってみる

A 考え方

ビジュアルを制作するための機能が揃い スライド、印刷物、動画までつくれるだけでなく、“みんな持っている”ツールがPowerPoint

実際に制作していくにあたり、機能が充実していて、出力方法も多様、みんな持っているからデータの共有も簡単なツールがあります。そう、PowerPointです。実は、PowerPointはプロ向けにも通ずる機能を数多く備えた万能ツール。スライドに限らず、印刷物から動画まで、これ一つで何でもつくれます……が、ツールに頼りきりでは何もつくれません。思い描くものをつくれるよう、隅々まで機能を把握して使いこなしましょう！

機能の豊富さ、編集能力の高さ、
データ共有の簡単さ、出力方法の多様さなど、
総合的に優秀なソフトが「PowerPoint」

ただし……
扱い方が複雑で、テンプレの質もイマイチ
機能を把握して、使いこなせるのがベスト!

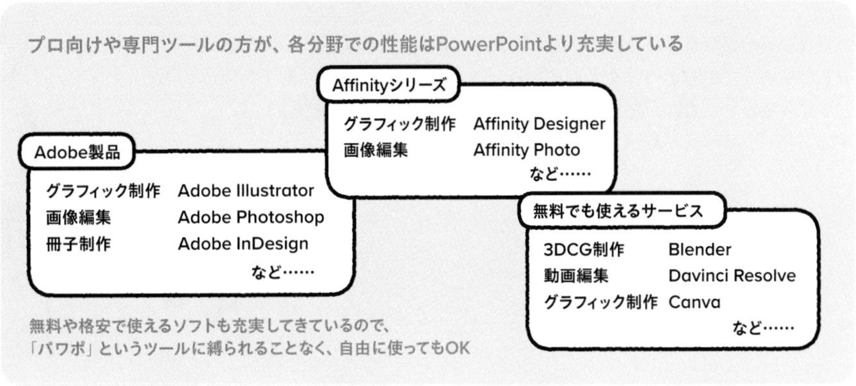

プロ向けや専門ツールの方が、各分野での性能はPowerPointより充実している
Adobe製品
グラフィック制作 Adobe Illustrator
画像編集 Adobe Photoshop
冊子制作 Adobe InDesign
など……
Affinityシリーズ
グラフィック制作 Affinity Designer
画像編集 Affinity Photo
など……
無料でも使えるサービス
3DCG制作 Blender
動画編集 Davinci Resolve
グラフィック制作 Canva
など……
無料や格安で使えるソフトも充実してきているので、
「パワポ」というツールに縛られることなく、自由に使ってもOK

Q ギモン そもそも何のためにデザインしてる?

頑張っているうちに、「つくる」ことが目的になっていませんか?

より良いものをつくるのは大変で、でもついつい夢中になってしまう作業。
少しでも喜んでもらおう、楽しんでもらおう、好きになってもらおう……
とつくり続けていると、だんだん目的が「つくる」ことに移りがち。
そのデザインは何のためか、ブレない軸を持っておきましょう。

A 考え方

途中で目的を見失わないために……

「なぜ」「誰のために」「なにを」「どうやって」を決めよう

**デザインは、必ず届ける「相手」がいるはず
途中でブレてしまわないように、
軸となる大黒柱をしっかり決めておこう**

目的を移ろわせてしまう誘惑は、デザインプロセスの全てに現れます。観察の視野が狭まったり、現実にいないような人をターゲットにしたり、ビジュアルが自分の好みに走りすぎていたり……これらの誘惑による迷い、“ブレ”が起きても軌道修正ができるように、「なぜ」「誰のために」「なにを」「どうやって」つくるかの大黒柱を定めておきましょう！

デザインの目的をブレさせない、4つの大黒柱

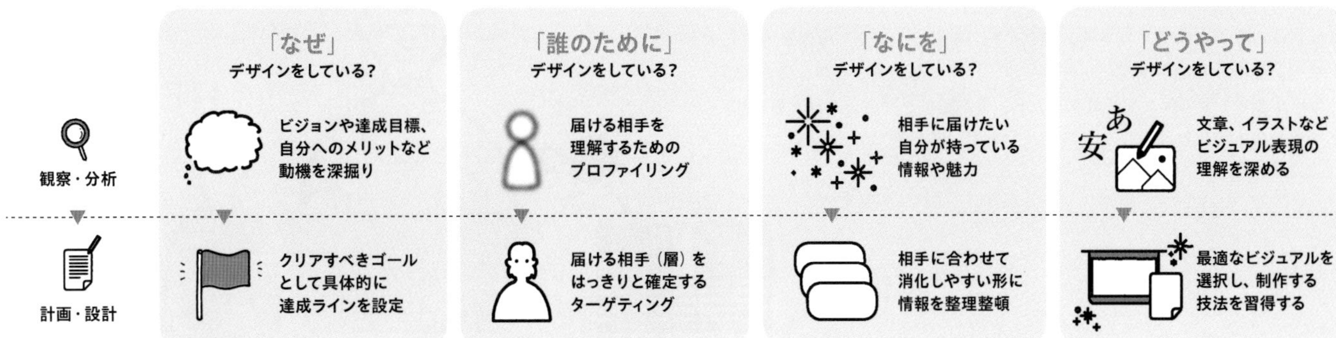

「なぜ」
デザインをしている？
「誰のために」
デザインをしている？
「なにを」
デザインをしている？
「どうやって」
デザインをしている？
観察・分析
ビジョンや達成目標、自分へのメリットなど動機を深掘り
届ける相手を理解するためのプロファイリング
相手に届けたい自分が持っている情報や魅力
あ
安
文章、イラストなどビジュアル表現の理解を深める
計画・設計
クリアすべきゴールとして具体的に達成ラインを設定
届ける相手（層）をはっきりと確定するターゲティング
相手に合わせて消化しやすい形に情報を整理整頓
最適なビジュアルを選択し、制作する技法を習得する

4つそれぞれで「観察・分析」「計画・設計」ができていると、個人でもチームでもブレない柱ができる

Q ギモン

デザインは本当に必要なのか?

無限に時間とお金をかけて「より良いもの」をつくれる状況ですか?

資料制作でも、ものづくりでも、魅力が120%伝わるように細部までこだわって
デザインしたいところですが、残念ながら、時間もお金も有限なのが現実。
こだわりすぎて別の何かを犠牲にしたり、優先順位を間違えたりする前に、
デザインから得られるメリットのラインを引いておきましょう。

A 考え方

本格的にデザインを始める前に……

頑張ったことに対するメリットの多さを考えよう

時間もお金も限られているなかで、得られるメリットに合う頑張りに抑えて「最高」を求めすぎない判断も重要

「より良い」ものを生み出すことを目指すデザインは、時間とお金を無限にかけるほど、仕上がりのクオリティが上がっていきます。しかし、現実では時間もお金も有限。特に仕事に関わるものの場合、コストを上回るメリットが求められます。細部に神は宿るものの、その細部を見てもらえるのか、作り込みとパフォーマンスのバランスの見極めも重要です。

コストに対する「良い」の上がり方のイメージ

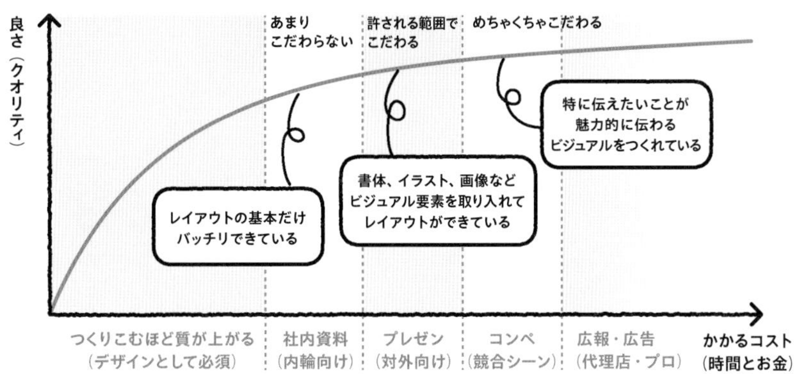

内輪向けにつくるもの〈コスト最小限〉 … **社内資料・プレゼン、ミーティング資料など**
フォローがすぐにできるため、読みやすいレイアウトになっていればOK

対外向けにつくるもの〈コストを多めに〉 … **社外資料・プレゼン、学会発表、イベント、チラシ配布などのコミュニケーション**
自分が実現できる範囲で、書体やイラスト、画像などを使いこなして魅力を伝えるレイアウトができていればOK

勝つためにつくるもの〈コスト最大限〉 … **広報、広告、コンペ、プロポーザルなど市場や競争相手に対し優位に立つシーン**
デザインの知識をもとにプロに発注（自分で頑張ると逆効果の可能性アリ）

自主制作としてつくる〈自分への投資〉 … **自分の作品、同人誌、SNSの画像など**
自分の限界を超えるためには、時間もお金もかけて練習を繰り返そう！

Q ギモン デザインはルールなのか？センスなのか？

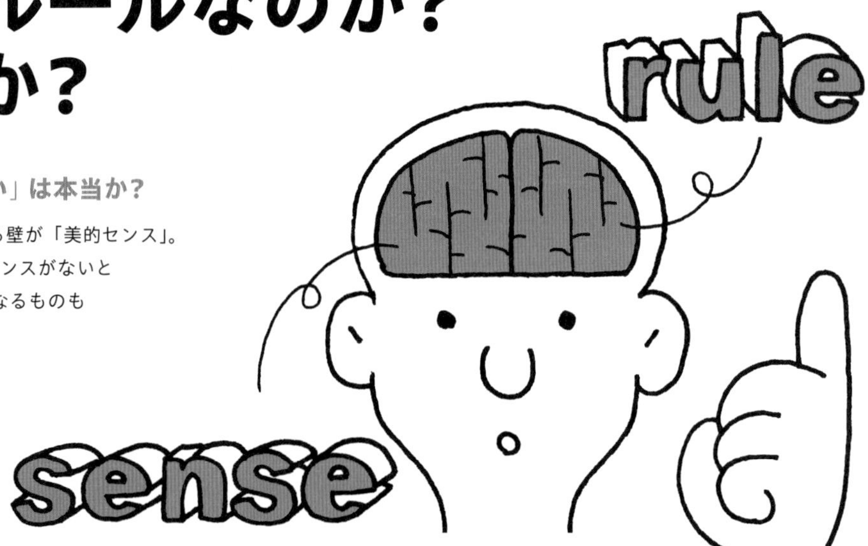

美的センスがないから「デザインできない」は本当か？

ビジュアルをつくるとき、ノンデザイナーがぶつかる壁が「美的センス」。世の中にデザイナーという仕事があるし、やっぱりセンスがないと難しいのでは……と悩む一方で、「デザインルール」なるものもよく見かけます。この差は一体何なんでしょうか？

A 考え方

料理に例えて考えてみると……

誰でもつくれる「レシピ」と、オリジナルな「味付け」

rule　　sense

誰でもロジカルにつくれる「レシピ」が基本で、もっとおいしく「味付け」するのがセンス どちらも努力で鍛えられる！

デザインは、やっぱり料理と同じ。誰でも（ある程度）おいしいものをつくれる基礎的な「レシピ」、つまりルールがしっかりとあります。一方で、一流の料理人や飲食店の料理は、レシピに独自の工夫がたくさん込められているからこそ、最高の「味付け」に仕上がっています。これがセンス。努力の積み重ねでセンスはかなり磨けますが、そのためには「レシピ＝基礎」の習得が必須。本書ではレシピの習得を目指していきます！

デザインルールは……
料理での「レシピ」

材料や素材を間違えずに用意して、
適切な加工方法を使いながら、
定式化された手順でつくっていくと、
ほぼ間違いなく「おいしいもの」ができあがる

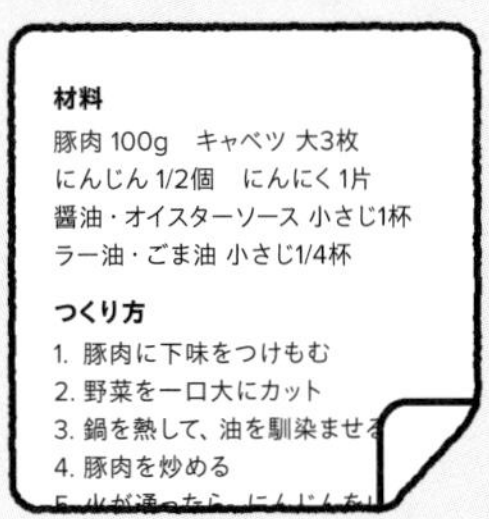

材料
豚肉 100g　キャベツ 大3枚
にんじん 1/2個　にんにく 1片
醤油・オイスターソース 小さじ1杯
ラー油・ごま油 小さじ1/4杯
つくり方
1. 豚肉に下味をつけもむ
2. 野菜を一口大にカット
3. 鍋を熱して、油を馴染ませ
4. 豚肉を炒める

誰でもつくれる「レシピ」の習得は基本中の基本

デザインセンスは……
料理での「味付け」

材料や素材の善し悪しを熟知していて、
高い技術の加工方法を使いこなし、
経験や知恵を活かした手順でつくることで、
「オリジナルなおいしさ」ができあがる

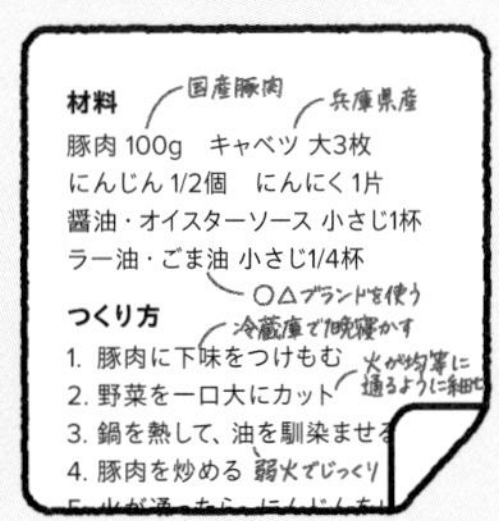

学びと練習、経験で、センスは磨ける！

ガンバ!

いまから デザインをはじめよう!

見た目を真似るだけではない、本当の「デザイン」に挑戦だ!

ここからは、本格的にデザインを習得する時間。基礎を押さえて、技術を理解していけば、自然と制作物のクオリティがアップしていくはずです。一気に進める必要もありません。自分のペースで、じっくりとデザインを自分の「ワザ」にしていきましょう!

ポイント

ビジュアル・コミュニケーション・デザインを身につけろ!

デザインの3ステップで、ビジュアルを理解し制作しよう

伝わるデザインを実現するために、ビジュアルを構成する7つの要素と準備を3ステップで深掘りしていきます

本書では、プレゼン、チラシ、ポスター、Webサイトなど制作するモノの種類を問わず、「ビジュアルで伝える」ためのデザインに注目して、基本的な“ルール”を紹介していきます。まずは「下ごしらえ」として準備をしてから、ビジュアルを構成する7つの要素を各章に分けて、それぞれで「観察・分析」「計画・設計」「パワポで制作」の3ステップに分解しながら、デザインのつくりかたを深掘りしていきます。

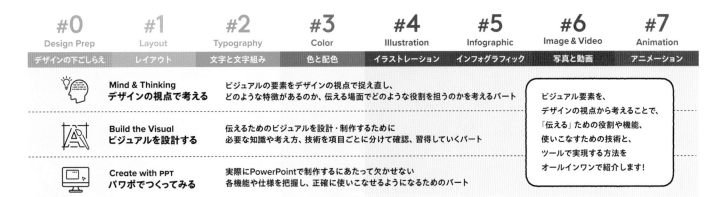

#0	#1	#2	#3	#4	#5	#6	#7
Design Prep	Layout	Typography	Color	Illustration	Infographic	Image & Video	Animation
デザインの下ごしらえ	レイアウト	文字と文字組み	色と配色	イラストレーション	インフォグラフィック	写真と動画	アニメーション

Mind & Thinking
デザインの視点で考える
ビジュアルの要素をデザインの視点で捉え直し、どのような特徴があるのか、伝える場面でどのような役割を担うのかを考えるパート

Build the Visual
ビジュアルを設計する
伝えるためのビジュアルを設計・制作するために必要な知識や考え方、技術を項目ごとに分けて確認、習得していくパート

Create with PPT
パワポでつくってみる
実際にPowerPointで制作するにあたって欠かせない各機能や仕様を把握し、正確に使いこなせるようになるためのパート

ビジュアル要素を、
デザインの視点から考えることで、
「伝える」ための役割や機能、
使いこなすための技術と、
ツールで実現する方法を
オールインワンで紹介します!

Designing #0

DESIG PREP

デザインの下ごしらえ

N

「さぁ、今からデザインをやるぞ！」と意気込む、その前に。まずは準備から取りかかりましょう。
イントロダクションで紹介したように、「より良いものをつくる」ためには、なぜ、誰のために、何を、どうやって、制作を進めていくのか。しっかりと自分の中に軸を持っておくことが重要です。また、実際にビジュアルをつくる「道具」であるPowerPointの基本的な扱い方がわかっていないと、良いものはつくれません。そこでまず、ここでは「下ごしらえ」に取り組みます。自分が伝えたいメッセージをきちんと整理整頓しつつ、ツールとしてPowerPointを扱えるようになるための基礎知識をしっかりマスターすることを目指します。ゆくゆくは自分が思い描いたデザインができるようになるために、考え方と道具を正確にコントロールできるようになるところからはじめていきましょう！

デザインで実現したいゴールを設定する

ねらい、目的、目標を設定することで、途中でブレない軸をつくろう

デザインとは、「より良いもの」を生み出す営み。つまり、自分にとっても相手にとっても何を達成できたら「より良い」ことになるのか、目指したいゴールが決まっていなければそもそも良いものはつくれません。せっかくの頑張りが無駄にならないよう、しっかりとゴール（＝実現したい理想）を定めておきましょう。

達成したいゴールの決め方は、“プロジェクトの企画立案”の手法として様々な考え方があります。自分に合うものを使えばOKですが、ここでは制作向けの手法を一つ紹介します。

それは、ねらい、目的、目標の3段階で考える方法。将来的に実現したい未来像を「ねらい」として、そのステップとして制作する「目的」を整理し、課題や条件、数値などの達成すべき「目標」を、細かく書き出す方法です。社会や自身の背景を踏まえつつ、整理してみましょう！

デザインを通して実現したい理想＝ゴールを決めて制作方針の軸にしよう

自分にとって何を達成できたら「より良い」ことになるのか。目指したいゴールをしっかりと決めておくことで、制作途中に考えが変わりつづけてブレブレに……とならない“軸”をしっかりと定めておきましょう！

〈ねらい〉〈目的〉〈目標〉の3ステップで、ゴールを決めてみる

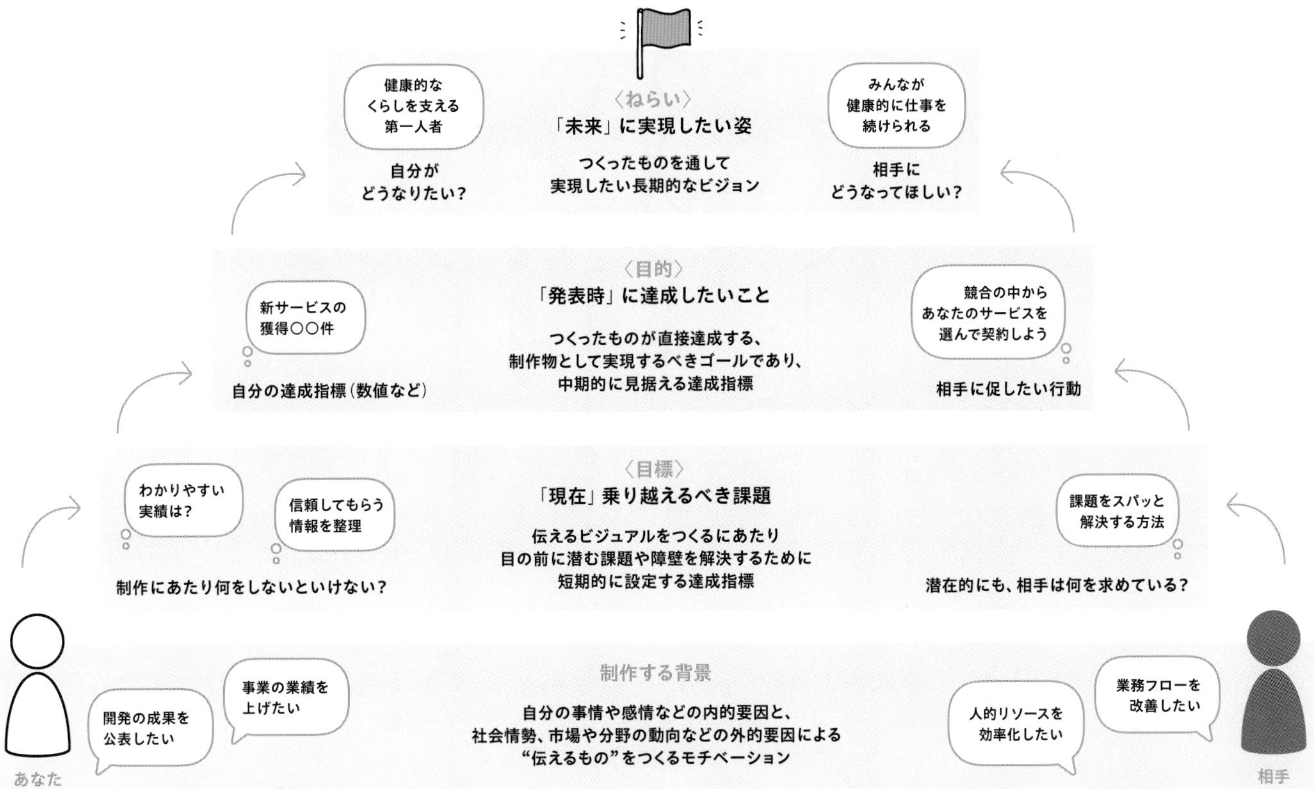
健康的な
くらしを支える
第一人者
〈ねらい〉
「未来」に実現したい姿
みんなが
健康的に仕事を
続けられる
自分が
どうなりたい?
つくったものを通して
実現したい長期的なビジョン
相手に
どうなってほしい?
〈目的〉
「発表時」に達成したいこと
新サービスの
獲得○○件
競合の中から
あなたのサービスを
選んで契約しよう
つくったものが直接達成する、
制作物として実現するべきゴールであり、
中期的に見据える達成指標
自分の達成指標(数値など)
相手に促したい行動
〈目標〉
「現在」乗り越えるべき課題
わかりやすい
実績は?
信頼してもらう
情報を整理
課題をスパッと
解決する方法
伝えるビジュアルをつくるにあたり
目の前に潜む課題や障壁を解決するために
短期的に設定する達成指標
制作にあたり何をしないといけない?
潜在的にも、相手は何を求めている?
制作する背景
事業の業績を
上げたい
開発の成果を
公表したい
自分の事情や感情などの内的要因と、
社会情勢、市場や分野の動向などの外的要因による
“伝えるもの”をつくるモチベーション
業務フローを
改善したい
人的リソースを
効率化したい
あなた
相手

デザインの“ターゲット”を決める

「誰のため」にデザインするのか、人物像を細かく調べて設定する

「伝える」ためのデザインでは、制作したものを届ける（見せる）相手が必ずいます。当然、相手によって好みは変わるはず。例えば、若い女性に届けたいのに、シックなビジュアルをつくっても、あまり心に響かないかもしれません。

私たちは、一人ひとり異なる人生を歩んでおり、価値観も、バックグラウンドも、求めているものも、みんな違います。そんな人たちに「より良い」と感じてもらうためには、つくり手の私たちがしっかりと届ける相手のことを理解しておく必要があります。

もちろん、他人を完全に理解するのは難しいこと。分析と想定を繰り返すことで、細かくターゲットを絞り込んでおくことが重要です。広報の手法としてプロファイリング、ターゲティングなどの手法が開発されているので、ここではシンプルに使える方法を練習してみましょう。

「誰のために」つくるのか、素性から背景まであらかじめ細かく想定しておく

一人ひとり異なる人生を歩んでいるからこそ、みんな違う価値観を持っています。その中から特に届けたい人物像を絞り込むためには、価値観や考え、バックグラウンドをなるべく具体的に想定しておくことが重要になります。

制作したものを届ける“ターゲット”を、細かく絞り込んでおこう

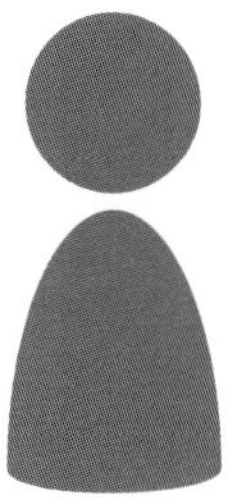

届ける相手

**つくったものを届ける相手は、
どういう人で、なにが好きで、
どういうことを考えている？**

ターゲットのことを理解するためのポイント

年齢	10代、20代、30代…… 年齢層によって、価値観は大幅に変わるうえ、 10代は小学生・中学生・高校生・大学生の間でも変わる
性別	男性・女性・ノンバイナリー 性への多様性を踏まえつつ、大局的に生じてくる 身体的、精神的な性別による傾向を把握する
家族構成	大家族、核家族、子どもの人数と年齢層、 父母・祖父母や親族など、必要に応じて想定
価値観・思想	個人が考える善し悪しや好き嫌いの価値観、 個人の主義主張や社会的な潮流への対応など どのような価値観や思想、好みがあるかを想定する
学歴・専門	理解に必要な専門知識の量や、 かみ砕き方、読解時間、求められる正確性など、 解説の質と量を、専門分野・専門性をもとに判断する
住んでいる地域・出身	地域や都道府県でも文化が異なるうえ、 都市型と田舎型でも生活の傾向が大きく変わる
職種と役職	就いている仕事によって専門性が変わるうえ、 役職によって決定権やニーズが変わることがある
趣味嗜好	プライベートや趣味が大事になってくる時代 多様な趣味のうち、どんな嗜好の人なのか、 響きやすいメッセージの方向性を左右する
収入（または予算）	例えば商品を売り込みたいとき、 価格帯によってブランドイメージが変わる 大衆車と高級車のイメージ戦略が異なるように 収入（価格）によっても価値観は変わる
生活パターン	朝型なのか、夜型なのか、 食生活、趣味に割く時間、睡眠時間の長さなど 生活そのもので価値観や好みが大きく変わる

つくるものや伝え方によって、
ターゲットを理解する方法や
絞り込み方が異なる

届ける相手が明確に決まっている場合
例：プレゼンやコンペなど

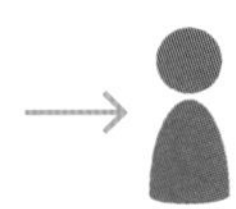

その人のことを調べ上げて最適なものを届ける
→プロファイリング

不特定多数の人を相手に届ける場合
例：チラシや広告、Webサイトなど

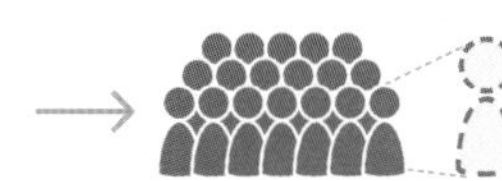

届けたい人を想定したうえで傾向や人物像を絞る
→ターゲティング、ペルソナ

“何を”デザインするか内容を整理する

自分が伝えたい内容の魅力を俯瞰し、伝えやすいように整理整頓する

“相手に伝える”ということは、その内容（コンテンツ）がしっかりとあるはず。それは自分にとって魅力的なものだからこそ、「漏れなく全部を伝えたい！」と熱い気持ちを持ってしまいがちです。

しかし、伝える相手からすると、「全てまでは望んでいない……」ということがほとんど。魅力を伝えきるためには、重要度で取捨選択しつつ、理解しやすいよう整理整頓することが大切です。

整理する流れは、「発散」→「俯瞰」→「整頓」の3ステップが基本。自分の伝えたいメッセージがどんな内容なのか、何が魅力なのかを全て書き出し、第三者の目線で俯瞰しながら特に魅力的な部分が何かを整理し、届ける相手が理解しやすいようにストーリー仕立てに整頓する。これができないと、いかに良いビジュアルでも意味がありません。しっかりと練り込んで組み立てててみましょう！

自分の伝えたい内容を全て書き出して、客観的に俯瞰し、理解しやすいストーリーに仕立てる

「相手に何かを伝える」ことは、言い換えると「詳しいあなた」から「何も知らない相手」に情報を提供すること。ゼロから咀嚼できるように、情報を取捨選択しつつ、整理整頓を繰り返して構造化し、伝える順番を仕立てることが重要です。

伝えたい内容と、理解のために必要な情報はどんなものがあるのか、全て書き出す

相手に何かを伝えるためには、まずは自分のことを振り返ることが大切です。最も伝えたいメッセージだけでなく、背景知識、理解に必要な情報、世間一般の理解や評価、信頼性を担保するデータなど、「あなたと同じ知識や考えを持つ人を増やす」ために必要な物事を、まずは全て書き出してみましょう。付せんに書き出す、ノートに殴り書きをする、マインドマップを使うなど、やり方は何でもOKです。

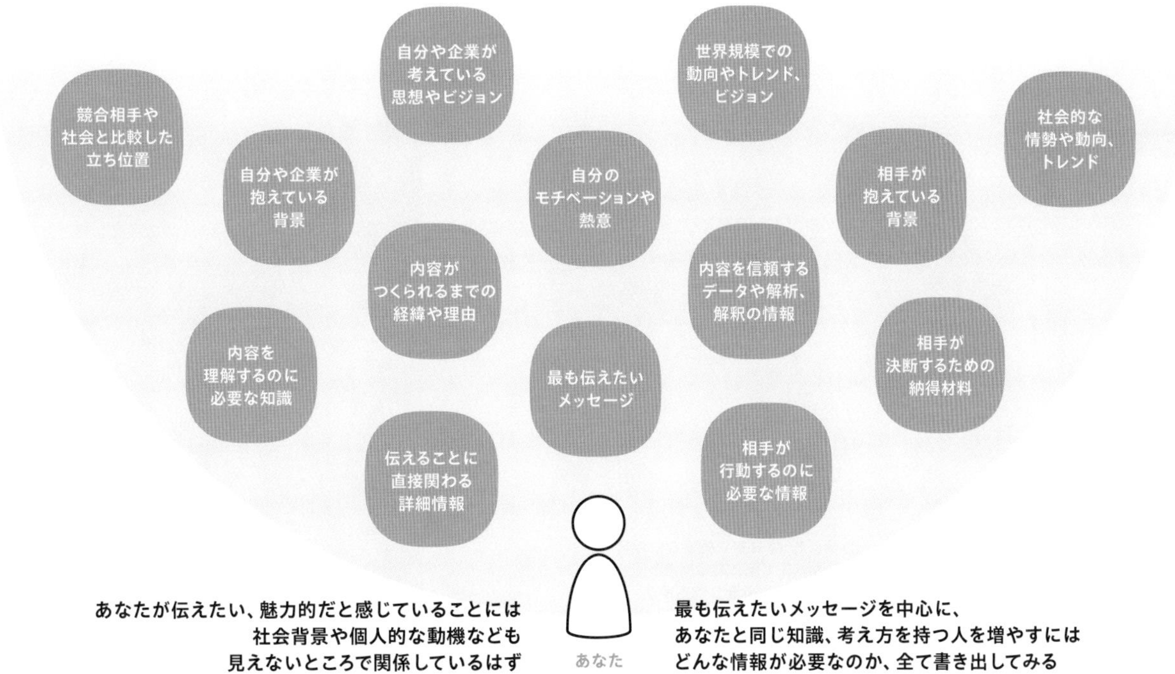

“何を”デザインするか内容を整理する

書き出した内容を俯瞰して、情報の構造や関係性を見いだし、特に重要なものをピックアップする

次に、頭を一旦まっさらにして、書き出したことを客観的に俯瞰してみましょう。可能なら、伝える相手の気持ちになりきってみるのもGood。視点や切り口を変えながら情報をグルーピングしつつ、自分にとって絶対に外せない内容、相手から見て魅力的に見える情報、説明や説得に必要な情報、、正確なデータ、相手が共感して心に響きやすいストーリーなどをピックアップし、優先順位をつけていきます。

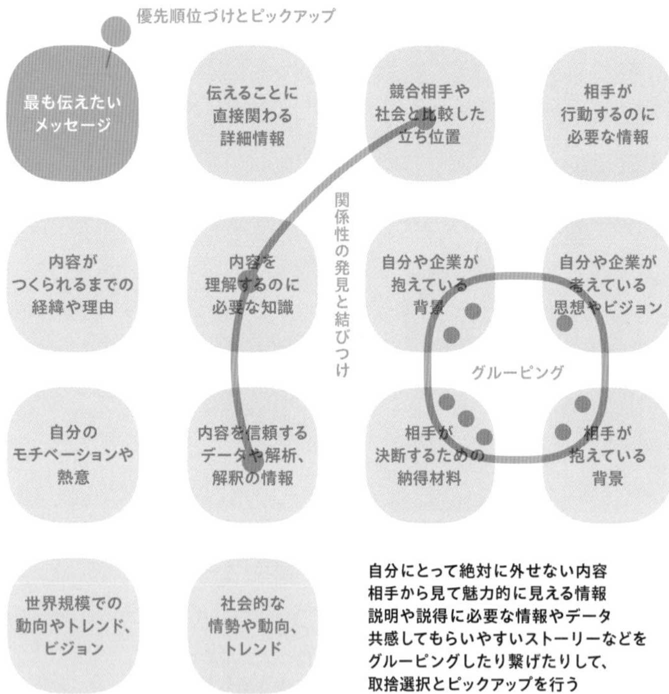

自分にとって絶対に外せない内容
相手から見て魅力的に見える情報
説明や説得に必要な情報やデータ
共感してもらいやすいストーリーなどを
グルーピングしたり繋げたりして、
取捨選択とピックアップを行う

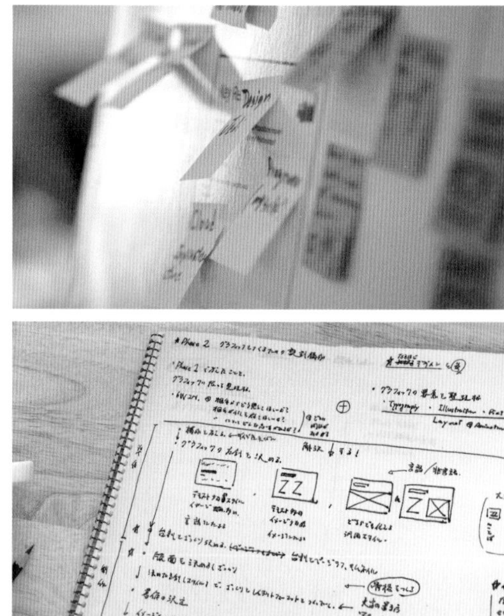

チームなら付せん、一人ならノートに書くと、関係をまとめやすい

構造や関係性を基準に内容を伝わりやすい順番に並べて、ストーリーとして整頓する

内容を俯瞰して取捨選択できら、何も知らない相手が理解できるように順序をつけてストーリー化していきましょう。起承転結、PREP法など様々な手法がありますが、大切なのは「理解のための下地となる知識」を伝えるタイミングと、「相手の納得や関心を得る」着地点の設定。“自分（相手）にとって価値がある”と感じてもらいやすい流れをつくることを意識してみましょう。

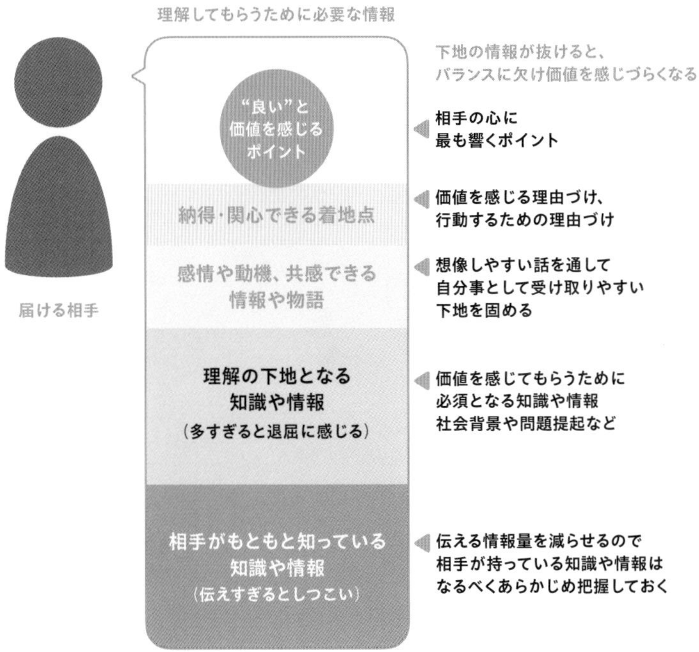
理解してもらうために必要な情報
届ける相手
“良い”と価値を感じるポイント
納得・関心できる着地点
感情や動機、共感できる情報や物語
理解の下地となる知識や情報（多すぎると退屈に感じる）
相手がもともと知っている知識や情報（伝えすぎるとしつこい）
下地の情報が抜けると、バランスに欠け価値を感じづらくなる
相手の心に最も響くポイント
価値を感じる理由づけ、行動するための理由づけ
想像しやすい話を通して自分事として受け取りやすい下地を固める
価値を感じてもらうために必須となる知識や情報 社会背景や問題提起など
伝える情報量を減らせるので相手が持っている知識や情報はなるべくあらかじめ把握しておく

代表的なストーリー化の手法

起承転結

	例えば…
起 話の導入	社会背景 下地の知識
承 起の深掘り	問題の提起 共感できる情報
転 話の転調	解決策の提示 納得できる情報
結 結論	得られる効果 価値の理解

相手の理解に必要な情報を下地から順に埋めていく定番手法

PREP法

	例えば…
Point 要点	結論・概要 価値の提示
Reason 重要な理由	問題提起と解決策 納得できる情報
Example 具体例	導入例 共感できる実例
Point 結論	結論 価値の再理解

先に価値を提示して着地点を示しつつ、その論拠を下地から埋めていく手法

価値を感じてもらう下地固めの典型例

カタルシス型
相手の課題を指摘→解決方法を提案

共感型
身近な例や裏話などで自分事化する

世界観型
自分のモチベーションや背景をビジュアルなどの演出を伴いつつ共感・納得させるカリスマ的な手法

つくるものを設計する

「より良い」を定義する

自分と相手が「良い」と感じる点を探し、「より良い」ものの方向性を定める

具体的に制作にとりかかるために、改めて「より良い」ものがどんなものであるのか、しっかりと定めておきましょう。

設定したゴール、分析したターゲット、整理した内容を踏まえて、自分にとって「より良い」と考えていること（シーズ）、届ける相手が欲している「より良い」こと（ニーズ）の、両者の立場から制作するものの価値を定めていきます。

注意すべきは、どちらかの立場に偏りすぎないこと。ニーズに応えることは大切ですが、相手が想像だにしなかった新しい価値を提示することも重要です。自分が持つシーズを押し売りしすぎず、相手が欲するニーズも無視しない、絶妙なバランスを探ることがキモになります。

また、ただ伝えるだけではなく、その後にどのような行動をしてほしいのか、相手の行動変容も計算して、「より良い」を設計していきましょう。

自分にとって「良い」と、相手にとって「良い」を最適なバランスで混ぜ合わせたものが「より良い」もの

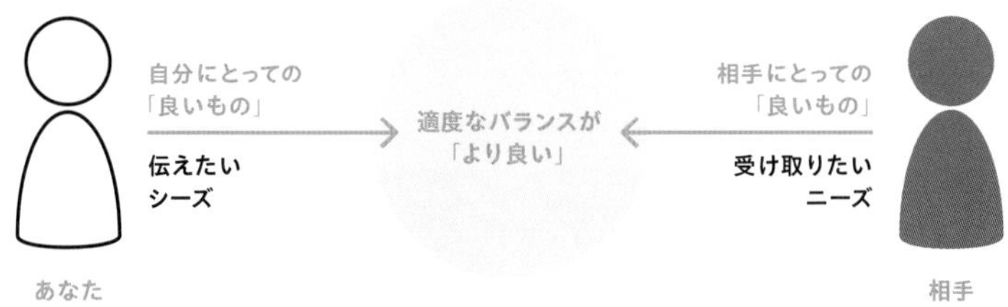

シーズもニーズも、どちらかに偏りすぎないことが重要

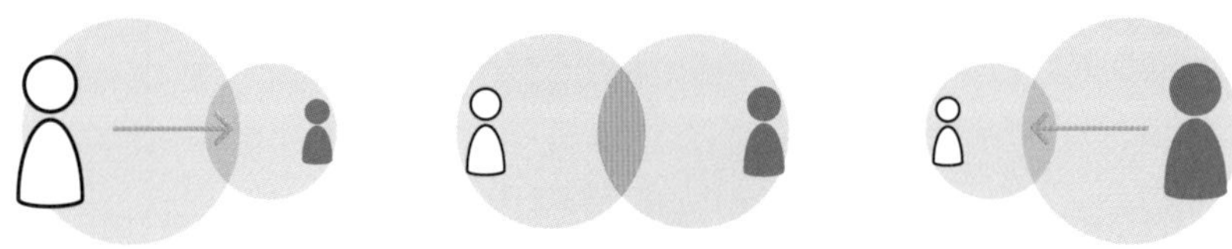

シーズに偏ると、押し売りに近くなる

ニーズに応えつつ、シーズによる潜在的な価値を伝える

ニーズに偏ると、新規性がなくなる

デザインのポイント

- 「より良い」とは「良い」ものをさらにひと工夫すること
- 伝える場面では、ニーズとシーズのバランスが「より良い」
- 偏りすぎず、潜在的な良さを互いに見つけられる点を探す

自分と相手にとっての良いもの、シーズとニーズのバランスを探るコツ

友人と会話するシーンを思い浮かべてみましょう。例えば、自分の推しタレントの良さについて一方的にまくし立てると相手にムッとされてしまいますが、かといって相手からまくし立てられるのも自分がムッとしてしまいます。お互い楽しめるように、共通の話題や各々の好みの話を織り交ぜながら対話する。その工夫と大きくは変わりません。自分が伝えたい最重要なことは押さえつつ、相手が好むことや互いに共感できることも取り入れて、より良い関係を結べる着地点を探してみましょう！

あなた

相手

自分が伝えたいシーズのバランスを探ってみる

自分がどうしても伝えたいこと →

伝えたい情報の中でも特に重要なこと、知ってもらいたいこと、
それを納得してもらえる材料や情報など
伝わってほしい最重要な情報を整理して書き出しておく

- ✓ ビジネスでのセールスポイントと説得できるデータ
- ✓ 研究の結果と、それによって解明されたこと
- ✓ イベントの推しポイントと開催情報

共通の知識や理解、共感できるストーリーに例える

相手が知っている言葉や概念をなるべく使いつつ、
共感してもらいやすいたとえ話やビジュアルを用意して
理解しやすさと価値の感じやすさ（落とし所）を提供する

- ✓ サービスを使った場合のサクセスストーリー
- ✓ 分野の歴史や派生分野への影響の大きさによる価値づけ
- ✓ ワクワクできる内容や体験できる具体例で想像しやすく

相手が求めているニーズのバランスを探ってみる

相手が意識的・無意識的に求めていること

必要なデータや解決策、知識や技術といった“情報”や、
快感、楽しさ、サプライズ、カタルシスといった“感情”など
求められているであろうことを想定しておく

- ✓ 企業が抱えている問題や社会の課題
- ✓ トークイベントで新しく学びたい知識や考え方
- ✓ イベントで楽しめると期待していること

← ニーズに応える情報やビジュアルを探る

求められている“情報”への回答や期待される“感情”に
うまく自分が伝えたいことを上乗せすることで
想像もしてなかった発見を相手に提供する

- ✓ 潜在的に潜んでいた課題からの解決方法の提案
- ✓ 期待された分野に限らない新しい知識や考え方の提供
- ✓ 想像できていないような楽しみ方の提示

つくるものを設計する
仕様や条件を決める

**「より良いもの」を具現化するために
どんなモノをつくるか選択する**

相手に「より良いもの」を届けるためには、何かしらの形で具現化しなければなりません。プレゼンなのか紙資料なのか、冊子なのかチラシなのか、画像なのか動画なのか、WebサイトなのかSNSなのか……。考えられる選択肢は、非常に多種多様です。それぞれの強みや伝え方を意識しながら、まずはどんなシチュエーションで伝えるかを考えてみましょう。

シチュエーションが決まれば、具体的な仕様や条件を決めていきます。サイズや用紙、ページ数、制作する量、発注したり購入する必要のあるもの、用意できる時間と予算など……。理想を可能な限り実現するためにも、制限や手法を洗い出し、しっかりと比較検討して決めていくステップは欠かせません。定番のチェック項目を紹介するので、これを基準にしっかりと足下を固めておきましょう！

より良いものを届けるために
どのように具現化するのか、実際につくるものの仕様を決める

伝えるシチュエーションに合わせて、
つくるものの仕様や条件を調整していく

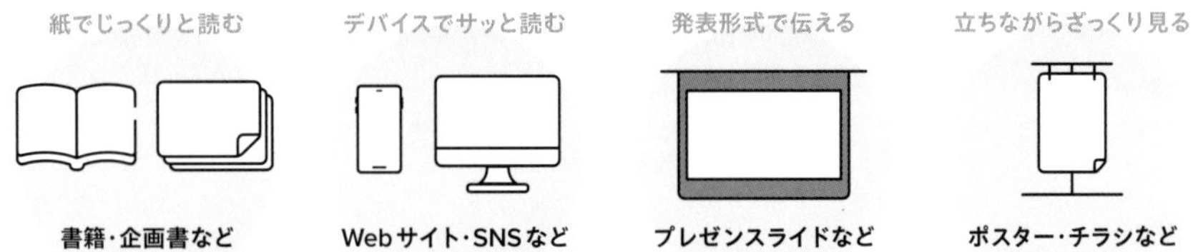

デザインのポイント

- 伝えるためには必ず何かしらで具現化しないといけない
- 伝えるシチュエーションに合わせて、具現化方法を検討する
- 具現化する方針が決まれば、つくるものの仕様を決める

時間や予算の制限の中で、どんなものをつくれるのか、仕様を決める

相手に伝える方法やシチュエーションは、その時々で異なります。プレゼン形式もあれば、ミーティングのこともある。SNSやWebサイトとして伝えることも、チラシやポスターとしてざっくりと印象づけることもあります。シチュエーション（状況）に合わせて最適なアウトプット方法を検討しつつ、かけられる時間や予算に合わせて仕様を調整してみましょう。

シチュエーションを考えてみる

どこで伝える？（物理的な場所）

学校で　壇上で　対面で　オンラインで

いつ伝える？（日時、タイミング）

午前、午後、何回目の打ち合わせ、公開日、登壇者の順番など……

どんなアウトプット？（物理的な具体化）

紙媒体、オンスクリーン、スライドなど……

プラットフォームは？（流通やSNSなど）

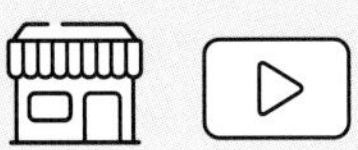

書店や掲示場所、各種SNSなど……

主なアウトプット方法と、検討できる仕様

紙媒体に印刷する

- 印刷方法は？（自家用・印刷所）
- サイズは？（A判・B判・特殊）
- 用紙は？（紙の種類）
- 折りや綴じは？（製本）
- 特殊加工は？（箔押しなど）
- ページ数は？

など……

Webサイトとして公開する

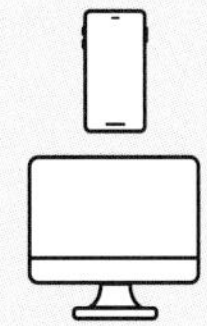

- ページ数と構造（リンク数）は？
- スマホ対応する？
- アニメーションを入れる？
- イラストや動画は？
- インタラクションは？
- SEO対策は？

など……

スライドを投影する

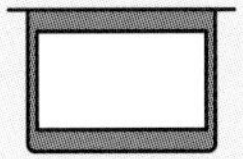

- スライドサイズは？（16:9?）
- スクリーンサイズ（インチ）は？
- 動画やイラストは？
- 実機デモをする？
- アニメーションを入れる？
- 配付資料の有無は？

など……

動画媒体で公開・配信する

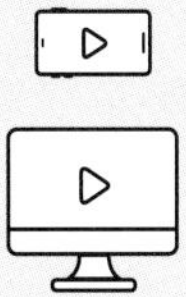

- 再生時間は？
- 字幕は？
- イラストや映像は？
- 配信形式は？（生配信？）
- テロップや幕間の画像は？
- BGMなどの音楽は？

など……

ビジュアルの下ごしらえ

ビジュアルの方針を考える

相手の心に響きやすい“見た目”は言語的か、非言語的か？

伝えるためのデザインにおいて、実際に制作するものは「ビジュアル」です。

ビジュアルとは、「目で見て理解するもの」全般のこと。文字、色、イラスト、写真など、様々な要素で成り立っています。言わば、視覚的に伝える「ことば」。身振り手振りを含めた会話と変わらず、伝えたいことが最大限伝わるように「ことば」を選んでいきます。

その最も基本となる考え方が、“言語”の多さ。文章が中心の「言語的」な伝え方と、イラストや写真が中心の「非言語的」な伝え方で、情報の正確性や感覚的なわかりやすさが変わってきます。

もちろん、二者択一なんてことはありません。ターゲットや目的、内容によって、最適な「ことばづかい」は変わります。制作段階に入る前に、どんなバランスでビジュアルをつくるのか、方針を考えておきましょう！

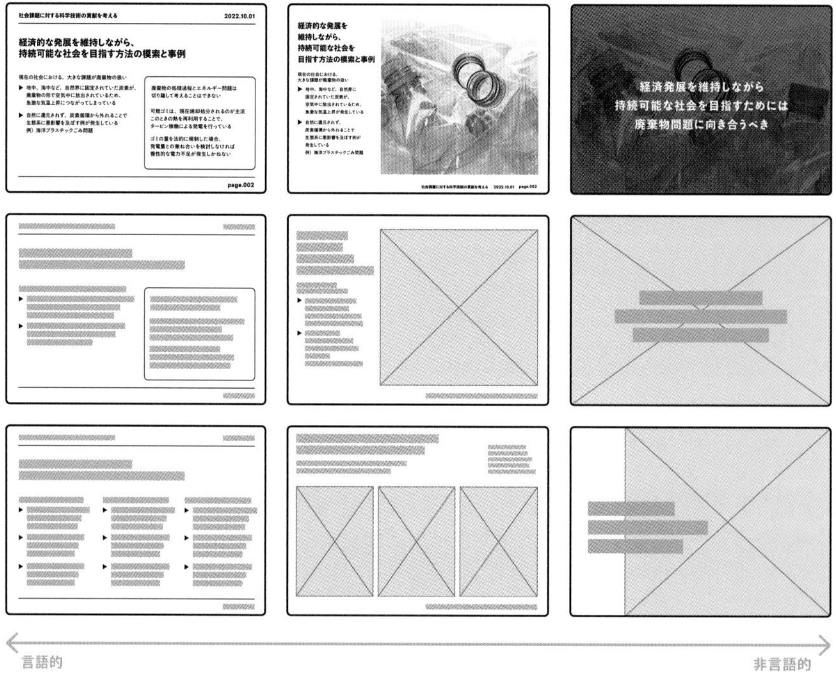

デザインのポイント

- ビジュアルとは、目で見て理解するもの全般のこと
- 視覚的に伝える「ことば」として、強みと弱みをふまえて選ぶ
- 「ことば」の大きな方針として、“言語”の多さで考えてみる

関連した
項目・ページ
#0-08 page 056–057
「わかりやすい」の正体

文章主体（言語）で伝える？
写真・イラスト（非言語）で伝える？

私たちが誰かになにかを伝えたいとき、必ず「ことば」を使います。会話も、手話も、ビジュアルも変わりません。その「ことば」を支える礎が“言語”。これのおかげで私たちは意思疎通ができるものの、どうしても抽象的になるため読解に時間がかかるうえ、知らない単語や概念は想像するしかありません。だからこそ、写真やイラストを使えば言語に頼らずイメージしやすくなる……のですが、こちらも正確な情報を伝えづらくなるデメリットがあります。つまり一長一短であり、バランスが大切。言語や視覚表現を含めた「ことば」の強みと弱みを理解して、適切なバランスを探ってみましょう！

文章が主体（言語的）

**より正確に、解釈のブレが少なく伝えられるものの、
読むのに時間がかかり、知らない単語や言語は想像するしかない**

写真・イラストが主体（非言語的）

**知らないことでも直感的・感覚的に伝えられるものの、
解釈にブレが生まれるうえ、正確な情報を伝えるのが難しい**

小説・論文　新聞・文芸誌　プレスリリース　企画書　プレゼン（社内）　雑誌・情報誌　プレゼン（社外）　プレゼン（講演）　宣伝物　マンガ　動画作品

**言語の量の
ざっくり分布**

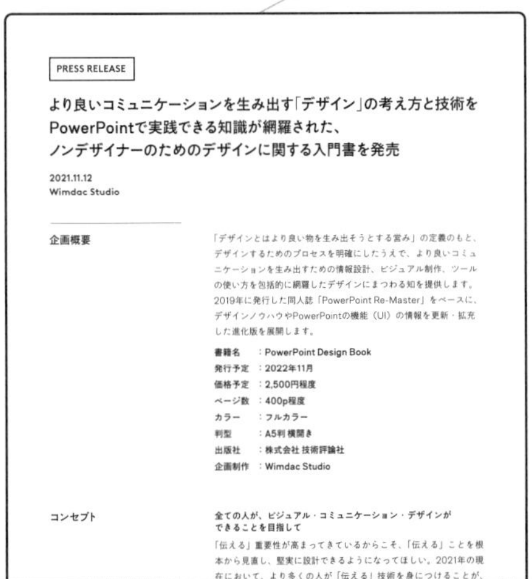

ビジュアルを構成する要素の強みを理解しておく

文字と文字組み（文章）

→ Designing #02

もじと
文字組み
Typography

「ことば」をそのまま可視化して
長く留められるようにした要素
確実に情報を伝えやすいが、
ビジュアルとは別に文章力も必要になる

〈強み〉
+ 誤解が少なく、的確に伝えやすい
+ 理解の順序を示しやすい

〈苦手〉
- 瞬間で理解するのが難しい
- 長文になるほど理解に時間がかかる

色と配色

→ Designing #03

「ことば」がまとう雰囲気や印象を
大きく左右するビジュアル要素
人の感情や認知に強く働きかけるため
ビジュアルの魅力に直結しやすい

〈強み〉
+ 雰囲気を演出し、印象に残しやすい
+ 感情に働きかけるため魅力を上げやすい

〈苦手〉
- 調整することが多くとても複雑
- 配色に失敗すると逆効果になる

インフォグラフィック

→ Designing #05

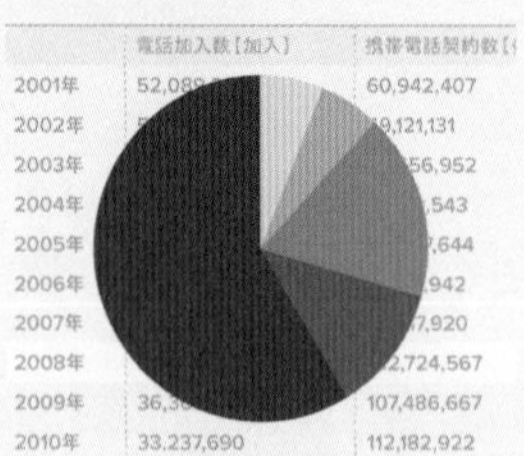

電話加入数【加入】
携帯電話契約数
2001年 52,089 60,942,407
2002年
2003年
2004年
2005年
2006年
2007年
2008年
2009年 36,3 107,486,667
2010年 33,237,690 112,182,922

イラストレーションと文字を合わせて
正確さとわかりやすさを両立する要素
特にデータを可視化するときは
誤解させるような「嘘」をつくのはNG

〈強み〉
+ 情報の正確さを維持して伝えられる
+ 解釈や理解が簡単・わかりやすい

〈苦手〉
- 情報構造を正確に表さないと誤解される
- 意図が強すぎると「嘘つき」になる

写真と動画

→ Designing #06

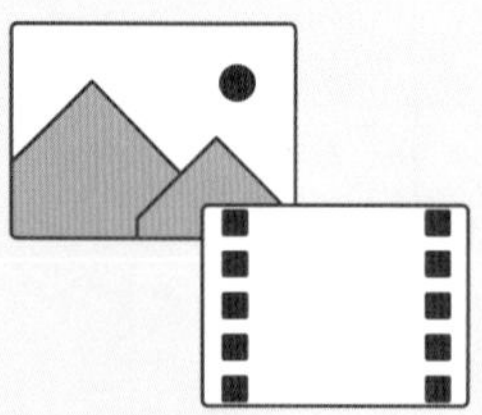

イラストには表現できない「リアル」を
伝えることができるビジュアル要素
現実のディテールを細かに伝えられるが
その分ノイズも混ざり込むことが多い

〈強み〉
+ 本物の質感や空気感がそのまま伝わる
+ 実在感、本物らしさを伝えられる

〈苦手〉
- 情報量が多く、ノイズが混ざりやすい
- 主役を決めないと、逆に伝わりづらい

イラストレーション

→ Designing #04

「ことば」を具体的なイメージとして
描き起こしたビジュアル要素
複雑な説明もパッと理解しやすくするが
伝わり方の正確さは下がってしまう

〈強み〉
+ 特定の言語に依らず直感的に伝わる
+ 複雑な説明もすぐに理解できる

〈苦手〉
- 単体で正確な情報を伝えるのは難しい
- トンマナと抽象度の調整が難しい

アニメーション

→ Designing #07

静止画が前提であったビジュアルに
「時間」と「動き」の要素を与えて、
伝えられる情報量を増やし
理解の順序を明確に伝えられるようにする

〈強み〉
+ 静止画では難しい動きの表現が可能
+ 時系列で直感的な順序を提示できる

〈苦手〉
- 余計な動きは理解の阻害につながる
- 制作が本書の中で最も難しい

レイアウト

→ Designing #01

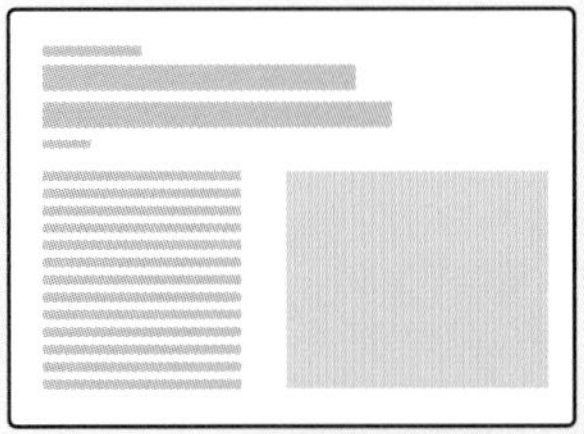

伝わるビジュアルを
デザインする、
最も基礎的な要素であり、
最も重要な工程

ビジュアルを構成する全ての要素を、
紙面や画面といった「カンバス」に全て集約し、
各要素の強みや弱みを踏まえつつ
位置や大きさを変えながら配置していく

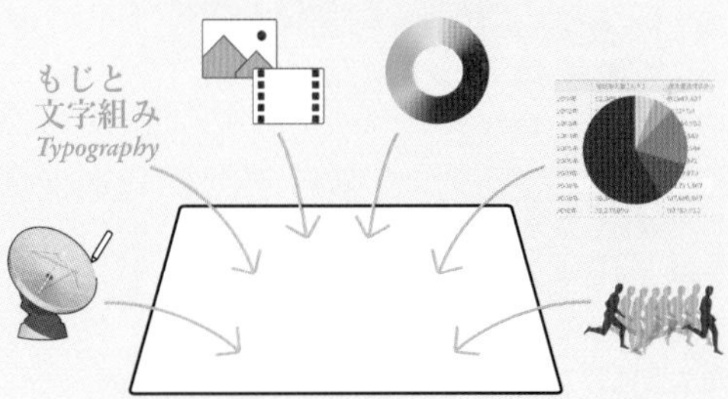

ビジュアルの下ごしらえ

「見る順番」で整える

ビジュアルからの理解は視線の流れで全てが決まる

会話では話される順番に沿って理解が進んでいくように、ビジュアルでは見る順番通りに理解が進んでいきます。つまり、「理解の順番＝視線の流れる方向」ということ。視線を誘導できれば、伝わり方もコントロールできるようになります。

視線の流れを誘導するためには、人間の本能的な性質をうまく活用するのが効果的です。目立つものに目が向く、全体の中で差異（コントラスト）がある部分に注意が向く性質があるほか、日本語の言語としての特性から、文章を左から右、上から下（縦組みなら右から左）に読み進めるクセがあります。

これらの性質を上手く扱うことで、相手の視線を無意識下でコントロールすることができます。具体的な制作の手法は各章で確認するとして、ここでは性質そのものを把握しておきましょう。

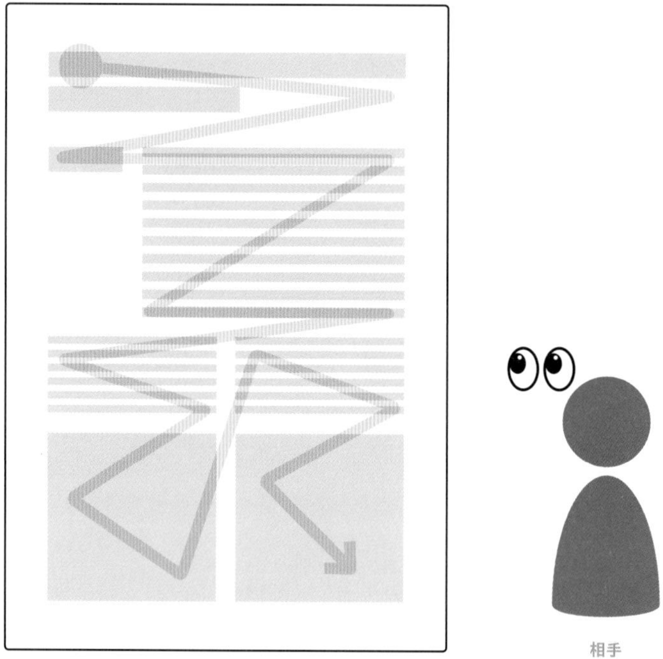

デザインのポイント

- ビジュアルでは「理解の順番=視線の流れる方向」
- 視線の流れを誘導して、理解する順番を自然に操作する
- 視線の誘導は人間の本能的な性質を活用しよう

視線の流れを誘導して、理解する順番をコントロールする

左上から右下へ、右上から左下へ

視線の流れに最も影響を与えるのは、文章の方向です。日本語は横組みと縦組みを使い分ける珍しい文字体系です。横組みの場合、左から右へ、上から下へ文章が流れるため、レイアウト全体でも左上から右下へ視線が流れます。一方、縦組みの場合は文章が上から下へ、右から左へ流れるため、レイアウト全体では右上から左下に視線が流れます。昨今は英語との相性から横組みでつくることが多く、「左上から右下」をしっかり意識できていればOKです。

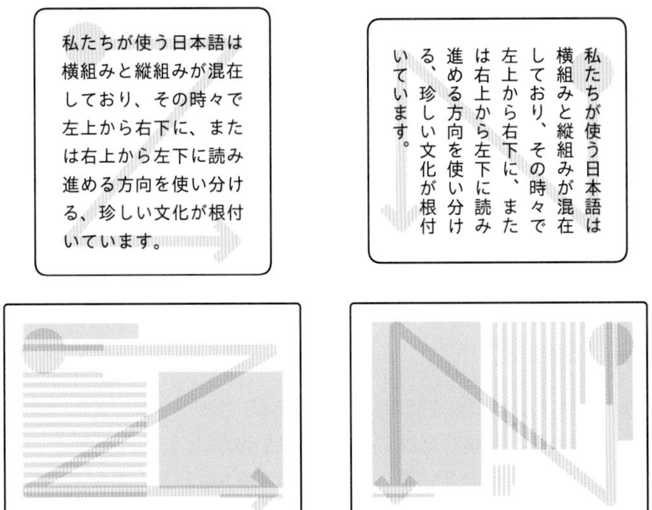
私たちが使う日本語は
横組みと縦組みが混在
しており、その時々で
左上から右下に、また
は右上から左下に読み
進める方向を使い分け
る、珍しい文化が根付
いています。
私たちが使う日本語は
横組みと縦組みが混在
しており、その時々で
左上から右下に、また
は右上から左下に読み
進める方向を使い分け
る、珍しい文化が根付
いています。

サイズの大→小

異なるサイズの要素が並んでいるとき、基本的に大きい要素に真っ先に視線が向きます。見出しや看板の文字が大きいのも、真っ先に見てもらいたいからです。大きさによっては、文章の流れ（左上から右下）を無視できるレベルで注目を集めることもできます。ただし、他の要素を見る順番のことも考慮しておきましょう。

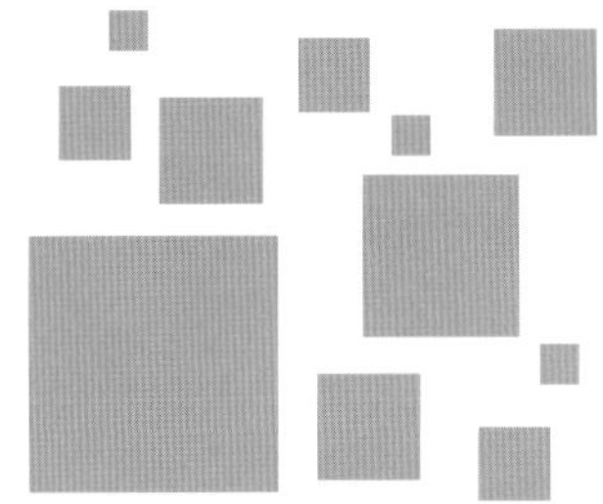

コントラストの大→小

複数の要素がたくさん並んでいるとき、一部の要素のみに大きな差（コントラスト）があると、その部分に視線が集中します。色の差、大きさの差、形の差など、周囲との差が大きいほどより目立ちやすくなります。

たとえば、文章の一部分だけを目立たせたいときなどに使えますが、差を付けすぎるとかえって煩雑になることもあるので、やり過ぎには注意しましょう。

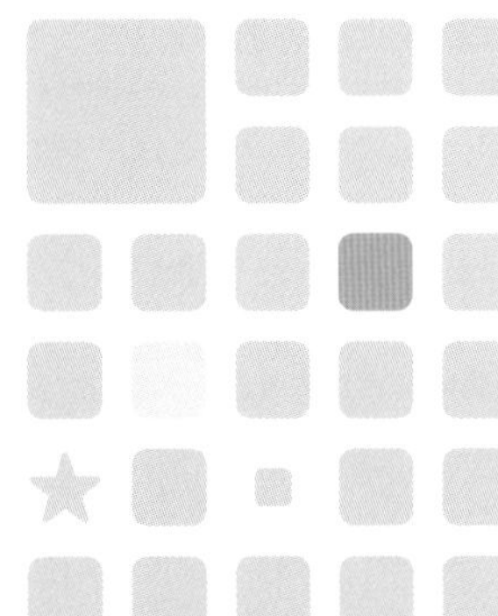

ビジュアルの下ごしらえ

「わかりやすい」の正体

そもそも「わかりやすい」とは何か、
ロジックとして理解し、つくれるようにする

「伝わる」ものをつくるためには、「わかりやすさ」と向き合うのは必須です。

そもそも「わかりやすい」とは、ほとんどの人にとって「簡単に理解できること」を意味します。言い換えれば、「考える量」が少ないということ。知らない知識や概念がたくさん出てくる、文章や図版が複雑で読み取りづらい、といった「考える量」が多いものほど、相手は難しいと感じてしまいます。

考える量を減らすためにはどうしたらいいのか。そのポイントは、大きく3つあります。伝わる「情報」の量と質、理解に必要な「知識」の量と質、これらを解釈するための「時間」の長さです。

「情報」と「知識」がうまくかみ合い、「時間」が短くなるほど、「考える量」は減り「わかりやすく」なります。このバランスを常に意識して、伝わるデザインをしていきましょう！

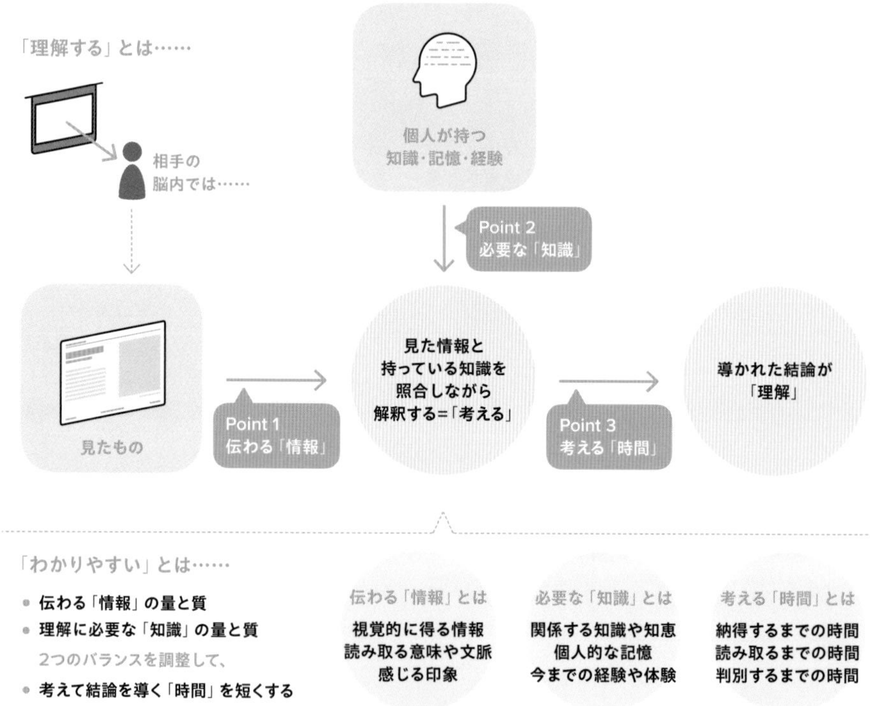
「理解する」とは……
相手の
脳内では……
個人が持つ
知識・記憶・経験
Point 2
必要な「知識」
見たもの
Point 1
伝わる「情報」
見た情報と
持っている知識を
照合しながら
解釈する=「考える」
Point 3
考える「時間」
導かれた結論が
「理解」
「わかりやすい」とは……
伝わる「情報」の量と質
理解に必要な「知識」の量と質
2つのバランスを調整して、
考えて結論を導く「時間」を短くする
伝わる「情報」とは
視覚的に得る情報
読み取る意味や文脈
感じる印象
必要な「知識」とは
関係する知識や知恵
個人的な記憶
今までの経験や体験
考える「時間」とは
納得するまでの時間
読み取るまでの時間
判別するまでの時間

デザインのポイント

- ✓ 「わかりやすい」とは、「簡単に理解できる」こと
- ✓ 「伝わる情報」「必要な知識」「考える時間」の質と量が影響する
- ✓ 「文章量」と「専門知識の量」で3つのポイントを調整しよう

関連した
項目・ページ
#0-06 page 050-053
ビジュアルの方針を考える

「わかりやすい」に特に影響する、専門知識と文章量

つくり手である私たちが調整できるのは、伝わる「情報」のみ。そのため、相手が理解できる情報（専門性、知識量）と、考えられる時間（制約としての時間、しんどく感じるまでの時間）に直結する文章量を調整していきます。この2軸でジャンルを分けたので、それに近い資料を参考にしてみましょう！

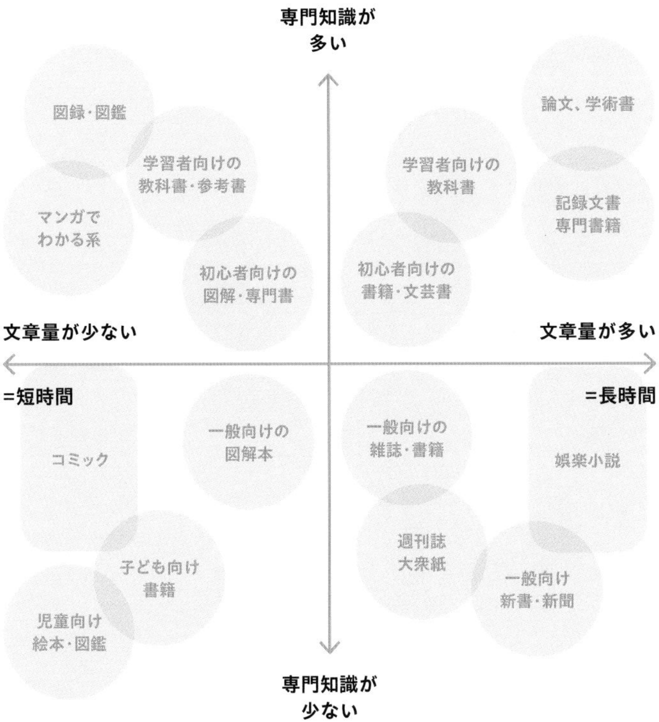

伝わる「情報」の調整

**相手が知らない情報を
文章（言語）で伝えるか、
視覚的に伝えるか、
どんな印象が好まれるか、
バランスを探る**

必要な「知識」の調整

**相手が理解できる
専門知識の量を基準に、
相手が知らない
情報や概念を洗い出し、
バランスを探る**

考える「時間」の調整

**ビジュアルを見られる
「時間」の制約を基準に、
相手が知らない情報の量や
専門性の高さ、
文章量のバランスを探る**

「わかりやすい」の功罪

基本的に「わかりやすい」ことは良いことであり、そのためにたくさんの努力がなされています。しかし、これを突き詰めた先にあるのは、「全く考えずに信じる」こと。この恐ろしさは、プロパガンダや詐欺という形で歴史にも刻まれています。「わかりやすい」デザインは、時に人を傷つけることもあるのです。

いまや、SNSにより断片的でかつ“都合の良い”情報がレコメンドされる時代。「考えずに、感じる」だけで理解したつもりになれる情報が流行しやすくなっています。だからこそ、今一度、自分のつくるものを見返し、届ける相手にとって本当に「良い意味で」わかりやすいものになっているか、確かめてみてください。

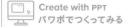

PowerPointの基本

PowerPointでできること

PowerPointは、プレゼン用スライド制作ソフトとしてビジュアルをつくるために必要な機能を全て詰め込んだことで、本来の用途を超えた様々な使い方ができる万能ツールになっています。しかし、それだけ機能が複雑にもなっているので、制作するビジュアルにあわせて一つずつ紐解いていきましょう。

レイアウト
→ Designing #01

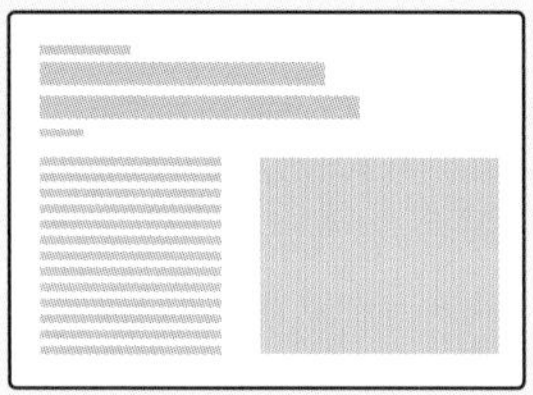

文字と文字組み（文章）
→ Designing #02

色と配色
→ Designing #03

イラストレーション
→ Designing #04

インフォグラフィック
→ Designing #05

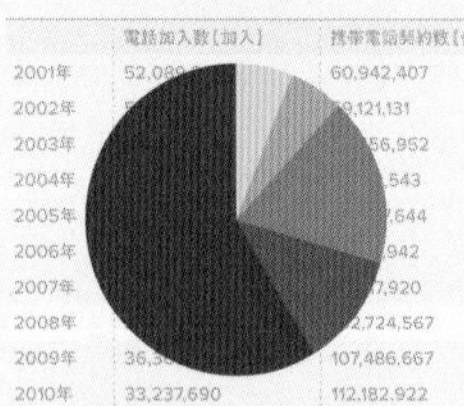

写真と動画
→ Designing #06

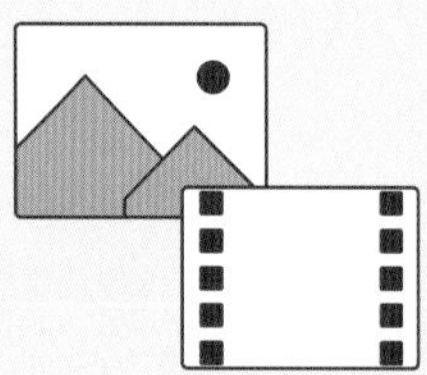

アニメーション
→ Designing #07

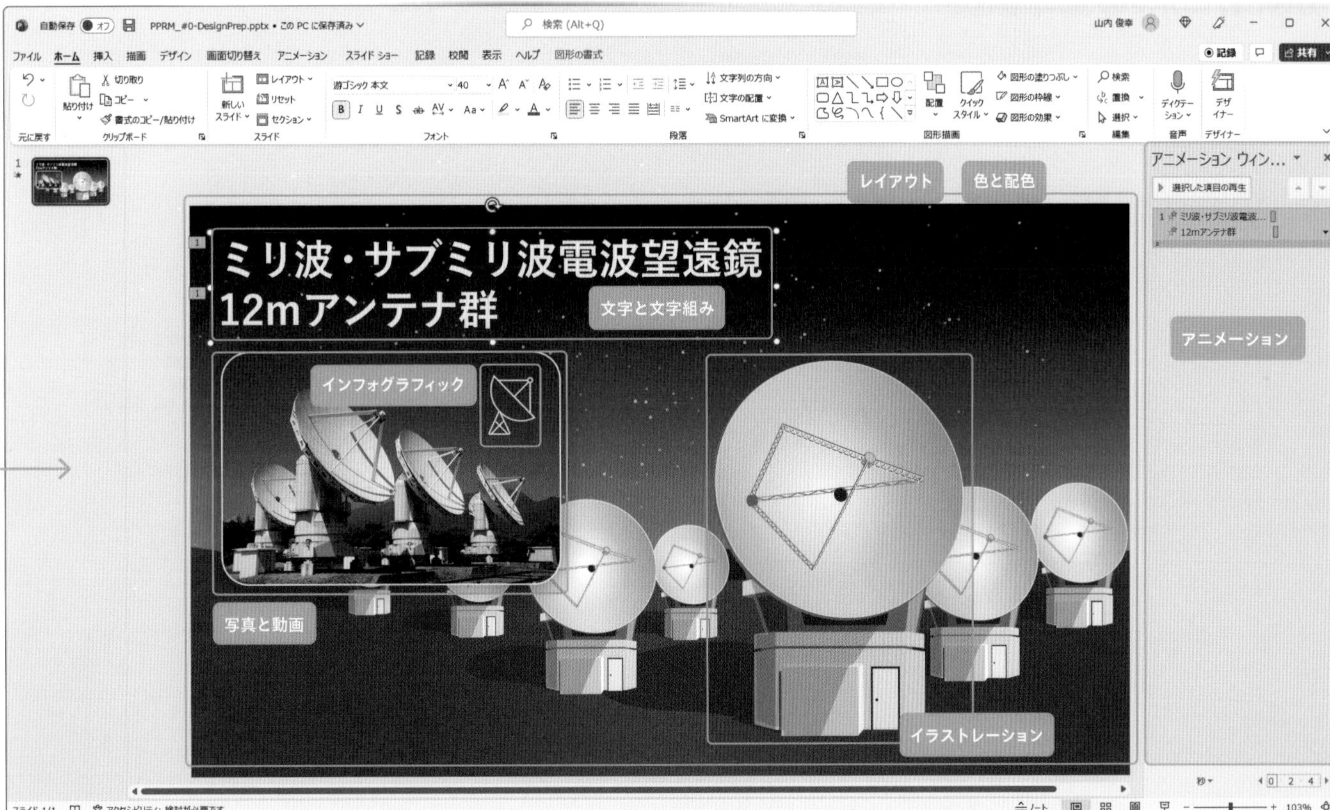
レイアウト
色と配色
ミリ波・サブミリ波電波望遠鏡
12mアンテナ群
文字と文字組み
アニメーション
インフォグラフィック
写真と動画
イラストレーション

PowerPointの基本

PowerPointの基本画面

PowerPointでは、基本的な編集機能を集約したエリア「リボン」を中心に、機能ごとに「リボン」を切り替える「タブ」、より詳細な設定を編集する「作業ウィンドウ」でほとんどの操作を行います。また、フッターで編集画面の表示を変えたり、編集しているスライドの拡大縮小を行えます。

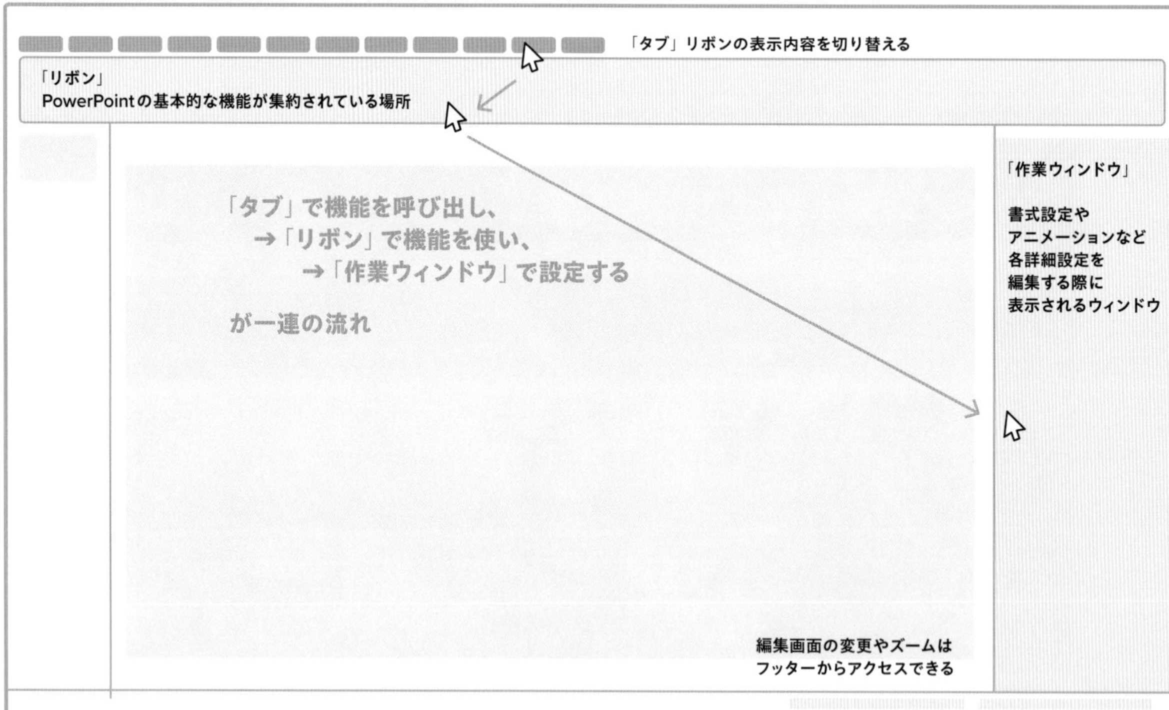

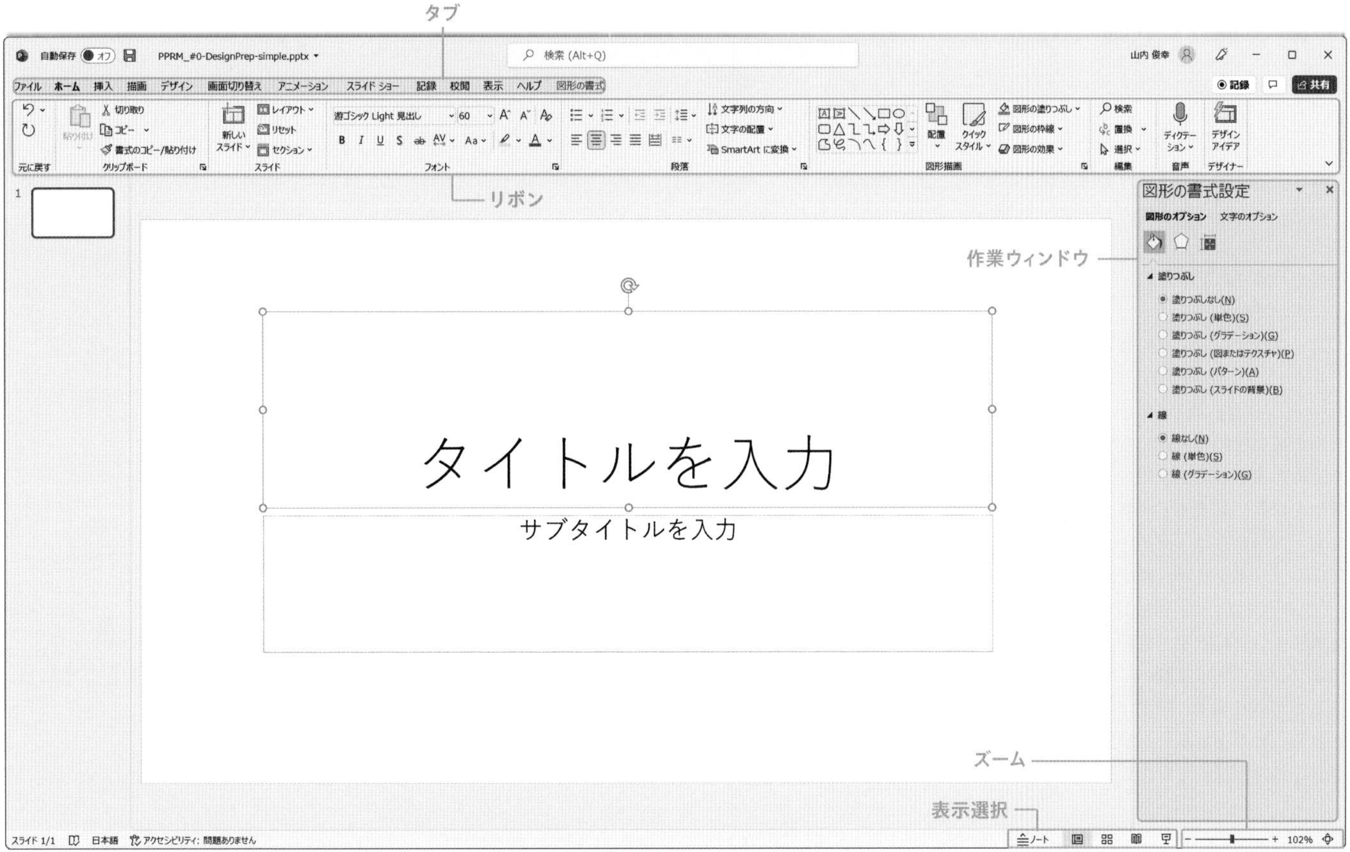
タブ
リボン
作業ウィンドウ
ズーム
表示選択
タイトルを入力
サブタイトルを入力
図形の書式設定

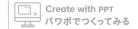

PowerPointの基本機能
機能を呼び出す「リボン」

PowerPointで使える機能はほぼ全て「リボン」からアクセスすることができ、「タブ」で機能ごとに切り替えて使います。しかし、機能の数だけ「タブ」が用意されており、しかも特定の状況にならないと表示されないものもあるので、混乱しないように本項で俯瞰しておきましょう。

必要に応じて「タブ」が表示される

PowerPointには非常に多くの機能が搭載されており、それらのほぼ全てにアクセスできるよう「タブ」と「リボン」もあわせて多くの種類が用意されています。この「タブ」には、常に表示されている「メインタブ」と、選択したオブジェクトに合わせて表示される「ツールタブ」の2種類があります。

「メインタブ」は、基本的な機能やアクセス頻度の高い機能を集約した「リボン」があらかじめ用意されています。テキストの編集、図形の挿入、スライドの書式設定など、設定を変えたいときは「メインタブ」に用意されている「リボン」から確認すればOKです。

「ツールタブ」は、選択したオブジェクトの書式設定や詳細設定が集約されており、一部のオブジェクトは複数の「タブ」が表示されることがあります。設定する項目が複数に分かれることがあるため、編集するときに「タブ」を毎度確認してみましょう。

常に表示されている「メインタブ」

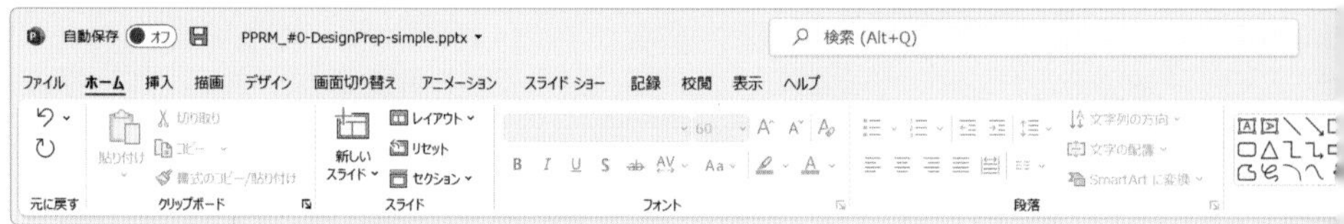

アクセス頻度の高い機能やスライドそのものに関わる機能を含む「リボン」は、その「タブ」が常に表示されている

選択したオブジェクトにあわせて表示される「ツールタブ」

挿入したオブジェクトに関わる機能を含む「リボン」は、オブジェクトを選択したときのみ「タブ」が表示される

よく使う「リボン」の一覧

ホーム

最も重要な基本機能を集約したリボン。図形の作成やテキストの書式、スライドの追加やスライドマスター(レイアウト)の適用などが行えます。

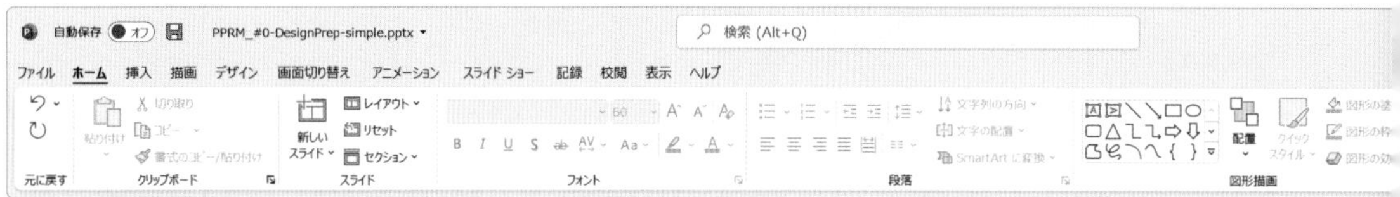

挿入

オブジェクトの挿入に特化したリボン。図形や画像だけでなく、表やグラフ、特殊文字やスライド番号の挿入もここに用意されています。

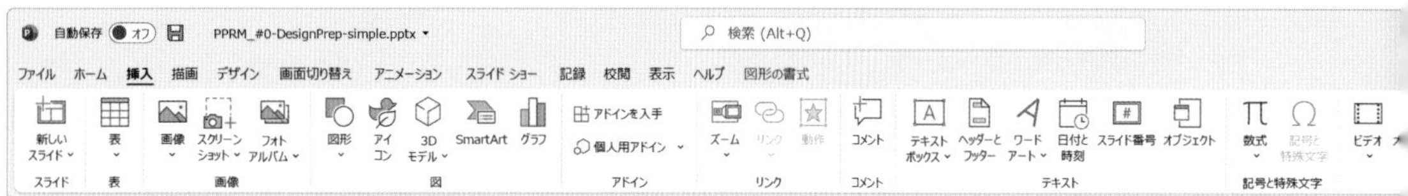

描画

ペンやマーカーで手描きができる機能を集約したリボン。描いたものをオブジェクトやテキストに変換することもできます。

デザイン

スライドのテンプレートやテーマに関わる機能を集約したリボン。スライドのサイズの変更は、このリボンからアクセスできます。

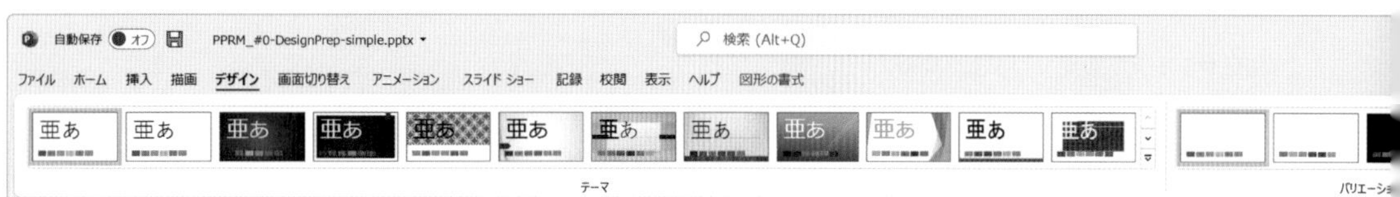

アニメーション

オブジェクトに付与するアニメーションにまつわる機能を集約したリボン。全てこのリボンから設定を編集できます。

スライドショー

スライド再生に関わる機能を集約したリボン。様々なオプションがありますが、「最初から再生」ならフッターにショートカットがあります。

表示

編集画面の表示に関わる機能を集約したリボン。スライドマスターやグリッドとガイドの表示はここで設定できます。

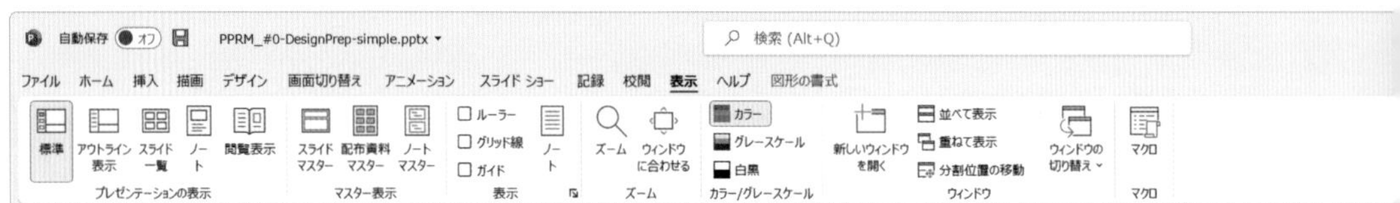

図形の書式

図形やテキストの塗りつぶし、枠線、効果といった書式や、オブジェクトの重ね合わせ、配置などのレイアウトに関わる機能が用意されています。

図の形式

画像の編集に関わる機能を集約したリボン。簡単な修正や加工、図の容量の圧縮、スタイルの変更などが行えます。

ビデオ形式·再生

動画に関わる機能を集約したリボン。「ビデオ形式」では動画の修正や加工、「再生」では時間にまつわる編集と再生機能が用意されています。

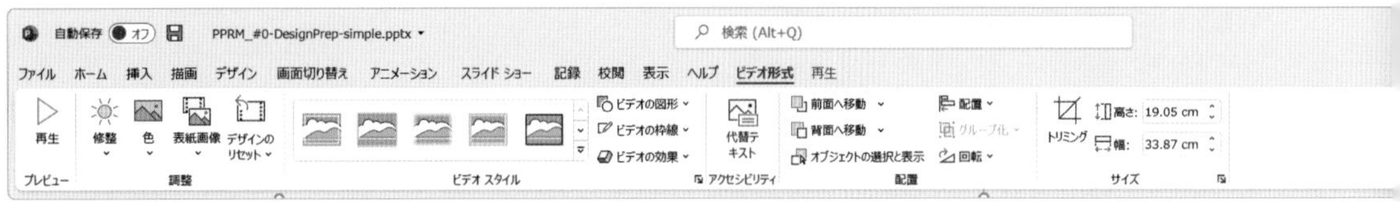

テーブルデザイン·レイアウト

表の編集に関わる機能を集約したリボン。「テーブルデザイン」では塗りつぶしや罫線の設定、「レイアウト」ではセル周りの設定ができます。

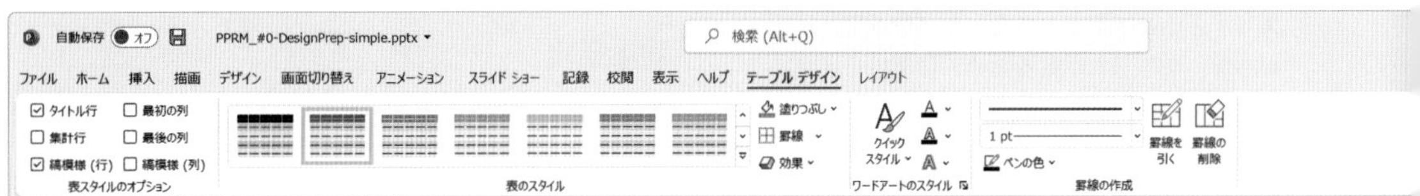

グラフィックス形式

SVGファイルを挿入した際に出てくるリボン。図形と同様に書式を編集できるほか、PowerPoint用の図形に変換することもできます。

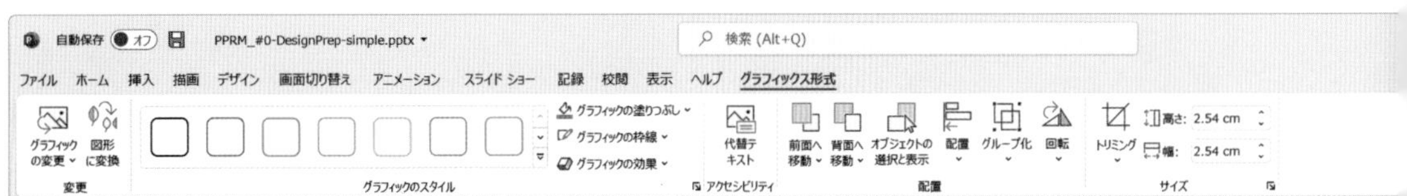

PowerPointの基本機能

「リボン」を編集する

「リボン」からアクセスできる機能は、「PowerPointのオプション」で追加・編集することができます。既存の「リボン」内に機能を追加・削除できたり、新たな「タブ」を作成して好みの機能を集約した「リボン」をオリジナルで用意することも可能です。

使いやすいようにカスタマイズ

「リボン」は比較的使いやすいインターフェースではありますが、PowerPointを使い込んでいるうちに不便を感じることは少なからずあるはずです。道具とは、自分が使いやすいようにカスタマイズを重ねていくもの。作業の効率化とストレスの軽減も兼ねて、理想の作業環境をつくり込んでみてください。

なお、標準で用意されているリボンにはすでに機能が必要十分に盛り込まれており、編集しすぎると不明点がでたときに解決策がわからなくなる恐れがあるため、標準のリボンをむやみに編集するのはあまりオススメできません。十分に使い慣れるまでは、新しく「タブ」を作成して、そこに好みの機能を追加してみると良いでしょう。

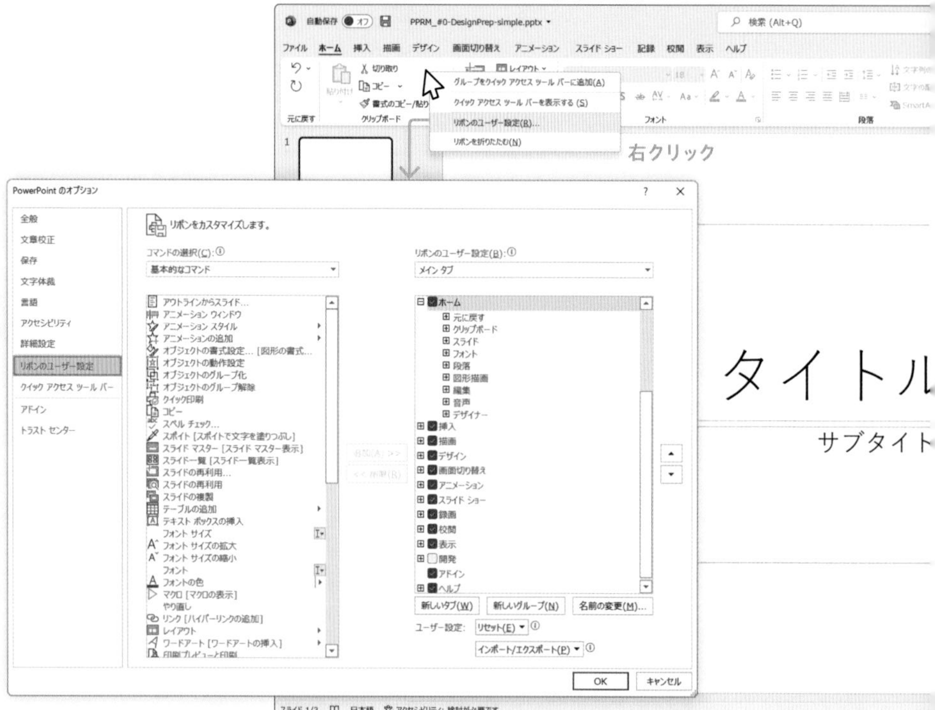

リボンの編集の仕方

「PowerPointのオプション」の「リボンのユーザー設定」で、左のカラムから追加したい機能を探し、右のカラムで追加先のリボンを選択します。追加したい機能を探すときは、ドロップダウンリストより絞り込むと見つけやすくなります。

新しいタブをつくるときは、右のカラムの下部より追加します。グループをつくっておくと、機能ごとに罫線で分けて表示してくれるようになります。

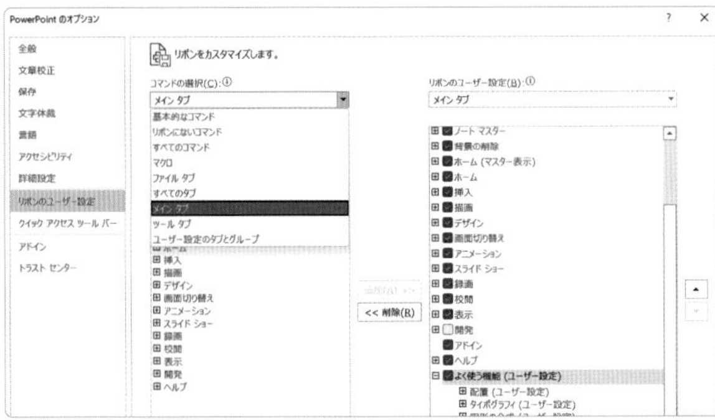

左カラムで
機能を探して
→
右カラムで
追加先を指定

リボンに機能を追加できる

クイックアクセスツールバー

「クイックアクセスツールバー」とは、頻繁に使う機能のショートカットボタンを個別に表示できる便利な機能です。リボンの下、またはウィンドウのヘッダー（ファイル名の横）に常駐させられます。

なお、Windows 11より導入が始まったFluent Design Systemにあわせて、PowerPoint 2021よりUIデザインが大幅に刷新されました。それに伴い、クイックアクセスツールバーが標準では隠されるようになり、表示するためには別途設定が必要です。

リボンのどこかを右クリックすると表示させるオプションを出せるほか、「PowerPointのオプション」から表示させるショートカットを設定できるので、活用してみてください。

リボンの下かヘッダーに表示される →

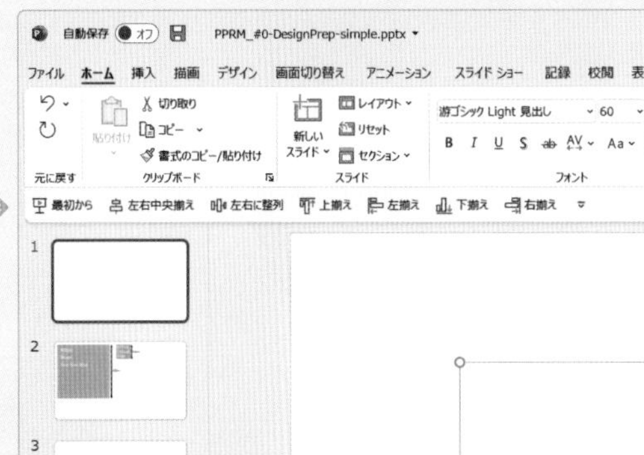

PowerPointの基本機能
詳細を変える「書式設定」

配置したオブジェクトについて、「リボン」で用意されている機能よりも詳細に設定したい場合は、「書式設定」を活用すると便利です。PowerPoint上で詳細かつ厳密に編集する唯一の方法（一部の例外を除く）であり、例えば位置やサイズなどは数字で正確に指定することができます。

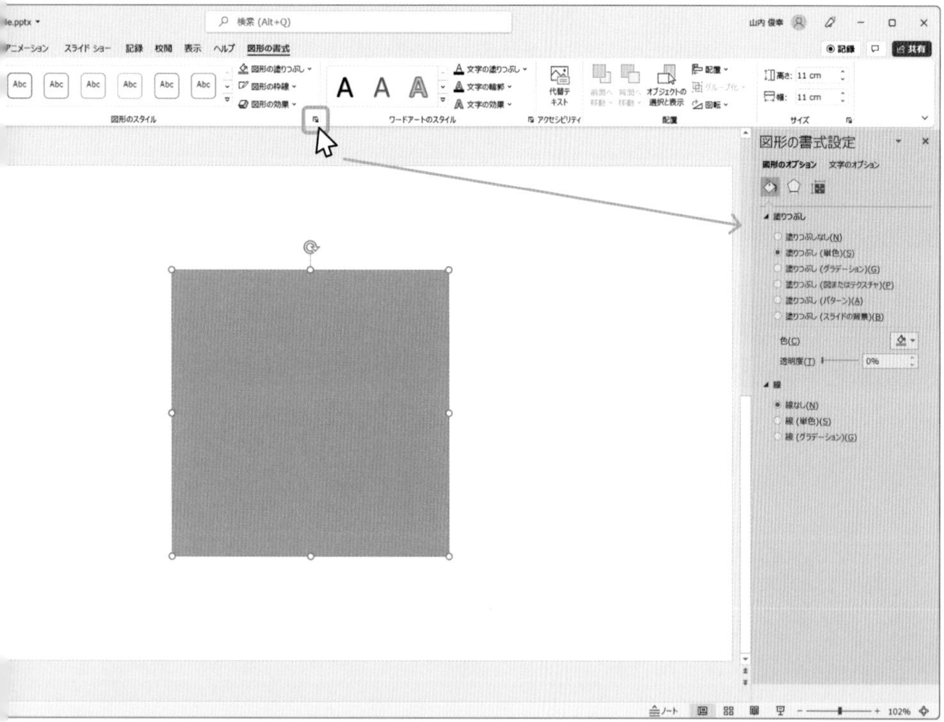

書式設定は ↘ からアクセス

「リボン」をよく見ると、各グループの右下に↘のアイコンがあります。これは「もっと詳細に設定できる」ことを表しているアイコンで、クリックするとウィンドウの右端に「作業ウィンドウ」が現れます。これで、選択しているオブジェクトの詳細な書式設定を編集することができるようになります。なお、オブジェクトを右クリックして出てくるメニューからも表示させることができます。

PowerPointでしっかりとビジュアルを制作するためには書式設定が非常に重要であるため、特別な理由がない限り「作業ウィンドウ」は表示したままにしておくのがオススメです。

「このアイコンがあるところに詳細設定があり！」と覚えておくと、作業に迷わなくなってきます。

書式設定の見方

「作業ウィンドウ」に表示される書式設定は、コンパクトに表示するために項目ごとに表示内容を切り替えて使うようになっています。基本的に上部にあるアイコンが設定項目を表しており、オブジェクトによって表示されるアイコン数が変わります。

テキストを追加できるオブジェクトなら、「文字のオプション」が現れて文字の書式設定を編集できるようになる

設定する内容をアイコンが表しており、このアイコンをクリックして設定画面を切り替える
※アイコン数はオブジェクトによって変わる

例外：文字にまつわる書式設定

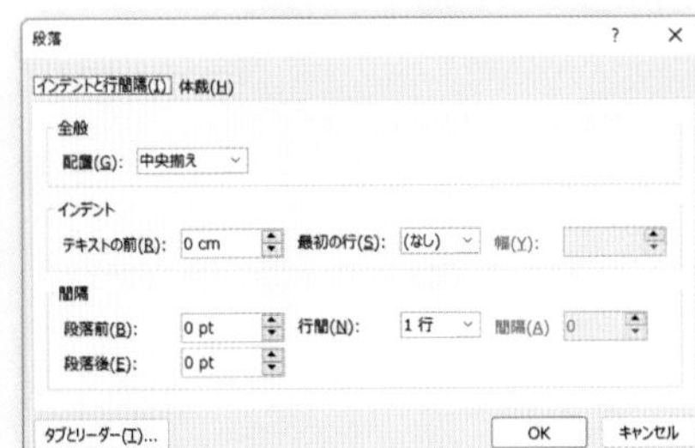

「フォント」「段落」など、文字に関わる書式設定は、「作業ウィンドウ」ではなく独立したウィンドウで設定画面が現れます。テキストボックスを選択しても、「作業ウィンドウ」ではフォントを変えたり行間を変えたりできないので、注意しましょう。

PowerPointの基本機能

オブジェクトの重なり

「オブジェクトの選択と表示」の機能を使うことで、オブジェクトの上下関係（重なり）や表示／非表示、ロック／ロック解除を個別に設定することができます。複雑なレイアウトやイラストを作成するときなど、オブジェクトを多く配置するときに重宝します。

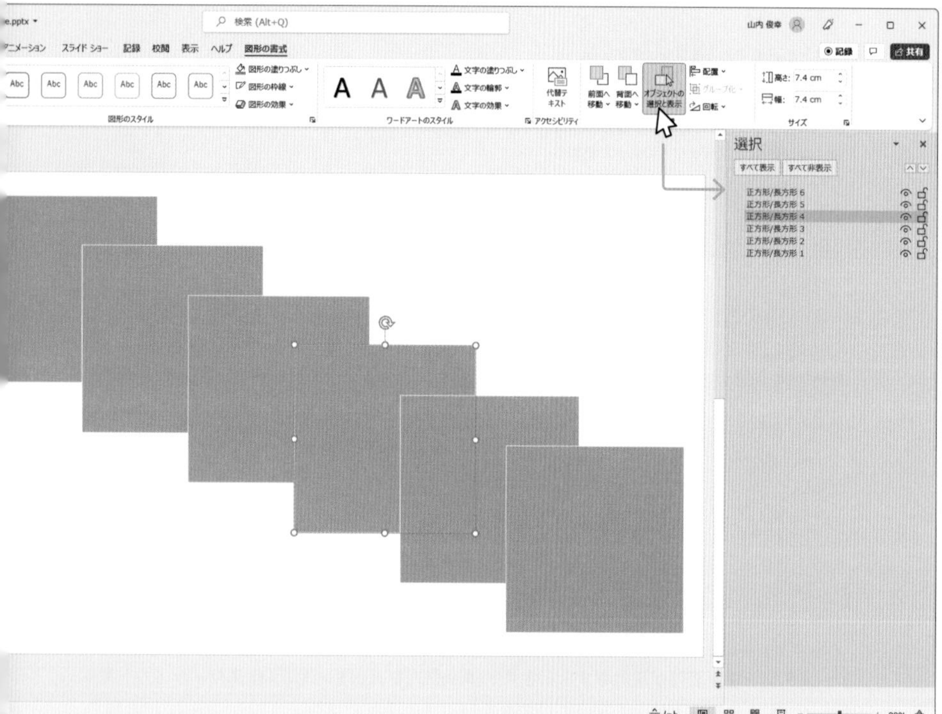

オブジェクトを効率よく管理する

「オブジェクトの選択と表示」でできることは、オブジェクトの上下関係を個別に管理すること、各オブジェクトの表示／非表示を変更すること、各オブジェクトの編集の可否（ロック）を変更することの3点です。

PowerPointでは、オブジェクトを作成（または挿入）した順に上に重ねて表示されます。コピー＆ペーストなどで複製したときも同様です。そのため、複雑なレイアウトやイラストなどを作成していると、オブジェクトの重なりの管理が必要になることがあります。

右クリックのメニューにある「最前面へ移動」「最背面へ移動」でも調整することができますが、「オブジェクトの選択と表示」では各オブジェクトの重なりをドラッグ＆ドロップで変更できます。より効率よく管理するためにも、ぜひ活用してみましょう。

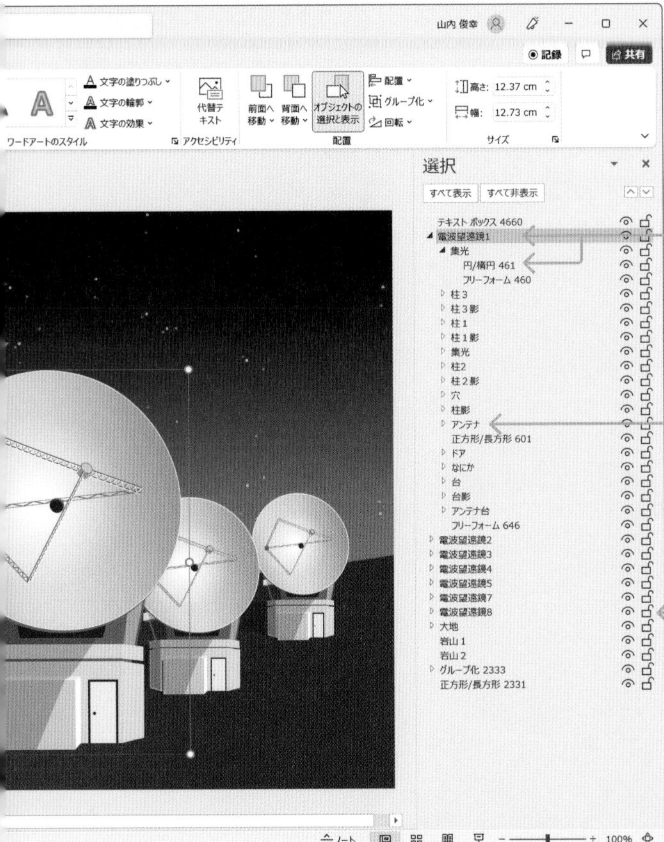

グループ化でオブジェクトを
効率よく整理でき、
グループは入れ子に
することもできる

管理が必要な範囲だけでも
名前をつけておくと、
後日の再編集がラクになる

特定のオブジェクトやグループを
ロックして編集されないようにする
機能も追加された

「グループ化」と「名付け」で整理する

「オブジェクトの選択と表示」はオブジェクトの上下関係を管理する機能にとどまっており、Adobe PhotoshopやAdobe Illustratorなどのプロ用ツールで標準的な「レイヤー機能」には相当しません。そのため、「特定のオブジェクト群をまとめて管理」するためには「グループ化」を活用するのがオススメです。Ctrl＋Gで任意のオブジェクトをグループ化できるほか、グループは入れ子にすることもできます（入れ子とは、グループ化したものをさらにグループ化すること）。

グループ化したオブジェクトは、「オブジェクトの選択と表示」で「グループ内のオブジェクトの上下関係」も整理できます。ただし、グループ内のオブジェクトをグループ外に取り出すことはできず、一度グループ化を解除する必要があります。

複雑なビジュアルをつくる際は、グループ化したオブジェクトの数も増えてくるはずです。「オブジェクトの選択と表示」でそれぞれの名前を変更できるので、あとで再編集がしやすいようにわかりやすく名付けもしておくと良いでしょう。

PowerPointの基本機能

グリッドとガイド

オブジェクトの配置を正確に、かつ効率よく行うのに便利な機能が、グリッドとガイドです。配置の目安となるだけでなく、オブジェクトをグリッドやガイドにスナップさせる機能をオンにすることで、意図しないズレを防ぐことができます。

マウス操作を正確に行う補助

レイアウト作業において「意図しないズレ」は理解の阻害にもつながるうえ、見た目にも美しくなく、極力避けたいことのひとつ。このズレをマウス操作でなるべく防ぐことができる機能が、「グリッド」と「ガイド」です。

「グリッド」は、格子状に仮想の補助線を引く機能で、「描画オブジェクトをグリッド線にあわせる」のオプションをオンにすると、オブジェクトが補助線にスナップするようになります。格子の間隔は最小値0.1cmから0.01cmごとに設定可能。なお、Ctrl＋矢印キー、またはAlt＋マウスドラッグでグリッドへのスナップを無視することができます。

「ガイド」は、自分で補助線を自由に引くことができる機能で、こちらもオブジェクトをスナップさせることができます。余白やオブジェクトの位置を揃えるために使うほか、グリッドシステム（#1-14参照）でも使います。また、スマートガイドをオンにしておくと、他のオブジェクトとの距離を自動的に比較して配置をサポートしてくれます。

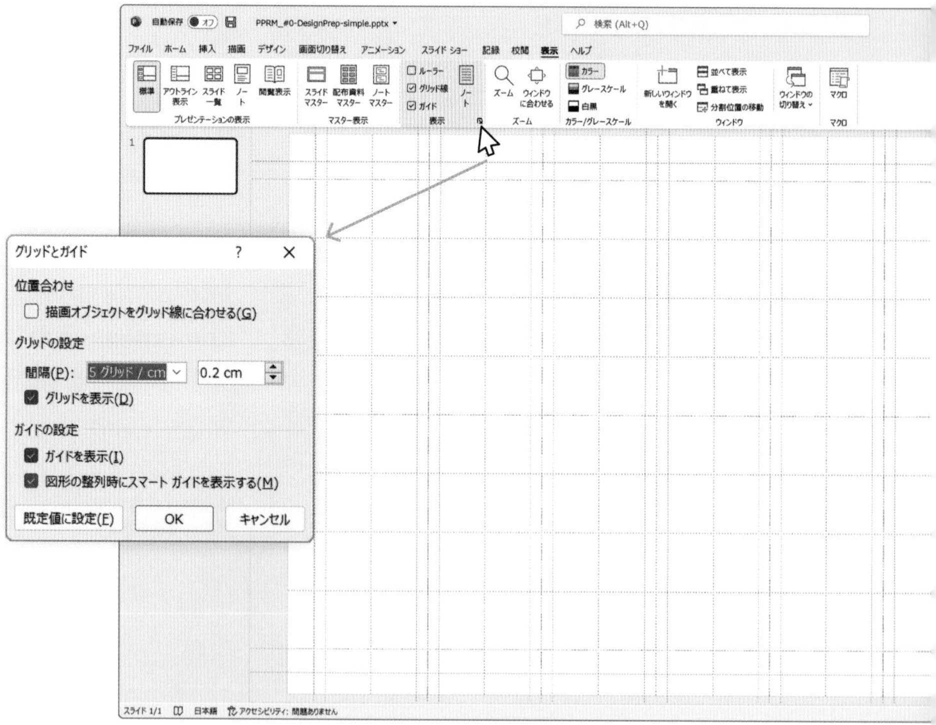

グリッドとガイドのオススメ設定

「伝えるビジュアル」の制作において、レイアウト作業時に起こる「意図しないズレ」を未然に防ぐことは欠かせません。

そのため、「グリッドとガイド」の設定にあるオプションを全部オンにしたうえで、グリッドの間隔を最小値である0.1cmにするのがオススメ。もしグリッドを無視したい場合は、前述の通り Ctrl ＋矢印キー、または Alt ＋マウスドラッグで操作すればOKです。

ガイドは、「編集中に間違えてガイドを動かしてしまう」ミスを避けるために、スライドマスターに設定してみましょう。スライドマスターのガイドは赤い線で表示され、スライド編集画面で設定できるガイドとは区別して使うことができます。

オプションは全部オン

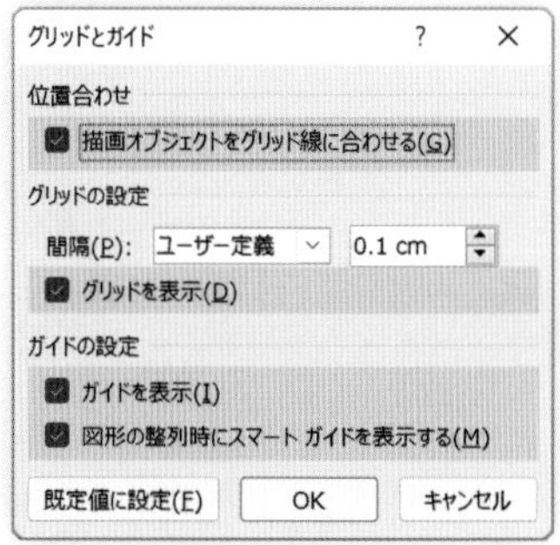

ガイドはスライドマスターに設定する

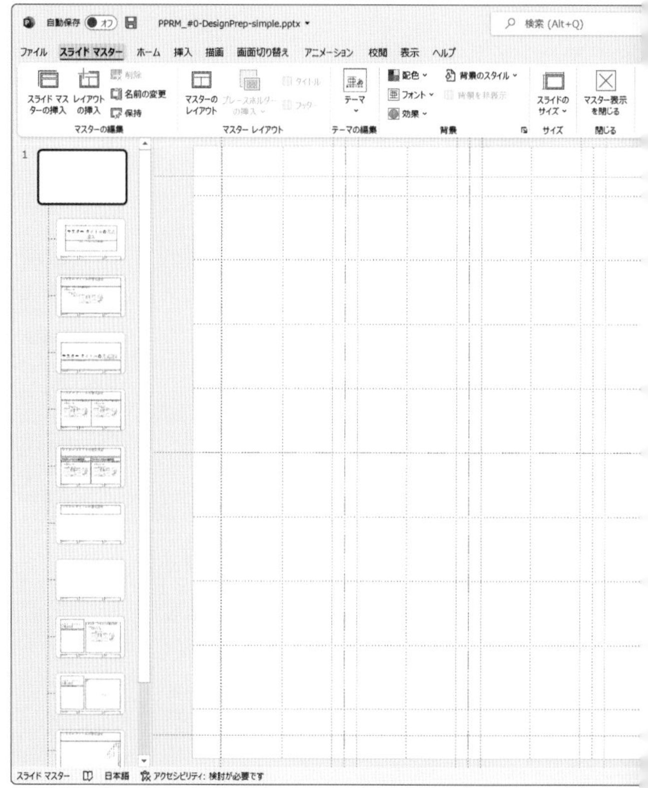

オススメ設定でのグリッドの挙動

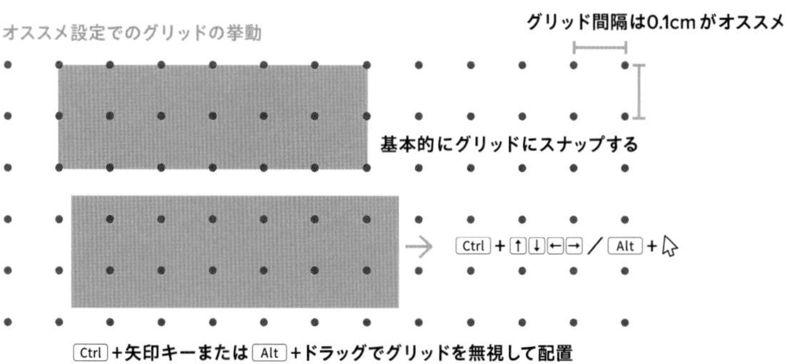

PowerPointの基本機能

ファイルのオプション設定

PowerPointは、ソフト全体の設定とファイルごとの設定、両方ともを変更することができます。特に、保存やフォント、画像の解像度、印刷まわりの設定は、ファイルごとに適切に設定しておけば、不慮のミスで取り返しのつかないことになる、といった事態を防ぐことができます。

「ファイル」タブの左下、「オプション」から「PowerPointのオプション」を表示

ファイルごとに設定を確認しておいた方が良い項目

自動保存やフォントの埋め込み、画像解像度、印刷について設定しておくことで、PowerPointが意図しない挙動をして重大なミスにつながることを防ぐことができます。特に保存にまつわる設定はミス防止に直結するため、ファイルを作成した際に毎回設定を確認するようにしましょう。

「保存」にまつわる設定

プレゼンテーションの保存

✓ ソフトが強制終了したときの自動回復用データの保存時間間隔
（ファイルの複雑さとマシンスペックに合わせて時間を設定／5〜10分程度を推奨）

フォントの埋め込み

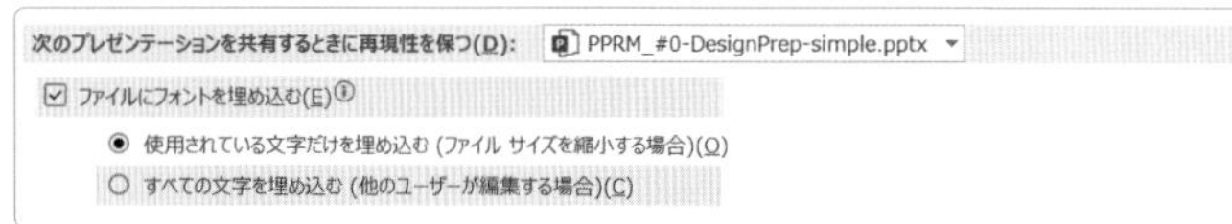

✓ ファイル内で使用しているフォントを埋め込む
→再編集するなら「すべての文字を埋め込む」にチェック

! フォントによって、埋め込みの可否、再編集の可否が異なる

フォントごとに埋め込みのライセンスが細かく定められており、
ファイルを共有する際は、問題なくフォントの埋め込みができているか
確認が必須（#2-20を参照）

「詳細設定」にまつわる設定

イメージのサイズと画質

✓ 特別な理由がない限り、「既定の解像度」は「高品質」のままにする
✓ 印刷所で印刷する場合は「ファイル内のイメージを圧縮しない」にしておくと無難
✓ どうしてもファイル容量を下げたいときのみ、解像度を変更する

印刷

✓ チラシやポスターなど、キレイに出力したいときは「高品質で印刷する」にチェック

PowerPointの基礎知識

パワポの単位と解像度

PowerPointは「画面上で表示する」プレゼンスライドを制作するツールでありながら、「印刷・出力する」用途にも対応する仕様となっています。そのため、使用される単位は画素数である「px（ピクセル）」ではなく、長さの単位「cm（センチメートル）」または「pt（ポイント）」が使われます。

パワポの単位は「px」ではない

「画面上で表示する」ことを前提とした編集ソフトは単位に「px（ピクセル）」を採用することが多いのに対し、PowerPointは「cm」を採用しています（厳密にはWindows OSの単位設定に従います）。

そのため、「px」を単位とする画像や動画は、各ファイルに設定されている画像解像度（ppi）をもとに「cm」に換算され表示されています。例えば同じ500pxの画像でも、96ppiなら13.23cm、350ppiなら3.63cmと異なるサイズで挿入され、挿入後にリサイズすると（ピクセル数は一定のため）解像度が変動します。引き伸ばしすぎて解像度が低くなると、高解像度のディスプレイや印刷したときに「ぼやけて」見えてしまうため注意が必要です。

なお、スライドの出力先（ディスプレイ、プロジェクター、印刷など）によって表現可能な解像度の物理的な限界が異なります。画像を圧縮してファイル容量を下げる場合、出力先に合わせて解像度を選択する必要があります。詳しくは#6-15を確認してみてください。

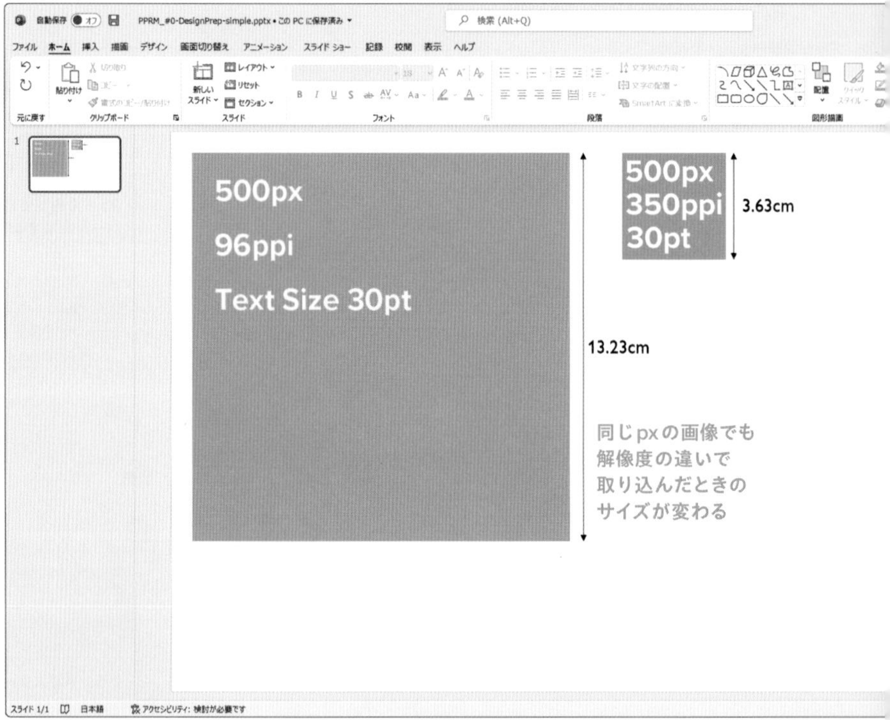

関連した項目・ページ #6-15 page 346-349
［PPTの仕様］画像サイズと解像度の変更

数値で設定できる最小値

オブジェクトのサイズや位置、文字のサイズなど様々な設定項目で数値指定を行えますが、単位によらず、オブジェクトのサイズや位置に関わる数値は0.01間隔、文字サイズは0.1間隔で入力可能です。それ以下の数字は四捨五入されます（「%」や角度などは整数値のみに制限されます）。

代表的な設定項目の最小値

オブジェクトのサイズ	0.01cm（0.1mm）
オブジェクトの位置	0.01cm（0.1mm）
線の太さ	0.01pt
文字のサイズ	0.1pt
回転角度	1°
透明度	1%

※最小値以下の数字は四捨五入
※「1pt」は「1/72インチ」であり、「約0.35mm＝約0.035cm」

数値よりも細かく調整する

マウス操作：Alt ＋マウスドラッグ／キーボード操作：Ctrl ＋矢印キーで、数値指定よりもさらに細かく調整が可能です。ただし、これらで動かせる最小値は「Windows OSで設定しているディスプレイ解像度での1px分」、つまり「ディスプレイが表現可能な最小単位、ディスプレイパネルの画素1px分」です（注：あくまで筆者検証による推定）。「最小〇〇cm」という値はなく、PowerPointでの編集画面の拡大率（最大400%）と、Windows OSでのディスプレイの「拡大/縮小」の設定によって調整量が変わります。つまり、使用しているPC環境によって調整量が変わるので、微調整目的以外では使わないようにした方が、ファイル共有時の事故を防げるかもしれません。

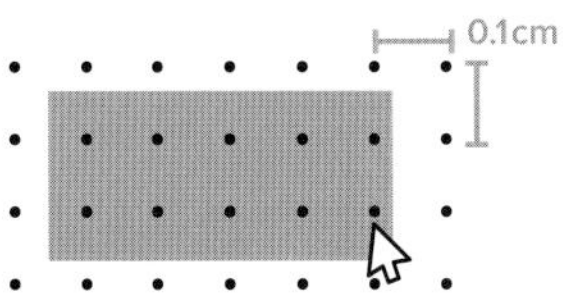
0.1cm

パワポの編集画面の拡大率400%、Windows OSの設定でディスプレイの「拡大/縮小」が100%のときに Ctrl ＋ ↑↓←→ ／ Alt ＋ [ポインター] で約1/16mm（0.0625mm）動く

画像解像度とは？

「画像を表現するための最小ドットの数」である「px（ピクセル）」が、実世界における1インチにどれだけ詰め込まれているか（ピクセルの密度）を画像解像度と呼びます。「ppi (pixel per inch)」の単位が用いられ、基本的にppiが高いほどより鮮明に描画できます。

　画像解像度が低いと画像がぼやけて見えてしまう一方で、高すぎても人間の目では判別できず意味がありません。実際に出力できる物理的な限界（性能）もふまえて、印刷物は350～400ppi、ディスプレイは96ppiが目安です（Windows OSの標準解像度は96ppi）。ただし、近年ではスマホを中心に300ppiを超える高解像度なディスプレイも普及しています。そのため、PowerPointの設定にもある330ppiを画像解像度の目安と覚えておくと良いでしょう。

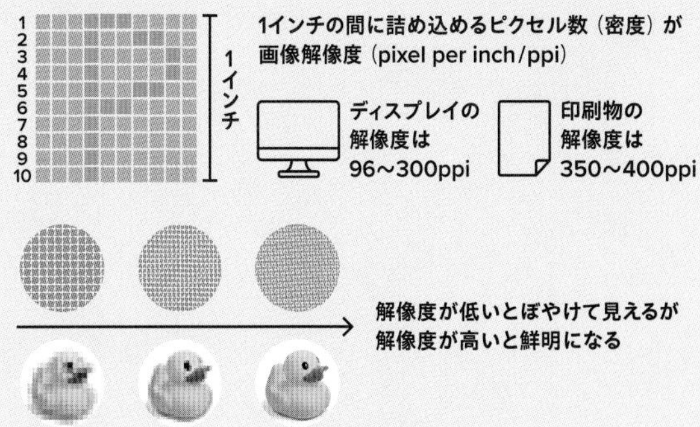
1
2
3
4
5
6
7
8
9
10
1インチ
1インチの間に詰め込めるピクセル数（密度）が画像解像度（pixel per inch/ppi）
ディスプレイの解像度は96～300ppi
印刷物の解像度は350～400ppi
解像度が低いとぼやけて見えるが解像度が高いと鮮明になる

Designing #1

LAYOU

レイアウト

T

ビジュアルをつくる最も基本で、かつ「伝える」ために最も重要な要素であるレイアウト。
文章やイラスト、色、写真などを配置していくことは、伝えたい情報（ピース）を慎重に組み上げていく積み木のようなもの。うまくいけば抜群の魅力をまとってメッセージが伝わるものの、どこかにひずみがあると何も伝わらないデザインになってしまう……なんてこともありえます。
でも、怖がる必要はありません。最も基本的な要素だからこそ、誰もが習得できる基礎知識と技術があります。本章では、レイアウトが「情報デザイン」であるという視点から、基礎知識と技術、その先の応用と、PowerPointで実践するためのノウハウをまとめています。まずは基本から。がっつり習得していきましょう！

レイアウトは「伝わり方」をつかさどる

「目で見て」「理解する」しくみを デザインの視点で考えてみる

レイアウトとは、文字や写真などのビジュアル要素をキレイに配置していくこと……ではありますが、その本質は「美しさ」にありません。メッセージがビジュアルとして伝わるよう「情報を整える」ことが本当の役割です。

ここの「情報」とは、内容のことだけではありません。色や形といった見た目、そこから読み取れる意味、意味が折り重なり解釈ができる趣旨。これらの全てが「情報」であり、私たちは無意識のうちに脳内で処理をして、最後の“趣旨”だけを汲み取り、内容として理解しています。

レイアウトとは、いわば相手に余計な負荷をかけないように伝える情報を整えていくこと。情報の「伝わり方」、つまり「理解のされ方」に合わせて、お邪魔な情報を減らし、必要な情報を最大化してつくっていきます。この考え方は伝わるビジュアルづくりにおける基礎中の基礎。しっかり覚えてくださいね！

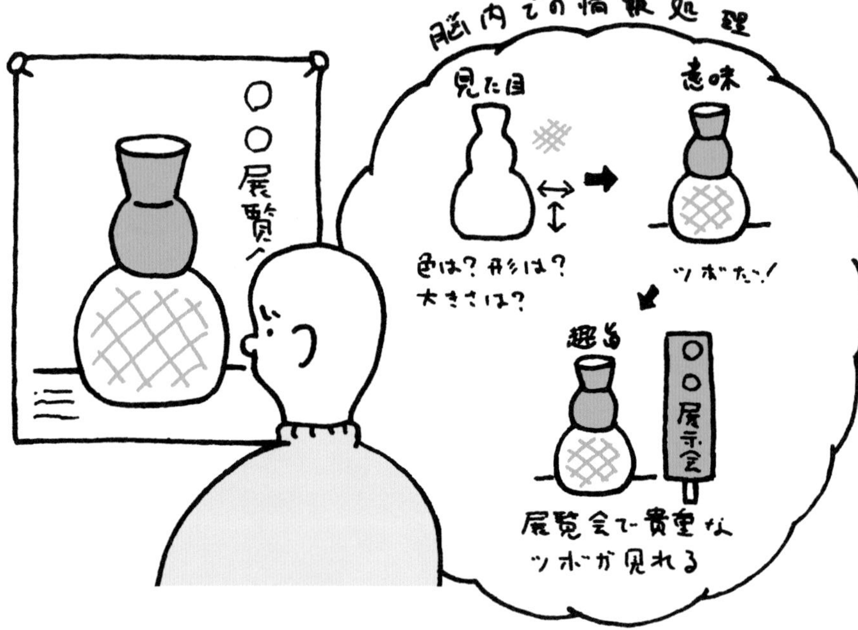

「伝わり方」＝「理解のされ方」
“目で見た”ものを脳内で処理する
負担を軽くするのがレイアウト

私たちはレイアウトされたものを見たときに、無意識に脳内で高速に処理することで理解しています。「伝わらない」「わかりづらい」と感じたとき、その原因は脳内処理に余計な負担がかかるノイズが混ざってしまっている点にあります。

脳内で処理される、情報の「伝わり方」のざっくり3ステップ

例えば：新商品の発表会でこのスライドを見たとき…

「見た目」から「意味」を汲み取りつつ、文脈も合わせて「趣旨」を理解する

私たちの脳は非常に優秀。目で見たものから姿・形・大きさなどを細かに把握し、それがどのような意味を持つのか分析したうえで、不要な情報はバッサリ切り捨て、文脈を含めつつ重要な情報のみを“理解”する、という芸当をほんの一瞬で、しかも連続で行い続けています。当然、その処理はかなりの負担がかかっています。

この脳内処理の負担を軽くして、伝えたいメッセージに集中できるよう整えていくのがレイアウトの真の役割。「レイアウトの基本」も、余計なノイズを減らしたり、人間の本能を応用して見る順番を誘導することで、処理の負担を軽くするための定番技術なのです。

Step 1 「見た目」そのものが伝わる

色、形、位置、大きさ、長さ、角度など
純粋な「見た目」が相手に伝わる

ここで伝わらないのは…
色や形が多すぎて視認できず、
脳の処理も追いつかない

使われている色

使われている形
（文字も形として捉えている）

大きさや位置の関係

Step 2 見た目が持つ「意味」が伝わる

相手がもつ知識や経験、背景などをもとに、
ビジュアルから意味を汲み取って理解する

ここで伝わらないのは…
初めて見た、複雑すぎるなど
見た目から意味を推測できない

写真と位置、サイズから
ヘッドホンがここでの
主題だと伝わる

アイコンの形から
“バッテリー”などの
意味が伝わる

RYTHMYTICA
WIRELESS ANC

文字からは
言語として意味が伝わる

Step 3 意味が集まり「趣旨」が伝わる

相手の置かれている状況、関係のある国、
言語、文化、共通認識などの“環境”が、
見た目が持つ「意味」の集まりと合わさって
「趣旨」として相手に伝わる

ここで伝わらないのは…
背景知識や文脈と乖離しすぎて
ビジュアルから読み取れない

ビジュアルで伝える「主役」を考える

メッセージを伝える主役には スポットライトをしっかりとあてよう

レイアウトをするとき、メッセージを確実に伝えようとするがあまりに文章や写真、イラストをたくさん配置してしまい、かえってわかりづらくなる……なんて経験はないでしょうか。

レイアウトは、映画やドラマと同じ。スポットライトをあてた「主役」がメッセージをはっきり語ることで、相手は安心して受け取ることができます。それは、どの「舞台」でも変わりません。プレゼンスライドも、資料も、チラシも、ポスターも。ページを見たときに「主役」がわかることが、わかりやすいレイアウトの第一歩です。

主役だけが大切なのか？　そんなことはありません。脇役がいることで、主役が引き立ち、ストーリーが語られます。役者を増やしすぎず、注目すべき主役を立て、メッセージ語らせるのに必要な脇役を配置するのが、レイアウトなのです。

メッセージを語る主役を決めて スポットライトをあてよう

映画やドラマで主役がいるように、レイアウトにもメッセージを語る主役を決めてスポットライトをあてると、相手もメッセージをどこから受け取っていいかわかりやすくなり、伝わりやすいレイアウトにつながっていきます。

主役に当てるスポットライトで、伝わり方が変わる

「全員が主役」だと、
何を見ていいかわかりづらくなる

文章(タイトル、キャッチ、リード)と
6枚の写真が均等に配置されているため
相手は何をメッセージとして
受け取って良いか困惑してしまう

! スポットライトをあてるときは
「視線の誘導」のテクニックを使おう

#0-07で紹介した
・左上から右下へ
・サイズの大→小
・コントラストの大→小
を組み合わせて
真っ先に視線が向く
ところに主役を
配置してみよう

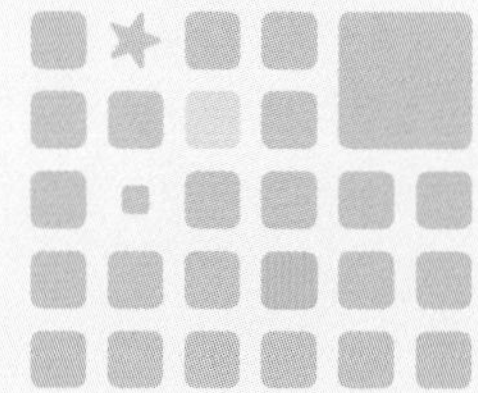

キャッチと猫の写真を主役として
スポットライトをあてる

タイトルと橋の写真を主役として
スポットライトをあてる

「街の中の文化」がメッセージとして伝わりやすくなる

「東京を発見すること」がメッセージとして伝わりやすくなる

ブロックのように「伝わり方」を組み上げる

**文章、写真、イラスト、配色…
ビジュアル要素をバランス良く組み上げる**

レイアウトの実際の作業は、メッセージが伝わるよう文章や写真、イラスト、配色などのビジュアル要素を配置していくもの。適当に置けばいい感じになる……なんてことはなく、無限の可能性の中から自分の考えるベストなバランスを探っていく必要があります。

その探索は、ブロック組みと似ています。よく考えず適当に組み立てると、バランスがとれず最終的に全てが崩れてしまう。そんなことがないように、土台を固め、大黒柱を立ててから、絶妙なバランスを見つけつつ装飾を施していく……レイアウトでも全く同じです。

目的やターゲットなど、下ごしらえで準備した全てを土台にして、最も象徴的に伝えられる“主役”を大黒柱にしつつ、理解に必要な「情報」たちのバランスを見ながら適度に配置していく。優先度の付け方がキモになってきます。

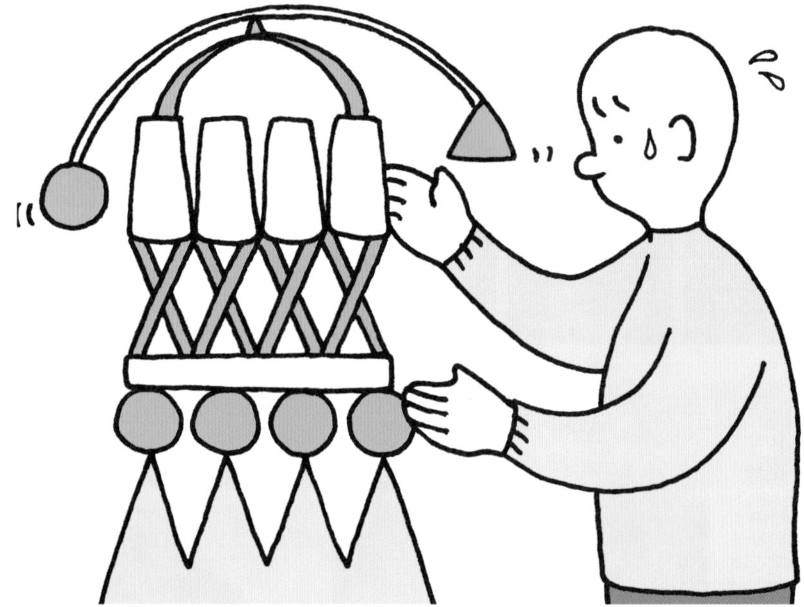

**自由すぎる配置の可能性を
土台と大黒柱で固めて
バランスを保てるようにしよう**

本来は、真っ白なカンバスにビジュアル要素を配置する方法に何も制限はありません。しかし、ブロックと同じく自由と無計画は別物。土台と大黒柱で自分の中の“制約”をつくり、それを基準に全要素を配置する絶妙なバランスを探っていきます。

下ごしらえ（目的・ターゲットなど）を土台に、“主役”を大黒柱にすえながら、理解に必要な情報をバランスが崩れないように配置していく

**配置するビジュアル要素は、
組み立てるブロックのようなもの**

写真の要素

ロゴや見出しの要素

LUNE INFORM

ルーンインフォーム

UNIVERSE

説明文の要素

時間からの解放。
流れる時を身に纏いながらも私たちの意思に
介入することはない、その佇まい。仕事にプライベートに、
時間に縛られる暮らしを強いられるからこそ必要なリストウォッチ。

ユニバース
日本・東京・新宿、渋谷、梅田、札幌

問い合わせ
0000-000-0000

**ブロック要素の組み立て方の可能性は無限大
“主役”を大黒柱にしながら、全ての要素がバランス良く配置できる組み合わせ方を探索していく**

装着イメージを大黒柱にしてレイアウト

時計のディテールを大黒柱にしてレイアウト

レイアウトの基本

揃える

基準を決めて、位置やサイズ、間隔や方向を揃える

レイアウトにおいて最も基本かつ重要なスキルが「揃える」ことです。複数の要素を配置したとき、ひとつを基準として位置やサイズ、間隔を揃える。これだけで、レイアウトの質が上がります。

揃える理由は、美しさを演出することだけではありません。ビジュアルで正しく意味を読み取れるようにすることが本当の狙いです。「ズレ」という余計な雑念（情報）を取り除き、要素同士の関係をはっきりさせることで誤解や誤読を防ぎます。相手がレイアウトされたもの見るほんの数秒の間に、確実に「伝わる」ようにするための重要な役割をこの基本技術が担っています。

ただし、あらゆる要素を揃えすぎると、主役不在で単調なレイアウトになってしまいがち。後述するコントラストとして適度に崩すことも念頭に置きつつ、他をなるべく揃えてみましょう。

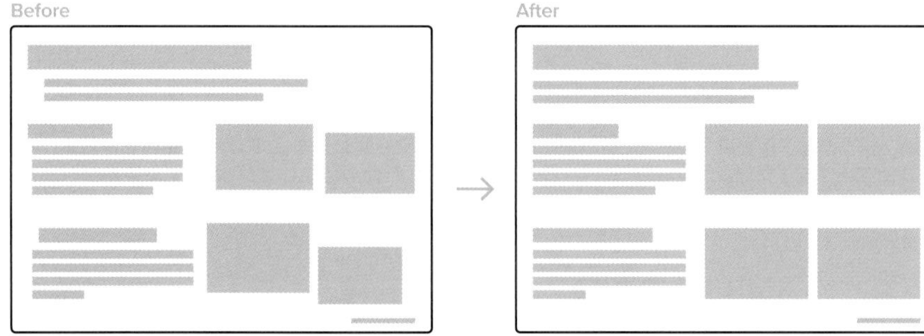

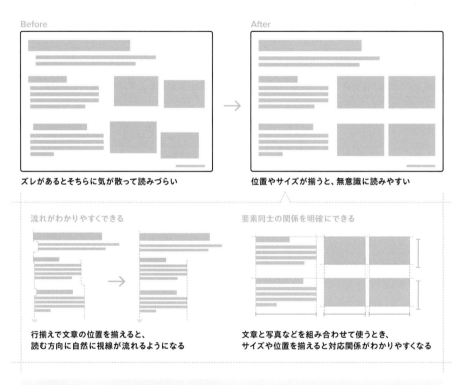

ズレがあるとそちらに気が散って読みづらい

位置やサイズが揃うと、無意識に読みやすい

流れがわかりやすくできる

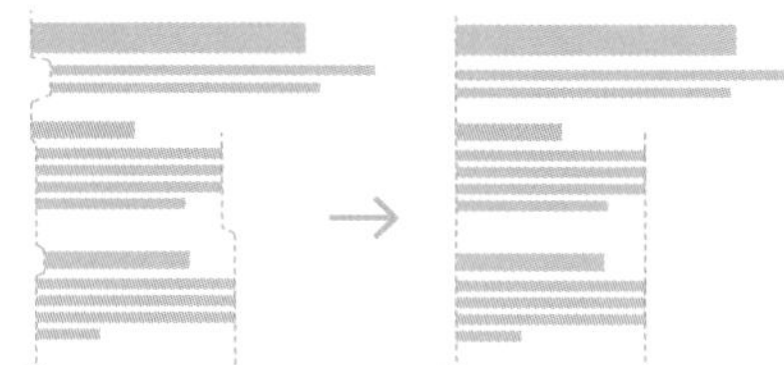

行揃えで文章の位置を揃えると、
読む方向に自然に視線が流れるようになる

要素同士の関係を明確にできる

文章と写真などを組み合わせて使うとき、
サイズや位置を揃えると対応関係がわかりやすくなる

デザインのポイント

- 違和感や誤解につながる、ズレという余計な「情報」をなくす
- 要素どうしの関係を明確にして、視線を自然に流れるようにする
- 整然とした美しさを演出する

レイアウトで「揃える」方法

位置を揃える

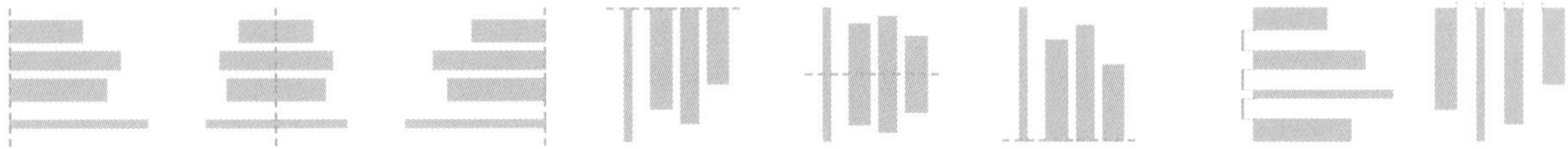

サイズを揃える

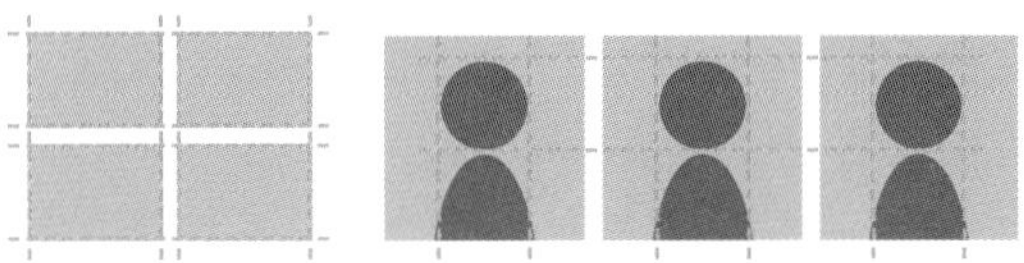

形や向きを揃える

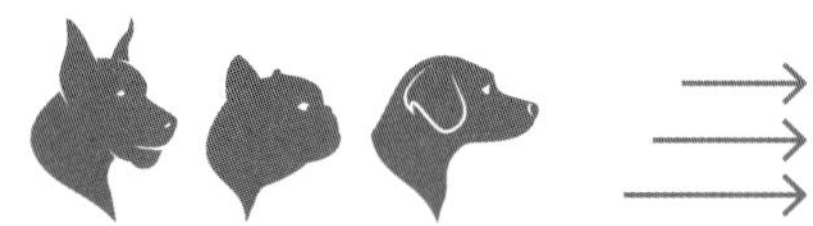

複雑なカタチの図形を揃える

人間の目はわずかなズレも感じ取るほど繊細である一方で、数値的に正確でも錯視や重心の位置によってズレて見えてしまうことがあります。

　丸いものやとがったモノなどは基準線に並べると浮いて見えるため、錯視を考慮して基準線から少しはみ出すようにずらすとキレイに並んで見えます。また、三角形は高さに対して重心の位置が低いため、整列時は重心を基準にすると安定して見えます。レイアウトで最後に信じられるのは、数値ではなくあなたの「目」なのです。

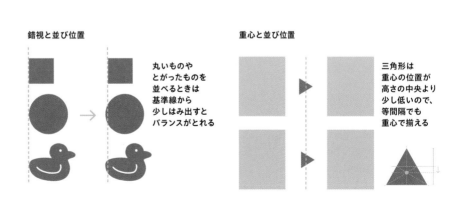

錯視と並び位置

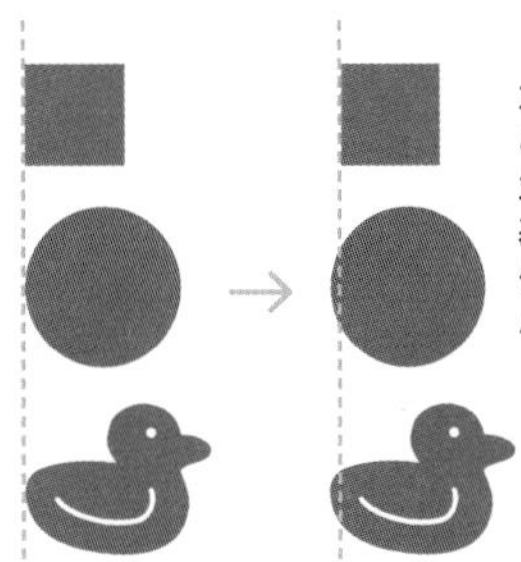

重心と並び位置

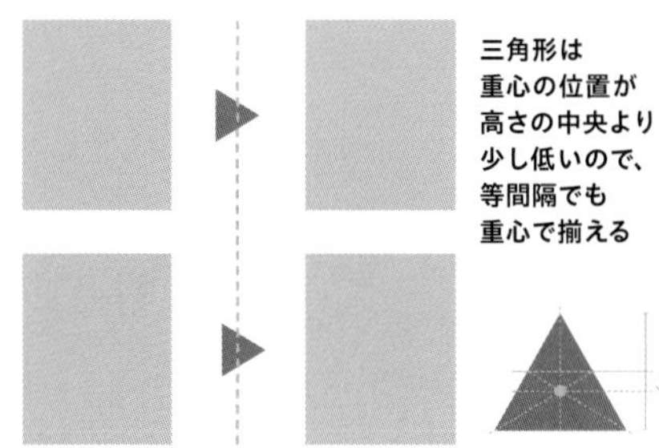

レイアウトの基本

グループ化する

同じ情報を扱う要素を ひとつのまとまりに見えるようにする

要素を配置していくとき、文章、写真、イラストなどが全てバラバラの情報……なんてことはほぼありません。写真に対する説明、タイトルに対する詳細文など、同じ情報（属性）のカタマリが生まれてくるはず。そのようなカタマリを見た目でも表現するのがグループ化です。

グループ化のコツは、同じ属性の要素の距離、色、形などを共通の見た目で統一しつつ、他の属性と差をつけること。特に要素同士の距離が重要で、近いほど同じ属性の要素として、離れているほど異なる属性の要素として見えます。

ただし、限られたサイズの紙面内では、距離だけでグループ化するのが物理的に難しいことも多々あります。そのときは、色やカタチ、囲み線、背景などを組み合わせてグループを補強してみましょう。ただし、やり過ぎるとかえって煩雑になってしまうことには注意が必要です。

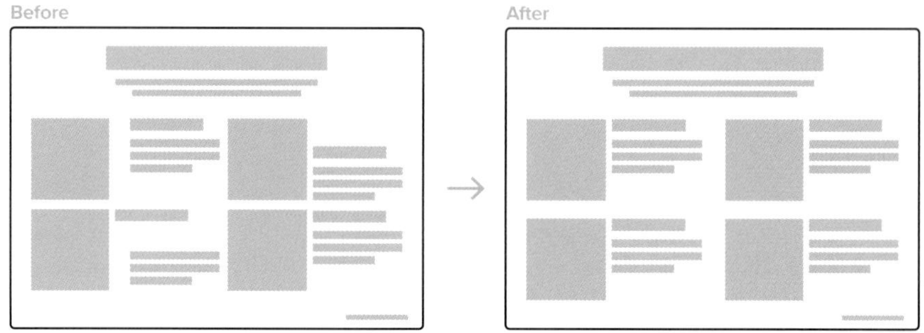

まとまりがないと要素同士の関係がわからない

同じ情報の要素がそれぞれまとまって見える

関連性の最小単位をつくれる

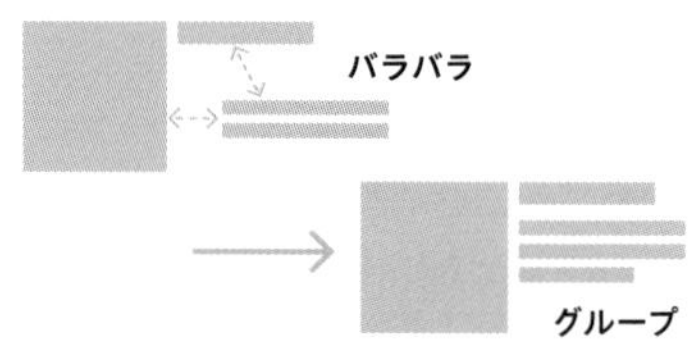

距離を近づけたり色·形を揃えてグループ化すると
セットで見てほしい最小単位のカタマリをつくれる

情報のグループごとに区別もつくようになる

グループ化したもの同士、余白をあけて配置すれば
異なるカタマリとして読みやすくなる

デザインの
ポイント

- 必ずセットで見てほしい最小単位のグループをつくる
- グループ同士は別物だとわかるように余白を十分にあける
- 「揃える」と「グループ化」はセットで実践する

レイアウトで「グループ化」する方法

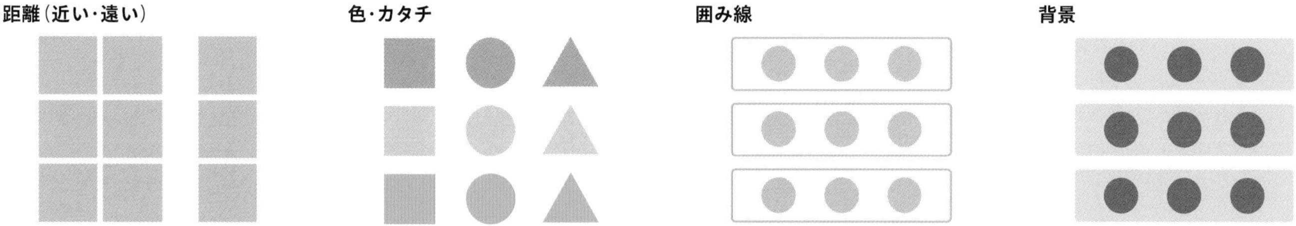

グループ化したい要素は近づけて、異なるグループの要素は遠ざける

要素の色やカタチを同じもので統一するとグループ化されて見えやすくなる

囲み線や補助線があると、線で分けられた要素でグループ化できる

グループ化したい要素ごとに背景をつけるとグループ化できる

グループ化は「距離（近い・遠い）」が基本

要素をひとつのグループに見せる方法はいくつかありますが、基本的に要素同士の距離の近い・遠い（＝余白の差）のみで完結できるのが理想です。

余白以外でグループ化する方法は、色や線を新たに追加して明確に分けるものがあります。ただし、どんどん線を追加していくと、本来必要なかった余計な「見た目」が増えてしまい、煩雑なレイアウトになってしまいます。

なるべく余計な情報を減らしすっきりと伝えられるようにするためにも、まずは余白の差だけでグループ化を試み、難しければ他の手法を試してみるのがオススメです。

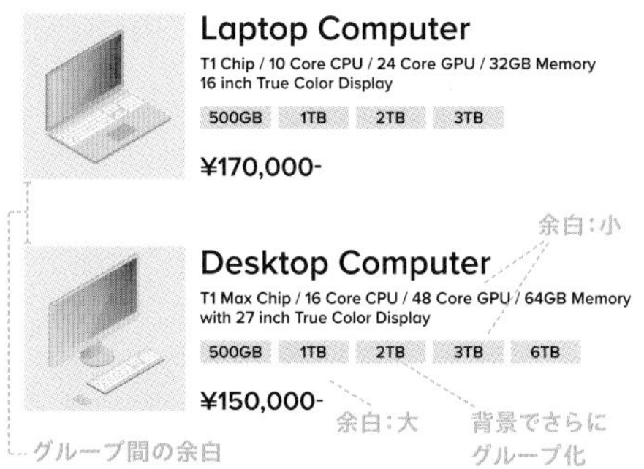

基本的に要素同士の近い・遠い（余白の差）でグループ化し余白で差がつかない部分は背景などを使ってまとめる

罫線や囲み線などはグループを示しやすいものの、使いすぎると煩雑になり、かえってわかりづらくなる

レイアウトの基本

くりかえす

同じ情報を扱う要素は
同じ見た目をくりかえして統一する

揃えやグループ化でうまく要素を配置できていても、グループごとにバラバラの見た目をしていると、全て独立した意味を持つように見えてしまいます。

大切なのは、同じ属性（括り）の情報を持つグループに同じスタイルをくりかえして使い、属性ごとの見た目を統一すること。例えば、リスト表示やサムネイル表示のように並列・俯瞰して見比べるレイアウトでは、スタイルをくりかえしたグループが同じ属性（括り）であるとすぐに伝わります。

また、スライドや文書といった複数ページにわたるものの場合、ページをまたいで共通する要素のスタイルを統一してみましょう。いわゆる“フォーマット”としてページ番号やタイトルなどの位置や見た目をくりかえせば、全体のイメージを統一しつつ「必要なときだけ参照できる」情報を配置できます。

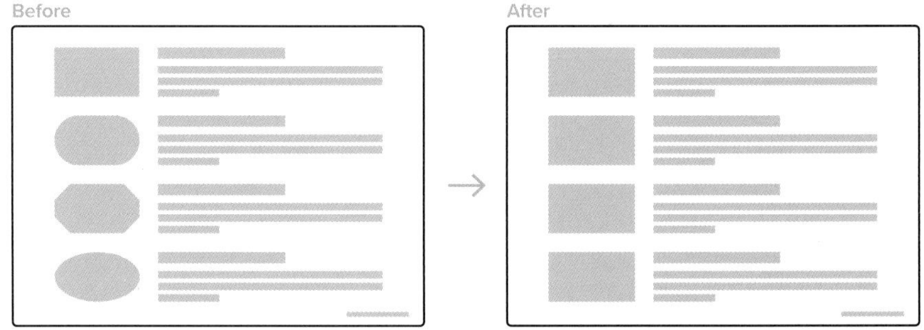

それぞれの項目が独立しているように見える

同じスタイルを繰り返すと、属性で見た目が統一される

同じ属性の情報が並ぶときは、同じスタイルにする

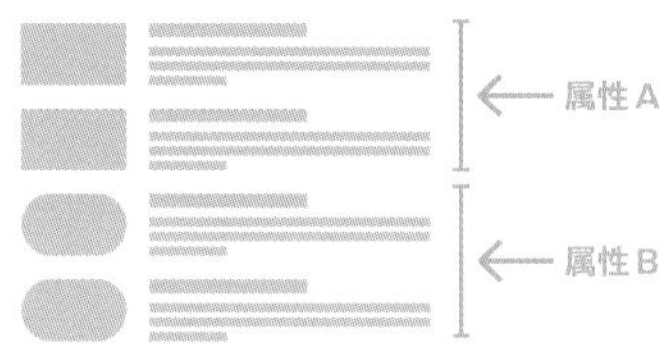

同じ属性（括り）は同じスタイルに統一すると、
異なるスタイルは別の属性に見える

複数ページの同じ場所に、同じ情報をくりかえす

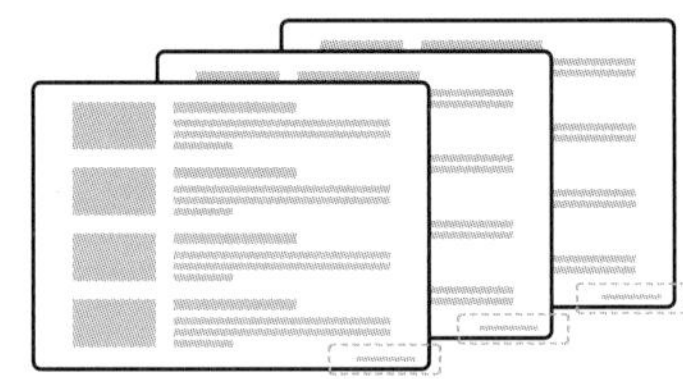

ノンブル（ページ番号）や章タイトルなど、
ページをまたいで同じ情報が並ぶと参照しやすい

デザインのポイント

- 同じ属性の情報は、同じ見た目をくりかえす
- 見た目が異なる場合、別の属性の情報として捉えられる
- 複数ページにまたがる場合は、ページレイアウトをくりかえす

関連した項目・ページ
#1-12 page 104–107 複数の要素を配置する
#1-20 page 124–125 ［PPTの機能］スライドマスターを使う

レイアウトで「くりかえし」が活躍する場面

同じページ内でくりかえす

リスト表示

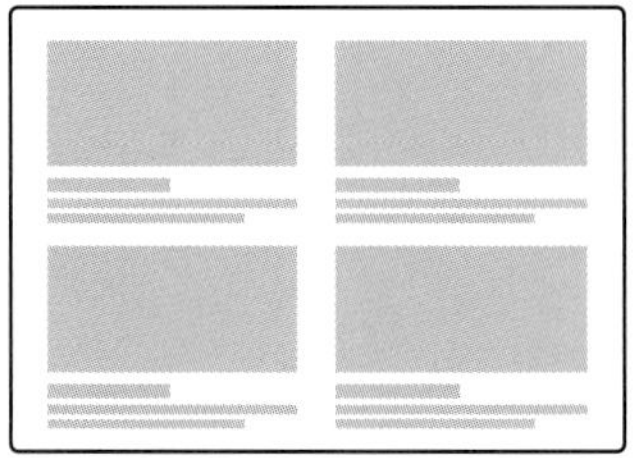

サムネイル表示

文書のチャプター

発表用ポスター

リスト表示のようにすぐ隣に並ぶものでなくても、
くりかえし登場するタイトルやノンブル、装飾などのスタイルを統一すると、
そのスタイルに属性の意味がついて、スタイルを見ただけで意味を理解できるようになる

ページをまたいでくりかえす

ヘッダーとフッター、タイトルの位置を固定

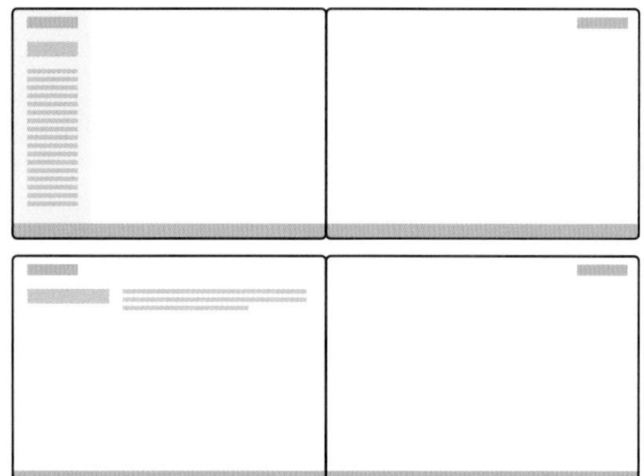

本書のくりかえしのレイアウト
ページ番号や章番号、見出しの位置をくりかえして、統一感と索引性を両立させている

レイアウトの基本

コントラスト

ビジュアル要素に差を付けて主役をよりはっきり目立たせる

配置した複数のビジュアル要素のサイズ、位置、色などに差をつける（コントラストをつける）ことで、一部を強調したりリズム感を生みだすことができます。

ビジュアル要素やグループ化したものを均等に揃えて配置することはレイアウトの基本中の基本であり、整然と美しく見せられる重要な手法。しかし、全てを完全に揃えてしまうと、単調で堅い雰囲気に見えることがあります。“出る杭”が目立つように、揃えた要素のなかの一部を大胆に差別化することで、強調したり、印象づけることができます。

また、差をつけた部分に視線が誘導されることから読解の順番も明確になり、意味づけの緩急が“リズム”を生み出して心地よく・素早く理解しやすくなります。

ただし、「差がつく」ことが大切であり、やり過ぎると逆効果。主役に絞ってスポットライトをあてるのがベストです。

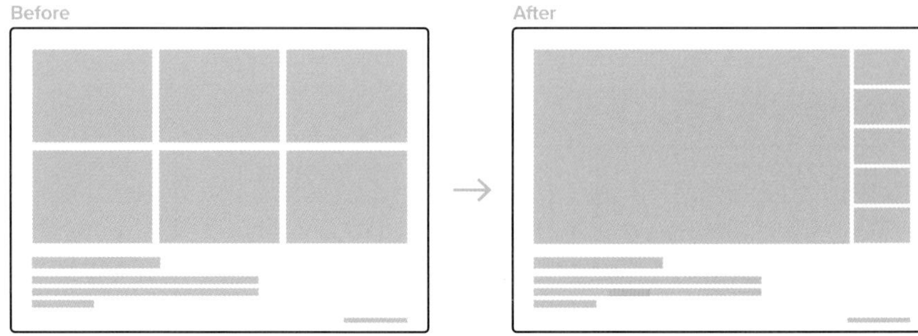

均等に並ぶと、単調に見えて主役も目立たない

要素の扱いに緩急をつけて、主役を目立たせる

サイズや色で差をつけて主役を際立たせる

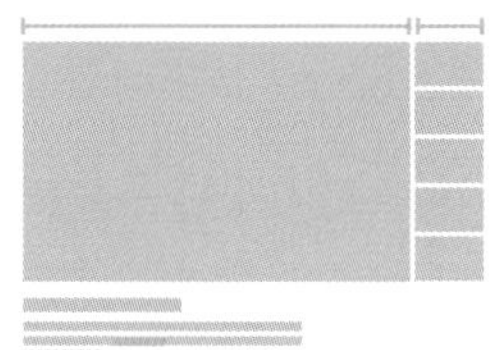

写真やイラストなどを大きく見せると印象的に、
文章の文字を変えると一部を強調することができる

視線の移動を明示することでリズム感を生む

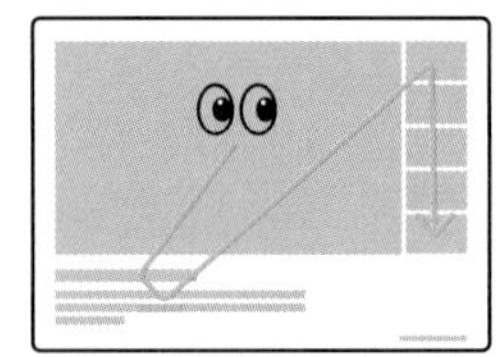

要素間の緩急が視線を誘導し、
その流れ方や意味づけの差がリズム感を生む

デザインのポイント

- 複数の要素の間で差をつけるのが「コントラスト」
- 主役が目立つようにサイズや色などで差別化する
- やり過ぎると目立たなくなるので、要所でのみ差をつける

関連した項目・ページ
#0-07 page 054–055「見る順番」で整える
#3-12 page 210–211 色の見やすさと機能性

レイアウトで「コントラスト」をつくる方法

サイズの差をつける

タイトルのサイズを大きくして緩急をつける

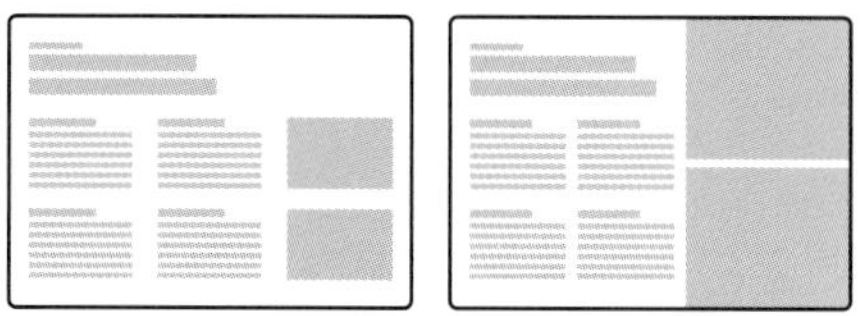

写真を背景として大きく見せる

色の差をつける

文章の一部の色を変えて強調する

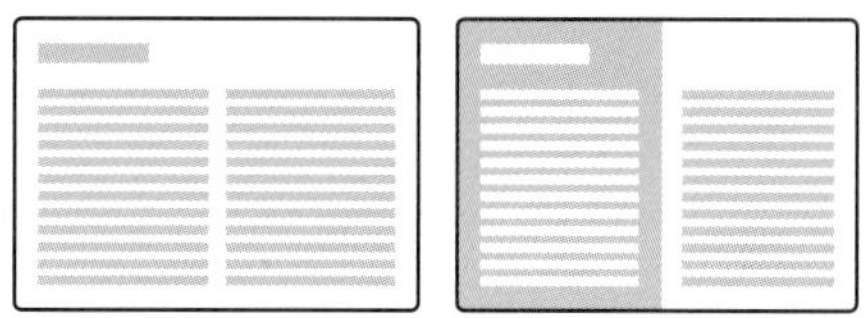

背景の色を変えて強調する

位置の差をつける

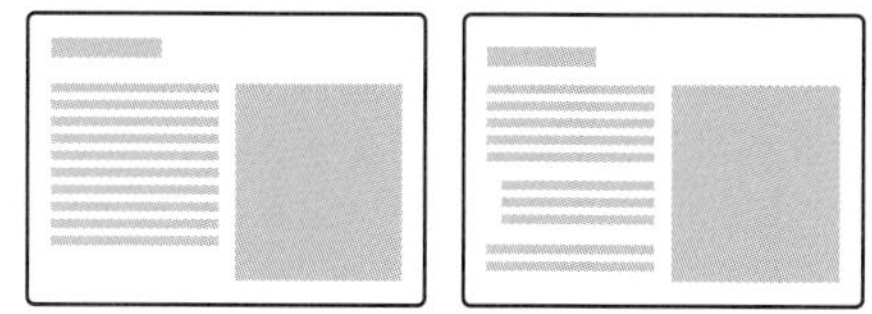

余白によるグループ化でコントラストをつける

中央に配置してリズム感を生む

「あえてコントラストを下げる」表現もある

コントラストは、差をつけるほど主役が際立ちビジュアルのディテールが伝わりやすくなる一方で、主張が強くなりすぎる場合があります。高級感や落ち着いた雰囲気を醸し出したい場合は、サイズや色による目立つような配置を避け、位置と“空白”のバランスだけでコントラストがつくように配置してみてください！

レイアウトの基本

余白をとる

余白という「空白」のビジュアル要素で読みやすさを引き上げる

なるべく多くの情報を伝えようとレイアウトしていると、つい紙面の隅々にまでビジュアル要素を配置してしまいがち。しかし、紙面に情報を詰め込みすぎると、その量の多さ、密度の濃さに、相手が読むのをためらってしまい、その結果なにも伝わらなくなる……といった元も子もないことが起きてしまいます。この“密”による読みづらさを避けるために重要な要素が、余白です。

要素同士のあいだ、紙面の端などに十分な余白を入れると、全体の“風通し”がよくなり、見た目の余裕が生まれます。加えて、どこに何の要素が配置されているか把握しやすく、自分のペースで読み進めやすくなります。

つまり、余白とは「空白＝何もない」という意味をもつビジュアル要素の一つであり、余白の配置バランスが読みやすく見やすいレイアウトの鍵になります。

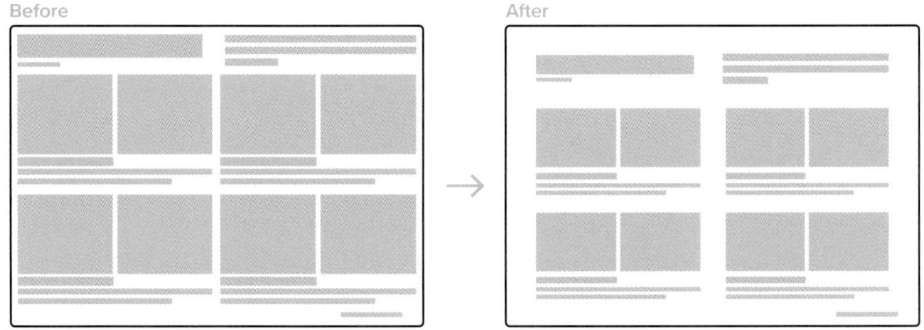

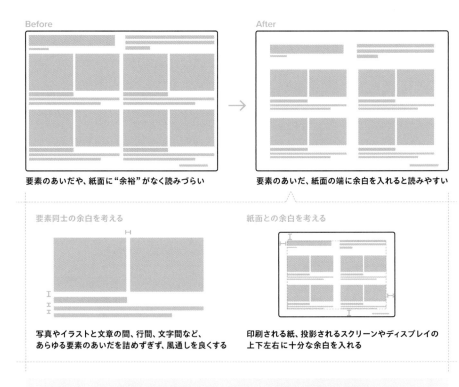

要素のあいだや、紙面に“余裕”がなく読みづらい

要素のあいだ、紙面の端に余白を入れると読みやすい

要素同士の余白を考える

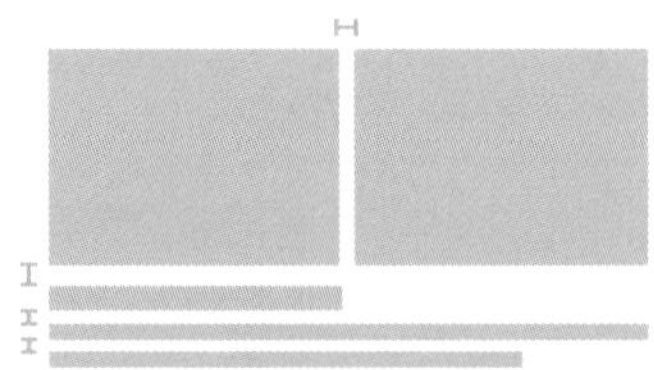

写真やイラストと文章の間、行間、文字間など、
あらゆる要素のあいだを詰めずぎず、風通しを良くする

紙面との余白を考える

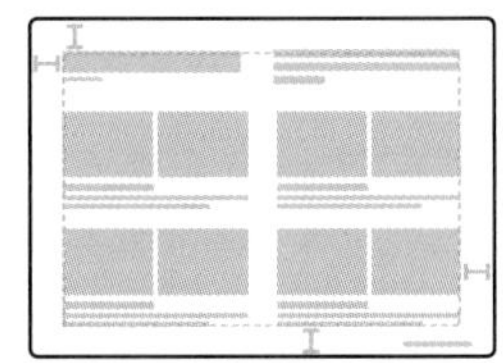

印刷される紙、投影されるスクリーンやディスプレイの
上下左右に十分な余白を入れる

デザインのポイント

- 余白は無駄ではなく、「空白」というビジュアル要素
- 要素同士のあいだは、詰めすぎず空けすぎず適度な余白を入れる
- 紙面の上下左右の端にも、十分な余白を入れると余裕が生まれる

レイアウトで「余白」を調整する考え方

雰囲気を醸し出す余白

余白が均等だと、説明的な雰囲気になる　余白が広いと、清涼感や高級感が出る

機能として求められる余白

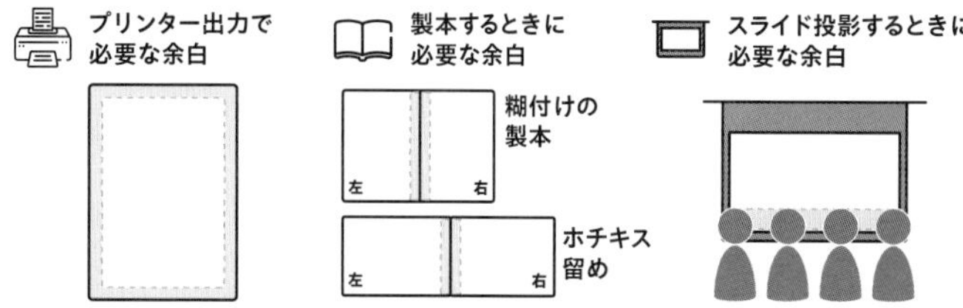

印刷不可の縁に余白が必要　綴じる部分に余白が必要　頭で隠れる下部に余白が必要

余白は「余裕」であり、機能でもある

余白という空白のビジュアル要素が持つ意味は、「ゆとり・余裕」です。広いほどゆとりが生まれるため、高級感や清涼感、落ち着きや安心感につながります。ぎゅうぎゅうに詰め込むと、満員電車のごとく窮屈に感じてしまい、人によっては読んですらもらえなくなります。

一方で、余白は機能としても重要です。プリンターの印刷できない領域、ホチキス留めなどで綴じた文書の留め部分付近（専門用語で「ノド」）、前の人の頭で隠れるかもしれないスライドの下部などの、物理的に読めない場所を考慮して余白を設定すると、読みやすい文書に仕上がります。

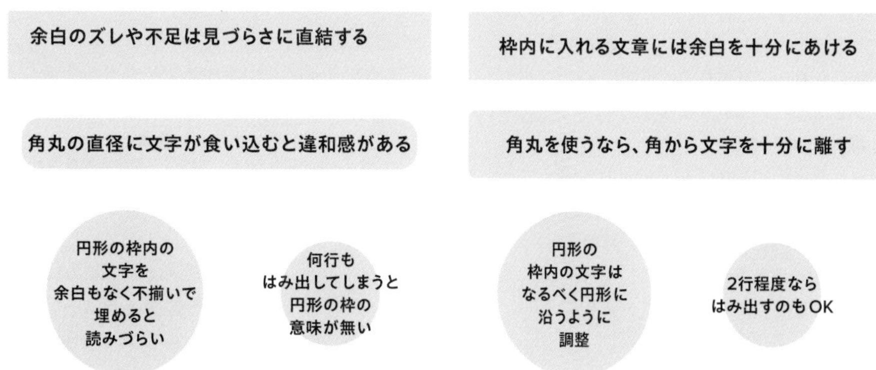

余白のズレや不足は見づらさに直結する
枠内に入れる文章には余白を十分にあける
角丸の直径に文字が食い込むと違和感がある
角丸を使うなら、角から文字を十分に離す
円形の枠内の
文字を
余白もなく不揃いで
埋めると
読みづらい
何行も
はみ出してしまうと
円形の枠の
意味が無い
円形の
枠内の文字は
なるべく円形に
沿うように
調整
2行程度なら
はみ出すのもOK

レイアウトの基本

トーン＆マナー

ビジュアルから伝わるイメージを全体を通して統一する

「ビジュアル要素、一つひとつが最高の見栄えになるように書体や色を選んで作った！」と意気込んでも、それらを並べたときにちぐはぐな印象になってしまっては元も子もありません。

同じ紙面内に限らず、同じ文書内（複数ページにわたるもの）や、同じブランドの複数の資料を貫いて、使用する色、形、イラスト、写真、書体、余白などのテイストを統一すると、伝えるための世界観が統一され、より印象深く正確にメッセージを伝えられるようになります。

簡単な図形や矢印、アイコンなど自身で作れるものであればディテールをしっかり揃えてつくればOK。一般に公開されている素材を用いる場合は、可能な限り近いテイストで統一すると、トーン＆マナー（通称「トンマナ」）が一貫しているように見えます。

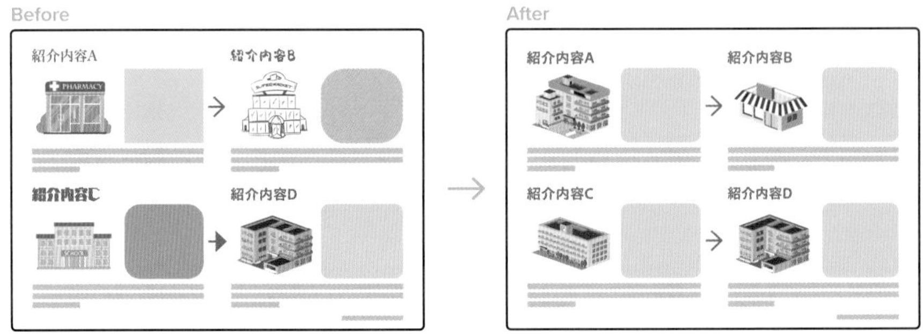

スタイルがバラバラだと、ちぐはぐな印象に

細かなスタイルまで統一して、世界観をつくる

全体を通してビジュアルのテイストを統一する

ビジュアルのディテールを揃える

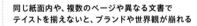

同じ紙面内や、複数のページや異なる文書で
テイストを揃えないと、ブランドや世界観が崩れる

角丸の丸め具合や矢印、アイコンの線の太さなど
見た目のわずかな部分も、なるべく統一する

デザインのポイント

- ビジュアルから伝わるイメージを統一する
- 書体やイラストは変えすぎず、同じテイストのものを選ぶ
- 図形やアイコンはディテールまでしっかり揃える

レイアウトとして揃える「トンマナ」の例

テイストを統一する

使用する書体

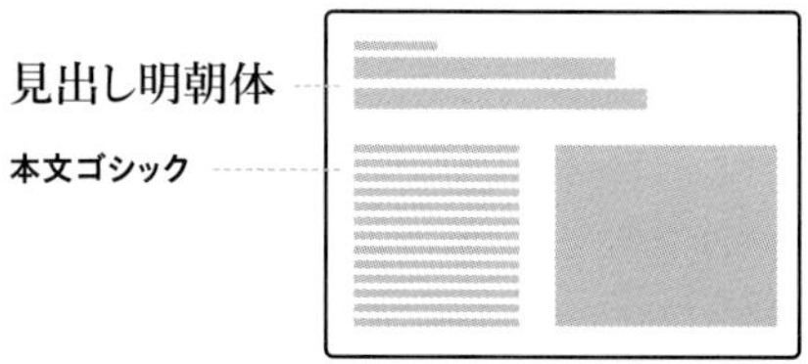

全体を通して使用する書体を統一する
使い分ける場合は、多くても2種類程度が目安
（ビジュアル優先のチラシなどは除く）

使用する色の数

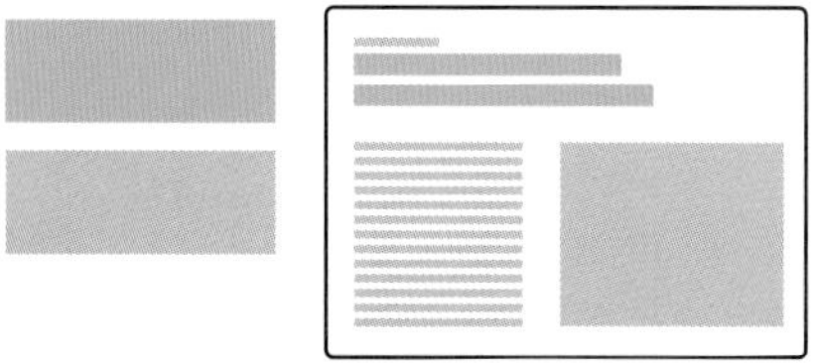

全体を通して使用する色の数を絞る
プレゼンや企画書などの説明的な文書なら、2〜3色でOK
（詳しくは #3-08をチェック）

使用する写真やイラストのテイスト

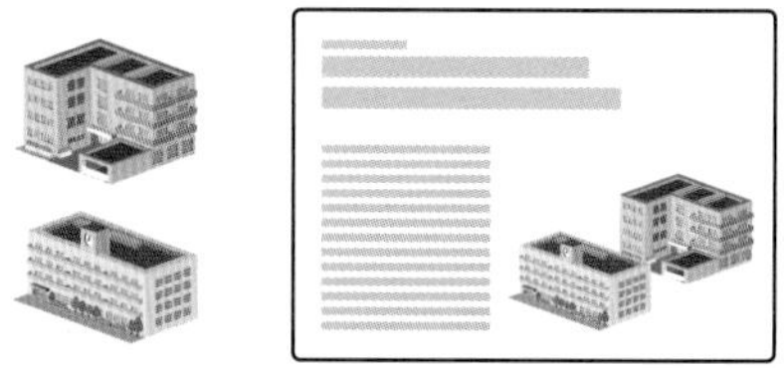

特に一般に公開されている素材を使用する場合、
近いテイストの素材で統一するようにする
（詳しくは #4-12をチェック）

ディテールを統一する

枠の角の形

文字などを囲む枠線や背景をつくるとき、
角丸や飾り角を設定するなら、そのサイズを
全て統一するように心がける（詳しくは #5-13をチェック）

矢印の形

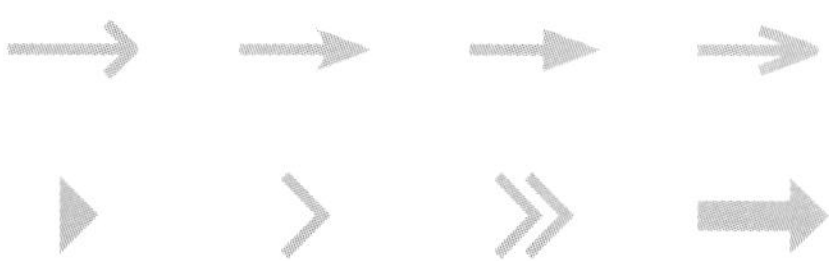

フローチャートや要素間の関係を示す矢印の形を統一する
（詳しくは #5-05をチェック）

線の太さと形

使用する線の太さ、先端の形、点線などの形と間隔など、
線の太さと形を統一する（詳しくは #4-17をチェック）

レイアウトの実践

1つの要素を配置する

紙面を「空間」として捉えて
サイズ、位置によるレイアウトを深める

レイアウトについて理解を深めるにあたり、まず一つの要素を配置するところから考えます。

最終的に出力するものとして、紙、スライド、Webサイトなど様々な媒体がありますが、ここではレイアウトする土台という意味をこめて紙面のことを“カンバス”と呼ぶことにしましょう。

カンバスの上に、一つのビジュアル要素だけを載せてみます。単語ひとつ、イラストひとつ、写真ひとつ。たったひとつを載せるだけですが、決して簡単ではありません。サイズ、位置、形などで、伝わる意味が大きく変わります。

何をどのように変えると、1つの要素だけでも的確にメッセージが伝わるようになるのか。このイメージを習得できれば、要素の数が増えても迷うことが減るはずです。

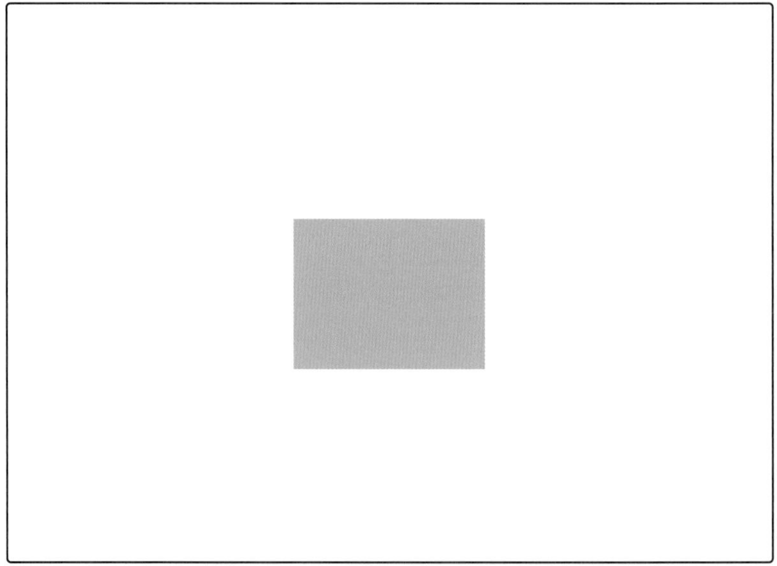

デザインのポイント

- 1つの要素だけでも、レイアウト次第で伝わり方が変わる
- 特に、サイズと位置が大きな影響を与える
- 1つの要素でコツを習得すれば、複数になっても応用できる

1つの要素をレイアウトするポイント

カンバスとサイズ

カンバスのサイズに対して、要素のサイズがどのくらい大きいのか、余白（＝空間）がどの程度残るのかで、伝わり方は大きく変わります。

要素を大きく配置すれば、より力強く目立つように伝えることができ、小さく配置すれば厳かに落ち着いた雰囲気で伝えることができます。

例えば、写真のように細かく描写されているもの（読み取れる情報の多いもの）は大きく見せた方が効果的で、アイコンのようなイラストなら小さく見せたほうがひと目で理解しやすくなります。

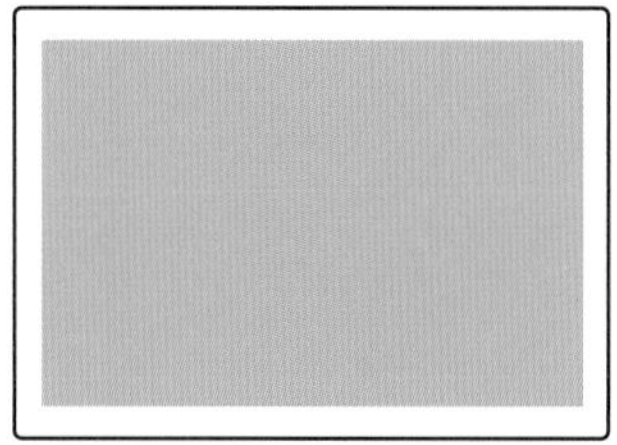

サイズが大きいと、力強く目立つため
カンバス内の主役であることが
直感的に伝わりやすい

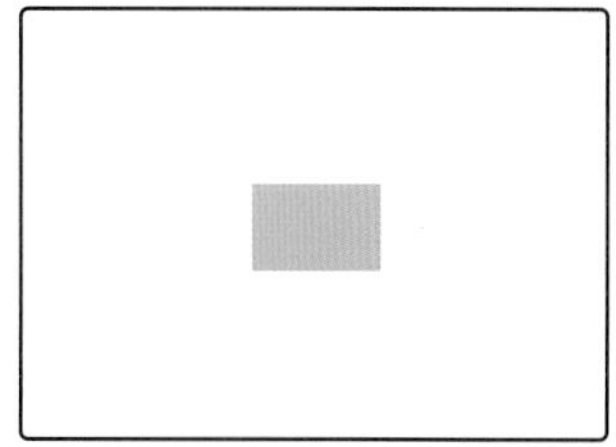

サイズが小さいと、落ち着いた印象を与え、
全貌を俯瞰させることで
内容を一瞬で伝えることができる

カンバスに対する位置

カンバスの縦横の長さに対して、要素をどの位置に配置するかで、要素に付加される“重要度”が大きく変わります。

視線が“左上から右下”に流れること（縦組みの場合“右上から左下”）に合わせて、左上にあれば「はじめ」の意味を、右下なら「終わり」の意味を要素に付加することができます。一方で、中央に配置したときは、まさにカンバスの主役であると主張することができます。

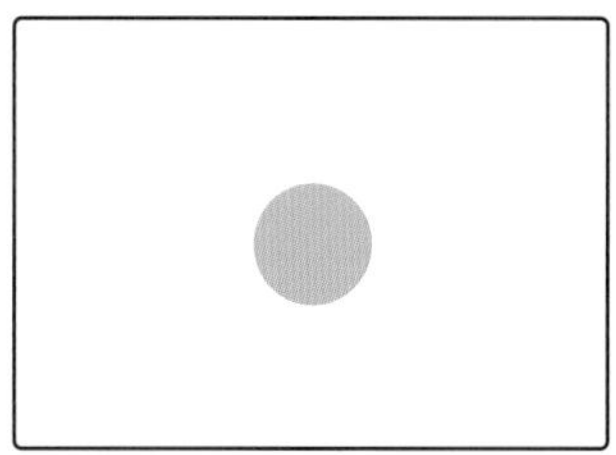

上下左右の中央に配置すると、
カンバスの主役で最重要項目だと
直感的に伝わりやすい

左上に配置すると、
カンバスにおける「はじめの順序」の
意味が要素に付加される

レイアウトの実践 | 1つの要素を配置する

カンバスと空間

カンバス上の余白は何もない「空白」というビジュアル要素ですが、もう少し深く解釈すると、真っ白で見えない奥行きがある「空間」が広がっていると捉えることができます。

空間にあるものは、遠くにあれば小さく見え、近くにあれば大きく見えます。その感覚をカンバス上のサイズ・位置と組み合わせると、レイアウトが単に平面を構成することではなく、奥行きのある空間をカンバス越しに見ながら配置することである、と理解できます。

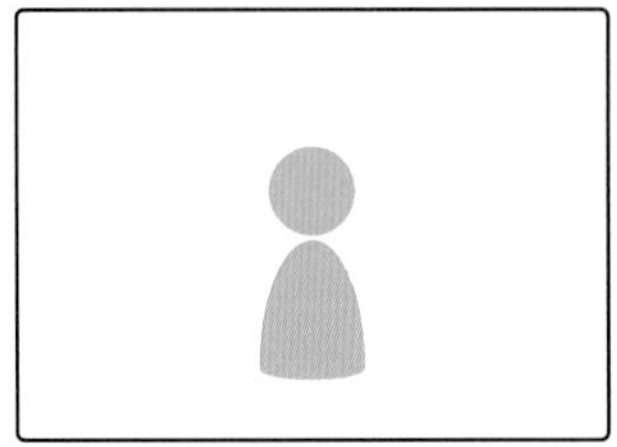

カンバス上の余白は、何もない「空白」という情報をもったビジュアル要素である

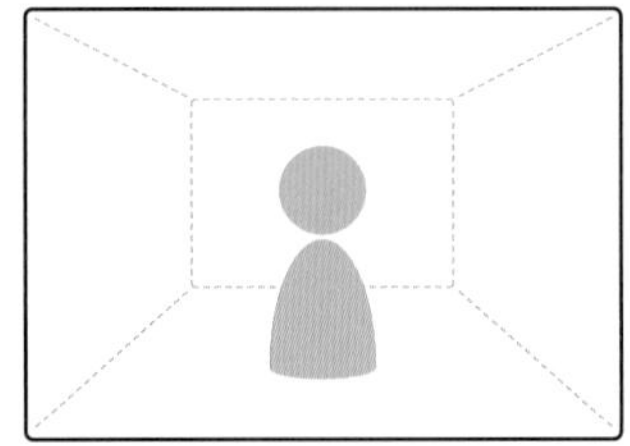

空白をさらに深めて解釈すると、目には見えない奥行きがある「空間」としてカンバスを捉えられる

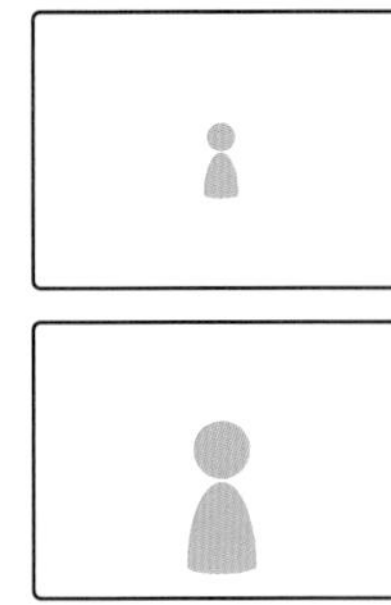

カンバスと重心、人間の錯視

レイアウトにおいて、“人間の感覚”からは免れることはできません。配置される要素は錯視や知覚の影響を強く受けます。

例えば右図の●は、左が数値的に正確な中央で、右が下に0.75mm移動したものです。右の方がわずかに重心が下がり落ち着いた印象を受けます。

このような“見え方”は、カンバスのサイズや出力される媒体の違いによっても変わります。絶対的な答えがないため、最後は自分の目を信じて調整することが重要です。

数値的に正確な上下左右の中央に配置するとほんの少し浮いて見えてくる

浮いて見える分だけほんの少し下げると、カンバスに対する重心が下がって落ち着いた印象に感じる

トライアル：名刺をつくる

1つの要素を配置する練習として良い題材が、名刺の作成です。名刺サイズのカンバス(99×51mm)に名前だけをレイアウトして練習します。

どの形（書体）で、どんなサイズで、どの位置に配置するのか。余白はどの割合で残して、空間をどのように活かすのか。レイアウトの可能性は無限大です。

名刺は、「あなた」という情報を代弁するカード。特に名前は、あなたの分身といっても差し支えありません。だからこそ、名刺から与える印象は、そのまま「あなた」の印象につながります。

自分を表現するにはどのようなレイアウトが良いのか、試行錯誤して模索してみてください。繰り返していくうちに、レイアウトの感覚が身についているはずです。

名前を表す形
書体を変えると、与える印象が変わる

名前の位置
位置を変えると、名前に対する主張や受け取る印象が大きく変わる

名前のサイズ
サイズを変えると、名前を伝えたい姿勢やインパクトなどが大きく変わる

レイアウトの実践

2、3個の要素を配置する

配置した要素のあいだに関係性が生まれてくる

レイアウトにおいて、配置する要素が2個以上に増えてくると、互いの関係性を明確にする必要がでてきます。それぞれが独立した存在なのか、はたまた一つのグループなのか。順列があるのか、重要度の差があるのか……。

　大切なのは、ビジュアル要素一つひとつが担う意味と役割に合わせて、配置を調整していくこと。主役か脇役かでサイズや位置の関係が決まり、それらがグループ化されるかどうかでも余白や色使いが変わってきます。

　理想は、見た瞬間に関係性（＝各要素の役割）が理解できること。少しのズレだけでも関係性が読み取れなくなってしまいます。レイアウトの基本技術である「揃える」「グループ化」「コントラスト」を徹底し、無意識に理解できてしまうような配置関係を探ってみましょう。

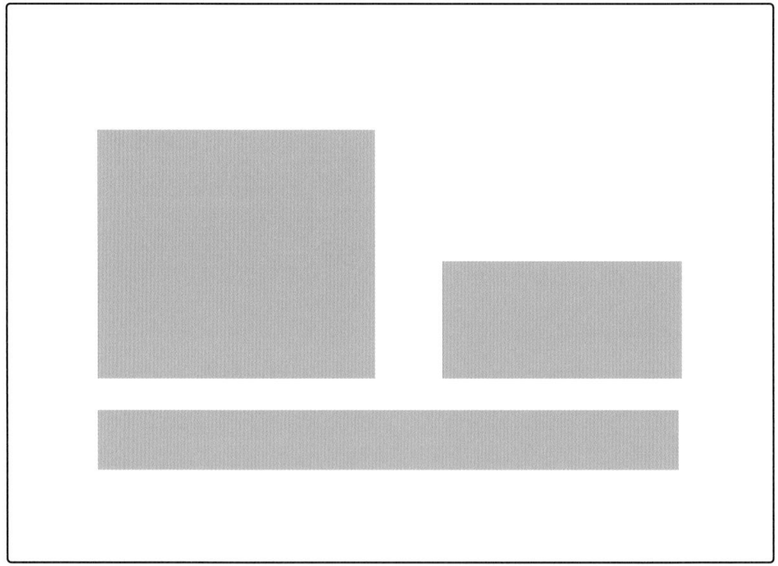

デザインのポイント

- 2つ以上の要素が並ぶと、必ず互いに関係性が生まれる
- 要素がもつ意味と役割に合わせて、関係性を的確に表現する
- 「揃える」「グループ化」「コントラスト」の組み合わせで考える

2、3個の要素から関係性を生み出すポイント

要素間のサイズの違い

異なるサイズの要素が2つ以上並んだ場合、基本的に大きいものから小さいものへ主従関係が生まれます。大に属する小、大に続く小、大より重要度の低い小。「大を主に、小を従に」する関係を使えば、写真に対するキャプションのような視線の動きを操作したグループを作れるようになります。

一方で、同じ大きさの要素が並ぶ場合は、互いが同等な関係であることを示します。リストとして並べる場合など、どの情報も平等である場合は、同じ大きさになるように調整して並べます。

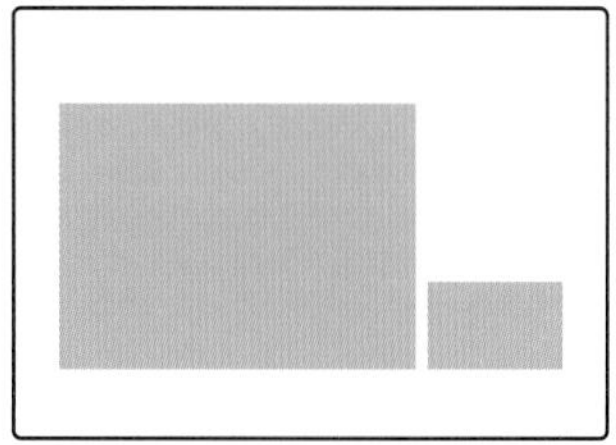

大きい要素と小さい要素を並べると、
大→小への主従関係が生まれ、
視線の動きをコントロールできる

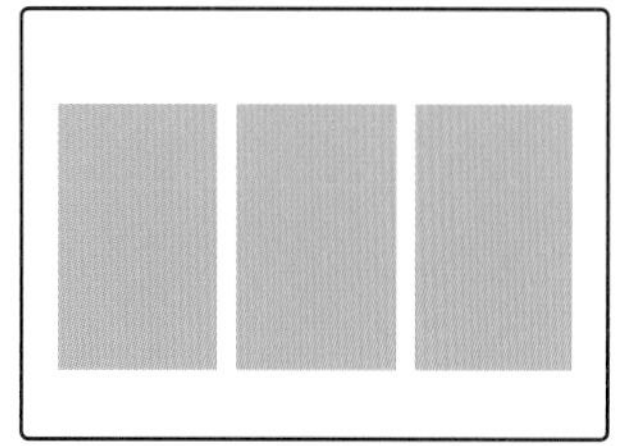

同じサイズの要素が並ぶと、
同じレベルの関係として認識できるので
リスト表示などに最適

位置と並び方

揃っているのか、ズレているのか。上下にあるのか、左右にあるのか。離れているのか、近くにあるのか。カンバス内の位置と並び方で、要素同士の関係性は変化します。

基本的に、揃っているものは同列の関係性を持っているように見え、ズレているものはその関係から外れるように見えます。また、文章の流れに合わせて左上にあるものが優先度が高く、右下に近づくにつれ下がっていきます。

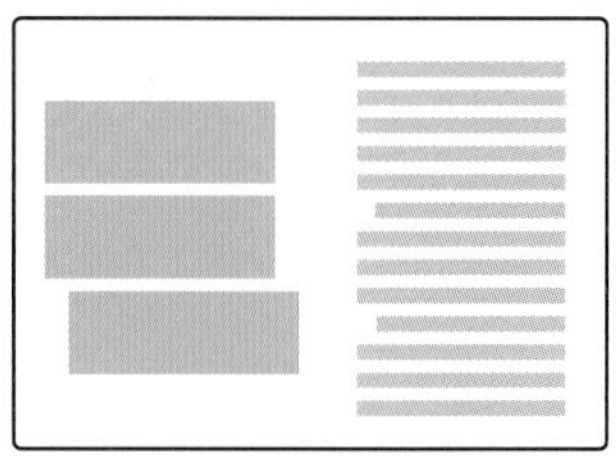

揃っているものは同じ関係にあり、
ズレているものは関係から外れる
段落冒頭字下げはこの応用

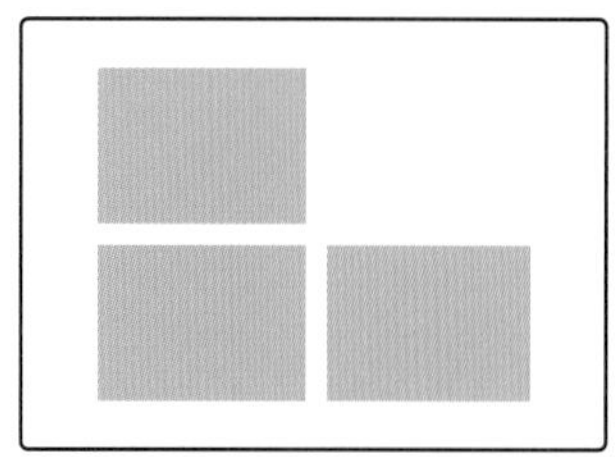

文章が横組みのレイアウトでは、
左上が優先度が高く、右下が低い
縦組みなら右上から左下に差がつく

レイアウトの実践

複数の要素を配置する

全てのビジュアル要素をカンバスの上にレイアウトする

実際のレイアウトでは、数多くのビジュアル要素や、それらをグループ化したものなど、様々な要素をカンバスの上に配置していく必要があります。

レイアウトのためにやることは、基本の繰り返しです。徹底的に揃え、グループ化とコントラストで要素同士の関係や主役を明確にしながら、余白を確保して読みやすさを上げる。これらをきちんと実践できれば、すでに良いレイアウトができてきているはずです。

しかし、要素の数が増えるほど、調整することが増えます。さらに、全体のストーリー、視線の流れも考えなければなりません。ここで混乱してしまわないように、全体のバランスをコントロールする視点を身につけておきましょう！

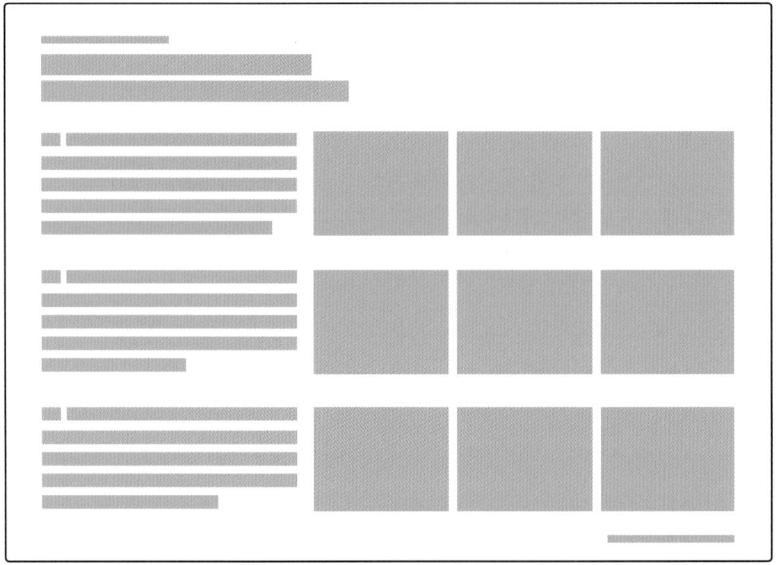

デザインのポイント

- 複雑なレイアウトも、やることは基本スキルのくりかえし
- 加えて、カンバス全体のバランス、流れを整えていく
- これができたら、基本のレイアウトは完成！

複数の要素をレイアウトするポイント

配置の骨組み（版面）を設計する

複数の要素をレイアウトするとき、真っ白なカンバスにいきなり自由に配置していくのは至難の業です。そこで、配置する場所の骨組みをあらかじめつくっておき、そこで全体のバランスを調整しておくことで、高精度なレイアウト作業をラクに行えるようになります。

骨組みのポイントは、大きく2種類。一つは、配置位置の基準となる「見えない補助線（ガイド）」を縦横に引いておくこと。もう一つは、タイトルやページ番号のような「固定位置やガイドの外に配置」するものを先に決めておくこと。カンバスのサイズと文字サイズに合わせて、2つの骨組みをあらかじめ設計してみましょう。

あらかじめ設計しておく骨組み

カンバスのサイズ	必要性と視認性が両立できるサイズ
余白（マージン）・版面	詰め込む情報量と全体の雰囲気で調整
グリッド（段組）	配置をサポートする版面の中の補助線
ヘッダー、見出し、ノンブル	固定位置にくる要素を先に骨格として配置
本文のざっくり配置	ダミーの要素を仮置きして、バランスを確認

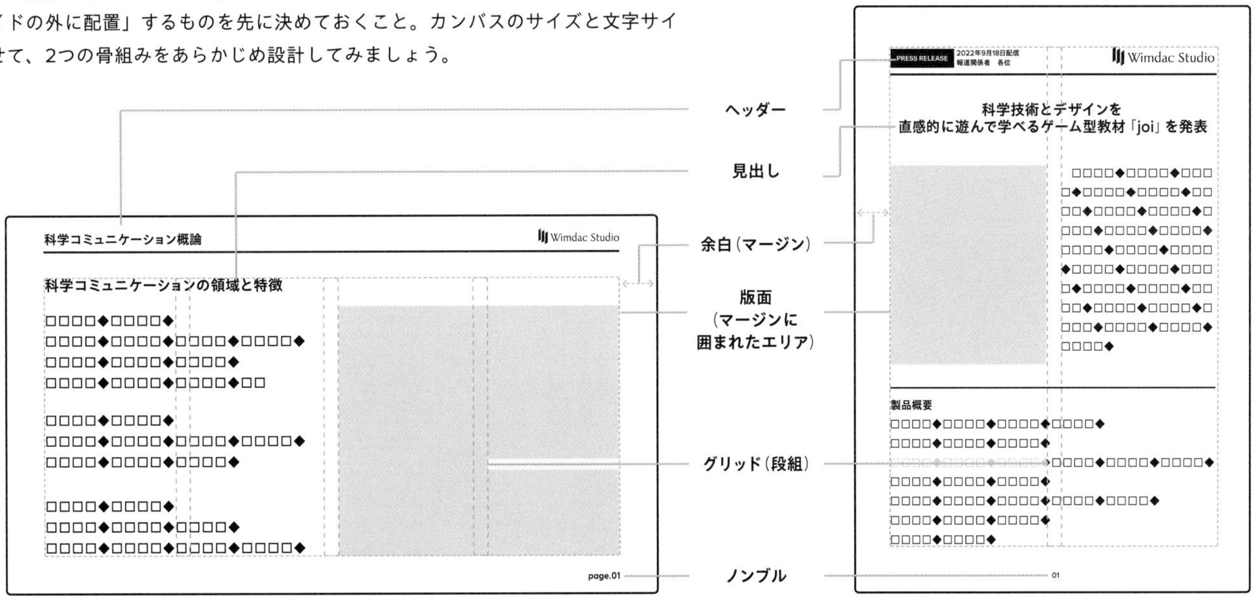

#1-12 ビジュアルを設計する

レイアウトの実践 | 複数の要素を配置する

奥行きと重なり合い

カンバスを真っ白な空間と捉えると、奥行きとして要素同士を重ねる表現の可能性が生まれます。空間の奥と手前といった関係性から、写真の上のふせんのように重ねる関係性など、縦横に奥行きも足すことで配置の自由度がぐっと上がります。

例えば、写真の上に文字を重ねる、図版を部分的に重ねながら並べてみるなど、限られたスペースでより効率的に要素をグループ化できます。重なりの上下で関係性も表現できますが、重ねすぎて密にならないようにだけ気をつけましょう。

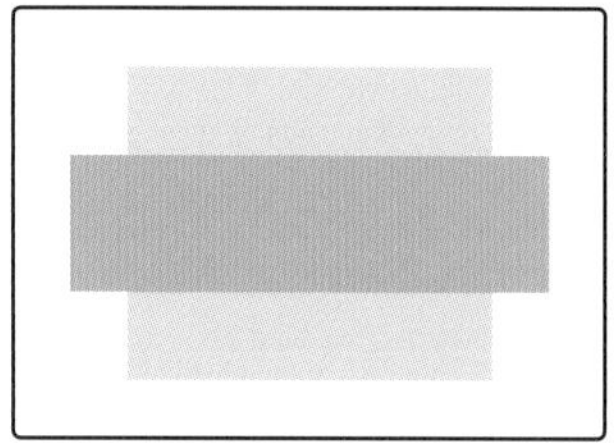

カンバスに奥行きを見いだすと、重なり合いで要素の関係性を表現することができる

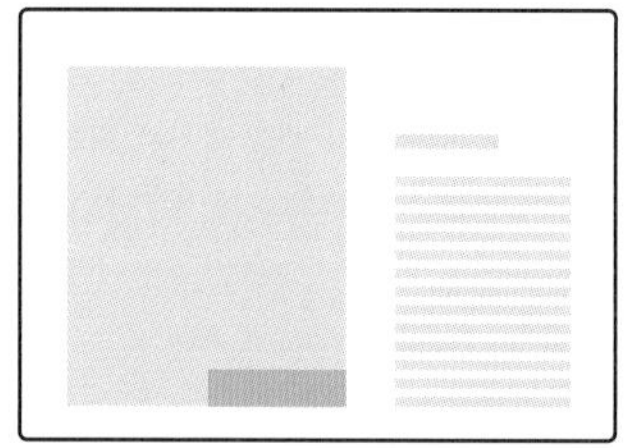

写真の上のふせんのように、すぐ上に関係した情報を重ねることでグループ化させることもできる

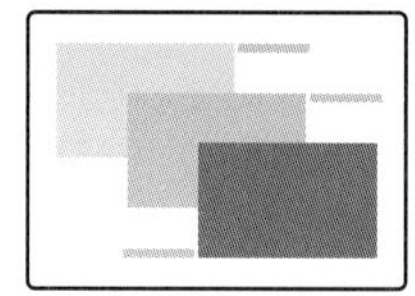

対称（シンメトリー）とバランス

カンバス全体のバランスをとる技術はいくつもありますが、代表的な方法は「対称（シンメトリー）」をつかうことです。

左右対称、上下対称、点対称、鏡面対称。わかりやすいルールをつかったレイアウトは、理解しやすいうえ美しさも演出しやすくなります。

なお、全ての要素を対称に配置する必要はなく、俯瞰して対称に見えるように置ければOK。バランスを確かめたい場合は、カンバスの四隅から×形に補助線を引くとズレがわかりやすくなります。

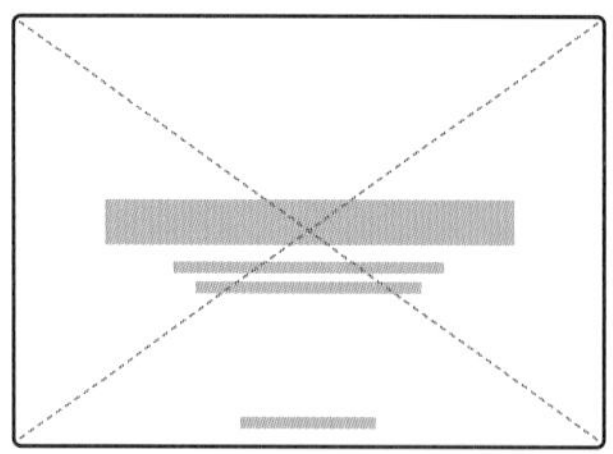

上下・左右に対称になるような配置は位置関係を理解しやすいバランスを見るなら×を書いて確認

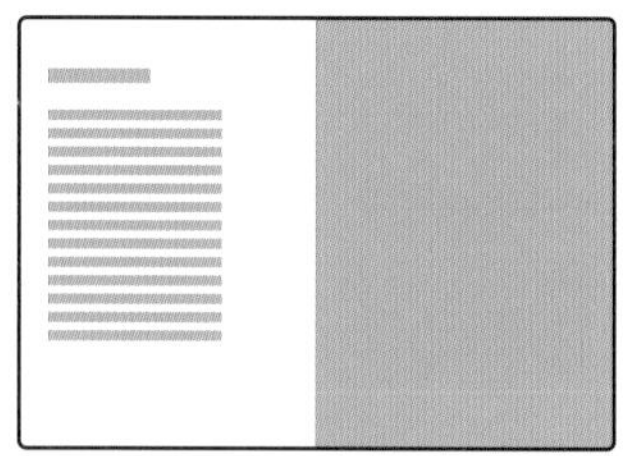

厳密に対称を実現しなくても、俯瞰して対称がつくられていれば自然なレイアウトに見えやすい

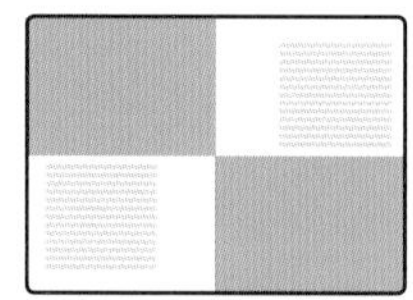

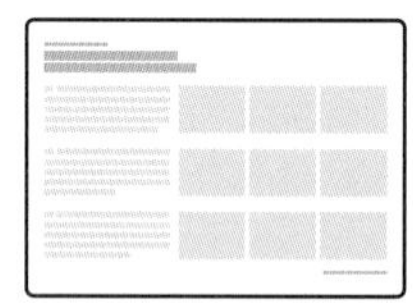

複数の要素と重心

1つの要素でも重心を取り扱いましたが、要素の数が増えても重心の扱いは重要です。複数の要素を配置したときは、重心は「ビジュアルの密度が高い部分」または「コントラストが強い部分」に偏ります。その重心の位置が、カンバスの中央より高いと不安定なもののリズミカルな印象を、中央より低いと、安定感と落ち着きがある印象を与えます。伝えたいメッセージと主役のビジュアルに合わせて全体の重心を調整することで、無意識に感じる印象をコントロールしてみてください。

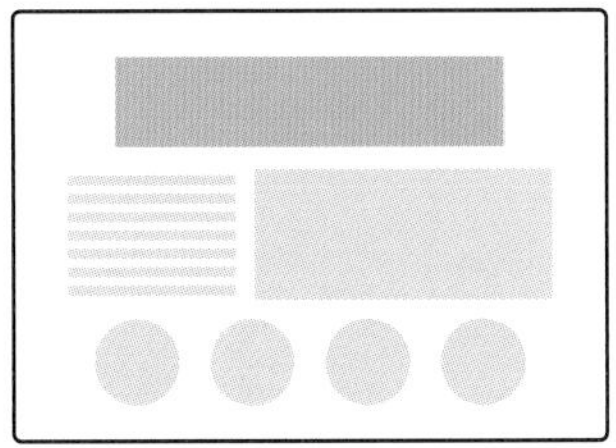

ビジュアルの密度やコントラストが
高いものが上方にあると、
重心が高くリズミカルに見える

ビジュアルの密度やコントラストが
高いものが下方にあると、
重心が低く落ち着いて見える

トライアル：名刺をつくる

レイアウトの練習としてやはり最適なのが、名刺の作成です。今度は、名前だけではなくイラストや写真、配色など、全ての要素を入れてみましょう。余白やグリッドの版面からしっかり設計しつつ、「あなた」を代弁するカードを作ってみてください。ここまでの知識が全て活きるはずです。

レイアウトの実践

複数のページを組む

ページをまたいで共通する要素は、
見た目も必ず「くりかえす」

プレゼンスライドや企画書など、複数ページにわたる文書をつくるとき、気合いを入れてレイアウトした結果、すべてのページの見た目が異なる……というのは逆効果。ページ間の情報やストーリーのつながりがわからなくなり、混乱を招いてしまいます。

スライドや文書など、一つのストーリーが続くページものをつくるとき、見出しや余白などの骨組み（版面）の設計を統一することで、ページをまたいで連続していることをわかってもらえるようになります。特に、見出しやページ番号のような「目次」「索引」の機能を持つ情報は、ページを移動しながら確認することがあるため、基本的に位置を固定させた方が伝わりやすくなります。

ただし、ストーリーが途中で大幅に変わる場合は話が別。しっかりとページ間で差別化してOKです。

デザインのポイント

- 同じストーリーが続くときは、ページをまたいで見た目を揃える
- 特に見出しやノンブルは位置や形を揃えておく
- ストーリーが途中で大幅に変わるときは、差別化してOK

複数ページで共通するビジュアル要素の例

骨組み（版面）の設計を統一する

カンバスに対する余白の大きさ、グリッド（段組）の段数や間隔は、ページをまたいで統一することで、読み進めるうちにレイアウトのパターンを相手がだんだん覚えていきます。すると、どこに何が書かれているのかをすぐに参照できるようになり、より理解しやすくなっていきます。

特に情報を伝えることが重要な文書の場合、ストーリーが大幅に変わっても版面を維持しておいた方が、より確実に相手に情報を届けることができるようになります。

カンバスに対する余白の大きさ、
グリッド（段組）の段数と間隔を
最初のページで設計したら…

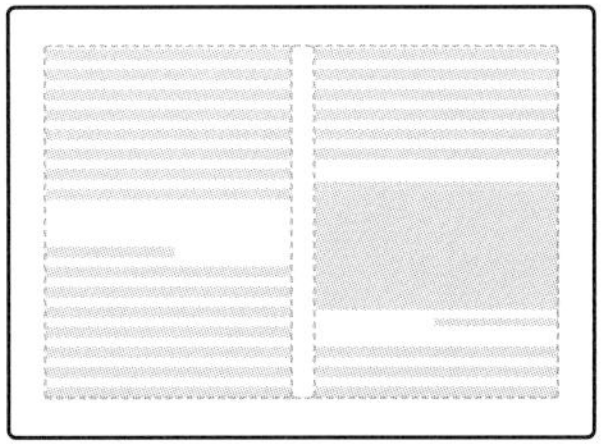

続くページにも同じ設計を使い、
直感的にどこにどの情報が続くのかを
わかるようにする

機能性が求められるページネーション

ヘッダー、見出し、ノンブル（ページ番号）は、複数ページにまたがる文書において「目次」または「索引」としての機能を持ちます。今開いているページが何の話題を引き継いでいて、現在は何について取り扱っており、それが全体の何ページ目にあるのか。ページを見ている最中だけではなく、目次から飛んだりページをめくりながら探したりと、特定の情報を探してページを横断するときに欠かせない情報です。そのため、これらは位置や形を変えない方が参照しやすくなります。

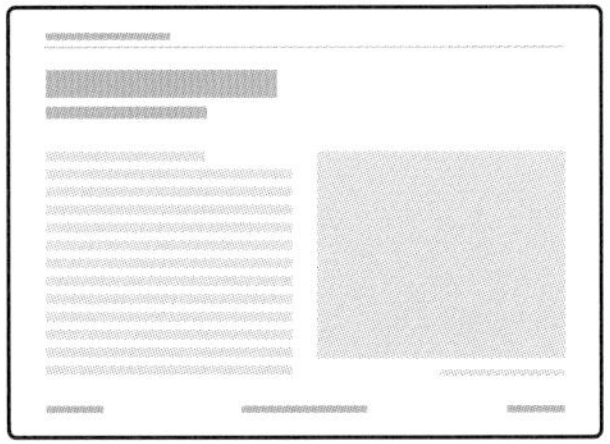

ヘッダー、見出し、ノンブルの位置は
全ページ共通で
位置、形を揃えると…

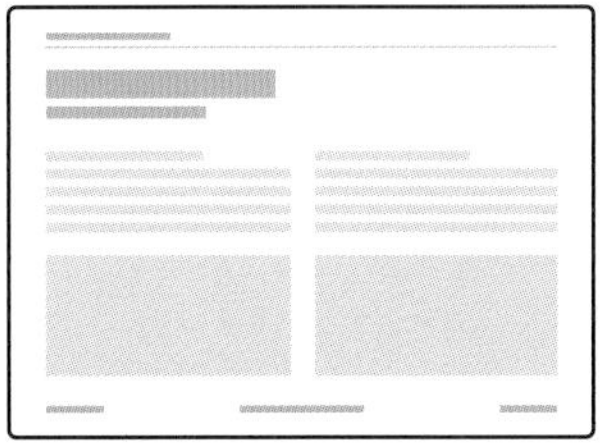

本文のレイアウトが変わっても、
現在の話題や索引としての機能を
しっかりと発揮することができる

本書のココがヘッダー

本書のココがノンブル

レイアウトの応用

グリッドシステム

格子状のガイドを引くことで より機能的かつ効率的にレイアウトする

レイアウトの基本を忠実に守りつつ、全ページで統一された版面。情報の構造がはっきりわかる関係性の明示。美しさと読みやすさの両立。これらを完璧にこなすのは、プロでも簡単ではありません。

そこでよく使われるのが、グリッドシステムです。これは、版面を均等に分割した格子状のガイド線を基準に、各要素を配置していく手法。真っ白なカンバスに一定の秩序（ルール）を与えることで、より効率的に機能するレイアウトを目指します。非常に有用な手法として、20世紀のスイスで生まれてから現在に至るまで、世界中で使われています。

奥深きグリッドシステムは、さまざまな応用方法があります。しかし、そこは少し難しい話。ここでは基本である「グリッドを引いて揃える」ことのみ紹介するので、慣れてきたら専門書を片手に応用技に挑戦してみてください。

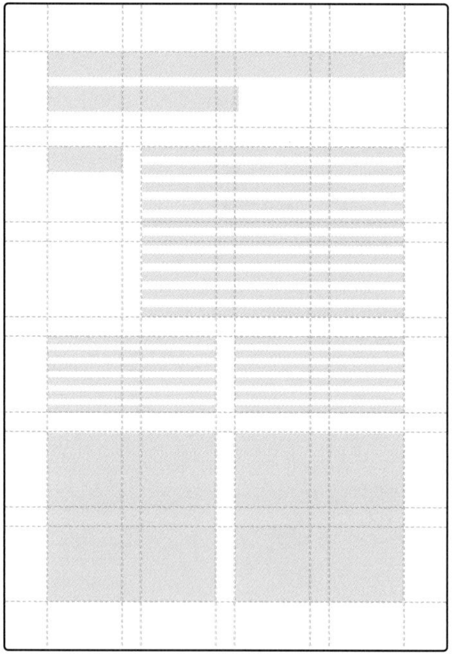

デザインのポイント

- 均等な格子状にガイド線を引いて配置するのがグリッドシステム
- 位置とサイズの基準線として横方向に4～6分割する
- 縦方向は長さに合わせて2～6分割すればOK

グリッドシステムをつくる

本来のグリッドシステムは、文章を主体に、段組や行がキレイに収まるように縦横にガイド線を引いて格子（グリッド）をつくります。しかし、厳密につくろうとすると、文字サイズ、行長、行間、行数などを連携させながら緻密に計算していく難しい作業が必要です（PowerPointで厳密に実現するのも難しく、メリットもあまりありません）。

そこで、まずは版面を均等に分割するところから挑戦しましょう。カンバスに対する余白（マージン）を決めてから、横方向に分割します。スライドや縦長の文書であれば4〜6分割、A4サイズの横向き文書であれば4〜12分割がオススメです。A4文書のようにカンバスに対して文字が小さい場合は、ガイド線を基準に格子の間隔を設定します。だいたい2文字分のサイズでOK。あとは、縦方向に2〜4分割するガイドをひいて完成です。PowerPointのガイド機能の数値を載せているので、ぜひ参考にしてみてください。

A4横長の文書のグリッド例

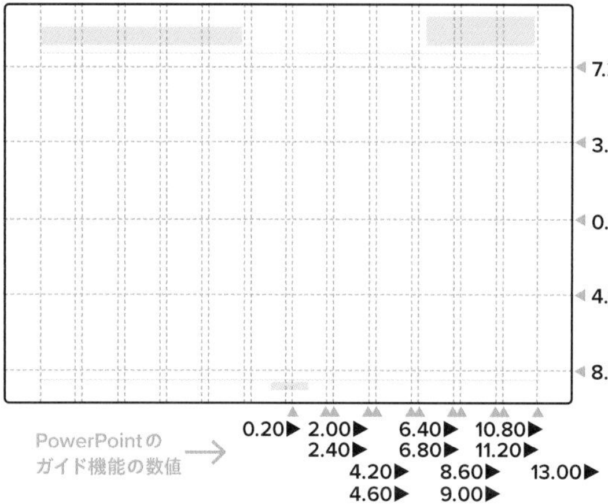

> ! 慣れてきたら6分割、12分割がオススメ！
>
> **カンバスに対して、2分割、3分割が同時にできるグリッドは6分割**
>
> **2分割、3分割、4分割が同時にできるグリッドは12分割**
>
> **慣れたら使ってみよう！**

4:3のスライドのグリッド例

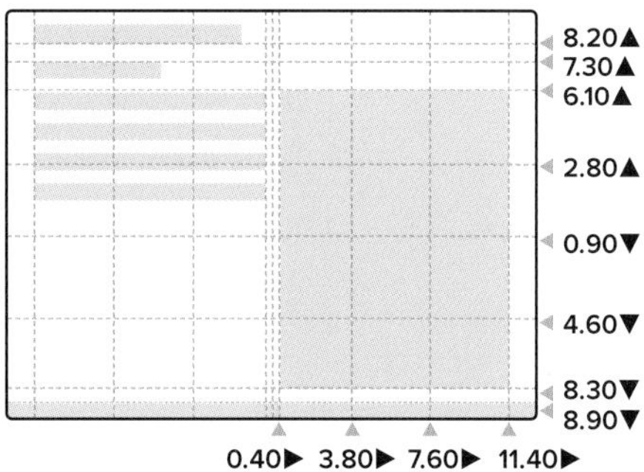

16:9のスライドのグリッド例

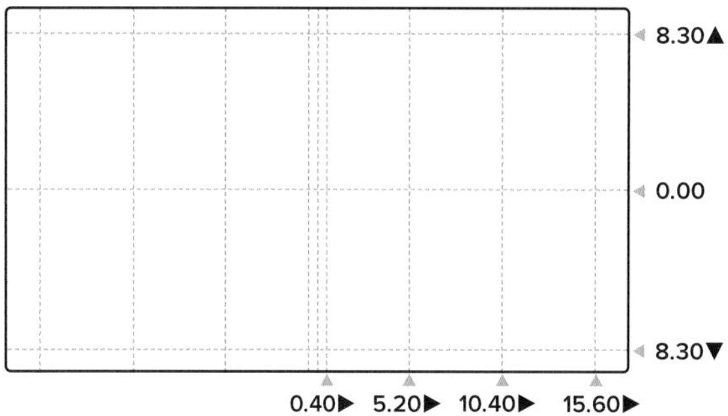

PowerPointの基本

レイアウトにまつわる機能

PowerPointのレイアウトにまつわる機能は、オブジェクトの移動やサイズの変更など、すでに使い慣れているであろう機能が中心になります。しかし、言い換えれば最も基本的な機能であり、正しく理解し使いこなせるようになることで、より正確なレイアウトができるようになります。

レイアウトにまつわる機能の一覧

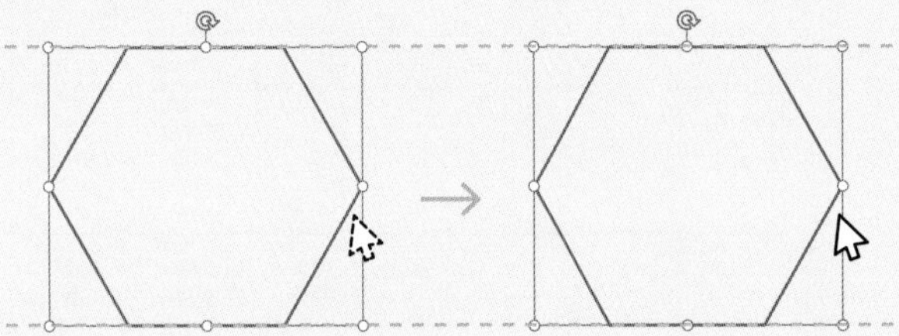

オブジェクトの位置やサイズにまつわる機能

- #1-16 サイズを調整する
- #1-17 位置を変更する
- #1-18 オブジェクトを整列する
- #1-19 回転・反転させる

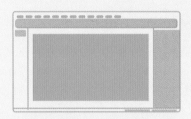

スライドそのものに関わる機能と設定

- #1-20 スライドマスターを使う
- #1-21 スライドの書式を変更する

こちらもチェック!

- #0-14 オブジェクトの重なり
- #0-15 グリッドとガイド

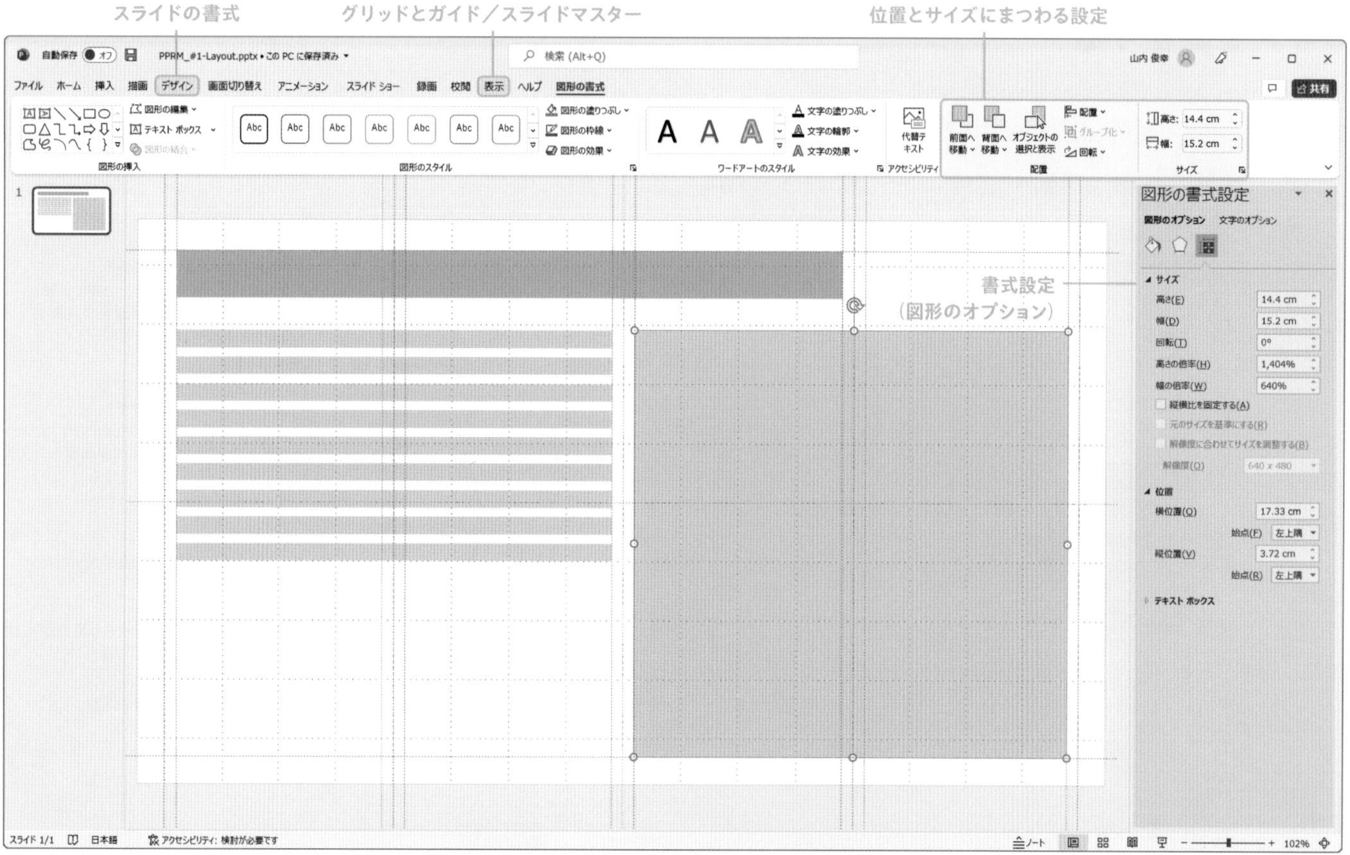
スライドの書式
グリッドとガイド／スライドマスター
位置とサイズにまつわる設定
書式設定
（図形のオプション）
図形の書式設定
図形のオプション 文字のオプション
サイズ
高さ(E) 14.4 cm
幅(D) 15.2 cm
回転(T) 0°
高さの倍率(H) 1,404%
幅の倍率(W) 640%
縦横比を固定する(A)
位置
横位置(O) 17.33 cm
始点(F) 左上隅
縦位置(V) 3.72 cm
始点(R) 左上隅
テキスト ボックス

PowerPointの機能

サイズを調整する

PowerPoint上で作成したオブジェクトのサイズは、マウスによる操作か数値による指定で変更することができます。調整可能な精度と利便性に一長一短があるため、作業で求められる正確さと効率に合わせて使い分けられるとGoodです。

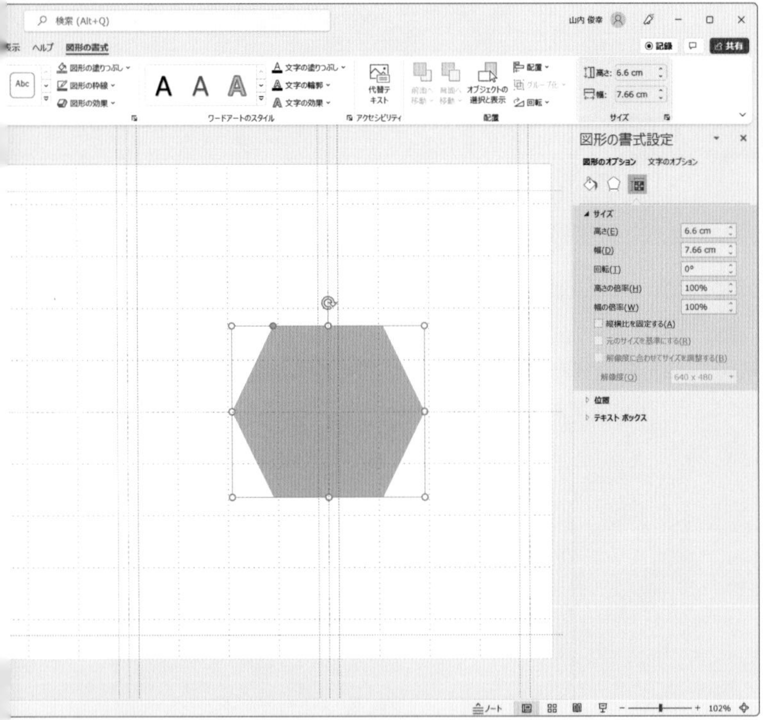

サイズを調整する主な方法

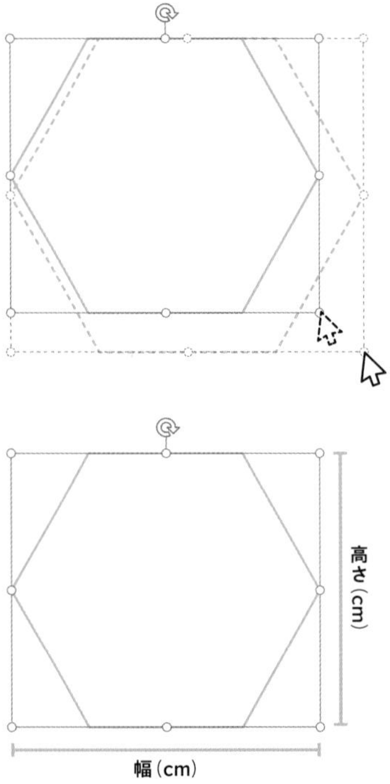

マウスで調整する

〈メリット〉

+ 手軽にサイズを変更できる
+ グリッドとガイド、スマートガイドで正確かつ簡単にサイズ変更が可能
+ 0.01cm以下の変更も可能

〈デメリット〉

- グリッドとガイドを使っても微妙なズレが生まれやすい
- グリッドの最小間隔(0.1cm)以下の調整は正確なマウス操作が必要

数値で調整する

〈メリット〉

+ 0.01cm間隔で正確なサイズ変更が可能
+ 倍率でのサイズ変更も可能

〈デメリット〉

- 0.01cm以下の調整は不可能
- 数値入力の手間がかかる

縦横比を固定したまま変更する

オブジェクトの縦横比を固定したままサイズを変える方法は2通りあります。一つはオブジェクトの「四隅」のハンドル（○マーク部分）を Shift ＋ドラッグで変える方法（辺の中央のハンドルは Shift を押しても縦横比を維持できません）。もう一つは、書式設定で「縦横比を固定する」にチェックを入れる方法です。

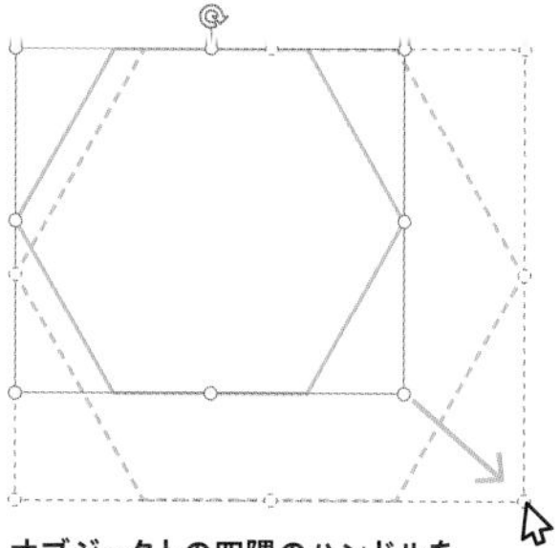

オブジェクトの四隅のハンドルを Shift ＋ドラッグで変更

上下・左右対称にサイズを変更する

オブジェクトを上下、左右の線対称にサイズを変更したい場合、Ctrl ＋ドラッグで実現できます。上下方向ならオブジェクト上／下の辺の中央のハンドルを、左右方向ならオブジェクト左／右の辺の中央のハンドルを Ctrl ＋ドラッグすればOK。

上下左右を同時に点対称で変更したいときは、四隅のハンドルをドラッグします。なお、上記の Shift と併用すれば縦横比を固定して拡大することもできます。

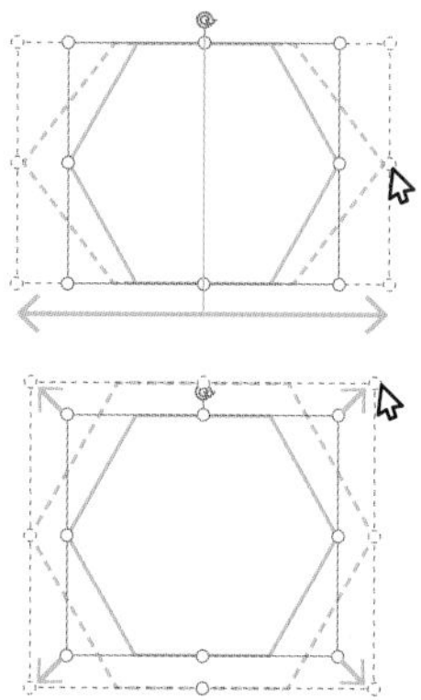

ハンドルを Ctrl ＋ドラッグで線対称／点対称にサイズを変更

複数の図形のサイズを変える

PowerPointでは、複数のオブジェクトを選択してサイズを変更すると、各オブジェクトの位置を固定したまま個別にサイズが変わります。“選択したオブジェクトの位置関係を保ったままサイズを変更する”ことはできません。

ただし、グループ化してからサイズを変更すれば、問題なく位置関係を維持できます。Ctrl ＋ G でオブジェクトをグループ化し、サイズ変更後に必要に応じて Ctrl ＋ Shift ＋ G でグループ化を解除するだけ。作業効率に直結するので、ぜひテクニックとして覚えてみてください。

複数のオブジェクトを選択してサイズを変えると…

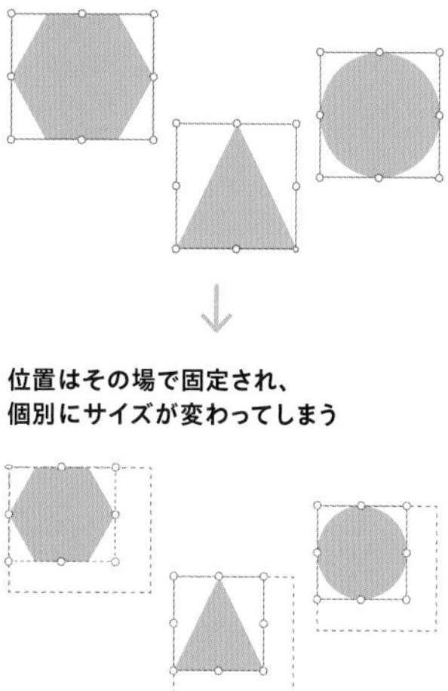

位置はその場で固定され、個別にサイズが変わってしまう

複数のオブジェクトをグループ化してサイズを変えると…

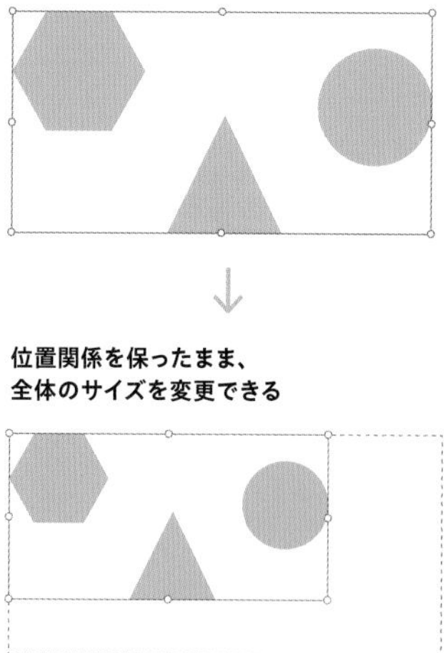

位置関係を保ったまま、全体のサイズを変更できる

PowerPointの機能

位置を変更する

オブジェクトの位置は、サイズの調整と同様にマウスによる操作と数値による指定で変更できるほか、キーボードでも操作できます。基本的にマウス操作が最も簡単に調整できますが、微調整はキーボード操作、正確性は数値と後述する整列機能で使い分けられると、精度と効率を両立できるようになります。

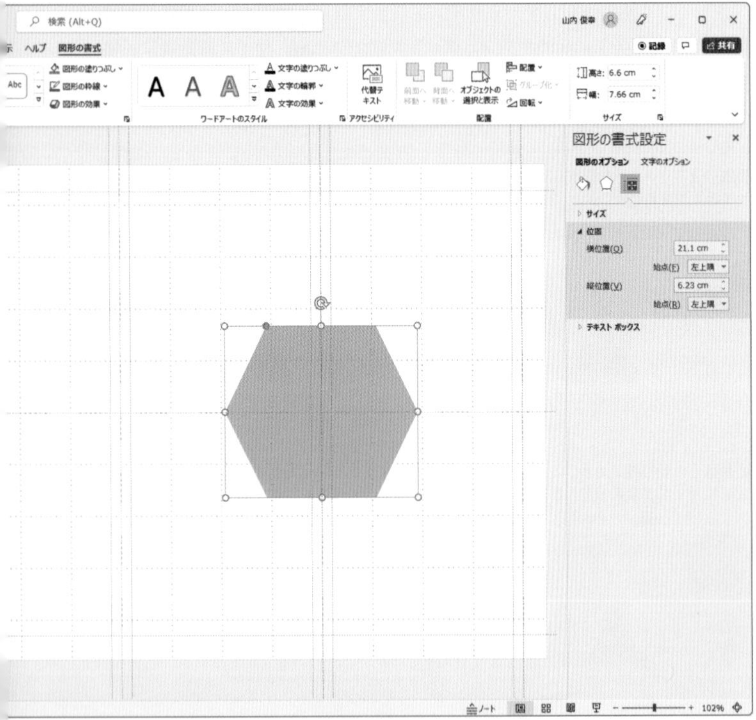

位置を調整する主な方法

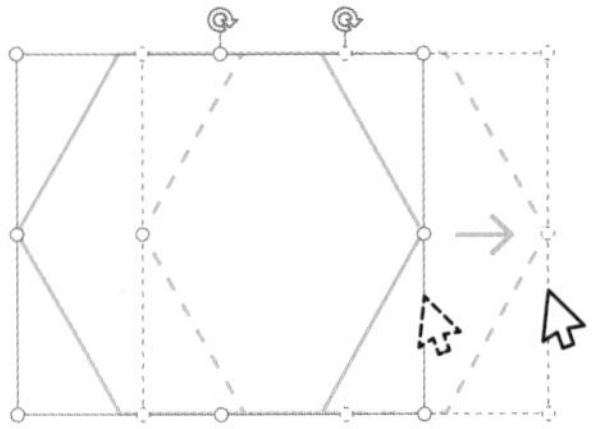

マウスで調整する

〈メリット〉
+ 手軽に位置を変更できる
+ グリッドとガイド、スマートガイドで正確かつ簡単に位置の変更が可能
+ 0.01cm以下の変更も可能

〈デメリット〉
- グリッドとガイドを使っても微妙なズレが生まれやすい
- 微調整は正確なマウス操作が必要

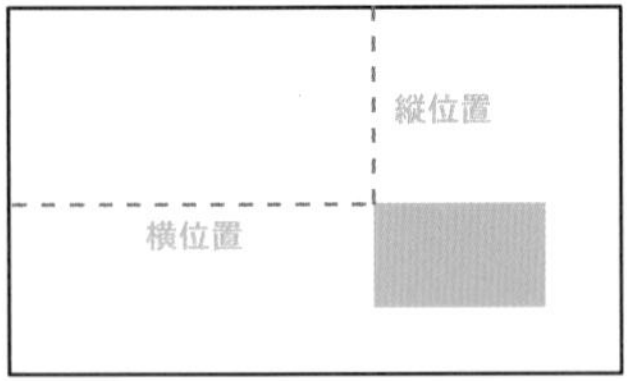

数値で調整する

〈メリット〉
+ 0.01cm間隔で正確なサイズ変更が可能

〈デメリット〉
- 0.01cm以下の調整は不可能
- 数値入力の手間がかかる

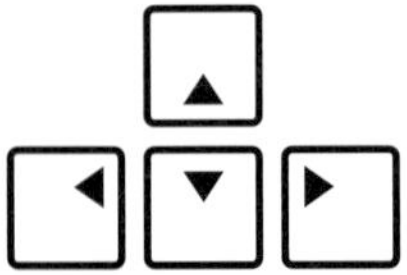

キーボードで調整する

〈メリット〉
+ 手軽に位置を変更できる
+ 0.01cm以下の変更も可能

〈デメリット〉
- PC環境によって挙動が変わることがある

「マウス」で位置を大きく変更する

最も簡単に位置を変更する方法であるものの、適切に設定をしなければ細かなズレがたくさん生じてしまいます。編集時は「グリッドとガイド」の設定画面にある、「グリッド」「ガイド」「スマートガイド」の表示、「グリッド線に合わせる」機能を全てオンにすることで、意図しないズレの発生を軽減することができます。また、Shift +ドラッグで水平／垂直に移動させる方向を固定させることができます。

マウスで正確に位置を変更するコツ

オブジェクトを水平／垂直に移動させる

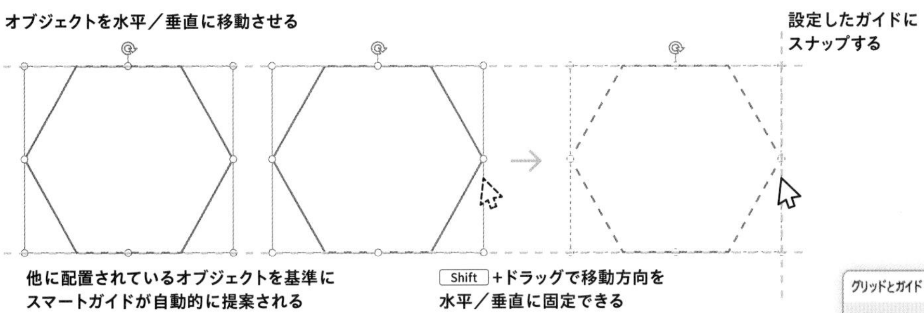

設定したガイドにスナップする
他に配置されているオブジェクトを基準にスマートガイドが自動的に提案される
Shift +ドラッグで移動方向を水平／垂直に固定できる

複数のオブジェクトを配置する

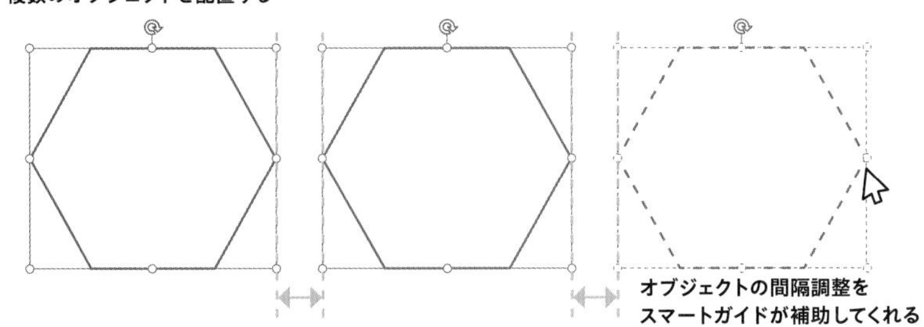

オブジェクトの間隔調整をスマートガイドが補助してくれる

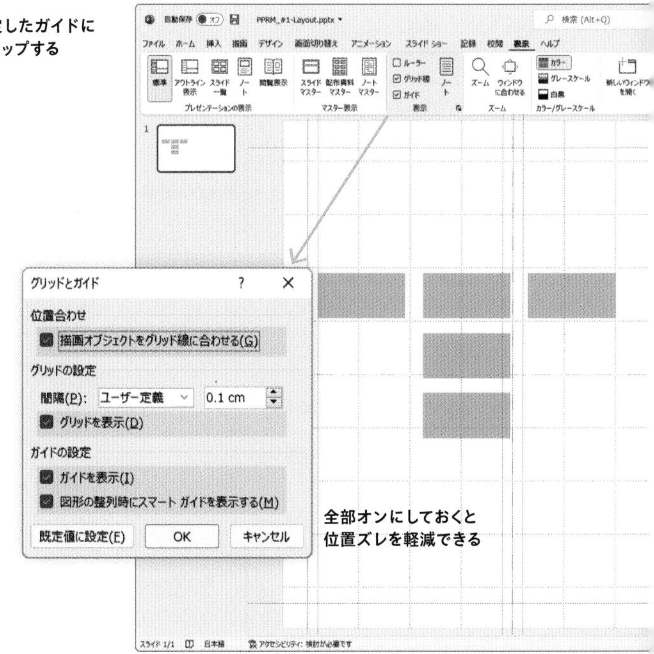

PowerPointの機能 | 位置を変更する

「数値」で位置を厳密に指定する

スライドとオブジェクトの左上、または中央を基準に座標指定する方法です。単位は「cm」、入力できる最小値は0.01cmで、より小さい数値を入力しても四捨五入されます。ただし、マウス・キーボード操作では0.01cmよりも細かく配置できます。A4やB5といった定型サイズで印刷物を作成するときなど、計算しやすく厳密なレイアウトが求められる場合に特に便利な機能です。

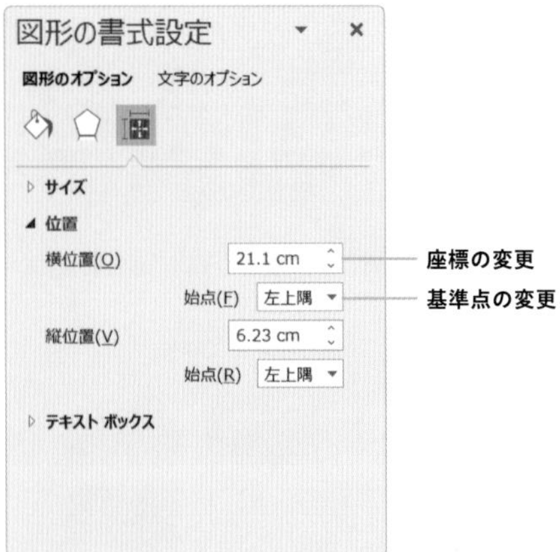

書式設定から数値で位置を調整できるが、
「始点」の設定で基準が変わる
特別な理由がない限りは「左上隅」でOK

> 標準の設定でスライドを作成するとき、スライドサイズが19.05×33.867cmと半端な端数で設定されているため、数値での指定はオススメしません。

「始点」の仕様

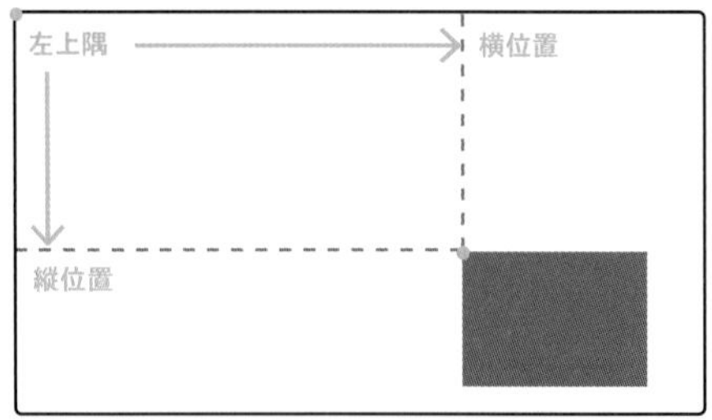

左上隅：スライドとオブジェクトの左上を基準点とする

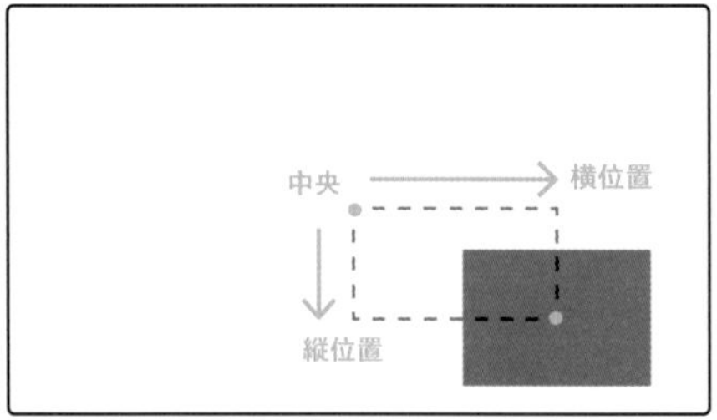

中央：スライドとオブジェクトの中央を基準点とする

数値による指定の活用例

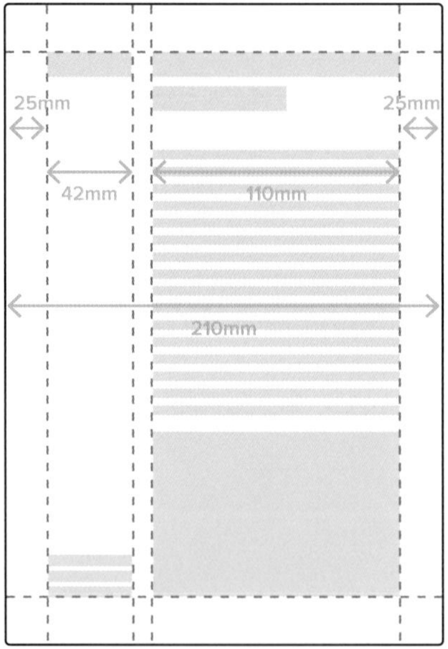

印刷物など、定型サイズ（扱いやすいサイズ）で
厳密なレイアウトをするときに便利

「キーボード」で位置を細かく調整する

キーボードの矢印キーでオブジェクトを上下左右に移動させることができます。矢印キー1回で移動できる距離は、「グリッドとガイド」で設定した間隔が適用されます（グリッドの表示のオンオフに関わらず適用されます）。グリッドを無視して細かく移動させたい場合は Ctrl ＋矢印キーで調整できますが、これで移動できる距離はPCの設定によって変わることには注意してください。

グリッドとキーボード操作の挙動

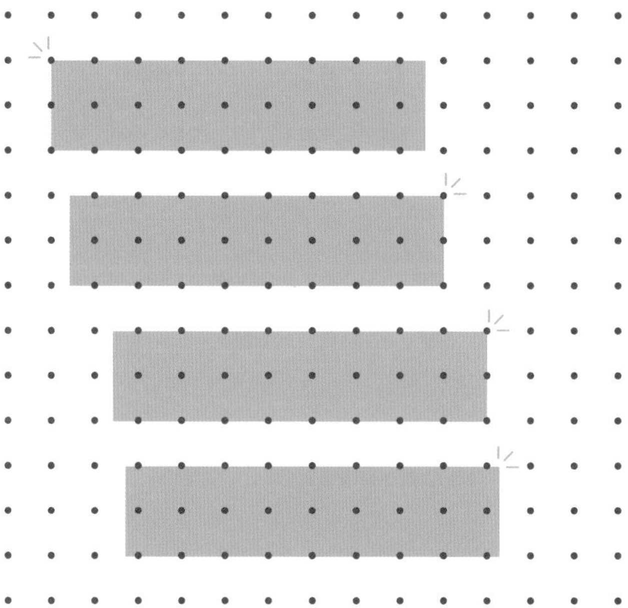

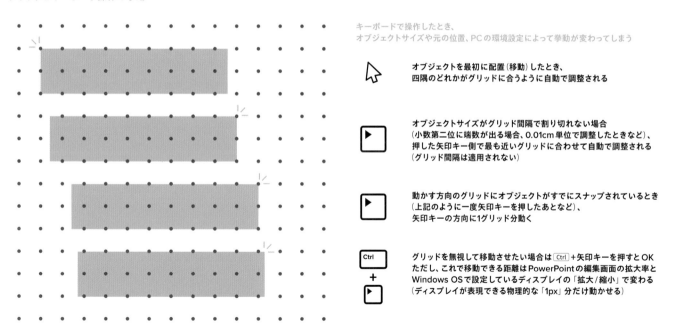

キーボードで操作したとき、
オブジェクトサイズや元の位置、PCの環境設定によって挙動が変わってしまう

オブジェクトを最初に配置（移動）したとき、
四隅のどれかがグリッドに合うように自動で調整される

オブジェクトサイズがグリッド間隔で割り切れない場合
（小数第二位に端数が出る場合、0.01cm 単位で調整したときなど）、
押した矢印キー側で最も近いグリッドに合わせて自動で調整される
（グリッド間隔は適用されない）

動かす方向のグリッドにオブジェクトがすでにスナップされているとき
（上記のように一度矢印キーを押したあとなど）、
矢印キーの方向に1グリッド分動く

グリッドを無視して移動させたい場合は Ctrl ＋矢印キーを押すとOK
ただし、これで移動できる距離はPowerPointの編集画面の拡大率と
Windows OSで設定しているディスプレイの「拡大/縮小」で変わる
（ディスプレイが表現できる物理的な「1px」分だけ動かせる）

PowerPointの機能

オブジェクトを整列する

レイアウトの基本である「揃える」ための重要な機能が「配置」です。選択したオブジェクト同士、またはオブジェクトとスライドサイズに対して、上下左右の基準位置や中央に揃えたり、等間隔に配置することができます。

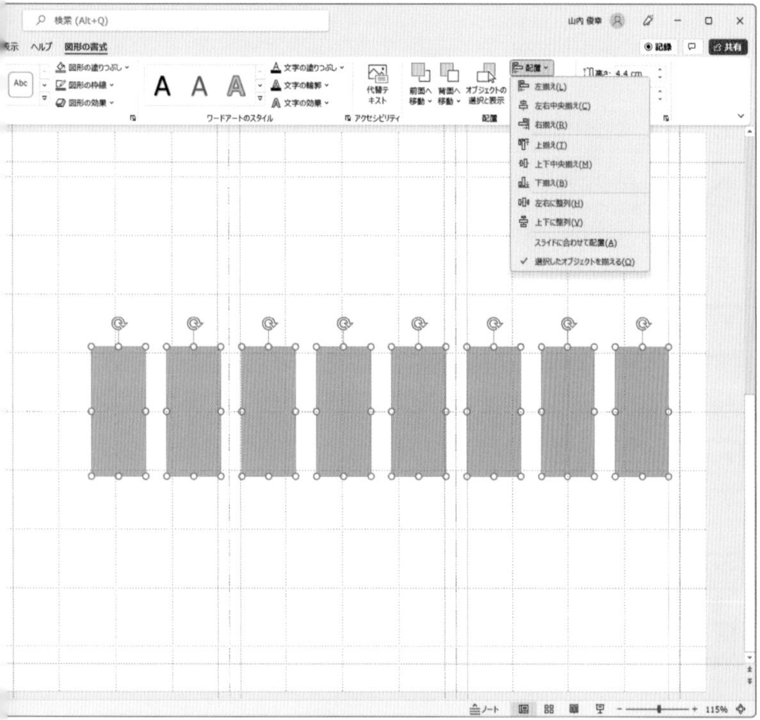

揃えと整列の種類

左右・上下の揃え　中央揃え

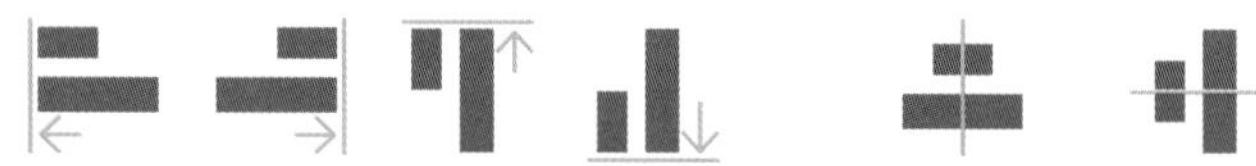

左揃え　右揃え　上揃え　下揃え　左右中央揃え　上下中央揃え

左右・上下に整列（等間隔で配置）　揃えの基準

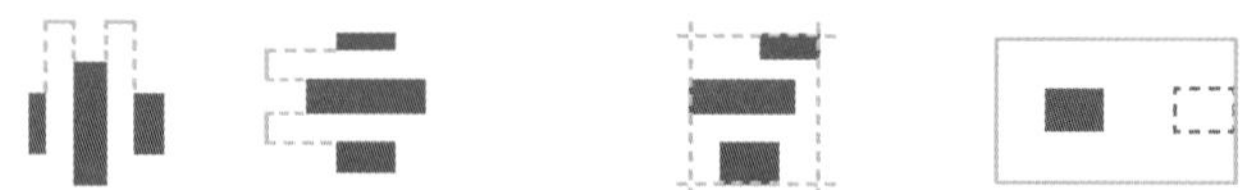

左右に整列　上下に整列　選択したオブジェクト　スライドに合わせる

「ホーム」リボンにも「配置」が用意されいる

揃えの基準と細かな仕様

選択したオブジェクトを基準に揃える

複数のオブジェクト同士で揃える場合、「左右・上下の揃え」は揃えたい方向の最も端にいるオブジェクトが基準になります。「中央揃え」は、最も長いオブジェクトの中心が基準ですが、全て同じオブジェクトサイズの場合は選択した全てのオブジェクトの中心線が基準になります。整列の場合、上下・左右の両端にあるオブジェクトを基準に等間隔に配置されます。

スライドを基準に揃える

オブジェクト単体を選択した場合、もしくは「配置」メニューで「スライドに合わせて配置」にチェックを入れた場合、スライドの四辺を基準に揃えることができます。上下・左右揃えならスライドの上下左右の辺に、中央揃えならスライド中央に、整列なら揃える方向の両端の辺を基準に均等に配置してくれます。

左右・上下の揃え

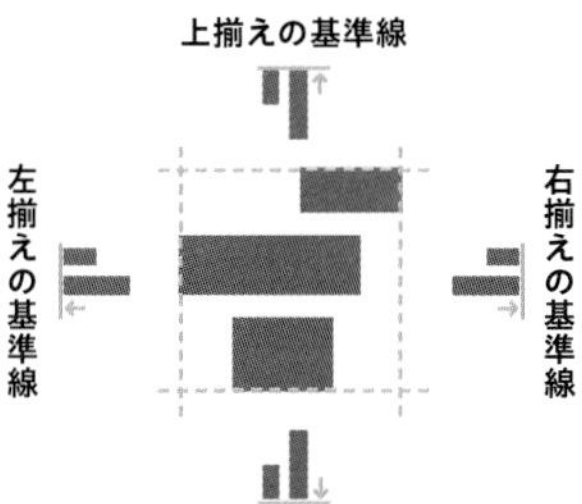

選択したオブジェクトの最端が基準

中央揃え

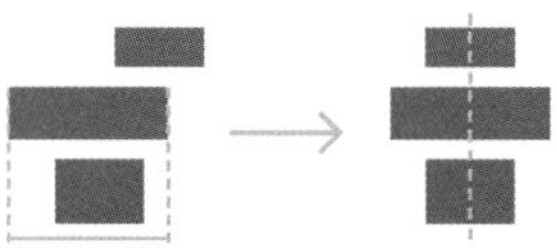

最も長い辺のオブジェクトが基準

サイズが同じ場合、全体の中間が基準

整列

選択したオブジェクトのうち、揃える方向の両端のオブジェクトが基準

スライドに合わせて左右・上下に揃える

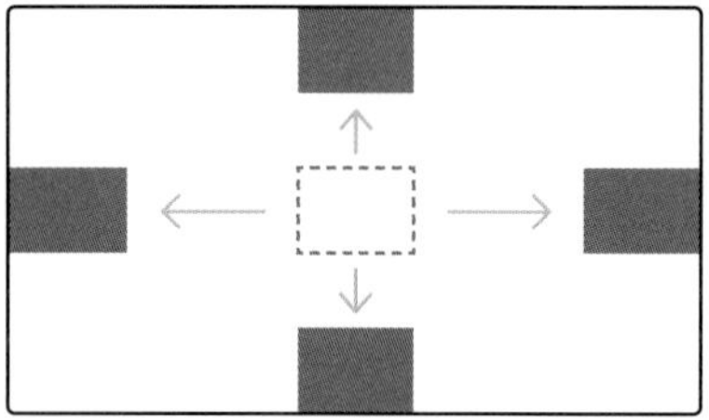

スライドの四辺を基準に揃える

スライドに合わせて整列

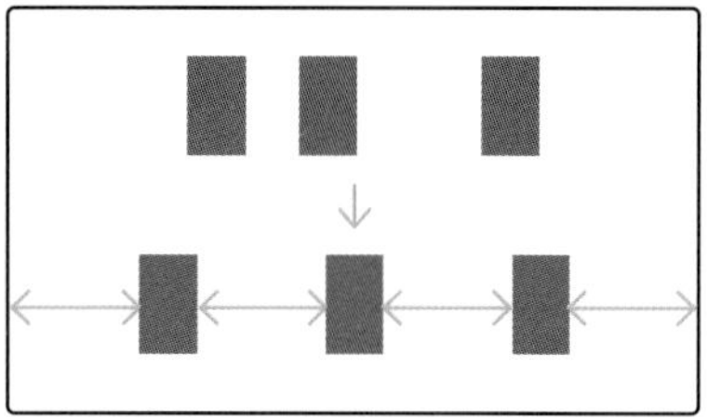

スライドの四辺を両端の基準として揃える

PowerPointの機能

回転・反転させる

オブジェクトは、上部についている「回転ハンドル」をマウスで操作するか、書式設定で角度を入力することで回転させることができます。調整可能な最小の角度は、マウス操作・数値入力を問わず1度。また「ホーム」リボンや「図形の書式」リボンの「回転」から上下・左右に反転させることもできます。

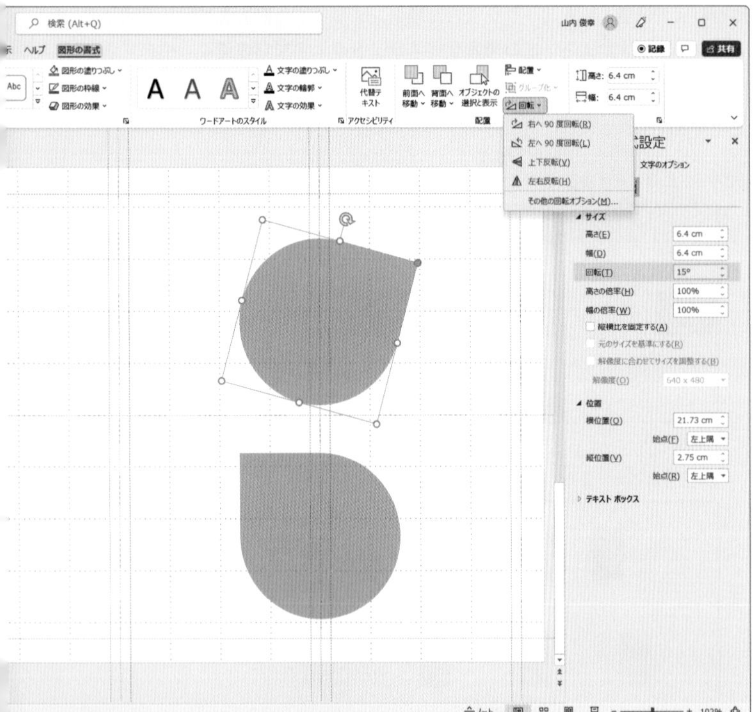

回転と反転

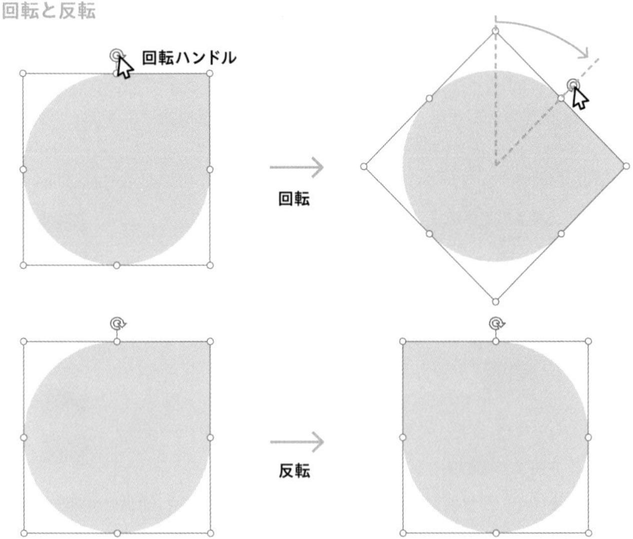

「ホーム」リボンの「配置」内にも回転と反転の機能が用意されている

15度ずつ回転させる

マウス操作や数値入力による1度ずつの自由な角度調整のほかに、15度ずつ飛び飛びに回転させて調整することもできます。マウスでは Shift + ドラッグで、キーボードでは Alt + ←→ で操作でき、30度、45度、60度、90度などの特定の角度に調整したいときに便利な機能です。なお、PowerPointでは角度を増やすと右回り（時計回り）に回っていきます。

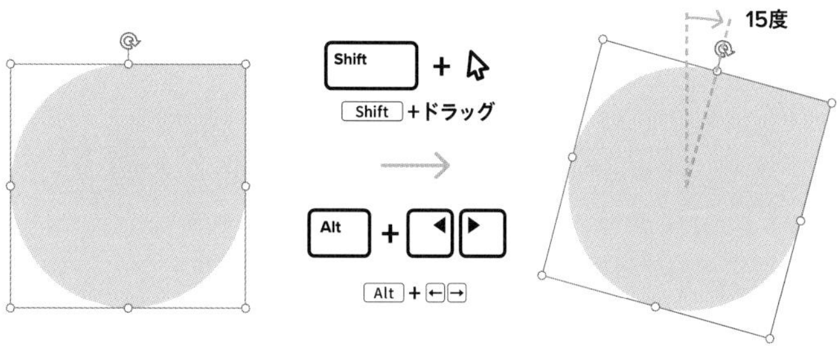

合理的な「15度」単位の角度調整

少し数学的な話をひとつ。15度とは、360度を24等分した数です。時計では12で割った30度が使われていたり、三角比も30、45、60度できれいな比がでたりと、15の倍数の角度は工学的にも数学的にも合理性が高く、様々な面で安定しやすい特徴があります。もちろんこの角度が絶対ではありませんが、15度単位を基本として考えてみると、レイアウトも安定して調整しやすくなります。

右クリックのメニューから編集する

レイアウトにまつわる機能について、基本的にリボンと書式設定からアクセスする方法を紹介してきましたが、いくつかの機能はオブジェクトを右クリックして出てくるメニューの中からもアクセスできます。「作業ウィンドウ」の呼び出しも簡単です。

また、PowerPoint 2021では選択したオブジェクトに合わせて、右クリックのメニューの付近に「配置」や「回転」などの機能のショートカットも表示されます。機能によっては、リボン経由で操作すると必要なクリック回数が多くなるものもあるため、右クリックメニューやクイックアクセスツールバーを活用すると作業効率が上がります。

右クリックメニューから使用頻度の高い機能に簡単にアクセスできる

PowerPointの機能

スライドマスターを使う

プレゼンスライドや企画書など、複数ページにわたってレイアウトを制作する際に便利なのが「スライドマスター」です。全ページに共通するビジュアル要素を一元管理したり、テキストや画像などを挿入する「枠」だけをあらかじめ作成できたりと、作業効率を引き上げるのに役立ちます。

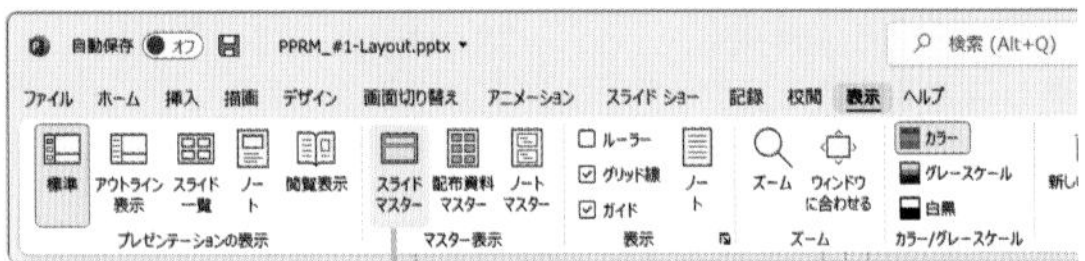

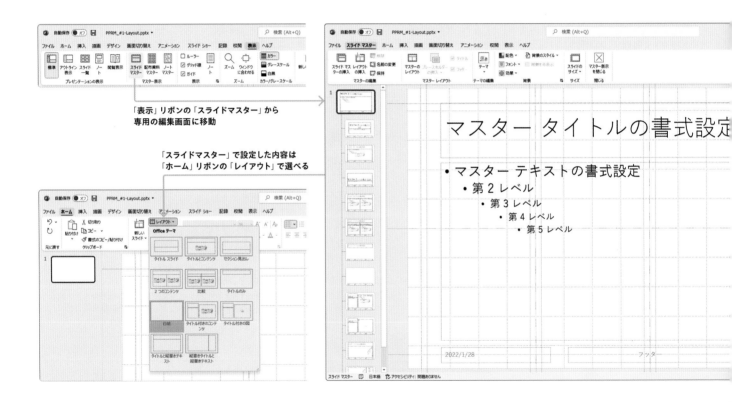

「表示」リボンの「スライドマスター」から
専用の編集画面に移動

「スライドマスター」で設定した内容は
「ホーム」リボンの「レイアウト」で選べる

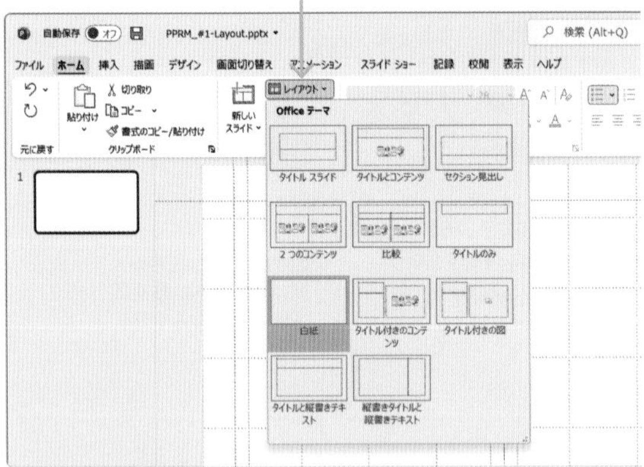

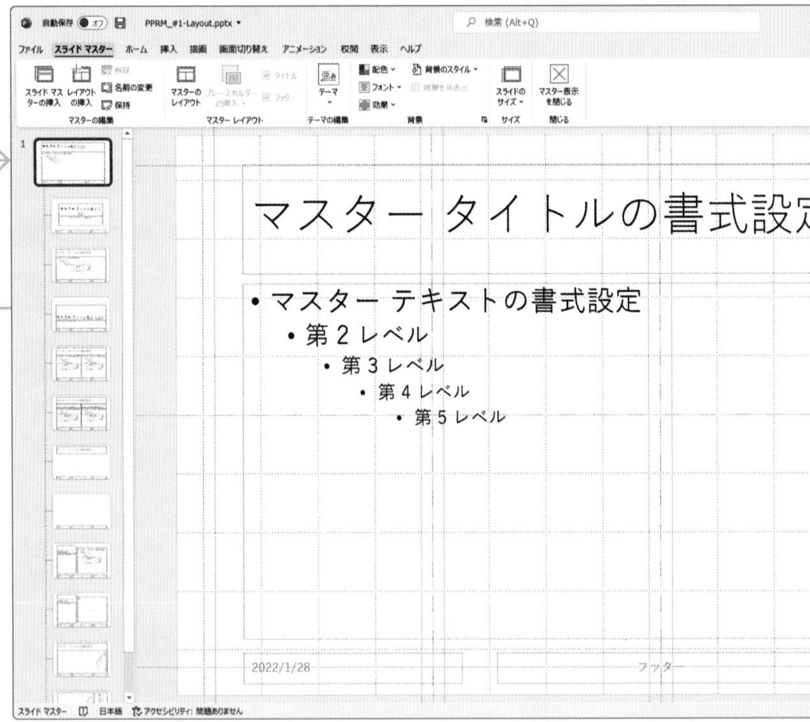

「スライドマスター」を使ってできること

PowerPointのスライドマスターは非常に多くの機能が備わっています。なかでもより作業効率に直結する使い方として、共通する背景（ビジュアル）をつくる、オブジェクトの挿入枠をつくる、マスターガイドを作成する（#0-15を参照)、の3つが挙げられます。

共通の背景（ビジュアル）をつくる

ヘッダーやページ番号、背景など複数のページにまたがって共通する要素は、なるべくスライドマスターに配置してしまいましょう。ここで一元管理することで、1箇所を修正するだけで全ページに反映させることができるようになります。

なお、スライドマスターも「マスター」と「レイアウト」の2種類があり、前者が全ページに共通する要素を配置する土台、後者が「マスター」をベースに複数のレイアウトパターンを作成できるものになります。

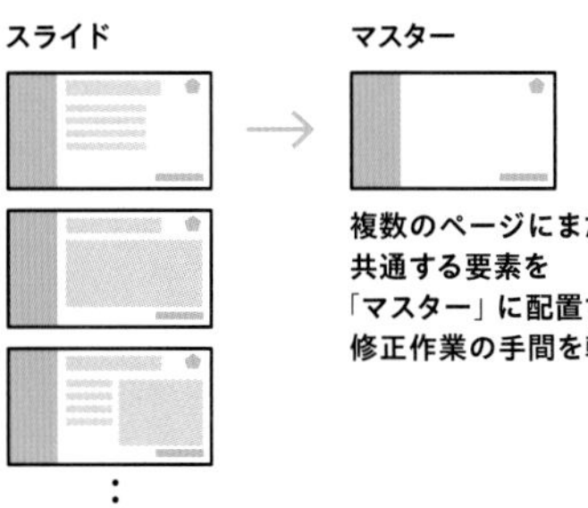

複数のページにまたがって
共通する要素を
「マスター」に配置すると
修正作業の手間を軽減できる

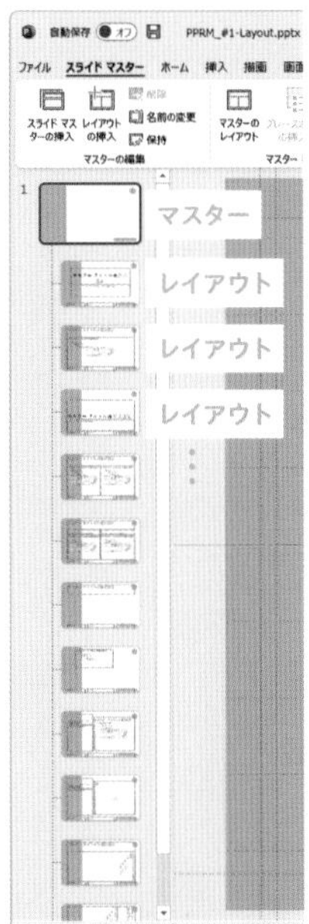

オブジェクトの挿入枠をつくる

スライドマスターには「プレースホルダー」という機能があります。テキストや画像などのオブジェクトを挿入する枠をあらかじめ用意できる、いわば固定のフォーマットを作成できる機能です。固定の様式でスライドを量産したり、他者に部分的に編集してもらう必要があるときなどに活躍してくれます。

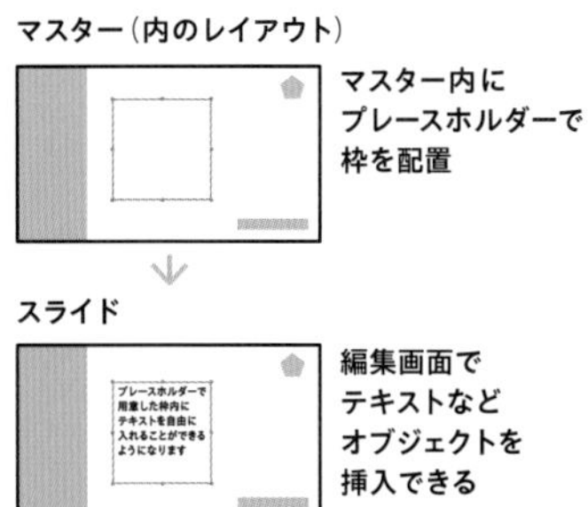

PowerPointの機能

スライドの書式を変更する

スライド自体の設定は、「デザイン」リボンから行います。スライドのサイズを変更できるほか、「テーマ」では背景と書体、配色をセットにして様々な案を提案してくれます、また、「バリエーション」では背景、書体、配色のテーマをそれぞれ設定できます。背景は書式設定からも編集が可能です。

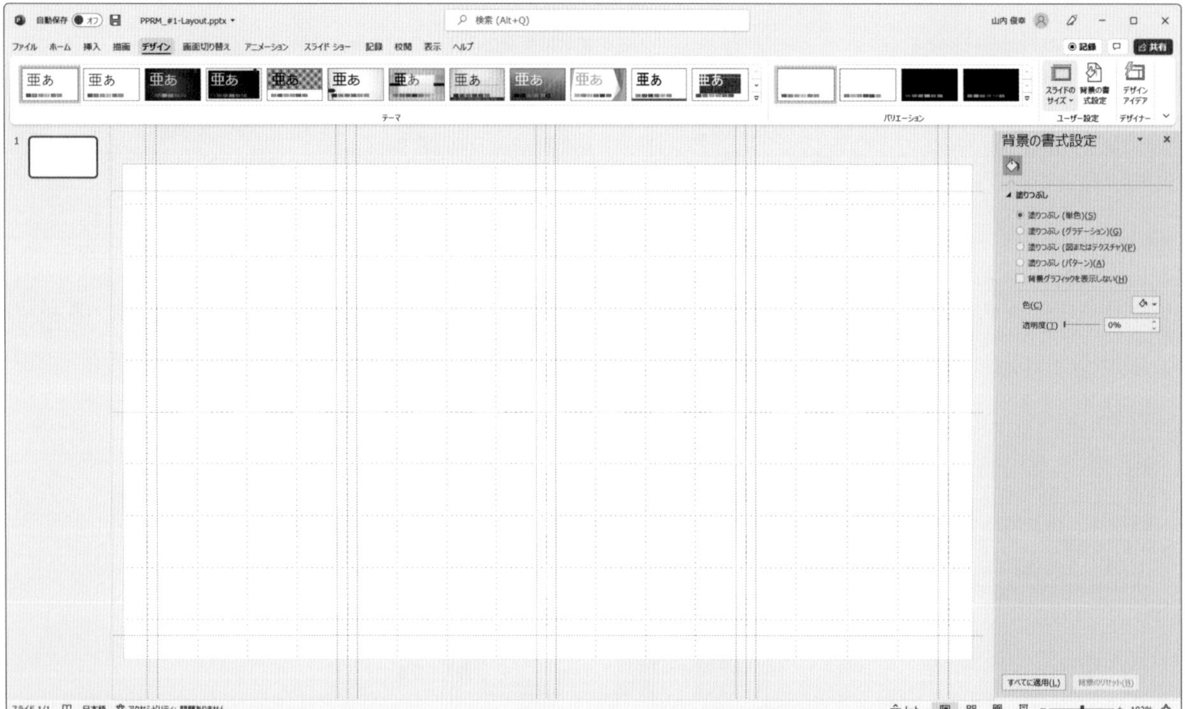

スライドサイズや各テーマは「デザイン」リボンから設定できる

スライドサイズと設定

PowerPointでスライドのサイズは、特殊仕様のオンパレード。特にA4やB5といった定型サイズでは注意が必要で、「スライドのサイズ指定」として標準で用意されている値は全て“一回り小さく”設定されています。そのため、標準の設定値を使ってしまうと「A4で作成したつもりがサイズが異なり、印刷すると意図しない余白が生まれる」といったミスが発生してしまいます。印刷用途でサイズを変更する場合は、必ず数値で設定するようにしてください（本来のサイズは名称に載っています）。

スライドサイズの標準（ワイド画面）

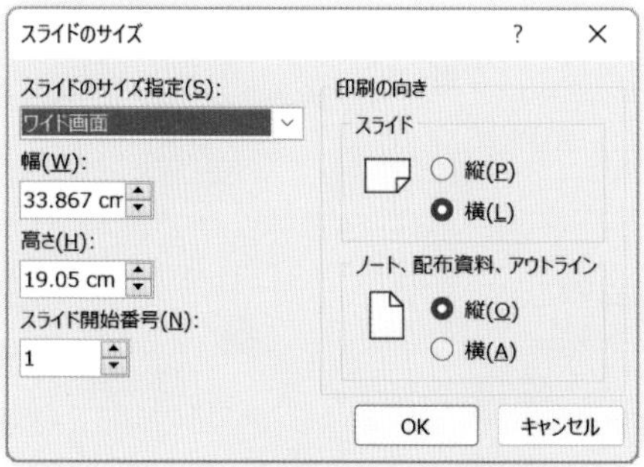

用意されている「A4」に設定した場合

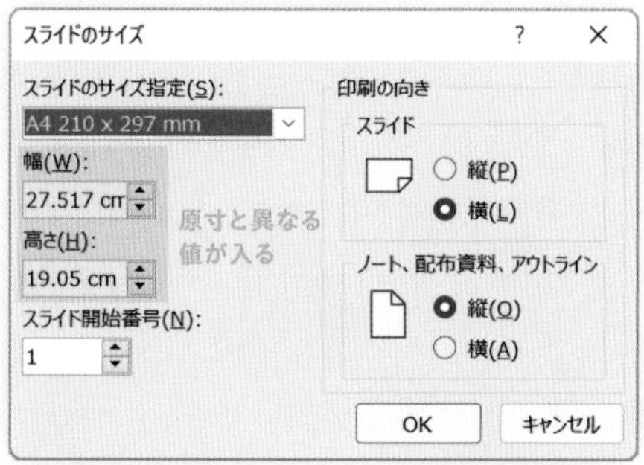

PowrePointのサイズは基本的にインチで設定されている

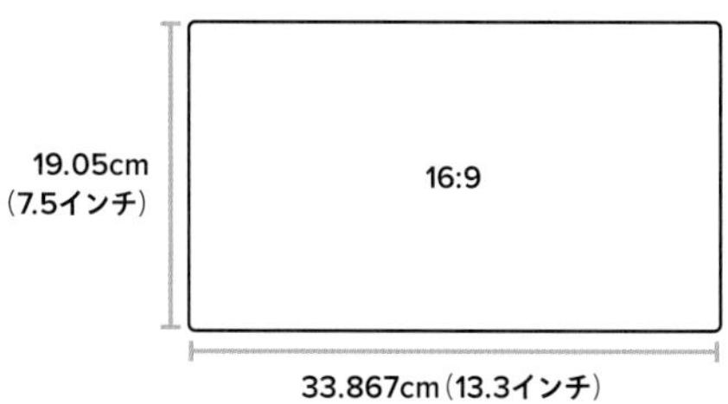

PowrePointでは
定型サイズが一回り
小さく設定されているため
必ず数値で定型サイズを
入力する

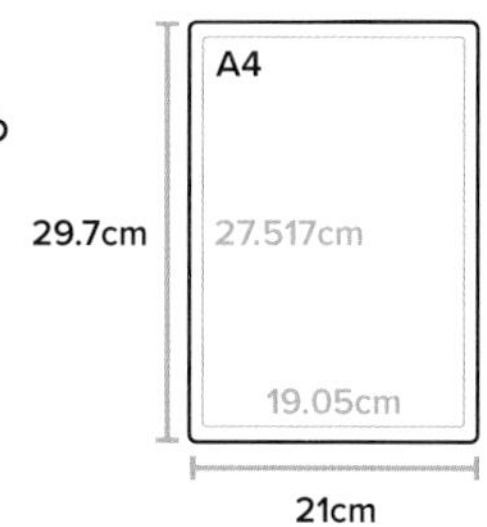

スライドサイズと設定値

PowerPointに用意されているサイズは下記の一覧の通りです。

定型サイズ（横×縦）	設定値（横×縦）
画面に合わせる（4:3）	25.4×19.05 cm
画面に合わせる（16:9）	25.4×14.288 cm
画面に合わせる（16:10）	25.4×15.875 cm
レターサイズ 8.5×11インチ	25.4×19.05 cm
Ledger Paper 11×17インチ	33.831×25.374 cm
A3 297×420 mm	35.56×26.67 cm
A4 210×297 mm	27.517×19.05 cm
B4 (ISO) 250×353 mm	30.074×22.556 cm
B5 (ISO) 176×250 mm	19.914×14.936 cm
B4 (JIS) 257×364 mm	30.48×22.86 cm
B5 (JIS) 182×257 mm	20.32×15.24 cm
はがき 100×148 mm	12.7×8.255 cm
35mmスライド	28.575×19.05 cm
OHP	25.4×19.05 cm
バナー	20.32×2.54 cm
ワイド画面	33.867×19.05 cm

Designing #2

TYPOG

文字と文字組み

RAPHY

人と意思疎通をするコミュニケーション。そのはじめに、「ことば」がありました。
会話することで、自分の想いや考えを伝えることができる。話し言葉があったからこそ、私たちは人間として大きな発展を遂げてきました。しかし、話し言葉にも苦手なことがあります。短時間に意思疎通ができる反面、その刹那で「ことば」が消えてしまうのです。だからこそ、「ことば」を長くとどめ、誰もが目で見て理解できる「文字」が生まれました。その場に話者がいなくても伝えることができ、永く保存し、大量に複製することもできる。話すために生まれた「ことば」に、形を与えより永く広く伝わるように可視化されたのが「文字」なのです。ゆえに、文字の本質は「ことば」にあり。「ことば」のデザインとして、文字への理解を深めていきましょう！

文字は、口ほどにものを言う

話し「ことば」ができる表現は、書き「ことば」としても表現できる

文字とは、「ことば」に形を与えることで“見て”理解できるようにしたもの。もともと意思疎通のために使っていた“話し言葉”に、手でも書きやすい抽象的な図形をあてがうことで、物理的にその場に留めたり、記録として残したり、大量に複製することを可能にしました。

ゆえに、話し言葉と変わらず、文字でも感情や印象をこめた表現ができます。声色や声量、声質、話す速さなどで伝わり方が大きく変わるように、文字の形、筆の種類、大きさ、並び方などで見せる表情は大きく変わってくるのです。

とはいえ、文字が生まれて数千年。長い歴史の中で、“話し言葉”にはない文字ならではの表現方法も多く生まれてきました。それを支える重要な要素こそ「書体とフォント」と「文字組み」です。視覚的な「ことば」の第一歩としてじっくり向き合ってみましょう！

話し言葉と同じように文字の形、大きさ、並び方などで見せる表情が大きく変わる

人に伝える「ことば」のうち、形を与えて目に見えるようにしたものが文字。話し言葉と同じように、文字の形（書体）、筆の種類、大きさ、並び方などを変えることで、感情や印象をこめた様々な伝え方ができるようになります。

目で見る「ことば」としての文字の表現

ごらんなさい。
あれが名高いアルビレオの観測所です

僕きっとまっすぐに進みます
きっとほんとうの幸福を求めます

さあ、切符をしっかり持っておいで。
お前はもう夢の鉄道の中でなしに
ほんとうの世界の火やはげしい波の中を大股にまっすぐに
歩いて行かなければいけない。天の川のなかでたった一つの、
ほんとうのその切符を決しておまえはなくしてはいけない

カムパネルラ
僕たち一緒に行こうねえ。
天の川の水あかりに、十日もつるしておくかね、
そうでなけぁ、砂に三、四日うずめなけぁいけないんだ。
そうすると、水銀がみんな蒸発して、たべられるようになるよ

するとどこかで、ふしぎな声が、
銀河ステーション、
銀河ステーション、
と言う声がした

ジョバンニはすぐ入口から三番目の高い卓子にすわった人の所へ行っておじぎをしました。その人はしばらく棚をさがしてから、「これだけ拾って行けるかね」と言いながら、一枚の紙切れを渡しました。ジョバンニはその人の卓子の足もとから一つの小さな平たい函をとりだして向こうの電燈のたくさんついた、たてかけてある壁の隅の所へしゃがみ込むと、小さなピンセットでまるで粟粒ぐらいの活字を次から次へと拾いはじめました。青い胸あてをした人がジョバンニのうしろを通りながら、「よう、虫めがね君、お早う」と言いますと、近くの四、五人の人たちが声もたてずこっちも向かずに冷たくわらいました。

北 十 字 と プ リ オ シ ン 海 岸

目で見る「ことば」として個性が生まれるポイント

あア安　あア安　あア安
あア安　あア安　あア安

文字の形や筆の違いによる「表情」
話し言葉での“声色”

言葉として個性が宿る
言葉として個性が宿る
言葉として個性が宿る
言葉として個性が宿る

大きさの違いによる「勢い」
話し言葉での“声量”

まとまりとして
強く伝えることば

ゆとりがあり
優雅に伝えることば

文字の並べ方による「雰囲気」
話し言葉での“口調”

「見せる」文字と、「読ませる」文章の違い

伝えるシーンによって、文字に求められる機能が大きく変わる

くらしの中の会話とプレゼンテーションとで話し方が全く異なるように、文字も“見せるシーン”によって使い方や求められる機能性が大きく変わってきます。

そのシーンは大きく2種類。一つは、短い文章でパッと「見せる」シーン。スライドのタイトル、チラシのキャッチコピー、動画のテロップなど……わずかな時間で確実に文字を認識できることが使い方として最重要になってきます。

もう一つが、長めの文章でじっくりと「読ませる」シーン。小説や資料などの文書・書籍、チラシの説明文、Webサイトの記事など……数百字、数千字の文章を腰を据えて読むため、誤読や誤解を誘発しないことが最重要になってきます。

この使い分けに明確な線引きはなく、同じ紙面内に混在することもよくあります。文字がどのような見られ方／読まれ方をするか、常に意識しておきましょう！

短い文章をパッと「見せる」
長い文章をじっくり「読ませる」
必要な機能性が異なる

文字が活躍するシーンは、パッと「見せる」シーンと、じっくり「読ませる」シーンの2つ。一瞬で短文を認識できるか、時間をかけて長文を誤読なく読み進められるか、重要になる機能性が大きく変わってきます。

「見せる」文字と、「読ませる」文章のポイント

有谷山焼の
粋(いき)と佇(たたずまい)

二　活版所

　ジョバンニが学校の門を出るとき、同じ組の七、八人は家へ帰らずカムパネルラをまん中にして校庭の隅の桜の木のところに集まっていました。それはこんやの星祭りに青いあかりをこしらえて川へ流す烏瓜を取りに行く相談らしかったのです。

　けれどもジョバンニは手を大きく振ってどしどし学校の門を出て来ました。すると町の家々ではこんやの銀河の祭りにいちいの葉の玉をつるしたり、ひのきの枝にあかりをつけたり、いろいろしたくをしているのでした。

　家へは帰らずジョバンニが町を三つ曲がってある大きな活版所にはいって靴をぬいで上がりますと、突き当たりの大きな扉をあけました。中にはまだ昼なのに電燈がついて、たくさんの輪転機がばたりばたりとまわり、きれで頭をしばったりラムプシェードをかけたりした人たちが、何か歌うように読んだり数えたりしながらたくさん働いておりました。

　ジョバンニはすぐ入口から三番目の高い卓子にすわった人の所へ行って

1文字1文字がパワーを発揮する、個人プレー派

粋(いき)と

有谷山焼の佇(たたずまい)

文字の形がはっきり見えるため
ディテールで印象が大きく変わる

パッと見て認識できるように
一文を短くカタマリのようにまとめる

文字の集まり方でパワーを発揮する、チームプレー派

ジョバンニが学校の門を出るとき、同じ組
の七、八人は家へ帰らずカムパネルラをま

ジョバンニが学校の門を出るとき、同じ組
の七、八人は家へ帰らずカムパネルラをま

けれどもジョバンニは手を大きく振ってど
しどし学校の門を出て来ました。すると町

けれどもジョバンニは手を大きく振ってどしどし学校の
門を出て来ました。すると町の家々ではこんやの銀河
の祭りにいちいの葉の玉をつるしたり、ひのきの枝に

小さな文字がたくさん並ぶため
文字の形の傾向で雰囲気が変わる

連続して読み続けやすい
文字の並べ方が最重要になる

文字のしくみ

書体・フォントのしくみ

だれでもキレイな文字を扱えるのが書体・フォントの役割

「ことば」を可視化した文字は手書きから始まり、大量の文字を均一で高品質に印刷できる活字（と写植）を経て、現在ではデジタルフォントが主流となりました。

デジタルフォントには、統一されたデザインコンセプトの文字がたくさん収録されています。多いものでは2万字以上。これのおかげで、私たちは簡単に文字を入力／出力することができるのです。

フォントに収録されている文字は、「ことば」としての表現（見た目）だけではなく、文字として認識できる機能性も考慮されてつくられています。そのため、異なるデザインの文字でも共通のしくみや特徴があります。フォント選びや文字組みをマスターするためにも、まずはしくみから理解しておきましょう！

なお、ここからは同じデザインの文字の集まりを「書体」、そのデジタルファイルを「フォント」と表記します。

「ことば」である文字を均一かつ高品質で大量に複製できるよう進化を遂げてきた

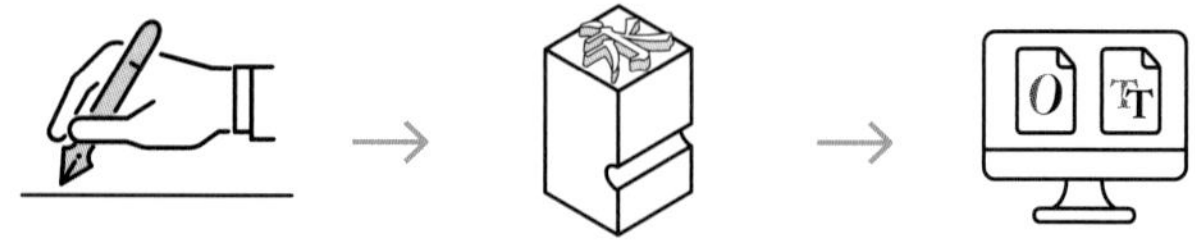

手書きが文字のはじまり → 手書きをもとに大量に印刷できる活字へ → 活字の技術を基本に時代はデジタルフォントへ

デジタルフォントは……

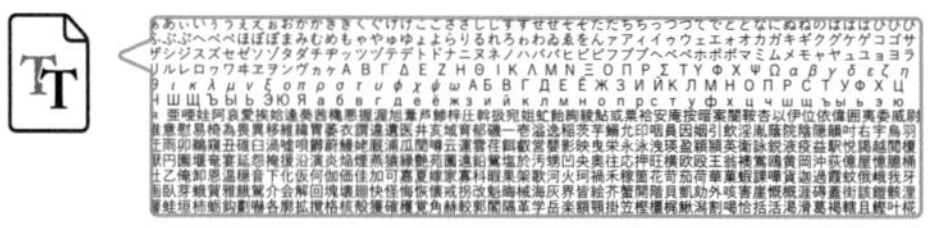

統一されたデザインコンセプトでつくられた文字たち（=「書体」）を、組み替えて使えるようにひとつにまとめて収録したもの（=「フォント」）

安	あ	ア	、	①	A	a	2	,
漢字	ひらがな	カタカナ	記号（全角）	数字（全角）	アルファベット		数字（半角）	記号（半角）

和文書体：日本語のための書体（フォント）
漢字、ひらがな、カタカナ、アルファベットなど日本語表記に必要な文字が揃っている
特に漢字が多く、2万字を超えるものもある

欧文書体：欧文のための書体（フォント）
アルファベットを中心に文字が揃う
キリル文字などが含まれることもある

デザインのポイント

- 高品質な文字の大量印刷を可能にしたのが「書体（フォント）」
- 書体（フォント）は同じデザインでつくられた文字を集めたもの
- 文字としての見た目・機能を生み出す「しくみ」から理解しよう

書体（フォント）のしくみ

全文字で共通する基本の枠組み

活字のしくみをデジタルでも継承している

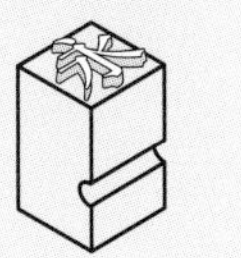

正方形の枠（仮想ボディ）の中に文字を収めて
縦・横に並べられるようにしたつくり

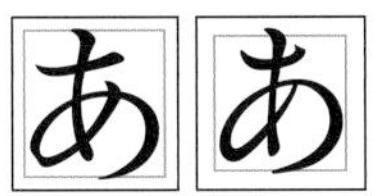

文字を並べたときにぶつからないよう
仮想ボディの中に「字面」を設定し、
その中で文字が設計されている
書体や漢字/仮名で字面サイズは異なる

ベースラインを基準に文字が並ぶつくり

欧文は、文字ごとに幅が異なる
（和文と異なり、幅が一定で固定されていない）
単語としてひとまとまりに並ぶよう調整されており
同じ文字でも書体によって幅の設定が異なる

文字の雰囲気を決める形のしくみ

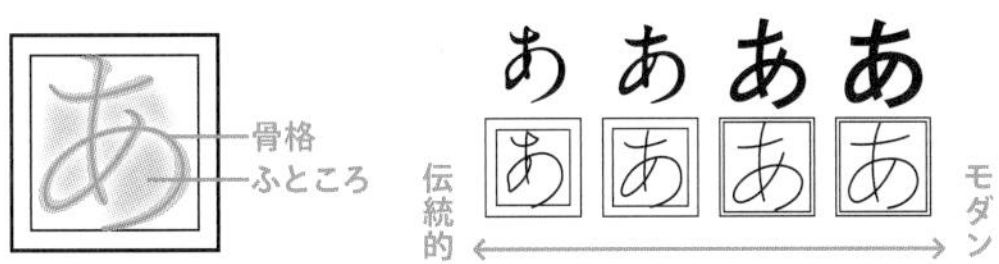

文字の骨格と、線の間に生まれる空間（ふところ）の大きさで、
和文書体が醸し出す雰囲気が大きく変わる

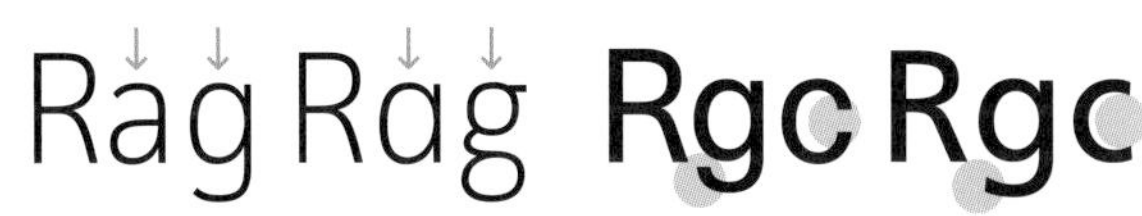

自然な曲線、幾何学的な曲線といった文字の骨格の「形状」のほかに、
aやgといった一部の文字は書体によって採用される文字の形そのものが違う

文字の印象を決めるエレメント（装飾）

骨格に対する肉付けとして、
筆の流れを再現したり
筆順を意識させたり
丸くしてかわいくしたりと
装飾するのがエレメント

エレメントの形状で
文字の表情は大きく変わる
左は明朝体の例

和文よりも骨格が
シンプルな欧文は
筆跡の名残や
単純化した装飾などの
エレメントの形で
印象が大幅に変わる

文字のしくみ

文字のサイズと太さ

同じ書体をつかって表現のバリエーションを増やす

同じ書体でも、サイズや太さが変われば見せる表情が大きく変わります。

文字のサイズは活字の基準を継承し、和文書体は仮想ボディの長さ、欧文書体はディセンダーからアセンダーの高さ（ボディ）を基準に数値で指定します。

一方で、文字の太さは書体によって2～8種類ほど用意されており、このバリエーションを「ウエイト」と呼びます。この「ウエイト」は、同じデザインとして自然に見えるように、線の形が非常に細かく調整されています。文字の縁に線を足しても、同じものにはなりません。

文字の太さには、使用が想定されている得意なサイズがあります。小さい文字を極太にすると読みづらく、大きな文字を極細にすると見づらくなりやすいため、太い文字は大きく、細い文字は小さく使うことを基本としています。ただし、狙って崩すのは問題ありません。

サイズ		太さ（ウエイト）
6pt	文字のサイズと太さと印象の違い	游明朝体 R（R＝レギュラー｜標準の太さ）
7pt	文字のサイズと太さと印象の違い	
8pt	文字のサイズと太さと印象の違い	游明朝体 M（M＝ミディアム｜中くらいの太さ）
9pt	文字のサイズと太さと印象の違い	
10pt	文字のサイズと太さと印象の違い	游明朝体 D（D＝デミボールド｜中太くらいの太さ）
11pt	文字のサイズと太さと印象の違い	
12pt	文字のサイズと太さと印象の違い	游明朝体 B（B＝ボールド｜標準に対する太字）
14pt	文字のサイズと太さと印象の違い	
16pt	文字のサイズと太さと印象の違い	游明朝体 E（E＝エクストラボールド｜極太の字）
18pt	文字のサイズと太さと印象の違い	
20pt	文字のサイズと太さと印象の違い	

デザインのポイント

- ✓ 文字のサイズは、仮想ボディの長さで決まる（和文書体）
- ✓ 文字の太さを「ウエイト」と呼び、自然に見えるよう調整されている
- ✓ サイズと太さを連動させながら、読みやすい組み合わせをさがそう

文字サイズの規格

和文書体は仮想ボディの一辺の長さが、欧文書体はディセンダーからアセンダーまでの高さが文字サイズの基準です。そのため、同じ数値でも和文と欧文で“見た目のサイズ”が異なることがあります。また、字面やエックスハイトでも“見た目のサイズ”が異なるため、出力後のサイズを目視で確認しておくのが重要です。

和文書体と欧文書体の基準の違いから、同じ数値でもサイズが異なって見えることがある

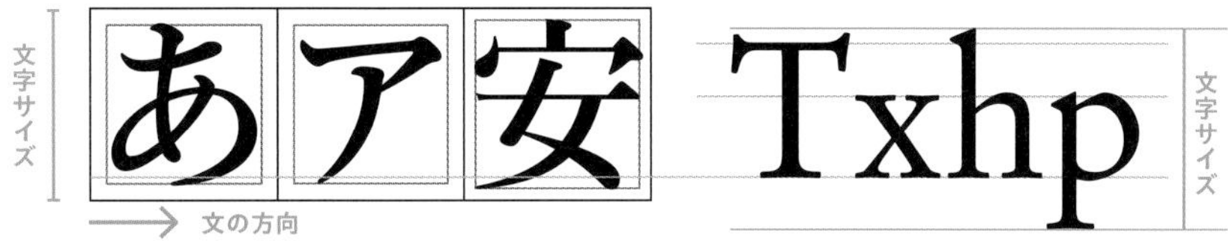

和文書体の文字サイズは、
文の方向に垂直な仮想ボディの一辺の長さ
ただし、同じ数値でも字面によって“見た目のサイズ”が変わる

欧文書体の文字サイズは、
ディセンダーラインからアセンダーラインまでの高さ
ただし、同じ数値でもエックスハイトで“見た目のサイズ”が変わる

ウエイトとファミリー

同じデザインコンセプトのもと、骨格を軸に太さを展開した「ウエイト」は、標準（Regular）と太字（Bold）のほか、多いものだと6ウエイト以上も用意されているものがあります。

また欧文書体を中心に、傾き（イタリック）や文字幅（コンデンス／ワイドなど）のバリエーションがさらに展開されている書体もあります。

このように、同じデザインコンセプトのもとで、多様にバリエーション展開されたものを「ファミリー」と呼びます。

ウエイトは、
自然に太く見えるよう
骨格を基準に形が
こまかく調整されている

Palatinoファミリー

Weight & Italic Type　*Weight & Italic Type*
Weight & Italic Type　*Weight & Italic Type*
Weight & Italic Type　***Weight & Italic Type***

欧文書体は、
ウエイトに加えて
イタリック体（斜体）や
文字幅でバリエーションを
展開したファミリーもある

リュウミンファミリー

L 文字のサイズと太さと印象の違い
R 文字のサイズと太さと印象の違い
M 文字のサイズと太さと印象の違い
B **文字のサイズと太さと印象の違い**
EB **文字のサイズと太さと印象の違い**
H **文字のサイズと太さと印象の違い**
EH **文字のサイズと太さと印象の違い**
U **文字のサイズと太さと印象の違い**

Avenir Nextファミリー

Ultra Light	Regular	Medium	Demi Bold	**Bold**	**Heavy**
Ultra Light Italic	*Regular Italic*	*Medium Italic*	*Demi Bold Italic*	***Bold Italic***	***Heavy Italic***
Ultra Light Condensed	Regular Condensed	Medium Condensed	Demi Bold Condensed	**Bold Condensed**	**Heavy Condensed**
Ultra Light Condensed Italic	*Regular Condensed Italic*	*Medium Condensed Italic*	*Demi Bold Condensed Italic*	***Bold Condensed Italic***	***Heavy Condensed Italic***

※文字幅が狭いものは「コンデンス」、広いものは「ワイド」などと呼ばれます。

文字のしくみ

書体の種類

文字の骨格、エレメントの特徴から大きく4種類に分類してみる

書体の最大の魅力といえば、やはり形のデザインです。筆の流れを再現していたり、無骨で力強いものがあったり、ポップでかわいいものもあったりと、非常に多様な書体が一般に公開されています。

その中から最適な書体を選び出せるようになるためにも、和文書体、欧文書体でそれぞれ大きく4つのカテゴリーに分けて、形や由来などの特徴をつかんでおくのがオススメです。

本書では最もシンプルなカテゴリーとして、筆書きを様式化した書体（明朝体・セリフ体）、文字の太さが均一に見える書体（ゴシック体・サンセリフ体）、筆書きをなるべく再現した書体（伝統書体・スクリプト体）の3カテゴリーと、それ以外に重要なカテゴリーを1つ紹介しています。プロたちはさらに深掘りして分類していますが、まずはこの基本4種類の特徴をしっかり捉えてみましょう！

和文書体の種類

明朝体	ゴシック体	伝統書体	ディスプレイ書体
あ永	あ永	あ永	あ永

欧文書体の種類

セリフ体	サンセリフ体	スクリプト体	イタリック体
Type	Type	Type	Type

※あくまで大きなカテゴリーなので、気になる人は詳しく調べてみてください。
特に欧文書体は、セリフの形状、骨格の形でさらに細かく分類されています。

デザインのポイント

- 書体の形・デザインから、カテゴリーに分けて特徴をつかもう
- 和文書体：明朝体、ゴシック体、伝統書体、ディスプレイ書体
- 欧文書体：セリフ体、サンセリフ体、スクリプト体、イタリック体

和文書体の種類

明朝体

筆で書いた文字を様式化しつつも、その名残をエレメントとして色濃く表した書体。縦組み時に自然に視線が流れるよう、漢字の横画が縦画に比べ細く、仮名は右上がりになるようつくられています。文章として並べたときの雰囲気は、漢字の形よりも仮名（ひらがなカタカナ）の形によって大きく左右されます。標準的な書体として小説や新聞など多くの場面で使われており、落ち着いた印象から信頼感、安心感を伝えたいときにも使われます。

明朝体の特徴の例（游明朝体 M）

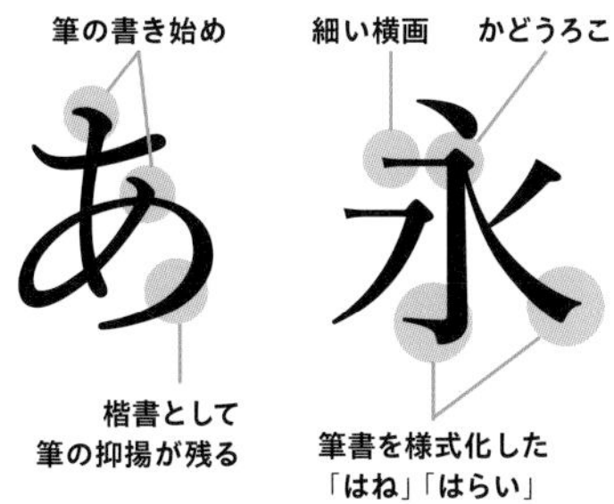

本明朝新小がな
あア永
かたなの一分

游明朝体
あア永
かたなの一分

筑紫Cオールド明朝
あア永
かたなの一分

源ノ明朝
あア永
かたなの一分

ゴシック体

文字の太さがほぼ均一に見えるよう設計された書体。明朝体に比べて直線的で装飾を減らしていることから、文字サイズの大小に関わらず、見やすさ、読みやすさを保つことができます。そのため、文字が塊として目立つ側面を活かして見出しにも、横組みとの相性の良さから本文にも使われるオールラウンダー。画素数の影響を受けるディスプレイ表示との相性も良く、力強さから柔らかさまで柔軟に演出できる、現代的な書体と言えます。

ゴシック体の特徴の例（游ゴシック体 M）

AXIS Font ベーシック
あア永
かたなの一分

游ゴシック体
あア永
かたなの一分

筑紫ゴシック
あア永
かたなの一分

源ノ角ゴシック
あア永
かたなの一分

伝統書体

日本語の歴史の過程で生まれた文字を再現した書体。筆で書いた文字を様式化せず、フォントとして使える形でそのまま再現しています。特に漢字も筆書として再現されている点が、明朝体と異なる部分。楷書・行書・隷書・草書・勘亭流など、筆書きを再現した書体は多く存在します。また、教育のために手書き文字を忠実に再現した教科書体も、大きくこのカテゴリーに分けることができます（Windows OSに標準搭載されているUDデジタル教科書体については、#2-14を参照）。

伝統書体の特徴の例（日活正楷書体）

あ 永
筆書をそのまま再現
明朝体と異なり、
筆書を様式化してない
あ 永

錦麗行書

あア永
かたなの一分

游教科書体 New

あア永
かたなの一分

飛龍書体

あア永
かたなの一分

游勘亭流

あア永
かたなの一分

ディスプレイ書体

紙面を華やかに彩ることを目的とした書体。賑やかな書体、迫力のある書体、控えめな書体など、「ことば」の表現力を底上げしてくれます。ディスプレイ書体を使うだけで紙面の見栄えが一気に良くなるため、イメージに合った良い書体にめぐり会えると非常に活躍してくれます。ただし、書体自体の個性が非常に強い、一種の「劇薬」でもあります。自分の伝えたい内容と書体の持つ雰囲気があっているかどうかをきちんと確認しましょう。用法・容量を守ってお使いください。

ディスプレイ書体の特徴の例（カッコウ）

あア永
かたなの一分海と太陽
カッコウは、小ぶりで
コロコロとした可愛らしさを
表現できる書体
あ 永

ユールカ

あア永
かたなの一分

きりぎりす

あア永
かたなの一分

くろかね

あア永
かたなの一分

ラグラン

あア永
かたなの一分

欧文書体の種類

セリフ体（serif / roman）

平ペンで書いた名残である線の強弱を持ち、線の末端に爪状または線状の装飾「セリフ」を持つ書体。古代ローマ時代に完成した様式のため、「ローマン体」とも呼ばれます。セリフが文字の形を強調し横方向への視線の流れを促すため、書籍のような長文によく用いられます。和文書体における明朝体との相性が良く、落ち着いた印象を相手に与えます。

Typeface

Stempel Garamond
The quick brown fo

Bodoni
The quick brown fo

Baskerville
The quick brown fox

スクリプト体（script）

手書き文字を再現した書体。伝統的な銅版印刷で用いられた手書き書体（銅を彫刻してつくられた文字）や、カリグラフィーの筆で書かれた文字を再現した書体、ペンによる筆記体を再現した書体などがあります。なお、欧文の筆記体は文字を連続させて筆の流れを残すことが大切。スクリプト体を使う場合は文字間隔をむやみに広げないようにしましょう。

Typeface

Shelley Script
The quick brown fox jumps

Hamada
The quick brow

Rage Italic
The quick brown fox jumj

サンセリフ体（sanserif）

線の装飾である「セリフ＝serif」が「ない＝sans」書体。線の強弱を含めた装飾が少なく非常にシンプルであることから、文字の形がそのまま書体の印象に直結します。Helveticaに代表される太くどっしりした書体や、Frutigerに代表される自然な風体をもつ書体、Futuraに代表される幾何学的な形の書体など、様々なサンセリフ体がつくられています。

Typeface

Helvetica Neue
The quick brown fc

Neue Frutiger
The quick brown f

Futura Now
The quick brown f

イタリック体（italic）

セリフ体、サンセリフ体などの元書体を傾けた書体。イタリアで使われていた筆記体が起源のため、セリフ体のイタリックは手書きの特徴が色濃く残ります。サンセリフ体では傾けたゆがみなどが修正されています（機械的に傾けたものをObliqueと呼びます）。欧文の文書では強調などにイタリック体を多用するため、各書体にセットとして必須の書体です。

Typeface

Stempel Garamond Italic
The quick brown fo.

Helvetica Neue Italic
The quick brown fc

Helvetica Oblique
The quick brown fo

文字を組む

文字を並べて文にする

文字は、並べて“文章”にして、はじめて「ことば」として伝えられる

文字という「ことば」は、基本的に1字だけでは本領を発揮しません。単語としても2字以上、文章としてはもっとたくさん文字を並べることで、初めて相手に伝わる「ことば」になります。

逆に捉えると、文字の並べ方で伝わり方が大きく変わってくるということ。文字の大きさ、文字や行の方向や間隔……例え同じ書体を使っても、並べ方が違うだけで見せる表情は大きく異なります。

これは文字を扱ううえで絶対に欠かせない技術であり、「文字組み」「タイポグラフィ」として印刷やデジタル技術の進化に合わせて最適な手法が議論・開発され続けています。本章では、最も基礎的な要素として、文字、行、段、ページ（紙面）の4つの視点でポイントを押さえていきます。より詳しい解説は、W3Cによる『日本語組版処理の要件』をチェック。（URL: https://www.w3.org/TR/jlreq/）

一つひとつの文字が縦に横に並び、
文章になることで初めて「ことば」になる

Point 1 “文字”の並べ方

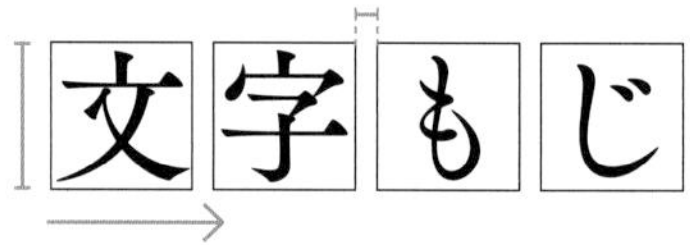

書体｜文字サイズ｜組み方向｜文字間隔

Point 2 “行”の並べ方

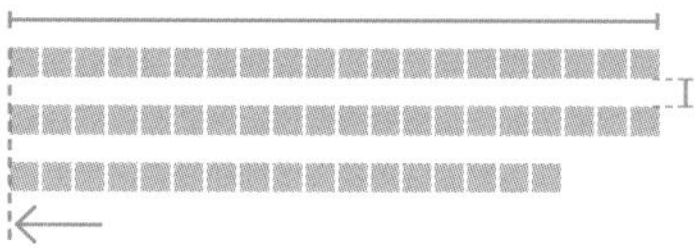

行揃え｜行の長さ｜行間

Point 3 “段”の並べ方

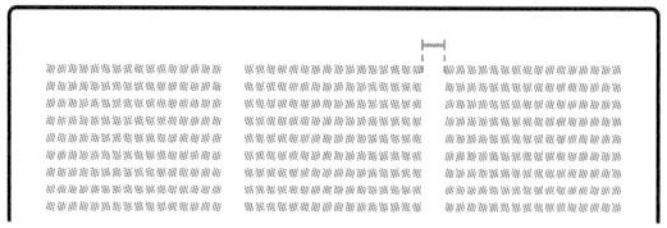

段の数｜段の間隔

Point 4 “ページ内”での並べ方

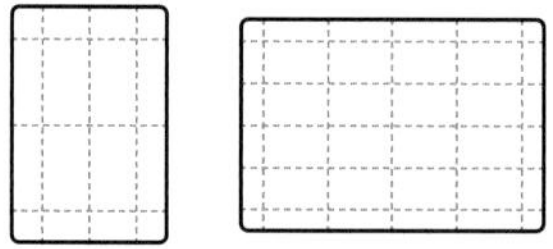

ページの余白｜グリッド

デザインのポイント

- 文字は複数個を並べることで、意味を持つ“文章”になる
- 文章として文字を並べることを「文字組み」と呼ぶ
- 文字組みは、“文字”“行”“段”“ページ”の4つの視点がある

文字を使うシーンを大きく2パターンに見極めてみる

私たちのくらしを支える文字は、ありとあらゆるシーンで使われます。それぞれの場面で最適な使い方は異なりますが、文字の見方（読み方）と組む手法から、大きく2つのシーンに分けることができます。両者の違いを理解しつつ、自分で使い分けられるようになりましょう！

長文をじっくりと読ませるシーン｜**本文組み**

例）論文、レポート、企画書の長文、チラシやポスターの説明部分など

誤読を減らし、快適に読み続けられる「ゆとり」をつくるのが重要

るとき、同じ組の七、八人は家へ帰らずカムパネルラ
の木のところに集まっていました。それはこんやの星
て川へ流す烏瓜を取りに行く相談らしかったのです。
大きく振ってどしどし学校の門を出て来ました。する
の祭りにいちいの葉の玉をつるしたり、ひのきの枝に
したくをしているのでした。
町を三つ曲がってある大きな活版所にはいって靴をぬ
りの大きな扉をあけました。中にはまだ昼なのに電燈
がばたりばたりとまわり、きれで頭をしばったりラム
たちが、何か歌うように読んだり数えたりしながらた
。

短文をパッと見せるシーン｜**見出し組み**

例）スライドの文字、動画のテロップ、チラシ、文書の見出し部分など

コンマ数秒で視認して、意味と印象を理解できる「ムダのなさ」が重要

『銀河鉄道の夜』から読み解く

「ほんとうのさいわい」の

『銀河鉄道の夜』は幻想的な体験を通して「さ

- 物語を通して、くりかえし「ほんとうのさい
- 友のため、命を賭したカムパネルラの魂の
- 蠍の炎など、文面からは「他者貢献」によ

「他者貢献」が“ほんとうのさいわい”なのか

文字を組む | 文字を並べて文にする

長文をじっくりと読ませる「本文組み」

論文や企画書といった「文章で伝える」ことが主体となるシーンでは、じっくりと読み進めやすい文字の扱いが重要になります。たくさんの文字を小さく並べるため、文字を判別しづらい、次の行がわからないといった「視線の迷い」が生じがち。それはすなわち誤読につながり、伝わらない原因となってしまいます。ストレスなく無意識に意味を読み取れる「ゆとり」を持たせることを意識しましょう！

文章主体でも、見出しは「見出し組み」でOK

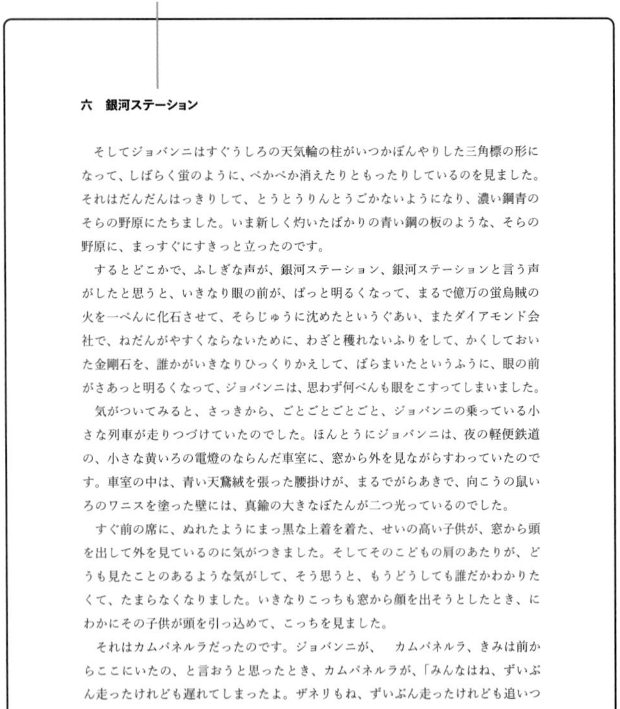

六　銀河ステーション

そしてジョバンニはすぐうしろの天気輪の柱がいつかぼんやりした三角標の形になって、しばらく蛍のように、ぺかぺか消えたりともったりしているのを見ました。それはだんだんはっきりして、とうとうりんとうごかないようになり、濃い鋼青のそらの野原にたちました。いま新しく灼いたばかりの青い鋼の板のような、そらの野原に、まっすぐにすきっと立ったのです。

するとどこかで、ふしぎな声が、銀河ステーション、銀河ステーションと言う声がしたと思うと、いきなり眼の前が、ぱっと明るくなって、まるで億万の蛍烏賊の火を一ぺんに化石させて、そらじゅうに沈めたというぐあい、またダイアモンド会社で、ねだんがやすくならないために、わざと穫れないふりをして、かくしておいた金剛石を、誰かがいきなりひっくりかえして、ばらまいたというふうに、眼の前がさあっと明るくなって、ジョバンニは、思わず何べんも眼をこすってしまいました。

気がついてみると、さっきから、ごとごとごとごと、ジョバンニの乗っている小さな列車が走りつづけていたのでした。ほんとうにジョバンニは、夜の軽便鉄道の、小さな黄いろの電燈のならんだ車室に、窓から外を見ながらすわっていたのです。車室の中は、青い天鵞絨を張った腰掛けが、まるでがらあきで、向こうの鼠いろのワニスを塗った壁には、真鍮の大きなぼたんが二つ光っているのでした。

すぐ前の席に、ぬれたようにまっ黒な上着を着た、せいの高い子供が、窓から頭を出して外を見ているのに気がつきました。そしてそのこどもの肩のあたりが、どうも見たことのあるような気がして、そう思うと、もうどうしても誰だかわかりたくて、たまらなくなりました。いきなりこっちも窓から顔を出そうとしたとき、にわかにその子供が頭を引っ込めて、こっちを見ました。

それはカムパネルラだったのです。ジョバンニが、　カムパネルラ、きみは前からここにいたの、と言おうと思ったとき、カムパネルラが、「みんなはね、ずいぶん走ったけれども遅れてしまったよ。ザネリもね、ずいぶん走ったけれども追いつかなかった」と言いました

Point 1　ゆとりをもって“文字”を並べる

書体を選ぶ

明朝体・ゴシック体で
ウエイトのR、M、Dあたりが目安

文字サイズ、文字間隔の目安

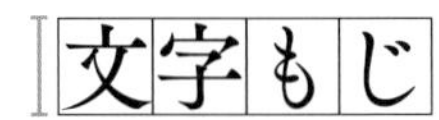

7〜11ptを目安に、表示媒体で調整
基本はベタ組み（ツメ・アキなし）

Point 2　ゆとりをもって“行”を並べる

行揃え	両端揃え or 左揃え
行長	最大45字分
行間	文字サイズの60〜80%で行長に合わせて調整

Point 3　読み続けやすい“段”

段数	1〜4段くらい（紙面と余白で検討）
段間	2文字分くらい

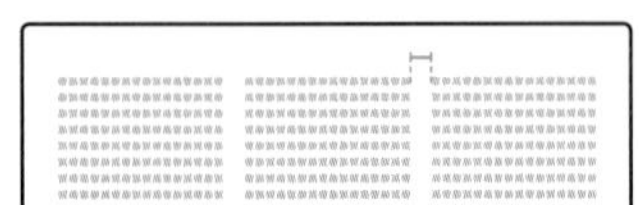

Point 4　ゆとりのある“ページ”

余白　1段なら余白は多めに
2段以上なら10mm以上を目安に

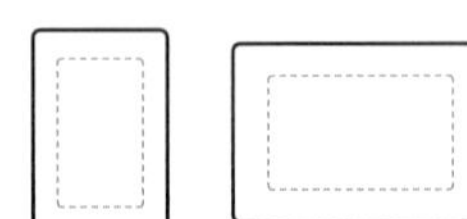

短文をパッと見せる「見出し組み」

スライドや動画のテロップ、チラシなど「文字の印象で伝える」ことが主体となるシーンでは、ひと目で認識できるムダのなさが重要になります。約20字とも言われる「一度に認識可能な文」のなかで、情報（意味）と印象（インパクト）を両立させなければなりません。文字の表現力を活かす書体を選びつつも、認識のジャマになるものを減らし、文字通り「一瞬で全て伝わる」ことを目指しましょう！

Point 1　視認しやすく密に“文字”を並べる

書体を選ぶ

あ永　あ永

ゴシック体を基準に印象に合う書体でOK
ウエイトはD、Bなどの太めを基準に

文字サイズ、文字間隔の目安

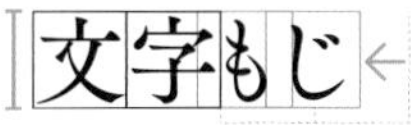

表示媒体に合わせて大きめに調整
仮名をツメ組み（均等アキもOK）

Point 2　カタマリとして“行”を並べる

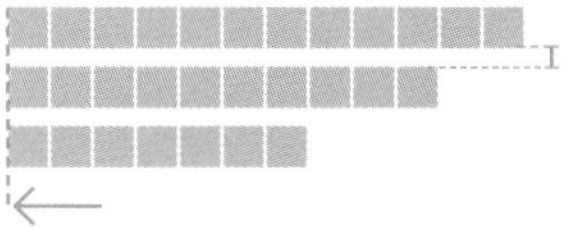

行揃え　左揃え or 右揃え
行長　20字以内を目安
行間　文字サイズの20〜50%で行長に合わせて調整

Point 3　文字を優先した“段”の設定

Point 4　緩急をつけた“ページ内”での扱い

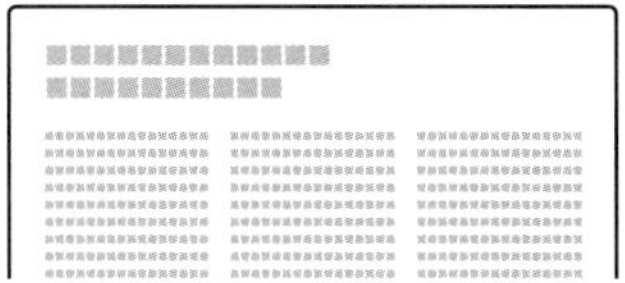

チラシなどで大きく見せるなら、見出しの文字を基準に余白を設定

見出しは段組みを貫いてもOK

文書の見出しなら、本文との違いがわかる程度の余白を入れる

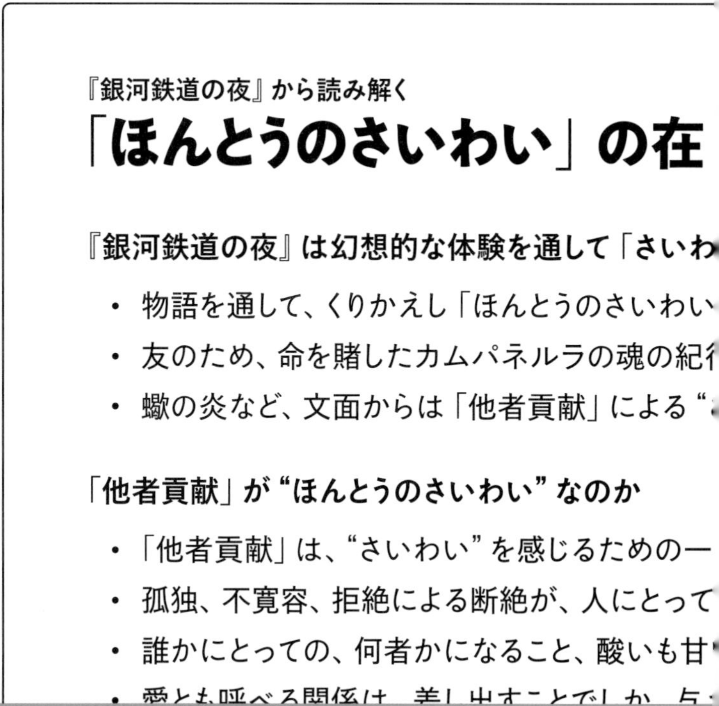

『銀河鉄道の夜』から読み解く
「ほんとうのさいわい」の在
『銀河鉄道の夜』は幻想的な体験を通して「さいわ
• 物語を通して、くりかえし「ほんとうのさいわい
• 友のため、命を賭したカムパネルラの魂の紀
• 蠍の炎など、文面からは「他者貢献」による“
「他者貢献」が“ほんとうのさいわい”なのか
• 「他者貢献」は、“さいわい”を感じるための一
• 孤独、不寛容、拒絶による断絶が、人にとって
• 誰かにとっての、何者かになること、酸いも甘

文字を組む

書体を選ぶ

文字を使うシーン、必要な機能性、演出したい雰囲気から選び出す

文字を組む最も基本で、かつ最も悩ましい書体選び。星の数ほどあるなかから、目的に合わせて自分で選べるようになることが理想的です。そのためにも、4つのステップでどれが最適か判断してみましょう。文字のしくみを把握できていれば、悩みが少し減っているはずです！

なお、近年では多様な書体を気軽に使える環境が整ってきました。Microsoft製品、Apple製品で提供される和文書体もかなり増え、Google Fontsでは質の高い欧文書体・和文書体がオープンソースライセンス（無料）で提供されるようにもなりました（商用利用も可能）。

そこでこの項目では、上記から比較的手に入れやすい書体を紹介します。まずはここで書体選びに慣れてみて、余裕がでてきたら有償の書体にも触れてみてください。

Step 1　文字を使うシーンと目的から、書体に求める機能性を考える

手元で読む文書	遠くから見るスライド	パッと見るチラシ	画面上で見るWeb・画像
落ち着いて読める本文 はっきり見える見出し	遠くからでも見える 大きくても映える	魅力的に印象づける 説明を小さく確実に伝える	画面でも読める 小さく表示しても読める

Step 2　機能を満たしつつ、演出したい雰囲気から書体の種類を絞る　※欧文書体も同様に絞る

明朝体	ゴシック体	伝統書体	ディスプレイ書体
あ永	あ永	あ永	あ永
読みやすさ重視 落ち着いた雰囲気	読みやすさ・見やすさ両立 現代的な雰囲気	筆書の印象重視 伝統的な雰囲気	イメージ重視 書体によって印象が変わる

Step 3　書体のデザインを見比べて決める

あ永 あ永
あ永 あ永

骨格やふところ、字面の大きさに注目しながら、文章として並べて雰囲気を見比べる

Step 4　機能・演出を実現する書体をさがす

OS・ソフトウェアの標準搭載フォントや、Google Fontsなどのストックサイトでさがす

デザインのポイント

- ✓ 文字を使うシーンと目的から、書体に求める機能性を考える
- ✓ 演出したい雰囲気と合わせて、種類、デザインを見比べつつ決める
- ✓ 新しくフォントをさがすなら、Google Fontsがオススメ

入手しやすい明朝体

游明朝体

「時代小説が組めるような明朝体」を目指した、長文を組むのを得意としたスタンダードな明朝体。やわらかく小ぶりな仮名と、丸みを帯びた明るい雰囲気の漢字が、風通しの良さを醸し出します。

かなた
東の国 24pt

日本語の文字組みとフォントの魅力 12pt

日本語は、漢字、ひらがな、カタカナ、Alphabetなど、
異なる文字がまざりあって文章をつくりだす言語。
そのため、フォントに収録される文字数が2万字を超 9pt

L あ
R あ
M あ
D あ
B あ
E あ

源ノ明朝（Noto Serif）

堅実な雰囲気を持つスタンダードな明朝体。やや硬派で小さめなふところの漢字に、筆跡を残す仮名を持ちます。同じ書体として中国語、韓国語までサポートしています。Google Fontsで入手可。

かなた
東の国 24pt

日本語の文字組みとフォントの魅力 12pt

日本語は、漢字、ひらがな、カタカナ、Alphabetなど、
異なる文字がまざりあって文章をつくりだす言語。
そのため、フォントに収録される文字数が2万字を超 9pt

EL あ
L あ
R あ
M あ
SB あ
B あ
H あ

ZENオールド明朝

名前の「オールド」の通り、筆書の雰囲気が色濃く残る明朝体。小ぶりな仮名に対して漢字はスタンダードな形をしており、柔らかすぎず堅すぎない印象を与えます。Google Fontsで入手可。

かなた
東の国 24pt

日本語の文字組みとフォントの魅力 12pt

日本語は、漢字、ひらがな、カタカナ、Alphabetなど、
異なる文字がまざりあって文章をつくりだす言語。
そのため、フォントに収録される文字数が2万字を超 9pt

R あ
B あ
BL あ

BIZ UD明朝

ユニバーサルデザインに対応した明朝体。誤読を防ぐ工夫が施されているため、年齢や障害などの有無を問わず、あらゆる人に向けた文書に最適です。Windows OSに標準搭載されています。

かなた
東の国 24pt

日本語の文字組みとフォントの魅力 12pt

日本語は、漢字、ひらがな、カタカナ、Alphabetなど、
異なる文字がまざりあって文章をつくりだす言語。
そのため、フォントに収録される文字数が2万字を超 9pt

M あ

入手しやすいゴシック体

游ゴシック体

游明朝体と一緒に使うことを想定してつくられたスタンダードなゴシック体。少し小さくやわらかい印象の仮名と、ややふところの狭い感じが、落ち着きと優しさを醸し出します。

かなた
東の国 24pt

日本語の文字組みとフォントの魅力 12pt
日本語は、漢字、ひらがな、カタカナ、Alphabetなど、
異なる文字がまざりあって文章をつくりだす言語。
そのため、フォントに収録される文字数が2万字を超 9pt

L あ
R あ
M あ
D あ
B あ
E あ
H あ

源ノ角ゴシック（Noto Sans）

シンプルながらも筆の流れが残るモダンなゴシック体。ふところが広め、重心が低めの仮名を持ち、ウエイトも豊富。Google Fonts で入手可のほか、有志による派生書体もつくられています。

かなた
東の国 24pt

日本語の文字組みとフォントの魅力 12pt
日本語は、漢字、ひらがな、カタカナ、Alphabetなど、
異なる文字がまざりあって文章をつくりだす言語。
そのため、フォントに収録される文字数が2万字を超 9pt

EL あ
L あ
N あ
R あ
M あ
B あ
H あ

ZEN 角ゴシック New

さっぱりとした印象のゴシック体。「口」などの角のでっぱりがなく、仮名も小さめで小気味よい雰囲気を醸し出します。やや筆書に寄った「アンティーク」版もあり。Google Fonts で入手可。

かなた
東の国 24pt

日本語の文字組みとフォントの魅力 12pt
日本語は、漢字、ひらがな、カタカナ、Alphabetなど、
異なる文字がまざりあって文章をつくりだす言語。
そのため、フォントに収録される文字数が2万字を超 9pt

L あ
R あ
M あ
B あ
BL あ

IBM Plex Sans JP

IBM が制作した書体のゴシック体版。直線的でふところが大きくモダンな印象を与えつつ、「な」などに見られる筆の折り返しの処理が独特。デジタルでの視認性が高い。Google Fonts で入手可。

かなた
東の国 24pt

日本語の文字組みとフォントの魅力 12pt
日本語は、漢字、ひらがな、カタカナ、Alphabetなど、
異なる文字がまざりあって文章をつくりだす言語。
そのため、フォントに収録される文字数が2万字を超 9pt

Thin あ
EL あ
L あ
R あ
Text あ
M あ
SB あ
B あ

入手しやすい定番の欧文書体（セリフ体、サンセリフ体）

Microsoft Officeユーザー向けに、海外でも定番の欧文書体が数多く提供されています。そのなかでも特に有名な書体を紹介します（MS Office提供の定番書体リストは#2-15をチェック）。

Garamond（ガラモン）

詩的で柔らかさ、伝統を感じる書体。筆の流れもはっきり残るローマン体の代表とも言える書体で、様々な派生書体がつくられました。

ACERSeadors
ABCDEFGHIJKLMNOPQRSTUVWXYZ
abcdefghijklmnopqrstuvwxyz.,!?1234567890

ACERSeadors
ABCDEFGHIJKLMNOPQRSTUVWXYZ
abcdefghijklmnopqrstuvwxyz.,!?1234567890

Avenir Next（アベニール ネクスト）

幾何学的な形をしていながら、柔らかさも感じる書体。整然と並ぶ姿は高級感を与えつつ、どこか親しみやすさを醸し出します。

ACERSeadors
ABCDEFGHIJKLMNOPQRSTUVWXYZ
abcdefghijklmnopqrstuvwxyz.,!?1234567890

ACERSeadors
ABCDEFGHIJKLMNOPQRSTUVWXYZ
abcdefghijklmnopqrstuvwxyz.,!?1234567890

Sabon Next（サボン・ネクスト）

Garamondを基により洗練させた印象を与えた「Sabon」を、デジタル化にあたりさらに改良した書体。エレガントな印象を醸し出します。

ACERSeadors
ABCDEFGHIJKLMNOPQRSTUVWXYZ
abcdefghijklmnopqrstuvwxyz.,!?1234567890

ACERSeadors
ABCDEFGHIJKLMNOPQRSTUVWXYZ
abcdefghijklmnopqrstuvwxyz.,!?1234567890

Univers（ユニバース）

Helveticaと並ぶ代表的なサンセリフ体。堂々としつつも整った線がすっきりした印象を与えます。イタリックはなし（改良版はあり）。

ACERSeadors
ABCDEFGHIJKLMNOPQRSTUVWXYZ
abcdefghijklmnopqrstuvwxyz.,!?
1234567890

Palatino（パラティノ）

古典的で堅い骨格やエレメントを持ちながらも現代的な印象を与える書体。本文でよく使われ、落ち着きや高級感を醸し出します。

ACERSeadors
ABCDEFGHIJKLMNOPQRSTUVWXYZ
abcdefghijklmnopqrstuvwxyz.,!?1234567890

ACERSeadors
ABCDEFGHIJKLMNOPQRSTUVWXYZ
abcdefghijklmnopqrstuvwxyz.,!?1234567890

Gill Sans Nova（ギル・サンズ・ノヴァ）

ローマン体に似た骨格でエレガントさがあり、幾何学的な線から硬派な印象も感じる独特な書体。「Nova」はデジタル向けの改良版です。

ACERSeadors
ABCDEFGHIJKLMNOPQRSTUVWXYZ
abcdefghijklmnopqrstuvwxyz.,!?1234567890

ACERSeadors
ABCDEFGHIJKLMNOPQRSTUVWXYZ
abcdefghijklmnopqrstuvwxyz.,!?1234567890

Walbaum（ワルバウム）

エレメントを含めた線の強弱が大きく、無機質で均整のとれた印象の書体。モダン・ローマン体とも呼ばれる、気品の高さを醸し出します。

ACERSeadors
ABCDEFGHIJKLMNOPQRSTUVWXYZ
abcdefghijklmnopqrstuvwxyz.,!?1234567890

ACERSeadors
ABCDEFGHIJKLMNOPQRSTUVWXYZ
abcdefghijklmnopqrstuvwxyz.,!?1234567890

Franklin Gothic（フランクリン・ゴシック）

やや古風で、どっしりと力強さを感じる書体。より太いウエイトだと、無骨さから大きなインパクトを演出することができます。

ACERSeadors
ABCDEFGHIJKLMNOPQRSTUVWXYZ
abcdefghijklmnopqrstuvwxyz.,!?1234567890

ACERSeadors
ABCDEFGHIJKLMNOPQRSTUVWXYZ
abcdefghijklmnopqrstuvwxyz.,!?1234567890

文字を組む

文字サイズを決める

**適切な文字サイズは、
つくるもの、見せ方、相手によって変わる**

文字組みにおいて非常に重要な要素である、文字サイズ。どのくらいが良いか迷いがちですが、何より大切なのは「相手がしっかりと読むことができる」こと。想定した相手（ターゲット）が見たときに、メインの文章（本文）を確実に読めるサイズを基準に調整していきます。

そのため、出力するもののサイズ、それを相手が見るときの距離、相手（ターゲット）の年齢層と伝える情報量で、最適な文字サイズは大きく変わってきます。小さすぎると読めず、大きすぎると内容が入りきらなくなってしまうため、ちょうど良い案配を探していきましょう。

最終的な出力と同等の環境（印刷物なら実寸、スライドならスクリーンサイズ）で確認しながら調整するのが理想ですが、相手が見る距離から最小サイズの目安を基準に調整してもOKです。

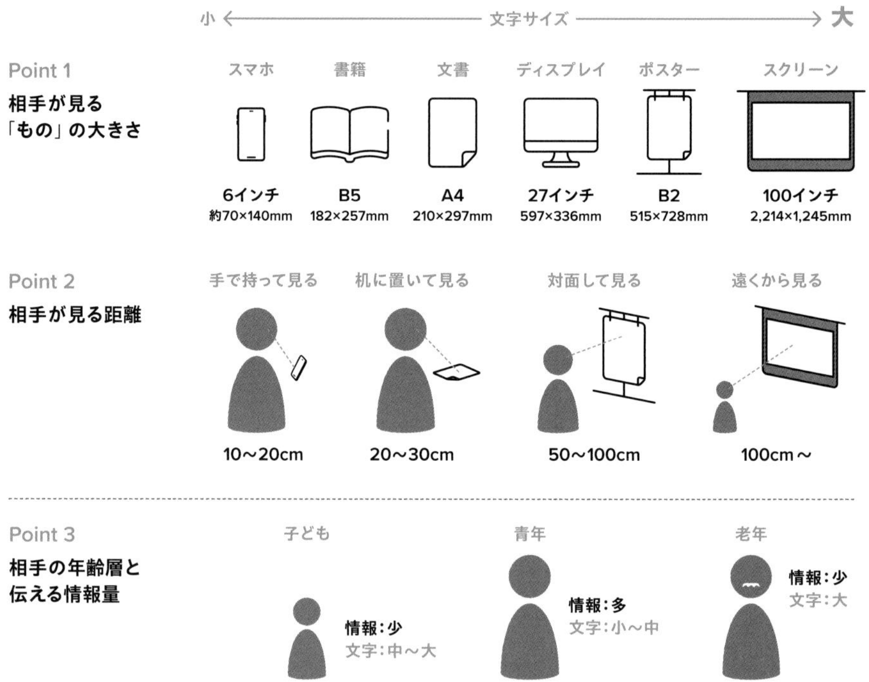

デザインのポイント

- ✓ 適切な文字サイズは、「もの」の大きさ、距離、年齢層で変わる
- ✓ 「もの」の大きさと距離を連動させて考えるのがコツ
- ✓ 可能な限り実寸で出力して、体感として大きさを確認する

シーン（相手が見る距離）ごとのフォントサイズの目安

! ターゲットは青年を想定します

! 文字サイズの単位
1pt＝約0.35mm＝約0.035cm

スマホや書籍のような、手で持って読むもの

スマホやA5、B5、A4の書籍・文書は、顔から10〜20cm程度の距離で手で持ちながら読みます。このときの目安は、本文で7〜10pt。6ptを下回ると小さすぎて読みにくくなってしまいます。

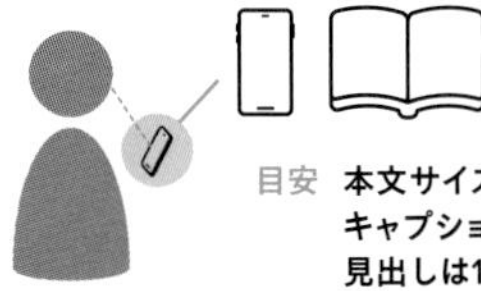

スマホや
B5サイズ程度の
書籍・文書

目安
本文サイズが7〜10pt
キャプションは6pt以上
見出しは10〜12pt以上

実寸サンプル（游ゴシック体 R 8pt）

ある日の事でございます。御釈迦様は極楽の蓮池のふちを、独りでぶらぶら御歩きになっていらっしゃいました。池の中に咲いている蓮の花は、みんな玉のようにまっ白で、その

文書のような、机の上に置いて読むもの

A4やA3で出力する文書、記入シートなどは、顔から20〜30cm程度の机の上に置きます。このときの目安は、本文で9〜11pt。10.5ptから情報量に応じて調整すればOKです。

A4〜A3で
出力した文書や
記入シート

目安
本文サイズが9〜11pt
10.5ptから微調整すればOK
見出しは12pt以上

実寸サンプル（游ゴシック体 R 10.5pt）

ある日の事でございます。御釈迦様は極楽の蓮池のふちを、独りでぶらぶら御歩きになっていらっし

ポスターやサイネージのような、対面して見るもの

壁に貼るポスター、自立するサイネージなどは、顔から50〜100cmほど離れます。そのため、目安は20〜28pt。24ptあたりを基準に、情報量と実際の距離感から調整していけばOKです。

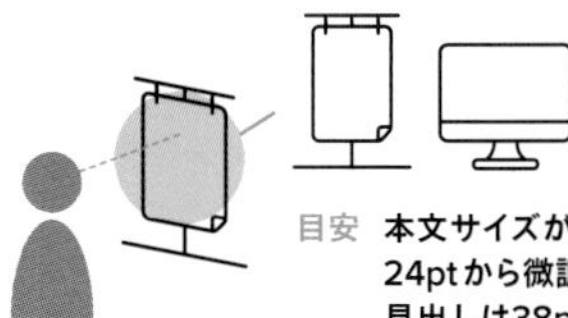

一辺が50cmを
超えるポスターや
サイネージ

目安
本文サイズが20〜28pt
24ptから微調整すればOK
見出しは38pt以上

実寸サンプル（游ゴシック体 M 24pt）

ある日の事でございます。

スライドのような、遠く離れて見るもの

スクリーンが設備ごとに異なり、ソフトでも原寸に設定しないため、スライドサイズの高さに対する割合で調整します。目安は4〜10%、PowerPoint上の数値で28ptくらいが基準です。

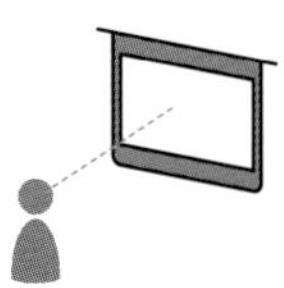

スクリーンサイズが設備ごとに異なるため、
投影するスライドサイズの高さに対する
割合で文字サイズを調整する

目安
スライドの高さに対して4〜10%
PowerPoint標準で28ptくらいが基準
※A4に出力し遠目に見て読めたらOK

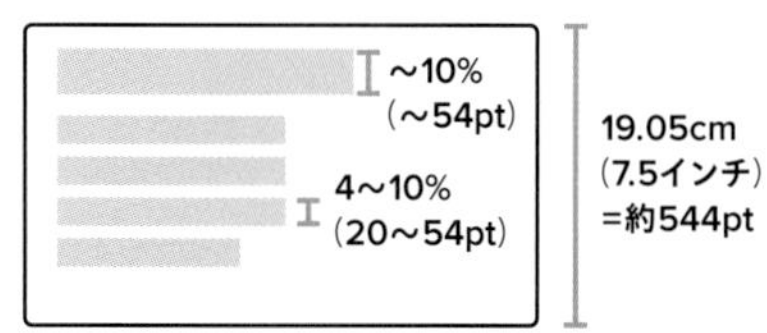

文字を組む

文字の間隔を調整する

文章を大きく見せるなら、文字の間隔を調整して見栄えを整える

文字は並べてはじめて「ことば」になりますが、その並べ方にもワザがあります。

基本的に、日本語の文章は文字の仮想ボディを隙間なく並べた状態を標準としています。この並べ方を「ベタ組み」と呼び、和文書体の多くはベタ組みされることを前提に設計されています。そのため、文字を小さく見せる本文ではベタ組みから変える必要はありません。

しかし、見出しのように大きく見せる場合、「イ」のような細長い文字をベタ組みすると、隙間が目立ちスカスカに感じてしまいます。それを避けるため、文字の「見た目の幅」に合わせて間隔を詰めることで、見栄えと見やすさを両立させます。これを「ツメ組み」と呼び、特にカタカナや括弧などの記号を調整します。

なお、文字表現の一つとして文字間隔を均等に広げる・狭める方法もあります。これは「トラッキング」と呼びます。

文字間の調整なし（ベタ組み）

Typography & Letter Space
文字間隔とタイポグラフィ

文字間を狭める（ツメ組み）

Typography & Letter Space
文字間隔とタイポグラフィ

文字間を広げる（均等アケ）

Typography & Letter
文 字 間 隔 と タ イ ポ グ ラ フ ィ

あイ東国

文字間の標準は、仮想ボディを隙間なく並べたもの

あイ東国　あイ東国

文字の見た目の幅に合わせて間隔を詰めるのが「ツメ組み」

あ イ 東 国　あ イ 東 国

仮想ボディの間隔を均等に広げる・狭めるのが均等アケ・ツメ（=トラッキング）

デザインのポイント

- 文字の並べ方の標準は、仮想ボディを隙間なく並べる「ベタ組み」
- 大きく見せる場合は、見た目の幅に合わせて「ツメ組み」をする
- 表現の一つとして、均等に空ける・詰める「トラッキング」もある

文字の間隔を調整するポイント

ひらがな・カタカナ・欧文を詰める

ツメ組みは、基本的に和文のひらがなとカタカナ、欧文の文字間を調整します（仮想ボディいっぱいにつくられている漢字は調整しなくてOK）。基準となる文字間隔を1カ所決めて、その間隔と同じように"見える"まで3文字1セットで調整を繰り返していきます。長文を詰める場合は、プロポーショナルフォントを使ってもOKです（#2-14を参照）。

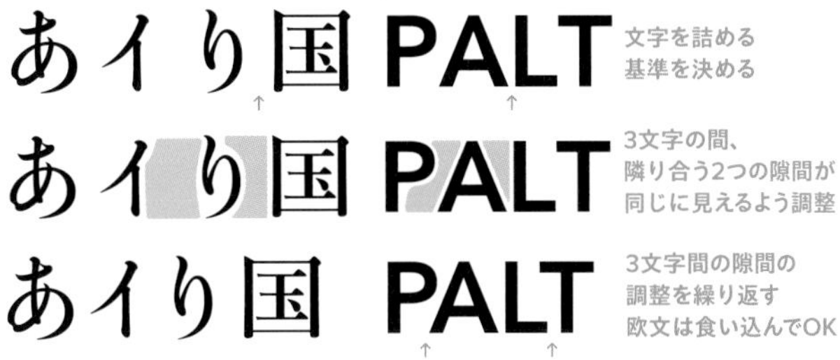
あイり国 PALT
文字を詰める
基準を決める
あイり国 PALT
3文字の間、
隣り合う2つの隙間が
同じに見えるよう調整
あイり国 PALT
3文字間の隙間の
調整を繰り返す
欧文は食い込んでOK

プロポーショナルフォントを使えば、PowerPointでも長文をツメ組み可（例：源真ゴシックP）

プロポーショナルフォントを使えば、パワポでも長文のツメ組み（カーニング）を簡単に実現することができます

記号（約物）を詰める

日本語の括弧や句読点などの記号（約物）は、ベタ組みをしても埋もれずに目立つよう、大きなスペースが入っています。ツメ組みではこのスペースが大きすぎるため、目立ちすぎない程度に詰めていきます。目安として、文字サイズの1/8だけ約物のスペースを残せばOKです。

約物を詰める例（数値は24ptとしたときの例）

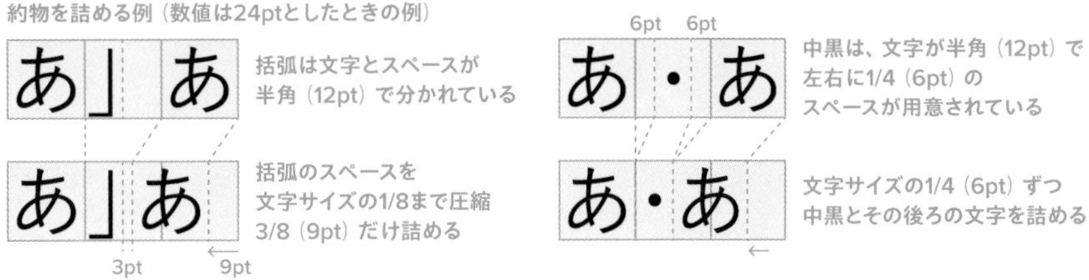
あ」 あ
括弧は文字とスペースが
半角（12pt）で分かれている
あ」あ
括弧のスペースを
文字サイズの1/8まで圧縮
3/8（9pt）だけ詰める
3pt
9pt
6pt 6pt
あ・あ
中黒は、文字が半角（12pt）で
左右に1/4（6pt）の
スペースが用意されている
あ・あ
文字サイズの1/4（6pt）ずつ
中黒とその後ろの文字を詰める

均等に空ける・詰める（トラッキング）

トラッキングは、タイトルの文字表現としてよく使われます。文字間隔を均等に広げると、より落ち着いておしゃれな印象を与えます。メイリオのような字面の大きい書体は、均等アケで風通しを良くすることもできます。また、長すぎる文章を（強引に）均等ツメでねじ込むこともできます。

カーニング+トラッキングで文字表現の幅を広げる

TYPOGRAPHY
タイポグラフィ

メイリオのような字面の大きな文字は
トラッキングして読みやすくする手もある

T Y P O G R A P H Y
タイポグラフィ

メイリオのような字面の大きな文字は
トラッキングして読みやすくする手もある

文字を組む

行長と行間と読みやすさ

連続して読み続けられる長さと、次の行へ目線を移動しやすい間隔

並べた文字である文章の読みやすさを大きく左右するのは、行長と行間です。

行長は、一行あたりの文字数のこと。純粋に10字、20字と数えます。行間は、行と行の間隔のこと。具体的な数値（pt）で指定するものの、目安は文字サイズに対する割合（%）で考えます。

また「行送り」という、文字サイズ＋行間で間隔を調整する考え方もあります。厳密には、2つのベースラインの距離を指す数値です。

文字サイズ、行間、行長は密接に連動しており、場面ごとに最適な設定が変わります。ですが、重要なのは相手にとっての「見やすさ・読みやすさ」。短文ならひと目で認識できる行長と行間がベストで、長文なら連続して読み続けられる＝視線が迷って誤読をしない行長と行間がベストです。シーンごとの目安を参考に、自分の目を信じて調整してみてください。

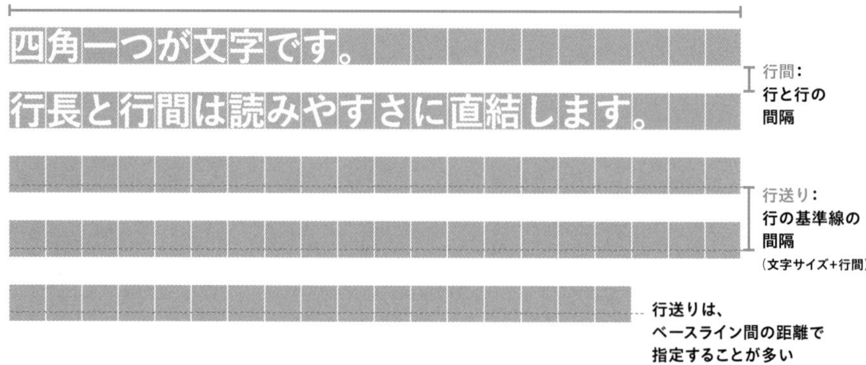
行長：一行に並ぶ文字数
四角一つが文字です。
行長と行間は読みやすさに直結します。
行間：
行と行の
間隔
行送り：
行の基準線の
間隔
（文字サイズ+行間）
行送りは、
ベースライン間の距離で
指定することが多い

行長と行間を決めるポイント

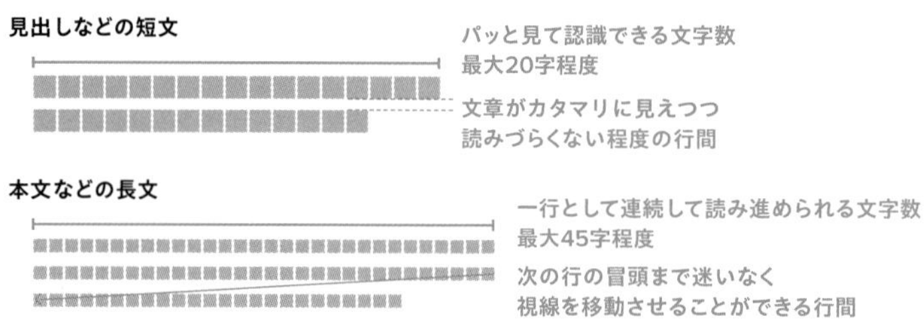
見出しなどの短文
パッと見て認識できる文字数
最大20字程度
文章がカタマリに見えつつ
読みづらくない程度の行間
本文などの長文
一行として連続して読み進められる文字数
最大45字程度
次の行の冒頭まで迷いなく
視線を移動させることができる行間

デザインのポイント

- ✓ 見やすさ、読みやすさを大きく左右するのが、行長と行間
- ✓ 短文ならぱっと見ただけで認識できる文字数と行間にする
- ✓ 長文なら連続して読んでも誤読しない行長と行間にする

行間と行長を設定する目安

**タイトルのような、
大きな文字、短い文章**

※このサイズの文章は、
文節や単語で改行した方が
読みやすくなる！

雨が上がりの色あせた空に
架かる虹色橋

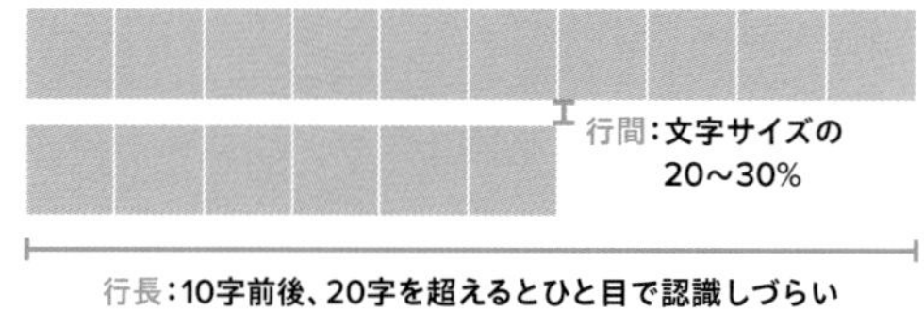

**スライドでよく使う、
短い文章、3行以上の長さ**

※キャプションのような
小さい文字にも転用可

スライドで使うような、
20字を超える程度の文章が
複数行にわたる場合の行間と行長

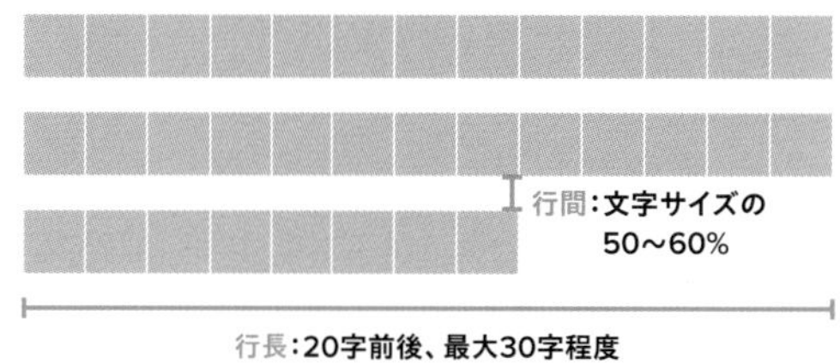

**本文として使う、
小さな文字、短い文章**

ある日の事でございます。御釈迦様
は極楽の蓮池のふちを、独りでぶら
ぶら御歩きになっていらっしゃいま
した。池の中に咲いている蓮の花は、
みんな玉のようにまっ白です。

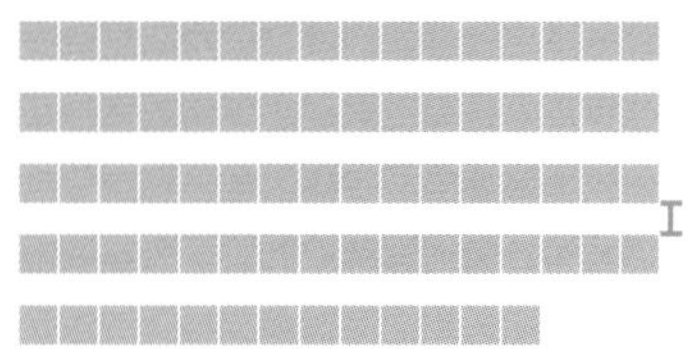

文字サイズ：7〜9pt程度になる場合
行長：15〜20字程度になる場合

行間： 文字サイズの60〜70%

**本文として使う、
小さな文字、長い文章**

ある日の事でございます。御釈迦様は極楽の蓮池のふちを、独りでぶらぶら
御歩きになっていらっしゃいました。池の中に咲いている蓮の花は、みんな
玉のようにまっ白で、そのまん中にある金色の蕊からは、何とも云えない好
い匂が、絶間なくあたりへ溢れて居ります。

行長：30〜40字程度、
最大でも45字は超えないようにする

行間：文字サイズの70〜80%
一般的には、75%がよく用いられる

文字を組む

文字を装飾する

文字がもつ「ことば」の表現力を最大化して魅せる

文字により強いメッセージをのせるタイトルなどの「見せる／魅せる文字」は、装飾を加えることで「ことば」としての表現力を最大限に引き出せます。

どの装飾も、基本的に文字にのせたメッセージをより強調するもの。数字を目立たせたり、囲みを入れてみたりと、それぞれ難しいワザを使わず実現できます。

この項目では、装飾の代表的なアイデアをいくつか紹介します。これらを実践できるだけでも文字表現のバリエーションは増えますが、世の中にはさらにたくさんのアイデアがあふれています。身の回りのポスター、チラシ、雑誌、広告などをよく観察してみて、盗める技術を探してみてください。

文字のコントラスト

今日は 50%の 降水確率 → **今日は 50%の 降水確率**

数字のような まず見てもらいたい文字を 大きくして差をつける

約物の太さ

文字を「強調」する → **文字を「強調」する**

約物ウエイトだけ細くすると、より文字が強調される

助詞の大きさ

文字を装飾する → **文字を装飾する**

「の」「を」「は」や、「する」の語尾を小さくしてメッセージを目立たせる

単位の大きさ

1,280円 → **1,280円**

数字につける単位が明確なときは サイズを小さくして数字を目立たせる

英数字の書体

本日はLucky Day → **本日はLucky Day**

英数字だけを 種類が豊富な欧文書体に変更して より見栄えをよくする

デザインのポイント

- 装飾で、文字にのせたメッセージをより際立たせる
- 文字の何を強調するのかよく考えながら装飾しよう
- やり過ぎは禁物。本文には使わないように

欧文を組むときに心がけることと、日本語との違い

これらはなるべく実践できるのが理想ですが、合字やハイフネーションなどの一部の作法はPowerPointで実現できる機能が実装されていません。知識として覚えておきましょう！

欧文の数字

欧文には、なじみ深い「ライニング数字」の他に、文中でより馴染みやすい「オールドスタイル数字」があります。ライニング数字は数字をしっかり見せるとき、オールドスタイルは本文中に使います。

1234567890 ライニング数字

1234567890 オールドスタイル数字

文中の数字はオールドスタイルが馴染む

In 2019, Japanese new era,
the name is Reiwa, began.

単語間のスペース

欧文は、単語として意味が発生するため、文字間広げて単語が崩れることを避けています。両端揃えでは単語間のスペースを変動させて調整していますが、単語間を開きすぎても読みにくくなります。

Far far away, behind the word mountains, far from the countries Vokalia and Consonantia, there live the blind texts. Separated they live in Bookmarksgrove right at the coast of the Semantics, a large language ocean.

欧文は、文字の間隔を変更せず、
単語間のスペースの大きさを調整する

欧文の記号、引用符の形

欧文の記号、特に引用符を使う場合はその形に注意が必要です。キーボードから打てる「まっすぐな引用符」は、欧文の文書で使うと「まぬけ引用符」と揶揄されるもの。必ず「曲がった引用符」を使いましょう。

欧文で使うのは「曲がった引用符」

“What’s New”

「まっすぐな引用符」は使用を避ける

"What's New"

行揃えとハイフネーション

行末に長い単語がきたとき、行揃えを維持するためにハイフンで単語を分割するのが「ハイフネーション」。両端揃えには必須の作法で、左揃えでもハイフネーションで見栄えを整えることがあります。

Far far away, behind the word mountains, far from the countries Vokalia and Consonantia, there live the blind texts. Separated they live in Bookmarks-grove right at the coast of the Semantics, a large language ocean.

長い単語をハイフンで分割して、
行揃えを維持するのがハイフネーション

特定の文字が合体する「合字」

「ff」など特定の文字は、並べたときに文字がぶつかり合うことがあり、それを避けるためにあらかじめ合体させた「合字」を使います。ただし、書体によってはそもそもぶつからないため合字がないことがあります。

ff fl ffi ffl

ﬀ ﬂ ﬃ ﬄ

Office

ハイフンとダッシュ

ものごとの範囲を示すとき、欧文では「〜（波ダッシュ）」「-（ハイフン）」ではなく「–（enダッシュ）」を使います。また、文を区切るときは「—（emダッシュ）」を使うなど、記号の使い方に細かなルールがあります。

20:00〜22:00

↑

波ダッシュを使うのは日本語のみ

20:00–22:00

↑

欧文は基本的にenダッシュ

PowerPointの基本

文字と文字組みにまつわる機能

PowerPointの文字と文字組みにまつわる機能は、「ホーム」リボンに集約されています。文字単体に関する設定は「フォント」のグループに、行や段落といった文字の組み方に関する設定は「段落」のグループに分けて配置されています。

文字と文字組みにまつわる機能の一覧

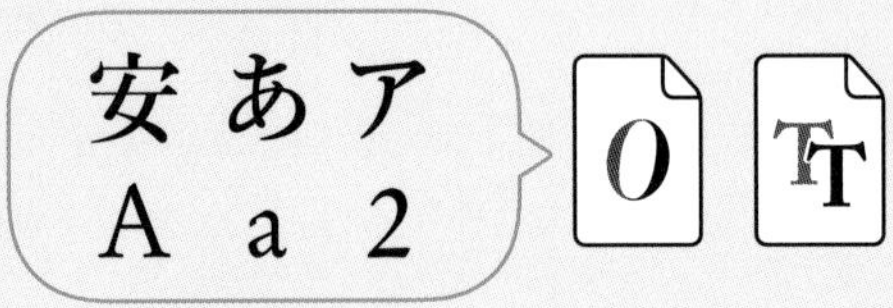

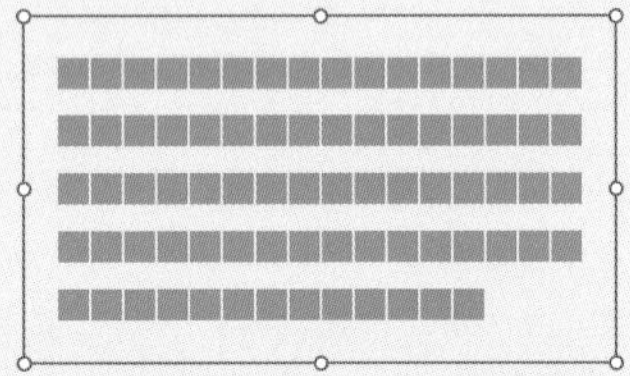

書体・フォントにまつわる機能

- #2-14 標準搭載のフォント―和文
- #2-15 標準搭載のフォント―欧文
- #2-20 ファイルのやりとりとフォント
- #2-22 和欧混植とテーマのフォント

文字組み（並べ方）に関わる機能

- #2-16 文字のサイズと間隔の設定
- #2-17 行揃えと箇条書きの設定
- #2-18 行長とテキストボックス
- #2-19 行間と段落間の設定
- #2-21 禁則処理の設定

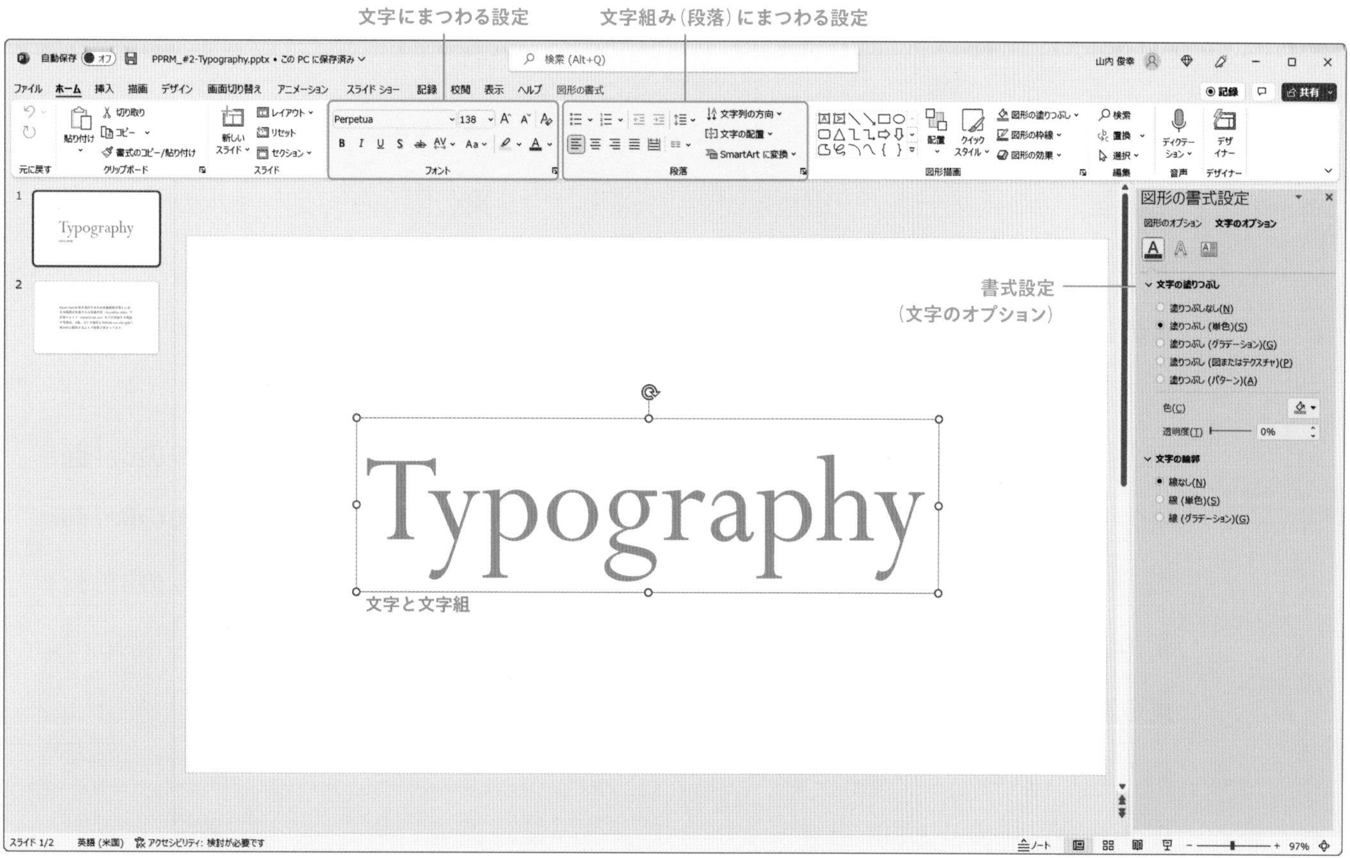
文字にまつわる設定
文字組み（段落）にまつわる設定
書式設定
（文字のオプション）
Typography
文字と文字組

PowerPointの仕様

標準搭載のフォント—和文

一般的なPCでは、Windows OSおよびMicrosoft Officeにバンドルされる形で日本語フォントが標準搭載されています。ただし一部のフォントは、一般的に公開されている他のフォントにはない特殊な仕様で搭載されています。

Windows 11に標準で搭載されている書体

書体	↔ 文字幅	太 ウエイト	見本
游ゴシック	—	L / R / M / B	東の国から315メートルのBridge
游明朝	—	L / R / DB	東の国から315メートルのBridge
MS ゴシック	M / P	—	東の国から315メートルのBridge
MS 明朝	M / P	—	東の国から315メートルのBridge
メイリオ	—	R / It / B / B-It	東の国から315メートルのBridge
BIZ UD ゴシック	M / P	R / B	東の国から315メートルのBridge
BIZ UD 明朝	M / P	M	東の国から315メートルのBridge
UD デジタル 教科書体 N	M / P / K	R / B	東の国から315メートルのBridge
MS UI Gothic	—	—	東の国から315メートルのBridge
Meiryo UI	—	R / It / B / B-It	東の国から315メートルのBridge
Yu Gothic UI	—	L / SL / R / SB / B	東の国から315メートルのBridge

Microsoft Officeに標準で搭載されている書体

書体	↔ 文字幅	太 ウエイト	見本
HGゴシック	M / S / P	M / E	東の国から315メートルのBridge
HG明朝	M / S / P	B / E	東の国から315メートルのBridge
HG行書体	M / S / P	—	東の国から315メートルのBridge
HG教科書体	M / S / P	—	東の国から315メートルのBridge
HG創英角ゴシック	M / S / P	UB	東の国から315メートルのBridge
HG創英角ポップ体	M / S / P	—	東の国から315メートルのBridge
HG創英角プレゼンス体	M / S / P	EB	東の国から315メートルのBridge
HG丸ゴシック M-Pro	—	—	東の国から315メートルのBridge
HG正楷書体 PRO	—	—	東の国から315メートルのBridge

↔ 文字幅 | M：等幅フォント　S（K）：英数字のみプロポーショナル　P：プロポーショナル

太 ウエイト | L: Light　SL: Semilight　R: Regular　M: Medium　SB: Semibold　B: Bold　It: Italic

※サイズ12pt、ウエイトはRegularに最も近いもの、文字幅は選択肢がある場合Mを選んでいます。
OS搭載フォントの詳細情報は「Microsoft Typography」のサイトに掲載されています。

「MS P」「HGS」「UI」などのフォント名と仕様

Microsoft製品向けの書体には「MS P ゴシック」のような「P」や「S」の文字がついた書体があります。これは、文字幅（仮想ボディの横幅）の違いを表しており、

- 全て全角／半角の等幅フォント
- 英数字のみプロポーショナルのフォント
- 仮名がプロポーショナルのフォント

の3種類に分けられます（「プロポーショナル」とは、"文字固有の幅"に合わせて仮想ボディの横幅を文字ごとに変えることを指します）。

また、Windows OSにはUI（ユーザーインターフェース）への使用を前提とした「UI」フォントも搭載されています。これは同名の書体をベースに、ひらがな・カタカナの文字幅を約2/3に変形しつつ、ディスプレイ上で小さく表示されても読めるように改変されたフォントです。

PowerPointには、"文字固有の幅"に合わせて文字の間隔を自動的に調整する機能がありません。そのため、文字組みや制作するものの用途ごとに、適切なフォント（仕様）が異なります。挿入する文章量と読みやすさ、見やすさ、演出のバランスを見極めながらフォントを選択しましょう。

全て全角／半角の等幅フォント

和文が全角幅、欧文が半角幅で全て固定

「MS」のつくフォント　「BIZ UD」のつくフォント
「HG」のつくフォント*　「UD デジタル 教科書体 N」
*「HG丸ゴシックM-Pro」「HG正楷書体 PRO」を除きます。

英数字のみプロポーショナルのフォント

和文は全角幅で固定、
欧文の文字幅を文字固有の幅に調整

「HGS」のつくフォント　「HG正楷書体 PRO」*
「HG丸ゴシックM-PRO」*「UD デジタル 教科書体 NP」
*「HG丸ゴシックM-PRO」「HG正楷書体 PRO」は「HGS」と比べて半角カタカナなどの仕様が若干異なります。

仮名がプロポーショナルのフォント

漢字のみ全角幅で固定、
漢字以外の文字幅を文字固有の幅に調整

「MSP」のつくフォント　「BIZ UDP」のつくフォント
「HGP」のつくフォント　「UD デジタル 教科書体 NK」

漢字と非漢字（仮名と全角記号）
半角英数字
スペース
全角幅
1
半角幅
1/2
安心りんご
Wind
全角
半角
文字幅を優先するため、特に半角英数字は字形が歪んでいる
幅広い文字は潰れ、細い文字には余白が入っているように見える
プロポーショナル
1/3
半角英数字が本来の文字幅で自然に並ぶ、本文向けの仕様
半角スペースは1/3幅で固定
2/3
ひらがな、カタカナ、記号を含め、空いて見える部分が全て詰まっている
全角スペースが2/3幅で固定される、見出し組み向けの仕様

※サンプルは、上より「HGゴシック」「HGSゴシック」「HGPゴシック」

「UI」フォント

Windows OSでUIに使用するために開発されたフォント
フォント名が英語表記かつ「UI」が付記されている

> UIフォントの仕様
> **ひらがな、カタカナの文字幅を2/3程度に圧縮しつつ、UIとして小さく表示しても正しく視認できるように文字の太さや字形、エレメントなどが大幅に改変（単純化）されている**

メイリオ Regular（元となる書体）
安心りんごアメWindowpc
Meiryo UI Regular（UI用に改変された書体）
安心りんごアメWindowpc
游ゴシック Medium（元となる書体）
安心りんごアメWindowpc
Yu Gothic UI Regular（UI用に改変された書体）
安心りんごアメWindowpc

PowerPointの仕様 ｜ 標準搭載のフォント—和文

「太字」と「斜体」の仕様

PowerPointには文字を「太字」と「斜体」にする機能が備わっていますが、書体によって挙動が異なる複雑なふるまいをします。

その挙動は2パターンあります。一つはフォントの「Regular」「Bold」「Italic」を切り替えるもの、もう一つが機械的に線を足して太らせたり歪ませて斜体にするものです。

使用したいフォントで「Regular」「Bold」「Italic」がPCにインストール済みの場合、太字と斜体の機能にそれぞれのファミリーが割り振られます。機械的に太らせたり斜体にすることはありません。

一方で、「Bold」「Italic」がPCにない場合、または選択した書体が「Regular」以外の場合、機械的に太字と斜体が処理されます。

大原則として、「文字に線を足して太字にする」「文字を歪ませて斜体にする」機械的な処理は、特別な理由がない限り避けるべき方法です。文字の形が崩れてしまい、文章として読みづらくなる可能性が高いためです。太字も斜体も、それぞれ最適な形に設計されたファミリーを使い分けるのが理想。この機能を使うときは、使用するフォントが対応しているかどうかを必ず確認しましょう。

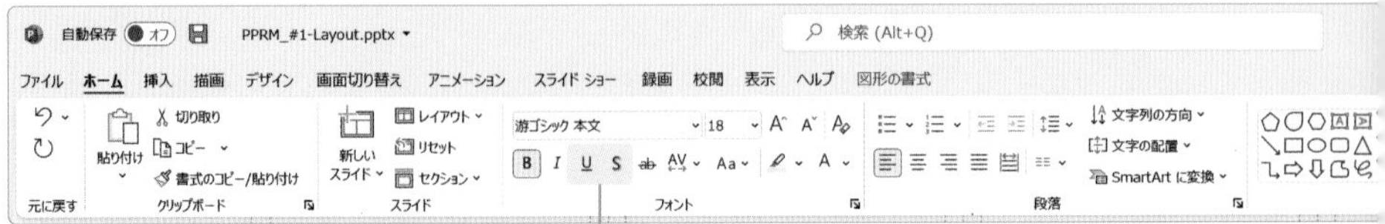

太字と斜体の機能

太字に対応：「Regular」「Bold」「Italic」を適用

「Regular」「Bold」「Italic」のファミリーがPCにインストールされている場合

メイリオ

安心りんごアメWindowpc

安心りんごアメWindowpc

安心りんごアメWindowpc

※メイリオのみ、和文書体で太字・斜体の両方に対応

游ゴシック Regular（太字でBold）

安心りんごアメWindowpc

安心りんごアメWindowpc

※一般的な和文書体は太字にのみ対応、斜体は機械処理

! 「Bold」「Italic」が本機能に割り当てられるとPowerPointのフォントリストに表示されず個別に選べなくなっていることがあります。

太字に非対応：機械的に太字と斜体を再現

「Bold」「Italic」のファミリーがない場合、または「Regular」以外の書体を選択した場合

MSゴシック

安心りんごアメWindowpc

安心りんごアメWindowpc

安心りんごアメWindowpc

※1ウエイトでファミリーがないため、機械処理で再現される

游ゴシック Medium

安心りんごアメWindowpc

安心りんごアメWindowpc

※ファミリーに「Bold」があっても、「Medium」のように「Regular」以外を選択して太字機能を使うと、機械的に太字にされるか、太字の指示が無視される

! 游明朝の「Regular」と「Demibold」のように「Bold」がない場合は太字対応とされず、機械的に太字にされてしまいます。

PowerPointで複数のウエイトを展開する

Windows OSやMicrosoft Officeに標準で搭載されているフォントの多くは、ウエイトが1～2種類程度しか用意されていません。簡単な文書では標準と太字の2種類で必要十分ではありますが、複雑な文字組みを実践する場合は3～4種類ほどのバリエーションが必要なシーンもでてきます。

游ゴシックであれば（字游工房より販売されている游ゴシック体のうち）4種類のウエイトが用意されており、一般に公開されている／有料で入手できる書体の多くも複数のウエイトが展開されています。書体にこだわる場合は、まずここから検討するのが良いでしょう。

ファイル互換性などの理由により標準搭載のフォントでウエイトを展開する場合、「MS」フォントと「HG」フォントを組み合わせると自然に展開できます。両方ともリコーにより開発された書体で、「MS ゴシック」は「HGゴシックB」、「MS 明朝」は「HG明朝L」に相当します（両者で仕様が異なるため同一ではありません）。制作時の条件に合わせて、うまく書体を選択してウエイトを展開してみてください。

游ゴシックのウエイト

Light
文字のウエイトをうまく展開する

Regular
文字のウエイトをうまく展開する

Medium
文字のウエイトをうまく展開する

D（Windows OS 未搭載のファミリー）
文字のウエイトをうまく展開する

Bold
文字のウエイトをうまく展開する

E（Windows OS 未搭載のファミリー）
文字のウエイトをうまく展開する

H（Windows OS 未搭載のファミリー）
文字のウエイトをうまく展開する

游明朝のウエイト

Light
文字のウエイトをうまく展開する

Regular
文字のウエイトをうまく展開する

M（Windows OS 未搭載のファミリー）
文字のウエイトをうまく展開する

Demibold
文字のウエイトをうまく展開する

B（Windows OS 未搭載のファミリー）
文字のウエイトをうまく展開する

E（Windows OS 未搭載のファミリー）
文字のウエイトをうまく展開する

MS P ゴシック／HGPゴシックのウエイト展開

HGPゴシックM
文字のウエイトをうまく展開する

MS P ゴシック（HGPゴシック B相当）
文字のウエイトをうまく展開する

HGPゴシックE
文字のウエイトをうまく展開する

MS P 明朝／HGP明朝のウエイト展開

MS P 明朝（HGP明朝L相当）
文字のウエイトをうまく展開する

HGP明朝B
文字のウエイトをうまく展開する

HGP明朝E
文字のウエイトをうまく展開する

「メイリオ」と「游ゴシック」の特徴

Windowsに標準搭載されている日本語書体の中でも人気の高い「メイリオ」と「游ゴシック」。低解像度のディスプレイで表示することを念頭に開発された「MS ゴシック」に置き換わる書体としてそれぞれ追加されました。

メイリオは、「明瞭」に名前の由来を持ち、(解像度がまだ高くはなかった2006年頃に) ディスプレイ上での可読性を重視して設計された書体です。和文と欧文が調和するよう「Verdana」をベースに横組みに最適化してデザインされており、はっきりとした直線と曲線、均等なふところ、大きな字面が名の通り「明瞭」な雰囲気を醸し出します。

游ゴシックは、ヒラギノ書体を開発した鳥海修氏率いる字游工房により開発された書体です。游明朝とともに使うことを想定しており、ややふところの狭い漢字と小ぶりで伝統的なスタイルをもつ仮名、丸く処理されたエレメントなどが、柔らかさ、優しさ、安心といった雰囲気を醸し出します。

両者とも非常に質の高い書体ですが、担える役割も演出できる雰囲気も全く異なります。特徴を捉えつつ強みが活きるように使い分けてみてください。

メイリオの特徴

欧文との調和を目指したデザイン

欧文書体「Verdana」をタイプフェイスデザインのベースとし、従属欧文 (半角英数字) と調和するよう和文を縦に95%圧縮横長の形にすることでディセンダーのスペースを確保し、横組みでの可読性を重視して設計されています。

メイリオ
和文の高さ 95%
東国あ Hhp
ディセンダー

BIZ UDP ゴシック
和文の高さ 100%
東国あ Hhp
ディセンダー

直線的な字形と均等なふところ、大きな字面

水平・垂直に直線的で、曲線も含め非常にシンプルな字形、線の末端は“鋭角”で、エレメント (装飾) もほとんどなく、均一で大きなふところと仮想ボディいっぱいに大きな字面が読みやすさや明瞭感を醸し出しています。

メイリオ
あア安 かなた東の国
ふところと字面のサイズ感

HGゴシック
あア安 かなた東の国
ふところと字面のサイズ感

游ゴシックの特徴

ふところの狭い漢字と小ぶりで伝統的なスタイルの仮名

ふところがやや狭めの漢字、筆記の名残を感じる字形の仮名が、伝統的なスタイルでありながら、同時に柔らかさも醸し出します。比較的小さめの字面のため文字間にゆとりがあり、長文を組んでも読みやすい風通しの良いゴシック体です。

游ゴシック　東国おふりさは

BIZ UD ゴシック　東国おふりさは

源ノ角ゴシック　東国おふりさは

角が丸く処理されたエレメント

「角ゴシック」でありながら、線の先のエレメント (装飾) を角ばらせずに丸く処理したり、書字の筆勢を思い起こさせるような細かな処理が施されていることで、大きく見せても優しさや安心といった雰囲気を醸し出します。

游な

「UDフォント」と「教科書体」の特徴

ユニバーサルデザインとフォント

多様性への理解が進む現代において、ビジュアル制作も「なるべく多くの人が見られる」ようにする努力が進んでいます。この取り組みをユニバーサルデザイン（UD）と呼び、フォントでもUD対応のものが多く開発されています。

「BIZ UD」フォントや「UDデジタル教科書体」は、モリサワが開発しているUDフォントです。文字の装飾を減らしたり、濁点の重なりを無くしたりと、ノイズになり得る点を減らして誤読を避けつつ、字形を手書き文字に近づけることで直感的に文字を判別しやすくしています。多様な人が触れる公共性の高いものへの使用に最適です。

ただし、決して「UD」の名がついていない一般の書体の判読性が低いわけではありません。どの書体も、見やすさ・読みやすさを念頭にデザイン性とのバランスを探って作られています。「UDフォント」は、他に比べデザイン性よりも判読性を優先した機能の書体、とも言えるのです。

ユニバーサルデザインとは「UDフォントを無作為に選ぶ」ことではなく、届ける相手を正しく見据えて、作り手が「思いやり」の努力をすることのはずです。そのためにも、UDフォントを含めて様々な選択肢から検討してみましょう。

なるべく多様な人が「見やすい・読みやすい」
書体を目指して開発された「UDフォント」

※上記の内容は一般的なUDフォントの特徴で、
「BIZ UD」書体が上記の特徴をすべて備えているわけではありません。

教科書体と一般的な書体との違い

教科書体は、学校教育において文字の読み書きの練習をするために、筆書の手本となるよう設計された書体です。一方で一般的な書体は「書籍として読む」ために、小さな文字でも判読できるよう手書き文字から大幅に簡略化されています。

教育用途や筆書の再現としての使用には適していますが、その他の用途で教科書体を使うと読みづらくなってしまう可能性があります。楷書デザインの書体ではなく、明確な機能を持つ書体であることには留意しておきましょう。

UD デジタル 教科書体 N

BIZ UD 明朝

BIZ UD ゴシック

PowerPointの仕様

標準搭載のフォント—欧文

和文書体と同様に、Microsoft製品に搭載される形で多くの欧文書体が標準搭載されています。Windows OSに搭載される書体は基本的にMicrosoftが開発した書体で、コーポレートロゴにも使われるSegoeファミリーや表示サイズごとに字形を最適化したStikaファミリーを中心に構成されています。

Windows 11に標準で搭載されている欧文書体一覧

欧文書体の用語

書体名につく「Display」などの単語

想定している使用サイズ感の目安

例：

Display →大見出し

Heading →見出し

Text →本文

書体名につく「Nova」などの単語

元の書体をベースにブラッシュアップした新バージョンの意

ウエイトにある「Condensed」の意味

元の書体の文字から横に圧縮した形にデザインしたもの（縦長の文字）

Arial
Regular, *Italic*,
Bold, ***Bold Italic***

Arial Black

Bahnschrift

Calibri
Light, *Light Italic*,
Regular, *Italic*,
Bold., ***Bold Italic***

Cambria
Regular, *Italic*,
Bold, ***Bold Italic***

Cambria Math

Candara
Light, *Light Italic*,
Regular, *Italic*,
Bold, ***Bold Italic***

Comic Sans MS
Regular, *Italic*,
Bold, ***Bold Italic***

Consolas
Regular, *Italic*,
Bold, ***Bold Italic***

Constantia
Regular, *Italic*,
Bold, ***Bold Italic***

Corbel
Light, *Light Italic*,
Regular, *Italic*,
Bold, ***Bold Italic***

Courier New
Regular, *Italic*,
Bold, ***Bold Italic***

Franklin Gothic Medium
Regular, *Italic*

Gabriola

Georgia
Regular, *Italic*,
Bold, ***Bold Italic***

Impact

Ink Free

Lucida Console

Lucida Sans Unicode

Microsoft Sans Serif

Palatino Linotype
Regular, *Italic*,
Bold, ***Bold Italic***

Segoe Print
Regular, **Bold**

Segoe Script
Regular, **Bold**

Segoe UI
Light , *Light Italic*,
Semilight,
Semilight Italic,
Regular, *Italic*,
Semibold,
Semibold Italic,
Bold, ***Bold Italic***,
Black, ***Black Italic***

Segoe UI Variable*
Display Light,
Display Semilight,
Display Regular,
Display Semibold,
Display Bold,
Small Light,
Small Semilight,
Small Regular,
Small Semibold,
Small Bold,
Text Light,
Text Semilight,
Text Regular,
Text Semibold,
Text Bold,

Sitka Banner*
Regular , *Italic*,
Semibold , ***Semibold Italic***,
Bold, ***Bold Italic***

Sitka Display*
Regular , *Italic*,
Semibold, ***Semibold Italic***,
Bold, ***Bold Italic***

Sitka Small*
Regular, *Italic*,
Semibold,
Semibold Italic,
Bold, ***Bold Italic***

Sitka Heading*
Regular, *Italic*,
Semibold,
Semibold Italic,
Bold, ***Bold Italic***

Sitka Subheading*
Regular, *Italic*,
Semibold,
Semibold Italic,
Bold, ***Bold Italic***

Sitka Text*
Regular, *Italic*,
Semibold,
Semibold Italic,
Bold, ***Bold Italic***

Sylfaen

Tahoma
Regular,
Bold

Times New Roman
Regular, *Italic*,
Bold, ***Bold Italic***

Trebuchet MS
Regular, *Italic*,
Bold, ***Bold Italic***

Verdana
Regular, *Italic*,
Bold, ***Bold Italic***

*印がついている書体は「バリアブルフォント」です

バリアブルフォント

書体の太さを数値で自由に変更できる最新のフォント形式 ただし、PowerPointは対応していないので、あらかじめ数値が定義されたウエイトを選択する

Microsoft Office に標準で搭載されている欧文書体（定番書体のみ）

Microsoft Office に搭載される欧文書体は、Microsoftが開発した書体のほかに世界中のフォントメーカーの書体も含まれており、その数はプロも使う定番書体も含めて140種類800書体を超えます。多くが「クラウドフォント」として、フォント選択時にOffice製品のみで使える形でインストールされます。

このアイコンが目印

Arial Nova
Light, *Light Italic*, Regular, *Italic*, **Bold**, ***Bold Italic***, Cond Light, *Cond Light Italic*, Cond, *Cond Italic*, **Cond Bold**, ***Cond Bold Italic***

Arial Narrow
Regular, *Italic*, **Bold**, ***Bold Italic***

Arial Rounded MT

Avenir Next LT Pro
Light, *Light Italic*, Regular, *Italic*, **Demi**, ***Demi Italic***, **Bold**, ***Bold Italic***

Bahnschrift*
Light, Light Condensed, Light SemiCondensed, Regular, Condensed, SemiCondensed, SemiBold, SemiBold Condensed, Bold, Condensed Bold, SemiCondensed Bold

Baskerville Old Face

! 太字・斜体の機能には注意！

Bodoni MT
Regular, *Italic*, **Bold**, ***Bold Italic***, **Black**, ***Black Italic***, Condensed, *Condensed Italic*, **Condensed Bold**, ***Condensed Bold Italic***

Centaur

Century Gothic
Regular, *Italic*, **Bold**, ***Bold Italic***

Cooper Black

Copperplate Gothic
Light, **Bold**

Daytona
Light, *Light Italic*, Regular, *Italic*, **Bold**, ***Bold Italic***, Condensed, Condensed Light

Eras Bold ITC
Light, Medium, **Demi**, **Bold**

Franklin Gothic
Book, *Book Italic*, Medium, *Medium Italic*, Medium Cond, **Demi**, ***Demi Italic***, **Demi Cond**, **Heavy**, ***Heavy Italic***

Garamond
Regular, *Italic*, **Bold**

Georgia Pro
Light, *Light Italic*, Regular, *Italic*, **Semibold**, ***Semibold Italic***, **Bold**, ***Bold Italic***, Cond Light, *Cond Light Italic*, Cond, *Cond Italic*, **Cond Semibold**, ***Cond Semibold Italic***, **Cond Bold**, ***Cond Bold Italic***, **Cond Black**, ***Cond Black Italic***

Gill Sans Nova
Light, *Light Italic*, Regular, *Italic*, **Bold**, ***Bold Italic***, **Ultra Bold**, Cond Lt, *Cond Lt Italic*, Cond, *Cond Italic*, **Cond Bold**, ***Cond Bold Italic***, **Cond XBd**, ***Cond XBd Italic***, **Cond Ultra Bold**

Goudy Old Style
Regular, *Italic*, **Bold**

Lucida Bright
Regular, *Italic*, **Demibold**, ***Demibold Italic***

Lucida Sans
Regular, *Italic*, **Demibold Roman**, ***Demibold Italic***

Neue Haas Grotesk Text Pro
Regular, *Italic*, **Bold**, ***Bold Italic***

OCRB

Palatino Linotype
Regular, *Italic*, **Bold**, ***Bold Italic***

Perpetua
Regular, *Italic*, **Bold**, ***Bold Italic***

Posterama
Regular, *Italic*, **Bold**, ***Bold Italic***

Rockwell Nova
Light, *Light Italic*, Regular, *Italic*, **Bold**, ***Bold Italic***, **Extra Bold**, ***Extra Bold Italic***, Cond Light, *Cond Light Italic*, Cond, *Cond Italic*, **Cond Bold**, ***Cond Bold Italic***

Sabon Next LT
Regular, *Italic*, **Bold**, ***Bold Italic***

Source Sans Pro
ExtraLight, *ExtraLight Italic*, Light, *Light Italic*, Regular, *Italic*, **SemiBold**, ***SemiBold Italic***, **Bold**, ***Bold Italic***, **Black**, ***Black Italic***

Trade Gothic Next
Light, *Light Italic*, Regular, *Italic*, **Bold**, ***Bold Italic***, **Heavy**, ***Heavy Italic***, Cond, *Cond Italic*, **Cond Bold**, ***Cond Bold Italic***, **Cond Hv**, ***Cond Hv Italic***

Univers
Light, Regular, **Bold**, Condensed Light, Condensed, **Condensed Bold**

Verdana Pro
Light, *Light Italic*, Regular , *Italic*, **SemiBold**, ***SemiBold Italic***, **Bold**, ***Bold Italic***, **Black**, ***Black Italic***, Cond Light, *Cond Light Italic*, Cond, *Cond Italic*, **Cond SemiBold**, ***Cond SemiBold Italic***, **Cond Bold**, ***Cond Bold Italic***, **Cond Black**, ***Cond Black Italic***

Walbaum Display
Light, *Light Italic*, Regular, *Italic*, **SemiBold**, ***SemiBold Italic***, **Bold**, ***Bold Italic***, **Heavy**, ***Heavy Italic***

Walbaum Heading
Regular, *Italic*, **Bold**, ***Bold Italic***

Walbaum Text
Regular, *Italic*, **Bold**, ***Bold Italic***

PowerPointの機能

文字のサイズと間隔の設定

文字組みの基礎、文字サイズと文字の間隔を変更する機能は、「ホーム」リボン、または文字を選択すると現れるミニツールバーから変更することができます。文字サイズはリボンからの操作で完結できますが、文字間隔の調整は詳細設定画面を出すことで厳密に調整することができます。

文字のサイズを変更する

PowerPointには、典型的な文字サイズがリストとしてあらかじめ用意されています。ドロップダウンリストから選べるほか、「フォントサイズの拡大／縮小」ボタンからも切り替えることができます。また、数値でも任意のサイズを指定することができ、1～3600の間を0.1ptずつ変更することができます。

異なるサイズのテキストを選択したとき、ドロップダウンや数値で変更した場合は指定したサイズに統一され、ボタンで変更した場合はそれぞれのサイズが個別に大きく／小さく変更されます。

! なぜ「10.5pt」があるのか？

明治から昭和にかけて活躍していた金属活字は、自由にサイズを変更できず、あらかじめ決まったサイズの活字を用意していました。その活字で本文向けとして使われていたサイズが「5号（pt換算で10.5pt）」であり、その名残として今でも採用されています。

フォントサイズのリストと切り替えボタン

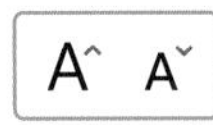

フォントサイズの拡大／縮小のボタンでリストを切り替え

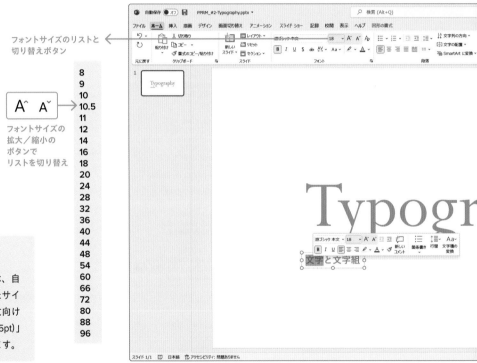

8
9
10
10.5
11
12
14
16
18
20
24
28
32
36
40
44
48
54
60
66
72
80
88
96

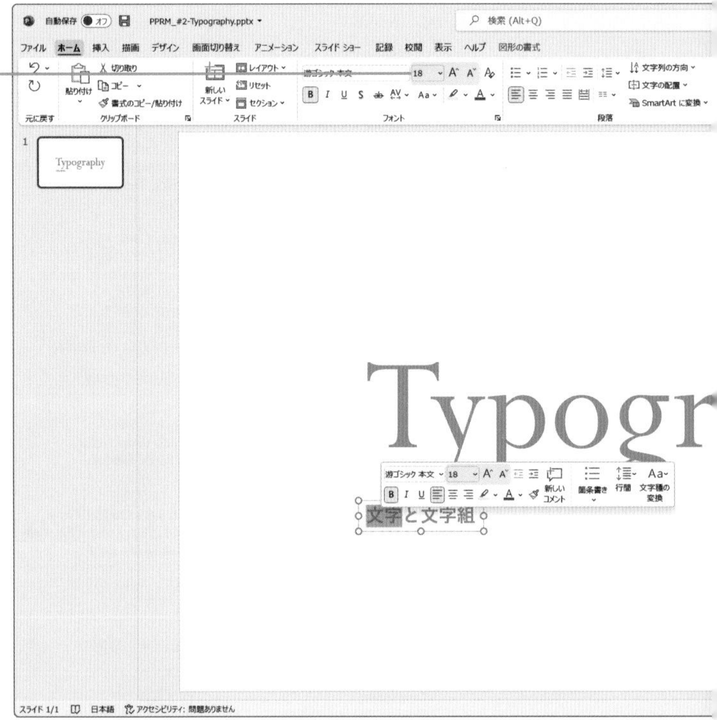

文字の間隔を空ける、詰める

「ホーム」リボンにある「文字の間隔」から、文字の間隔を空けたり詰めたりすることができます。ドロップダウンリストから簡単に選択できるほか、「その他の間隔」から数値で指定することもできます。

なお、この調整は文字の間にスペースを入れるのではなく、「文字の仮想ボディ幅が広がる／狭まる」形で調整されます。そのため、任意の文字間で調整したい場合（カーニング）は、先頭の文字を選択して変更すればOK（そのため、選択可能である“文章全体”か“一文字ずつ”のどちらかでしか調整ができません）。

数値はptで指定するため、文字サイズに対応して自動的に変わることはありません。調整後に文字サイズを変更した場合は、再度調整する必要があります。

「カーニングを行う」のチェックボックスは、欧文書体にのみ適用される機能です。フォントファイルに含まれるカーニング情報を読み取り、自動的に文字間隔を調整してくれます。基本的にオンにしたまま変更する必要はありません。ただし、フォントによってはカーニング情報が用意されておらず、カーニングされない場合もあります。

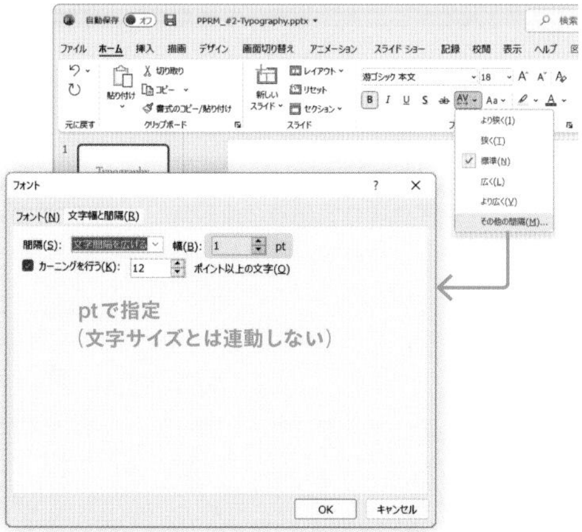

任意の文字間隔の調整

任意の文字間の先頭の文字を調整すればOK

「カーニングを行う」の挙動

欧文書体のみフォントファイル内のカーニング情報をもとに自動でカーニングする（未対応フォントあり）

カーニングとトラッキング

文字の間隔を調整する方法は「カーニング」と「トラッキング」の2種類があります。「カーニング」は2つの文字の間隔を調整すること、「トラッキング」は単語や文章全体の文字間隔を調整することを意味しています。

フォントによっては、適切に設定された文字間隔の値がファイル内に含まれているものがあり（ペアカーニングと言います）、PowerPointでは欧文書体のみこの値を参照してカーニングを行います。

カーニング

文字同士の間隔のこと

トラッキング

単語（文章）全体の文字の間隔のこと

PowerPointの機能

行揃えと箇条書きの設定

PowerPointでは、文章を「テキストボックス」や「図形」のオブジェクト内に配置します。そのため、行揃えはテキストボックスのサイズに対して、インデントや箇条書きはテキストボックスの左辺に対して設定されます。なお、縦組みを使用した場合は左・右揃えは上・下揃えに変わります。

※両端揃え、均等割り付けは、英数字や禁則処理によって文字間隔が空きます。

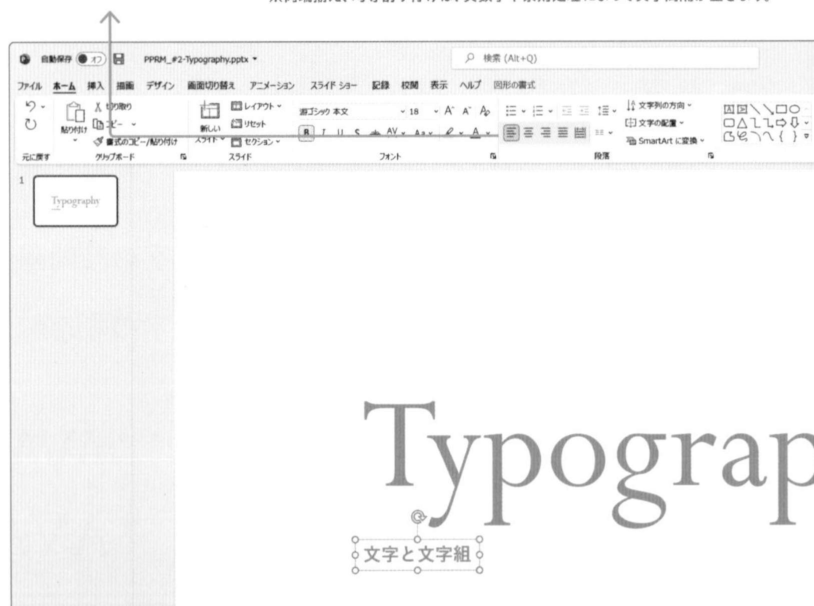

行揃えの機能

テキストボックス内で文章の揃え方を指定する機能で、左・右・中央揃えは文字通り左右中央を軸に、両端揃えと均等割り付けはテキストボックスの左右両端に文字が揃います。

両端揃えと均等割り付けの違いは最終行（単一行の文章を含む）にあり、両端揃えは最終行が左揃えに、均等割り付けはテキストボックスの両端に揃います。

ただし、禁則処理（#2-21参照）や英数字、テキストボックスのサイズなどの理由で両端揃えでは文字間隔が大きく空いてしまうことがあります。特別な理由が無い限りは長文でも左揃えを使うことをオススメします。

両端揃えの注意点（文字間隔がズレる例）

両端揃えを使うとき、文章中に英数字が多く混ざ ←和文だけはOK
る場合（PowerPointとか100%とか）や、行頭 ←英数字や禁則処理で
行末に記号が来ると強制的に改行して送り出す ←文字間隔が意図せず
（禁則処理）機能ため、文字間が空くことあり。 空いてしまう

インデントと箇条書きの機能

行の揃え位置にも関わる箇条書きとインデントの機能は、それぞれ別に設定画面が用意されています。特にインデントはリボンに用意されているボタンからは詳細に設定できず、「段落」設定から変更します。

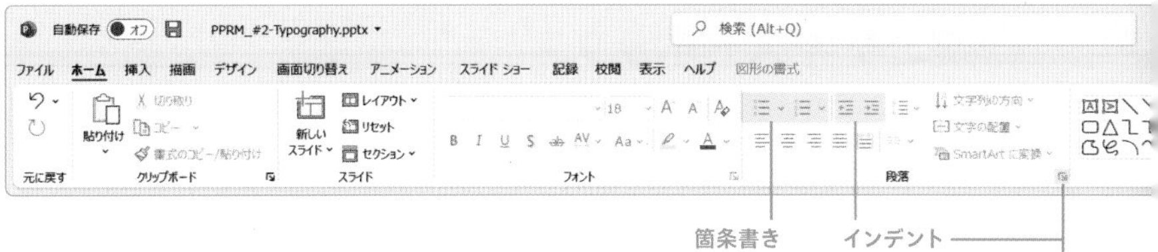

箇条書き

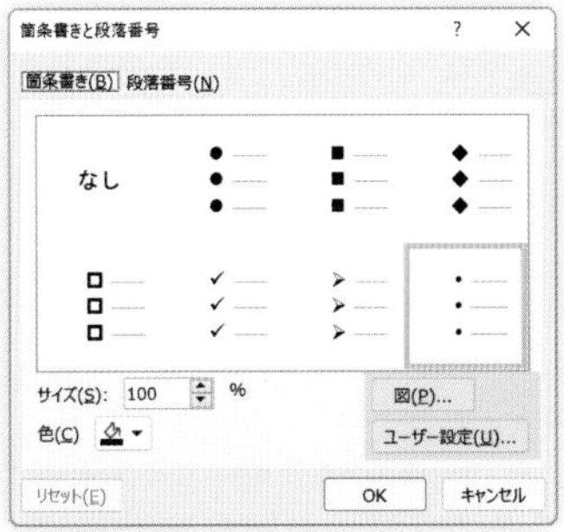

箇条書きの記号は用意されているものの他に任意の「図」や「特殊文字」を設定可能

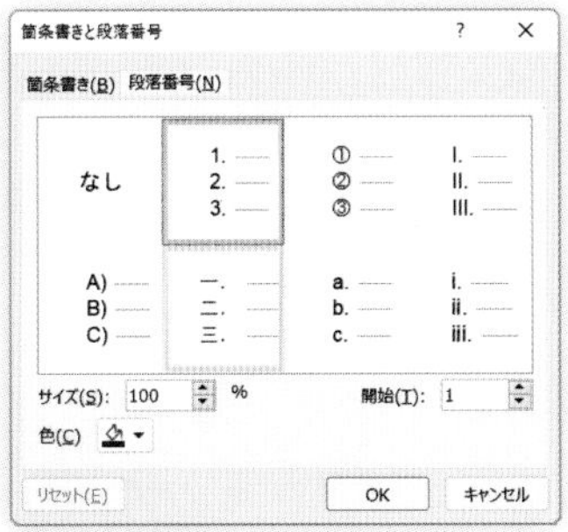

箇条書きの番号は用意されているものから選ぶ

インデント（「段落」設定）

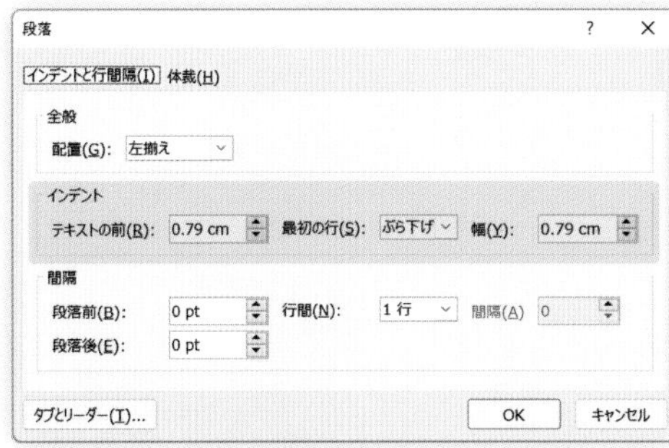

インデントとして、段落全体をずらす距離（テキストの前）と、段落の一行目のみに適用する距離（字下げ、ぶら下げ）を設定可能

箇条書きの記号や番号に対して用意されるスペースの量は、インデントで設定している「テキストの前」と「ぶら下げ」の値が適用される

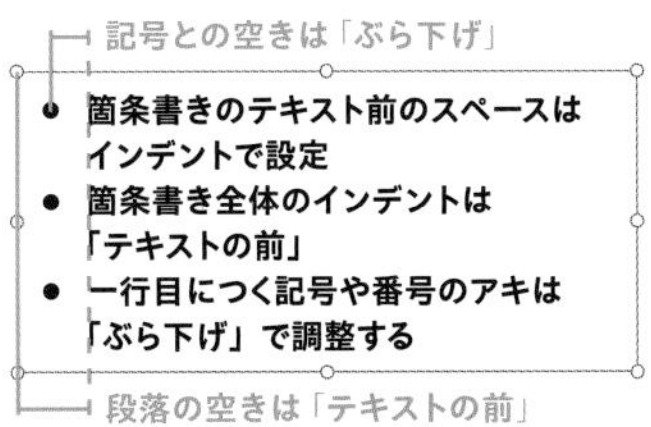

記号との空きは「ぶら下げ」
箇条書きのテキスト前のスペースはインデントで設定
箇条書き全体のインデントは「テキストの前」
一行目につく記号や番号のアキは「ぶら下げ」で調整する
段落の空きは「テキストの前」

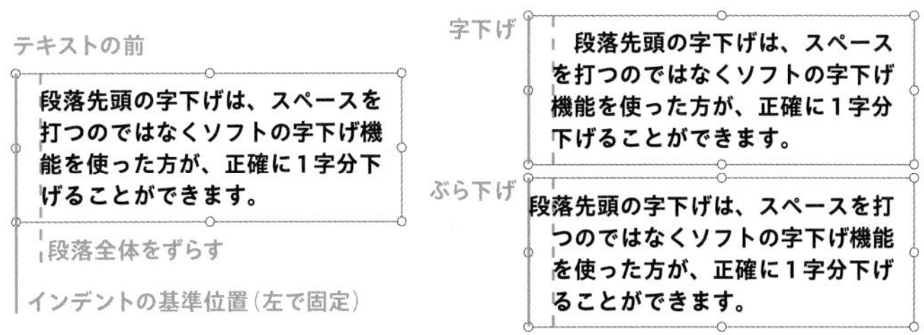

PowerPointの機能

行長とテキストボックス

PowerPointでは、Wordのように文字数で行長を決めることができないため、長文（本文）向けの厳密な文字組みには向いていません。一方で、テキストボックスのサイズを自動で変更する短文（見出し）向けに特化した機能が備わっています。これは「図形の書式設定」から詳細に設定できます。

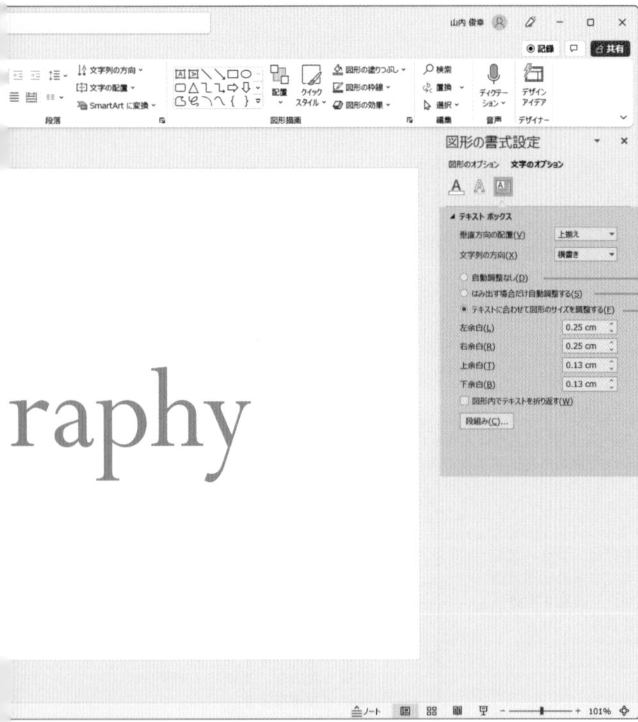

テキストボックスの仕様

垂直方向の配置　テキストボックス内でのテキストの位置（余白やインデントとは別）

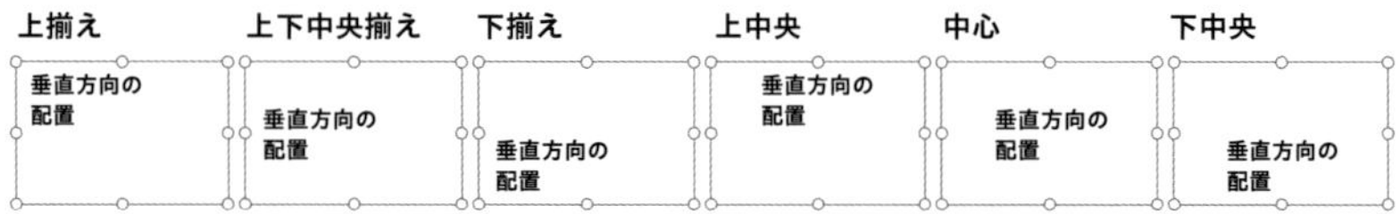

テキストボックスの自動調整とテキストの折り返し　※テキストボックスのハンドルは省略

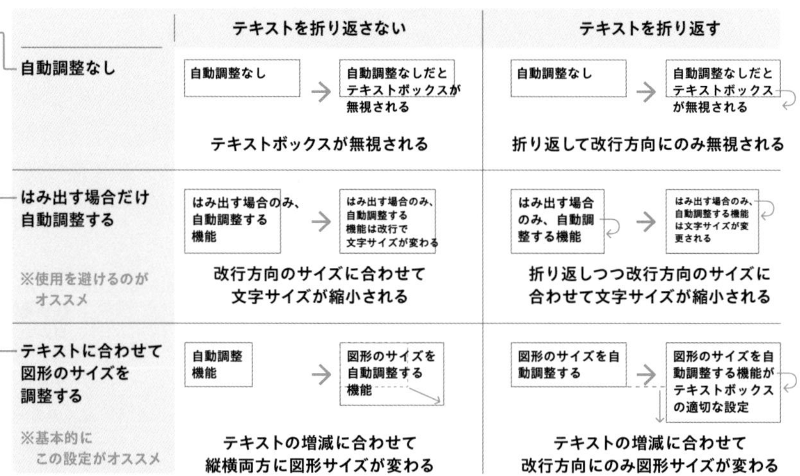

Designing 文字と文字組み #2-18

行長に合わせて
テキストボックスの設定を使い分ける

テキストボックスは様々な機能が用意されているものの、基本的に「テキストに合わせて図形のサイズを調整する」を選択したうえで「図形内でテキストを折り返す」をオン／オフにした2種を、行長に合わせて使い分けることになります。

見出しなどの大きく見せる短文

プレゼンスライドや文書の見出しなど「大きくしっかり見せる」文章は、短時間で理解できるように20字前後の短文で書くことが多いはず。改行して複数行にわたる場合も、単語や文節で区切ることで理解しやすくなります。

そのため、テキストボックスでは意図しない改行の発生を避ける設定を主に使います。「図形内でテキストを折り返す」をオフにして、「テキストに合わせて図形のサイズを調整する」を選択することで、行長（横組みの横方向）や改行（横組みで縦方向）に合わせてテキストボックスが変動し、意図せぬ改行を避けることができます。

本文などのしっかりと読ませる長文

文書の本文など「じっくりとしっかり読ませる」文章は、長文になることから行長も30〜45字程度と長くなり、レイアウトの都合次第では最大の文字数（＝最大の行数）にも限界があることが多いはず。

そのため、テキストボックスでは長い行長で文字数を確保できる設定を主に使います。「図形内でテキストを折り返す」をオンにすることで行長を固定しつつ、「テキストに合わせて図形のサイズを調整する」を選択すれば、改行に合わせてサイズが調整されます。一方で「自動調整なし」にすれば、図形と同様にレイアウトに合わせてサイズを決め打ちできます。

図形内でテキストを折り返す：オフ

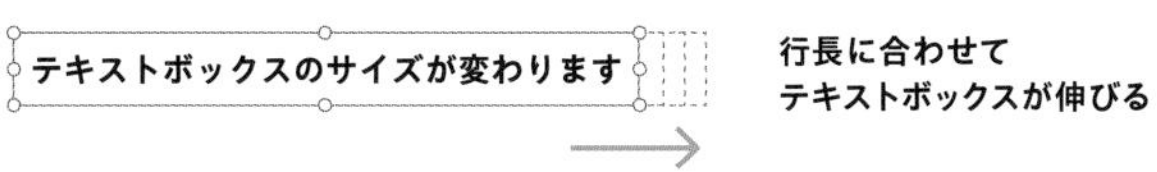

テキストに合わせて図形のサイズを調整する

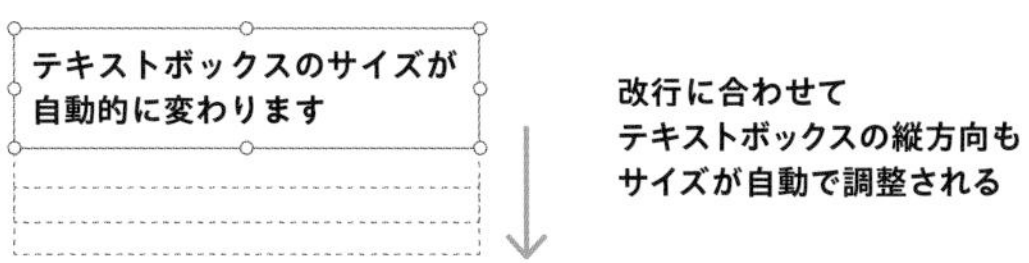

テキストボックスのサイズが
自動的に変わります
改行に合わせて
テキストボックスの縦方向も
サイズが自動で調整される

図形内でテキストを折り返す：オン

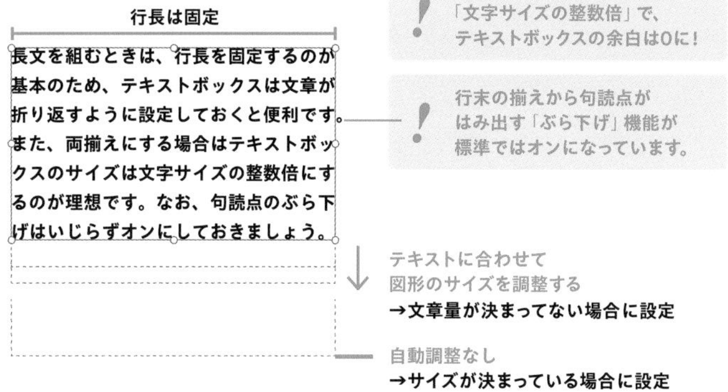

PowerPointの機能

行間と段落間の設定

PowerPointでの行間は、行送りの倍数と数値指定の2種類で調整することができます。「ホーム」リボンにある「1.0」「1.5」は行送りの倍数を指し、より細かな倍数で調整したり数値で指定する場合は「段落」の詳細設定で変更します。また、段落の前後に入れるスペースも変更することができます。

PowerPointでの行間と段落間の仕様

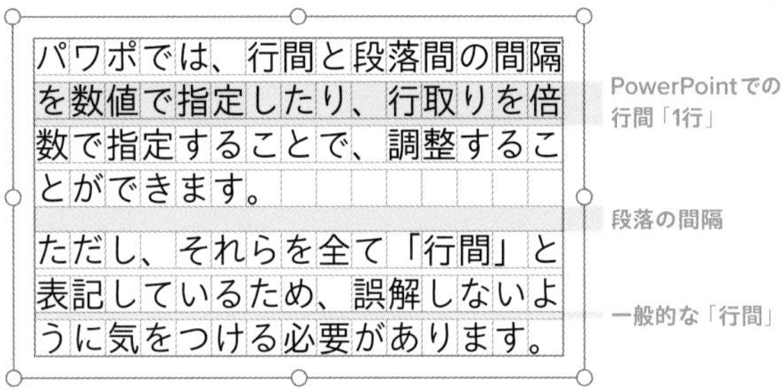

パワポでは、行間と段落間の間隔を数値で指定したり、行取りを倍数で指定することで、調整することができます。
ただし、それらを全て「行間」と表記しているため、誤解しないように気をつける必要があります。
PowerPointでの行間「1行」
段落の間隔
一般的な「行間」

段落の間隔

段落前

段落後

段落の前後に入れるスペースを数値(pt)で指定

行間の指定の種類

行送りの倍数、または固定値(pt)で指定

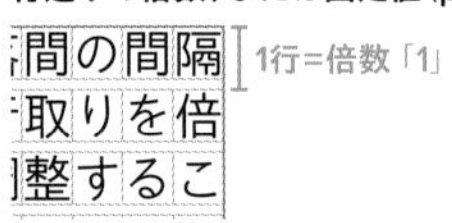

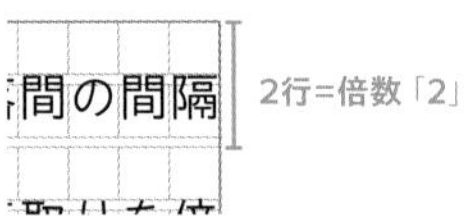

行送りの倍数は文字サイズに応じて変わり、固定値は文字サイズによらず固定

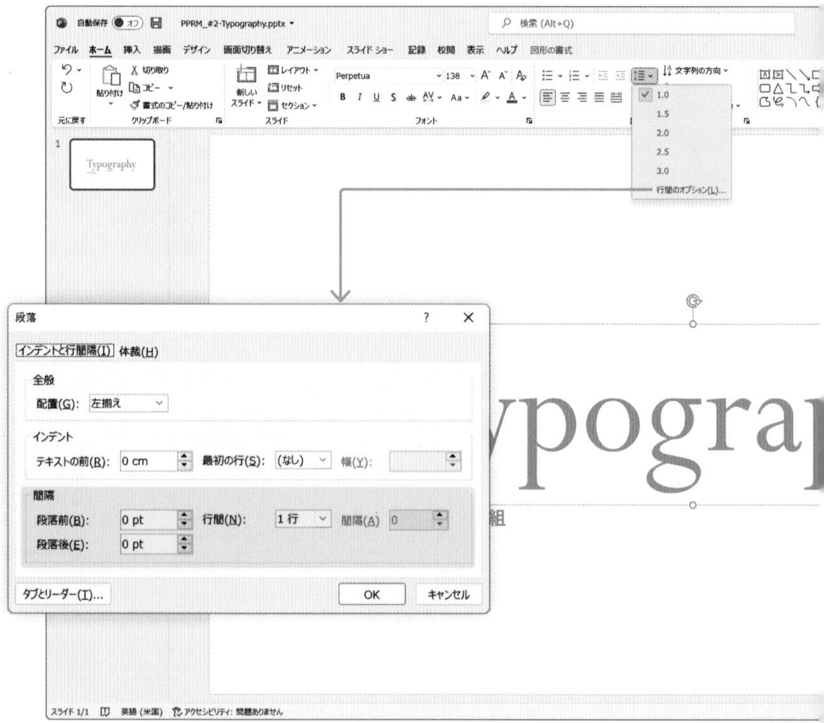

PowerPointの「行間」の正確な仕様

PowerPointでの「行間」は、一般的な定義とは異なる独自の仕様で実装されています。「文字サイズの1.2倍の高さ」を「1行」という“文章が入るエリア”としたうえで、ベースラインをエリアの下から約1/4の位置に配置することで、“擬似的に”行間を確保する仕様になっています。

一般的な行間（行送り）の定義

- 文字サイズと行間（行送り）はそれぞれ別に調整するもの
- 行間を変更しても、当然行間だけが変わる
- 文字サイズの倍数で計算した値をベースに調整するのが一般的

PowerPointでの「行間」の仕様

「1行」＝フォントサイズ×1.2

- 上記を“文章が入るエリア”として、下から約1/4の位置にベースラインが配置され文字が並ぶ
- 行間を変更すると、「1行」が倍数で拡大／縮小される
- 「2行」だと、「1行」の2倍なのでちょうど2行分の幅を使う形になる
- 行間の拡大率に比例して、ベースラインの位置の比率が下から約1/4のまま拡大されるため、文章の上下がそれぞれ開くように見える
- 「固定値」で指定すると、この仕様のもとで数値で指定できるようになる（非推奨）

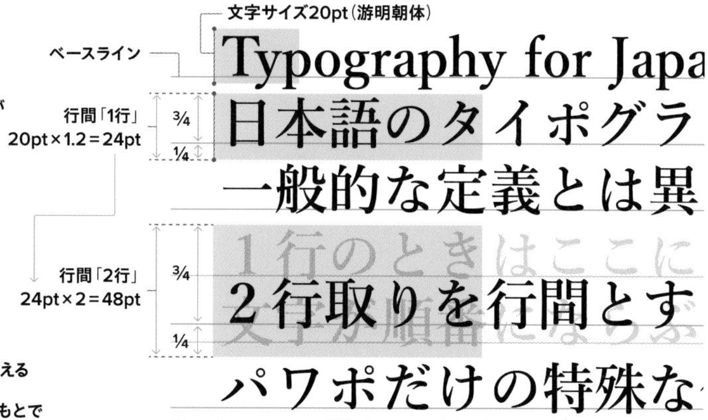

※フォントのベースラインの設定によって、1/4の割合が変わり行間が大きく空くことがあります。
※筆者による検証のうえでの推定であり、公式に公表されているものではありません。

文字サイズの1.2倍のエリアである「1行」は、和文では窮屈に見えてしまうため行間を変更するのがオススメです。下にPowerPointの行間と本来の行送り（倍率）の換算表を用意したので、参考にしてみてください。

PPTの行間 →	行送り倍率	行送り倍率 →	PPTの行間
0.9	×1.08	×1	0.83
1	×1.2	×1.1	0.92
1.1	×1.32	×1.2	1.00
1.2	×1.44	×1.3	1.08
1.3	×1.56	×1.4	1.17
1.4	×1.68	×1.5	1.25
1.5	×1.8	×1.6	1.33
1.6	×1.92	×1.7	1.42
1.7	×2.04	×1.75	1.46
1.8	×2.16	×1.8	1.50
1.9	×2.28	×1.9	1.58
2	×2.4	×2	1.67

見出し向け　本文向け

PowerPointの機能

ファイルのやりとりとフォント

Windows OSやMicrosoft Officeに搭載されていない、一般に公開されている書体を使うときは、フォントファイルの扱いに注意する必要があります。自分のPCで完結せず他のPCと共有する場合、他方のPCにもフォントファイルを共有するか、ファイルにフォントを埋め込む設定をする必要があります。

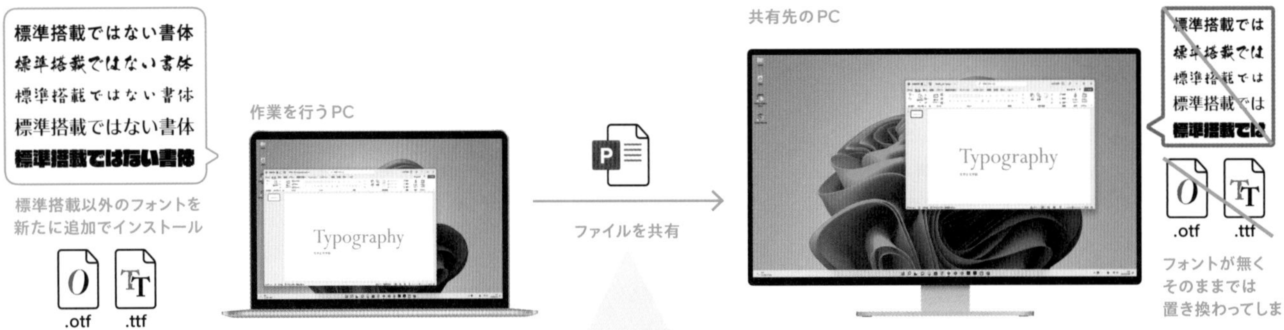

標準搭載以外のフォントをインストールして使う場合……

対策① フォントを.pptxファイルに埋め込む

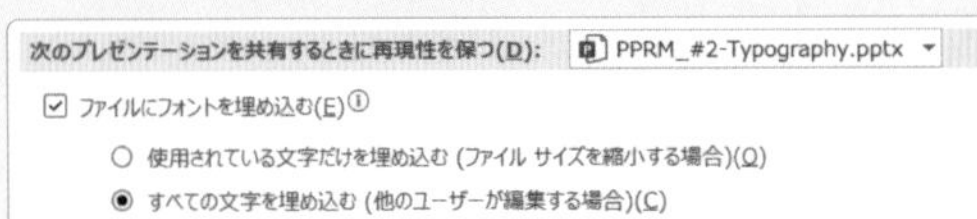

「PowerPointのオプション」の「保存」でフォントの埋め込みを設定(#0-16を参照)

- ファイルサイズをなるべく小さくしたい場合は「使用されている文字だけを埋め込む」
- ファイルサイズに余裕があれば基本は「すべての文字を埋め込む」(再編集が可能に)

注 フォントによっては、すべての文字を埋め込んでも再編集できないことがある

対策② フォントファイルを共有する(ライセンス上の問題が無い場合)

追加したフォントファイルを共有するのが、手間はかかるが最も確実な方法

注 フォントのライセンスを必ず確認し、準拠する範囲内で共有する

注 有償・無償にかかわらず、再配布不可の場合は正当な方法で入手する

- Google Fontsなど Open Font Licenseを採用しているものは再配布OK

フォントの埋め込みとフォントファイルの注意点

現在主流のフォントファイル形式は、「TrueType」と「OpenType」の2種類あります。PowerPoint 2021は両方に対応しており、基本的には両者の差を意識せずに使うことができます。

ただし、PowerPointはOpenTypeには完全に対応しておらず、PDF書き出し時に文字が画像に置き換わるなどの仕様や、細かなバグも報告されています。そのため、PowerPointで使用する場合はTrueTypeがオススメです（Adobe製品のようなプロ向けツールで使用する場合はOpenTypeがオススメです）。

また、フォントファイルには埋め込みに関するライセンス情報が含まれており、埋め込みできない、埋め込めても編集できないライセンスのフォントも数多くあります。共有前にライセンスを確認しておきましょう。なお、Mac版PowerPointはフォントの埋め込みに対応していません。

PowrePointのみで使うなら「TrueType」形式がオススメ　拡張子「.ttf」が目印

TrueTypeとOpenType

TrueType（拡張子「.ttf」）は1990年から使われているレガシーな形式。多くのソフトが対応していることが強みで、Microsoft OfficeもTrueTypeの使用を前提にしています。

OpenType（拡張子「.otf」）は最新の機能を盛り込んだプロ向けの形式。TrueTypeで実現できない文字組みをサポートする機能が年々追加されており、今後主流となる形式です。

フォントの埋め込みとライセンス

フォントごとに埋め込みや再編集が可能な範囲が設定されています。

埋め込み不可	**フォントをpptxファイルやpdfに埋め込むことはできません。 PowerPointで使用すると、共有先で別のフォントに置き換わります。**
プレビュー/印刷	**フォントを埋め込むことができますが、共有先で再編集はできません。 PowerPointで使用すると、共有先で「読み取り専用」として開きます。 編集すると、埋め込まれたフォントは破棄されます。** ※有償で販売されているフォントの多くで設定されています。
編集可能	**フォントを埋め込むことができ、共有先で再編集もできます。 「プレビュー/印刷」に編集権限が付与されているライセンスです。**
インストール可能	**フォントを埋め込むことができ、共有先で再編集もできます。 共有先のPCにフォントをインストールすることも許可されていますが 別にライセンスが制定されている場合があります。** ※TrueTypeや無償で公開されているフォントの多くで設定されています。

**フォントファイルの右クリックメニュー内「プロパティ」の「詳細」タブで
フォントの埋め込みライセンスを確認できます。**

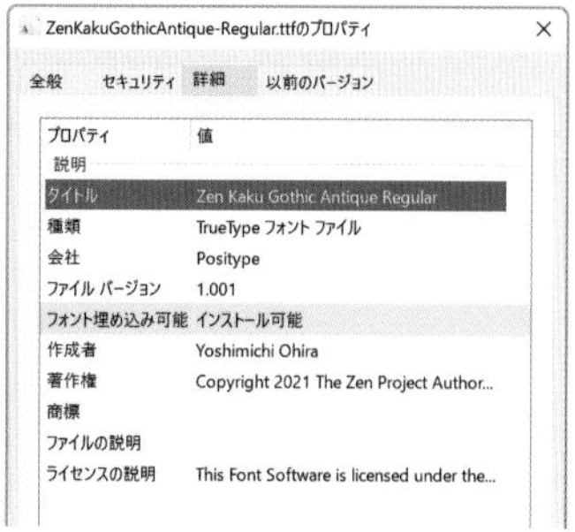

PowerPointの応用機能

禁則処理の設定

日本語には、括弧や句読点、長音記号など、行末／行頭への配置を避ける文字があります。これらを「禁則文字」と呼び、実際に行末／行頭に配置されたときは禁則文字を次の行に追い出す処理が必要です。この処理を「禁則処理」と呼び、PowerPointが自動で処理してくれます。

禁則処理と英数字分割禁止を行う場合（標準）

日本語の組版では「括弧」 ← ベタ組み（基本）
や句読点、長音などの記
号ー、連続しないと意味が ← 長音記号を行頭にしないために直前の文字が次行に追い出された
わかりづらいような記号
¥百円などの行頭行末の禁 ← ¥を行末にしないために¥が次行に追い出された
則文字と、英数字を
Power単語で分けない処理。 ← 英単語を次行に全て追い出し句点をぶら下げ

禁則処理を行わず英数字も分割する場合（非推奨）

日本語の組版では「括弧」
や句読点、長音などの記号
ー、連続しないと意味がわ ← 長音記号が行頭に来てしまう
かりづらくなる記号たち¥ ← ¥が行末に来てしまう
百円などの行頭・行末の禁
則文字と、英数字を単語P ← 英単語が分かれてしまう
owerで分割をしない処理
。 ← 句点だけが次行にはみ出してしまう

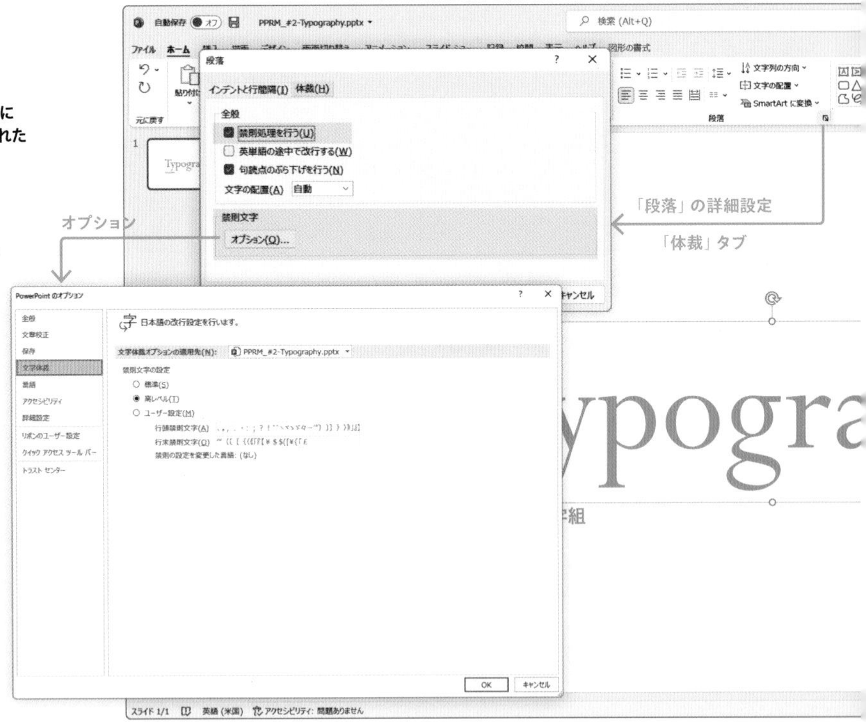

禁則処理と改行位置と文字間隔のアキ

禁則処理は、読みやすい日本語の文章を組むための基本的なルールです。PowerPointに搭載されているこの機能も、明確な理由がない限り変更する必要はありません。

ただし、禁則処理は必ずしも読みやすさを担保するものではありません。禁則処理を行うと強制的に文字が次行に追い出されてしまい、前行全体が1文字分空いてしまいます。つまり、両端揃えでは前行の文字間隔が意図せず空いてしまうのです。特に行長の短い文章に大きな影響を与えてしまいます。

文字組みのプロたちは、禁則文字を調整することで読みやすさのバランスを探り、最適な“妥協点”を見つけています。

禁則文字を独自に変更するのはプロの技として、私たちがPowerPointでできることは「行長に合わせて改行の仕方を変えていく」ことです。プレゼンスライドや文書の見出しなど「大きくしっかり見せる」文章は、ぱっと見てすぐ理解できるよう単語や文節で改行をするのがベスト。文書の本文など「じっくりとしっかり読ませる」文章は、行長を20字以上は確保して禁則処理による文字間隔の影響を抑えつつ、両端揃えと左揃えを使い分けて読みやすさを整えることが大切です。

! 読みやすさのためにも、禁則処理をオンに、英数字の分割はオフのままにする!

ただし……

禁則処理と英数字分割禁止によるデメリット

禁止した文字が次行に追い出されるため、前行にアキが生まれてしまう

禁則処理をすると行末に「
括弧」や句読点が来ると次

行末に禁則文字が来ると……

↓

禁則処理をすると行末に
「括弧」や句読点が来ると

禁則文字が次行に追い出されて空白が生まれる

↓

禁 則 処 理 を す る と 行 末 に
「括弧」や句読点が来ると

両端揃えにすると前行の文字間隔が空いてしまう

英数字の分割は not recommended
です。

行末に英単語が来ると……

↓

英数字の分割は not
recommended です。

英単語が次行に追い出されて空白が生まれる

↓

英 数 字 の 分 割 は not
recommended です。

両端揃えにすると前行の文字間隔が空いてしまう

PowerPointでデメリットを避けるには……

大きくしっかり見せる文章は、
文節や単語で改行を行い
瞬間的な理解のしやすさを確保する

見出し的な文章は、文節や単語で改行する

長文でじっくりとしっかり読ませる文章は、
禁則処理などの機能を標準のままにしながら
左揃えで文字間隔がUnintentionalに開かな
いことを優先するのがおすすめです。

本文のような長文は、左揃えで文字間隔を優先する

禁則文字として設定されている文字

行頭禁則文字	、。，．・：；？！゛゜ヽヾゝゞ々’”）〕］｝〉》」』】°‰′″℃￠％!%),.:;?]}｡｣､･ﾞﾟ（標準） ーぁぃぅぇぉっゃゅょゎァィゥェォッャュョヮヵヶｧｨｩｪｫｬｭｮｯｰ（高レベル）
行末禁則文字	‘“（〔［｛〈《「『【￥＄$([\{｢£

PowerPointの応用機能

和欧混植とテーマのフォント

PowerPointでは、半角英数字のみを欧文書体に置き換える「和欧混植」をすることができます。和文書体が適用されているテキストボックスに重ねて欧文書体を再適用すると英数字のみ欧文書体に変更されるほか、「フォント」の詳細設定からも変更することができます。

游ゴシック体 Bold

Black Holeは光を吸収するため直接観測が難しいが、その周囲に形成される降着円盤（Accretion Disk）や宇宙ジェット（Relativistic Jet）などが放出する電波や可視光、X線、ガンマ線などのMulti-wavelengthで複合的に観測することで進み理解が深まってきた。

PowerPointでデザインする
より高度なTypography

游ゴシック体 Bold + Avenir Next Demi

Black Holeは光を吸収するため直接観測が難しいが、その周囲に形成される降着円盤（Accretion Disk）や宇宙ジェット（Relativistic Jet）などが放出する電波や可視光、X線、ガンマ線などのMulti-wavelengthで複合的に観測することで進み理解が深まってきた。

PowerPointでデザインする
より高度なTypography

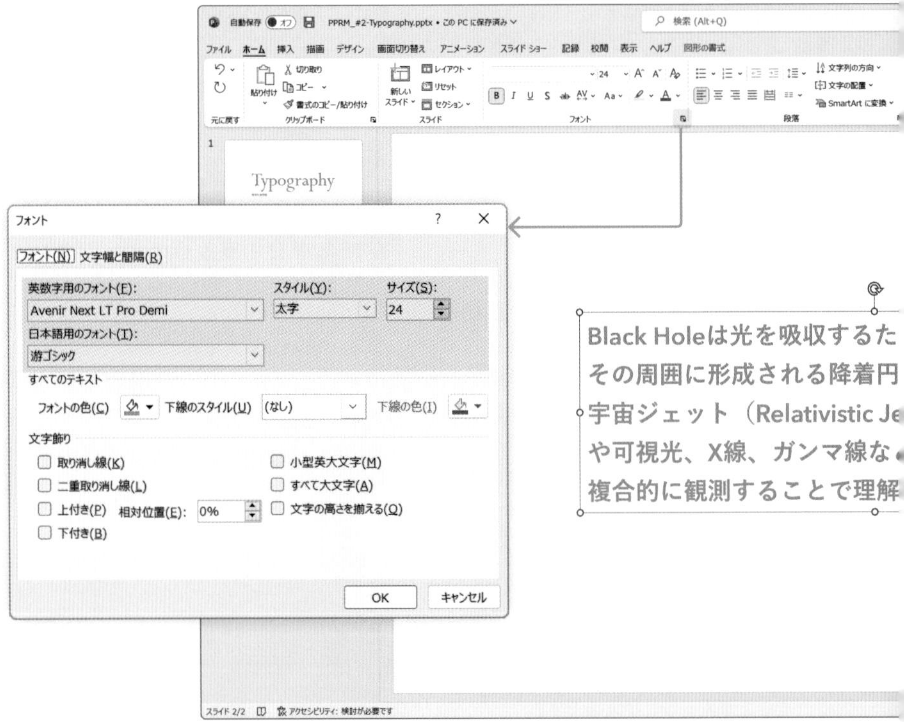

文章の雰囲気や数字の見やすさを変える和欧混植

近年の和文書体に含まれる英数字は和文に馴染むようしっかりデザインされているものの、長文に“馴染みすぎる”ことがあります。そこで欧文書体と組み合わせることで、英数字に独特の雰囲気をまとわせたり、数字の視認性を上げたりと、表現の幅を広げることができます。

和文書体に合わせた欧文書体選び

和欧混植をする場合、和文書体、欧文書体を選ぶポイントは「見た目の文字のサイズ」と「太さ」、「書体のデザイン」です。和文書体も欧文書体も別物なので、同じフォントサイズ（pt）に対して欧文書体の方が「見た目」が小さかったり、同じ名前のウエイトでも「見た目」の太さが異なることがよくあります。この「サイズ」と「太さ」の条件で合うものを絞り込んでから、「書体のデザイン」の相性や機能性を考慮して選んでいきます。

お気に入りの和欧混植を「テーマのフォント」に設定する

PowerPointには、デザイン要素一式を変える「テーマ」と、テーマの各要素を調整する「バリエーション」が用意されており、そのうち「フォント」からスライド全体のテーマとして適用する書体を変更できます。ここで「見出し」と「本文」のフォントを設定すると、フォントリストの「テーマのフォント」に反映されます。「テーマのフォント」を適用した文字は、テーマの差し替えに応じて書体も自動的に変更されるようになります。

和欧混植のポイント

欧文の大きさ

合成前	国HMxhpyかア国123
小さすぎ	国HMxhpyかア国123
ぴったり	国HMxhpyかア国123

和文より小さすぎない書体がGood

欧文の太さ

合成前	国HMxhpyかア国123
太すぎ	国HMxhpyかア国123
ぴったり	国HMxhpyかア国123

和文と同じ太さに見える書体がGood

書体のデザインを見て組み合わせる

游明朝 Regular
国産のMangoが1,359円!?

游明朝 Regular + Goudy Old Style Regular
国産のMangoが1,359円!?

游明朝 Regular + Centaur Regular
国産のMangoが1,359円!?

游明朝 Demibold + Palatino Linotype Regular
国産のMangoが1,359円!?

游ゴシック Bold
国産のMangoが1,359円!?

游ゴシック Bold + Avenir Next Demi
国産のMangoが1,359円!?

游ゴシック Bold + Bahnschrift SemiBold
国産のMangoが1,359円!?

游ゴシック Regular + Rockwell Nova Light
国産のMangoが1,359円!?

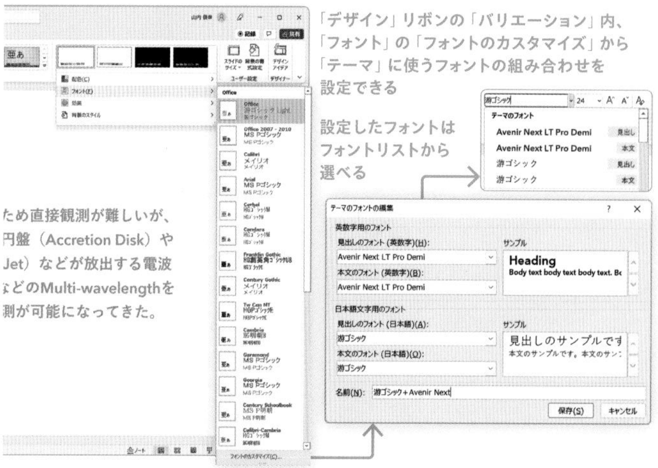

「デザイン」リボンの「バリエーション」内、「フォント」の「フォントのカスタマイズ」から「テーマ」に使うフォントの組み合わせを設定できる

設定したフォントはフォントリストから選べる

Designing #3

COLOR

色と配色

人に伝わるメッセージには、「ことば」だけではなく「雰囲気」の影響も少なくありません。
言い換えるなら“ムード”でしょうか。落ち着いてコーヒーを嗜めるカフェ、白く明るく清潔な医務室、夕暮れの海岸で受けるプロポーズ……「ことば」では補えない、意識的に理解するものでもない、でも確実に私たちの心を動かす。「雰囲気」は、メッセージを受け取る相手の気持ちを整え、より印象を良くし、魅力的にする役目があります。では、その「雰囲気」はどうやってつくるのか。リアルでは空間、照明、インテリアなど様々な要素が絡みますが、「伝える」場面では、特に色と配色によって左右されます。ムードと同じように、色とその組み合わせ方で、メッセージがまとう印象は大きく変わるのです。
より魅力的に伝えるために、色と配色をしっかりコントロールできることを目指しましょう！

色と配色は伝わる「印象」をつかさどる

色から感じ取る印象が私たちの気持ちや感情を大きく動かす

この世界は、様々な色で満ちあふれています。日が沈む夕日のオレンジ、夏の海の爽やかな青、夜の繁華街に輝くサインなど……あらゆる時と場面、物や空間に、必ず色があります。

その世界で暮らす私たちは、色の影響を強く受けています。例えば、青色の「爽やか」、緑色の「優しい」、ピンクの「カワイイ」など、言葉にしづらい“雰囲気”を色から感じとって、理解や感情、行動を無意識に変えているはずです。

これは、自然や文化のなかで得た経験から、色に対して特定の価値観＝印象を培ってきた証。しかも、本能レベルで自然に理解できるくらい浸透しています。

ということは、伝えたいメッセージの価値観＝印象に合わせて色を選べば、見た相手の感情に直接訴えられるはず。「ことば」ではない、本能で伝える唯一無二の方法として色を使っていきましょう！

人の気持ち、感情、本能にダイレクトに訴えかけることで印象が左右される

私たちは、文化や自然のなかで暮らすことで、さまざまな出来事から色に対して特定の価値観＝印象をもつようになります。たとえば同じ形をしたイラストでも、色が変わるだけで印象がガラッと変わってきます。

色が変わるだけで、同じ内容でも印象が大きく変わる

黒の壁に、暗めの色で統一された家具だと……

落ち着いた雰囲気で、渋みがあり、スタイリッシュな印象に感じる

白の壁に、明るい色で統一された家具だと……

より快活な雰囲気で、陽気さがあり、カジュアルな印象に感じる

落ち着いた雰囲気に感じる色を抽出してみる

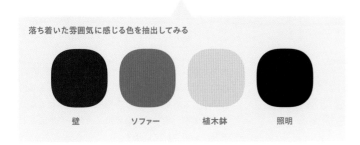

より快活な雰囲気に感じる色を抽出してみる

色には機能としての役割もある

視覚として伝える力の強さを活かして情報を本能的に理解させることもできる

私たちが「見える」ものには、ほぼ全て色がついています。むしろ、目に入る色の違いを読み取って、視覚として理解していると言えるでしょう。

だからこそ、色の扱い方を工夫することで、正しく理解を促したり、視認性を向上させたり、直感的に意味を伝えられたりと、様々な機能を持たせることができます。その最たる例が、信号や道路標識の色の使い方。重要である“危険”な情報を、黄色や赤を使うことで、周囲に同化させず目立たせて、かつ意味も本能的に理解できるようにしています。

他にも、色の使い分けで強調したりと様々な機能を持たすことができますが、意識しておきたいのが色覚の多様性。色は認識、感覚に依存するもので、人によって感じ方が異なります。あなたが見ている色が、他の人も同じに見えてるとは限らないことは忘れてはいけません。

色の特性を活用すれば視認性や直感的な理解を促す機能としても扱える

色から感じる印象や、コントラスト、定番色など、色の特性を上手く活用することで、情報を直感的に理解してもらえるような機能性を持たせることができます。信号や道路標識、時刻表や地図などで多く活用されています。

暮らしのなかには、色の機能を活用した実例がたくさんある

危険・安全を直感的に伝えてくれる色

赤色や、黄色+黒の組み合わせは
危険や注意するべきであること、
青色や緑色は
安全や安心があることを
本能的に伝えてくれる

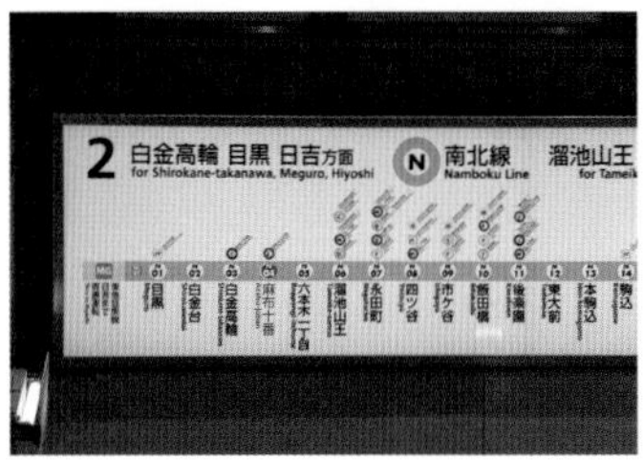

一部を目立たせたり、認識しやすくする色の組み合わせ

部分的に目立つ色を使ったり、
明度差の大きい色を組み合わせることで、
重要な情報を強調したり
文字情報を視認しやすくできる

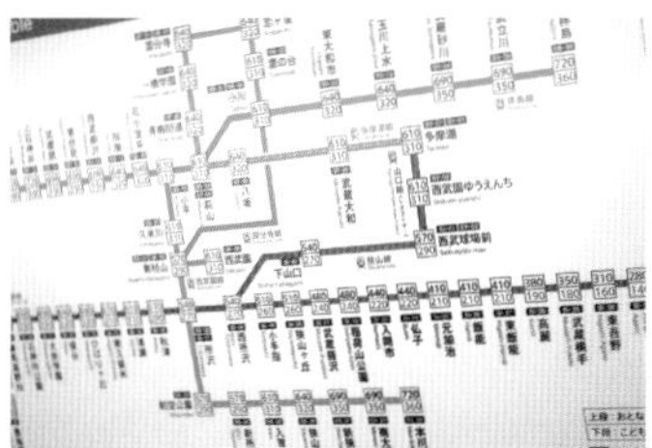

象徴的な色を使い分けて区別を付けやすくする

男性・女性を象徴する配色や
鉄道路線のテーマカラーなど、
物事を象徴する色を使えば
一種の記号として
読み取れるようになる

! 全ての人たちが
全く同じ色に見えている、
ということはありえない

それぞれ個性があるように、
眼の機能・視認にも個性があります
「色覚多様性」とも呼ばれ、
得意・不得意な色の傾向があるため、
色の機能だけに頼るのは避けましょう。

色のしくみ
“色”の正体を見破る

**色の正体は「可視光」であり、
その真の姿は特定の波長の電磁波**

色をより的確に扱えるようになるためにも、科学の側面から紐解いてみましょう。

わたしたちが「色」として理解しているものは、大きく3つの“しくみ”に分けることができます。色の源である“光”と、それを像として直接受け取る“目”、電気信号に変換し解釈する“脳”。この3つのしくみが全て揃ったときに、初めて色として認識できます。

なかでも、より客観的に扱えるのが“光”。その真の正体は「電磁波」で、波の幅（波長）によって「電波」や「X線」などと区別されています。そのうち“目”が認識できる波長が「可視光」＝光です。

私たちの“目”は、可視光をさらに細かい波長ごとに認識することができます。その正体こそが「色」。つまり、色とは波長が異なる電磁波（可視光）を、人の目と脳が認識しているものなのです。

“色”の正体は、可視光＝特定の波長の電磁波のこと

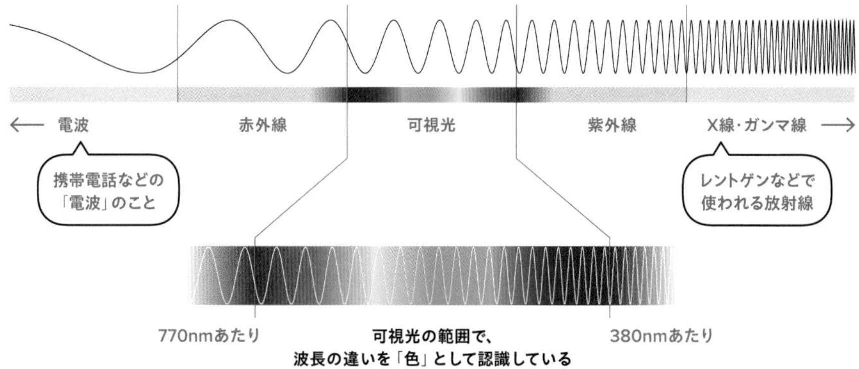

← 電波
赤外線
可視光
紫外線
X線·ガンマ線 →
携帯電話などの「電波」のこと
レントゲンなどで使われる放射線
770nmあたり
可視光の範囲で、波長の違いを「色」として認識している
380nmあたり

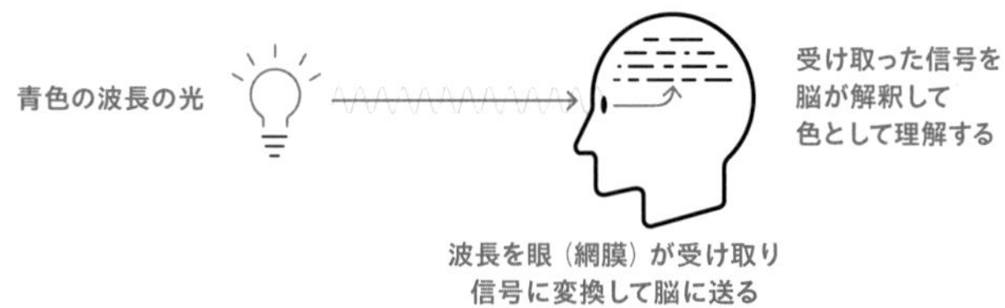

青色の波長の光
受け取った信号を脳が解釈して色として理解する
波長を眼（網膜）が受け取り信号に変換して脳に送る

デザインのポイント

- ✓ **“光”→“目”→“脳”を通して初めて「色」として見える**
- ✓ **“光”の正体は、特定の波長の電磁波（可視光）のこと**
- ✓ **“光”の波長の違いを“目”と“脳”が「色」として認識している**

光から感じ取る色も 光源由来と反射由来で2つに分かれる

私たちが目にしている色は、大きく2種類に分けることができます。一つは、光源から直接目に届いて見える色。色の指標、基準となる見え方です。もう一つが物に反射して見える色。反射する波長以外は全部吸収することで、特定の色の波長のみが目に届きます（他にも透過や散乱などもあります）。

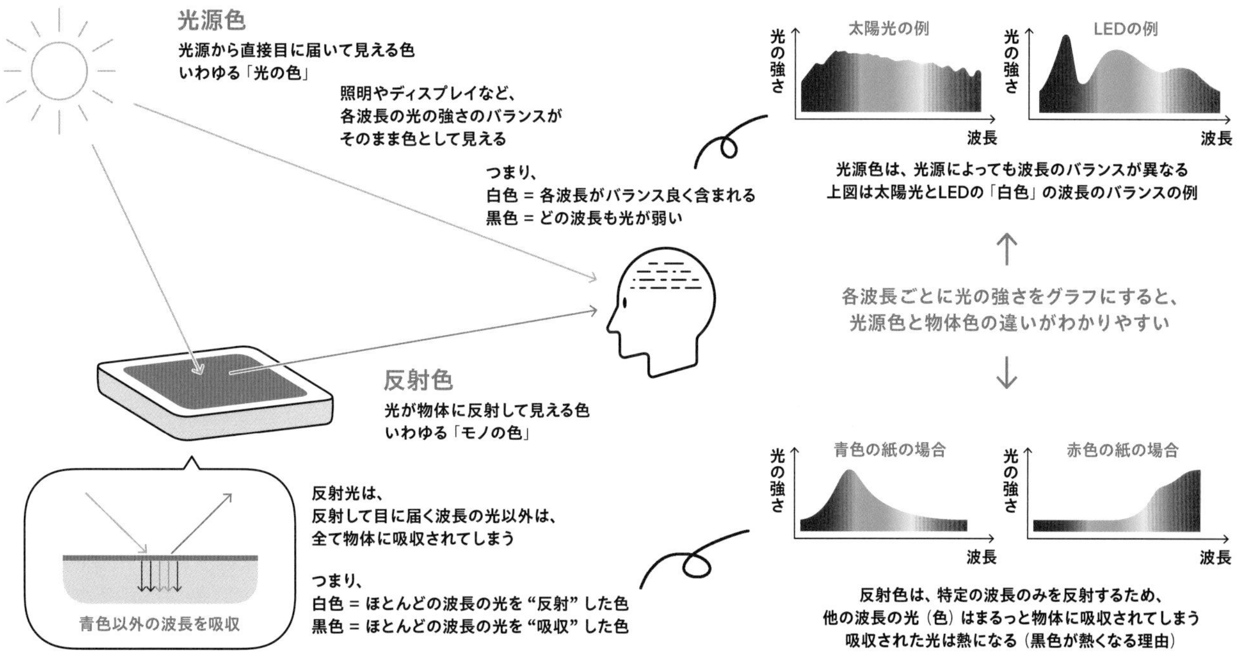

光源色
光源から直接目に届いて見える色
いわゆる「光の色」
照明やディスプレイなど、
各波長の光の強さのバランスが
そのまま色として見える
つまり、
白色 = 各波長がバランス良く含まれる
黒色 = どの波長も光が弱い
太陽光の例
LEDの例
光の強さ
波長
光源色は、光源によっても波長のバランスが異なる
上図は太陽光とLEDの「白色」の波長のバランスの例
各波長ごとに光の強さをグラフにすると、
光源色と物体色の違いがわかりやすい
反射色
光が物体に反射して見える色
いわゆる「モノの色」
青色以外の波長を吸収
反射光は、
反射して目に届く波長の光以外は、
全て物体に吸収されてしまう
つまり、
白色 = ほとんどの波長の光を “反射” した色
黒色 = ほとんどの波長の光を “吸収” した色
青色の紙の場合
赤色の紙の場合
反射色は、特定の波長のみを反射するため、
他の波長の光（色）はまるっと物体に吸収されてしまう
吸収された光は熱になる（黒色が熱くなる理由）

色のしくみ

目に直接届く色―RGB

光源から直接"目"に届く色は、「光の三原色」を使って表現する

色の正体である光、その光源から直接目に届いて見える「光源色」は、理論上は人が認識できる全ての色をつくれます。ただし、波長が～と考えると複雑になるため、ディスプレイなどでも扱いやすく整えた色の表現手法が「RGB」です。

「RGB」は、赤（Red）、緑（Green）、青（Blue）の3つの原色を混ぜて色を再現する手法。「光の三原色」としても知られており、光の明るさを軸に、赤・緑・青の各原色の強さを変えながら混ぜ合わせることで、認識できるほとんどの色をカバーしています。

赤・緑・青の「光を混ぜる」手法のため、混ざり合った部分はより明るい色になり、3色が均等に混ざると白色になります。逆に光をゼロにすると真っ暗になり、それを黒色として使っています。光を混ぜるほど明るくなることから、「加法混色」とも呼ばれています。

光の三原色

赤色（Red）
緑色（Green）
青色（Blue）
の3つの色を原色として、
各色の明るさを変化させながら混ぜることで
自由な色を作り出す

「光を混ぜる」手法のため、
混ざり合うほど"より明るい"
色に変化していき、
3色が均等に混ざると白色になる

一般的には、それぞれ256段階で変える
256 × 256 × 256 = 約1677万色を再現可能

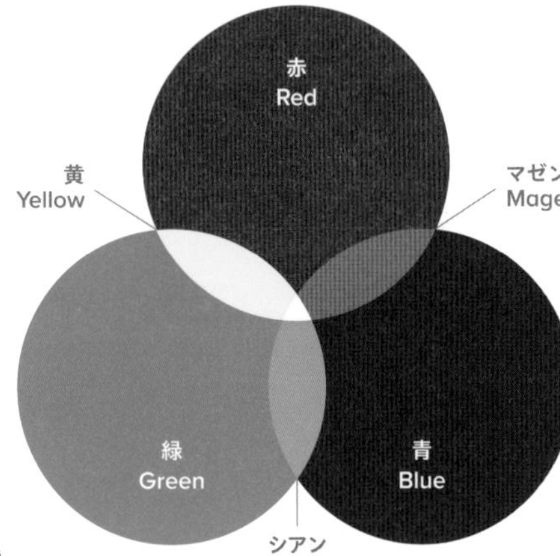

RGBは、光源色の色再現に用いられる

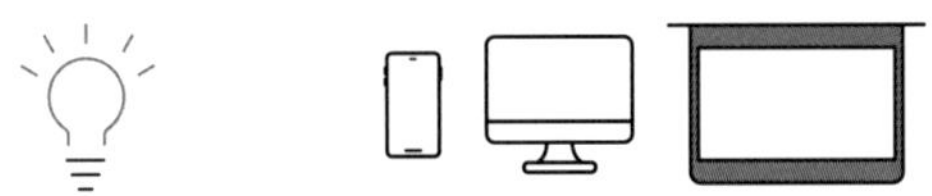

LED商品（照明・ディスプレイ）　ディスプレイ・プロジェクター

ディスプレイ表示のためのデータは、RGB形式で作成される

デザインのポイント

- ディスプレイなどの光源から目に届く色は、「RGB」で再現する
- 光の明るさを軸に、赤（Red）・緑（Green）・青（Blue）を混ぜる
- 混ざった部分は明るくなっていき、3色が混ざると白色になる

光の明るさを軸に、赤・緑・青の3原色を混ぜ合わせて色をつくる

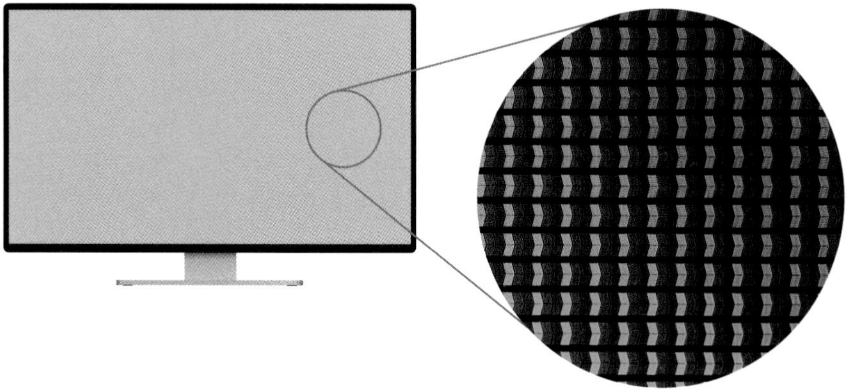

投影する機器は基本的にRGB

スマホやテレビといったディスプレイ、街角のサイネージ、会議室のプロジェクターなど、光源を伴って映像を投影する機器は、基本的に光の三原色（RGB）で色を再現しています。背面に光源を、前面にR・G・Bの明るさを変えられるパネル（液晶など）を組み合わせる形式が主流です。最近では、光源とRGBを一元化した、有機ELやLEDサイネージなども登場しています。

投影機器の仕様に合わせる形で、画面に投影するためのデータも、RGBの明るさを指定する形式が採用されています。

RGBで色がつくられるイメージ

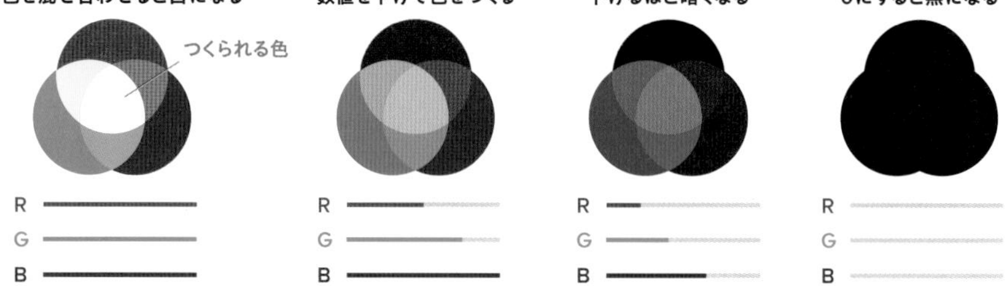
原色を混ぜ合わせると白になる
つくられる色
数値を下げて色をつくる
下げるほど暗くなる
0にすると黒になる
R
G
B

! RGBの色は、印刷すると色が変わる

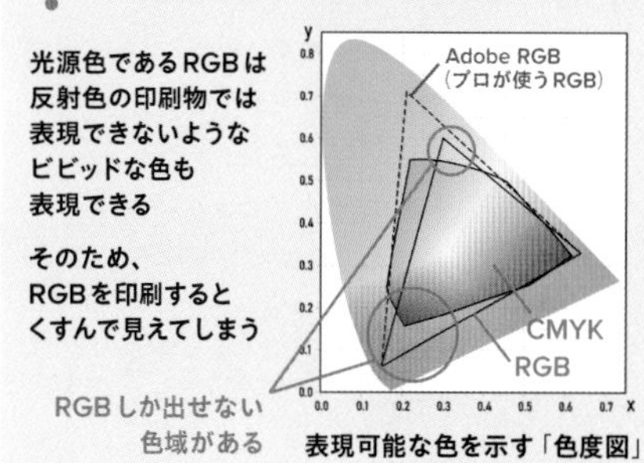
光源色であるRGBは
反射色の印刷物では
表現できないような
ビビッドな色も
表現できる
そのため、
RGBを印刷すると
くすんで見えてしまう
Adobe RGB
（プロが使うRGB）
CMYK
RGB
RGBしか出せない
色域がある

表現可能な色を示す「色度図」

色のしくみ

印刷される色—CMYK

反射したものから“目”に届く色は「色の三原色」を使って表現する

光が物に吸収・反射されることで見える、“モノの色”である「反射色」。絵の具のように多様なインクの混ぜ合わせでも色を表現できますが、印刷物などに向けてもっと汎用的に扱えるよう整理した色の表現手法が「CMYK」です。

「CMYK」は、シアン（Cyan）、マゼンタ（Magenta）、イエロー（Yellow）の3つの原色と黒（Key Plate）を組み合わせて色を再現する手法。「色の三原色」としても知られており、各原色の濃度（網点）を変えながら組み合わせます。

CMYKは「紙の色＝最も明るい色」としつつ、インクをのせて色を濃く、暗くしていく手法。しかも、紙やインクに光が吸収されるため色の明るさに限界があり、RGBほど明るい色は表現できません。インクを重ねるほど濃く、暗くなっていくことから、「減法混色」とも呼ばれています。

色の三原色

シアン（Cyan）
マゼンタ（Magenta）
黄（Yellow）
の3つの色を原色として、
インクの濃さを変化させながら混ぜることで
自由な色を作り出す

「インクを混ぜる」手法のため、
混ざり合うほど“より暗い”
色に変化していき、
3色が均等に混ざると黒になる

ただし、3色を全部使って黒をつくると
インクが裏に透けたり別の紙に写ってしまうため、
CMYとは別に黒（Key Plate）を用意し、
CMYKの4色で色を再現する

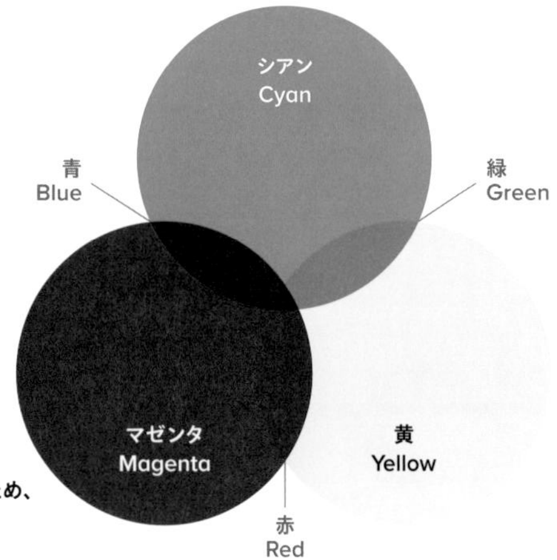

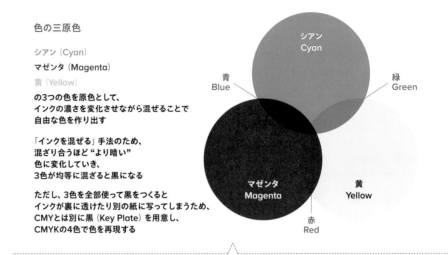

CMYKは、反射色の色再現に用いられる

印刷物全般（家庭用プリンター・オフセット印刷など）

モノに印刷するためのデータは
CMYKでの作成が理想

デザインのポイント

- 印刷物など反射して目に届く色は、「CMYK」で再現する
- インク濃度を軸に、シアン・マゼンタ・イエロー・黒を組み合わせる
- 重なった部分は暗くなっていき、3色が重なると黒くなる

インクの濃度（網点）を軸に、シアン・マゼンタ・イエローと黒を組み合わせて色を作る

CMYKで色がつくられるイメージ

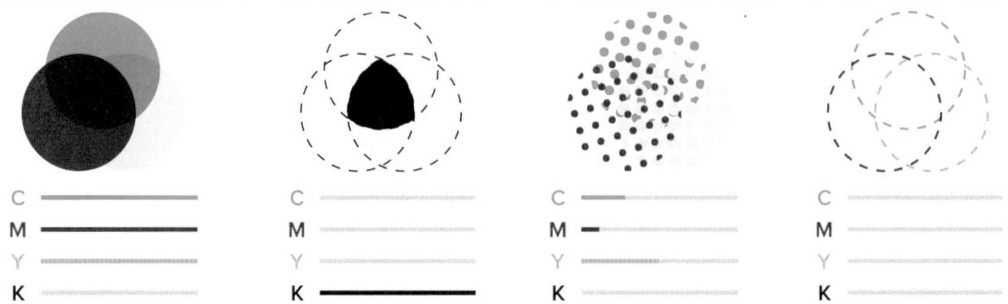
原色を混ぜ合わせると黒に近づく
黒を印刷するときはKのみ
インクの濃度は網点で再現
最も明るい色は“紙色”
C
M
Y
K
C
M
Y
K
C
M
Y
K
C
M
Y
K

印刷物は基本的にCMYK、だが……

書籍やプリンターで出力した資料など、ほとんどの印刷物はCMYKの4つで色を再現しています。インクの場合、RGBの光のように濃度を変える訳にはいかず、「網点」と呼ばれる微細な点々に分解することで擬似的に濃度を再現しています。

網点でも、色を混ぜるほど色が暗くなることは変わりません。そのため、紙色が最も明るい白、CMYの原色が最も明るい色になり、これより明るい色は再現できません（特殊な印刷では、CMYK以外のインクを使って明るく見せることもあります）。

また、印刷物を制作するにはCMYKでデータをつくることが理想ですが、PowerPointをはじめとした多くの一般向けソフトはCMYKに対応しておらず、出力時に自動的に変換される設定になっています。厳密な印刷データを作成したい場合は、プロ用のツールを使う必要があります。

! CMYKの色は、
紙の色や特徴に左右される

**紙の上にインクをのせる印刷は
紙の色や性質（ざらざら・テカテカなど）の
影響を強く受けてしまうため、
必ず印刷して色味を確認しましょう。**

色のしくみ

人が感じる色—HSL

人の色の感じ方に寄りそって 色相・再度・明度で分類した指標

RGBとCMYKは、ディスプレイや印刷など物理的に表現するために整理された表現手法。これらを指標に色をつくることもできますが、イメージした色をつくれるようになるには相当な練習が必要です。

そこで登場するのが、より人の感じ方に即した分類をしている「色の三属性」。色味を決める色相（Hue）、鮮やかさを決める彩度（Saturation）、明るさを決める明度（Lightness）の3つの属性で色を整理しています。

色の三属性の強みは、色の組み合わせの決めやすさ。基準となる色を決めたあと、色相・彩度・明度のどれか一つの属性を変えるだけで調和のとれた配色をつくれてしまいます。理解さえしてしまえば非常に便利な分類のため、ここでしっかりと押さえておきましょう。

色の三属性

色相（Hue）
彩度（Saturatuion）
明度（Lightness/Brightness）

色の感じ方から3つの属性に分けて、より合理的・直感的に色を決めたり組み合わせを調整できるようにした指標

RGB・CMYKは、光源色・反射色として物理的に再現するための仕組みであり、正確な色をつくれる反面、練度が必要

対して、バリエーション、鮮やかさ、明るさといった感じ方で調和を探れる指標であるのがHSLの強み

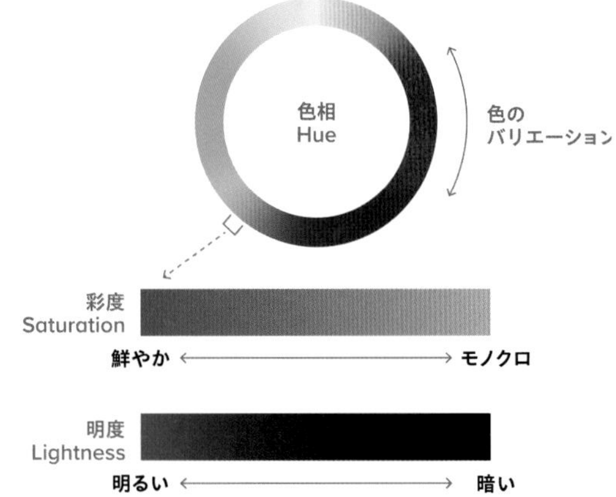

HSLは、色の組み合わせを探るのに用いられる

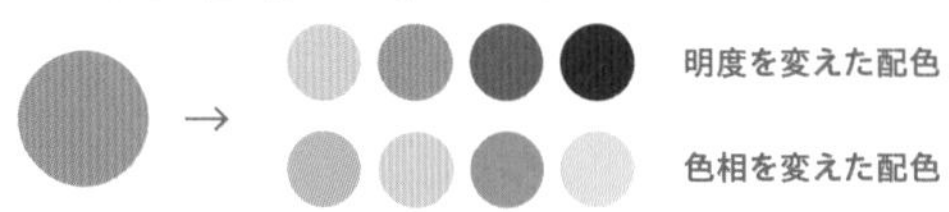

特定の色から、調和のとれた配色を探すのが得意

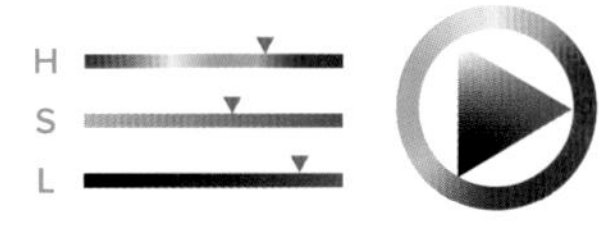

HSLはパラメーターや色度図などより直感的に指定できることが多い

デザインのポイント

- ✓ **人の感覚に即した分類をしたのがHSL（HSB）**
- ✓ **色相・彩度・明度の三属性で色を分類している**
- ✓ **調和のとれた色の組み合わせをつくるのに最適**

色相・彩度・明度のしくみを理解する

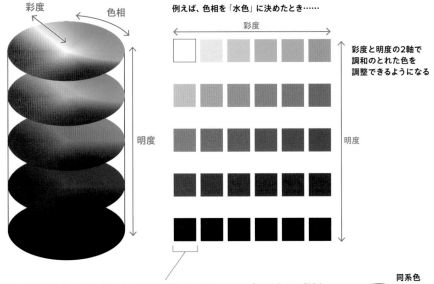

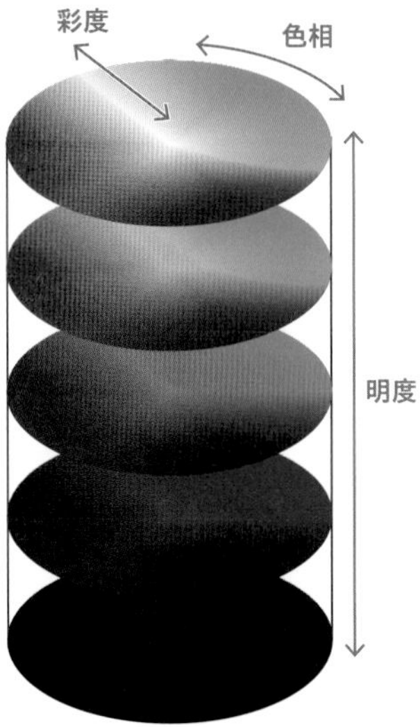

例えば、色相を「水色」に決めたとき……

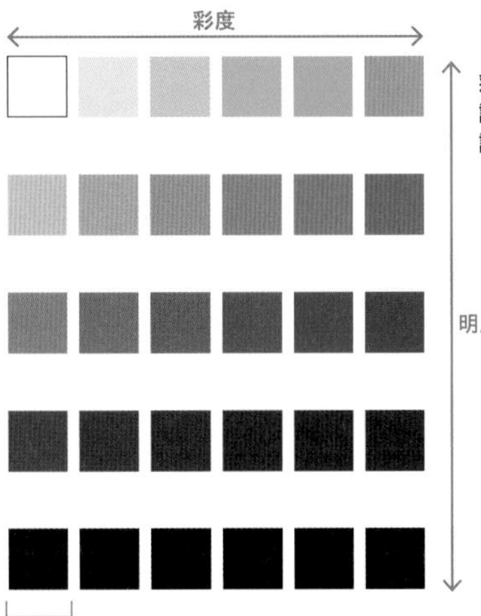

彩度と明度の2軸で
調和のとれた色を
調整できるようになる

色相と彩度がない、明度だけの色を「無彩色」と呼ぶ

彩度を最も下げると、色を持たない「白」「灰色」「黒」になる
つまり「明度」のみを持つ色であり、どの色とも組み合わせやすい

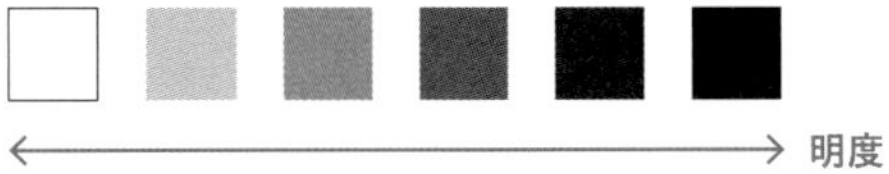

「同系色」と「補色」

近しい色を指す
「同系色」と、
強いコントラストを
生む「補色」は、
色相を輪にした
「色相環」の
位置関係で表せる

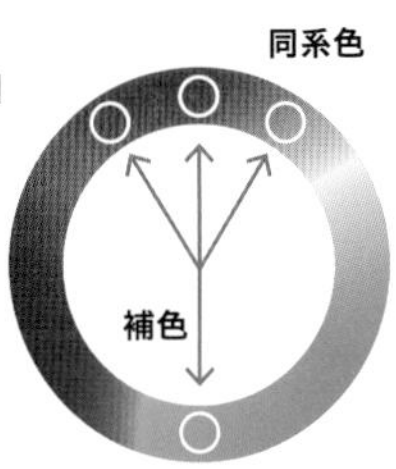

色をよりロジカルに扱えるのがHSLの強み

色の三属性（HSL）は、もともと色を理解するために生まれた分類方法。RGBやCMYKに比べて一般的には馴染みのないものの、人の感じ方や機能性を意識して色をつくるためには欠かせません。

色の三属性の関係は、左図のように立体にすると掴みやすくなります（色立体と呼ばれ、厳密には単純な円柱にはなりませんが、ここではわかりやすさを優先します）。特に注目してほしいのが、彩度と明度の2つ。人間が認識できる色合い（色相）を基準に色を選べば、あとは「鮮やかさ（＝くすみ具合）」と「明るさ（＝暗さ）」の2つの軸だけで色を調整することができるのです。

この分類により、同系色や補色といった色味にまつわる関係性は色相だけで、調和のとれる配色を鮮度と明度で調整できるようになります。慣れたら、RGBやCMYKよりも調整する軸が少なくなり、合理的かつ手短に色を決めることができます。

ただし、ディスプレイ、印刷物で出力するための微妙な色の調整には向いていません。最後の仕上げは、RGBやCMYKで調整しましょう！

色のしくみ

色のトーンと感じ方

色の三属性をつかって人の感じ方やトーンを探ってみる

「色の三属性」をもとに、実際に人の感じ方で調和のとれる色のバリエーションを展開してみましょう。

調和のとれた色をつくるために重要な考え方が「トーン」です。特定の色に対して明度と彩度の度合いを変えると、色の調子が変わっていきます。このとき、同一の彩度と明度で揃えた色相は、同じような感じ方に纏まります。その色のグループを「トーン」と呼んでおり、演出したい印象に合わせて最適な色の組み合わせを探しやすくなります。

一方、色相の中だけでも、色の感じ方の違いを傾向で分けることができます。特に感じ方に影響があるのが、暖色と寒色。赤系統と青系統の色で、暖かいイメージか、クールなイメージか、与える印象が大きく変わります。

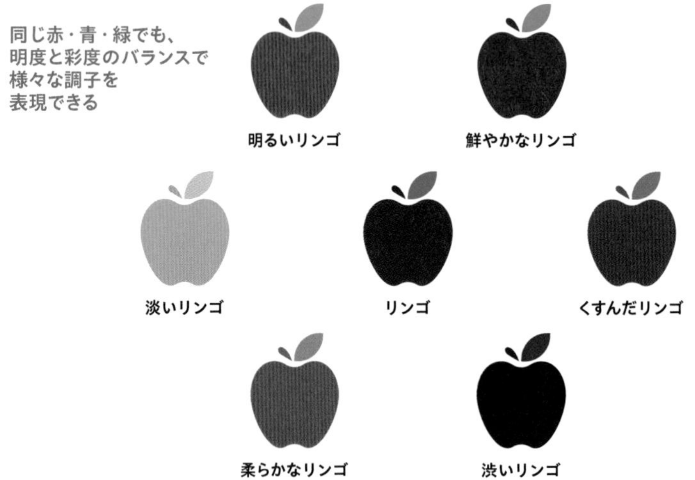

同一の彩度、明度で感じ方の傾向が変わり、そのグループのことを「トーン」と呼ぶ

デザインのポイント

- 色の三属性と色の感じ方を組み合わせると色を決めやすい
- 同じ彩度と明度の色のグループが「トーン」
- 色相のうち、赤系統が暖色、青系統が寒色で、感じ方が変わる

彩度と明度で、色の感じ方の傾向をまとめた「トーン」の分類例

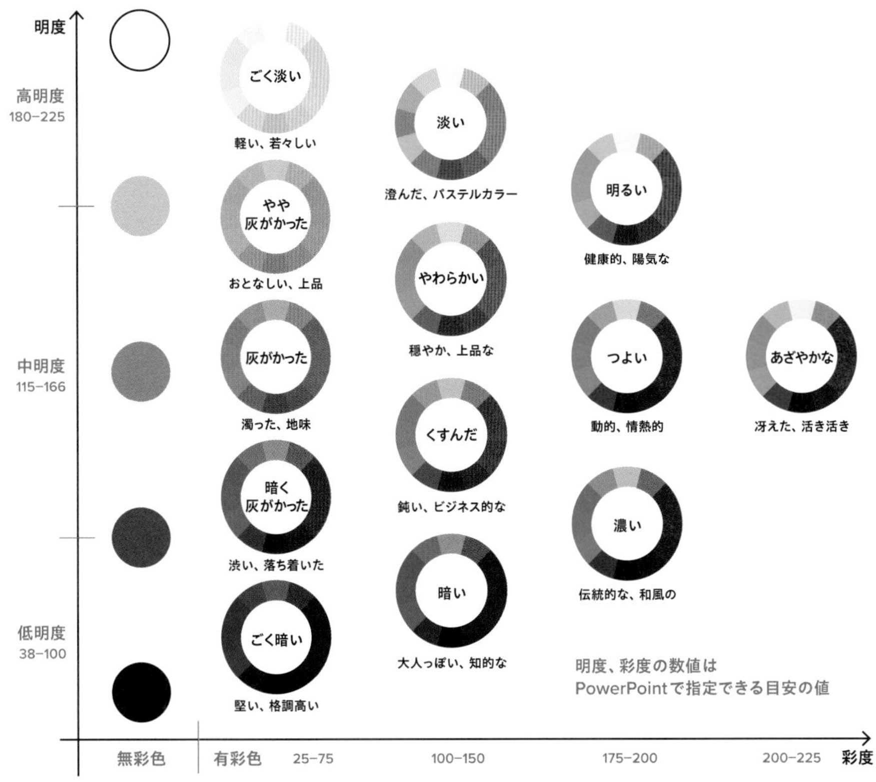

トーンの分類を参考に、色の方向性を決めてみよう

色相に対して明度・彩度の度合いをそれぞれ変更したとき、人の感じ方の傾向でざっくりと13個程度に分類することができます。同じトーンの色はどの色も相性が良く、異なる色を組み合わせたいときの指標となります。また、分類の全体から色をピックアップしてくることで、自然なグラデーションの組み合わせを選ぶこともできます。

トーンの分類を参考に色を選ぶ方法

同じトーンの中から、異なる色を選ぶ

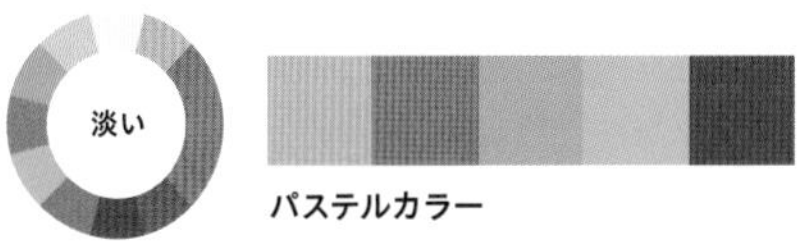

トーンの分類の全体から、類似色や同系色を選ぶ

色の三属性と心理的な効果

私たちは、色を見たときに無意識に感情的な情報を受け取っています。これは色による心理的な影響が働いている証。暖かさや冷たさ、楽しさ、落ち着きなど、私たちの感情に直接働きかけるような力を持っているため、この効果はビジュアルだけでなく空間（照明）でも活用されています。

「色相」と心理的な効果

色によっては、暖かい、冷たいといった温度を感じる

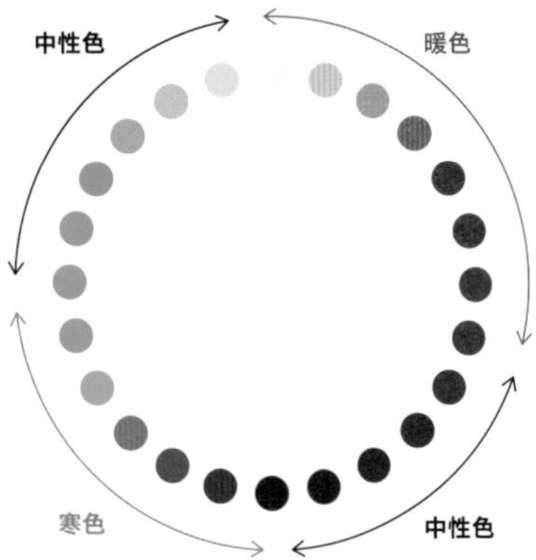

暖色　**赤系統の色は暖かみを感じる**
自然界での炎、熱、光を連想させる色
食欲を促進させるため照明にもよく使わる

寒色　**青系統の色は冷たさを感じる**
自然界での水、氷、光を連想させる色
早朝のイメージの演出にもよく使われる

中性色　緑系統や紫系統の色は、寒暖を感じさせない

「彩度」と心理的な効果

鮮やかさによって、興奮・沈静の印象を感じる

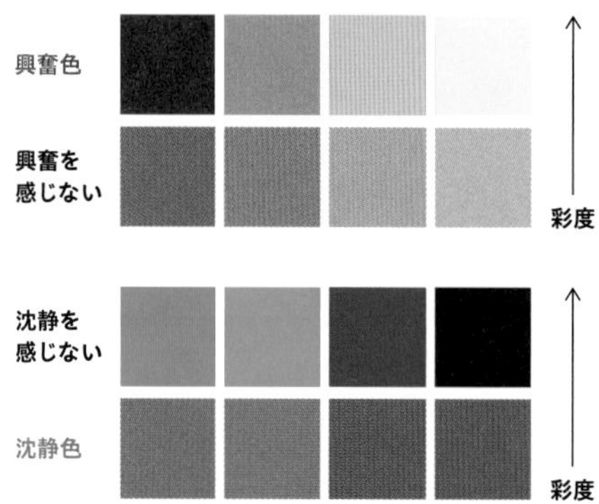

興奮色　**暖色のうち、彩度が高い色は興奮を感じる**
楽しい気持ちを伝えたいときに使われる

沈静色　**寒色のうち、彩度が低い色は沈静を感じる**
オフィスなど落ち着きを演出したいときに使われる
犯罪を抑制する効果がある可能性も提唱されている

暖色、寒色でも、彩度の違いでは興奮・沈静を感じない

「明度」と心理的な効果

明るさによって、色の重さ・軽さを感じる

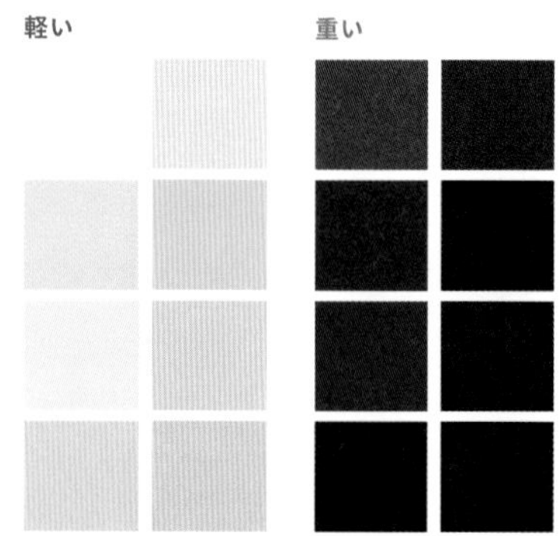

軽い色　**明るい色は、重量が軽く見える**
また、膨張感、柔らかさの印象も感じやすい
優しい雰囲気を演出したいときに使われる

重い色　**暗い色は、重量が重く見える**
また、収縮感や、硬さの印象も感じやすい
高級感や重厚感を演出したいときに使われる

PowerPointの色度図で
トーンを意識した色を選ぶ

PowerPointでは、新しく色をつくる「色の設定」画面でHSLが採用されています。色相を横軸に、彩度を縦軸に設定した長方形と、明度を変える別軸の3軸で色をつくることができます。そのため、トーンを意識した色の組み合わせをつくる場合は、横軸・縦軸を固定して色を調整していけばOKです。

PowerPointの「色の設定」で表示される色度図

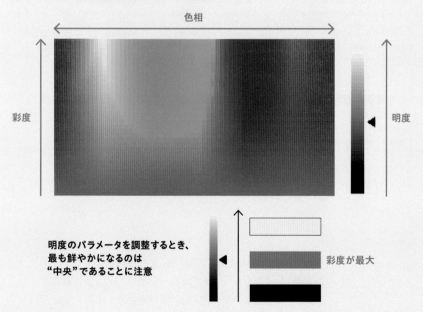

明度のパラメータを調整するとき、最も鮮やかになるのは“中央”であることに注意

同じトーンの中から、異なる色を選ぶ

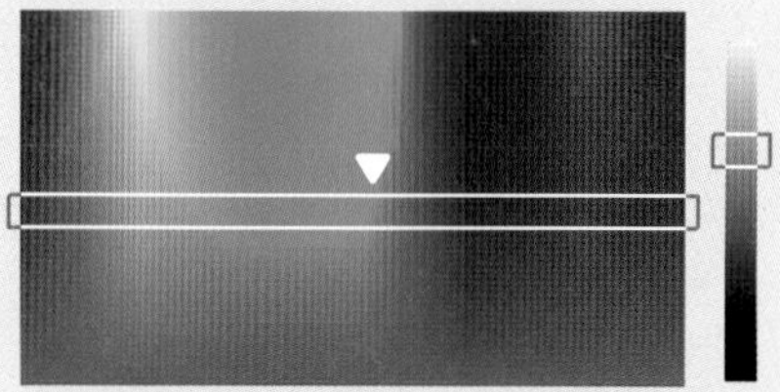

彩度(縦軸)と明度を固定すると、同一トーンになる水平に色を選んでいくイメージ

トーンの分類の全体から、類似色や同系色を選ぶ

色彩を一つに固定し、明度でグラデーションをつくりつつ、調和や心理効果を見ながら彩度で微調整

色をつくる

基本の考え方と色の数

無彩色、メインカラー、サブカラーを軸に、まずは2〜3色を使いこなせるようになる

伝えるビジュアルのための色を考えるにあたり、必須の色が無彩色です。紙色や背景色としての白、本文の文字に使う黒、どの色とも合わせやすい灰色。スライドなど「伝わる」ことを優先する資料では、感情に左右されずに確実に情報を伝えることが大切。文字などの基礎情報は無彩色を積極的に使いましょう。とはいえ、無彩色だけは情報量が少なすぎるため、有彩色を使うことも重要です。

有彩色は、全体の印象をつかさどる「メインカラー」、それを補助する「サブカラー」の2色を考えてみましょう。これ以上に色数を増やすと、組み合わせ方が難しくなるだけではなく、色の使い分け方まで複雑になってしまいます。

そのため、まずは無彩色とキーカラーの組み合わせをつくれるようになることがスタートライン。ここから練習していきましょう。

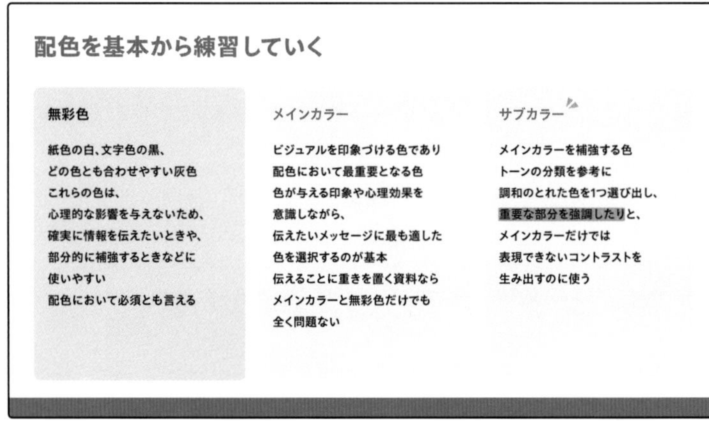

配色を基本から練習していく
無彩色
紙色の白、文字色の黒、どの色とも合わせやすい灰色
これらの色は、心理的な影響を与えないため、確実に情報を伝えたいときや、部分的に補強するときなどに使いやすい
配色において必須とも言える
メインカラー
ビジュアルを印象づける色であり配色において最重要となる色
色が与える印象や心理効果を意識しながら、伝えたいメッセージに最も適した色を選択するのが基本
伝えることに重きを置く資料ならメインカラーと無彩色だけでも全く問題ない
サブカラー
メインカラーを補強する色
トーンの分類を参考に調和のとれた色を1つ選び出し、重要な部分を強調したりと、メインカラーだけでは表現できないコントラストを生み出すのに使う

伝えることを優先するビジュアルは、無彩色+1〜2色に絞って使う

デザインのポイント

- ✓ 色の心理効果が与える「印象」も、伝わる情報の一つ
- ✓ 無彩色、メインカラー、サブカラーを軸に、2〜3色に絞ろう
- ✓ 「印象」の強さにあわせて、色の面積を調整しよう

自分が確実に使い分けられる色数に絞り、色を使う面積で情報量を調整する

色の心理効果が与える感情も、一つの「情報」。レイアウトと同じように、色数がむやみに多かったり、余計な部分で有彩色をつかってしまうと、ノイズになってしまいます。自分がコントロールできる分だけで、狙った印象を伝えられるようにしましょう。

色は「印象」の情報が上乗せされる

有彩色には心理効果が働くため、必ず何かしらの「印象」の情報が上乗せされる

確実に読み取ってもらいたい本文（長文）や、特に差別化をしない背景色には、無彩色を使ってなるべくノイズを減らす方が伝わりやすい

一方で、見出しやイラストなど、印象づけたい要素には積極的に有彩色を使うのがGood

色数は、自分が扱える分だけ

トーンを意識して調和のとれた色を組み合わせたら、何色あっても見た目が大きく崩れることはない

しかし、色の違いも一つの情報であり、むやみにたくさん使うと情報過多で煩わしくなる
使い分けられる範囲、最初は1〜2つの有彩色に絞り込もう

なお、フルカラーのイラストや写真などで、部分的に色が増えるのは問題ないので気にしなくてOK

印象の大きさは、面積に比例する

色から感じる印象の大きさは、有彩色を使っている面積の大きさに比例する

例えば、緑と白の2色を組み合わせたとき、緑の面積を大きくすると、色の印象からカジュアルに、白の面積を大きくすると、無彩色の印象から高級な雰囲気に大きく印象が異なってくる

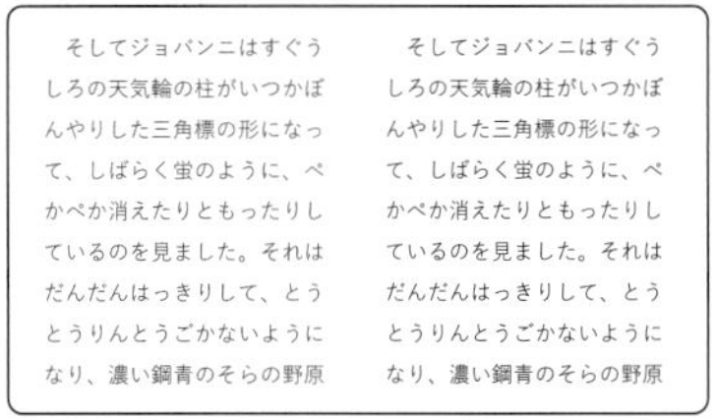
そしてジョバンニはすぐうしろの天気輪の柱がいつかぼんやりした三角標の形になって、しばらく蛍のように、ぺかぺか消えたりともったりしているのを見ました。それはだんだんはっきりして、とうとうりんとうごかないようになり、濃い鋼青のそらの野原
そしてジョバンニはすぐうしろの天気輪の柱がいつかぼんやりした三角標の形になって、しばらく蛍のように、ぺかぺか消えたりともったりしているのを見ました。それはだんだんはっきりして、とうとうりんとうごかないようになり、濃い鋼青のそらの野原
感情的な情報がノイズになる文章などは無彩色に

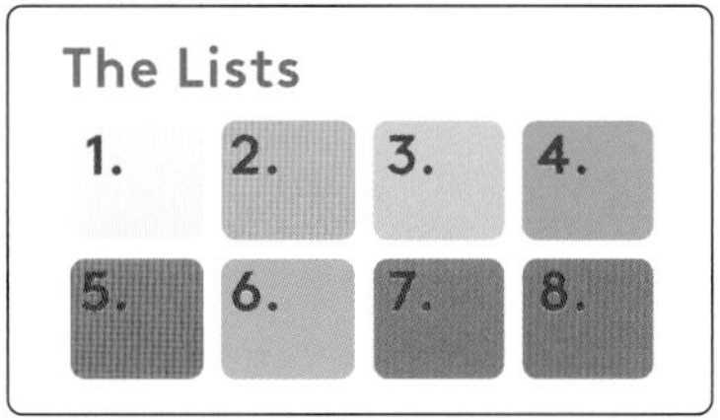
The Lists
1.
2.
3.
4.
5.
6.
7.
8.
トーンで配色しても、色数に合理性がないと煩雑に

HARMONY
色が織りなすハーモニー
無彩色が大きいと、大人びて高級な雰囲気に

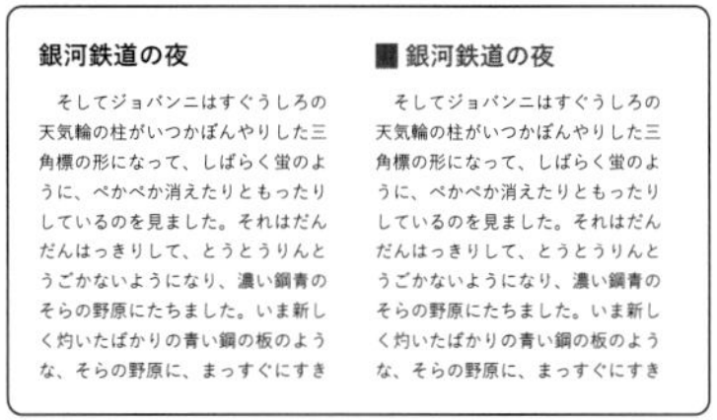
銀河鉄道の夜
そしてジョバンニはすぐうしろの天気輪の柱がいつかぼんやりした三角標の形になって、しばらく蛍のように、ぺかぺか消えたりともったりしているのを見ました。それはだんだんはっきりして、とうとうりんとうごかないようになり、濃い鋼青のそらの野原にたちました。いま新しく灼いたばかりの青い鋼の板のような、そらの野原に、まっすぐにすき
銀河鉄道の夜
そしてジョバンニはすぐうしろの天気輪の柱がいつかぼんやりした三角標の形になって、しばらく蛍のように、ぺかぺか消えたりともったりしているのを見ました。それはだんだんはっきりして、とうとうりんとうごかないようになり、濃い鋼青のそらの野原にたちました。いま新しく灼いたばかりの青い鋼の板のような、そらの野原に、まっすぐにすき
見出しなど、印象づけたいときは有彩色に

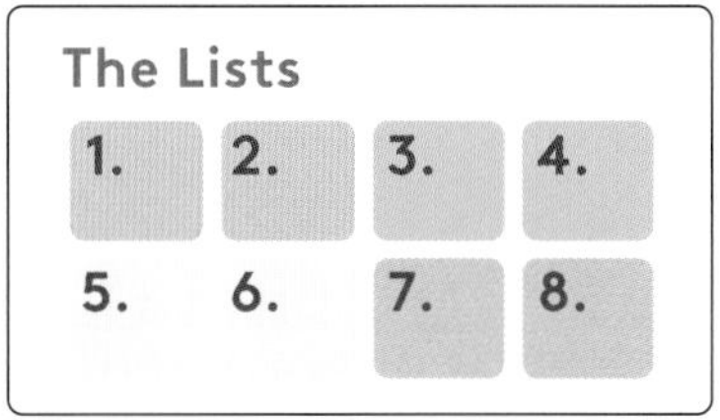
The Lists
1.
2.
3.
4.
5.
6.
7.
8.
色に意味を持たせて扱いきれる数に絞り込もう

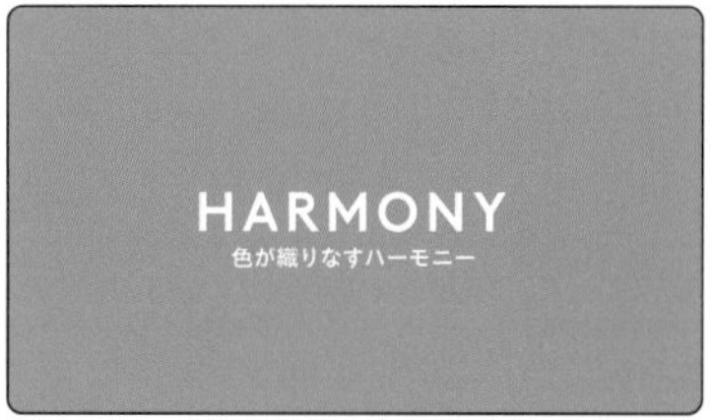
HARMONY
色が織りなすハーモニー
有彩色が大きいと、その色の印象が全面に

色をつくる

主役の色をつくる

ビジュアルの印象を決定づける メインの色を決めよう

ビジュアルにおいて、最も印象づける色であるメインカラー。ビジュアル全体の印象を左右するといっても過言ではなく、慎重に、でも大胆に選んでいきましょう。

メインカラーをつくるにあたり、決め手となる指標がある場合はそれを活用しましょう。会社や組織、商品のブランドカラーや、イラストなどのキービジュアルで使っている色があれば、それをベースに整えていけばOKです。

指標がない場合は、伝えるメッセージから連想できる色を探してみましょう。それでも見つからなければ、伝える相手の属性や年代から絞っていきます。

なお、色をつくるときは色相、彩度・明度（トーン）の順で調整すればOK。メッセージの内容から色相のうちどの色が最も適切なのか、寒色・暖色を意識しつつ選び出し、トーンの分類と与える印象をふまえて調整していきます。

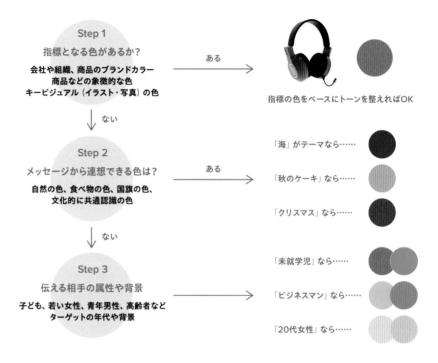

Step 1
指標となる色があるか？
会社や組織、商品のブランドカラー
商品などの象徴的な色
キービジュアル（イラスト・写真）の色

→ ある

指標の色をベースにトーンを整えればOK

↓ ない

Step 2
メッセージから連想できる色は？
自然の色、食べ物の色、国旗の色、
文化的に共通認識の色

→ ある

「海」がテーマなら……
「秋のケーキ」なら……
「クリスマス」なら……

↓ ない

Step 3
伝える相手の属性や背景
子ども、若い女性、青年男性、高齢者など
ターゲットの年代や背景

→

「未就学児」なら……
「ビジネスマン」なら……
「20代女性」なら……

デザインのポイント

- ✓ ビジュアルの印象を決定づけるのがメインカラー
- ✓ 指標となる色、または連想できる色を探そう
- ✓ 悩んだら、Google や Pinterest で検索してヒントを探そう

無理に新しい色をつくろうとせず、参考になるものを探してみよう

ブランドカラーなどの指標がない場合、新しく自分で色をつくる必要がありますが、決して無理は禁物です。色彩は難しくプロでも悩むもの。メッセージの内容や、伝える相手から色を探して見つつ、それでも見つからなければ、Google や Pinterest で似た内容の色の傾向を調べて、マネしてみましょう！

メッセージから連想できる色からつくる

伝えるメッセージを表す単語を細かくたくさん書き出して、その単語から連想できる色を探してみる

単語からも連想できない場合は、GoogleやPinterestで単語を検索してしまうのが吉

色のヒントを見つけてピックアップできたら、伝えたい印象をもとにトーンを調整してみよう

相手の属性や年代にあわせて色をつくる

伝える相手に合わせて色をつくる場合、その人（たち）が好む色をリサーチしましょう

年代だけでなく、ビジネス、コスメなどの属性によって、好まれる色、傾向のある色が大きく異なる

近しいジャンルのビジュアルを参考にしてみたり、画像検索やSNSを駆使して、傾向を取り入れるのが吉

色をつくるなら、色相→トーンの順で

色をつくるとき、色相、彩度、明度は密接に関わり合うしかし、3つを同時に模索していると混乱しがち

まずは色相から色を選ぶことに専念してみよう寒色・暖色による印象を意識して色を決めてから、トーンの分類に合わせて彩度、明度を調整し、最後にRGB、CMYKで微調整する手順にすれば、色づくりがだいぶラクになるはず

例えばメッセージに「ソムリエ」が含まれるとき……

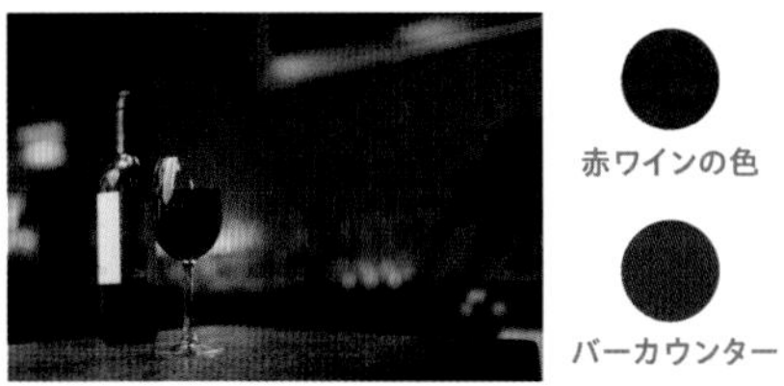

検索した画像などから、連想できる色を探し……

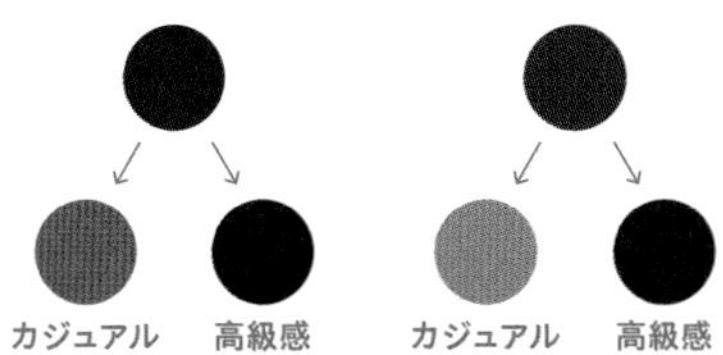

伝えたい印象に合わせてトーンを整える

年代や属性の典型的な色の例

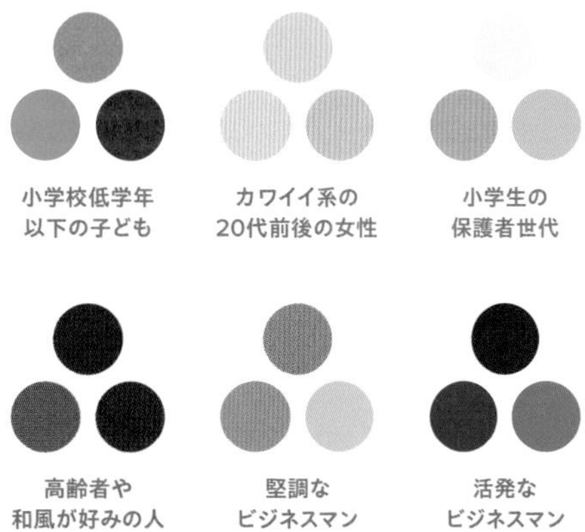

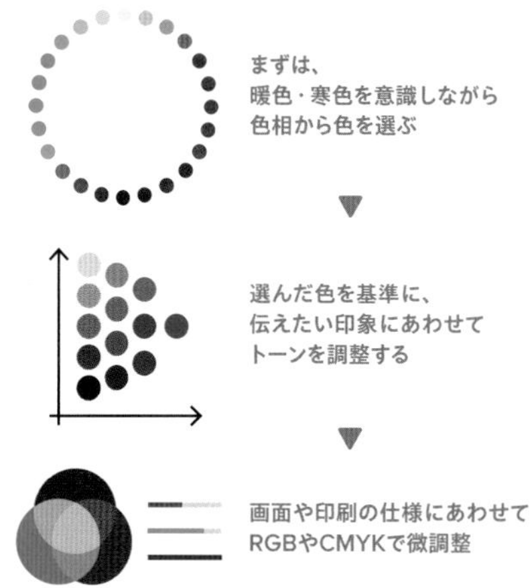

まずは、
暖色・寒色を意識しながら
色相から色を選ぶ
選んだ色を基準に、
伝えたい印象にあわせて
トーンを調整する
画面や印刷の仕様にあわせて
RGBやCMYKで微調整

色をつくる

脇役の色をつくる

より感情的なビジュアルをつくるときのみ脇役の色をつくるようにする

メインカラー1色だけのビジュアルは少々ものさみしいため、陰で支えてくれる脇役の色、サブカラーを用意しましょう。

ただし、まず検討してほしいのは無彩色です。本文の黒、背景の白のほかに、メインカラーと同じ明度を基準にした灰色を用意してみてください。特に伝えることが重要なスライドなどでは、この灰色だけで十分な可能性があります。

色の感じ方は人によってばらつきがある以上、チャートや項目などを色だけで区別するのは得策ではありません。レイアウトの工夫で解決できる方がより万人に伝えやすくなるため、まずは無彩色で検討してみてください。

そのうえで、チラシなどより感情的なビジュアルをつくる必要がある場合に、有彩色で脇役の色をつくりましょう。

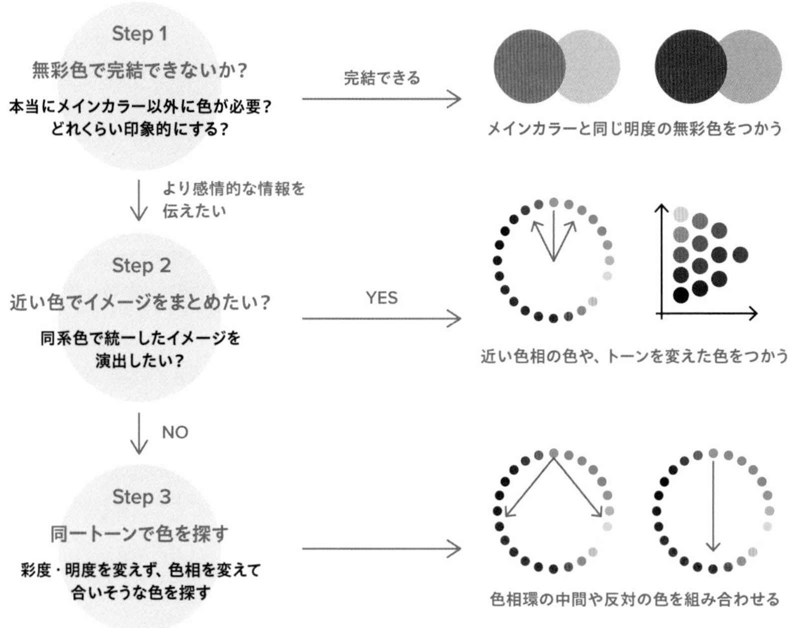
Step 1
無彩色で完結できないか?
本当にメインカラー以外に色が必要?
どれくらい印象的にする?
完結できる
メインカラーと同じ明度の無彩色をつかう
より感情的な情報を
伝えたい
Step 2
近い色でイメージをまとめたい?
同系色で統一したイメージを
演出したい?
YES
近い色相の色や、トーンを変えた色をつかう
NO
Step 3
同一トーンで色を探す
彩度・明度を変えず、色相を変えて
合いそうな色を探す
色相環の中間や反対の色を組み合わせる

デザインのポイント

- メインカラーを支える色が、サブカラー
- まずは無彩色（灰色）で完結できないかを検討してみる
- より感情的なビジュアルをつくるとき、有彩色でつくる

まずは無彩色(灰色)を検討して、足らないなら有彩色を付け足そう

レイアウトをしていると、項目分けや強調のために新しく色を付け足したくなってしまいますが、一旦客観視してみましょう。本当にその色は必要なのか、無彩色やレイアウトの工夫で解決できないか。チラシなどビジュアルの華やかさが重要と判断した場合のみ、有彩色のサブカラーを足してみましょう。

説明的な文書は、無彩色(灰色)だけでOK

確実に伝えることが重要なスライドや企画書などの文書は、サブカラーとして無彩色だけに絞り込む

メインカラーがしっかりと引き立つだけでなく、紙面の情報量が少なくなることで、読み取りやすくなる

本書のレイアウトがその作例なので、無彩色の使い方をぜひ参考に!

メインカラーに近い色でまとめる

暖色・寒色で統一するなど、同じ系統色で組み合わせると、印象を大きく変えずにサブカラーをつくることができる

同一トーン内で近い色相の色を使う方法、同じ色でトーン(彩度・明度)を変える方法の2つがある

もちろん、この色と無彩色を組み合わせてもOK

メインカラーと同一トーンで組み合わせる

メインカラーから色相をガラッと変えたいとき、同一トーン内で組み合わせると調和がとりやすい

トーン内ならどの色も大きく破綻することはないが、メインカラーに対して中間の色相、逆の色相から選ぶと、メリハリやインパクトを生みやすい
(ドミナントトーン、トーンイントーンなどと呼ばれている)

無彩色を複数用意して、脇役にすると扱いやすい

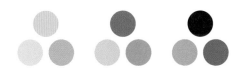

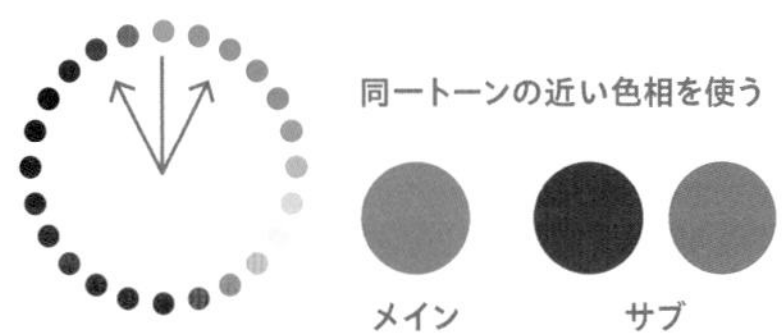

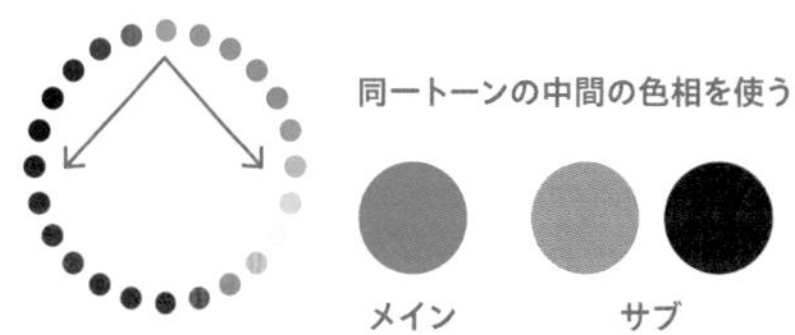

本書は、各章のメインカラー+無彩色とレイアウトの工夫で情報をなるべく読み取りやすくしている

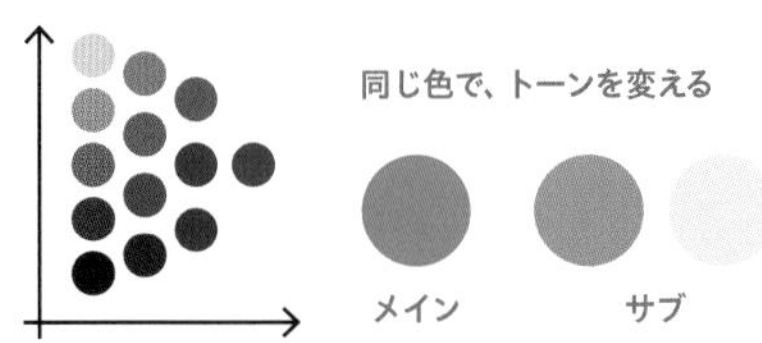

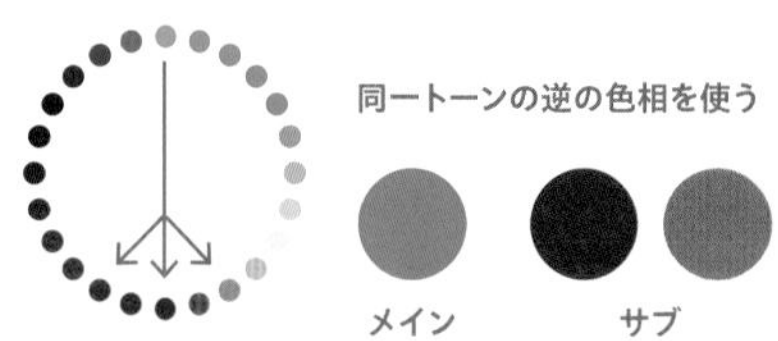

色をつくる

グラデーションをつくる

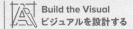

自然界にある色は、複数の色が連続的に変化している

色づくりの応用として、グラデーションについても考えましょう。異なる複数の色を連続的に変化させたものであるグラデーションは、自然界で多く見かけることができます。夕暮れの空、蒼く広がる海、光が透ける葉、ボールに落ちる影など、この世界では“単色”であることの方が少ないと言えるでしょう。

ゆえに、グラデーションを使うことで有機的な印象や、自然に近い親しみやすさを与えることができます。また、色が変わる分だけ情報量も増えるため、より印象的で、感情に訴えかけるビジュアルをつくることができます。

しかし、それは言い換えれば情報密度が上がるということ。多用すると見づらさや煩雑さにつながってしまうため、伝えることを優先するビジュアル（スライドやUIなど）では、単色かシンプルなグラデーションが好まれています。

デザインのポイント

- 連続的に色を変化させるのが「グラデーション」
- 色の変化は、より有機的で、自然な印象を与える
- 単色より情報量が増えるため、使いどころには注意

関連した項目・ページ
#3-16 page 218–219
[PPTの機能] グラデーションをかける

グラデーションのしくみと種類

グラデーションは自然でリアルな質感を再現できるため、スマホ黎明期に多用されていました。しかし、含まれる情報量の多さから、最近は同系色のグラデーションや複雑なグラデーションをさりげなく使うのが主流です。身のまわりのグラデーションを参考にしつつ、情報量を見極めながら挑戦しましょう！

多くのグラデーション機能は、色相環の2つの色を直線で結んで色を変化させる

2つの色を連続的に変化させるとき、パワポなどのソフトのグラデーション機能を使うと、その間の色は自動的に補間される

補間される色は、色相環で直線につなぐイメージ（ただし、彩度は低く、暗くなる）そのため、補色同士でグラデーションをつくると、中間がくすんで見えてしまう

同系色でグラデーションをつくるか、補色に近い場合は中間にくすまない色を追加して整える必要がある

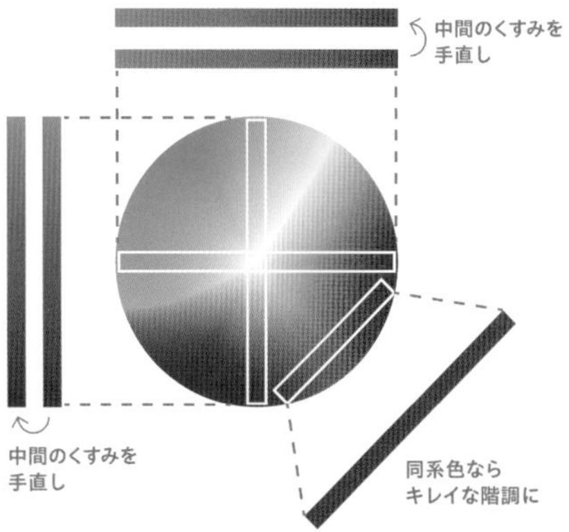

直線のグラデーション

**一次元の方向に、連続的に色が変化するグラデーション
角度を変えることで、斜め方向にも変化させられる**

円形のグラデーション

**放射方向に、連続的に色が変化するグラデーション
亜種として、四角形などのカタチに沿った階調変化もある**

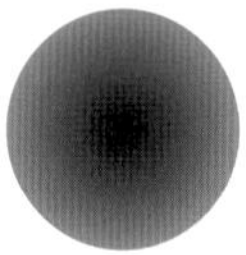

透明のグラデーション

**変化させる色の片方を透明にしたグラデーション
徐々に背景色が透けて見える演出ができる**

ぼかしのグラデーション

**境界線をぼかす、つまり透明に変化させるグラデーション
ぼかし機能、または円形のグラデーションで実現可能**

複雑なグラデーション

透明のグラデーションを複数用意し、位置をずらしながら重ね合わせると、二次元的に複雑に絡み合うグラデーションをつくれる

色をつかう

色の見やすさと機能性

色の組み合わせ方を工夫すれば レイアウトの視認性を高められる

色の感覚的な面に意識が向いてしまいがちですが、見やすさの機能性も忘れてはいけません。

#3-02でも紹介したとおり、配色で実現できる機能は多くありますが、伝えるためのビジュアルで特に重要になるのは、明度差（コントラスト）を確保した視認性、暖色の誘目性です。

薄いグレーの上に薄いピンクの図形があっても見づらいように、同じ明度の色が並んだり重なったりすると、色の差がわかりづらくなってしまいます。しっかりと見せたい、読んでもらいたいものは、周囲の色に対して明度の差をつけることで、視認しやすくなります。

また、暖色系の色は他の色よりも注意を引きやすい性質があります。危険を知らせる標識に暖色が使われるのも、この誘目性を活かしたものです。これらを使い、ビジュアルの視認性を上げましょう！

色の視認性

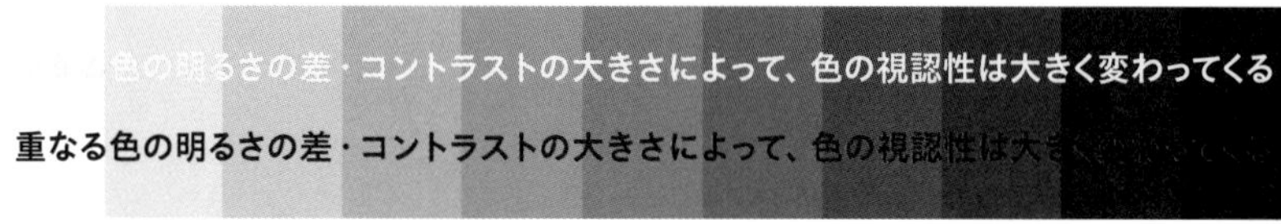

色が重なり合うとき、背景の色との明度差によって、視認性が変わる

色の誘目性

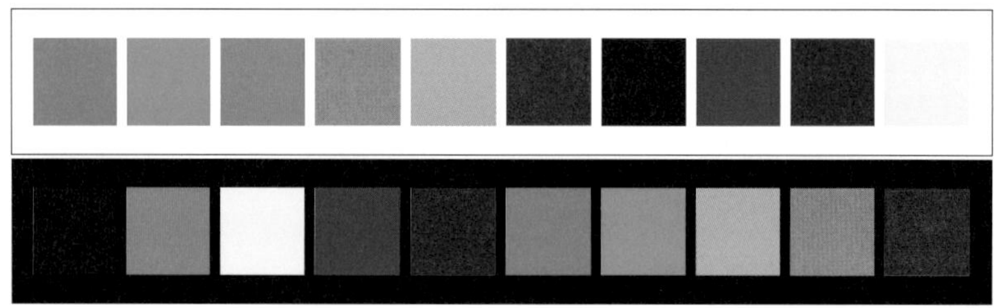

背景色によって左右されるが、彩度の高い暖色は、注意を引きやすい

デザインのポイント

- ✓ 機能としての色の役割も忘れずに考えておこう
- ✓ 明度に差をつければ、コントラストで視認性が高まる
- ✓ 暖色系の色は、色だけで注目を引くことができる

「目」という感覚器官のあいまいさから、色の見え方に特徴が生まれる

私たちの目と脳は、色を認識するときに様々な補正を行います。そのときの曖昧さから、見え方の特性が生まれ、それを活用することで見やすさをつくることができるようになります。視認性と誘目性のほかにも、識別性、錯視など、色の組み合わせ方で様々な影響を受けることがわかっています。

明度の差（コントラスト）で、視認性が変わる

複数の色を重ねるとき、明度の差が大きいほどはっきりと視認できるようになる
写真やイラストなどと重ねるときに特に注意が必要

視認性を高めた例

視認性を下げた例

彩度の高い暖色は、誘目性が高い

鮮やかな赤、明るい黄色は、その色だけで注意を引くことができる
危険を示す標識などに赤や黄色が使われる理由の一つ

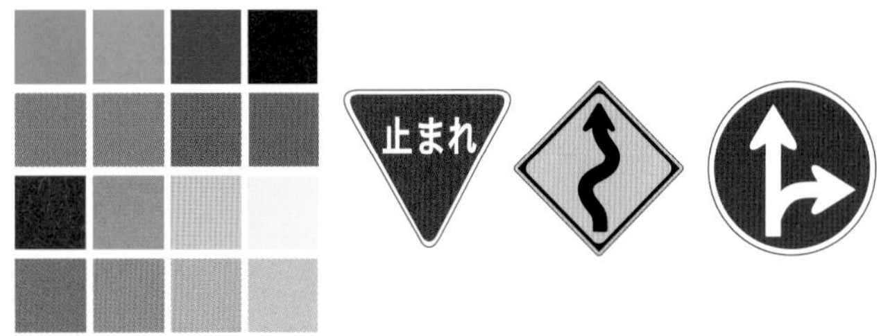

適度に色を使い分けると、識別しやすい

路線図のような情報量が密で多いものには、適切な色数と使い分けで識別しやすくできる
色覚多様性に対応するユニバーサルデザインにも配慮できるとなお良し

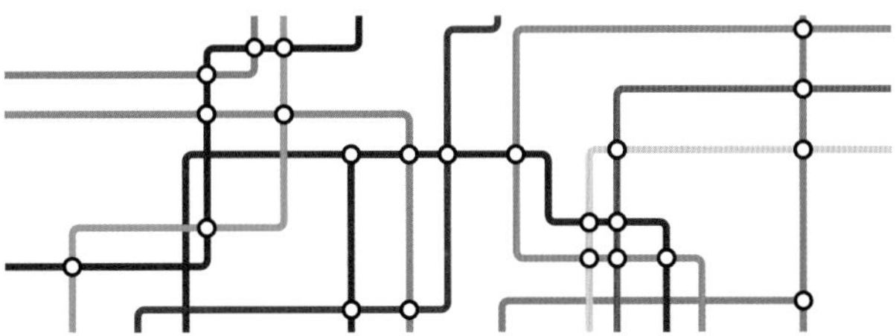

目の錯覚と色

人間の色の認識は非常に曖昧で、錯視の影響を強く受ける
自分の色覚特性を認識しつつ、最後は自分の目を信じて調整していこう

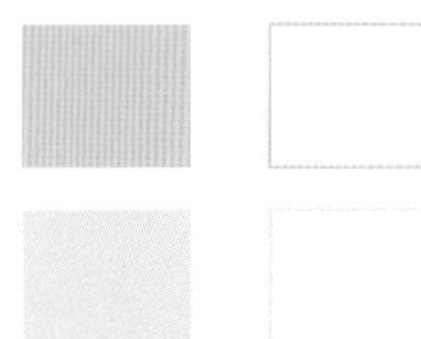

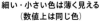

細い・小さい色は薄く見える
（数値上は同じ色）

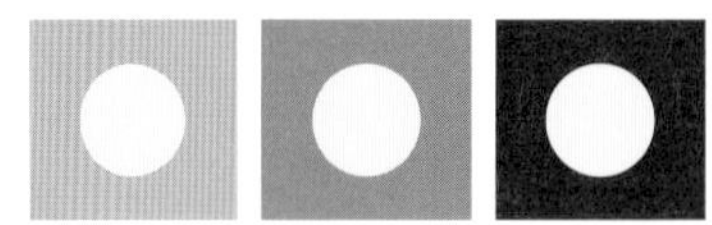

隣り合う色の対比により、見え方が変わる
（円は数値上は同じ色）

PowerPointの基本

色にまつわる機能

PowerPointの色にまつわる機能は、基本的に選択したオブジェクトの設定に付属する形で配置されています。文字や図形、表、グラフなど、色を変更したいオブジェクトに関するリボンから、または書式設定から、「塗りつぶし」または「線の色」の設定を呼び出すことができます。

色にまつわる機能の一覧

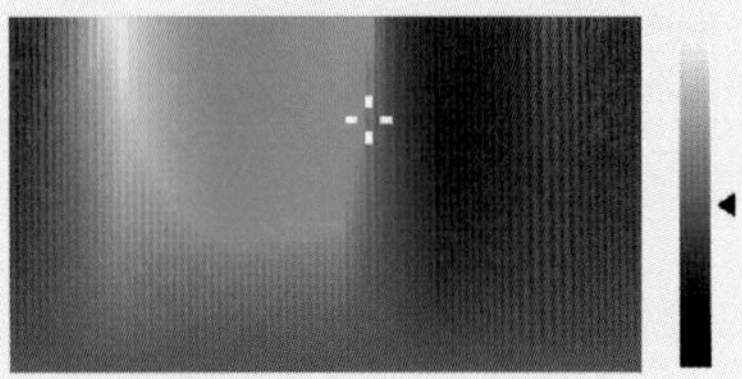

色をつくる·選ぶための機能

- #3-14 用意された色から選ぶ
- #3-15 新しく色をつくる
- #3-16 グラデーションをかける
- #3-17 透明度をかえる
- #3-18 カラーテーマをつくる

PowerPointの色の機能は、他の設定に付属するもの

文字や図形、表、グラフなど、各オブジェクトの設定画面から「塗りつぶし」または「線の色」を選択することで、パレットの画面を呼び出せる

図形の塗りつぶし(図形の場合)

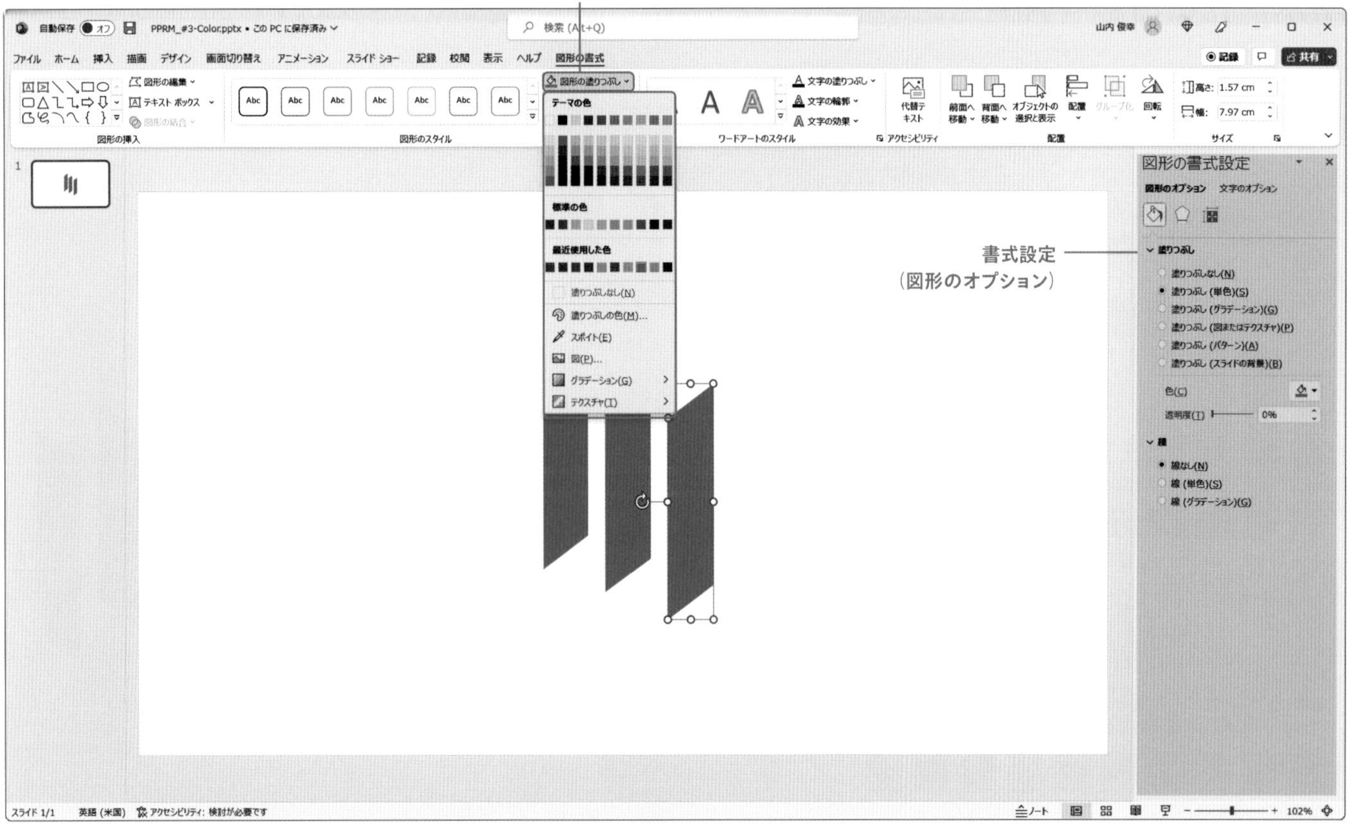

書式設定
(図形のオプション)

PowerPointの機能

用意された色から選ぶ

PowerPointには、あらかじめいくつかの色と配色が用意されています。オブジェクトやテキストなどの「塗りつぶし」として、スライドに適用しているテーマに応じた配色である「テーマの色」と、テーマにかかわらず基本色として用意されている「標準の色」から選ぶことができます。

標準で用意されている色

テーマの色

**スライドに適用済みの「テーマ」で設定されている配色が「テーマの色」として表示される
（標準では「Office」というテーマが適用されている）**

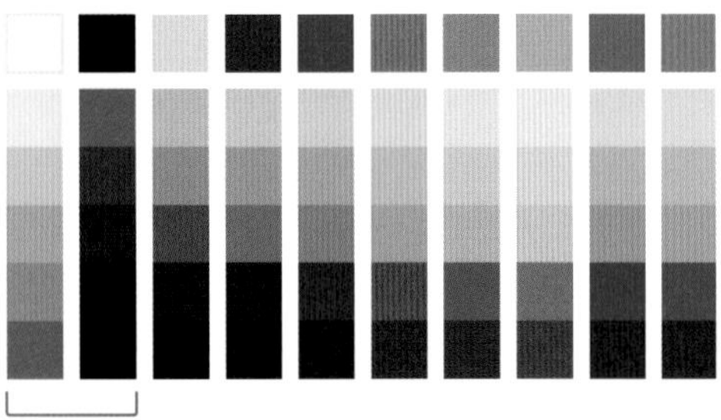

**どのテーマを選んでも、
この2列は無彩色**

標準の色

**適用している「テーマ」にかかわらず、
Microsoft Officeの標準的な色として用意している**

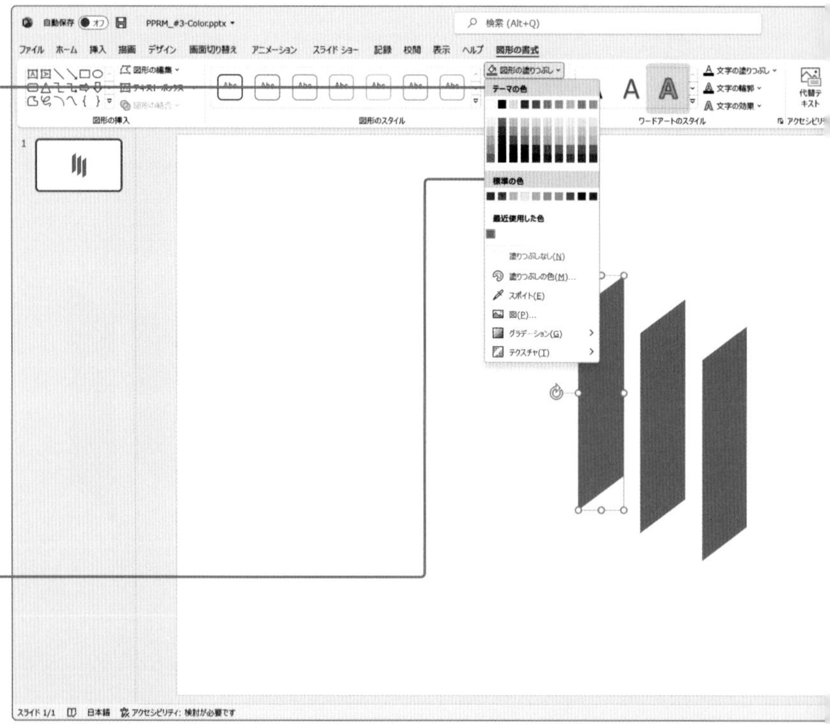

「テーマの色」の選び方

「テーマの色」パレットの使い方

カラーパレット内の「テーマの色」は、最上段に並ぶ基本色を基準に、下段で明度のバリエーションが5色ずつ展開されています（彩度はほぼ固定されています）。

複数の色を組み合わせて使いたいとき、同じ色の明度でバリエーションを出す（縦軸方向に色を選ぶ）か、明度を固定して色相を変える（横軸方向に色を選ぶ）と、調和が取りやすくなります。

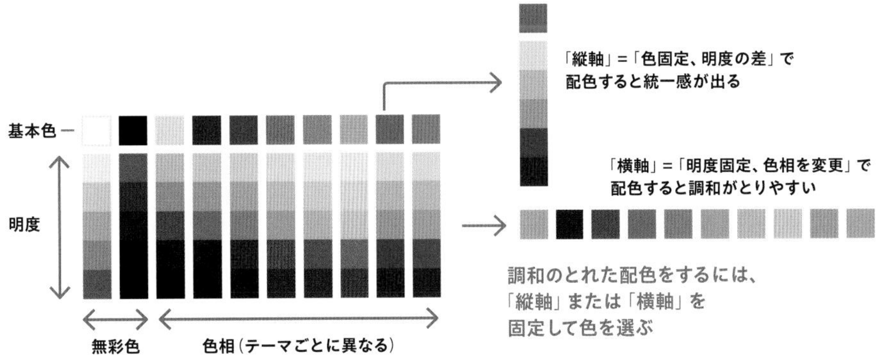

「テーマの色」を切り替える

カラーパレットに用意される「テーマの色」は、テーマの変更とともに変わります。配色だけを切り替える場合、「デザイン」リボンの「バリエーション」にある「配色」のリストから選べばOKです。

なお、「テーマの色」を変更した場合、変更前の「テーマの色」を適用した全てのオブジェクト（図形、文字など全て）の色が、変更した色に置き換わります。

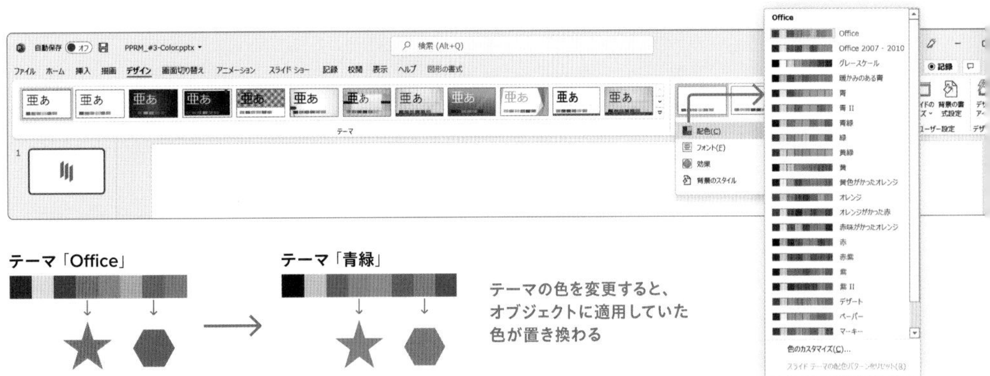

テーマ「Office」
テーマ「青緑」
テーマの色を変更すると、
オブジェクトに適用していた
色が置き換わる

PowerPointの機能

新しく色をつくる

PowerPointで新しい色を作る方法は、大きく2種類あります。一つがモチーフから色を吸い取る方法。スポイト機能を使えば、スライドに挿入した画像や図形から色を吸い取ることができます。もう一つが、数値で完全に新しい色を自分でつくる方法。「色の設定」で自由に色をつくることができます。

新しく色を作る方法

色の設定

カラーパレットの「塗りつぶしの色」や書式設定の「その他の色」よりオリジナルの色をつくる「色の設定」画面を呼び出せる

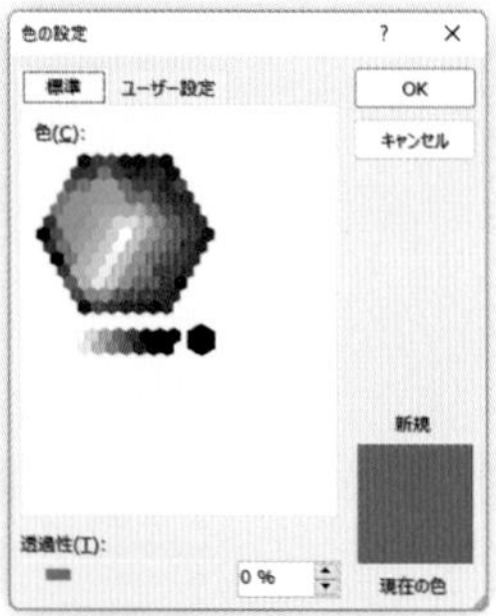

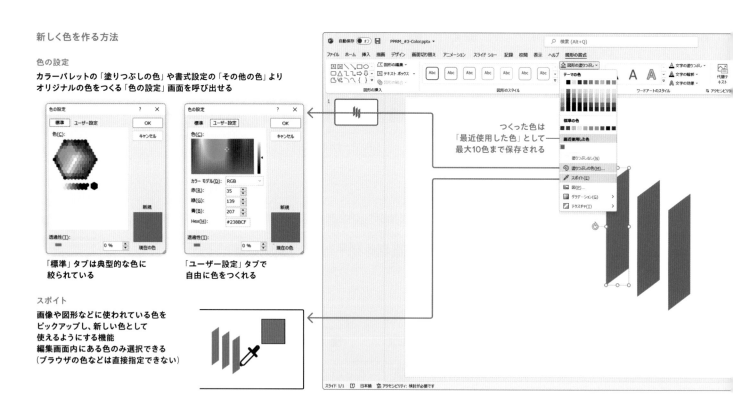

「標準」タブは典型的な色に絞られている

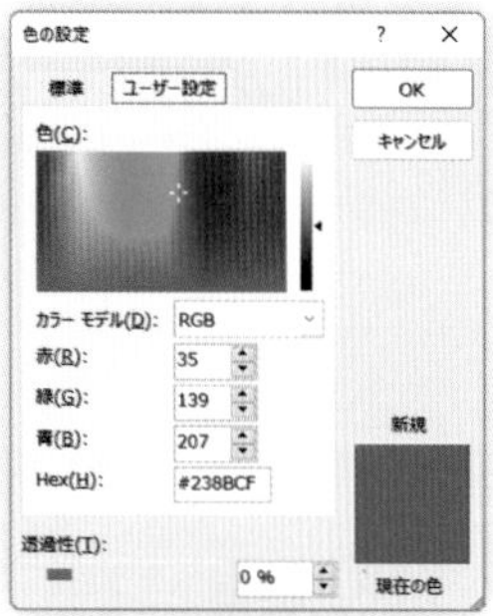

「ユーザー設定」タブで自由に色をつくれる

スポイト

画像や図形などに使われている色をピックアップし、新しい色として使えるようにする機能
編集画面内にある色のみ選択できる
(ブラウザの色などは直接指定できない)

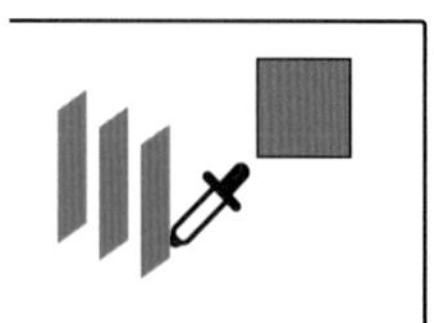

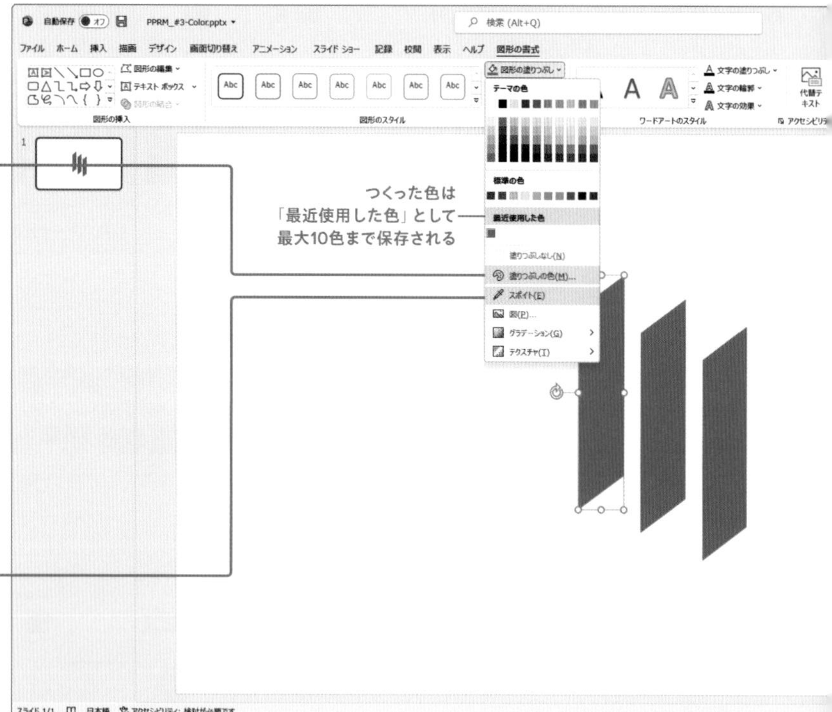

「色の設定」から新しい色をつくる

色度図からつくる

マウス操作で直感的に色を作ることができます。カラフルな枠の方で色相と彩度を決め、隣の縦のバーで明度を変更します。メインとなるベースカラーを感覚的に探るときなどに便利な機能です。ただし、2色目以降をつくるときや微調整には向かないため、色づくりの練習も兼ねてざっくり方向性を探る用途に限るのがオススメです。

色相・彩度・明度（HSL）からつくる

色相（Hue）、彩度（Saturation）、明度（Lightness）で色を指定することもできます。3軸それぞれ0～255の256段階で変更でき、数字が大きいほど明るく鮮やかになります。色度図と合わせて使えば直感的に色をつくりやすいうえ、色の明るさや同一トーンで複数の色を展開しやすいため、基本はHSLで色をつくるのがオススメです。

RGBからつくる

光の三原色（Red、Green、Blue）から色を指定することもできます。3色それぞれ0～255の256段階で変更でき、数字が大きいほど色が強くなります。色の指定方法として広く普及しているものの、RGBから色をつくるには慣れが必要。HSLからつくるか、「日本の伝統色」などの参考色をベースにして、最後の微調整するときに使うのが便利です。

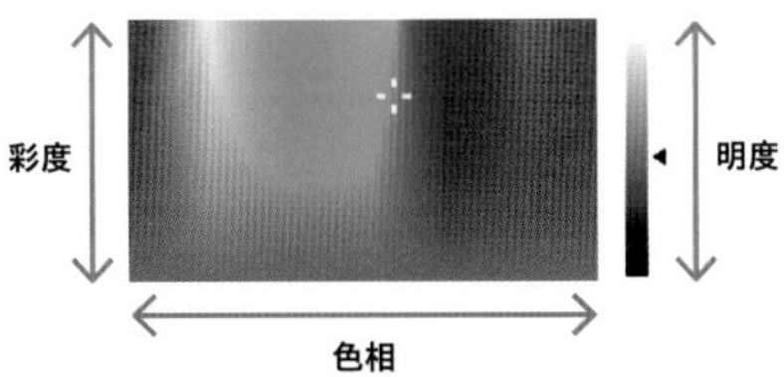

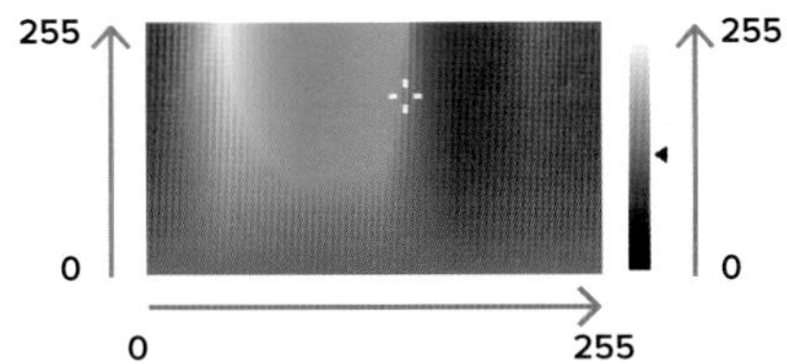

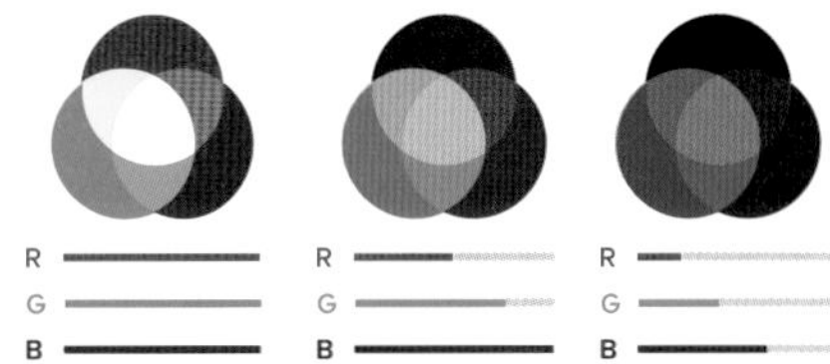

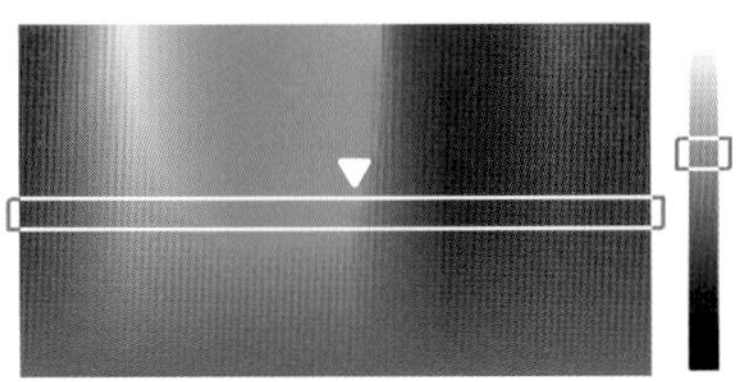

同一トーンで配色を探すのが基本（#3-07を参照）

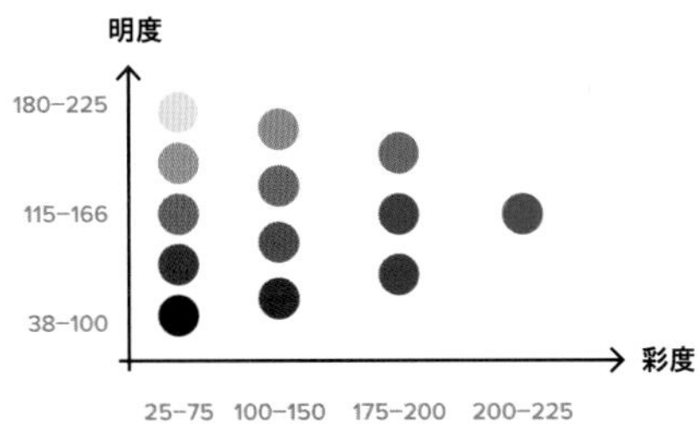

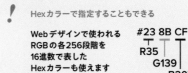

Hexカラーで指定することもできる

Webデザインで使われるRGBの各256段階を16進数で表したHexカラーも使えます

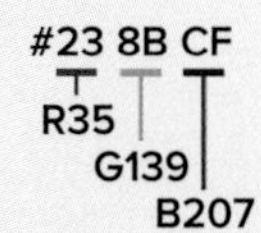

PowerPointの機能

グラデーションをかける

塗りつぶしの一つとして用意されているグラデーションは、異なる色の間をなめらかに変化させることで質感や立体感を表現できる重要な機能です。ただし、単色の塗りより情報量が多くなってしまうため、あまり乱用せず使いどころを絞るのがオススメです。

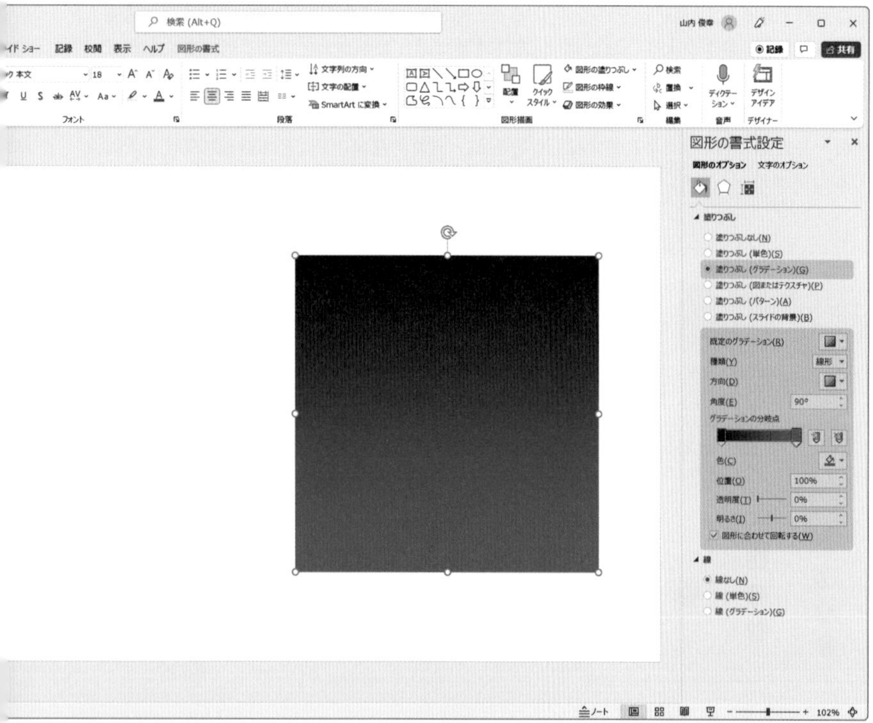

グラデーションは、面と線の塗りに使える

塗りつぶしのグラデーション

線のグラデーション

グラデーションをつくる設定

グラデーションの種類

色が変化する形として、「線形、放射、四角、パス」の4種類が用意されています。「線形」は直線方向に、「放射」は正円に、「四角」は図形の四隅に、「パス」は図形の頂点に伸びる形でつくられます。なお「放射」は、図形の形状に関係なくグラデーションが正円の形に適用されます。

グラデーションの方向と角度

グラデーションをかける方向（角度）を調整できますが、種類によって範囲が異なります。「線形」は360度自由に方向（角度）を設定でき、「放射」「四角」は決められた5つの方向のみ適用できます。「パス」は図形の頂点によって変わるため、特定の方向を設定できません。

グラデーションの分岐点

変化させる色とその数、位置の調整は、本機能のカラーバーで行います。バーの上に色の分岐点を最大10個でき、それぞれで色、透明度、明るさ、位置を設定できます。設定した色や位置はカラーバーでも確認できるほか、リアルタイムでオブジェクトにも反映されます。

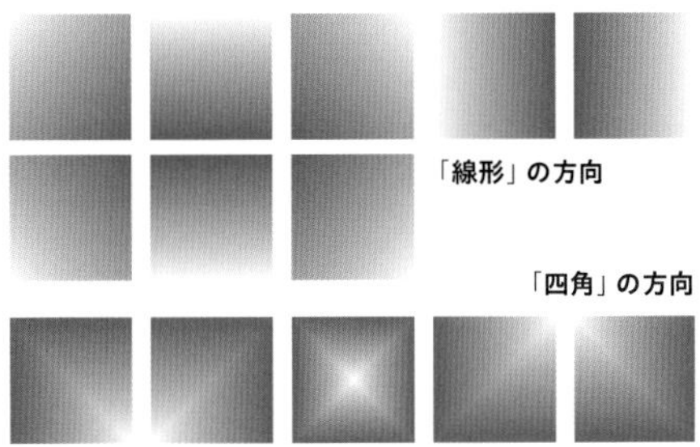

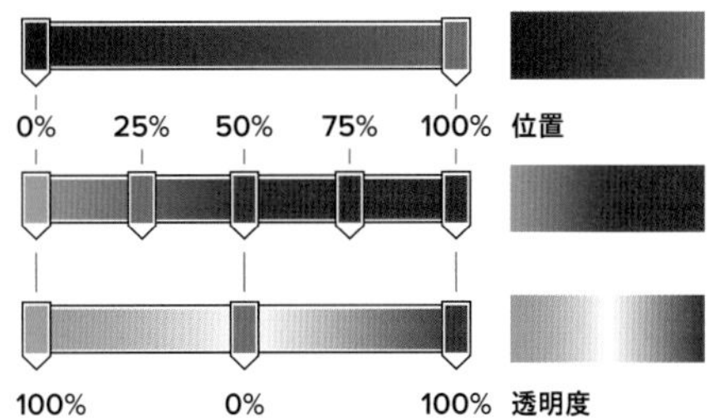

グラデーションと色のバランス

グラデーションは、変化させる色の組み合わせによっては、中間の色がくすんでしまったり、色の境目がはっきりと見えてしまうことがあります。そのときは、中間に明るい色を足すことでくすみを和らげて見せることができます。また、類似色を挟んでくすみの原因自体を回避してしまうことで、美しいグラデーションに見せることもできます。

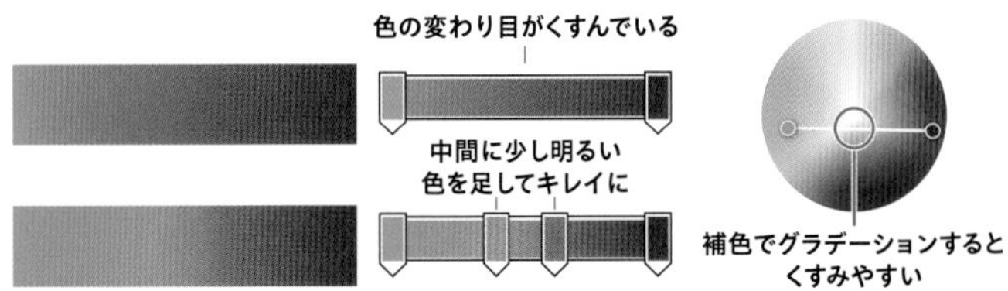

PowerPointの機能
透明度を変える

PowerPointでは、グラデーションを含めた塗りつぶし色に対して透明度を変更することができます。透明度は書式設定の「塗りつぶし」に用意されており、透明度0%を“不透明”として数値を上げていくにつれ半透明になっていきます。

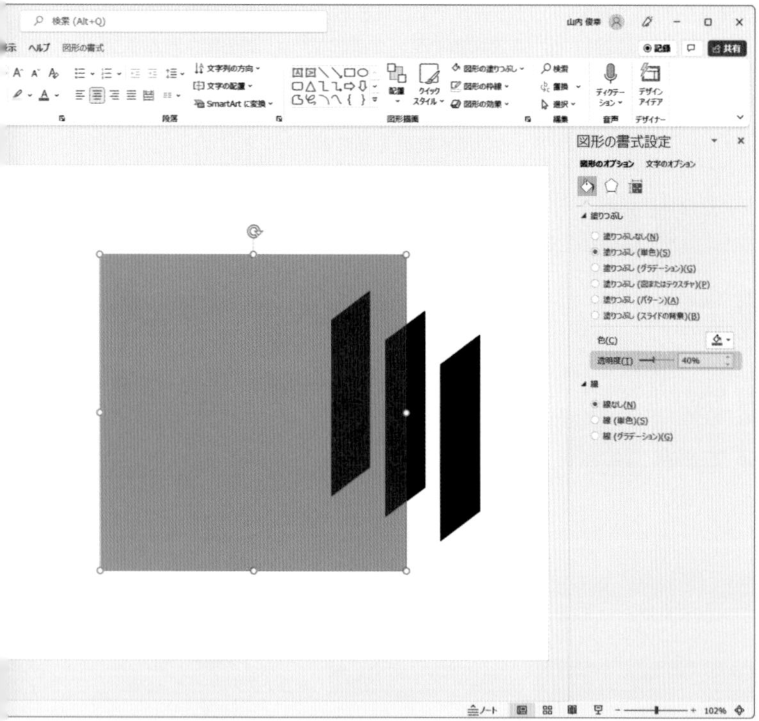

塗りの透明度

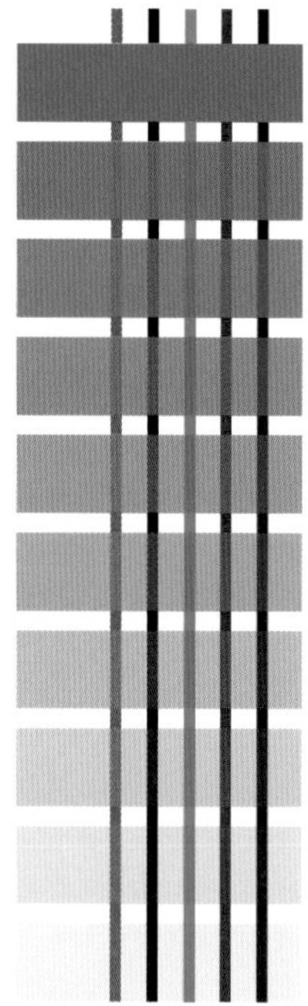

半透明の使いどころ

写真の一部をハイライトする
（透明度60%くらい）

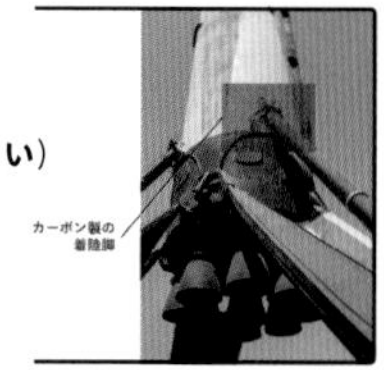

写真や動画に文字を重ねるテロップ背景

（透明度20〜30%くらい）

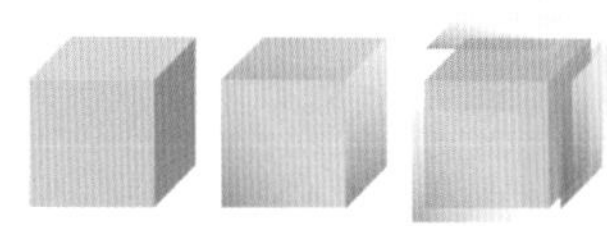

イラストを描くときに加える影
（透明度70〜90%くらい）

透明度の設定と使いどころ

半透明を使うコツと透明度

透明度を変更する本機能は非常に便利です。画像の一部をハイライトしたり、文字の背景にして写真をうっすら見せたりと、無限に応用が効きます。ただし、透明度が低いと重ねている下の色が潰れてしまうことがあります。透明度を変更して他のオブジェクトと重ねるときは、上下のオブジェクトのどちらを優先して見せたいのかで透明度を変更します。

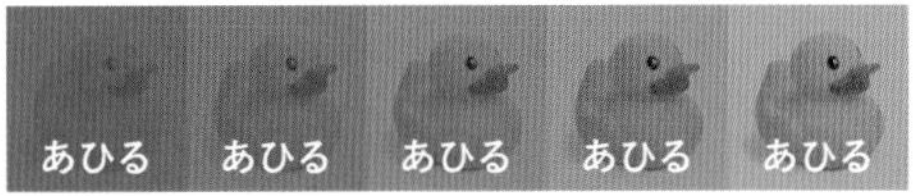

半透明の上の文字などを見せたい場合は、透明度10〜50%くらいで調整する

半透明の下の写真などの色を潰さずに見せたい場合は、透明度60〜90%くらいで調整する

半透明と重ね順

塗りの透明度は、重ね合わせた下の色を透過するものの、2つの色が混ざり合うことはありません。基本的に上に重ねた（透明にした）色が優先して表示され、下の色は薄いフィルターがかかったような色になります。ベン図のような重なり合う領域を示したい場合は、この特性を理解して使うか、透明度を使わず重なる部分に混ざり合った色を別に適用する必要があります。

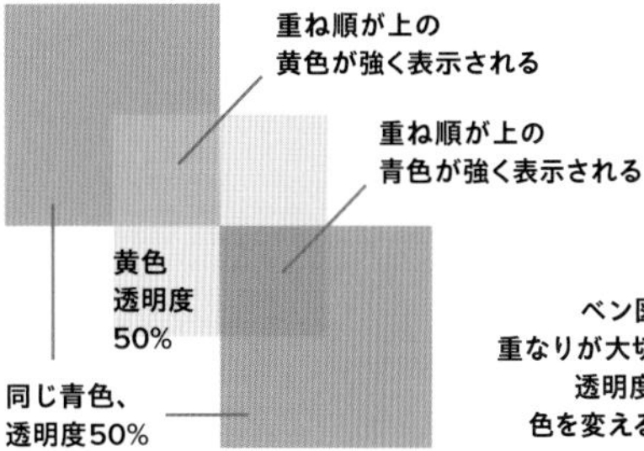

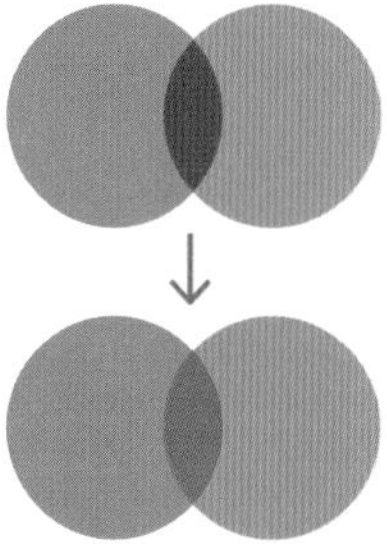

透明なグラデーション

グラデーションは、それぞれの分岐点で透明度を設定することができます。これを活用すると徐々に透明になるグラデーションをつくることができ、写真に重ねると端が滑らかに消えていく表現が、イラストに重ねると部分的にかかる影を表現することができます。透明なグラデーションをつくるときは、分岐点の色は全て同じ色にして、透明度だけを変えるようにすると、キレイなグラデーションになります。

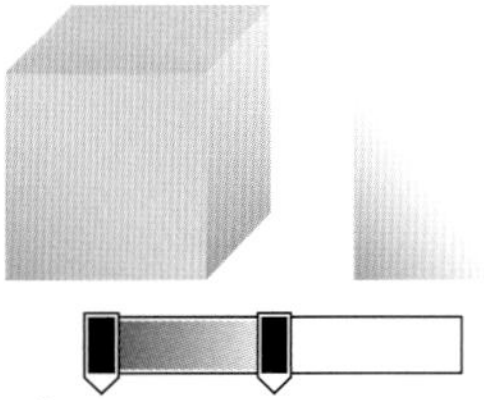

PowerPointの応用

カラーテーマをつくる

#3-14で紹介した「テーマの色」は、オリジナルの配色を作成して登録することができます。カラーパレットに並ぶ10色に加え、ハイパーリンク（スライド内から外部のWebサイトやファイルに飛ぶリンク）の色を設定することができます。

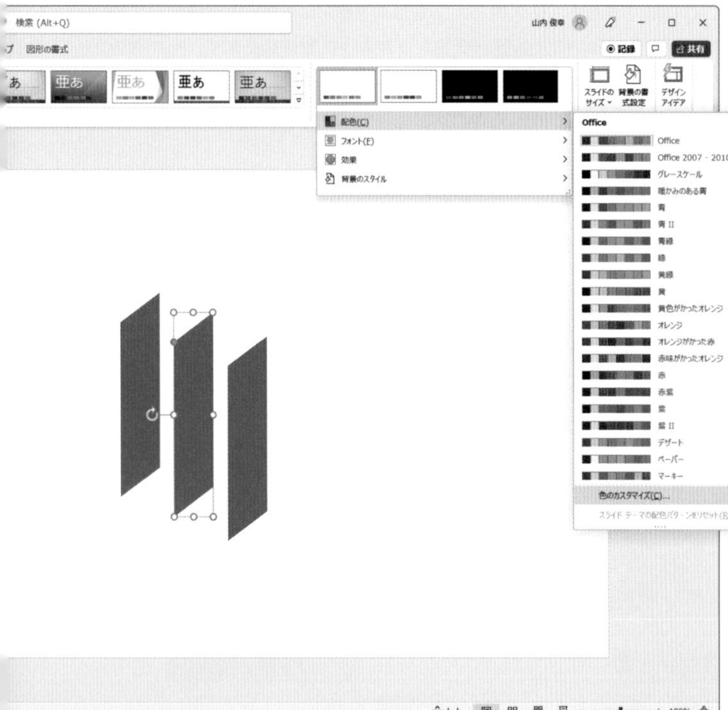

新しい「テーマの色」をつくる

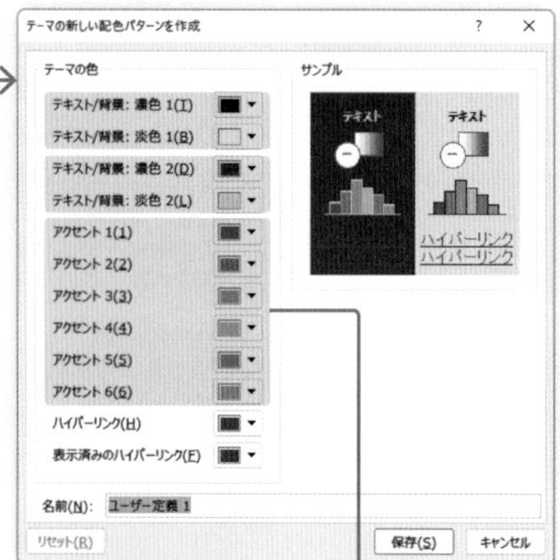

「配色パターン」として登録できる色は、基本色のみ

テキスト/背景：濃淡　アクセント

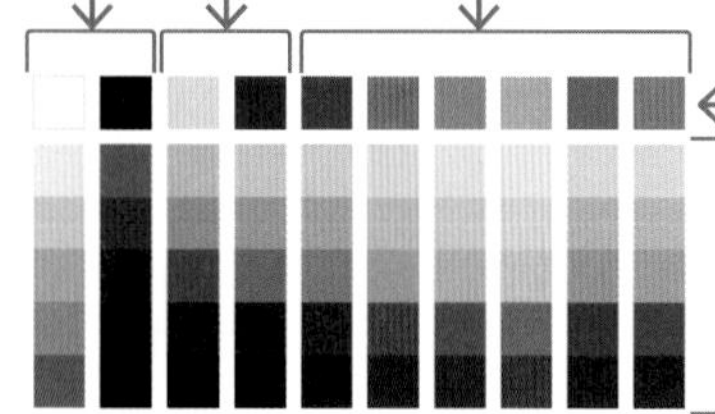

作成できるのは基本色のみ

明度のバリエーションは自動生成される

カラーテーマの作り方

PowerPointのカラーテーマは、「アクセント」として指定した6色を基準に、自動的にそれぞれの明度を割り振ってパレットを生成してくれます。そのため、トーンの分類における「中明度」にあたる色を登録すると使い勝手が良くなります。色相から選ぶ色は、#3-10の組み合わせ方を参考にしてください。

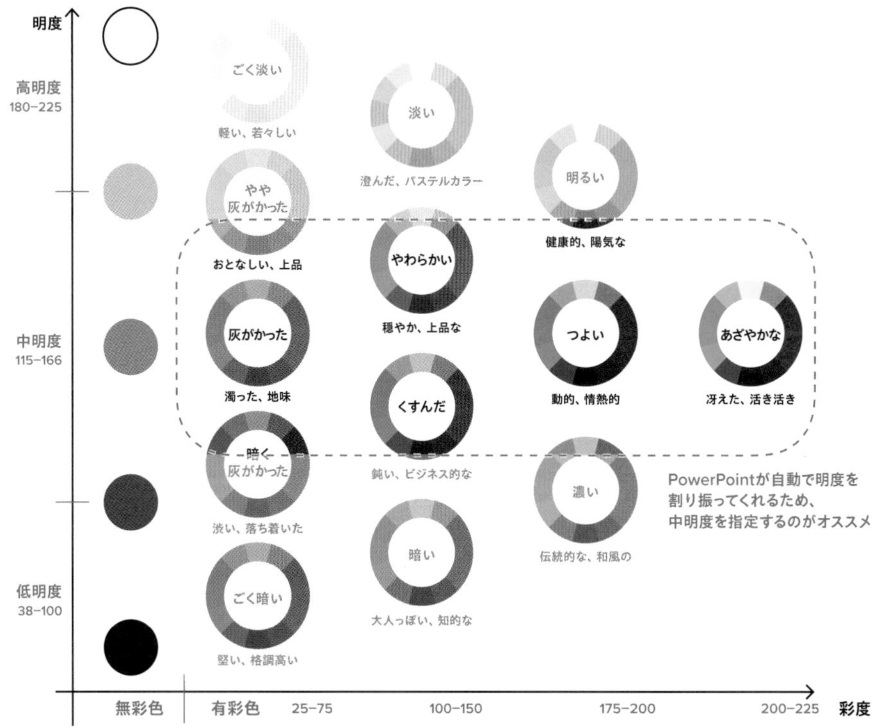

カラーテーマに使えそうな色のサンプル

ディスプレイなどの環境によって見え方が変わるため、下記を参考に調整してみてください

あざやかな

R:233	R:245	R:255	R:142	R:0	R:25
G:0	G:152	G:241	G:195	G:159	G:32
B:28	B:15	B:0	B:51	B:230	B:133

やわらかい

R:224	R:234	R:242	R:170	R:0	R:66
G:102	G:171	G:228	G:199	G:174	G:131
B:69	B:89	B:103	B:106	B:222	B:188

くすんだ

R:205	R:214	R:224	R:145	R:0	R:0
G:72	G:1149	G:210	G:180	G:154	G:109
B:47	B:60	B:71	B:78	B:203	B:168

※上記サンプルは色相をまんべんなく紹介していますが、同系色、中間の色、補色（反対の色）で組み合わせてもOKです。

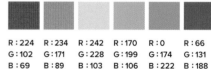

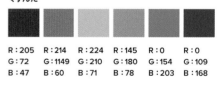

Designing #4

ILLUST

イラストレーション

RATION

人とのコミュニケーションに欠かせない“言葉”は、必ずしも万能ではありません。
それはなぜか。“言葉”で伝えるためには、その言葉の意味を互いに理解している必要があるからです。
例えば、突然「電波干渉計」と書かれても、電波望遠鏡の……なんてイメージも湧かないのではないでしょうか。言葉とは非常に抽象化された、相手の想像力に依存する伝達方法。相手が知らない世界を、言葉だけで伝えるのは簡単ではありません。では、どうすればいいのか。相手がイメージできないのであれば、そのイメージを提供すればいいのです。姿形、色、サイズなどの“ビジュアル”を直接伝える。“言葉（言語）”ではない新しい「ことば」であり、その代表的な方法が、イラストです。だからこそ、伝える場面でのイラストはとても重要。新しい「ことば」として、ぜひ基礎から習得してみましょう！

イラストは見た目で「直感的に」伝える

視覚的な「ことば」で
だれでも「イメージ」して理解できる

書物の挿絵からマンガまで身近な存在であるイラスト。メッセージやストーリーをパッと見て理解できる、特有の“わかりやすさ”は「ことば」の視点から解き明かすことができます。

会話や文字といった「言語によることば」は、抽象化して伝える方法。想像力、知識量、読解力の影響が大きく、相手の知らないこと、見たことがないものを伝えるのは簡単ではありません。

この影響を減らす方法が、相手に直接“イメージ”を見せてしまうもの。姿形を具体的なビジュアルにして見せることで、特別な知識が不要になり、想像の余地もなくなります。ゆえに、相手が“考える”ことが減り、わかりやすく感じるのです。

これはいわば、自分の脳内“イメージ”を伝える「視覚的なことば」であり、メッセージをビジュアル化したイラストは、会話・文字に次ぐ第三の「ことば」です。

文章から想像する余地をなくし
脳内“イメージ”を伝えることで
わかりやすくする

具体的なビジュアルを見せると、特別な知識も不要になり、会話や文章から想像する必要も無くなります。つまり、相手が“考える”ことを大幅に減らしてわかりやすくできる、視覚的な「ことば」としての側面があります。

文字(文章)とイラストの伝わり方の違い

「電波干渉計」を知らない人に伝えたいとき……

文字(文章)で伝えようとすると…

**電波干渉計は、複数の電波望遠鏡を組み合わせることで
より高い解像力をもたせた「大きな電波望遠鏡」のこと。**

電波望遠鏡は、大型のパラボラアンテナを使って、宇宙から届く電波を観測する望遠鏡。
反射した電波が一点に集中する放物面(パラボラ)の性質を利用して、
数メートルサイズのアンテナを用意することで弱い電波も効率よく観測できる。

アンテナのサイズが大きいほど、より鮮明に天体を観測することができるが、
100メートルを超えるような大きなアンテナをつくるのは困難。

そこで、複数の電波望遠鏡を離して配置して同時に観測し、
電波が届いた時間のずれと得られたデータ(波形)を処理することで、
単体の電波望遠鏡よりも、より詳細で鮮明な測定ができるようになる。

組み合わせる電波望遠鏡の距離と数で性能を大きく向上させることができ、
例えば地球上のはるか離れた2点で観測して仮想的な超巨大望遠鏡にすることもできる。

イラストで伝えようとすると…

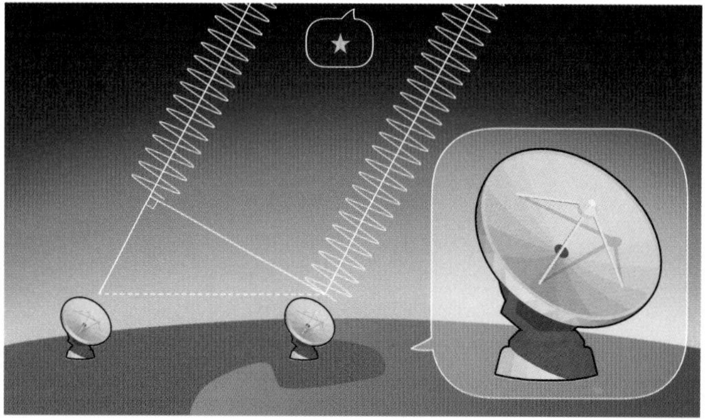

「言語」による抽象的な表現に限られてしまうため……
理解に知識が必要で、しくみや構造、見た目を想像してもらうしかない

具体的なビジュアルで相手に見せることで……
特別な知識がなくても、見た目や構造、関係性がひと目でわかる

言語による「ことば」は……

言葉の意味を知らないと
そもそもの概念からわからず
全く別物を想像する恐れもある

視覚的な「ことば」は……

「電波干渉計」を知らなくても、
見た目の姿や概念を
簡単かつ正確に想像しやすくなり、
考えることが少なくなることで
「わかりやすく」感じる

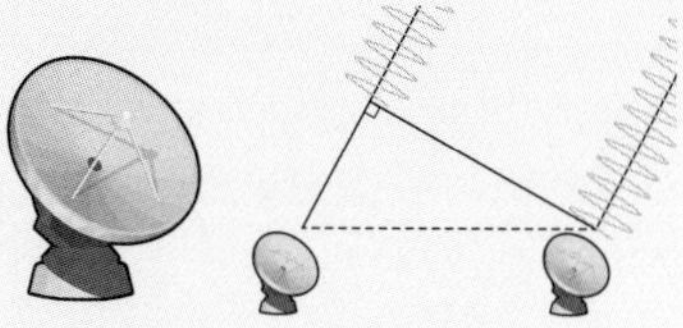

イラストの
得意なこと、苦手なこと

**全体像をパッと伝えるのは得意だが、
精密で正確な情報を伝えるのは苦手**

視覚的な「ことば」としてのイラストには、得意なこと、苦手なことがあります。

得意なことは、伝えたいメッセージをスピーディーに伝えられること。複雑な手順も組立図があればすぐにわかり、親しみやすさも可愛いイラストで演出できます。文章では複雑になりすぎる情報や、表現しにくい雰囲気などの“全体像”を視覚的に伝えることが大の得意です。

逆に苦手なことは、精密な情報を正確に伝えること。説明文や数値の指定がない設計図では正しくつくれないように、イラストだけで全ての情報を伝えるのは困難。そのため、イラストは会話や文章と併用して扱うのが必須です。

この得手不得手から、全体像やイメージをイラストで、正確性を求められる情報を文章で説明する、といったバランスを見極めることが大切です。

**パッとすぐに伝えるのが得意だが、
数値などの正確な情報を
伝えるのは苦手**

例えば人の雰囲気や印象など、文章では複雑になりすぎたり表現しにくいことを伝えるのは得意ですが、人の年齢のような具体的な数値や精密な情報などを正確に伝えるのは苦手。イラストと文字を組み合わせて互いに補完しあうのがベストです。

イラストの得意なこと、苦手なことの例

得意なこと：全体像や印象をぱっと伝えられること

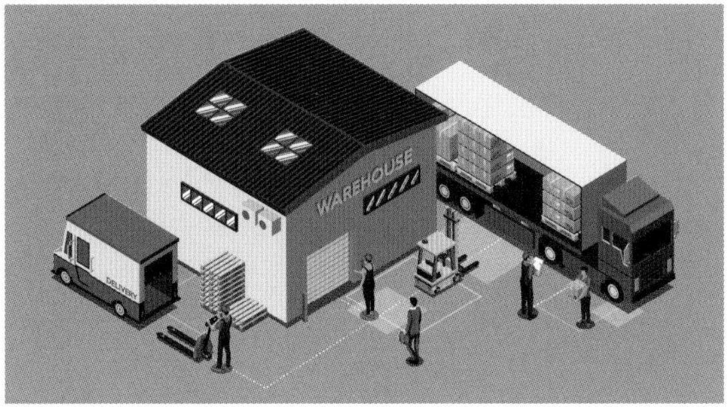

**複雑な情報や言語化しにくい雰囲気などを、
見ただけでスピーディーに伝えることができるのがイラストの強み**

ものごとの状況や状態、なにかをしている動作、順序などの関係性など
印象を含めたメッセージを一瞬で伝えられる

苦手なこと：数値や関係性などの情報を正確かつ精密に伝えること

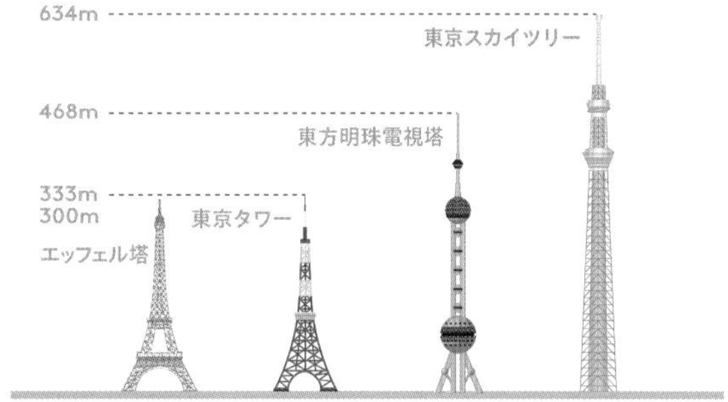

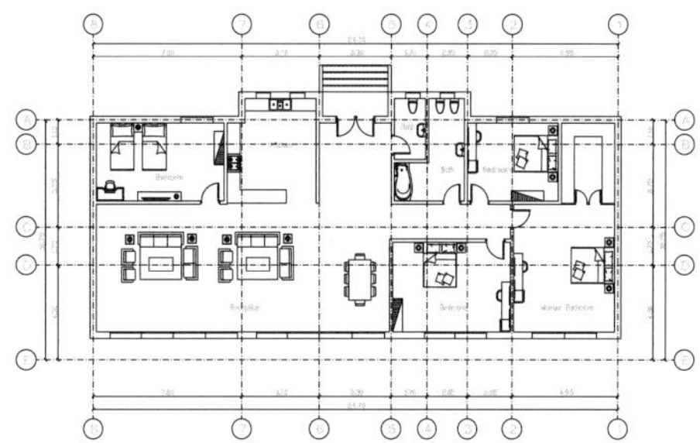

**厳密な数値や説明は、見えない・読み取れない可能性があるため
イラストだけで伝えようとすると逆効果になることがある**

イラストだけでは全体像しか読み取れないことが多いため、
必要に応じて文字や数字で説明を追加したほうが正確に伝えられる

イラストを形づくる2つの要素

イラストの姿をつくる「カタチ」と、そこに色や質感を乗せる「加工」

棒人間から複雑で美麗なものまで、イラストと一言に言っても様々な描かれ方があります。しかし、どんなイラストでも基本を突き詰めていくと、大きく2つの要素に分けることができます。イラストの姿を決める骨格である「カタチ」の要素と、その上に色や影などの質感をのせる「加工」の要素です。

「カタチ」の要素は、言い換えれば線画のこと。点、線、面、さらに丸、四角、三角など、どのようなカタチが組み合わさって、最終的にどのような見た目に仕上がっているか。イラストの姿そのものをつくる骨組みの役割を担います。

「加工」の要素は、カタチの上にのせる追加要素のこと。色、グラデーション、影、ハイライト、光彩、ぼかしなどの質感を加えることで、より詳細な姿を描き出すだけでなく、“テイスト”として印象を大きく左右します。

姿をつくる「カタチ」と色や質感をのせる「加工」の2つの要素がイラストの基本

「イラスト」と聞くと色が塗られている豪華な画を思い浮かべがちですが、マンガのような線画もイラストのうち。まず「カタチ」があり、そこに色やテクスチャなどの「加工」をのせることで、ビジュアル表現として組み立てられています。

「カタチ」と「加工」でどう変わるか確かめてみる

イラストの「カタチ」

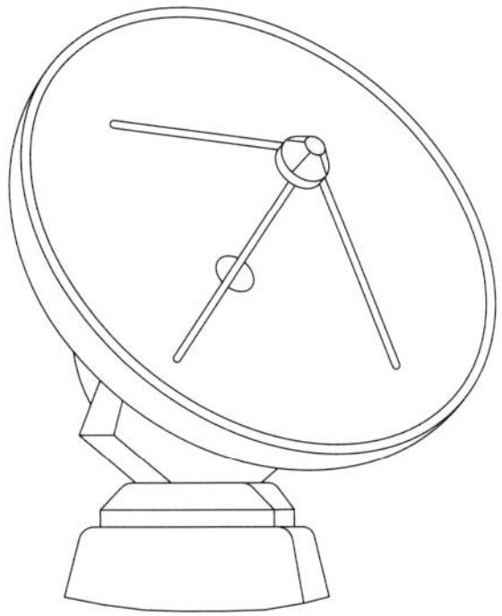

**最低限の点・線・面や、丸、四角、三角形などの図形を組み合わせて
イラストとして成り立たせる骨格をつくる**

線画のように、最低限のビジュアルで意味が伝わるように姿を整えることが基本
カタチだけでも、アイコンやシルエット、モノクロイラストのように十分にイラストとして成立する

「カタチ」だけで
イラストにした例

モノクロ

シルエット

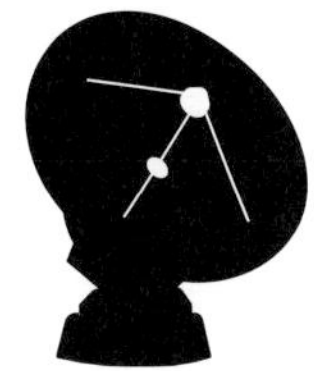

アイコン調

イラストの「加工」

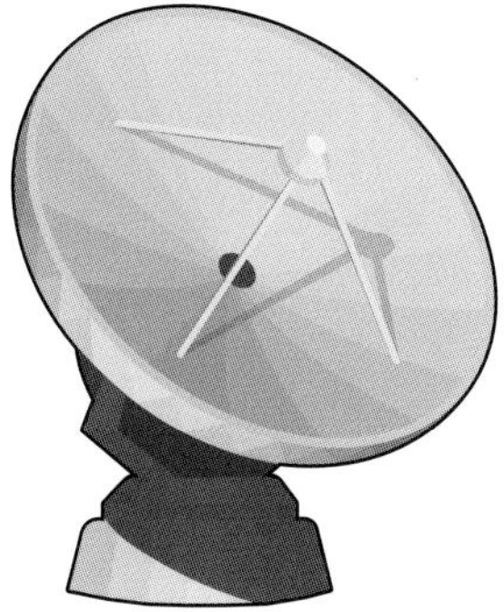

**イラストの「カタチ」の上に、色やグラデーション、影、光彩、ぼかしなどの
追加要素を乗せることで、イラストの雰囲気や印象を強めていく**

カタチだけだと骨格としての情報しか持たないため、色などを加えていき質感を生み出して雰囲気を整える
塗り絵と同じように、加工の仕方でイラストが持つ印象は大きく変わる

「加工」の
バリエーション

コミック調

水彩風

ポップ調

伝わるイラストは「カタチ」が重要

いろいろなカタチを組み合わせて相手がイメージしやすい姿に仕立てる

イラストの最大の弱点は、つくるのが難しいこと。確かに、美麗なイラストをつくるには技術も知識もプロ級に必要です。しかし、「伝わるイラスト」であれば美麗である必要はなく、プロではない私たちでもつくることができるはず。

そのために最も重要な要素は「カタチ」です。相手はイラストの骨格であるカタチを見て、内容や情報を汲み取ります。同じものを描いてもカタチが違えば異なる伝わり方になるし、四角や丸といった単純な図形の組み合わせだけでもカタチになっていればきちんと伝わります。

つまり、伝わるイラストとは、カタチを組み合わせて、相手がイメージしやすい姿に仕立てること。図形の組み合わせでどんなカタチになるのか、組み立てと分解を繰り返して特徴をつかんでみましょう。繰り返すうちにイラストをつくれるようになっているはずです！

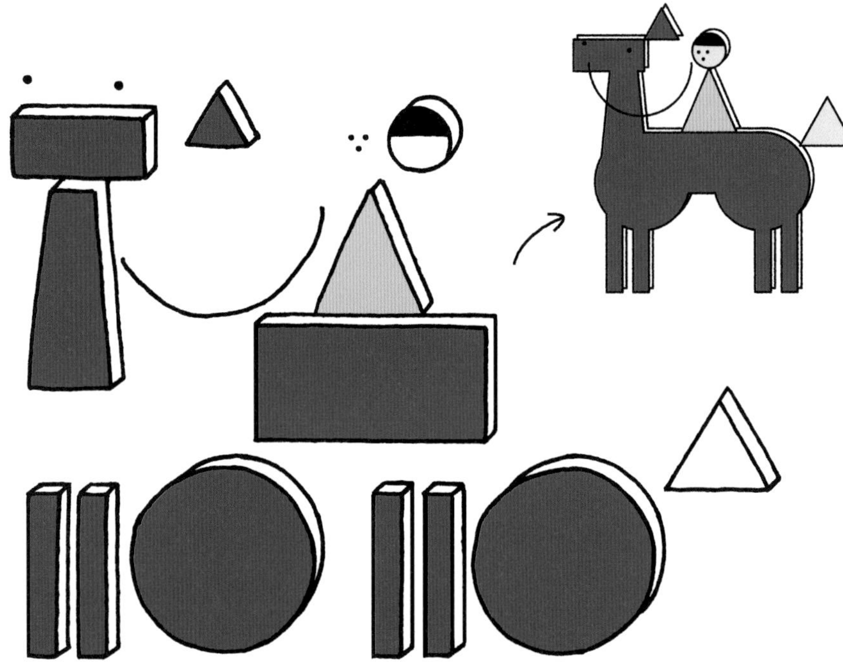

様々なカタチを組み合わせてイメージしやすい姿にしたのが伝わるイラスト

四角や丸、三角といったシンプルなカタチだけでも、組み合わせて姿を整えることで、見た相手がイメージできるモノに仕立てていく。これが伝わるイラストであり、プロではない私たちでも試行錯誤で作れるようになっていきます。

シンプルなカタチが持つ「イメージ」

〈円〉のイメージ

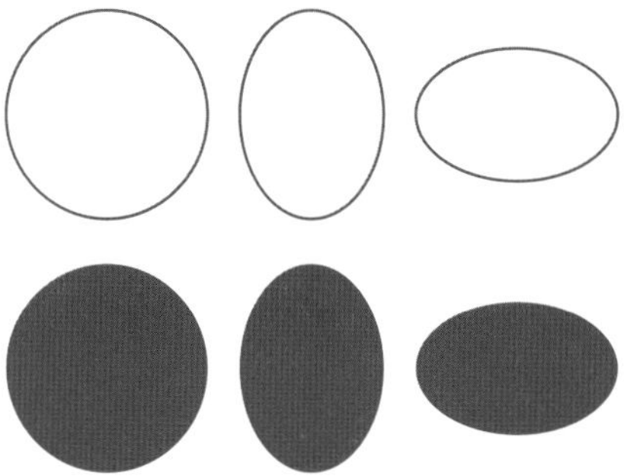

曲線だけでつくられたカタチは、
やわらかさ、やさしさ、有機的、安心感を醸し出す

自然界の多くのものが曲線(曲面)を持つように、
人工物でないやさしさや有機的なイメージを連想しやすい

〈四角〉のイメージ

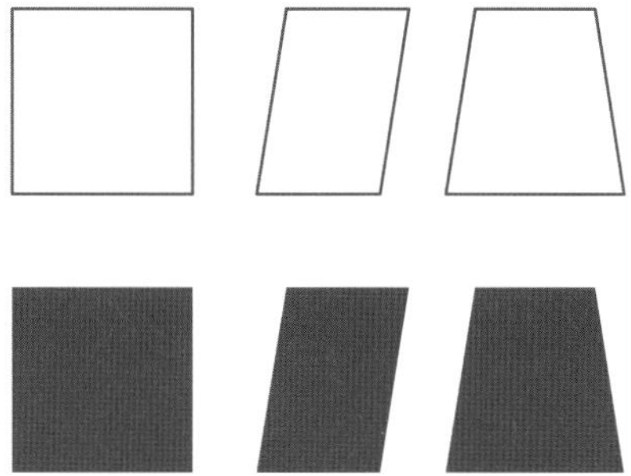

4つの角を持つ直線的なカタチは、
安定感、信頼感、重厚さ、力強さを醸し出す

ビルや机など身のまわりの人工物の形状に見られる通り、
面を最も効率よくつくれる反面、無機質さも連想しやすい

〈三角〉のイメージ

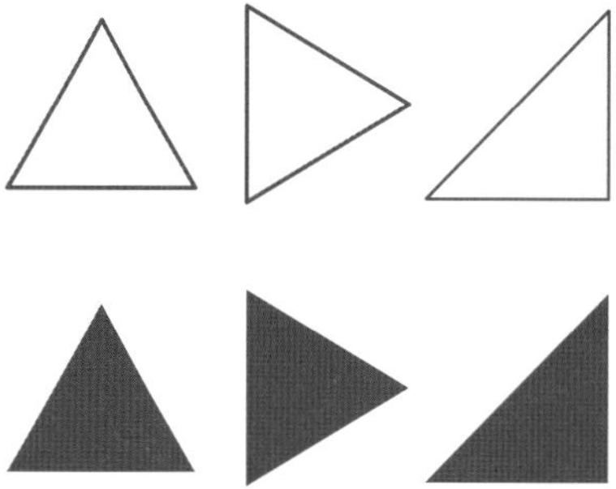

鋭利な角を持つカタチは、
繊細さ、先鋭さ、安定と不安定、指向性を醸し出す

頂点が奇数であるがゆえに、2点の土台+自由な1点になり、
その1点の位置で、鋭利さや指向性を連想させやすい

カタチのイメージを理解して
使い分けができるようになると、
シンプルなカタチの組み合わせだけで
しっかりと伝わるイラストになる

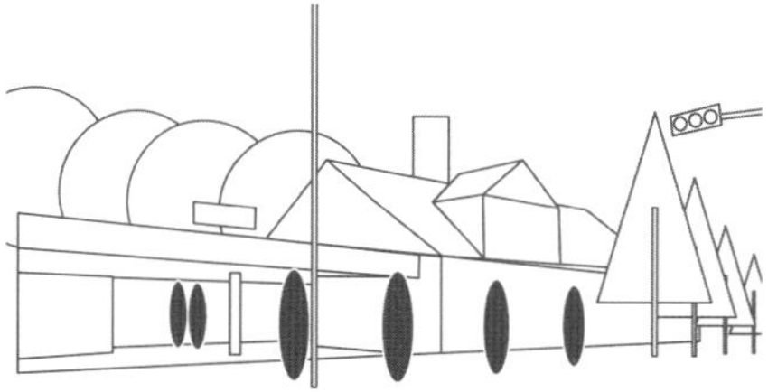

イラストで表現する抽象度とディテール

イラストは、現実に存在しているものを部分的に「抽象化」して描く

イラストをつくるときに避けて通れない、重要な考え方が「抽象化」です。言い換えれば、“どれだけ省略して単純に描くのか”。イラストはあくまで内容や情報を想起させる描写であり、写真のように現実をそのまま写し取るものではありません。だからこそ、不要な部分を省略して重要な部分のみ描くことで、伝えたいメッセージ“のみ”を的確に伝えられるようになります。イラストの特権と言ってもいい特徴です。

　ここで考えたいのが、どのくらい抽象化するのか。省略しすぎて重要なモチーフまで消してしまい、さっぱり伝わらなくなると元も子もありません。かといって、細部までこだわって描くのは大変で、不要な情報も伝わってしまうかもしれません。伝えたい印象や演出したい雰囲気も考慮しながら、どこまで抽象的に描くのか、バランスを探ってみましょう。

不要な部分を省略して、重要な部分のみを残す抽象化で伝わり方を調整する

イラストは、重要度の低い部分を積極的に省略して“描かない”ようにすることで、より見やすく、読み取りやすくしています。どのくらい抽象化して描くかで雰囲気や印象が変わるため、伝えたい内容に合わせてバランスを探りましょう。

イラストの抽象度と見え方の違い

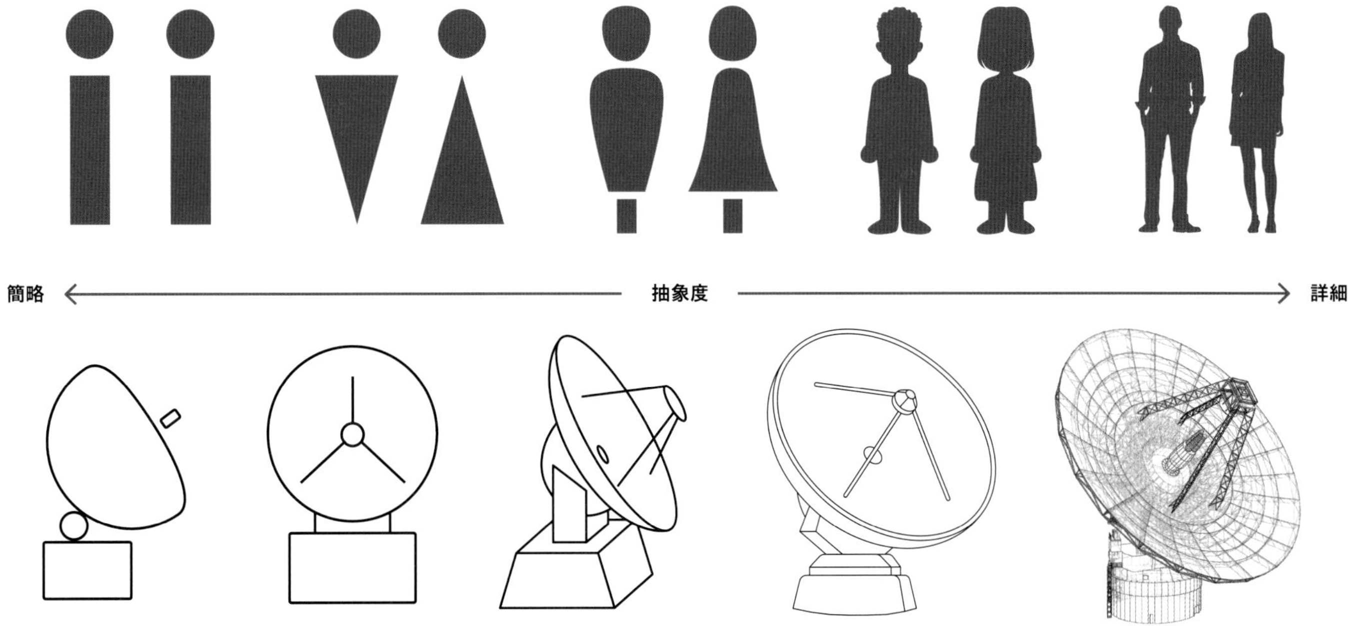

より抽象的なイラストになるほど、言語による「ことば」に近づいていき、
イラストから意味を読み取るための特別な知識が必要になる
アイコンのような“最小限の情報のみを伝える”ものに向いている
（詳しくは「Designing #5」をチェック）

より詳細に描かれたイラストになると、現実を写し取った写真に近づくが
目的に応じて詳細に描く部分を調整できるのが強み
ただし、必ずしもリアルである必要はなく、詳細になるほど制作コストがかかる
（写真については「Designing #6」をチェック）

イラストをつくる準備

モデルの特徴をとらえる

イラストにする対象を観察し、描くべき重要な部分を発見する

「伝わるイラスト」は、描かれた内容を見てすぐに“イメージ”できるもののこと。ゆえに相手がパッと想起できるよう、元ネタとなるモデルの象徴的な特徴をとらえて再現することが重要です。

そのため、まずはモデルをしっかりと「観察」するのが大事。どんなパーツがあるのか、それがどういうカタチをしていて、どんな色・質感があるのか（もし余裕があれば、なぜそのカタチや質感になっているか考察するまで）。細かに姿を捉えておくことで、パーツを取捨選択して描けるようになります。

また、観察するときは意識的に視点を変えてみましょう。モデルを見る方向によって、見え方は大きく変わります。どの角度から見たカタチが最も伝わりやすいのか、メッセージにあわせて探ることで、より「伝わるイラスト」に仕立てていくことができるようになります。

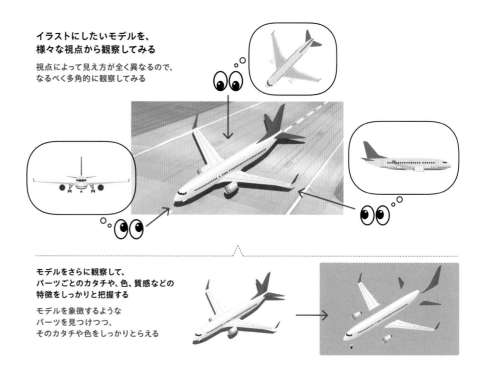

イラストにしたいモデルを、
様々な視点から観察してみる
視点によって見え方が全く異なるので、
なるべく多角的に観察してみる

モデルをさらに観察して、パーツごとのカタチや、色、質感などの特徴をしっかりと把握する

モデルを象徴するような
パーツを見つけつつ、
そのカタチや色をしっかりとらえる

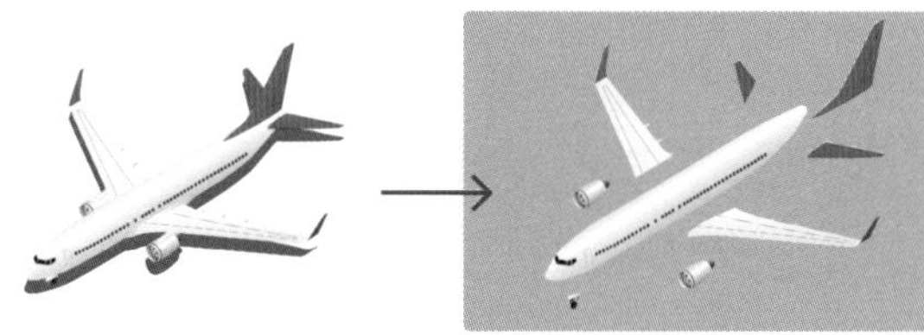

デザインのポイント

- ✓ イラストをつくるためには、まず「観察」してモデルを理解する
- ✓ 視点を変えて観察し、各パーツのカタチと質感をとらえる
- ✓ 伝えたいメッセージに合わせて、描き方を考える

モデルを「観察」する手順

Step 1 視点を変えて観察して、カタチと質感を把握する

上下左右、360度からしっかりとモデルを観察して、
どんなパーツがどういう働きをして組み合わさっているか、
カタチや質感を細部までしっかりととらえる

イチゴ全体のカタチ、ヘタのカタチ、種のカタチといったパーツごとのカタチ、
色の薄い・濃い、表面の光沢感、種の影、ヘタのざらつきなどの質感を細かに観察する

Step 2 伝えたいメッセージにぴったりな角度を見つける

モデルを平面に写し取るため、
カタチや質感が潰れて見えづらくなってしまわないような、
もっとも伝わりやすく描きやすい角度を見つけだす

果物のイチゴとして伝えるなら
バランスよく見える角度

“イチゴのしくみ”を伝えるなら
ヘタが見える角度

イチゴの中身を伝えるなら
断面にすることも考える

Step 3 パーツごとのカタチと質感を深く理解する

角度を固定し、文化背景などをふまえて観察することで
イラストにしてもイメージしやすいカタチや質感が
どこに隠れているか、発見する

イチゴは一般的に
「赤色」の印象が強く、
表面の光沢感が
みずみずしさを醸し出す

イチゴのパーツは大きく3つに分けられる

Step 4 メッセージとテイストが両立する「抽象度」を決める

伝えたいメッセージやイラストの使い方をもとに、
描かず省略して良い部分、描くべき重要な部分を決めつつ、
イラストのテイストも考えておく

イチゴとして見せるためには……

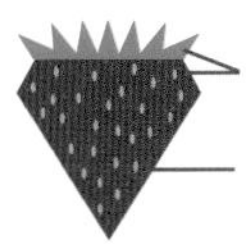

実、ヘタ、種のカタチは、
かなり抽象化してOK

赤色が象徴的であるため、
なるべく省略しない

伝えるメッセージに合わせてテイストも考える

アイコン調　シンプル　水彩風　コミック調

→ ここからは実際にイラストをつくるステップ

カタチをつくる

単純な図形でつくる

**点・線・面や、丸・四角・三角……
シンプルなカタチで、イラストをつくる**

イラストのカタチをつくるために、まずは図形そのものへの理解をしっかり深めておきましょう！

イラストは、基本的に平面（2次元）の紙面に描くもの。ゆえに、カタチを構成するのは、点（0次元）、線（1次元）、面（2次元）の3つだけです。立体的に見えるイラストも、奥行きを感じるように点・線・面を組み合わせているだけ。この3つの要素で、相手がイメージできるものを描いていきます。

このうち、イラストの表現力のキモとなるのが、縦横に自由に描ける面。ただ、いきなり自由に描くのは難しいため、まずは基本として幾何学図形から扱ってみましょう。丸や楕円の「円」、三角や四角などの「多角形」といった、シンプルなカタチだけでも、十分イラストを描けます。組み合わせ方によるカタチの変化も含めて、シンプルを深めてみましょう！

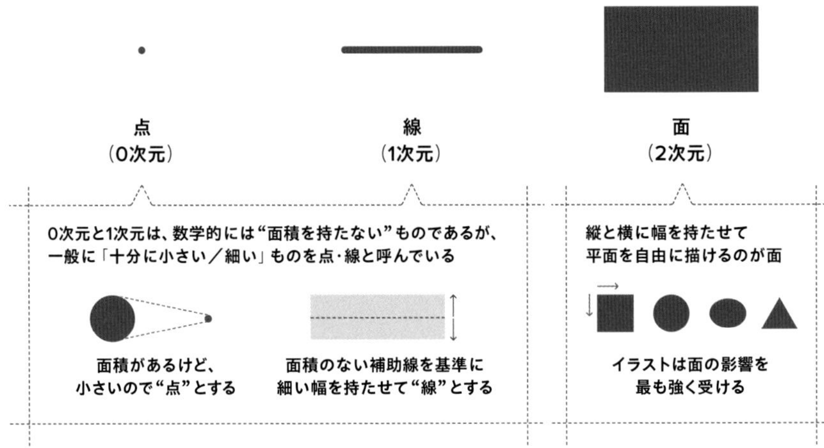

点
（0次元）
線
（1次元）
面
（2次元）
0次元と1次元は、数学的には“面積を持たない”ものであるが、
一般に「十分に小さい／細い」ものを点・線と呼んでいる
面積があるけど、
小さいので“点”とする
面積のない補助線を基準に
細い幅を持たせて“線”とする
縦と横に幅を持たせて
平面を自由に描けるのが面
イラストは面の影響を
最も強く受ける

点・線・面の組み合わせが、イラストの基本

幾何学図形のような
基本的なカタチだけでも
イラストは成立する

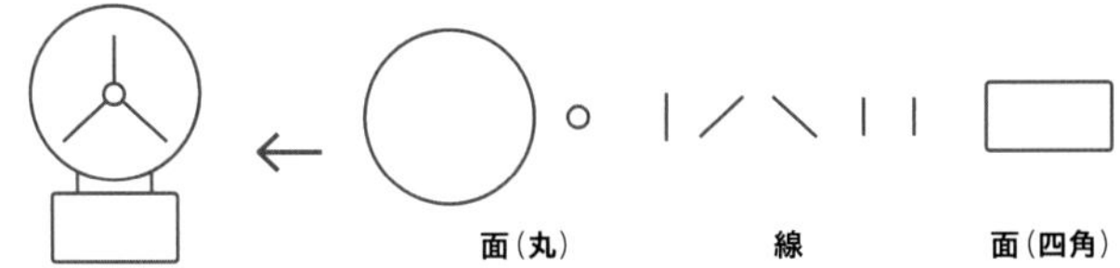

デザインのポイント

- ✓ **平面に描くイラストは、点・線・面の3要素でできている**
- ✓ **縦横に自由に描ける「面」が表現力のキモ**
- ✓ **丸や四角といった単純な幾何学図形でもイラストをつくれる**

幾何学図形を組み合わせてカタチをつくる

代表的な幾何学図形

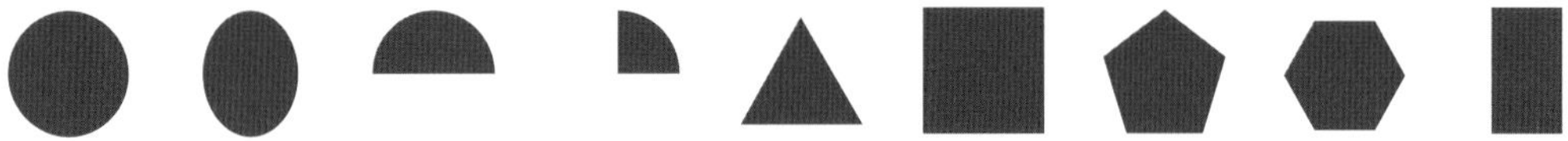

丸　楕円　半円　円弧　三角形　四角形　五角形　六角形　長方形

図形の組み合わせ方

結合（合体）　切り抜き　上下の重なり　隣接　型抜き　線の重なり　連続した並び（点・線・面）

単純な図形だけでつくるイラストの例

丸と線だけでつくる笑顔のマーク

丸、楕円、半円を組み合わせれば、
抽象化した人の顔をつくることができる
目や口の形状を変えたら表情も自由自在

重なりを応用してつくるクマのイラスト

丸を3つ上下に重ねるだけで
人や動物の耳を表現できる
他のパーツも重なりを応用してみよう

型抜きでつくる電車のイラスト

大きく塗りつぶした四角形の中身を
小さな四角形や丸で型抜きすれば
窓や照明として見せることもできる

結合と並びでつくる人のアイコン

丸と四角を結合し、パーツごとに並べると
抽象化した人のシルエットをつくれる
腕も同じように足してOK

カタチをつくる

複雑な図形をつくる

幾何学図形の頂点や曲線を変えて より複雑なカタチのイラストをつくる

本腰を入れてイラストを描くには、幾何学図形だけでは限界があるもの。より複雑なカタチをつくるにあたり、最も重要になる要素が「頂点」と「曲線」です。

直線を含む図形には、直線同士が交わる「頂点」があります。いわば“角”のことであり、この位置と数こそがカタチの骨格を担います。

しかし、自然界のものに“角張ったモノ”が少ないように、直線と角だけのイラストは少し不自然に見えがちです。それを和らげるのが「曲線」。頂点を基準に滑らかにしたり、直線を曲げてみたり。なめらかさをつくることで、より自然で親しみやすいイラストに仕上がります。

複雑なカタチをつくるときは、まず単純な図形の組み合わせをたたき台に、頂点を調整して全体像をつくります。そこから頂点を基準に曲線を取り入れて自然なカタチに整えていきましょう！

より自由なイラストをつくるには「頂点」と「曲線」がキモ

2本の直線が交わる点が「頂点」

線や図形の辺を曲げて描くのが「曲線」

頂点の位置と数を編集して図形のカタチを大きく変える

シンプルな図形を組み合わせてたたき台にして……

頂点の数や位置を調整し、ざっくりした全体像をつくる

曲線で図形の辺や角をより自然に見せる

頂点を基準に曲線に置き換えていくと、より自然な姿に仕上がる

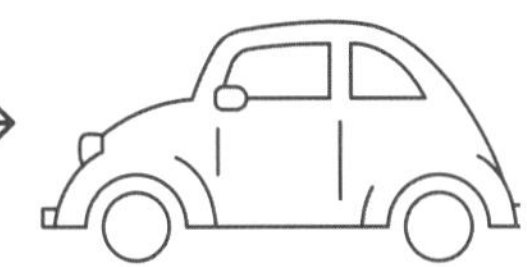

曲線をさらに増やすと、より親しみやすいイラストに！

デザインのポイント

- 複雑なカタチをつくるポイントは「頂点」と「曲線」
- 「頂点」の数と位置で、カタチの全体像が決まる
- 「曲線」を取り入れると、より自然で親しみやすいカタチに

本格的なカタチを支える、頂点と曲線のふるまい

頂点の数と位置で図形が大きく変わる例

五角形の頂点を
変えてみると…

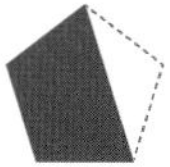
1点減らせば
台形に

1点増+位置調整で
クリスタル

5点増+位置調整で
星形に

長方形の頂点を
変えてみると…

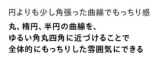

2点増やして均等にずらせば
リボンのカタチに

曲線を使うとより自然に仕上がる例

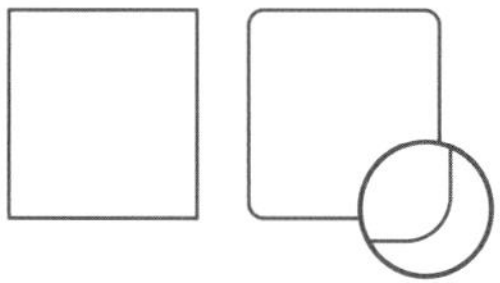
多角形の角を
丸めると
優しい印象に

直線と曲線の
つなぎ目を
スムーズにする
(クロソイド曲線)

頂点が小刻みに
続いている線を
滑らかにする

頂点と曲線を足して複雑にしたイラストの例

円よりも少し角張った曲線でもっちり感

丸、楕円、半円の曲線を、
ゆるい角丸四角に近づけることで
全体的にもっちりした雰囲気にできる

2種類の曲線を組み合わせてキャラづけ

単なる円だけではなく、
楕円をより平たくしたような曲線を
組み合わせて顔として特徴付けられる

角を丸めて優しい雰囲気に仕立てる

各頂点を角丸にすることで
四角形の重厚感が軽減されて
優しい雰囲気のアイコンに仕上がる

曲線を多用して有機的なシルエットに

ゆるやかな曲線を使うことで
無機質さが減り、人の有機的でやさしい
雰囲気のシルエットに仕上がる

イラストを加工する

カタチに色を塗る

描いたカタチの一部や全部に対して、面・線の色をそれぞれ付け加える

イラストのカタチをつくることができれば、そこに色をのせていきましょう。

まず前提として、一つの図形に対する線と面（点を含む）の色は別物として扱います。つまり、描いたカタチに対して線だけ、面だけ、両方に色をのせる3パターンの表現方法があるということ。

それをふまえつつ、線に色をのせることを考えましょう。目に見える実線は、非常に細い面と同じ。色をのせる幅を設定する必要があります。太すぎて面になってしまわず、細すぎてかすれない程度の幅で調整してみましょう。なお、線幅が太めだとコミック調に、細めだと説明的に、線なしだと優しい雰囲気のイラストに仕上がります。

一方で面の色は、塗り絵のイメージ。全体を同一色で塗るとシルエットになるため、部分的に色を使い分けて各パーツを見やすくしていきます。

線の色と、面の色は別物として扱うのが基本

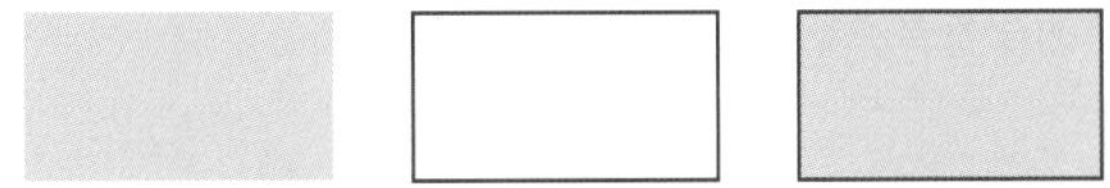

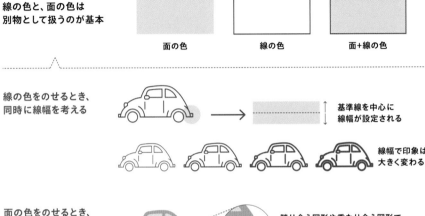

線の色をのせるとき、同時に線幅を考える

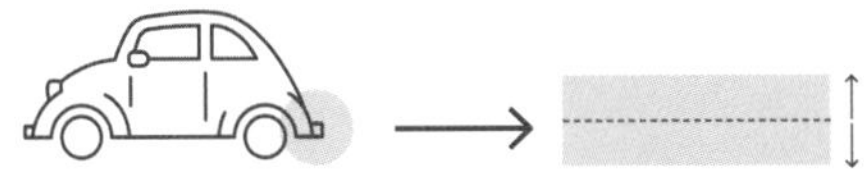

基準線を中心に線幅が設定される

線幅で印象は大きく変わる

面の色をのせるとき、図形の重なり方から色分けを考える

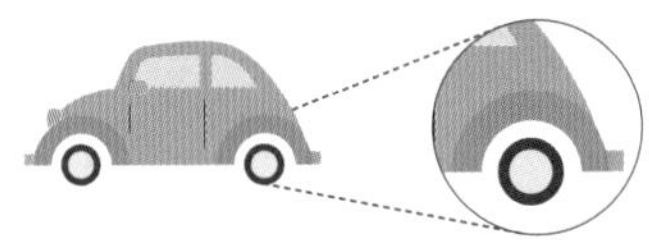

隣り合う図形や重なり合う図形で色を分けることで各パーツをしっかり見えるようにする

部分的に色を抜けば単色でもOK
線を使うとポップな雰囲気に

デザインのポイント

- 「線」と「面」はそれぞれ別物として色をのせる
- 「線」に色をのせるときは、線幅も一緒に考える
- 「面」に色をのせるときは、色分けでカタチを強調する

面と線の色の塗りと印象の違い

面のみに色を塗る場合

色の境界線が曖昧に見えることから
全体的に優しい雰囲気に感じやすい

ただし……
色の塗り分けが難しく、背景色とも同化しやすい
色の数と見せるときのサイズを常に意識する

単色にしてしまえば
アイコンとして
小さくしても見やすい
イラストにもできる

線のみに色を塗る場合

描いているものの輪郭が強調されるため、
より鮮明でポップな印象を与えやすい

ただし……
線幅で印象が大幅に変わってしまうため、
説明図なら細め、イラストなら太めを意識する

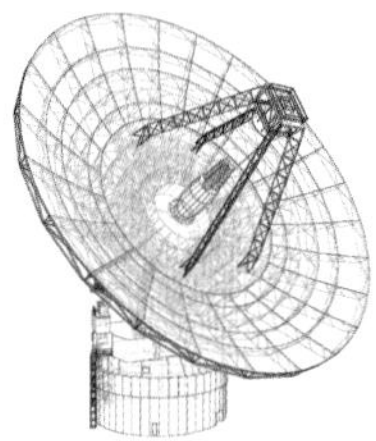

設計図や詳細図など
構造や姿を
正確に伝えたいときは、
線画にするのがオススメ

面と線の両方に色を塗る場合

色の塗りと線による輪郭の両方が明確になるため、
よりアニメ的で楽しげな雰囲気を強く感じやすい

ただし……
面と線の色を両方盛り込みすぎると、情報過多になるため
線幅や線の量を調整して、煩雑にならないように意識する

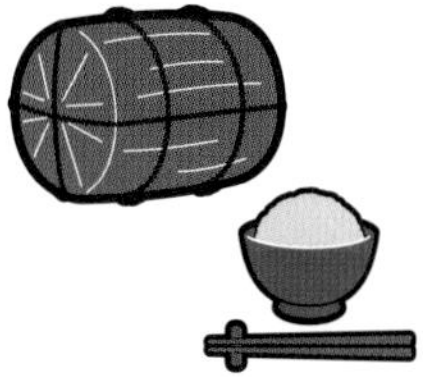

線と面を両立させる
手法の一つとして、
全体の輪郭線だけ太め、
中身は細めと使い分けると
ポップさが際立って
見やすくなる

イラストを加工する

効果で質感を生む

**色の透明度、影、光彩、ぼかしなどで
イラストとしての質感をつくりだす**

イラストに色をのせたとき、“のっぺり”したように見えて物足りなく感じることがあります。これは、イラストとして情報不足である証。カタチも色もつくれているものの、イメージしてもらうのにまだ少し加工が足りていません。

情報不足を解決する方法が、「質感」の追加。陰影、ハイライト、グラデーション、透明感、境界のぼけ具合など、現実の世界では様々な理由で色がわずかながらも変化しています。これらをイラストでも再現することで質感が生まれ、より説得力が高まっていきます。

質感を生む方法は数多くあり、あとのせで加工することから総じて「効果（エフェクト）」と呼ばれています。効果の加工を重ねるほど見た目が派手になっていきますが、やり過ぎると情報過多になりがち。あくまで不足した情報を補うつもりで、質感を与えてみてください。

色をのせたイラストに、陰影、ハイライト、ぼかしなどを加工して、質感を生む

主な“効果”の加工方法

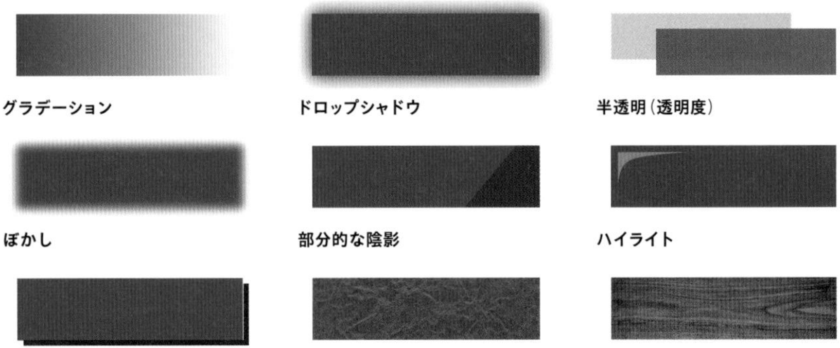

デザインのポイント

- ✓ カタチと色だけでは足らない情報を補うのが「質感」
- ✓ 陰影やハイライトなどで、イラストに変化を与える
- ✓ 質感を生み出す加工方法は多くあり、まとめて“効果”と呼ぶ

効果を使いこなして、質感を生む

陰影をつくる加工

グラデーションで徐々に濃くする

一部を濃くして影に見せる

イラストの下に影を落とす

イラストの背面に影を落とす

ハイライトをつくる加工

グラデーションで一部を明るくする

一部を明るくしてかりに見せる

線でてかりを再現する

コミックの技法でそれっぽく見せる

塗りを特徴付ける加工

テクスチャでリアルな質感を生む

ドットパターンで塗りつぶす

斜線のパターンで塗りつぶす

背景に同化するグラデーション

透明感を感じる加工

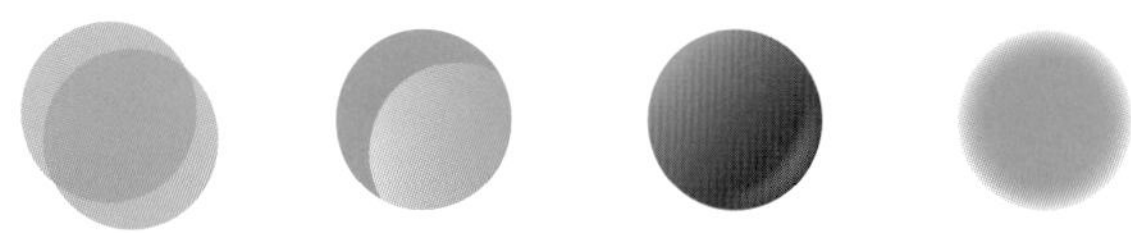

半透明な色を重ねる

明るいグラデーションを重ねる

暗いグラデーションにハイライト

内側に光彩を入れる

質感の加工方法は無限とも言えるほど可能性を秘めているため
まずはフラットな塗りから少し足して情報量を増やすつもりで挑戦してみましょう。
慣れてきたら、練習あるのみです！

イラストをつくる

本格的なイラストを描く

イラストのコンセプトを決めて、複雑すぎない程度につくり込んでいく

上級編として、より本格的なイラストにも挑戦してみましょう。ただし、本来はプロに依頼したり素材を使って良いレベルの話。まずは善し悪しがわかる知識として持ちつつ、ゆくゆくは自分でもつくれるように練習してみてください。

本格的なイラストにおいて欠かせないのが、立体感。描くモノを3次元としてとらえ奥行きを表現できれば、より自然なイラストに仕上げられます。立体は、言い換えれば遠近と影の表現。遠近によるサイズの大小、光の当たり方による影の有無で、平面のイラストを立体に“見えるように”することができます。

立体感のあるイラストを練習するのに、図法から取り組むのも大切ですが、おもいきってトレースすることも重要です。上からなぞるだけでも、奥行きや影のでき方、構図が理解しやすくなります。少しずつ練習を繰り返してみましょう！

立体を意識して描けるようになると、イラストの幅がぐっと拡がる

遠近感を生むサイズの大小（の基準線）や、影のでき方を意識してみよう

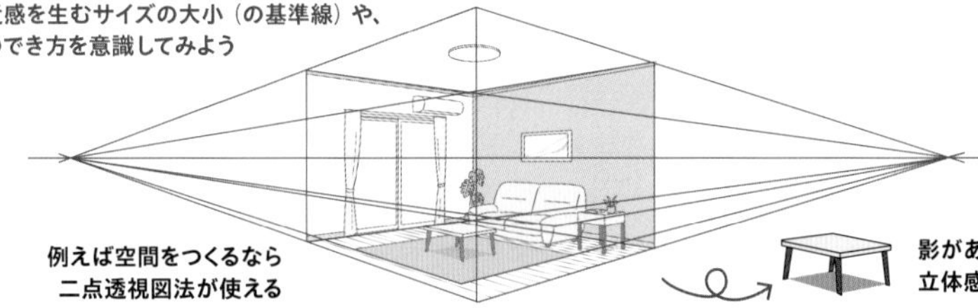

デザインのポイント

- ✓ **本格的なイラストには「立体感」は欠かせない**
- ✓ **「立体感」は遠近感と光の当たり方、影のでき方を意識しよう**
- ✓ **「トレース」で練習してみると上達しやすい！**

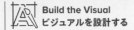

本格的なイラストに挑戦する2つの方法

縦・横・奥行きの「基準線」を引く

立体的なイラストを描くとき、まずはシンプルな直方体、立方体、円柱などから練習してみましょう。立体を表現する「奥行き」は、基本的に遠近感で表現していきます。いわば近いものは大きく、遠いものは小さく見えることですが、無限に遠いものは無限に小さくなるということでもあります。この無限に小さくなる点を「消失点」と呼び、そこから基準線を引くことで遠近感を感じやすい「奥行きのカタチ」がわかるようになります。なお、消失点を1点にしたものを「一点透視図法」、2点にしたものを「二点透視図法」と呼びます。特に円柱は遠近感の差がわかりやすいため、試してみましょう！

写真をトレースしてイラストをつくる

複雑なイラストをつくるとき、非常に効果的な手法がトレースです。参考となる写真を上からなぞる手法ですが、ただなぞるだけでは意味がありません。どのようなパーツがあり、それがどのように重なっているのか。どこに影やハイライトが生まれて、色がどのように変化しているのか、観察し理解しながら描くことで、カタチ・質感ともに理解を深めることができます。なお、トレースして描いたイラストを使う場合、必ず著作権に問題がないか確認をしましょう。画像検索の結果をトレースして公開するのは基本NG。Wikimedia Commonsなど二次利用可能な画像を使うことを心がけてください。

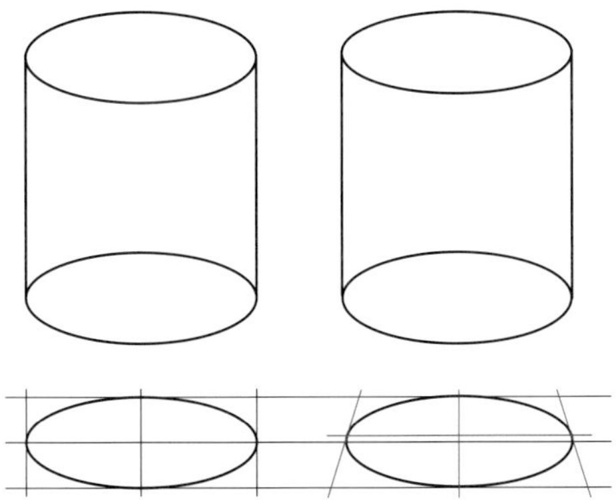

正確な楕円で円柱を描くと
少し違和感がある

円柱に遠近感のサイズ差を
つけると自然な立体に見える

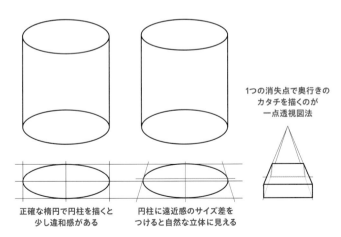

1つの消失点で奥行きの
カタチを描くのが
一点透視図法

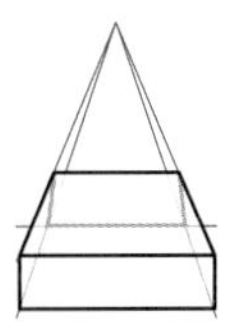

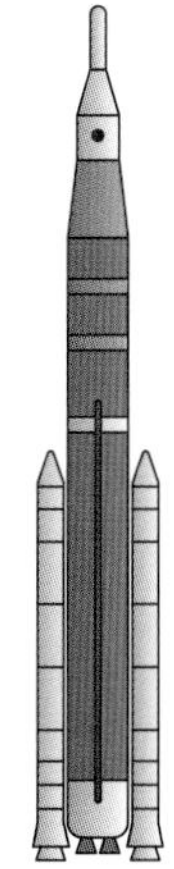

写真の引用：NASA
Photo: NASA/Kim Shiflett

イラストをつかう

トンマナを合わせる

イラスト素材をつかうとき、トンマナやテイストは統一する

イラストを使いたいとき、実際のところ自分でゼロからつくることは多くありません。すでに公開されている素材を使用したり編集することが多いはずです。その際、イラストを無作為に選んでしまうと逆効果。印象がちぐはぐになり、違和感からメッセージが正しく伝わらなくなってしまう可能性があります。

　そういったミスリードを避けるために重要なのが、イラストのテイスト、トンマナ（トーン＆マナー）です。色調や加工方法、描写する視点の角度（斜め上からみた立体図か、側面から見た平面図か）などで、イラストのテイストは大きく変わります。これらの見え方を統一するのがトンマナ。最も簡単なトンマナの調整方法は、同じ作家のイラストを使うことです。しかし、実現できないこともあるため、なるべく同じような見た目のイラストを集めることを心がけるのが大切です。

異なるテイストのイラストを混在させると、
見た目の統一感が薄れるだけでなく、誤解やわかりづらさにつながる可能性がある

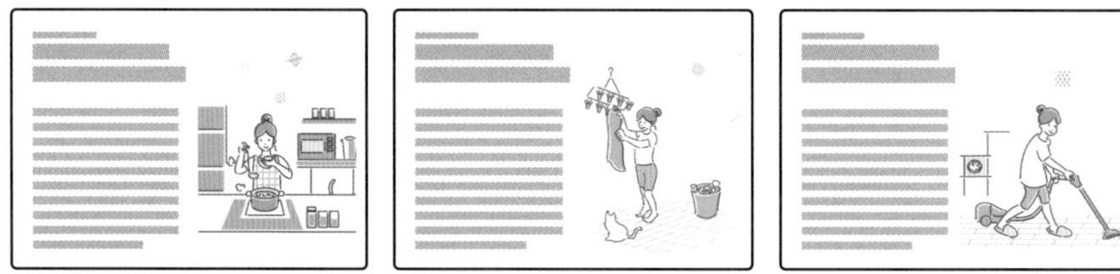

同じようなテイストのイラストで統一することで、
見た目を統一しつつ、伝えたいメッセージの内容に集中しやすいようにする

デザインのポイント

- ✓ イラスト素材を使うなら、テイストを合わせよう
- ✓ 同じイラストレーターで統一できると合わせやすい
- ✓ 線、面、配色で調和のとれるイラストを個別に集めてもOK

トンマナを統一したイラストを選ぶポイント

Point 1 同じイラストレーターの作品から選ぶ

イラストを作成した作家がわかる場合、
同じ作家の作品で統一することで
同じような作風のイラストを揃えやすい

Point 2 線の有無と太さを統一する

イラストに線を用いるかどうか、
用いる場合は線の太さや線の量、カタチを統一することで
イラストのテイストを統一しやすい

Point 3 面の塗りと加工を統一する

シンプルで加工の少ない塗りなのか（フラットなイラスト）、
グラデーションなどの効果の加工が盛りだくさんなのか、
面の塗りと加工の量を揃えると、テイストが合いやすい

Point 4 配色（トーン）の調和がとれるもので揃える

イラストに使っている色が、
配色（トーン）の調和がとれているもので統一すると
線や面の加工が少し違っていても合わせやすい

PowerPointの基本
イラストを描くための機能

PowerPointのイラストを描くための機能は、Adobe Illustratorの基本機能にも匹敵する編集能力を備えているものの、使い勝手や挙動が独特であり、使いこなすのに知識と慣れが必要です。PowerPoint単体で描ける範囲を見定めるためにも、しっかり機能を把握しておきましょう。

イラストにまつわる機能の一覧

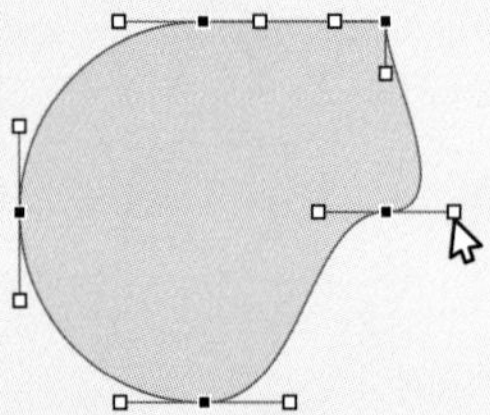

カタチをつくるための機能

- #4-14 単純なカタチをつくる
- #4-15 複雑なカタチをつくる
- #4-16 図形を組み合わせる
- #4-17 線を描く

サイズ・位置は「Designing #1 レイアウト」をチェック!

イラストの加工にまつわる機能

- #4-18 図形を塗りつぶす
- #4-19 図形に効果をかける
- #4-20 3Dモデルを活用する

色の設定は「Designing #3 色と配色」をチェック!

カタチをつくるための設定

加工にまつわる設定（色はDesigning #4を参照）

サイズや配置にまつわる設定（Designing #1を参照）

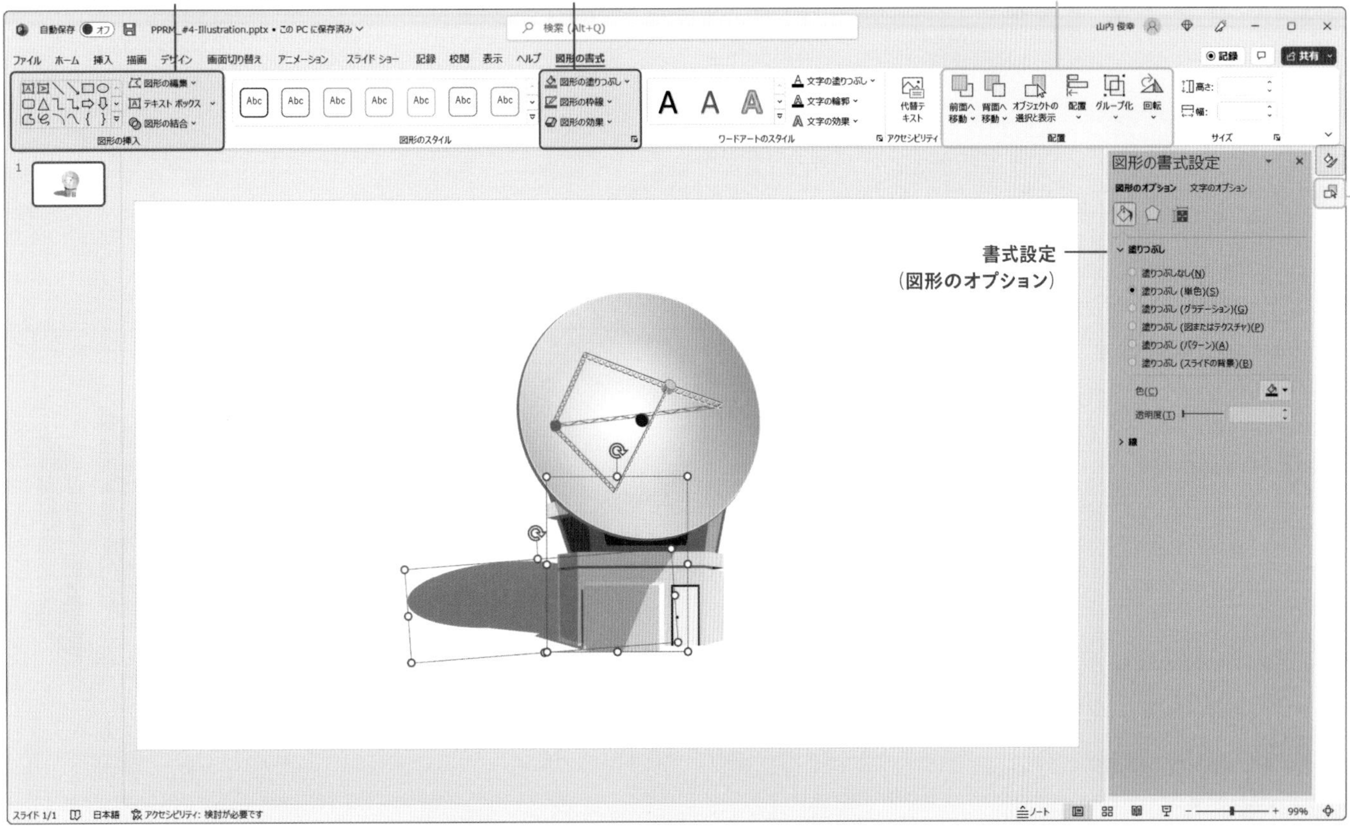

書式設定
（図形のオプション）

PowerPointの機能
単純なカタチをつくる

PowerPointには、あらかじめ200種ほどの図形が用意されています。四角や円形といったシンプルな図形から、星形、立方体、円柱、リボン、吹き出しといった一手間かかる図形まで揃っており、単純なカタチであれば簡単に作成することができます。

線|直線、曲線、フリーハンドの線など

四角形|長方形、台形、角丸四角など

基本図形|多角形、円、簡易イラストなど

ブロック矢印|線ではない矢印図形

数式図形|四則演算記号の図形

フローチャート|関係を示しやすい図形

星とリボン|多角の星と縦横リボン

吹き出し|吹き出しと引きだし線

動作設定ボタン|
クリックで動作するボタン(特殊図形)

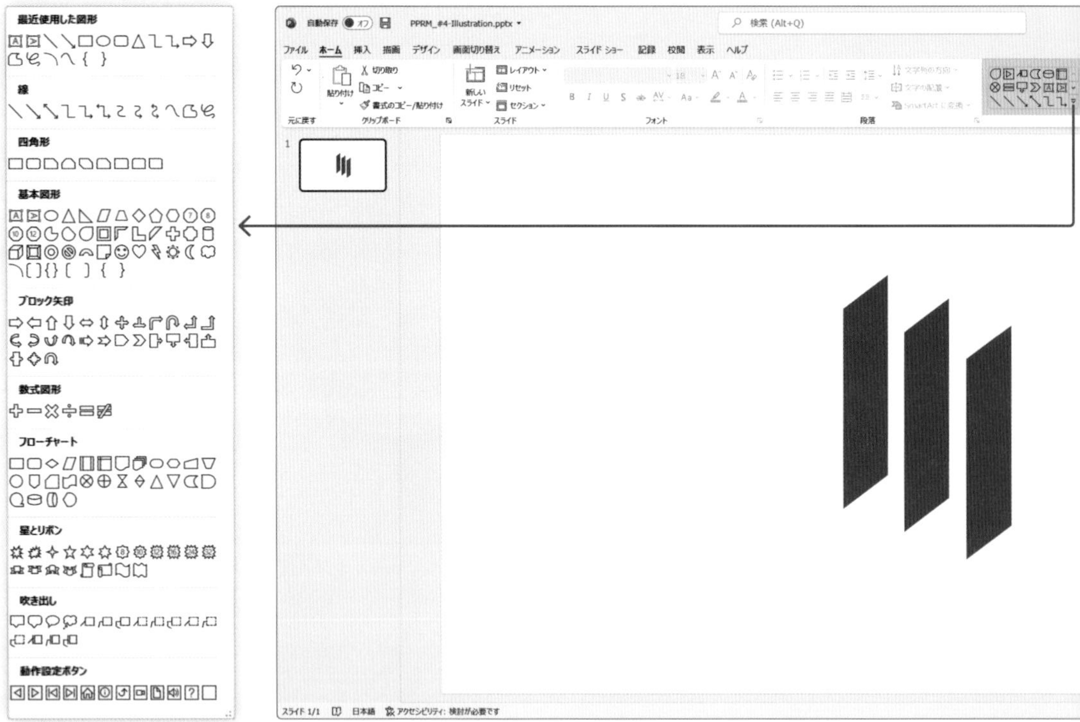

図形の作成を支えてくれる機能

変形ツール

角丸四角や矢印など、いくつかの図形には黄色いハンドルの「変形ツール」がついています。これは、図形を挿入したあとにカタチを修正できる機能で、黄色いハンドルをスライドさせるだけで変形させることができます。ただし、数値で調整することができず、マウスのみで調整する必要があります。

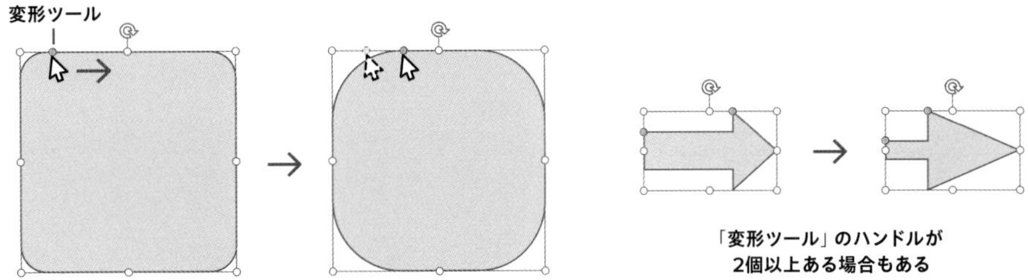

図形の変更

一度作成した図形を、サイズや位置はそのままに別の図形へ置き換えることができるのが、「図形の変更」です。図形を間違えたとき、変更が生じたとき、バリエーションを増やしたいとき、図形にほどこした変更をリセットしたいときなど、様々な場面で使える非常に便利な機能です。

なお本機能は、「図形の書式」リボンの「図形の編集」メニュー内に隠れています。「図形の変更」を選択すると図形の挿入時と同じリストが現れるので、置き換える図形を選べばOKです。

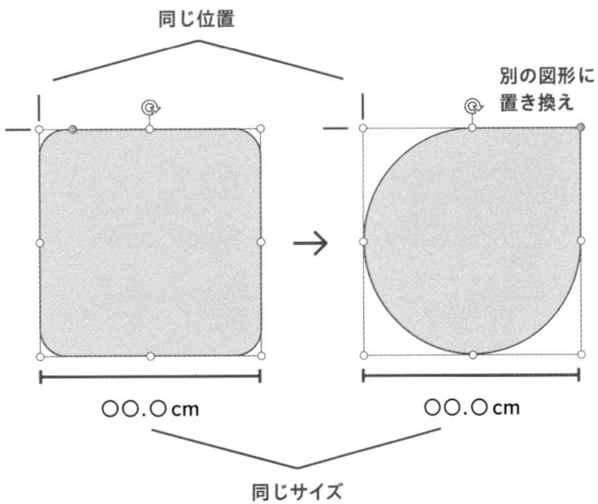

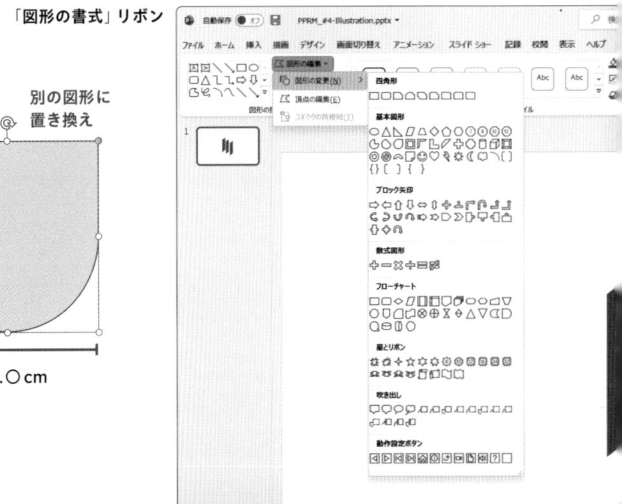

PowerPointの機能

複雑なカタチをつくる

用意されている図形以外にオリジナルのカタチをつくりたい場合、「頂点の編集」機能が便利です。挿入した図形からベジェ曲線でさらに変形できる機能で、編集したいオブジェクトの右クリックメニューから呼び出せます。編集方法としていくつかの機能が用意されており、使い分けてカタチをつくります。

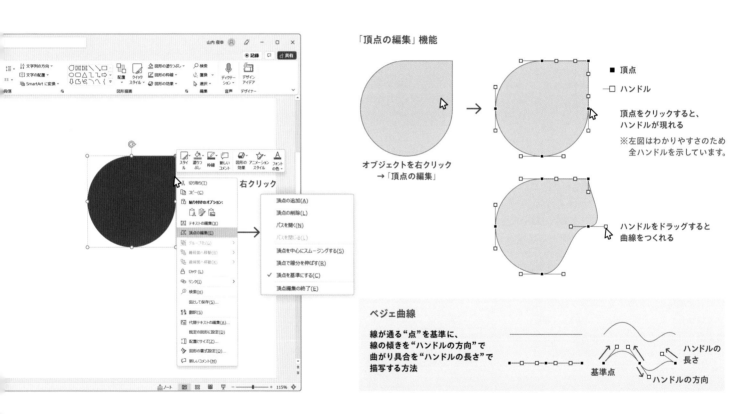

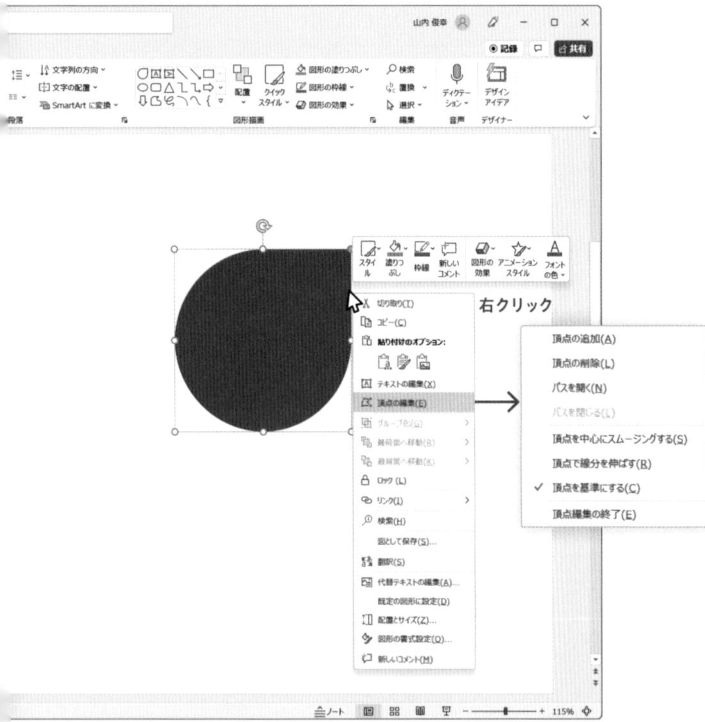

「頂点の編集」機能

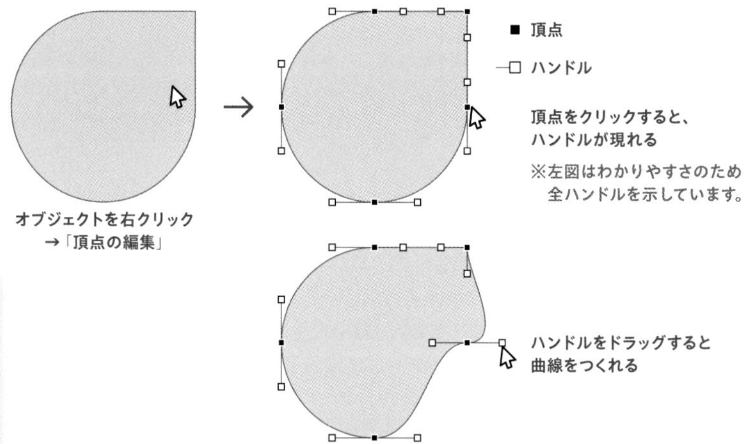

ベジェ曲線

線が通る“点”を基準に、線の傾きを“ハンドルの方向”で曲がり具合を“ハンドルの長さ”で描写する方法

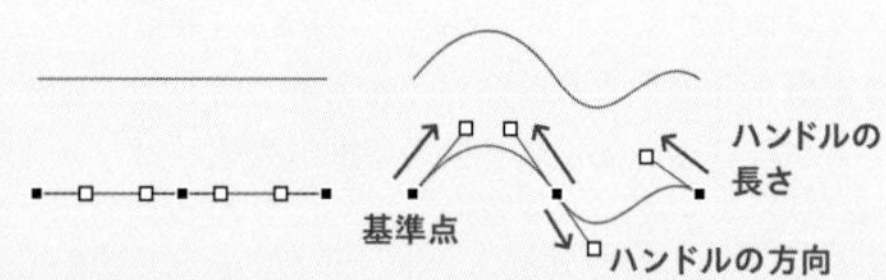

「頂点の編集」の基本機能と注意点

「頂点の追加」「頂点の削除」

図形に頂点を追加するには、頂点を加えたい図形の線を直接ドラッグ、Ctrl＋クリック、右クリックメニューから「頂点の追加」を選ぶ3つの方法があります。頂点を削除するには、頂点の上でCtrl＋クリックするか、右クリックメニューから「頂点の削除」を選びます。なお、追加、削除ができるときはマウスポインタが専用の形に変わります。

頂点を追加・削除できるときは、マウスポインタが専用の形に変わる

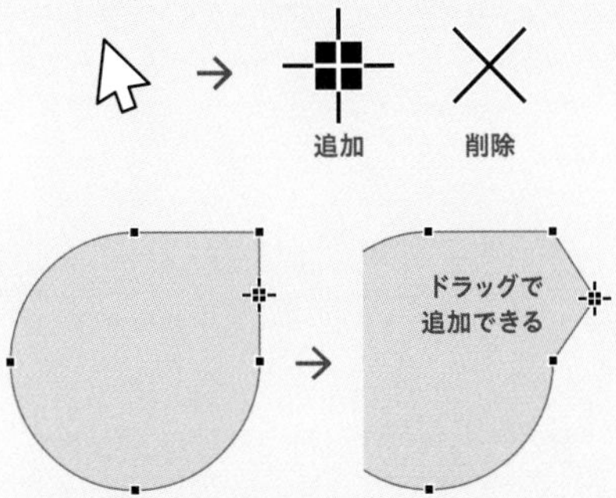
追加
削除
ドラッグで
追加できる

頂点の移動

頂点はマウスドラッグのみで移動させることができ、キーボードや数値での調整はできません。頂点にカーソルを重ねると専用の形に変わるので、それを確認してから移動させると操作ミスを防げます。なお、隣り合う頂点の設定が後述する「頂点を基準にする」になっていない場合、頂点の移動に連動して他の曲線が自動的に補正されてしまいます。

頂点を移動させることができるときは、マウスポインタが専用の形に変わる

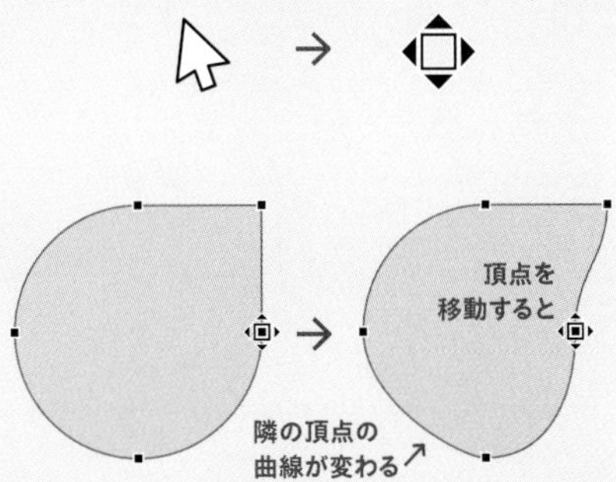
頂点を
移動すると
隣の頂点の
曲線が変わる

「パスを開く」「パスを閉じる」

図形は基本的にパス（図形の頂点と線の総称）が閉じている、つまり途切れなく線で囲まれていますが、頂点を基準にパスを開くことができます。ただし、基準とした頂点の隣に新しい頂点が追加されるうえ曲線も変わってしまうため、開く前にあらかじめ“ダミー”になる頂点を追加するのがオススメです。なお、開いたパスを閉じることもできます。

選択した頂点を基準にパスを開くことができる
ただし、開いたあとのパスの扱いに注意

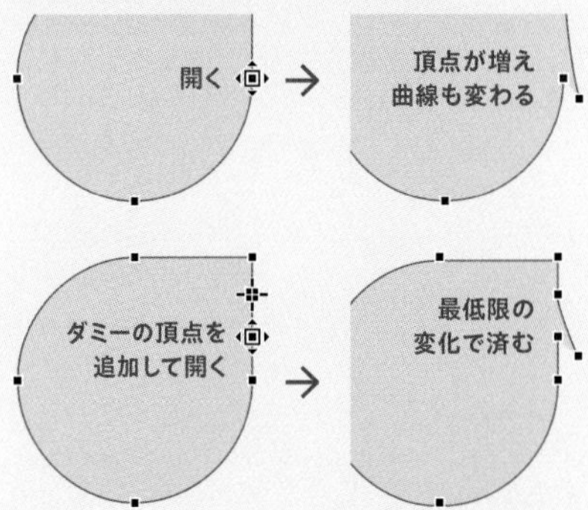
開く
頂点が増え
曲線も変わる
ダミーの頂点を
追加して開く
最低限の
変化で済む

「頂点の編集」で曲線を描く

「頂点を中心にスムージングする」

頂点を中心に、なめらかな曲線を描く機能です。頂点から伸びているハンドルが点対称になるように変更されるため、両翼のうち片方のハンドルを変更するだけで曲線を描くことができます。円や緩やかな曲線など、頂点を中心に同じ曲がり具合（曲率）を続けたいときに使用します。

頂点を中心に点対称にハンドルを動かせる

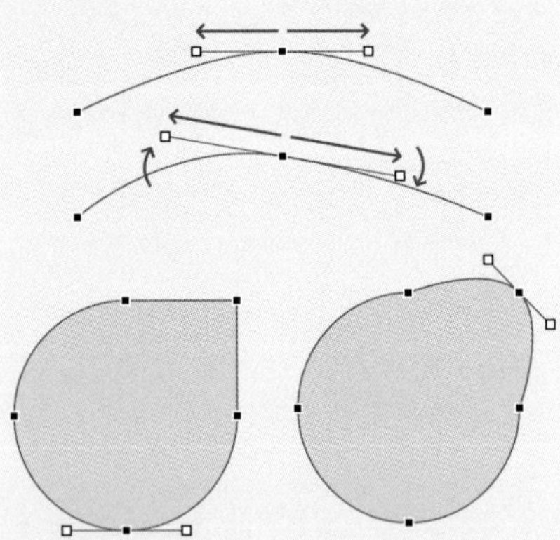

「頂点で線分を伸ばす」

頂点を中心に、非対称な曲がり具合の曲線を描く機能です。スムージングと異なり、ハンドルの方向は頂点を中心に円状に動くものの、ハンドルの長さをそれぞれ別に設定することができます。少々扱いが難しいですが、複雑な曲線を描きたいときや、クロソイド曲線のように曲率を意図的に変えるときに使えます。

頂点を中心にハンドルの長さを非対称に動かせる

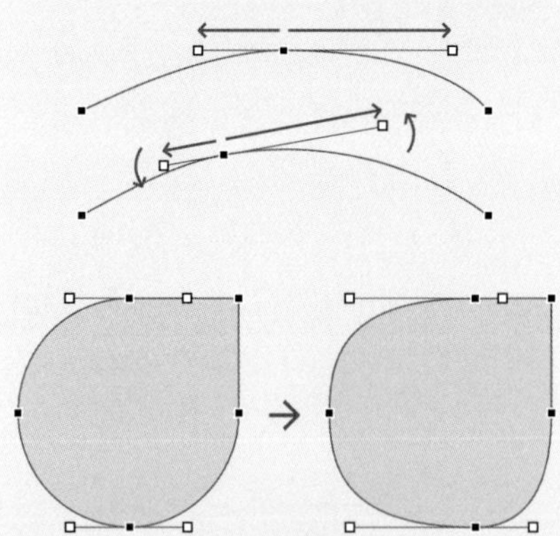

「頂点を基準にする」

頂点を基準に、完全に非対称に曲線を描く機能です。2本のハンドルの方向、長さをそれぞれ独立させて動かすことができます。頂点を基準に角をつくりたい場合に主に使われるほか、PowerPointでは頂点を動かしたときに周囲の曲線まで補正がかかってしまうため、それを避けるのにも使うことができます。

頂点を基準にハンドルを完全に非対称に動かせる

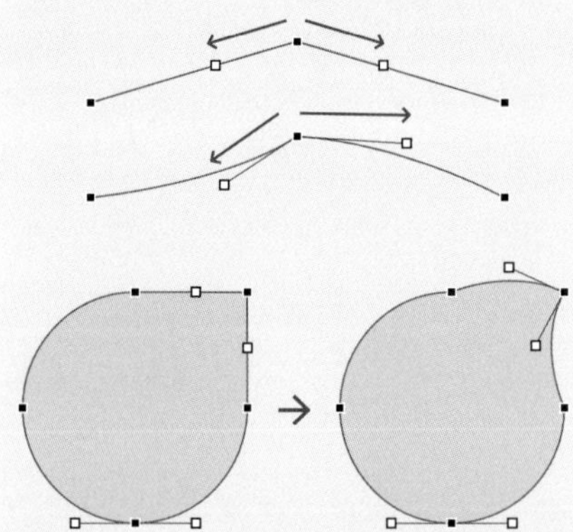

線分を直接調整する

「線分を伸ばす」

2つの頂点の間で描いた曲線を、直線に変換できる機能です。線の両端の頂点は自動的に「頂点を基準にする」に変わり、周囲の曲線へ影響を与えることはありません。図形の一部を直線に変えたいときに便利な機能です。なお、本機能は頂点ではなく線分を右クリックすると専用のメニューが現れます。

選択した曲線を直線に変換できる

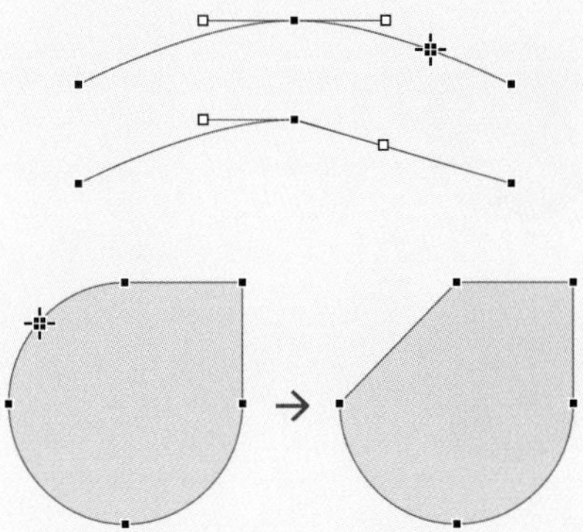

「線分を曲げる」

2つの頂点の間で引いた直線を、曲線に変換できる機能です。線の両端の頂点は「頂点を基準にする」のまま変更されません。頂点をまたいで曲線を描きたい場合は、頂点の設定を「スムージングする」「線分を伸ばす」に変更する必要があります。なお、曲線に変換しても周囲の曲線への影響はありません。

選択した直線を曲線に変換できる

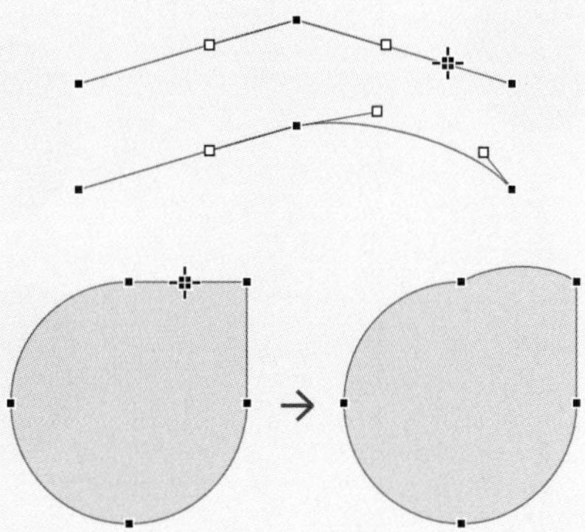

「頂点の編集」の仕様と注意点

「頂点の編集」で導入されているベジェ曲線は、Adobe Illustratorのようなプロ向けツールでも採用されている本格的な機能です。ベジェ曲線を使いこなすのはプロでも難しく、自由自在な曲線を引くには十分な経験と慣れが必要です。だからといって怖じ気づく必要はありません。何事もやらねばできるようになりませんし、やり直しが効くものです。失敗を恐れずぜひ挑戦してみてください！

ただ、PowerPointのベジェ曲線は少し不便な点があります。「頂点の編集」モードに入ると、グリッドとガイドへのスナップ機能が適用されなくなります。キーボードや数値による指定もできないため、正確につくろうとすると精密なマウス操作が求められてしまいます。特に円形のような少しのゆがみも違和感を与えてしまう図形をつくりたい場合は、後述する図形を合成する機能を活用するのがオススメです。

なお、頂点を編集すると、「変形ツール」による調整はできなくなります。

PowerPointの機能

図形を組み合わせる

複雑な図形をつくる方法のひとつに、複数の図形を組み合わせる方法があります。図形を結合させたり型抜きすることで、頂点の編集よりも簡単に複雑な図形をつくることができます。この機能は「図形の書式」リボンの「図形の結合」のメニューにあり、5種の機能から組み合わせ方を選ぶことができます。

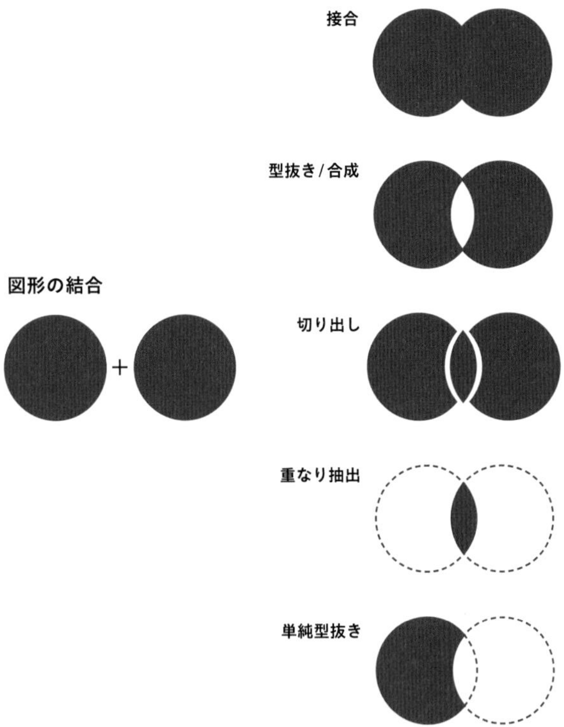

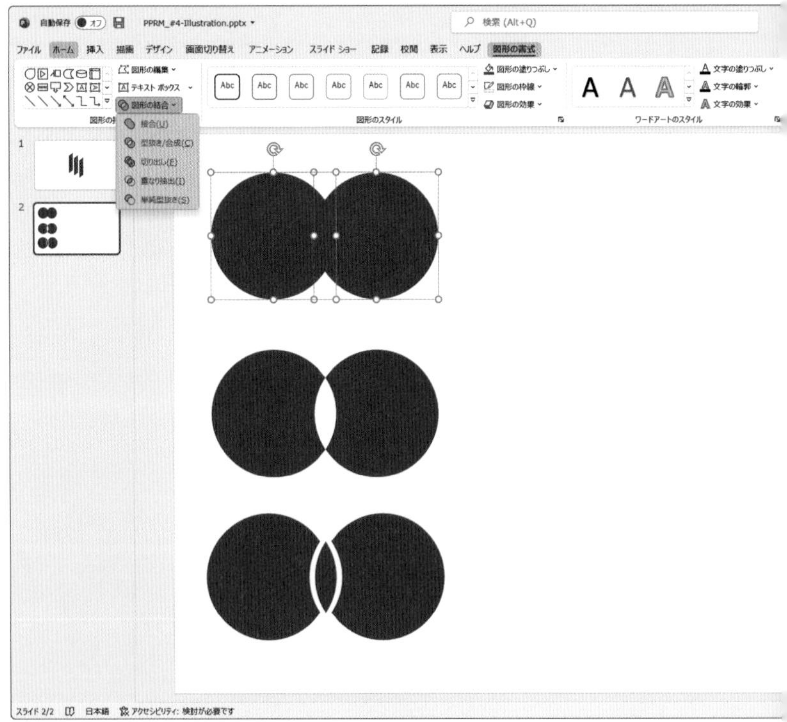

「図形の結合」機能

図形の結合は、2個以上のオブジェクトに対して適用できます。図形だけではなく、テキストに対しても適用可能です。

なお、異なる書式（色や線など）の図形を結合すると、基本的に最初に選択した図形の書式が残ります（ただし、必ずそうなる訳ではありません）。

図形だけではなく
テキストも
「図形の結合」を
適用できる

「接合」

複数の図形を全て合体させ、一つの図形にします。書式が異なる場合は、どれかの図形の書式のみ残ります。

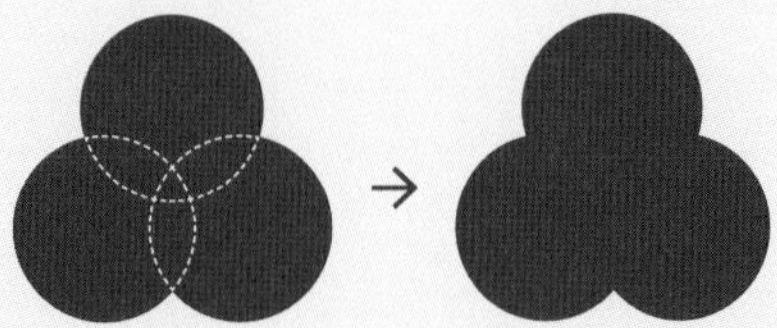

「型抜き / 合成」

複数の図形の重なり合っている部分のみ取り除かれ、残りの部分が1つの図形として扱われます。

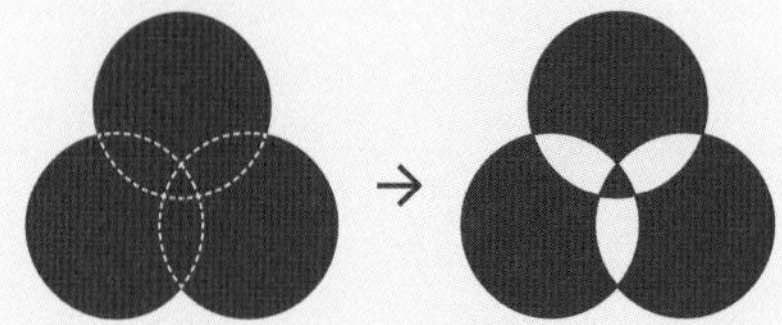

「切り出し」

複数の図形の、重なり合っている部分、重なり合っていない部分を、それぞれ別の図形として切り出します。

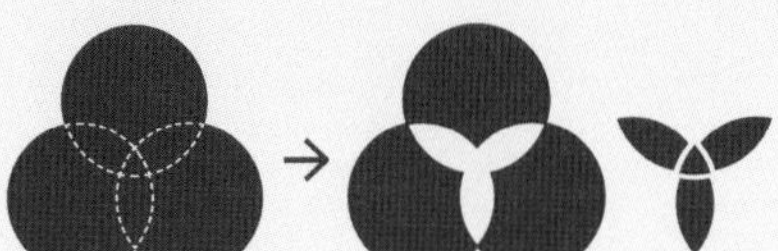

「重なり抽出」

複数の図形の重なり合ってる部分のみを切り出します。ただし、複数箇所に重なりがある場合は適用されません。

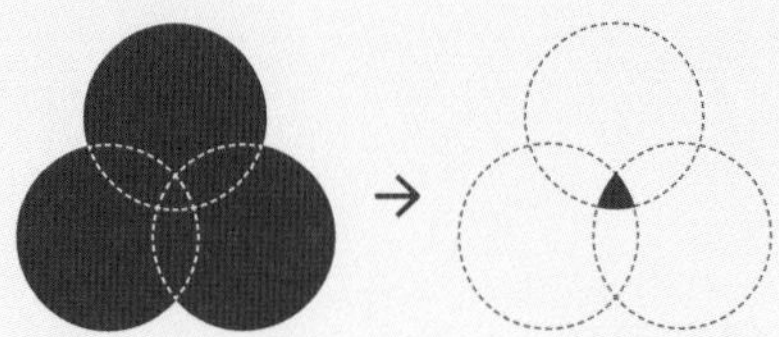

「単純型抜き」

複数の図形の、先に選択した図形に対して、後で選択した図形の形に型抜きします（選択した順番で残る図形が変わります）。

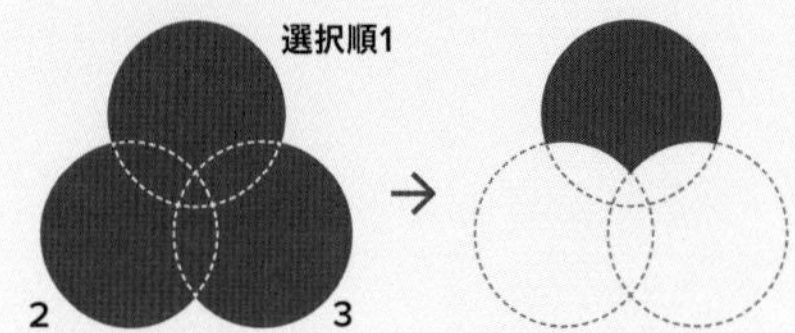

PowerPointの機能

線を描く

イラストのカタチをつくる機能として重要な「線」を描く機能。PowerPointでは、主にフローチャートなどで使いやすい機能が盛り込まれた「コネクタ」と、図形と同様に扱える純粋な「線」の、2種類の線を描けるようになっています。

PowerPointの線の種類

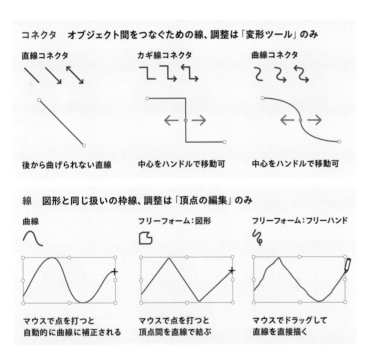

コネクタ　オブジェクト間をつなぐための線、調整は「変形ツール」のみ

直線コネクタ　カギ線コネクタ　曲線コネクタ

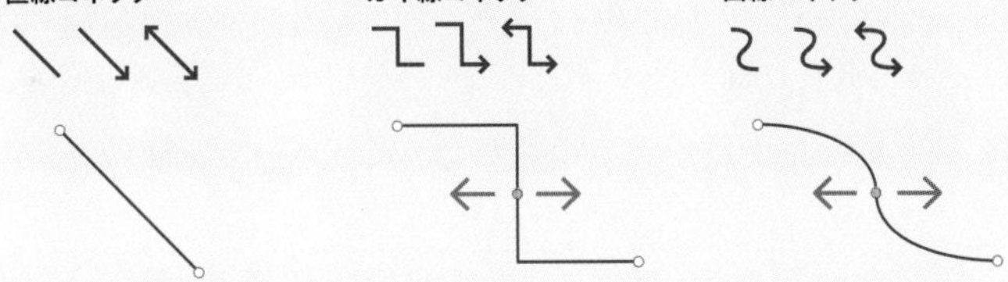

後から曲げられない直線　中心をハンドルで移動可　中心をハンドルで移動可

線　図形と同じ扱いの枠線、調整は「頂点の編集」のみ

曲線　フリーフォーム：図形　フリーフォーム：フリーハンド

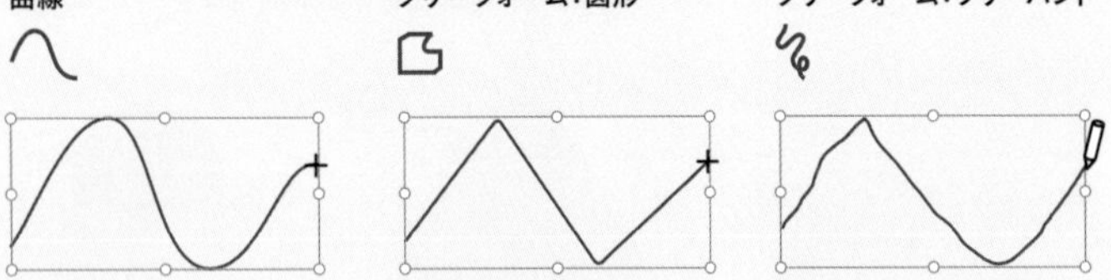

マウスで点を打つと自動的に曲線に補正される

マウスで点を打つと頂点間を直線で結ぶ

マウスでドラッグして直線を直接描く

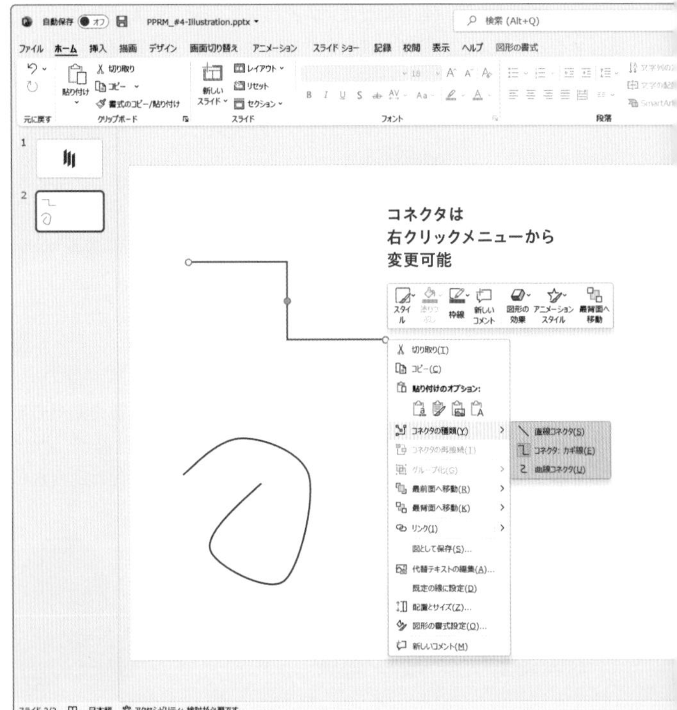

線の配置と書式設定

コネクタのスナップ機能

コネクタは、オブジェクト間をつなぐためのサポートとして、図形の上下左右などにスナップできる機能があります。スナップさせたコネクタは、オブジェクトのサイズや位置の変化に合わせて、線の形状を自動で調整してくれます。

スナップできる箇所は、図形の形状に合わせてPowerPointが提案してくれます。用意されている図形だけでなく、自分で作成した複雑な図形でもスナップできるので、ぜひ活用しましょう。

線の書式設定

線の詳細な設定は、「図形の書式設定」から変更できます。重要な要素だけに設定できる項目も多く、多重線や点線、線の先端の形、線の角の形状などが一通り揃っています。

線とは「細い長い図形」であるため、角が丸いのか、先端が丸いのか、点線の間隔が広いのかなどで、無意識に感じる印象が変わります。こだわりすぎない程度に、しっかりとカタチをつくり込んでみてください。

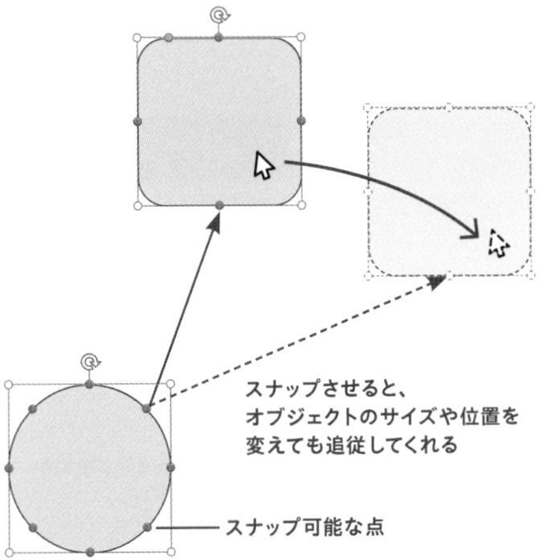

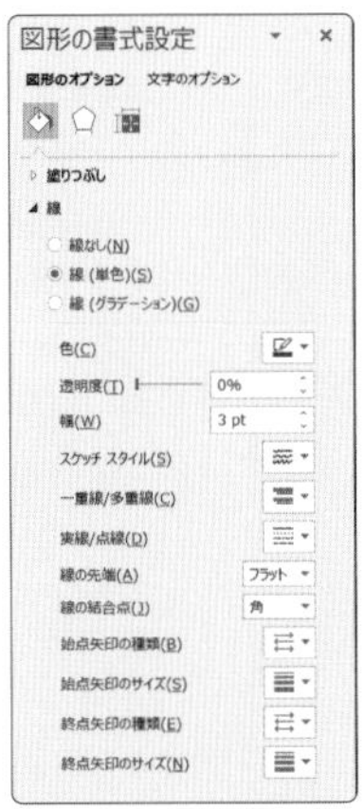

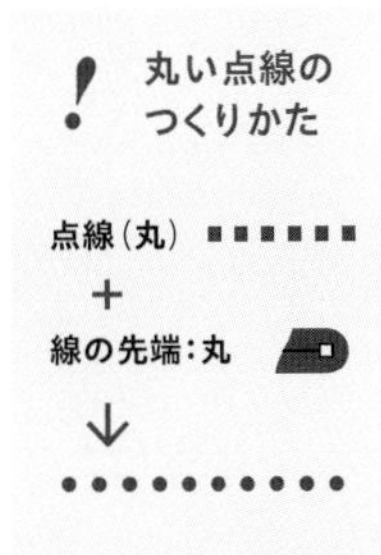

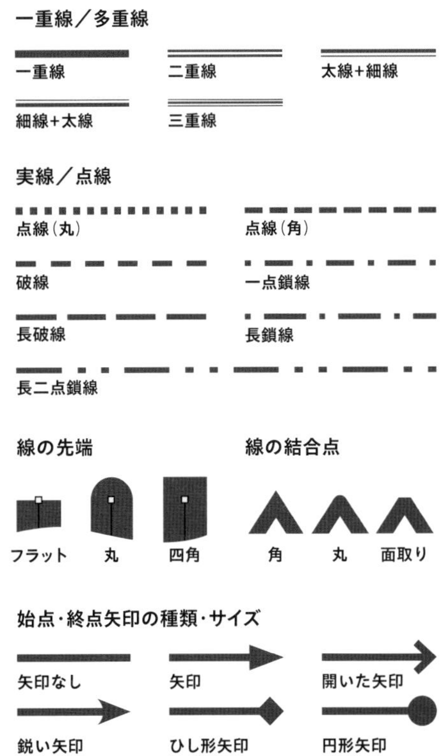

PowerPointの機能

図形を塗りつぶす

図形の最も基本的な加工方法が塗りつぶしです。PowerPointでは、オブジェクトの面と線の両方に塗りを設定できます。また面の塗りつぶしは、単色やグラデーションに加えてテクスチャやパターンもつかうことができ、本格的な加工まですることができます。

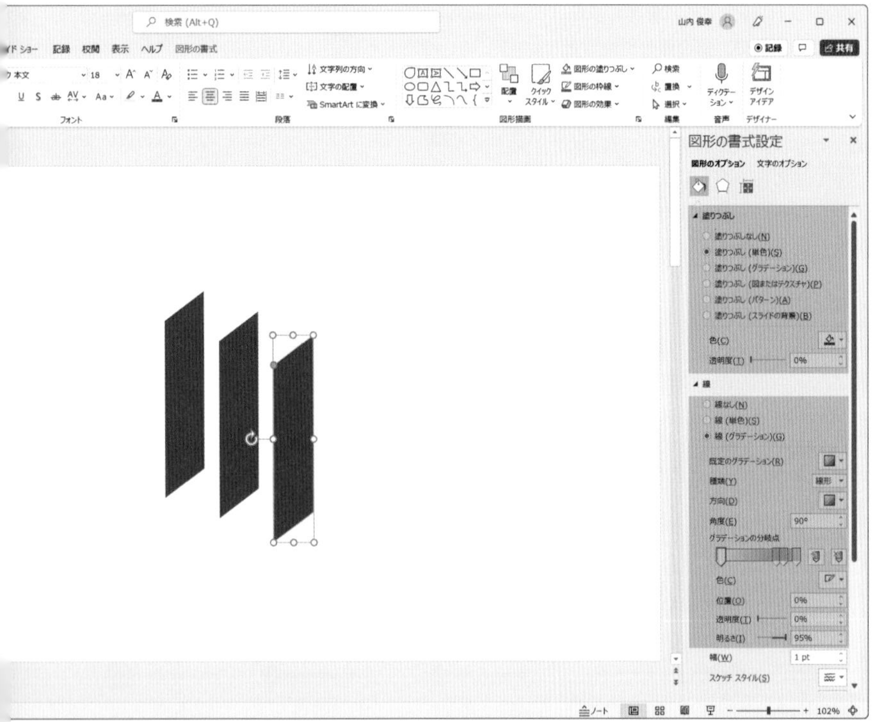

塗りつぶしの機能

単色

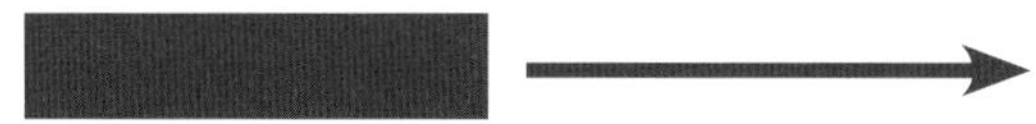

グラデーション

図またはテクスチャ

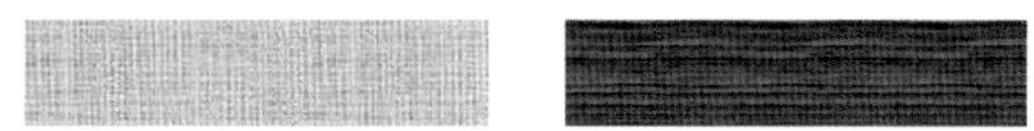

パターン

スライドの背景

※スライド背景と同じ書式が
適用されます

複雑な図形、複雑な塗りつぶし

“オブジェクト単体”を単純に塗りつぶすのは比較的難しくありません。「Designing #3」で紹介したとおりに色をつくり適用するだけです。しかし、塗りによる質感の表現といった本格的な表現をしたい場合、オブジェクト単体では実現が難しく、複数のオブジェクトを重ねて実現することになります。

複雑な塗りの例：質感を生む塗りの表現

つくり込んだカタチに「塗り」の加工をほどこすとき、単色塗りでは質感が生まれずのっぺりしたイラストに見えることがあります。質感を生む基本技は陰影を足すこと。ベースとなる図形にグラデーションで影をつけつつ、別の図形を用意して透明度を調整したグラデーションによるハイライトや濃い影を付け足せば、質感が生まれていきます。

複雑な塗りの例：多色のグラデーション

PowerPointのグラデーションは、形状や角度を細かに設定することができますが（#3-16を参照）、複数の色を混ぜ合わせたようなグラデーションをつくる機能はありません。そこで、楕円形の図形に「パス」のグラデーションを適用し、図形の縁が透明になるよう色を調整したオブジェクトを複数重ねながら配置すると、擬似的に再現することができます。

立方体の質感と図形の数

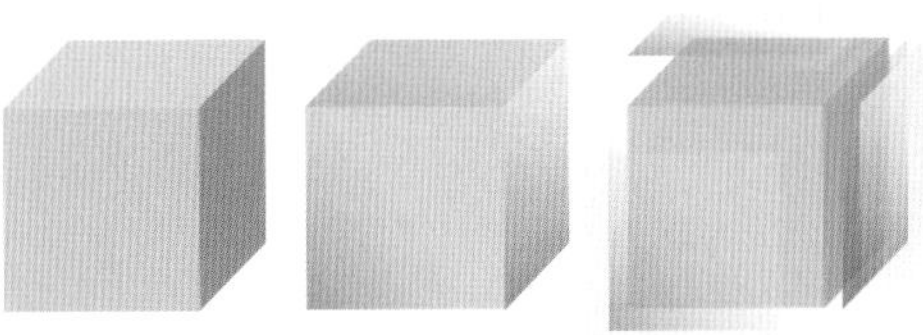

ベースとなる立方体のカタチに、ハイライト、影、テクスチャを各面に3枚ほど重ねる

球の質感と図形の数

グラデーションの色と透明度を調整すると、部分的な質感を生むパーツをつくることができる

ベースとなる円に、基本の陰影を生む斜めのグラデーションを設定しつつ、左上・右上のハイライト、光沢用のハイライトと右下の影を、面・線のグラデーションに分けて別に用意して重ねる

複数の色のグラデーションを重ねる

縁が透明なグラデーション

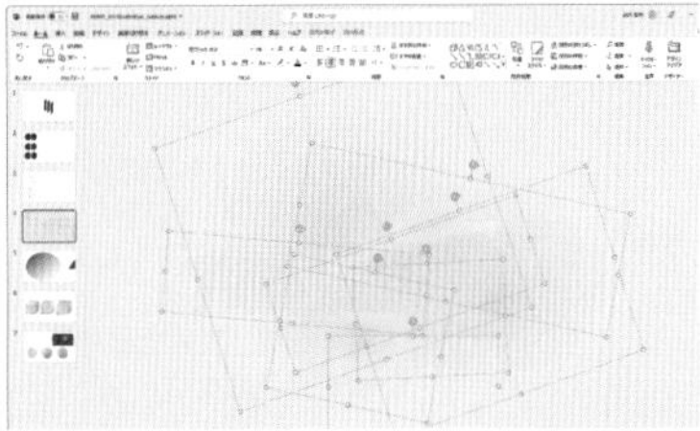

楕円や円弧などの丸めの図形に、縁が透明になるグラデーションを設定し、色を変えながら複数用意

半透明な部分を重ねながら配置すると多色のグラデーションを再現できる
※図として保存や貼り付けをして画像化すると扱いやすくなる

図形の塗りつぶし:テクスチャ

図形を、色ではなく画像で塗りつぶす機能が「テクスチャ」です。画像を繰り返し並べて塗りとすることができ、サイズや透明度も調整可能です。標準で24種類のシームレスな（継ぎ目が見えない）画像が用意されており、自分で用意した画像も使えます。テクスチャは普通の画像と同様に編集できます。

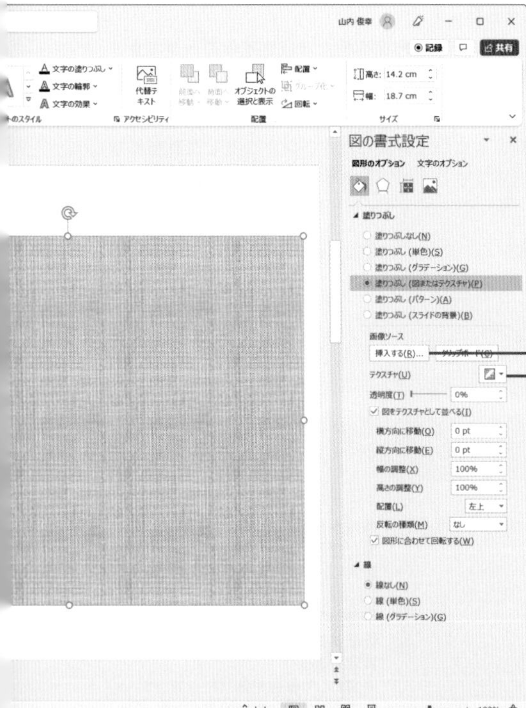

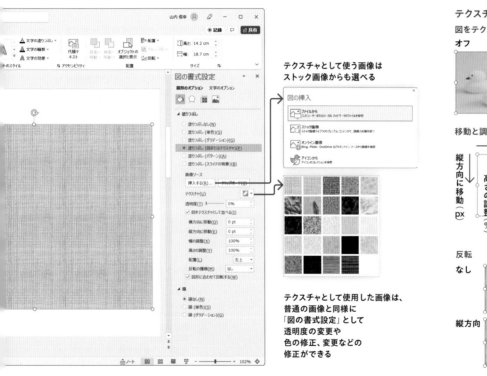

テクスチャとして使う画像は
ストック画像からも選べる

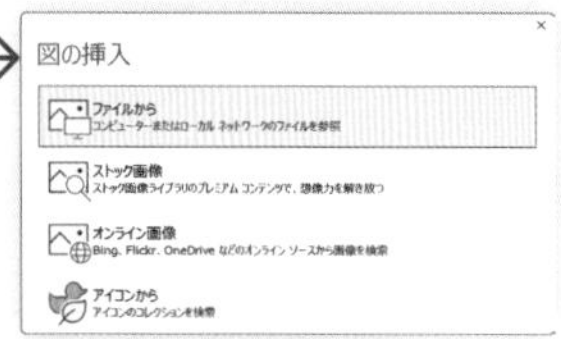

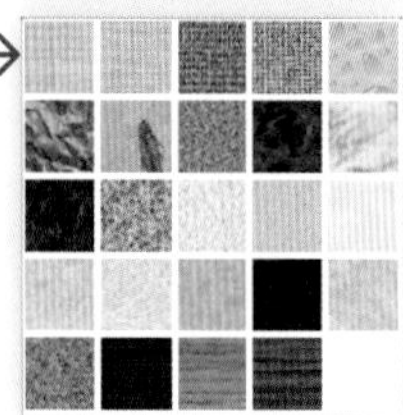

テクスチャとして使用した画像は、
普通の画像と同様に
「図の書式設定」として
透明度の変更や
色の修正、変更などの
修正ができる

テクスチャで設定できること

図をテクスチャとして並べる

オフ

オン

移動と調整

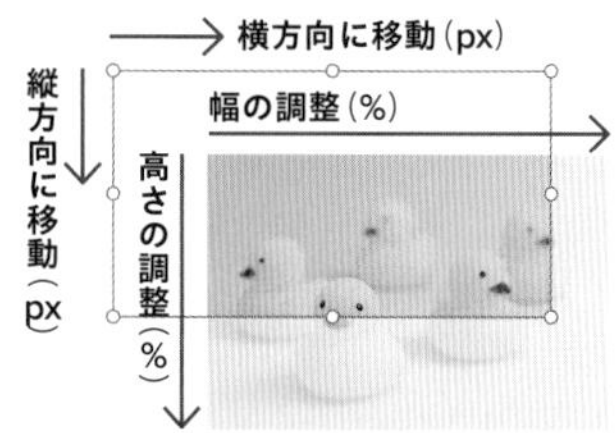

配置

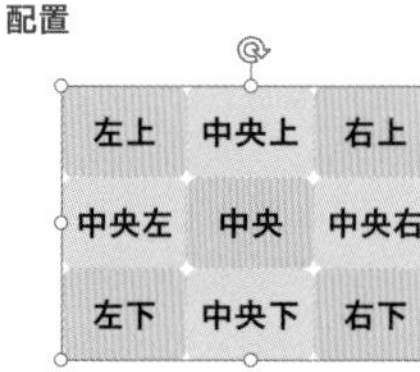

画像を並べる基準の設定

反転

なし　横方向　縦方向　縦横両方向

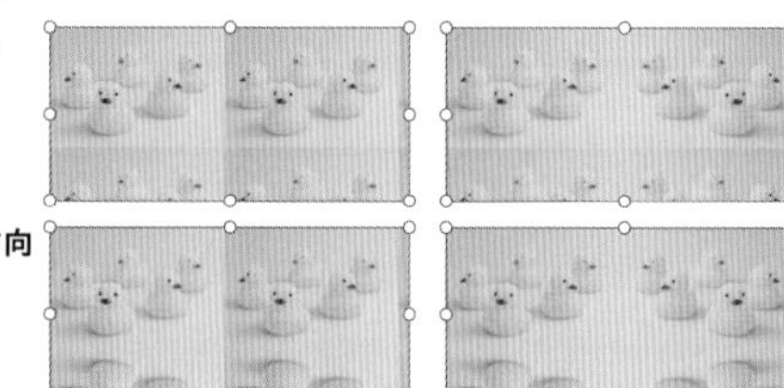

図形の塗りつぶし：パターン

図形を、幾何学模様の繰り返し（パターン）で塗りつぶす機能です。用意された48種類の中から選んで使用します。模様と背景の色をそれぞれ設定できますが、グラデーションや透明は使えません。なお、パターンのサイズはディスプレイ表示時に一定に見えるよう調整されるため、拡大縮小はできません。

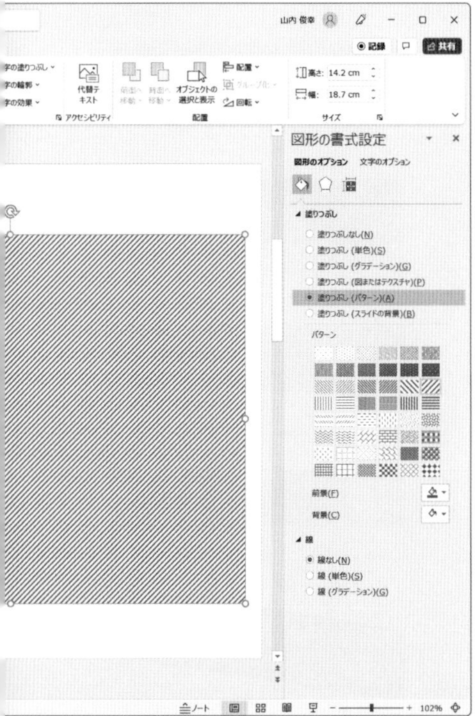

パターンの仕様

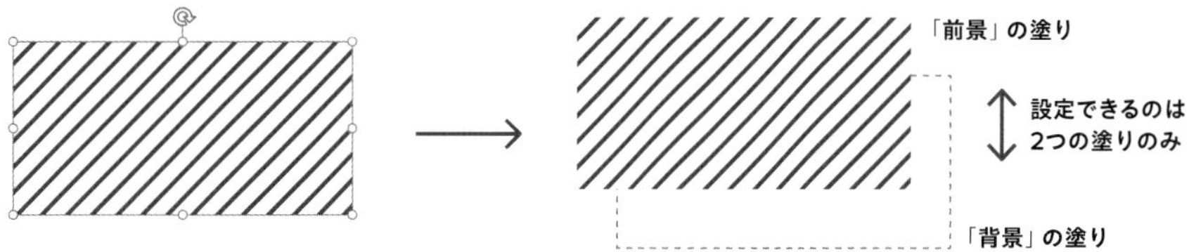

パターン一覧

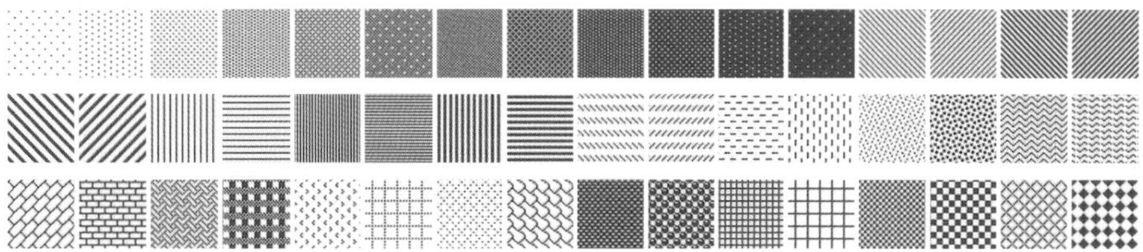

パターンの注意点

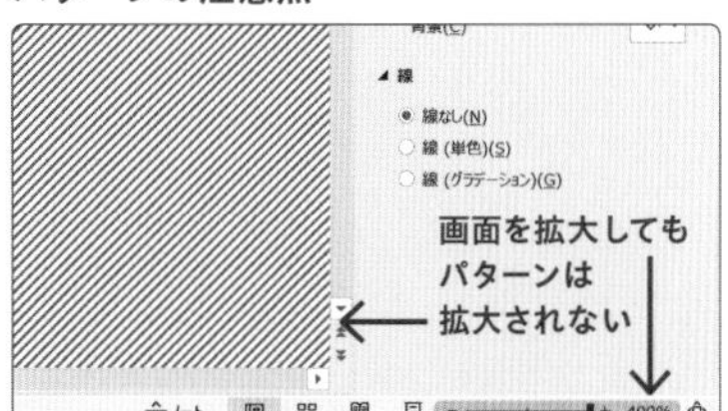

パターンを透過する方法

パターンを適用した図形をコピー＋画像としてペースト
⟶ 「図の形式」リボンの「色」の「透明色を指定」から透明にしたい色を選択（詳しくは#6-18を参照）

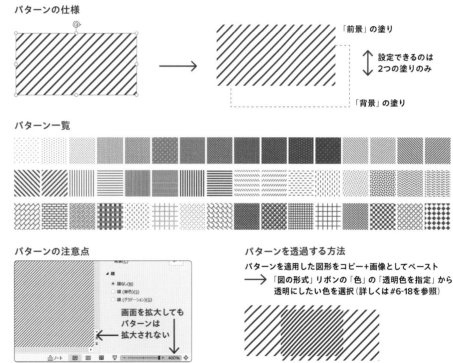

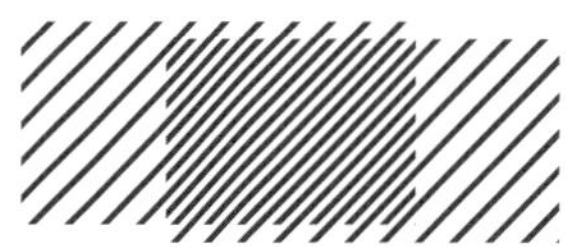

PowerPointの機能

図形に効果をかける

PowerPointには、図形の加工方法の一つとして、「効果」をかけることができます。用意されている効果は5種類。「図形の書式」リボンの「図形の効果」から適用できますが、どれも強めに効果がかかるため、微調整が必須。書式設定から理想の見え方になるよう調整しましょう。

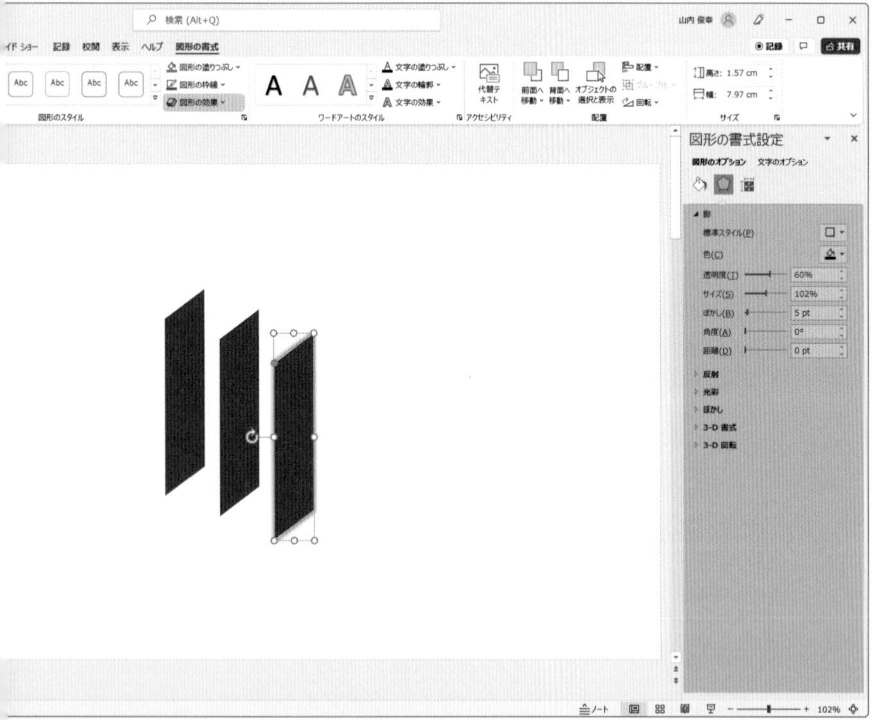

適用できる効果

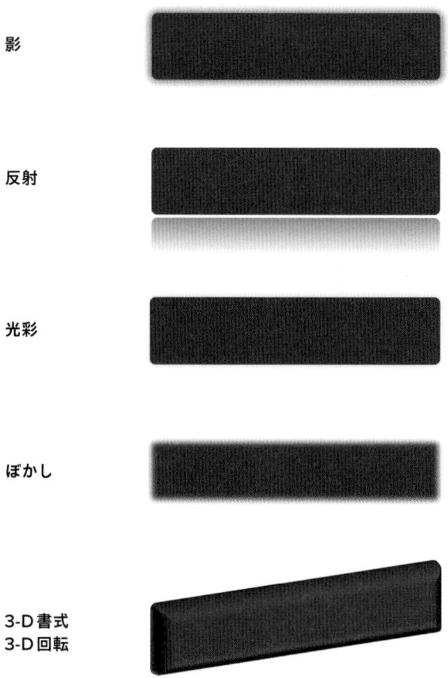

「影」

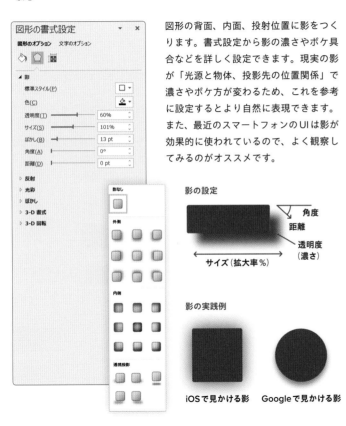

図形の背面、内面、投射位置に影をつくります。書式設定から影の濃さやボケ具合などを詳しく設定できます。現実の影が「光源と物体、投影先の位置関係」で濃さやボケ方が変わるため、これを参考に設定するとより自然に表現できます。また、最近のスマートフォンのUIは影が効果的に使われているので、よく観察してみるのがオススメです。

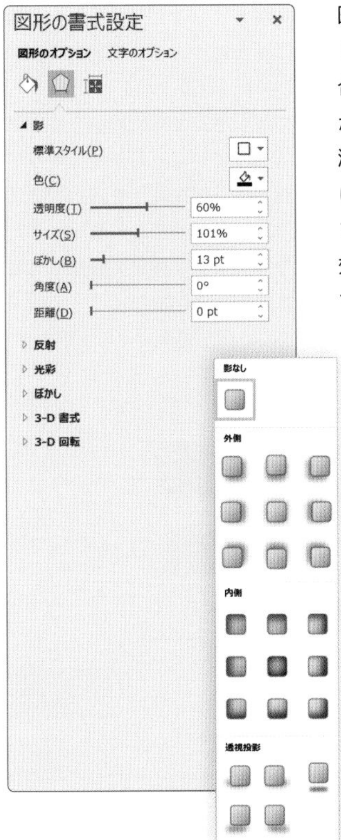

影の設定

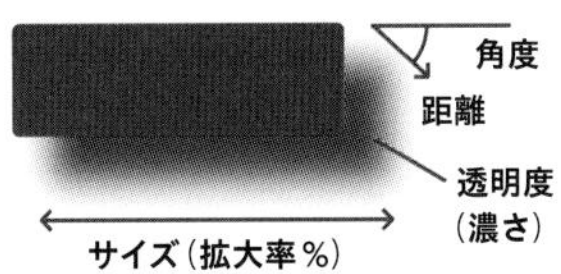

影の実践例

iOSで見かける影　Googleで見かける影

「反射」

鏡面の上に図形が立っているような写像を描きます。反射する位置やサイズを調整できますが、反射角度は設定できません。反射を使うと、私たちは描かれていない「土台」の存在を認識します。大きく単体で使えば高級感のあるショーケースのような印象も演出できることから、2000年代後半頃からよく使われてきた表現方法です。

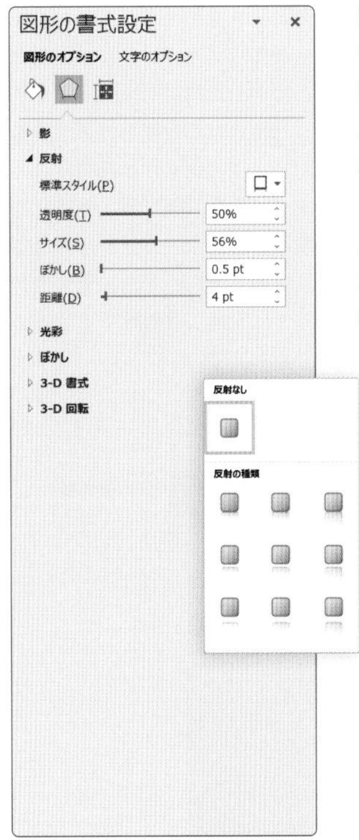

反射の設定

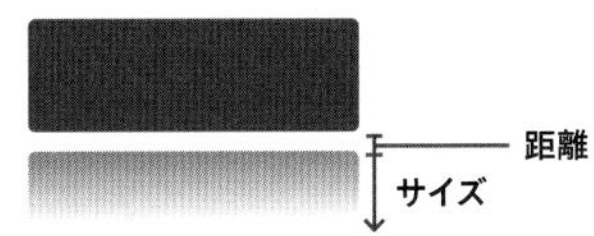

「ぼかし」は縁がぼやけます

反射の実践例

「光彩」

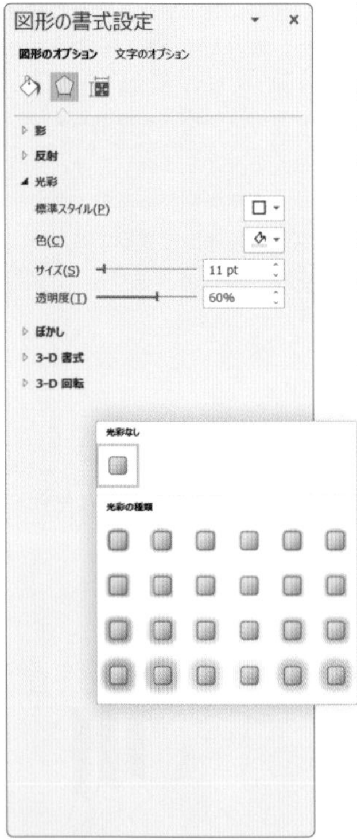

隙間から漏れ出す光のようなグラデーションを図形の周りに演出できます。影と異なり図形の四方に均等な太さでグラデーションが追加される機能のため、調整できるのはサイズ（太さ）と透明度のみです。本来の「光彩」のように使うこともできますが、写真など背景が煩雑なものの上に重ねるときに色を白に変えて薄く適用すると、手軽に視認性を上げることができて便利です。

光彩の設定

光彩の実践例

視認性UPに
とても便利

「ぼかし」

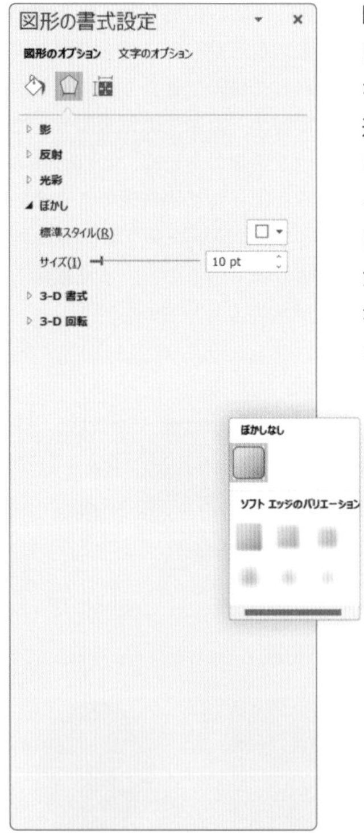

図形の縁をぼかすことができます。現実において「縁がぼやける」場面は実は少なくありません。写真で少しぼやけたり、遠くのものがかすんで見えたり、光の照り返しはぼやけていたりします。そういった身の回りの「ぼかし」を表現できると、質感として相手に伝わります。そのため、グラデーション機能で表現しきれない色の変化や、自然なハイライトをつくったりするのに大変重宝する機能です。

ぼかしの設定

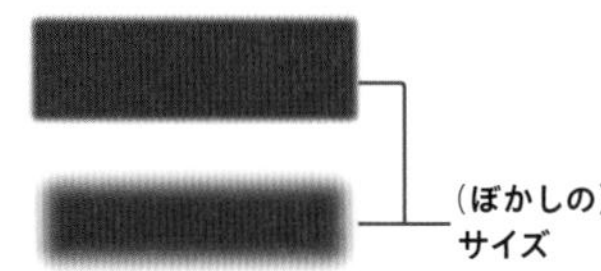

ぼかしの実践例

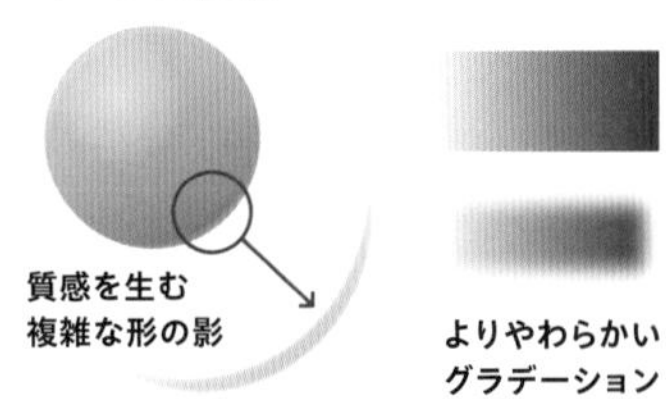

「3-D書式・3-D回転」

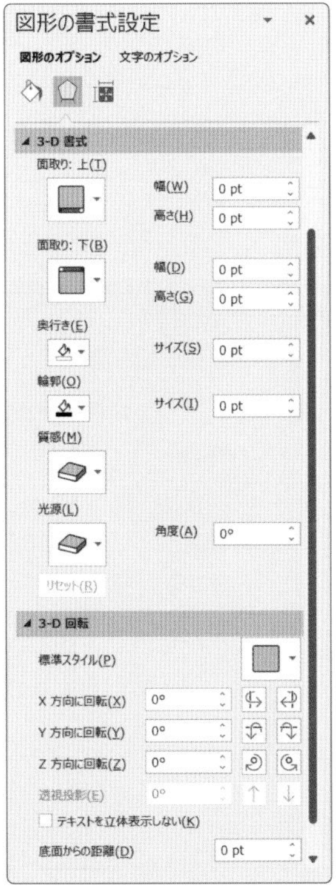

作成した図形を断面図にして、簡易的な3Dグラフィックをつくれる機能です。作成できるのは「押し出し」と呼ばれる、図形に奥行きを与えて立体にする方式のみです（ドーナッツのような回転体はつくれません）。押し出した先の角の処理（面取り）や、光沢感（質感）と光源を設定できるほか、図形の塗りつぶしにテクスチャを使えば簡易3DCG制作として地球儀のようなものもつくれます。

なお、後述する3Dモデルを使えるようになったため、本機能でつくり込むのは得策ではなくなりました。しかし、直方体、球などのシンプルな立体図でサクッとパースをとるときなどに便利なので、ぜひ活用してみましょう。

**3-Dの機能でつくれるものは、
基本的に「押し出し」の立体図**

断面図　　押し出して立体に

3-Dの主な機能

3-Dの形のつくり方

**「面取り」の「幅」と「高さ」で、
押し出す量と角の処理を設定する**

**正円の図形に図形サイズと
同じ値の「幅」と「高さ」を
設定すると球になる
(サイズの調整は目分量)**

**※単純な押し出しなら
「奥行き」でもOK**

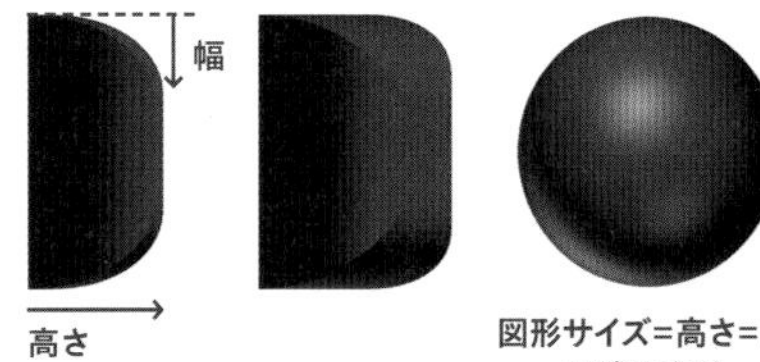

図形サイズ=高さ=幅
で球になる

立体以外に応用が利く「輪郭」

**立体にした図の輪郭に
線を足す機能が「輪郭」**

**立体にしていない普通の図形にも
使えるため、
「線の周囲を線で囲む」といった
応用技として便利**

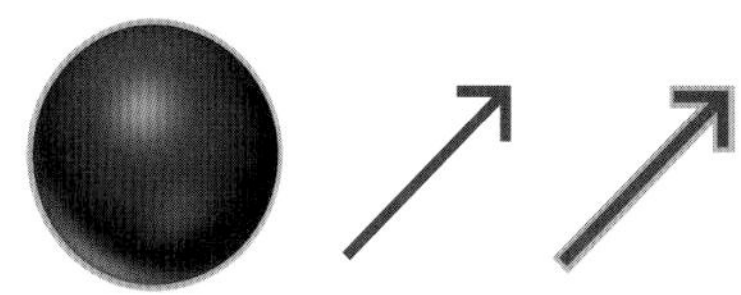

質感と光源

**「質感」は、光の反射の仕方のこと
マット、テカテカ、半透明など**

**「光源」は、光の入射角のこと
影の位置が変わってくる**

**図形の塗りつぶしの「テクスチャ」
と組み合わせると、
自転可能な地球がつくれたりする**

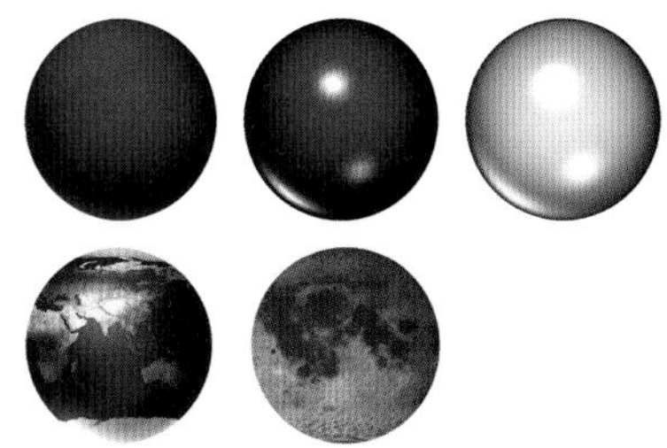

PowerPointの応用機能

3Dモデルを活用する

PowerPoint 2021は、3Dモデルを挿入・再生することができます。編集はできないものの、豊富なストックモデルが用意されているほか、Microsoftより配布されている「ペイント3D」で簡単に3Dモデルを作成でき、PowerPointで取り込んで使用することができます。

「挿入」リボンの「3Dモデル」から豊富なストックにアクセスできる

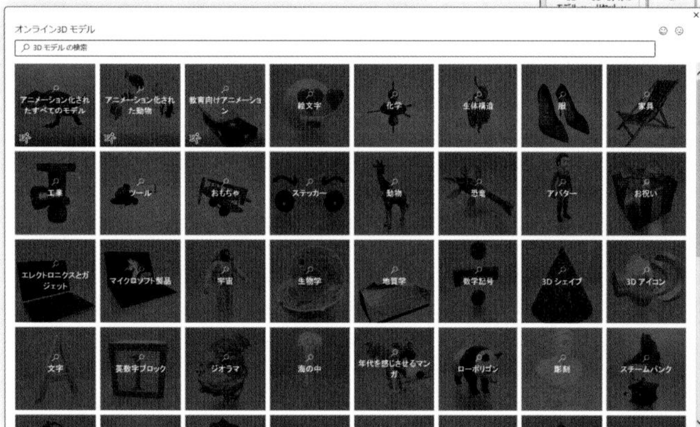

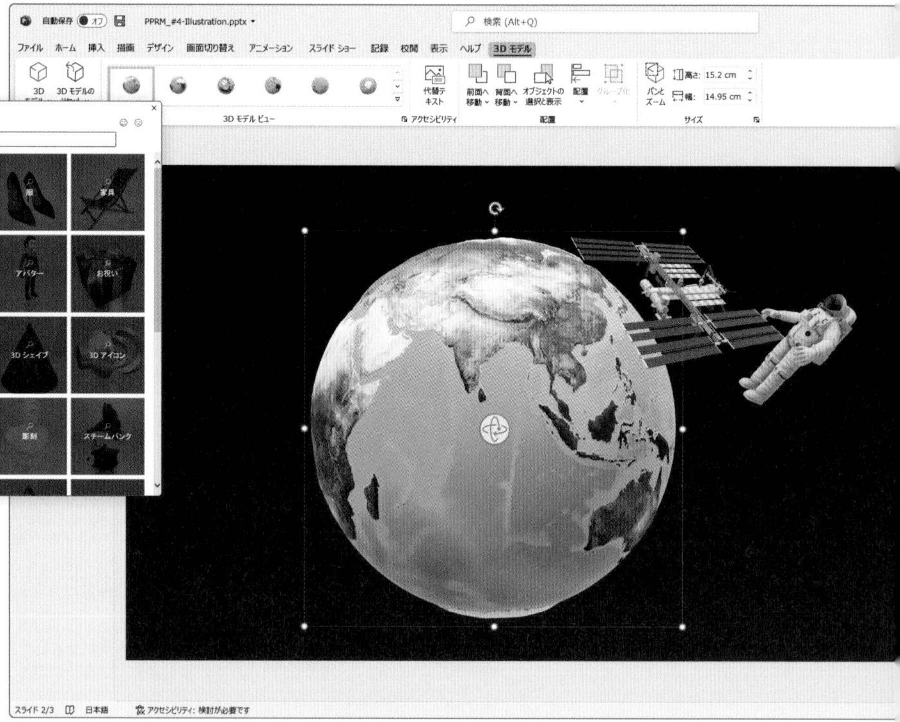

教育向け3Dモデルも多く揃っているので、描写が難しい解説などに使える

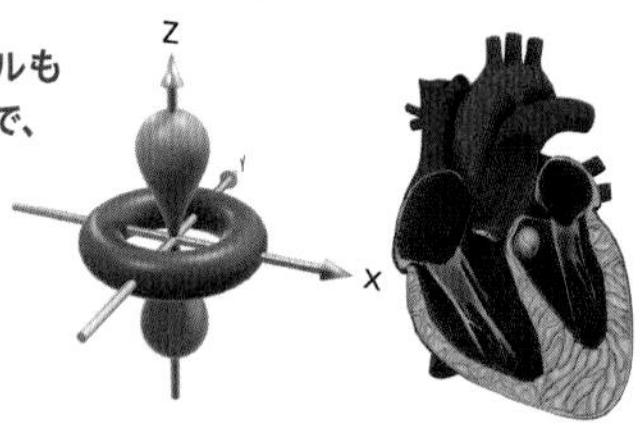

3Dモデルの設定と注意点

3Dモデルの書式設定とアニメーション

PowerPointの3Dモデルでは、三次元（X軸、Y軸、Z軸）方向への回転はもちろん、オブジェクトの枠を「カメラ枠」と見立ててズームや視野角の調整を行えます。また、ストックにある3Dモデルの一部には専用のアニメーションが用意されているものがあり、PowerPointのアニメーション機能として3Dモデルを回転させるモーションも用意されています。マウスで調整することも可能ですが、Z軸方向への回転が難しいため、書式設定でざっくり調整してからマウスで微調整するのがオススメです。

対応しているファイル形式と注意点

3Dモデルは、自分で用意したファイルも読み込むことができます。一般的なファイル形式に対応しており、3Dポリゴン自体は読み込めることが多いものの、テクスチャは読み込むことがほぼできません（厳密には、対応しているものの特殊な作業が必要）。フリーの3Dモデルをダウンロードしてきて……という使い方は現時点（2022年9月）では難しいのが実情です。ただし、3Dモデルによる表現自体は可能性を秘めているので、自身で3DCGを制作できる、またはテクスチャを使わないと割り切れる場合は挑戦してみてください。

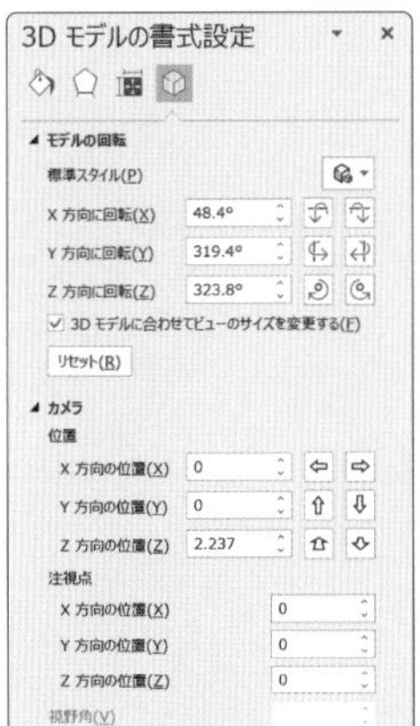

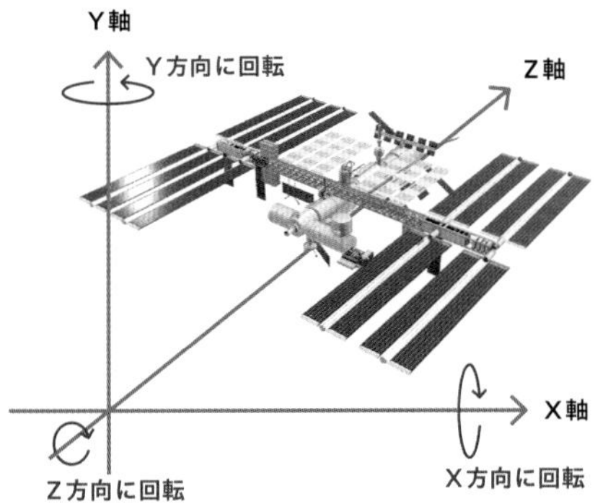

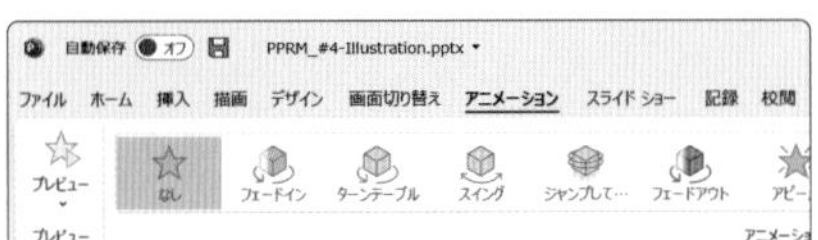

数値で回転角を指定したり
アニメーションで回転させられる

割り切れば、ストック以外の3Dモデルも使える……かも（モデルはPLATEAU）

対応しているファイル形式	Filmbox形式（.fbx）	ポリゴン形式（.ply）
	Object形式（.obj）	StereoLithography形式（.stl）
	3D Manufacturing形式（.3mf）	GL Transmission形式（.glb）

Designing #5

INFOG

インフォグラフィック

RAPHIC

必要十分な情報を、より正確に、短時間で、誤解のないように伝える。
特にデータや複雑な内容を扱うビジネスや研究の分野の人は、手元の情報をいかに端的に伝えるかに苦心しているのではないでしょうか。そういった「情報伝達」を最優先に視覚的な「ことば」を組み上げる方法が、インフォグラフィックです。言葉（言語）、色、イラスト、レイアウト。全ての要素をフルに活かして、情報をストイックにビジュアル化していきます。そのためにも、「情報」の構造と特性について、つくる側のあなたがきちんと理解していなければなりません。数値をともなうデータとプロットの理解、関係の構造化、形状による人間の認知認識……少し難しいところから考えなければ、“嘘”をついてしまい混乱を招くこともありえます。少し気合いを入れて、しっかり深めていきましょう！

情報を「一目でわかる」ビジュアルに変える

時間をかけないと理解できない情報を素早く読み取れるよう視覚化する

ビジュアルでメッセージを伝えるとき、内容が複雑になるほど伝え方がどんどん難しくなっていきます。数百数千字にわたる文章、膨大なデータ、入り組む関係性や相関など、大量の情報を一度に伝えようとするのは、簡単ではありません。

これを実現すべく「特定の情報を素早く伝える」ことに特化した表現方法がインフォグラフィック。文章はアイコンに、データはグラフに、関係性はチャートに。どれも、複雑な内容の、最も重要な情報のみを抽出して、ひと目でわかるような図式に視覚化して伝えています。

インフォグラフィックは、確実に「情報を伝える」ために、文字も、色も、イラストも、全ての要素をフル活用します。いわば、言語的、視覚的な「ことば」のハイブリッド。両者の強みをうまく引き出すことで、格別の「わかりやすさ」を生み出すことができます。

**複雑で大量の情報を
パッと見ただけでわかる
情報伝達に特化した表現手法**

文章で説明するには長くなる、数字で示すには複雑になるメッセージやデータから、最も重要な部分だけを抽出し、その特性や構造が最大限活かされるような図式で表現する手法を、インフォグラフィックと呼びます。

インフォグラフィックは、“言語”と“イラスト”、両方の強みを持つ「ことば」

「太陽系の惑星の大きさ」を伝えたいとき……

文字（文章）で伝えるなら……

太陽系の惑星の大きさ

太陽系に所属する惑星の大きさを、
半径の大きい順に並べると右のようになる。
ただし、冥王星を含む準惑星は含まない。
木星と土星の衛星に1つずつ、
水星よりも半径が大きい天体が存在するが、
「惑星」ではないためリストからは外している。
なお、岩石や金属で構成される惑星のうち
最大のものは地球であり、それより大きいと
ガスやメタンなどが主成分となる。

太陽	696,000km
木星	69,911km
土星	58,232km
天王星	25,362km
海王星	24,622km
地球	6,371km
金星	6,051km
火星	3,390km
水星	2,439km

より正確な情報を伝えられるが、複雑に見えてしまいがち

イラスト・写真で伝えるなら……

より直感的で印象的に伝えられるが、情報の伝わり方は不安定

インフォグラフィックで伝えるなら……

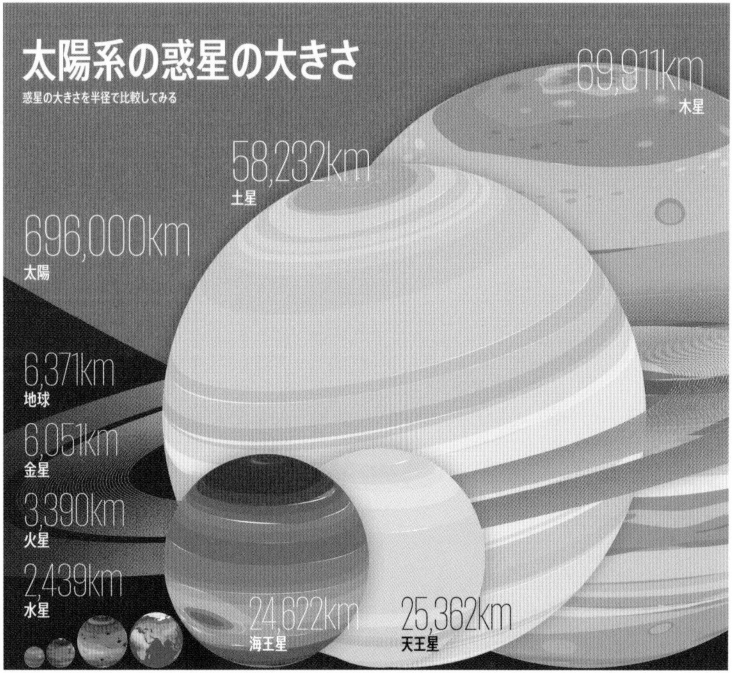

「大きさ」という情報だけを抽出、強調して図式にすることで、メッセージがひと目でわかる

インフォグラフィックはシンプルに

最も重要な情報のみが伝わるように見た目も内容も厳選する

「複雑な内容をわかりやすく視覚化する」とは、パッと見ただけで何が描かれているかを把握でき、意味をすぐに汲み取れるようにすること。その実現のためには、内容から最も重要な情報“のみ”を抽出して、余計なノイズを限りなく少なくした、ストイックな表現にすることが大切になってきます。

　そのため、インフォグラフィックは、1つのグラフィックあたり1トピックに絞り込むのが基本。正しく意味や意図を読み取ってもらえるように、メッセージやデータを吟味して視覚化する部分を厳選しておくのが理想です。

　内容をグラフィックで表現するときも、理解に必要のないビジュアルは限りなく“引き算”してしまうのが基本です。グラフの罫線や背景色、立体表現など、素早い理解に必要ないものはためらわずに消してしまいましょう。

抽出する情報も、表現するビジュアルも、重要なもの以外は引き算する

複雑な内容をそのまま図式に描いても、結局読み取るのに時間がかかってしまっては意味がありません。すぐに必要な情報を読み取れるように、重要な情報を抽出しつつ、最小限の色やカタチに絞ったミニマムな表現が適しています。

必要な情報を読み取れる、最小限の図式で描く

「3つのデータを比較するグラフ」を作成したいとき……

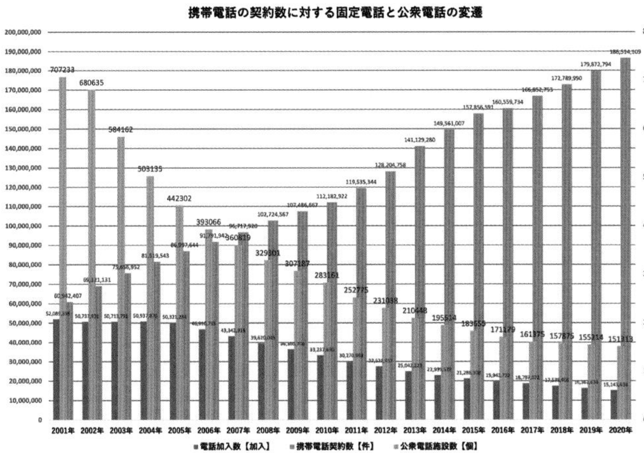

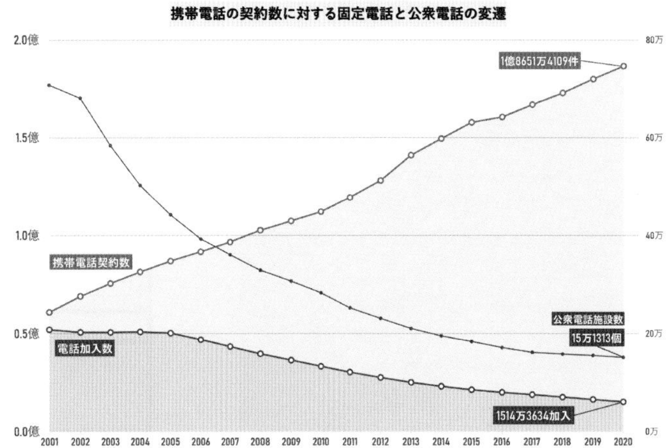

全ての情報をグラフとして見せようとするあまり……

数字、文字、図形の量が多すぎて、何を読み取って良いかわからない

理解するための最小限の情報と見た目に絞ることで……

見るべき図形が明確になり、素早く情報を読み取ることができる

見た目が煩雑になっている原因は……

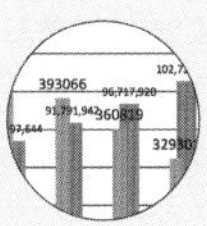

ラベルの文字が小さすぎるうえ、特に意味もない

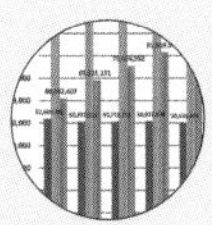

縦グラフが重なり数値の変遷が読み取りづらい

情報と見た目を絞り込んだポイントは……

ラベルの情報と数値を限定して大きく目立たせる

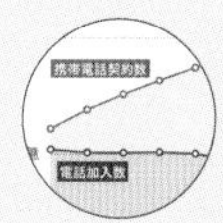

折れ線+面の塗りで比較対象の2データと参考値のデータの変遷や比較を簡単に

データ出典：総務省統計局 社会・人口統計体系

視覚化する情報の正確さとわかりやすさ

情報の正確さとわかりやすさを両立させるバランスを見つけ出す

インフォグラフィックにおいて誰もが陥りがちな罠。それが、情報の正確性です。

そもそもインフォグラフィックは、長い文章や膨大なデータといった複雑な内容を、理解できる形に“抽出＋変換”したもの。その過程で必ず一部の情報が失われる、「劣化」が起こります。

ただし、「劣化」は悪いことではありません。むしろ不要な部分を劣化させる（引き算する）ことで、重要な部分を引き立て意味を読み取りやすくしています。

しかし、重要な部分を劣化させてしまうのは極めて危険。「詐欺グラフ」に代表されるような、客観性をねじ曲げてメッセージを強調する（誤解を誘う）“変換”は、「わかりやすい」ではなく「嘘」をつくことに他なりません。

インフォグラフィックは、客観的な正確さの範疇でわかりやすさを追求するものであることを心に留めておきましょう。

客観的な正しさをねじ曲げ、メッセージを誤解させるのは単なる「嘘つき」

情報をわかりやすく“変換”することは、誤解させてまでメッセージを強調することではありません。情報の客観的な正しさを維持しながら、不要な部分を引き算し、見た目を整えるだけでわかりやすさを生み出すことが重要です。

「嘘」も「ミスリード」もなく、情報を正確かつわかりやすく伝える

「数値が上昇している（良い結果が出ている）」ことを伝えたいとき……

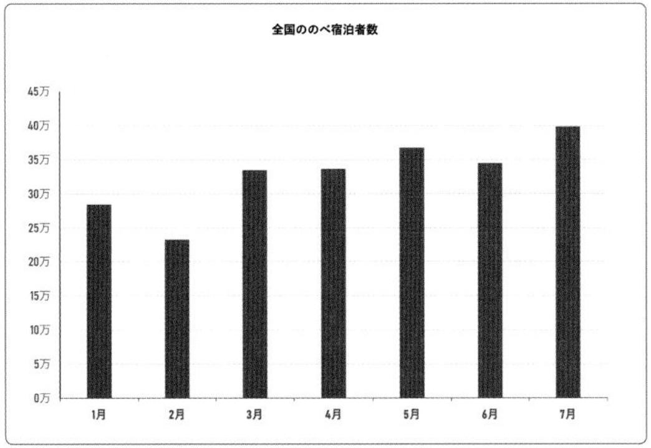

本来は緩やかな上昇率のデータであるはずなのに…

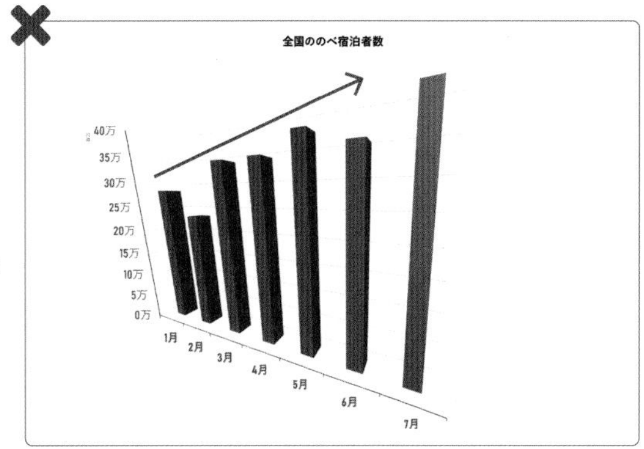

3Dにしたうえ
パースまでかけて
上昇率を誤認させる
「嘘」をついている

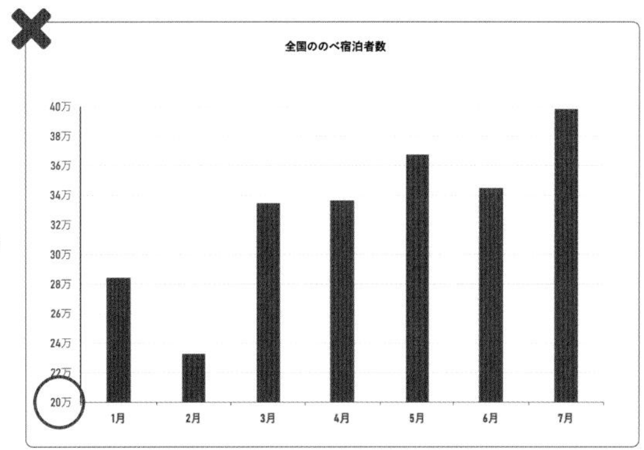

グラフの起点を
変えてしまったことで、
変化した割合
（上昇率など）を
誤認させるような
「嘘」をついている

データ出典：総務省統計局 社会・人口統計体系

結論ありきのグラフをつくるのはNG

嘘やミスリードを生むグラフが生まれる背景に、
結論が先に決まっていることが多々あるが、
それはグラフとして因果関係がおかしい

グラフはデータを可視化したものであり、
データの解釈を手助けするもの

理想的なグラフにならない、グラフで伝わりづらいときは
実直に「データ」として見せるか、
グラフ以外の表現方法を検討しよう

信頼に直結するため、絶対に嘘はダメ

インフォグラフィックの基本

インフォグラフィックの種類

アイコン、チャート、表、グラフ…
情報の特性に合った表現方法を探す

「インフォグラフィック」とは、情報を素早く伝える表現手法の“総称”のこと。伝えたい情報の「特性」に合わせて、最適な表現手法は大きく変わってきます。

最も身近なものでは、内容を象徴的に示すアイコンや、データを可視化するグラフが代表的。ほかにも、場所を視覚化した地図、駅の配置を整理した路線図、行き先を教える案内サインなども、インフォグラフィックのひとつです。

少し専門性の高いところでは、時系列順に並べる年表や、設計の詳細を記す図面、物事の変遷を示す系統図、要素ごとの相関を整理する関係図など、データから素早く意味を読み取れる表現手法が重宝されています。

情報伝達が重要になる現在、新たな表現方法がさかんに研究・発明されていますが、本書では特に身近な5種類のグラフィックに絞って注目してみましょう！

情報の構造や特性で
表現の方向性が
変わってくる

内容を端的に伝える
サインやアイコンなどの
シンボルで表現

関係性を可視化
チャート、フローなど
矢印をつかって表現

データを可視化
表やグラフなど
数値を正確に表現

詳細を可視化
イラストやダイアグラムで
想像しやすく表現

変遷を伝える
年表、系統図など
一方向の流れで表現

量を可視化
ワードクラウドなど
量を別軸に変換して表現

位置や場所を可視化
地図や路線図など
「道」を線で表現

正確な情報を伝える
設計図面など
数値を並記して表現

複数の情報を伝える
マッピングのように
情報を重ねて表現

デザインのポイント

- インフォグラフィックは、「情報を素早く伝える表現手法」の総称
- 情報の特性に合わせて、最適な表現手法や情報構造は異なる
- 伝えたい情報の関係性や構造をじっくりと観察してみよう

情報（info）の特性に合わせた、図式化（graphic）の種類

サイン

相手の行動を誘導する
記号やシンボル

アイコン

内容を象徴的に表す
シンプルなイラスト

チャート

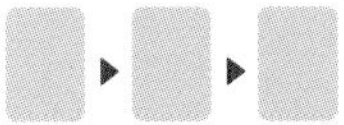

情報の関係性や相関を
簡潔に視覚化した図式

表

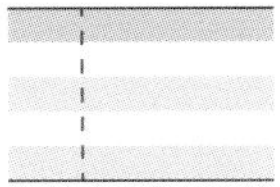

情報の比較や参照を
簡単に行える、情報の整列

グラフ

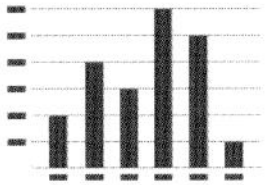

データの特徴や傾向を
読み取るための図式

本書では、
←左の5つに注目

分野を問わずに使う
最も基本的な
インフォグラフィックを
深めていきます。

図解（イラスト）

詳細なイメージを
そのまま伝えるイラスト

地図

人や物の位置、ルートなど
場所を俯瞰で読み取る図

路線図

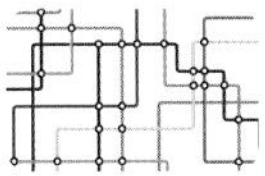

停留する駅の分布と
間の路線を整頓した図式

図面

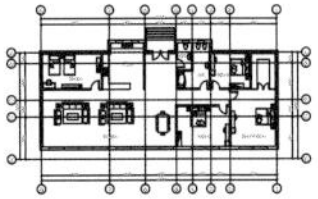

制作のため、物の配置や
大きさを読み取るための図

年表

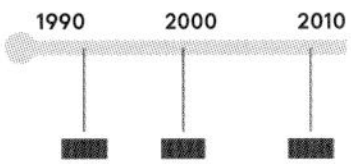

物事を時系列の軸で
並べて俯瞰する図

関係図（相関図）

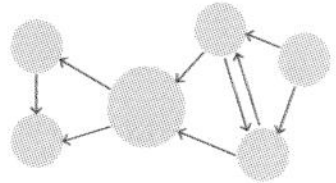

データの関係性、相関の
傾向から詳細を読み取る図

マッピング

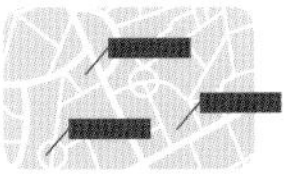

地図やイラストなどに
グラフなどを合わせた図

ダイアグラム

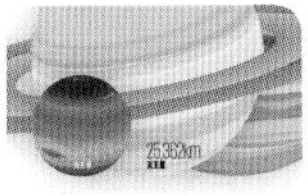

アイコンやグラフなどを
組み合わせたレイアウト

マトリクス

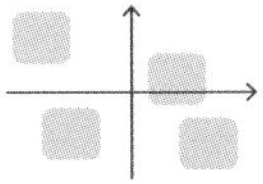

2軸でゾーンを定義し
その中の分布を示す図

フロー

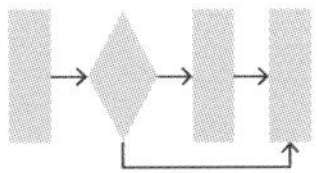

物事の工程や順序を
トレースして理解する図

ワードクラウド

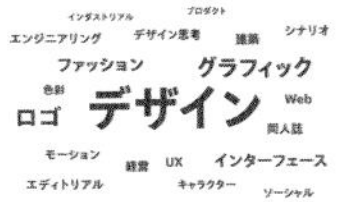

データの大小に合わせて
文字サイズを変えた分布図

系統図

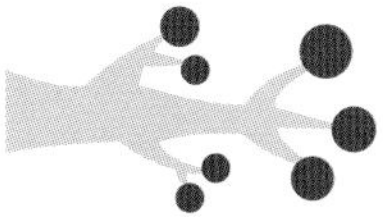

物事の変遷や変容を
分岐させながら示した図

インフォグラフィックを深める

サイン

相手にとってほしい行動を最小限の記号や図形だけで誘導する

私たちのくらしは、様々な記号に支えられています。駅や街の案内板、エレベーターのボタン、テレビのリモコン、スマホのUIなど……これら情報を伝える記号のことを総じて「サイン」と呼びます。

サインは、情報を伝えるインフォグラフィックの中でも、特に「人の行動」を促す役割を担います。矢印で行き先や順序を示したり、ボタンの記号で“アクション”を示したり、文字やアイコンで場所や内容を象徴的に示したり。どんな行動でも迷わないように、さりげなくサポートする影の立役者です。

それゆえ、強く目立たせることなく、ほんの一瞬見ただけで情報を読み取れる図式で表現する必要があります。その代表的な例が矢印。どのような形状だと何が伝わるのか、深めながらつくれる・使えるようになりましょう！

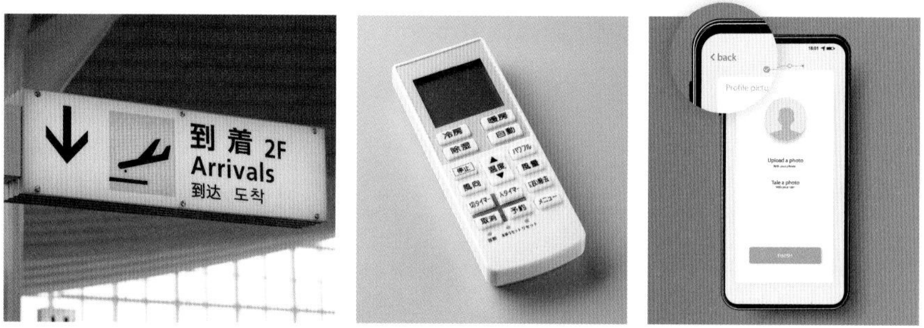

人が迷わないための情報を伝えて、行動を誘導する

伝える情報は…
行動時に必要になる最小限の情報

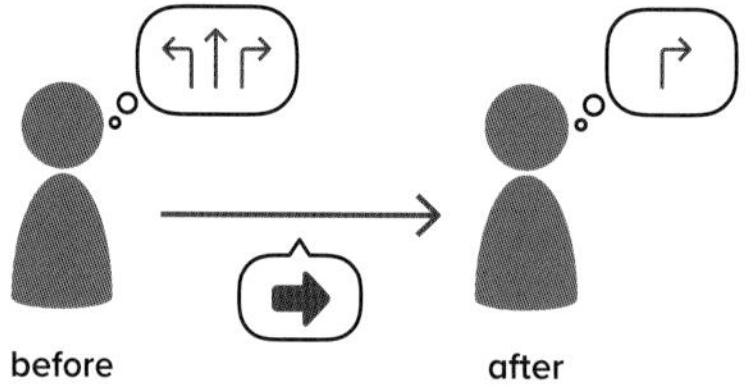

主な表現手法は…
単純な図形や記号、アイコン、文字

デザインのポイント

- ✓ 人が行動するときに迷わないようサポートする情報がサイン
- ✓ 人の行動を予測して、ほしいと思う瞬間に情報を与える
- ✓ 一瞬で伝えるために、ビジュアルは最小限に抑える

「サイン」が活躍する場面と、考えるポイント

「サイン」が活躍する場面は大きく3つのフェーズに分けて考えられる

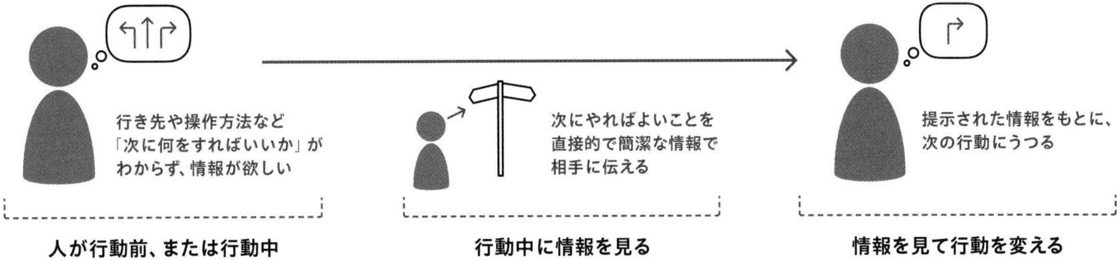

3つのフェーズを分析して、適切な情報とグラフィックを選ぶ

最低限の情報で人の行動を誘導するためには、行動前の人が置かれている状況から無意識に欲している情報を分析し、適切なタイミングと表現方法で提示する必要があります。

人が無意識に欲する情報	情報を最小限のビジュアルで表現する
次の情報の位置や関係性を求める **チャート、画面遷移など視線を移動させる先を知りたい**	 **見やすいがジャマにならない矢印で表現**
次の移動先を求める **敷地内の移動先など、どこに行けば何があるのかを知りたい**	 **アイコンと矢印で内容と方向を同時に示す**
次のアクションの手がかりを求める **どのボタンを押したら何が起こる(起こせる)のかを知りたい**	 **アイコンで押すと起こる内容を端的に表現**

! 記号やアイコンが使われる場面で「サイン」の呼ばれ方は変わる

本書では人に行動を促すインフォグラフィックを「サイン」と呼んでいますが、例えばスマホのUIの用語としては“ナビゲーション”と呼ばれるように、機能や場面によって呼称が異なることがあります。とはいえ、「デザイン（design）」の単語内にも「サイン（sign）」があるように、意図のもと情報を図形で表現することはデザインの基本。その意図も込めてここでは「サイン」と総称します。

インフォグラフィックを深める | サイン

伝えるビジュアルにおけるサインの役割「視線の移動先の提示」と「関係性の明示」

伝えるためのビジュアルづくりにおいて、「誘導する行動」の多くは「視線を移動させる」ことと、その先にあるものとの「関係性を明示する」ことにあります。相手が読み進めたときに、求めている情報がどこにあるのか、それがどんな意味をもつのかをミニマルに伝え、理解を促進します。

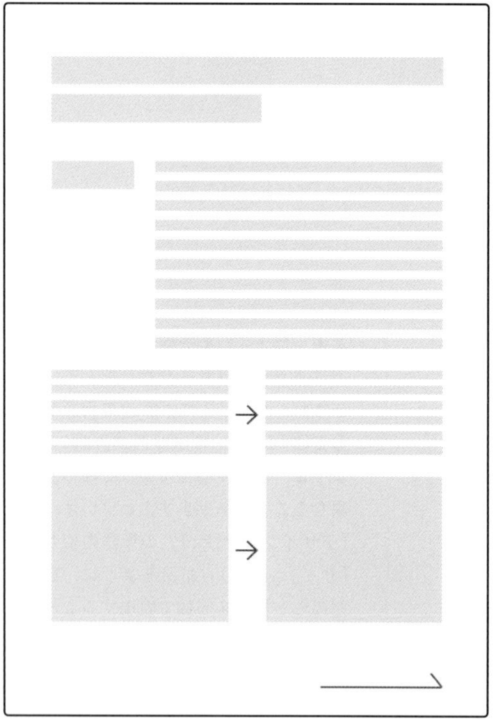

視線の移動先の提示

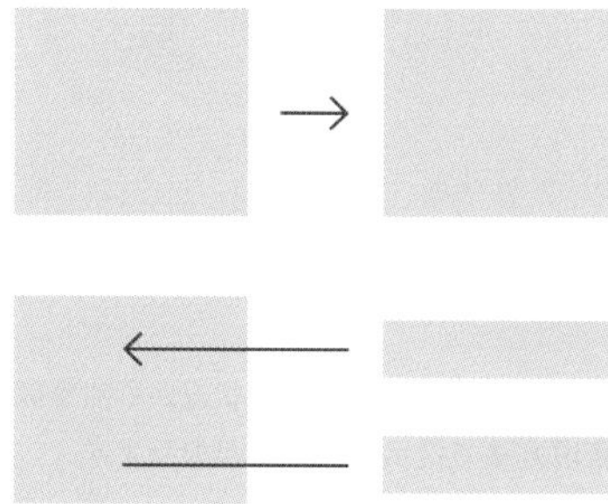

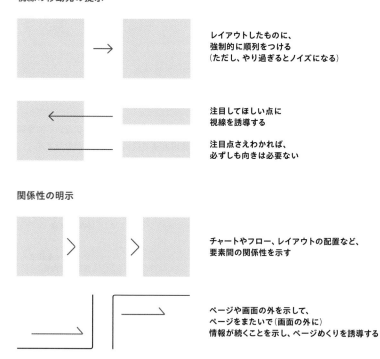

レイアウトしたものに、
強制的に順列をつける
(ただし、やり過ぎるとノイズになる)

注目してほしい点に
視線を誘導する

注目点さえわかれば、
必ずしも向きは必要ない

関係性の明示

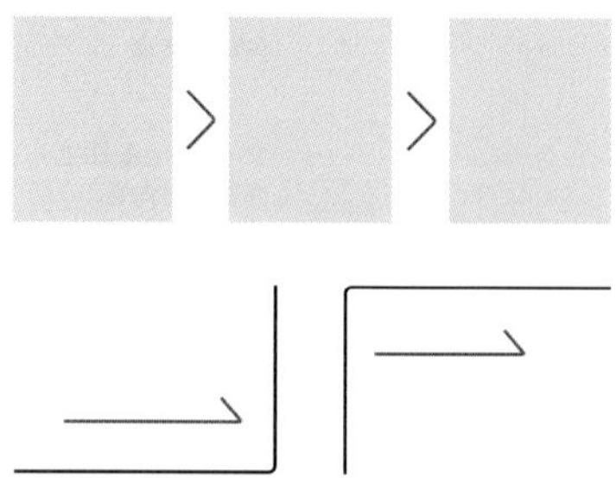

チャートやフロー、レイアウトの配置など、
要素間の関係性を示す

ページや画面の外を示して、
ページをまたいで(画面の外に)
情報が続くことを示し、ページめくりを誘導する

なるべくミニマルに伝える練習
「→」矢印をつくってみる

視線を移動させるにあたり、最も使うのが矢印です。一言で矢印といえど、その表現方法は多様。移動先がわかる、または関係性がわかるのであれば、どんな形でも問題ないからです。ただし、重要なのは「主役の情報をジャマしない」こと。いかに気配を消しながら、相手を誘導できるかが鍵になります。

役割ごとに矢印の可能性を探る

「線」でつくる矢印

向きがない場合

向きがある場合

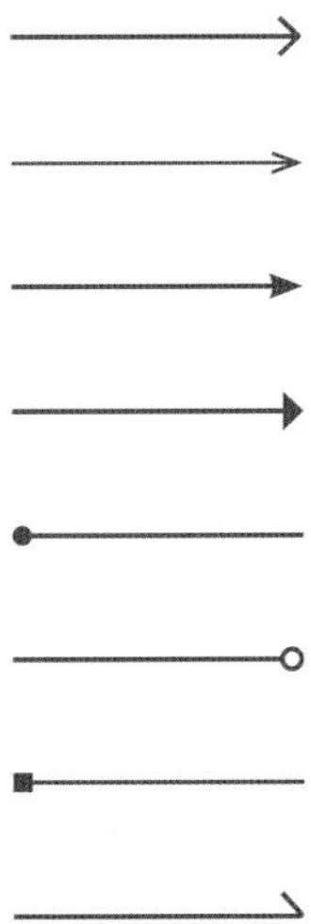

「面」でつくる矢印

線のテイストを残す場合

三角形だけで示す場合

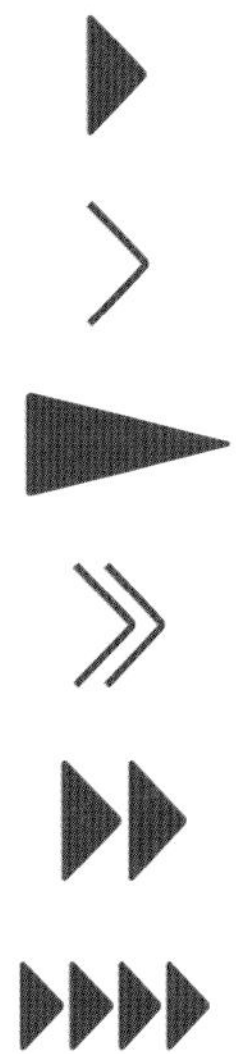

その他の図形で示す場合

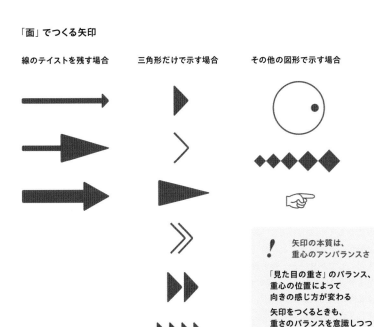

! 矢印の本質は、
重心のアンバランスさ

「見た目の重さ」のバランス、
重心の位置によって
向きの感じ方が変わる

矢印をつくるときも、
重さのバランスを意識しつつ
気配を消せるようにしてみよう

インフォグラフィックを深める
アイコン

シンプルなイラストでシンボル化し 言語に頼らず情報を伝える

PCやスマホなどで見かけるアイコン。内容をシンプルにイラスト化したものとして、スマホのUIから書籍やサインまで、幅広く使われています。

アイコンの最大の強みは、「シンボル」であること。文章では長くなる内容も、象徴的な一面をイラストで表現することで、素早く理解できるようになります。特定の言語に頼ることなく世界中の人に伝えられる、希有な方法です。

ただし裏返せば、アイコンは内容（情報）の象徴的な一面を切り取り、誰が見ても理解できるイラスト（記号）に描き起こす必要があるということ。切り取り方や描き起こし方が甘いと、何を表現しているか理解しづらくなってしまいます。

言わば現代の“象形文字”であり、自由に表現されすぎて混乱しないよう、特に重要なものはISO（国際標準化機構）やJIS（日本産業規格）で定められています。

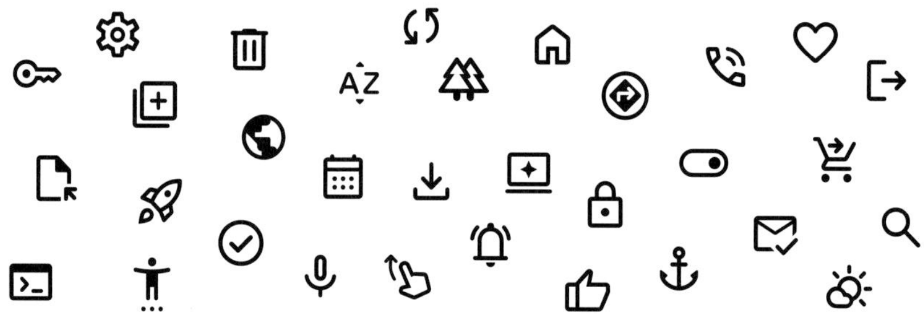

描かれている内容が見た瞬間にわかる、シンプルなイラスト
例：Google Material Symbols

伝える情報は…
メッセージの特に重要な部分“のみ”

指定された電話番号、
または特定の相手に
電話をかけるためには
ボタンを押してください

内容の中で特に重要なのは「電話をかける」

主な表現手法は…
内容を象徴する姿・カタチのイラスト

“電話＝受話器”“かける＝音が鳴る”としてシンボル化

デザインのポイント

- ✓ 情報を象徴する「シンボル」のイラストがアイコン
- ✓ 特定の言語に頼らず、素早く直感的に伝えられるのが強み
- ✓ 共通理解のない表現をすると、逆に混乱を招くことも……

「アイコン」が活躍する場面と、考えるポイント

「アイコン」は、メッセージを「象徴的」に伝えるときに輝く

内容(情報)のシンボルとして

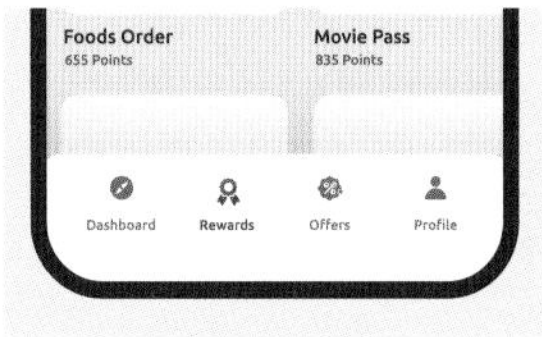

機能や内容の目印として

資料の説明文の要約として

情報、ビジュアルの両方の“シンボル”を見つけだして、ビジュアルにする

アイコンだけで伝えられる情報は極めて少なく、ピンポイントに絞り込む必要があります。
そのため、メッセージや物事のうち特に重要で、記号化しやすい情報を分析し把握することが大切です。

例えば「メール」をアイコンにするとき……

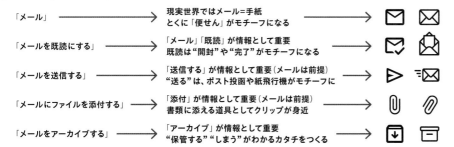

「メール」 → 現実世界ではメール=手紙 とくに「便せん」がモチーフになる →

「メールを既読にする」 → 「メール」「既読」が情報として重要 既読は“開封”や“完了”がモチーフになる →

「メールを送信する」 → 「送信する」が情報として重要(メールは前提) “送る”は、ポスト投函や紙飛行機がモチーフに →

「メールにファイルを添付する」 → 「添付」が情報として重要(メールは前提) 書類に添える道具としてクリップが身近 →

「メールをアーカイブする」 → 「アーカイブ」が情報として重要 “保管する”“しまう”がわかるカタチをつくる →

! 「ピクトグラム」と「アイコン」の呼び方と扱いの違い

情報をシンプルな図記号に表して伝えようとする試み(アイソタイプ)は20世紀初頭から始まり、「ピクトグラム」としてサインでの使用を中心に普及していきました。一方、時代とともにコンピュータの複雑な機能を象徴的に表す必要も生まれ、「アイコン」として急速に普及しました。

どちらも進化を遂げ、現在では表現も機能性も近しいものになっています。案内用の図記号がピクトグラム、コンピュータ用の図記号がアイコンと呼ばれることが多いものの、本書ではPowerPointの表記に合わせて「アイコン」として総称します。

アプリのシンボルイラストも「アイコン」のひとつ

#5-06 ビジュアルを設計する インフォグラフィックを深める | アイコン

アイコンに求められる機能性と使い方

アイコンは、イラストに比べて「情報伝達」の機能性が重視されます。色や質感になるべく頼らずカタチだけで理解できること、小さくても認識できること、文字などと並べても使えることなど、シーンに合わせて柔軟に扱えることが理想です。

なるべく色や質感に依存しないこと

色や加工はおしゃれになるが、
情報としてはノイズになり
認識・理解にタイムラグが生まれる

皆が理解できるカタチにすること

なるべく多くの人が共通して
認識・理解しているカタチにしないと
何を表しているかわからず混乱する

小さくても認識できること

小さくしたとき、遠くから見たときも
はっきりと簡単に認識できる程度に
カタチの細かさを抑える

並べて使っても成立すること

アイコンや文章を並べたとき
自然に調和する

アイコンを使うときのポイント

無理にアイコンだけで完結しない

「全ての人が理解できるカタチ」は
難しいため、無理せず文字を併記してOK

シンプル過ぎる記号の使用は要検討

シンプル過ぎる記号は、理解してもらえない
可能性も高い。相手と状況で判断しよう

実践：アイコンをつくってみる

アイコンは、極端に抽象化したイラストと言い換えられます。小さくしても認識できるほど単純なカタチで、色を塗り分けたりすることなく、誰もが連想しやすい側面を切り取る。見た目に反して、作成には高度な技術が求められます。しかしそれだけ良い練習になるので、作成に挑戦してみましょう！

「スマートフォン」のアイコンを作ってみる

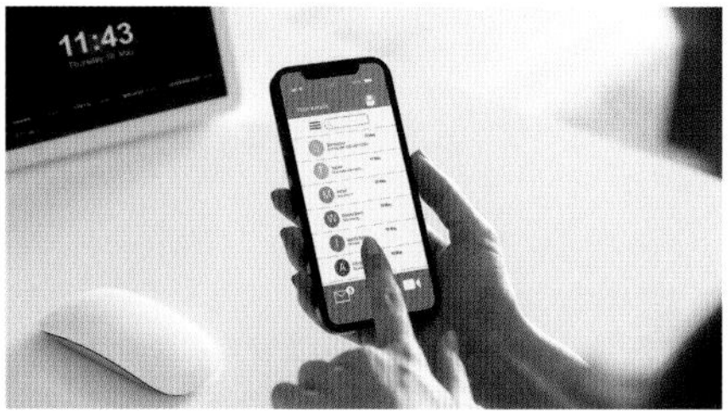

Step 1　対象物の特徴を観察する

スマートフォンのカタチを観察して、
特徴的な形状がどこにあるのかを発見する

ただし、誰もが「スマホ」と認識できるように、
特定の機種に依存した観察にならないようにする

Step 2　単純なカタチで再現してみる

大半のスマホの形状である角丸四角をベースに、
ディスプレイ、ボタン、マイク、スピーカーなど
部分的なカタチを足し引きして、
最も「スマホ」っぽく見える姿を探る
なるべくシンプルになることを目指そう

Step 3　アイコンとして整える

カタチの方向性が決まってきたら、
線の太さやパーツの大きさを整えていく

小さく使うなら認識しやすい太めの線で、
大きく使うなら邪魔にならない程度の細さの線に調整しよう

**！ つくるのが難しいときは、
フリーの素材を積極的に使おう！**

アイコンは、フリーで使える素材が充実しています。Googleがスマホに使っているアイコンを公開しているほか、フリー素材サイトも多く公開されているため、積極的に活用しましょう。なお、ダウンロードするときは「SVG」形式にすると、PowerPoint上で自由に編集できるようになります。

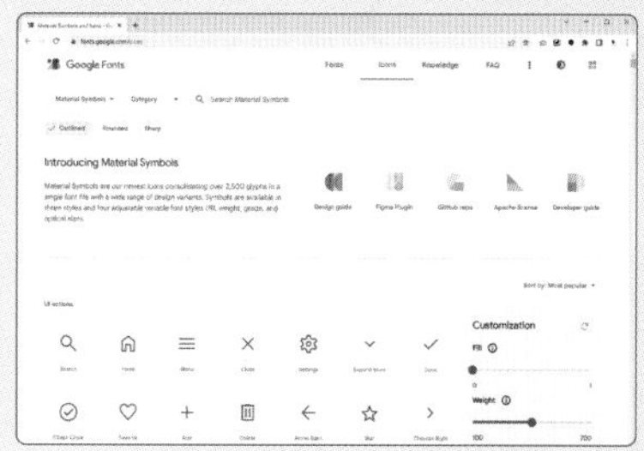

「Google Material Symbols」
https://fonts.google.com/icons

インフォグラフィックを深める

チャート

情報の相関や関係性を整理し、なるべく単純で明快に図式化する

伝えたいメッセージが複数の要素を含むとき、互いに何かしらの関係性があるはずです。時間変化なのか、条件があるのか、対等なのか、主従があるのか、全く関連しないのか。これらの関係性を図式に描き起こす方法はいくつかありますが、なかでも代表的な手法がチャートです。

チャートをつくるためには、まず情報要素の関係や構造をしっかりと分析しておく必要があります。主従や順列で並べてみたり、似ている要素を集めてグループ化してみたり、異なる要素内に共通するコトを探してみたり。複雑になっても良いので、まずはしっかりと全体の構造を把握できている必要があります。

関係性を把握できれば、重要度の高い関係から図式化していきましょう。場合によっては、レイアウト全体で表現してもOK。色、図形、文字をフル活用して表現していきます。

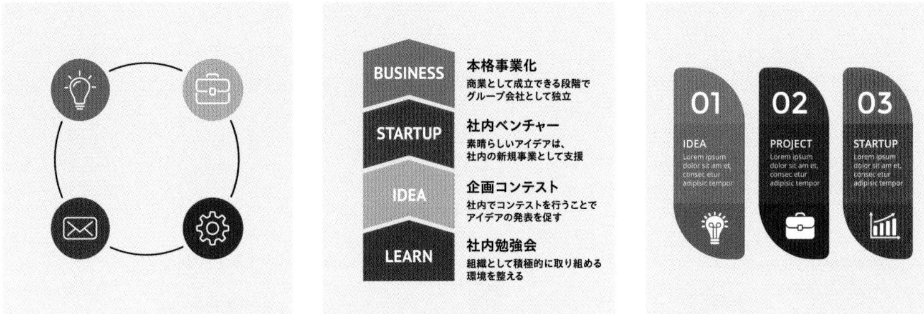

要素同士の関係性を整理して、その構造に合わせた図式に仕立てる

伝える情報は……
各要素がどのような関係にあるか

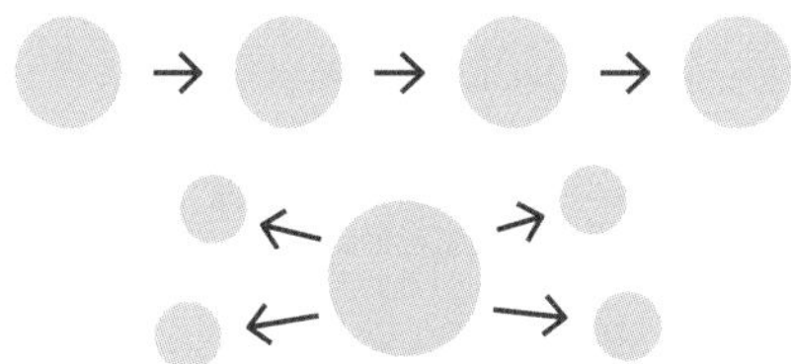

主な表現手法は……
幾何学図形や線を背景に、文字などをのせる

デザインのポイント

- ✓ 要素同士の関係性を描き、情報を構造化するのがチャート
- ✓ 並列、順列、主従、共通、段階などの関係を描く
- ✓ 図式に収めても、レイアウト全体で表現してもOK

「チャート」が活躍する場面と、考えるポイント

「チャート」は、複数の要素を「秩序立てて」伝えるときに輝く

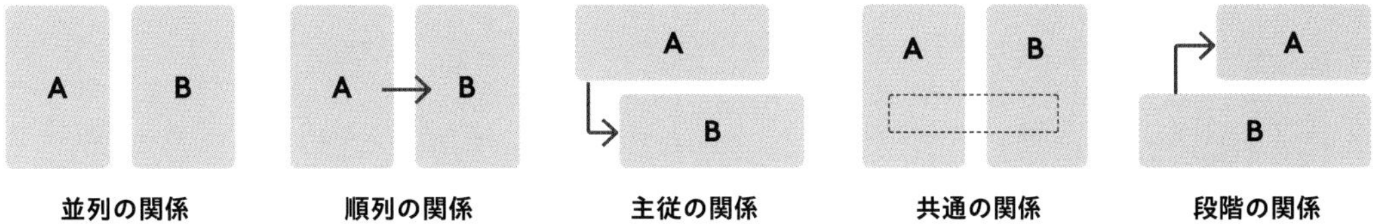

内容を分解して、その関係（ロジック）を整理するところから

多くの場合、もともとの内容や情報は複雑な関係性を持っています。チャートは、その関係を整理し、単純化してロジックを組み立てたもの。関係性のなかでも重要度をつけて、骨子となる関係を抽出しましょう。

本来、情報とは複雑なもの

可能な限り単純化・細分化して、骨子となる関係のみを示そう

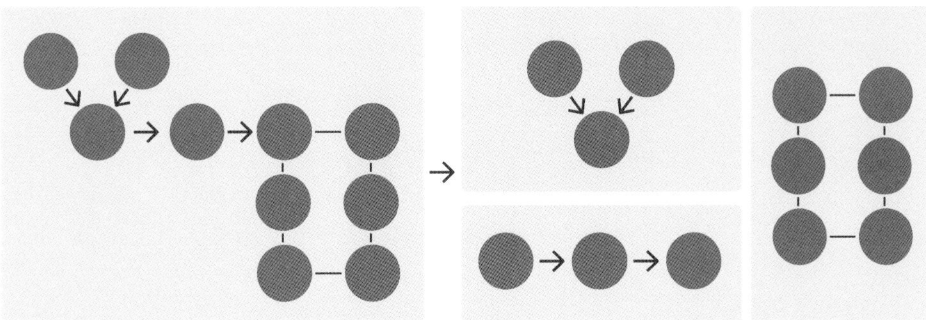

! 複雑すぎるチャートは、かえって伝わらなくなってしまう

よく揶揄されてしまう公的機関の資料のように、複雑な関係性を全てチャートとして表現してしまうと、まったく伝わらなくなってしまう場合があります。チャートの本質は、単純化と構造化。絶対に情報を取りこぼせない公的機関のようなケースを除き、情報や関係性の優先度に合わせて、勇気を持って削ぎ落としていきましょう。

インフォグラフィックを深める | チャート

要素同士の関係性と、チャートとしての表現の典型例

チャートは、文字やアイコンなどでグループをつくり、その間の関係性を表現するのが基本です。四角や丸などの枠や背景色でグループを明確にし、その間の関係を矢印や図形などで表現します。まずは典型例から練習しつつ、ゆくゆくは情報構造に合わせて関係を描けるようになりましょう。

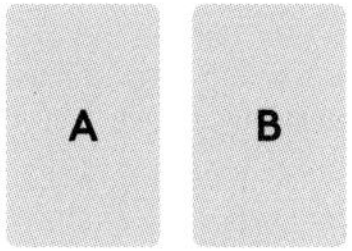

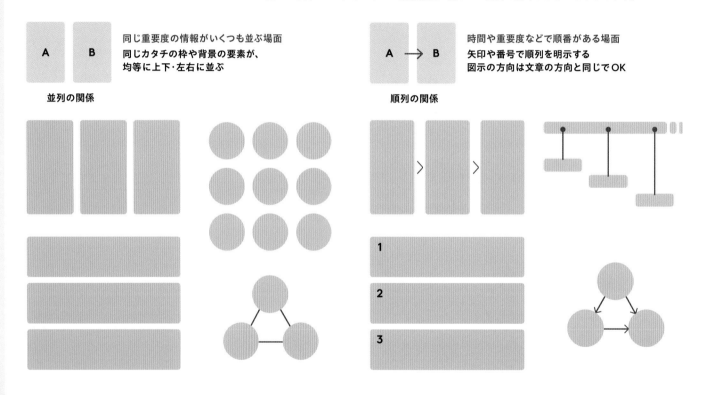

同じ重要度の情報がいくつも並ぶ場面

同じカタチの枠や背景の要素が、均等に上下･左右に並ぶ

並列の関係

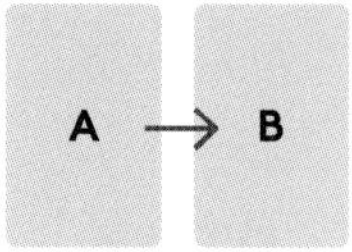

時間や重要度などで順番がある場面

矢印や番号で順列を明示する
図示の方向は文章の方向と同じでOK

順列の関係

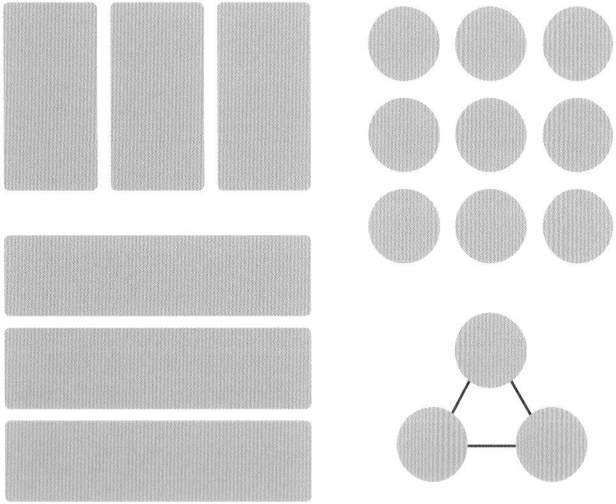

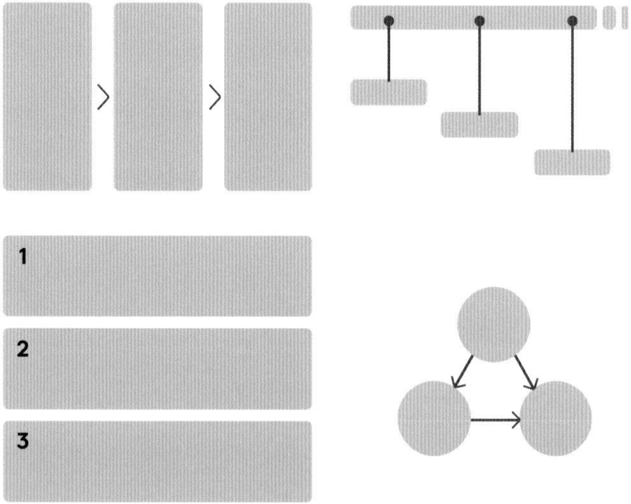

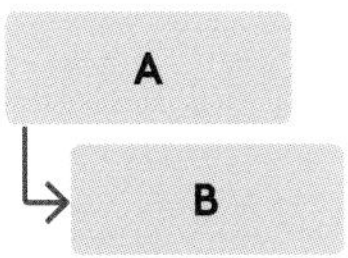

主従や入れ子の
関係がある場面

**上下や重なり、位置関係で
主従関係を示す**

主従の関係

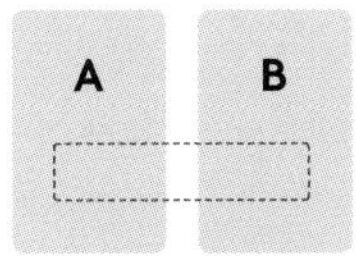

複数の情報に共通する
関係がある場面

**重なりや一部を括って
共通部分を示す**

共通の関係

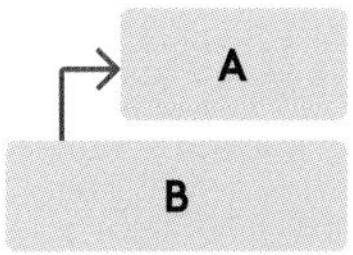

積み上げていくような
関係がある場面

**サイズの違いやカタチで
積み上がるイメージを示す**

段階の関係

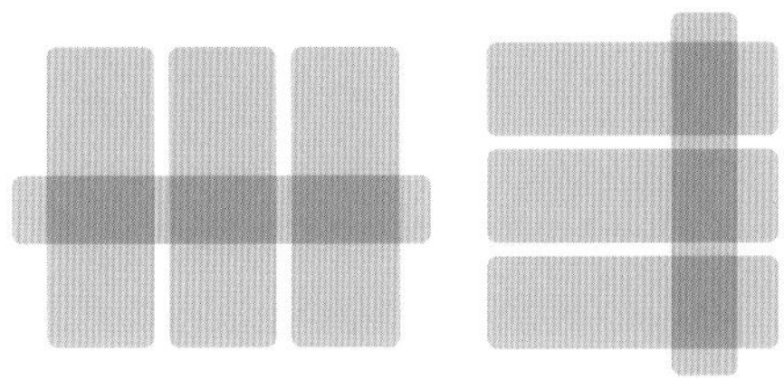

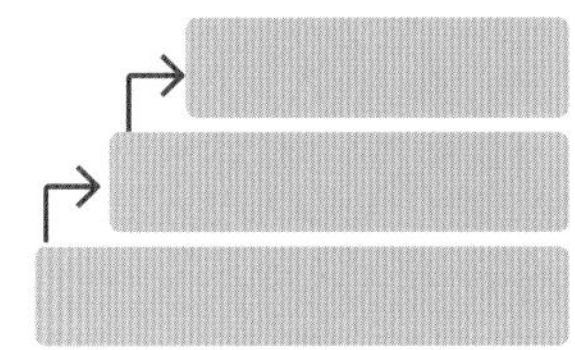

インフォグラフィックを深める

表

複数の情報を要素ごとに並べることで一覧性を高め、参照をしやすくする

誰もが一度は使ったことがあるであろう、表。その最大の強みは、情報の俯瞰や比較・参照のしやすさです。

表は、情報要素を縦軸・横軸の2方向に“強制的に”整列させる表現手法。それぞれの軸の役割をしっかり定めておくことで、各要素の強い対比関係を維持したまま上下方向・左右方向に拡げていくことができます。

文字情報を整理する側面もある表は、情報量が多くなりがち。それらを一覧・参照できることが強みですが、文字情報から素早く読み取るための、ノイズの少ないビジュアルが必要になります。

縦に横に視線を動かし情報を素早く読み取るためのビジュアルは、シンプルにすることが大事。縦軸・横軸の役割を明確にしつつ、罫線などのノイズを減らし、背景や文字の色を工夫して、どこに何があるか“だけ”わかるようにします。

アイテム	スペック	価格
CPU	8コア 3.6GHz	41,000円
メモリ	16GB	10,000円
グラフィック	3080 12GB	140,000円
SSD	2TB	30,000円
Wireless	Wi-Fi 6 + Bluetooth 5	5,000円
CPUクーラー	水冷式	10,000円
電源	800W	20,000円

	Personal	Pro	Team
作成ページ数	1,000	無制限	無制限
メンバー数	あなたのみ	10	無制限
ゲストアカウント	5	無制限	無制限
ファイルアップロード	100MB	10GB	10GB
リアルタイム共同作業		✓	✓
リンク共有	✓	✓	✓
高度なカスタマイズ		✓	✓

複数の要素を並列させることで、俯瞰や比較・参照がしやすくする

伝える情報は……
対比関係の強い複数の情報の集まり

横方向に参照する情報 →

CPU	8コア 3.6Ghz	41,000円
メモリ	16GB	10,000円

↓ 縦方向に項目が並ぶ

主な表現手法は……
線や背景色で対比を示し、文字や数字で伝える

CPU	8コア 3.6Ghz	41,000円
メモリ	16GB	10,000円

CPU	8コア 3.6Ghz	41,000円
メモリ	16GB	10,000円

デザインのポイント

- ✓ 複数の要素をもつ情報を、縦・横に整列させて俯瞰するのが表
- ✓ 縦軸・横軸を明確に設定することで、情報を一覧・参照しやすくなる
- ✓ 文字情報をすぐ読み取れるように、ビジュアルを整える

「表」が活躍する場面と、考えるポイント

**「表」は、
複数の要素を「整然と」
伝えるときに輝く**

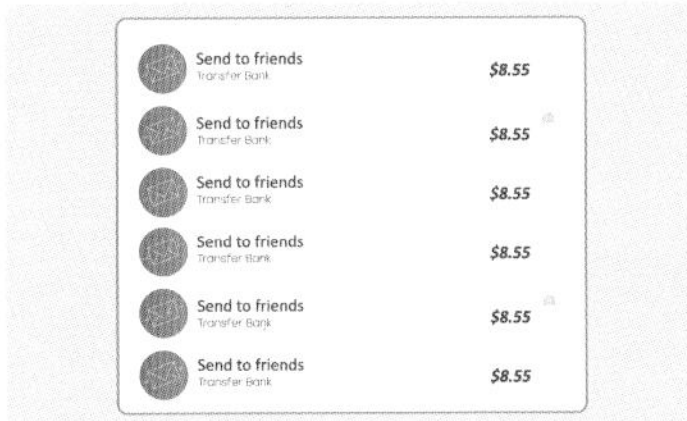

縦横に整然と並べば、情報を読み取りやすい

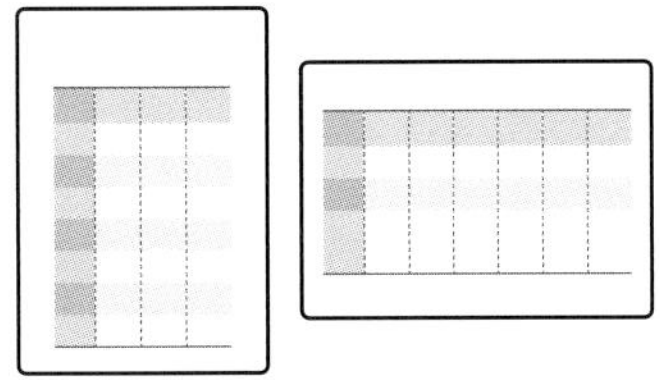

紙面の縦横比に合わせて、軸の配置を変える

情報をしっかり“2軸”に落とし込むことが、わかりやすさの基本

表に載せる情報は、必ず並列できる“属性”があるはずです。その属性を種類ごとに大きく分けつつ、縦軸・横軸にどのように反映するかで、読み取りやすさが大きく変わってきます。

属性が1種類の場合
横軸に属性、縦軸に項目が並ぶ

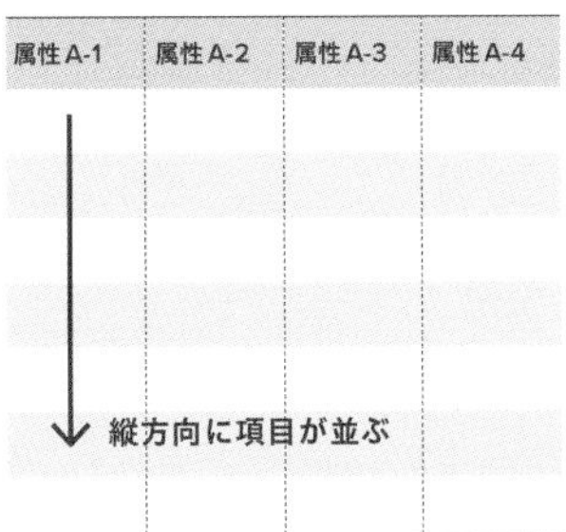

属性が2種類の場合
縦軸・横軸にそれぞれの属性を並べる

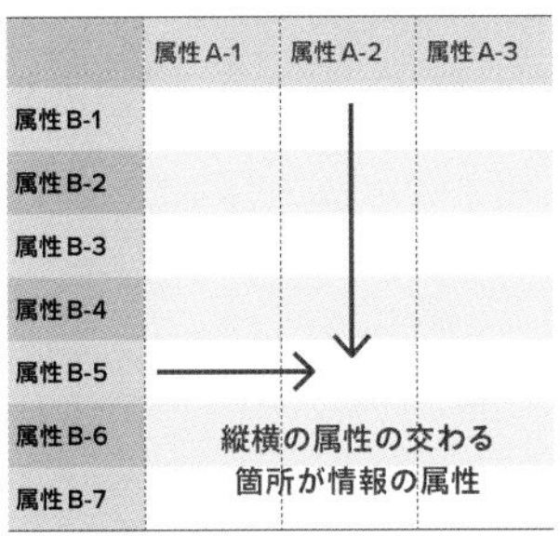

属性が3種類以上の場合
片方の軸に属性を重ねがけする

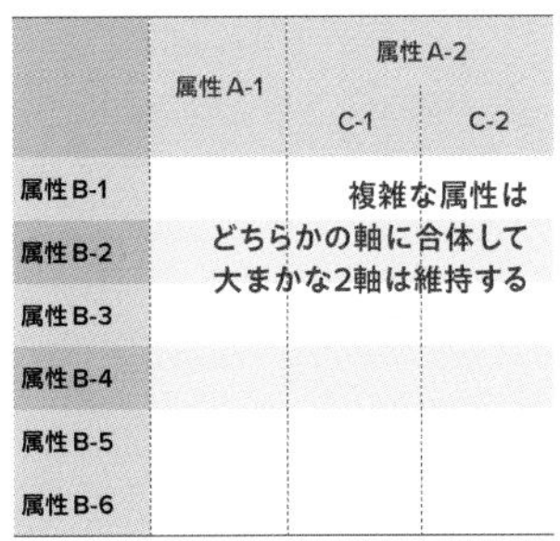

属性A-1
属性A-2
C-1
C-2
属性B-1
属性B-2
属性B-3
属性B-4
属性B-5
属性B-6
複雑な属性は
どちらかの軸に合体して
大まかな2軸は維持する

**! 表の考え方を応用して、
情報を比較しやすいレイアウトに**

「表形式」は、一般的にスプレッドシートのような格子状のセルに情報を整理したものと理解されます。しかし、情報を2軸に落とし込むことを意識すれば、必ずしも格子状に情報をまとめる必要はありません。

例えば、上下左右の位置がきちっと整理された複数列の箇条書きでも、表の考え方で整理すれば読み取りやすいものに仕上がるはずです。これはレイアウトの基本の「整列」「グループ化」「余白」とも共通する考え方であり、ページ全体のレイアウトにも応用できます。

#5-08 ビジュアルを設計する インフォグラフィックを深める | 表

見やすい表をつくるポイント

表は文字や数字の整列の仕方で意味づけする手法。そのため、必要な箇所だけを素早く読み取れることが重要です。そもそも情報量が密な表は、罫線すら多すぎるとノイズになってしまいます。表内の文字の視認性を最優先に、なるべく線を使わず背景色などで縦横を区切ってみましょう。

表は、情報量が密になりやすい

アイテム	スペック	価格
CPU	8コア 3.6GHz	41,000円
メモリ	16GB	10,000円
グラフィック	3080 12GB	140,000円
SSD	2TB	30,000円
Wireless	Wi-Fi 6 + Bluetooth 5	5,000円
CPUクーラー	水冷式	10,000円
電源	800W	20,000円

文字情報が多い表は、
罫線で区切ってしまうと煩雑に見えてしまい、
意味を読み取りづらくなってしまう

参照したい方向に合わせて、線の量を減らし視認性を上げる

アイテム	スペック	価格
CPU	8コア 3.6GHz	41,000円
メモリ	16GB	10,000円
グラフィック	3080 12GB	140,000円
SSD	2TB	30,000円
Wireless	Wi-Fi 6 + Bluetooth 5	5,000円
CPUクーラー	水冷式	10,000円
電源	800W	20,000円

アイテム	スペック	価格
CPU	8コア 3.6GHz	41,000円
メモリ	16GB	10,000円
グラフィック	3080 12GB	140,000円
SSD	2TB	30,000円
Wireless	Wi-Fi 6 + Bluetooth 5	5,000円
CPUクーラー	水冷式	10,000円
電源	800W	20,000円

罫線をほぼ無くしてしまい、
セルの区別を背景色に委ねると見やすくなる

アイテム	スペック	価格
CPU	8コア 3.6GHz	41,000円
メモリ	16GB	10,000円
グラフィック	3080 12GB	140,000円
SSD	2TB	30,000円
Wireless	Wi-Fi 6 + Bluetooth 5	5,000円
CPUクーラー	水冷式	10,000円
電源	800W	20,000円

アイテム	スペック	価格
CPU	8コア 3.6GHz	41,000円
メモリ	16GB	10,000円
グラフィック	3080 12GB	140,000円
SSD	2TB	30,000円
Wireless	Wi-Fi 6 + Bluetooth 5	5,000円
CPUクーラー	水冷式	10,000円
電源	800W	20,000円

縦横の属性が区別できる罫線だけでも、
余白があれば十分に見やすくなる

表のビジュアルスタイルの例

アイテム	スペック	価格
CPU	8コア 3.6GHz	41,000円
メモリ	16GB	10,000円
グラフィック	3080 12GB	140,000円
SSD	2TB	30,000円
CPUクーラー	水冷式	10,000円
電源	800W	20,000円

	スペック	価格
CPU	8コア 3.6GHz	41,000円
メモリ	16GB	10,000円
グラフィック	3080 12GB	140,000円
SSD	2TB	30,000円
CPUクーラー	水冷式	10,000円
電源	800W	20,000円

アイテム	スペック	価格
CPU	8コア 3.6GHz	41,000円
メモリ	16GB	10,000円
グラフィック	3080 12GB	140,000円
SSD	2TB	30,000円
CPUクーラー	水冷式	10,000円
電源	800W	20,000円

アイテム	スペック	価格
CPU	8コア 3.6GHz	41,000円
メモリ	16GB	10,000円
グラフィック	3080 12GB	140,000円
SSD	2TB	30,000円
CPUクーラー	水冷式	10,000円
電源	800W	20,000円

アイテム	スペック	価格
CPU	8コア 3.6GHz	41,000円
メモリ	16GB	10,000円
グラフィック	3080 12GB	140,000円
SSD	2TB	30,000円
CPUクーラー	水冷式	10,000円
電源	800W	20,000円

アイテム	スペック	価格
CPU	8コア 3.6GHz	41,000円
メモリ	16GB	10,000円
グラフィック	3080 12GB	140,000円
SSD	2TB	30,000円
CPUクーラー	水冷式	10,000円
電源	800W	20,000円

アイテム	スペック	価格
CPU	8コア 3.6GHz	41,000円
メモリ	16GB	10,000円
グラフィック	3080 12GB	140,000円
SSD	2TB	30,000円
CPUクーラー	水冷式	10,000円
電源	800W	20,000円

アイテム	スペック	価格
CPU	8コア 3.6GHz	41,000円
メモリ	16GB	10,000円
グラフィック	3080 12GB	140,000円
SSD	2TB	30,000円
CPUクーラー	水冷式	10,000円
電源	800W	20,000円

アイテム	スペック	価格
CPU	8コア 3.6GHz	41,000円
メモリ	16GB	10,000円
グラフィック	3080 12GB	140,000円
SSD	2TB	30,000円
CPUクーラー	水冷式	10,000円
電源	800W	20,000円

インフォグラフィックを深める

グラフ

膨大なデータの特徴や傾向を抽出し意味を読み取りやすい図式で伝える

データを扱う人にとっては欠かせない、グラフ。データから有意義な情報を取り出して示す、唯一無二の表現方法です。

一言にグラフと言っても、元となるデータと、そこから読み取れる意味、伝えたいメッセージによって、その種類は大きく異なってきます。

例えば、変化の傾向を見たいなら折れ線グラフ、比較をしたいなら棒グラフ、割合を見たいなら円グラフ、全体の傾向や分散をみたいなら分布図など……最適なグラフはそれぞれ変わってきます。

また、単にグラフにするだけではなく、正しく素早く意味を読み取れるように、グラフの軸や数値などの表現を調整することも、わかりやすさには重要です。

ただし、メッセージを伝えたい気持ちが行きすぎて、嘘つきグラフになるのだけは絶対にNG。客観的な正しさは必ず保つようにしましょう。

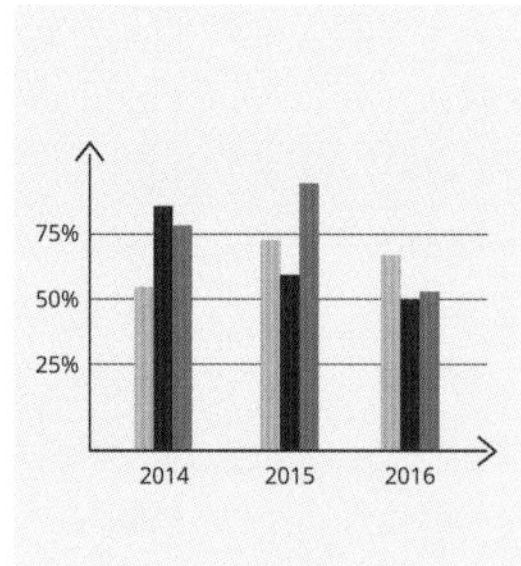

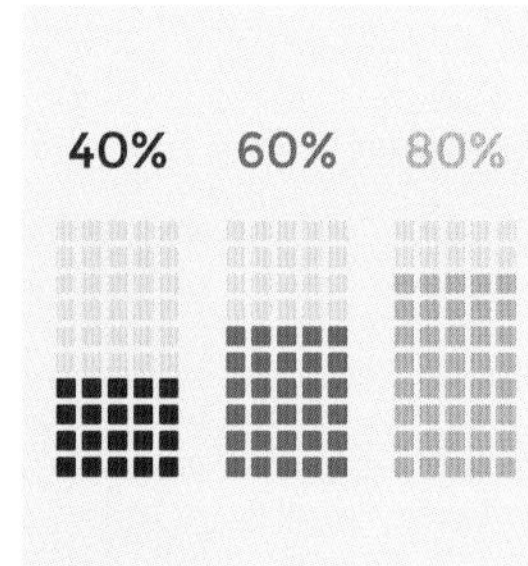

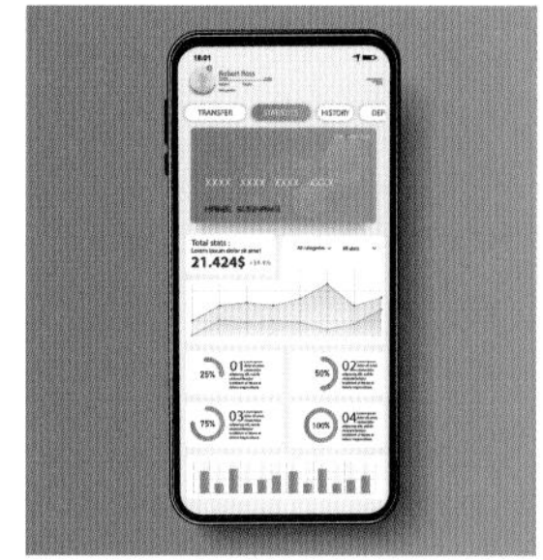

膨大なデータを図式化することで、意味を簡単に読み取れるようにする

伝える情報は……
データから読み取れる意味や傾向

	電話加入数【加入】	携帯電話契約数【件】	公衆電話施設数【個】
2001年	52,089,398	60,942,407	707233
2002年	50,737,931	69,121,131	680635
2003年	50,713,791	75,656,952	584162
2004年	50,937,879	81,519,543	503135
2005年	50,321,284	86,997,644	442302
2006年	46,910,795	91,791,942	393066
2007年	43,342,915	96,717,920	360819
2008年	39,620,045	102,724,567	329301
2009年	36,360,709	107,486,667	307187
2010年	33,237,690	112,182,922	283161

主な表現手法は……
データ比率に合わせた線や幾何学図形

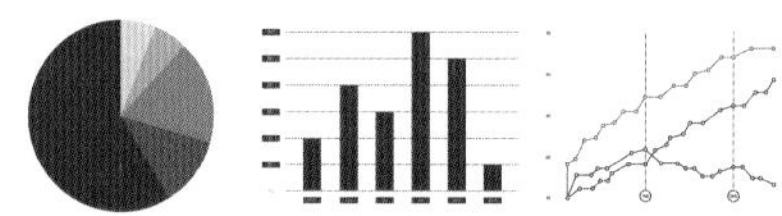

デザインのポイント

- 数値によるデータから意味を読み取るための図式がグラフ
- 傾向や特徴、割合など、データの特徴や傾向を適切に取り出す
- 特徴を正しく読み取れる、適切な図式で表現する

「グラフ」が活躍する場面と、伝えられる情報

**「グラフ」は、
データが示す意味を
誰でもすぐに把握できる
形で伝えるときに輝く**

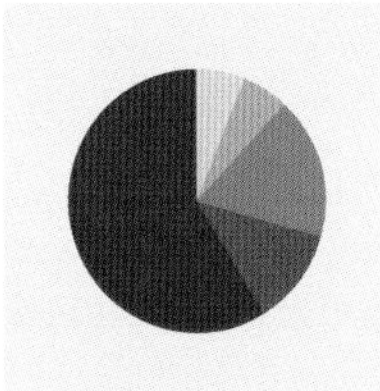

割合を伝えるなら
円グラフ

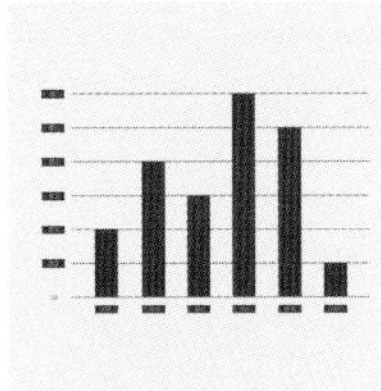

増減を比較するなら
棒グラフ

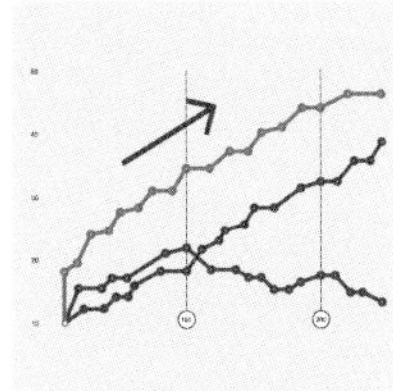

傾向を伝えるなら
折れ線グラフ

グラフは、データの切り取り方や表現の仕方で、読み取れる情報が大きく変わる

必ず意識するべきは、「グラフはデータの意味を読み取るもの」であること。グラフ化するデータの範囲でも、グラフ化する要素の取捨選択でもグラフの形は変わります。正しく意味を読み取ってもらうために、必要十分なデータを選択してグラフ化することが、伝わるグラフの第一歩です。

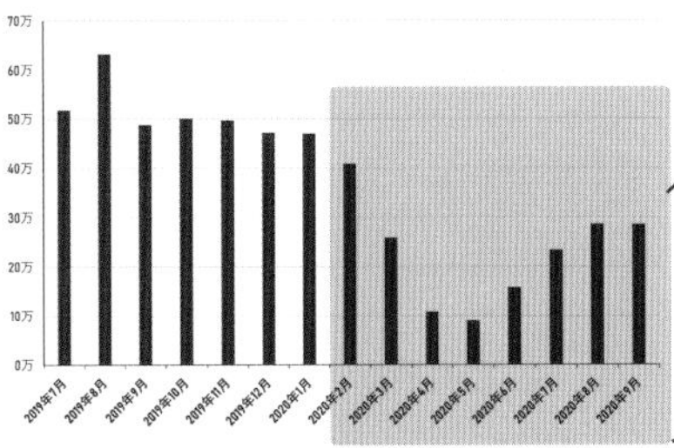

全体の傾向から判断すべきところを……

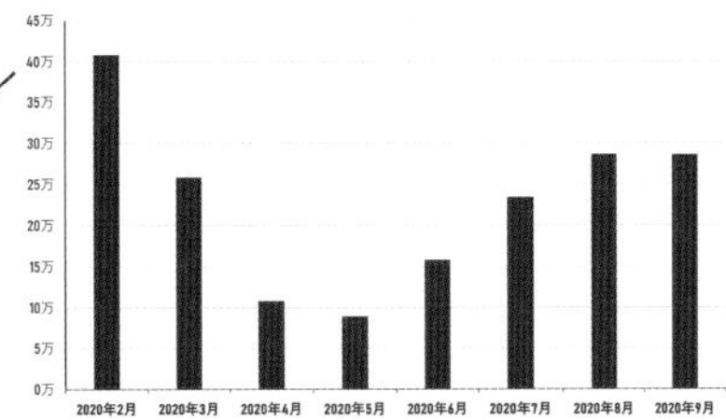

一部だけ切り取り解釈しても無意味

**! より精度の高いグラフのためには、
縦軸と横軸の設定も重要**

データを可視化するための定番であるグラフは、PowerPointやExcelといったソフトで簡単につくれてしまうがために、適切ではない設定のままグラフ化されることがあります。

グラフはデータから意味を読み取るための手法であり、簡単に理解や印象を操作できてしまいます。例えば、データの変化や傾向を強調するがあまり縦軸・横軸を非客観的に操作してしまったり、逆に操作しなさすぎて違いがわからなかったりと、「意図的な編集が必要であるものの、嘘はつかないバランスが大事」という、難しい扱いが必要です。ここで全てを解説するのが難しいため、特に信頼に関わるデータを扱う人は、データビジュアライズの基礎をしっかりと学んでおきましょう。

インフォグラフィックを深める ｜ グラフ

グラフの種類と特徴、ビジュアライズ

データの種類や、特徴、傾向などによって、適切なグラフは異なります。自分が持っているデータがどのような特徴があり、どのグラフが候補になるのか、いくつかの候補の中から選べるようにグラフの種類を知っておきましょう。

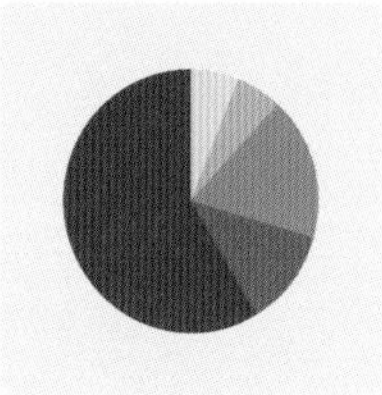

割合を伝えるための「円グラフ」

円を割合で分割する円グラフは、
面積比で割合を直感的に理解できる
ゆえに、割合が均等だとわかりづらくなる

円ではなく円周（円弧）で表現すると、
モダンな演出ができる

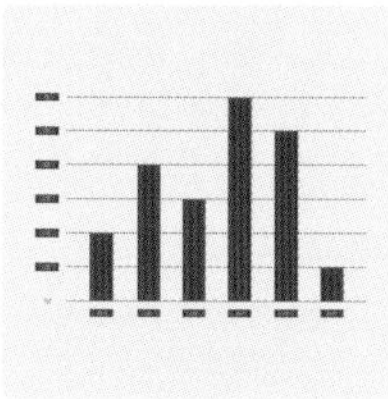

比較をするための「棒グラフ」

複数のデータを比較するときに使う棒グラフは、
長さの差で直感的に理解できる
ゆえに、有意差がないとわかりづらくなる

縦向き、横向きの両方に展開できる
横棒の方が比較しやすく、縦棒は傾向も見やすい

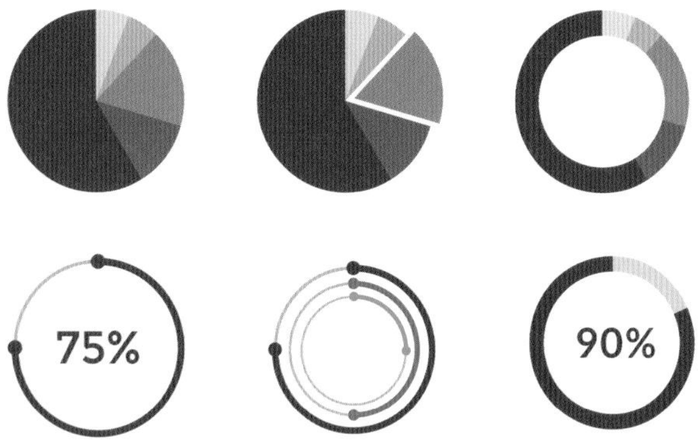

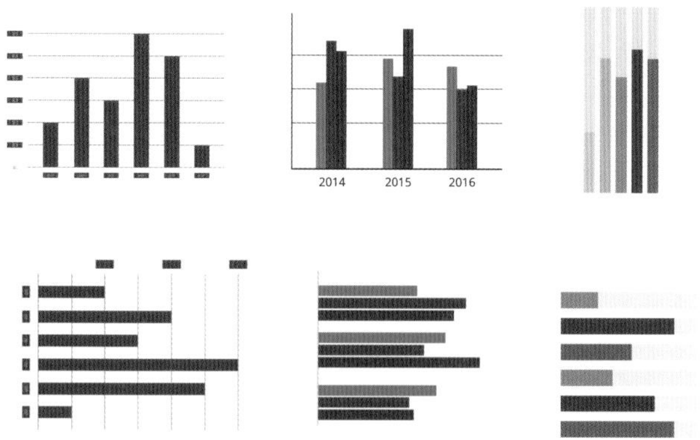

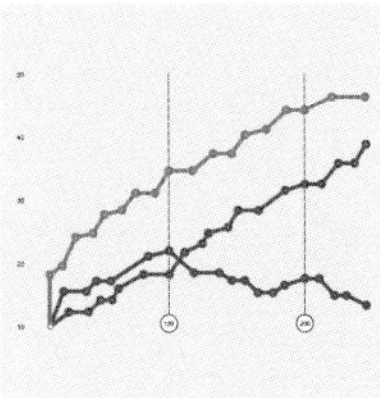

傾向を見るための「折れ線グラフ」

**蓄積したデータの増減やそのペースを
視覚化する折れ線グラフは、線の傾きで理解する
ゆえに、線が重なりすぎるとわかりづらくなる**

**折れ線に入れる点は、データの読み取り方に合わせる
分布図に近似線を入れる手法もある**

その他のグラフ

**よりビジュアルを優先する場合、
グラフとして用いられる円形や四角形ではなく、
アイコンやピクトグラムを使って表現する方法もある**

**読み取ったデータの意味よりも
直感的な理解と印象が強く残るうえ、とてもモダンに演出できる**

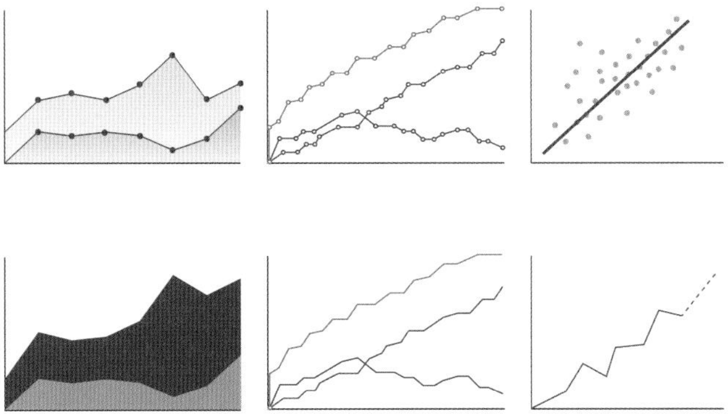

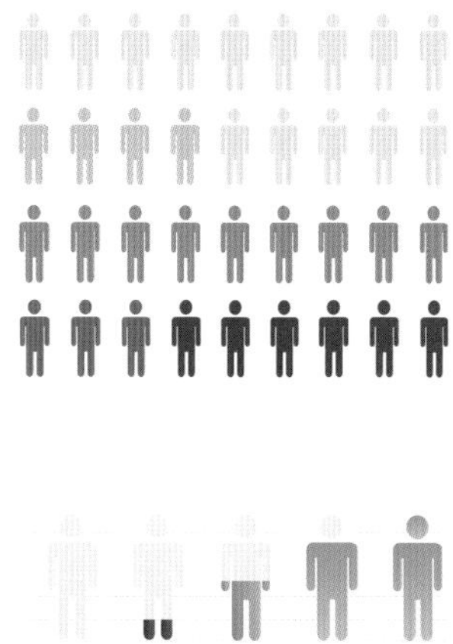

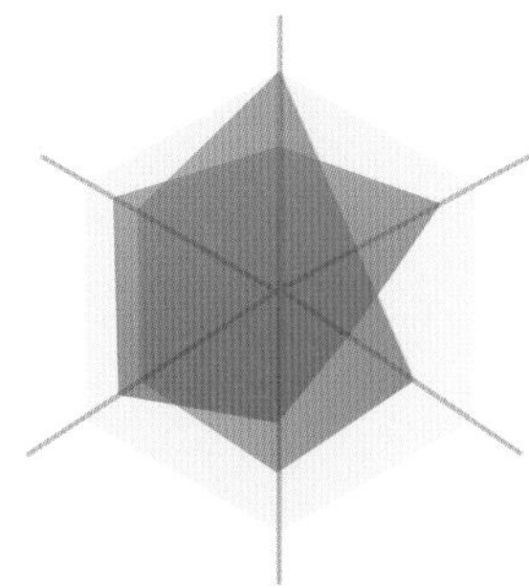

PowerPointの基本

インフォグラフィックにまつわる機能

PowerPointでは、インフォグラフィックをつくる機能として表、グラフ、SmartArtが用意されています。どれも「挿入」リボンからスライドに追加することができ、見た目と構造を設定できるリボンがオブジェクト選択時に表示されます。

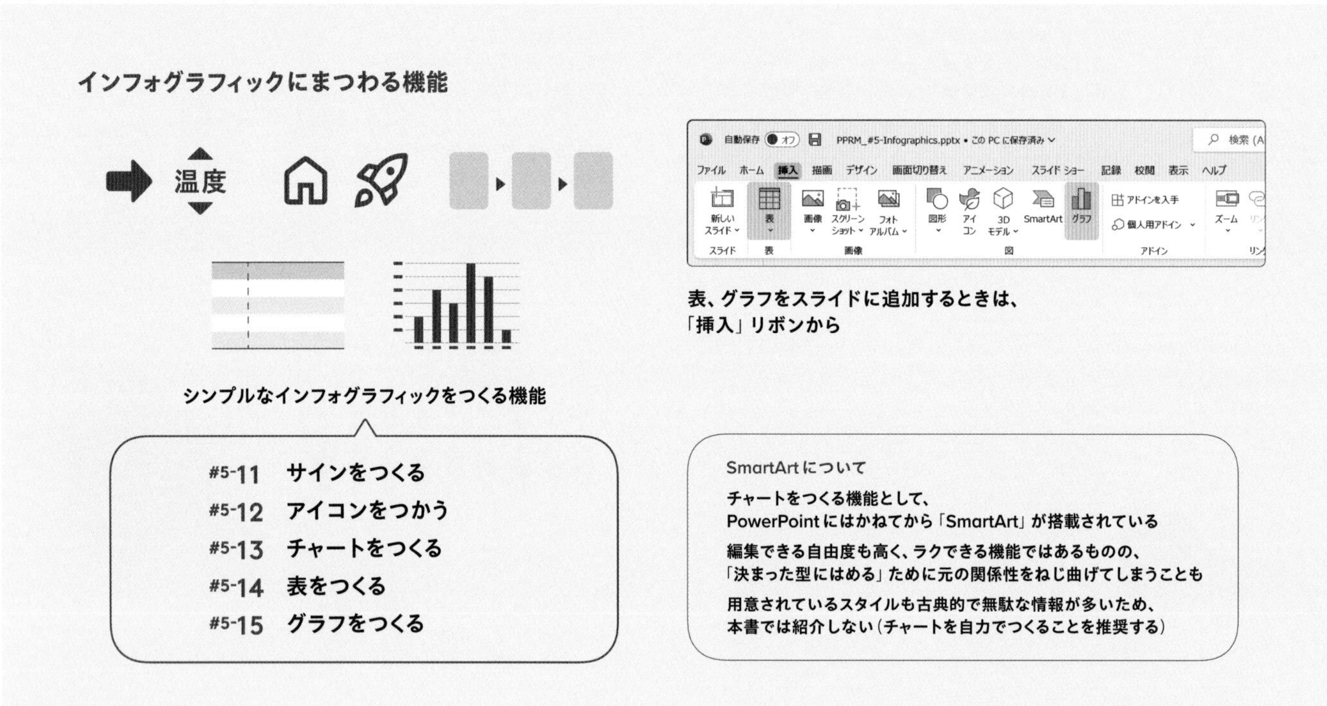
インフォグラフィックにまつわる機能
温度
シンプルなインフォグラフィックをつくる機能
#5-11 サインをつくる
#5-12 アイコンをつかう
#5-13 チャートをつくる
#5-14 表をつくる
#5-15 グラフをつくる
自動保存 オフ PPRM_#5-Infographics.pptx • この PC に保存済み
ファイル ホーム 挿入 描画 デザイン 画面切り替え アニメーション スライド ショー 記録 校閲 表示 ヘルプ
新しい スライド 表 画像 スクリーン ショット フォト アルバム 図形 アイコン 3D モデル SmartArt グラフ アドインを入手 個人用アドイン ズーム
スライド 表 画像 図 アドイン
表、グラフをスライドに追加するときは、
「挿入」リボンから
SmartArtについて
チャートをつくる機能として、
PowerPointにはかねてから「SmartArt」が搭載されている
編集できる自由度も高く、ラクできる機能ではあるものの、
「決まった型にはめる」ために元の関係性をねじ曲げてしまうことも
用意されているスタイルも古典的で無駄な情報が多いため、
本書では紹介しない（チャートを自力でつくることを推奨する）

グラフを選択した場合

グラフのデザイン／書式

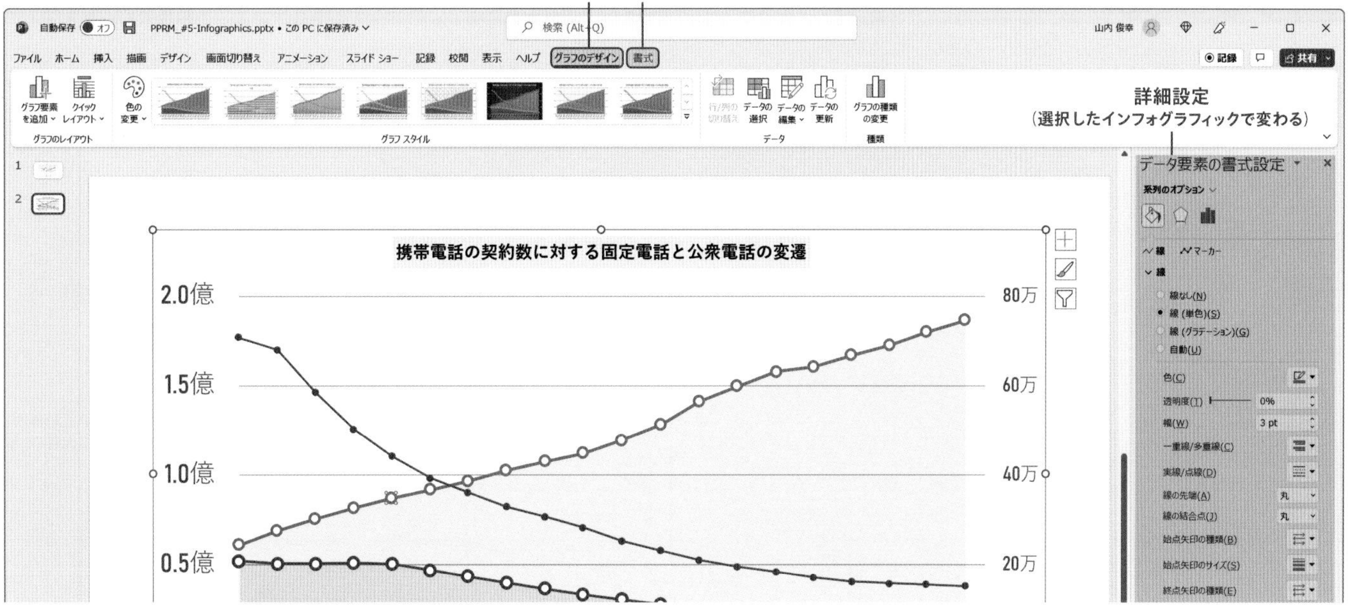

表を選択した場合

テーブルデザイン／レイアウト

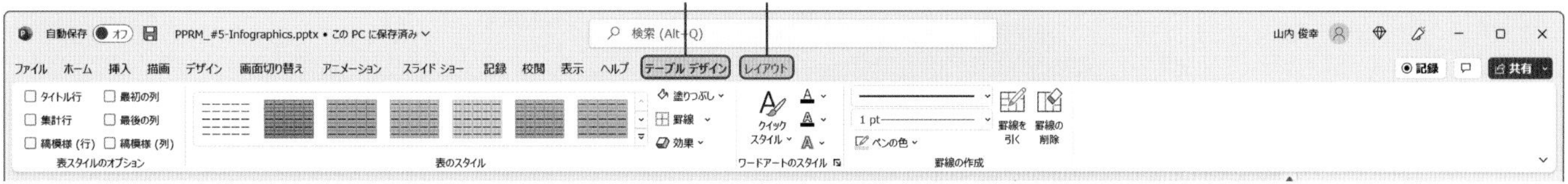

PowerPointの機能

サインをつくる

サイン、特に矢印をPowerPointでつくる場合、大きく2通りの方法があります。一つは、「線」として矢印をつくる方法。線の先端の形状とサイズを変更すればOKです。もう一つは「面」としてつくる方法。あらかじめ矢印型の図形が多く用意されており、大きな矢印や複雑な矢印も簡単につくれます。

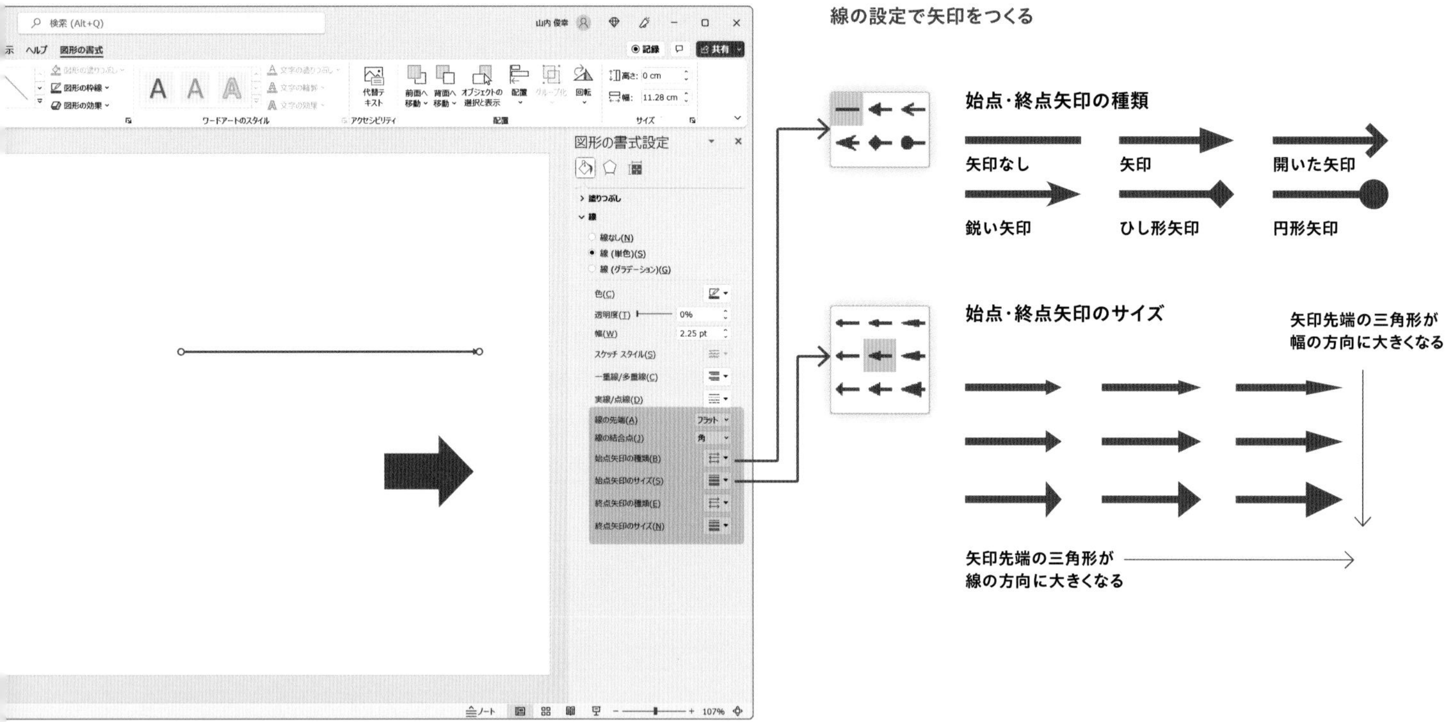

PowerPointの矢印の使い分け

線としての矢印と面としての矢印の大きな違いは、「コネクタ」か「図形」かにあります。PowerPointの線は、図形の間をつなぐ「コネクタ」として扱われており、図形にスナップさせせることができます。一方、図形として矢印をつくると、「変形ツール」が表示され簡単に形を調整できます。

面としての矢印

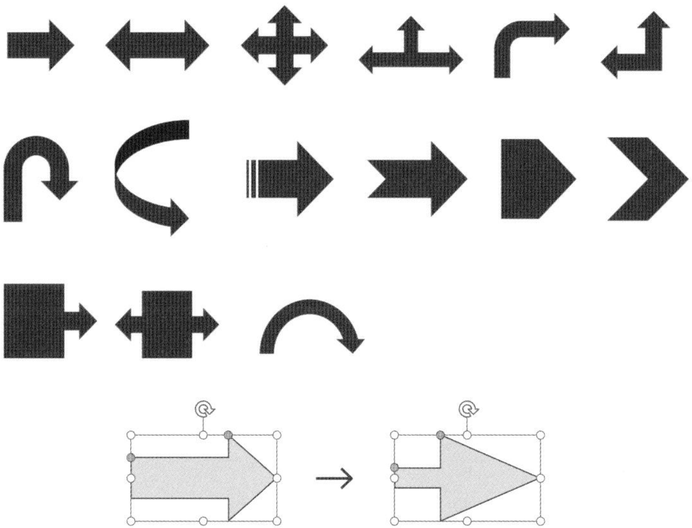

図形として矢印をつくると、
「変形ツール」が表示され、簡単にカタチを調整できる

線としての矢印

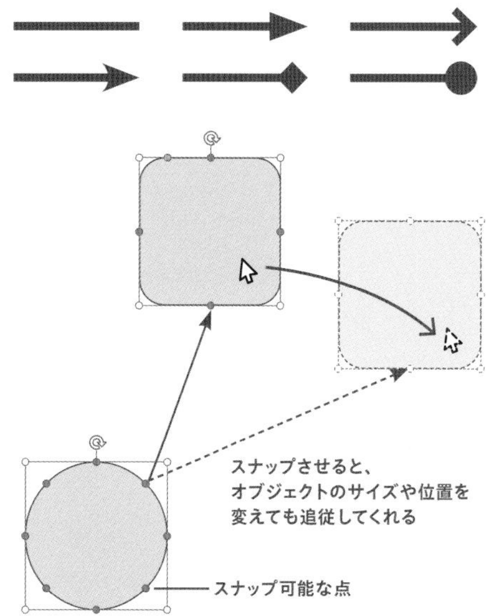
スナップさせると、
オブジェクトのサイズや位置を
変えても追従してくれる
スナップ可能な点

線として矢印をつくると、
「コネクタ」として扱われるため、図形にスナップして追従してくれる

PowerPointの機能

アイコンをつかう

Microsoft Office 2021では、ストック画像の一つとしてアイコン素材が豊富に用意されています。「挿入」リボンから挿入画面にアクセスでき、挿入後は線や塗りから各種効果まで設定できます。また、アイコンを変形したい場合は「図形に変換」でPowerPointのオブジェクトにも変換できます。

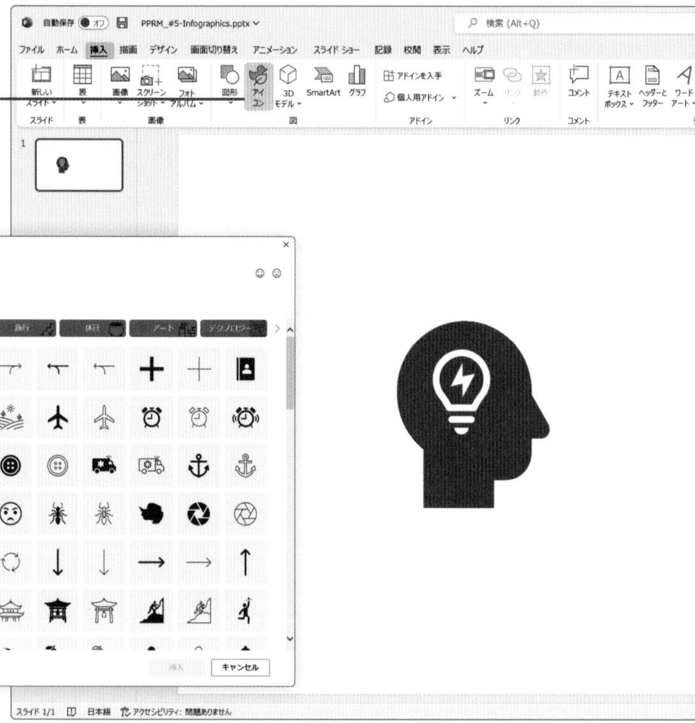

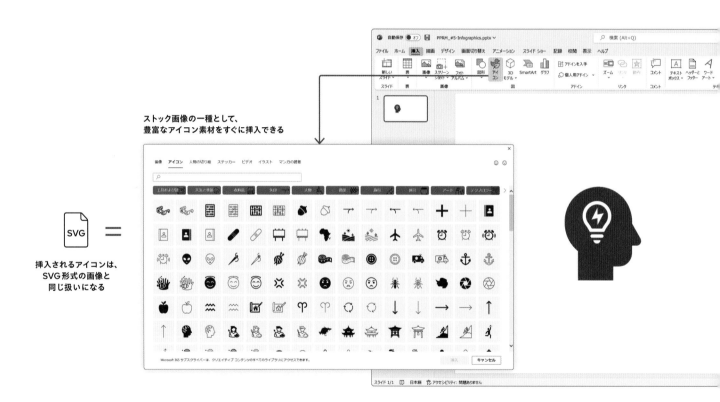

ストック画像の一種として、
豊富なアイコン素材をすぐに挿入できる

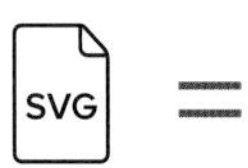

挿入されるアイコンは、
SVG形式の画像と
同じ扱いになる

アイコンやSVG形式の画像を編集する「グラフィックス形式」

挿入したアイコンやSVG形式の画像を挿入すると、「グラフィックス形式」のリボンで線や塗りつぶしの設定を編集することができます。また、「図形に変換」を使うことでPowerPoint上のオブジェクトに変換され、頂点の編集などの機能も使えるようになります。

「グラフィックス形式」でできる編集

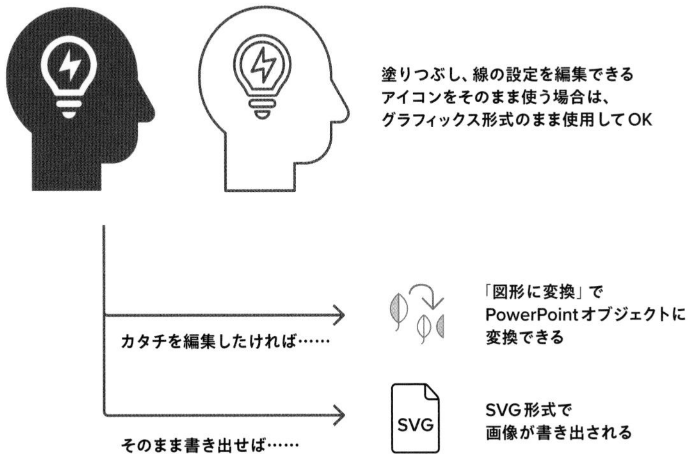

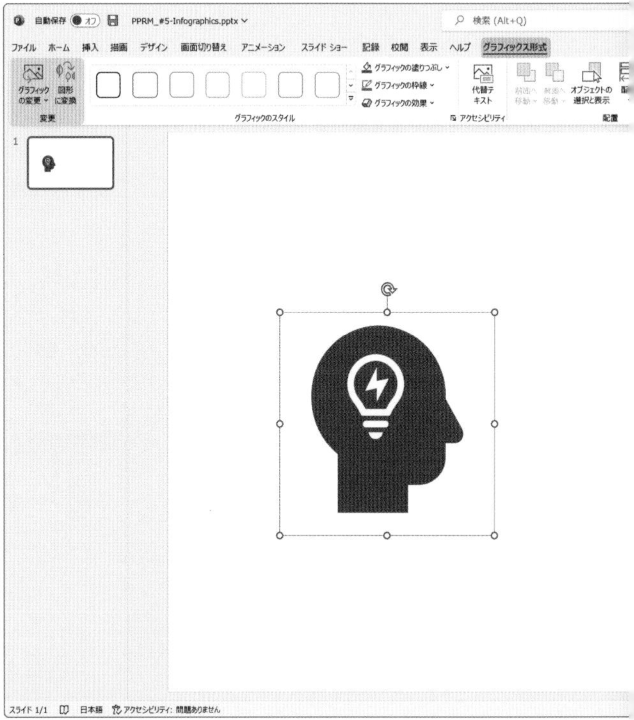

! 図形の編集方法はDesigning #4 イラストレーションを、
SVG画像についてはDesigning #6 画像と動画をチェック!

PowerPointの機能
チャートをつくる

チャートをつくるためのPowerPointの機能として、古くから「SmartArt」が搭載されています。しかし、SmartArtは特定の型に情報をはめる必要があるうえ、図形の数が多すぎる傾向があるため、基本的には図形と矢印で自作するのをオススメします。

チャートは、
シンプルな図形と矢印、
アイコンなどを
秩序立てて配置すればOK

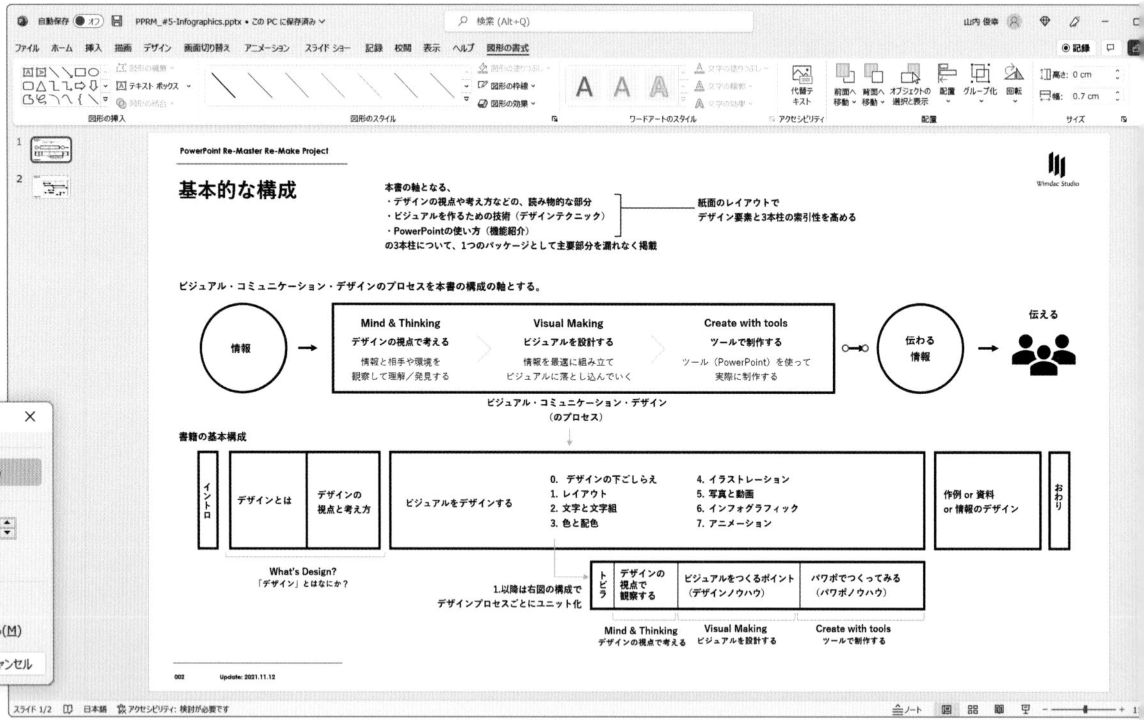

「描画オブジェクトをグリッド線に合わせる」は必ずONに

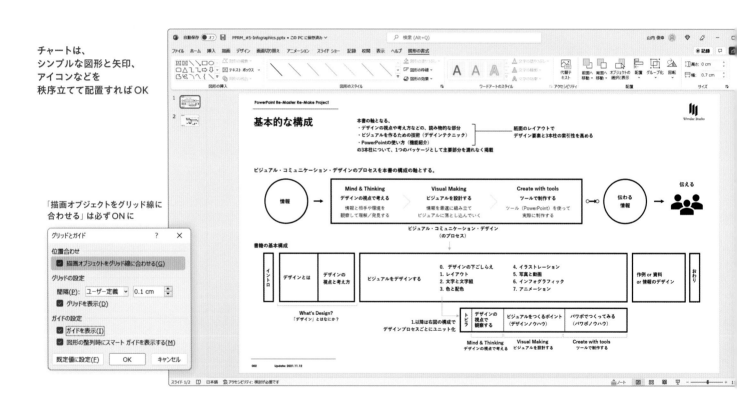

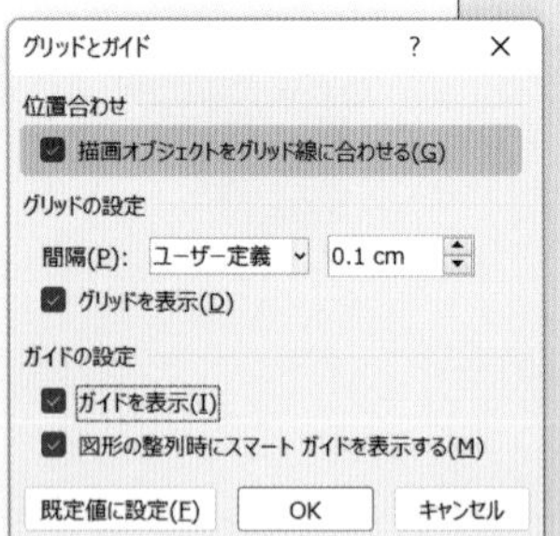

基本的な図形と文字を同時に扱う

チャートは、図形（Designing #4）と文字（Designing #2）、配置（Designing #1）の機能をフル活用して作成しています。細かな仕様は各章の解説通りのため、ここでは図形を扱うコツ、文字と図形を併用するときのコツを紹介します。

図形の中に文字を入れるか、図形を背景に文字を入れるか

チャートでは、文字の周囲（枠）や背景に、四角や円などのシンプルな図形を配置することが多くあります。図形にテキストを入力することで一つのオブジェクトにまとめてしまうことができますが、文字の量と図形のサイズに合わせて適切な設定を切り替えられるようにしておきましょう。

変形ツールを伴う図形は、拡大・縮小後に再調整が必要

チャートで活躍する角丸四角形や図形としての矢印といった「変形ツール」を伴う図形は、拡大・縮小でサイズの変更をすると、角丸などの形状もそのまま拡大・縮小されます。サイズによって形がまちまちにならないように、サイズの変更後は必ず変形ツールで再調整するようにしましょう。

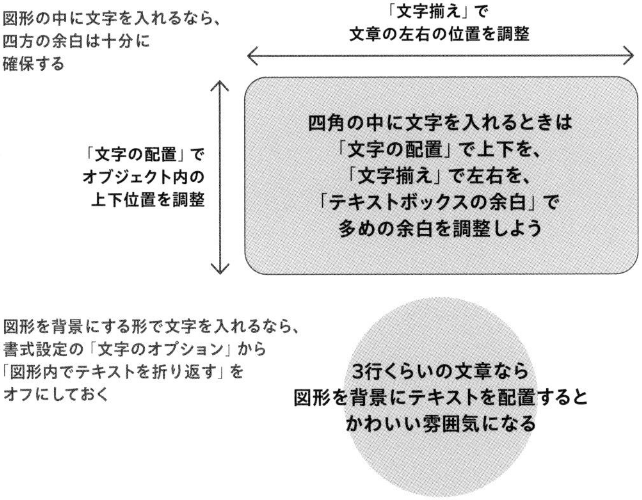

図形の中に文字を入れるなら、
四方の余白は十分に
確保する
「文字揃え」で
文章の左右の位置を調整
「文字の配置」で
オブジェクト内の
上下位置を調整
四角の中に文字を入れるときは
「文字の配置」で上下を、
「文字揃え」で左右を、
「テキストボックスの余白」で
多めの余白を調整しよう
図形を背景にする形で文字を入れるなら、
書式設定の「文字のオプション」から
「図形内でテキストを折り返す」を
オフにしておく
3行くらいの文章なら
図形を背景にテキストを配置すると
かわいい雰囲気になる

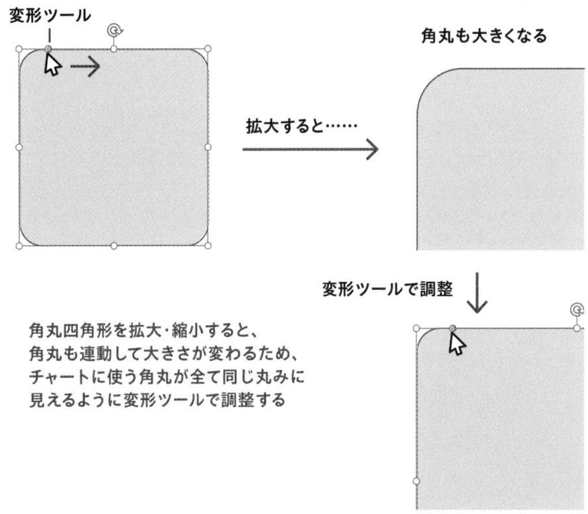

PowerPointの機能

表をつくる

PowerPointの表は、計算をするものではなくあくまで整列表示をするための機能として搭載されています。「挿入」リボンから追加したあとは、表を選択したときに表示される「テーブルデザイン」と「レイアウト」から書式を設定できるほか、テキスト周りはテキストボックスと同様に設定できます。

表の追加は、「挿入」リボンから

表を新しく追加する場合、挿入リボンから列数と行数を指定する10列×8行までなら、マウスだけで指定できる

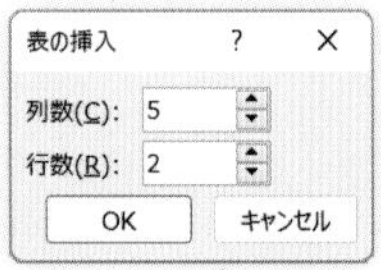

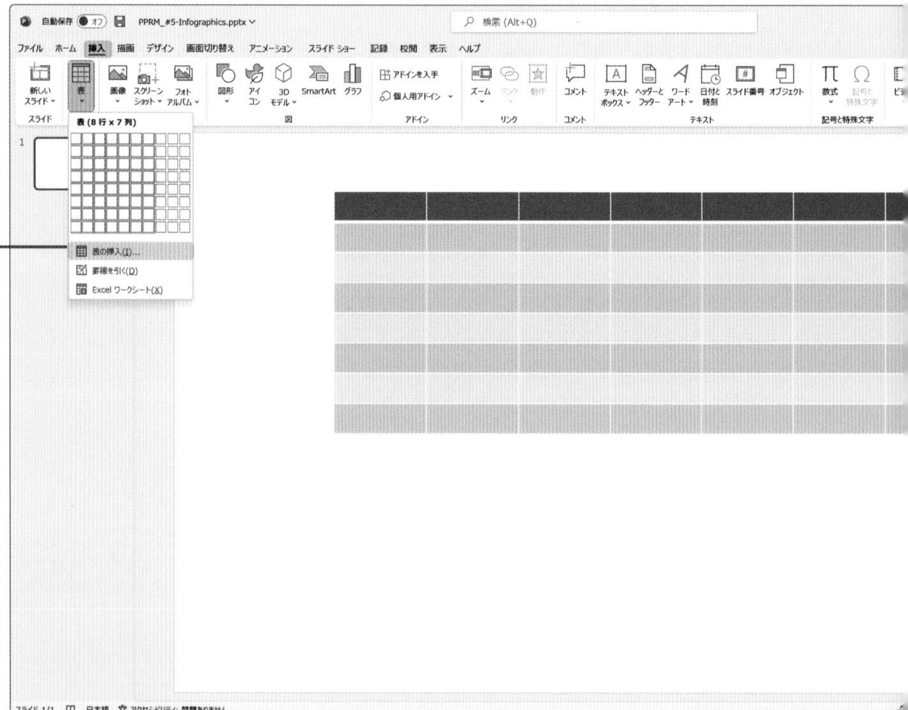

セルの追加は、「レイアウト」リボンから

スライド上の表に行と列を追加する場合、表を選択した状態で「レイアウト」リボンにアクセスすると「行を挿入」「列を挿入」のボタンがある（削除はその左隣）

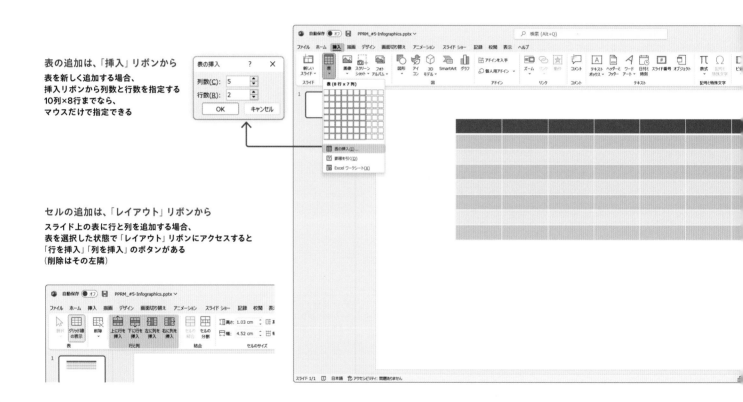

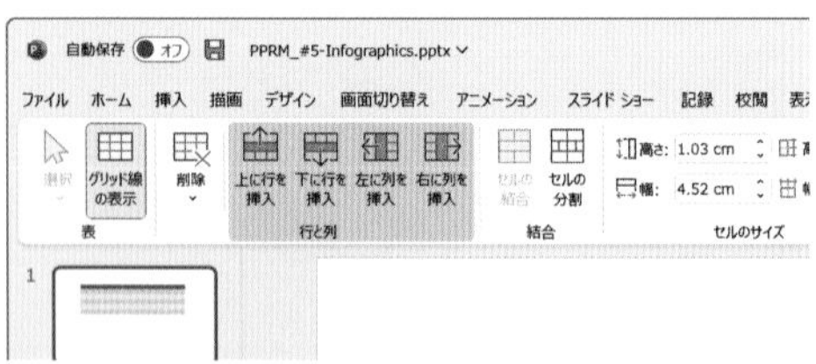

PowerPointの表の扱いと編集

セルに関する編集は「テーブルデザイン」

表を挿入した後に、セルを追加したり結合したりするのは、「テーブルデザイン」リボンから行います。Excelの基本操作と同様の編集が行えますが、「セルの分割」をすると中途半端に分割されてしまうなど、Excelと異なる操作になる場合もあることには注意が必要です。

見た目に関する編集は「レイアウト」

表のスタイルや見た目を編集するのは「レイアウト」リボンから行います。「表のスタイル」と「表スタイルのオプション」から既存のスタイルの適用・調整を行えますが、関係なく調整してもOK。罫線は、表全体に設定できるほか、セルごとにペンツールで変更することもできます。

書式設定は、基本的にテキストボックスと同じ

各セルに対する設定は、基本的にテキストボックスと変わりません。セル内の余白や文字組みの方向、行揃え、セル内の上下の位置など、テキストボックス同様にリボンから設定できるほか、書式設定でも調整できます。詳しくはDesigning #2を確認してみてください。

「テーブルデザイン」のリボンに用意される機能

表の線や塗りつぶしの設定を行う機能が集約されている

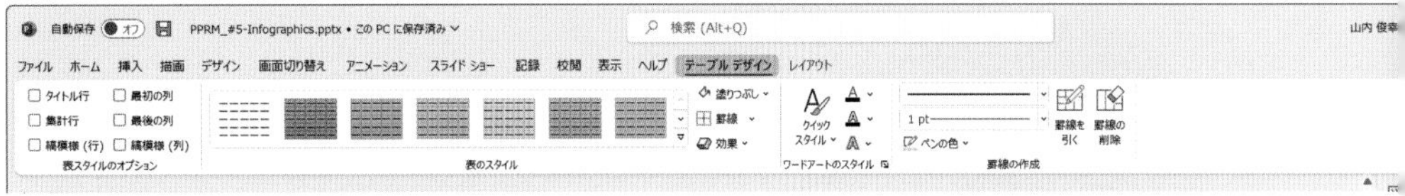

「レイアウト」のリボンに用意される機能

表のセルの編集や設定を行う機能が集約されている

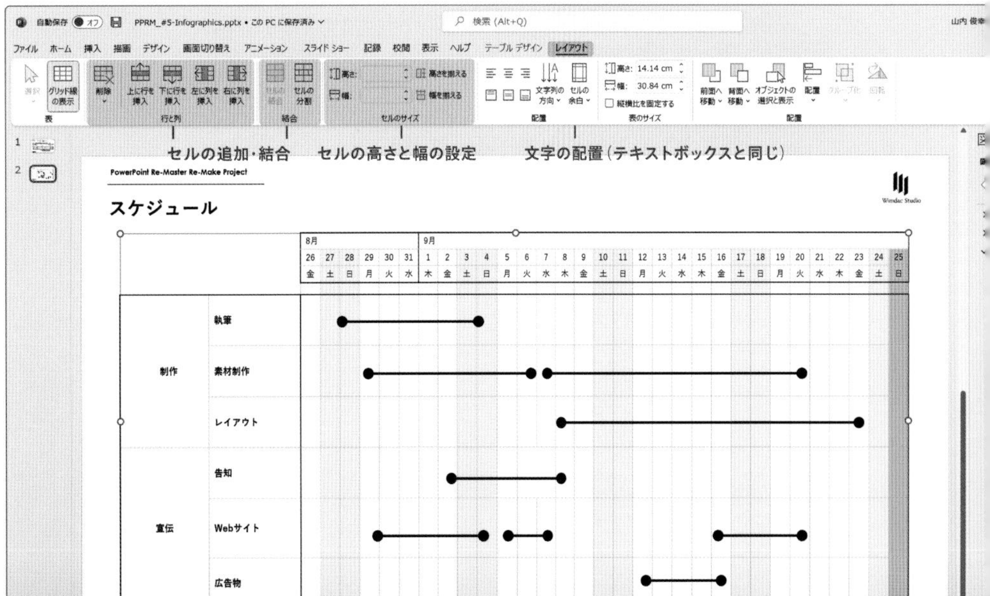

PowerPointの機能

グラフをつくる

PowerPointでも、Excelと同じようにグラフを作成する機能が用意されています。「挿入」タブからグラフの形式を選び、ポップアップ表示されるスプレッドシートにデータを入力すればOK。ただし、Excelで表を作成してPowerPointにコピー＆ペーストし、体裁を整える方が簡単かつ正確に作成できます。

PowerPoint単体でグラフを挿入する場合

グラフの種類を選んで挿入後、ダミーで入っているデータを自分のデータに差し替えて調整していく

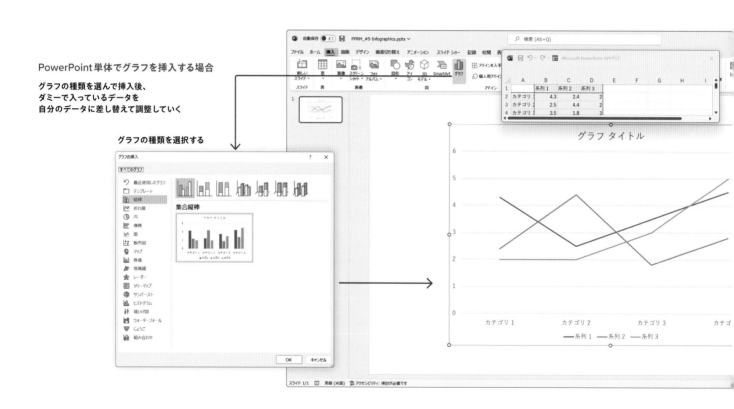

グラフの種類を選択する

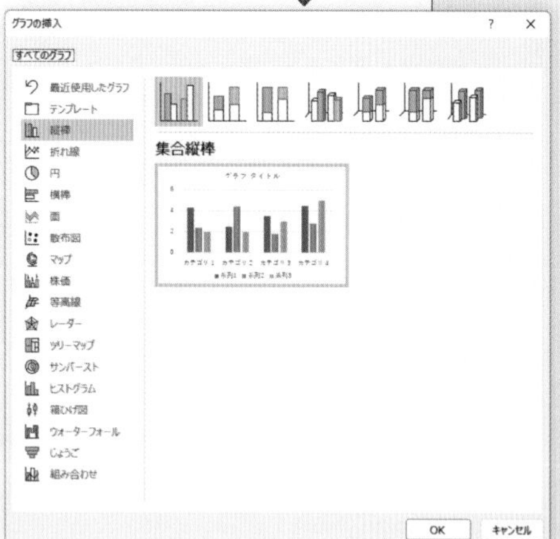

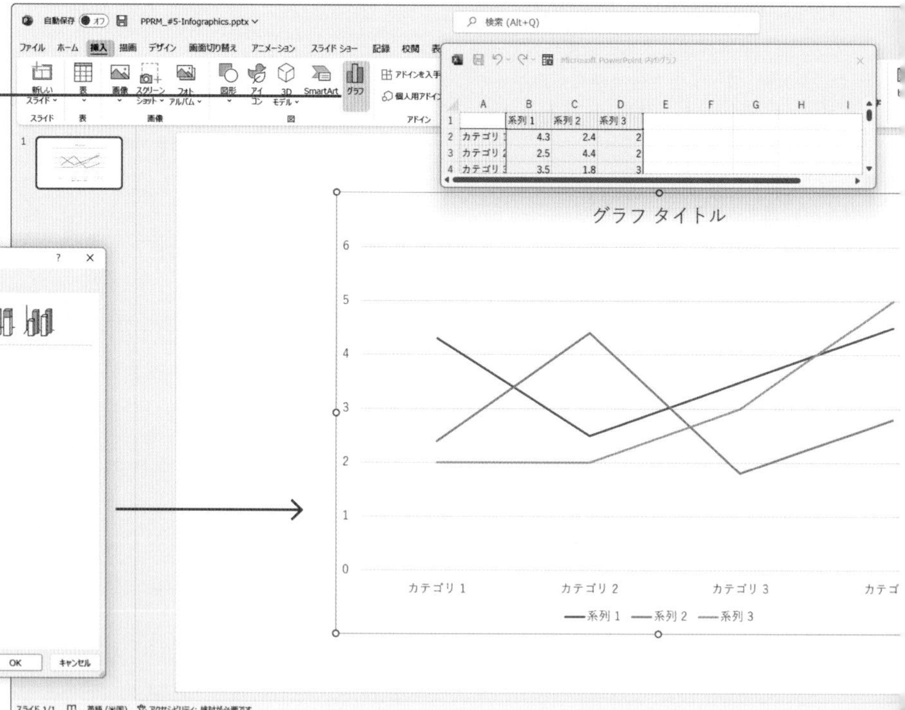

PowerPointでのグラフの編集

PowerPointでのグラフは、Excelと同様の編集を行うことができます。縦軸・横軸にまつわる詳細な設定や、罫線の設定、グラフの色といった書式設定など、作業ウィンドウで変更できます。また、Excelからグラフをコピー＆ペーストすれば、Excelのデータを引用する形でグラフを挿入できます。

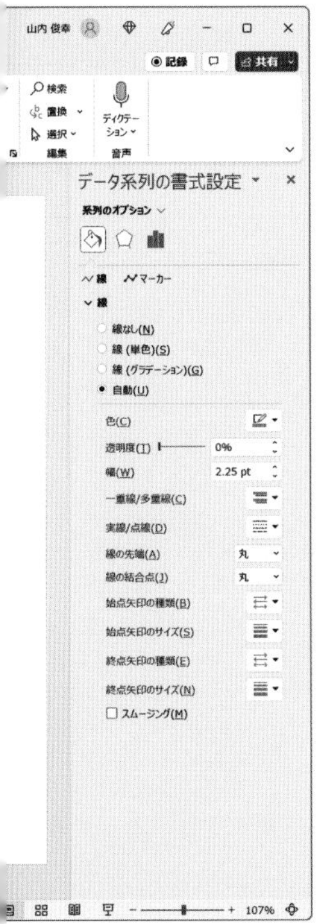

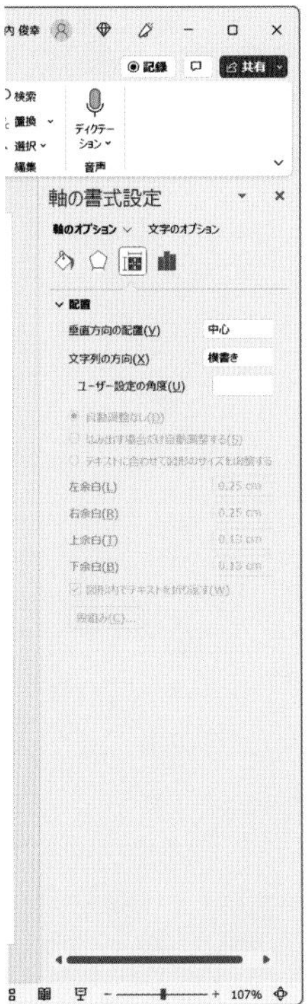

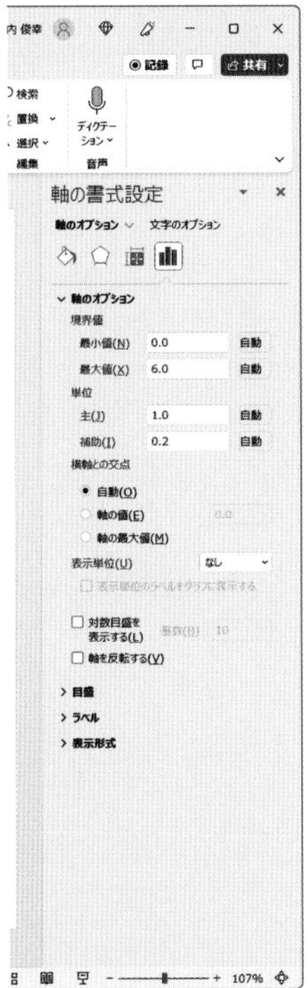

グラフの書式設定

**グラフとして描かれている
線や面、軸、凡例を
ダブルクリックすると、
書式設定から詳細を変更できる**

**グラフは全て自動で
色や軸が設定されてしまうため、
資料に合わせたトンマナになるよう
色やフォント、サイズなどを
調整しよう**

！ “グラフをトレースしてかっこよく作り直す”のはやっていいことなのか？

PowerPointもExcelも、グラフの見栄えを整えるには相当な工夫が必要なソフトであるため、「グラフを図形でトレースして、見栄えを整えた方が伝わる」という言説を見かけます。

これは、ほとんどの誤差無くトレースできるのであれば、問題ない手法と言えるかもしれません。ソフトの限界を作り手の工夫で乗り越えることは素晴らしいことです。

しかし、グラフの信頼性を落とす行いであることもまた事実です。ざっくりと傾向や割合が見たいのか、有意差を厳密に見極めたいのか、グラフの用途に合わせてつくり分けられるようになるのが、作り手の責任と言えるでしょう。

Designing #6

IMAGE

写真と動画

&VIDEO

相手にイメージを直接伝えることができる視覚的な「ことば」のひとつである、写真と動画。
高性能なスマホが普及し、SNSにより写真や動画の重要度も上がり、誰でも手軽に扱えるようになってきました。だからこそ、写真と動画の「伝える力」を見つめ直すときです。情報の正確さ、本物の質感、現実の1シーンを切り取る記録、被写体の迫力とその背景……イラストや文字では表現できない、「現実の写像」である強みはたくさんあります。一方で、余計なノイズが多い、色がくすんで見えない、手ブレでぼやけているなど、逆効果になってしまう要因も多くはらんでいます。そこで本章では、写真や動画を「絵」としてではなく「現実切り取った情報のカタマリ」と捉え、より伝わるようにする方法を探ります。手軽な表現方法だからこそ、より丁寧に扱えるようになることを目指しましょう！

写真と動画は「リアル」を伝える

イラストや文字にはない「本物らしさ」の信頼感と情報量

文字やイラストでは伝えられない、写真と動画の最大の強み。それは「本物らしさ」を伝えられることです。

人の肌の質感、青空のグラデーションと雲の形、建物の重量感や光の反射、自然が織りなす模様など……現実は非常に複雑で、普段は意識もしないディテールであふれています。写真や動画は、それらをまったく抽象化することなく、ありのままで「画」におさめることができる。ゆえに、写真や動画に写るものから「本物らしさ」を感じることができるのです。

本物らしさがあると、私たちは「現実に起きた」という実在性や信頼、安心を感じます。風景が写っていたらその空気感まで、食べ物だったら香りや味、食欲まで感じてしまうはずです。イメージを具体的に共有できるだけでなく、関連する感覚や気持ちまで想起させるほど、本物らしさの伝える力は強力です。

現実の複雑で細かな部分までそのまま「画」になるのが写真・動画の強み

イラストのように細部が省略され抽象化されることはなく、現実のディテールを全て写しとることができるのが、写真や動画の強み。そこから伝わる「本物らしさ」は、具体的なイメージとともに信頼感や安心感を生み出します。

写真とイラストの伝わり方の違い

写真は「現実のディテール」が全て写っているため……
「本物らしさ」による実在感や、バイオリンを弾いている雰囲気が伝わる

イラストは、現実より抽象化して「必要な部分」のみを描くため……
「音楽を弾いている人」というメッセージが強調されて伝わる

「本物らしさ」を感じる理由は……

女性の顔が
“個人”とわかる
ディテール

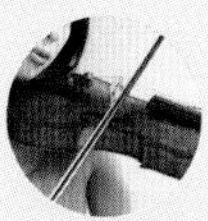

バイオリンの
木目や弦、深みが
はっきり伝わる

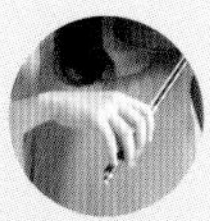

衣服や肌の
質感、細やかさが
雰囲気をつくる

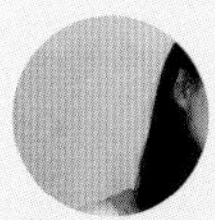

背景もよく見ると
テクスチャで
雰囲気がでている

メッセージが強調される理由は……

女性の顔が
抽象化されて
架空の人物に

バイオリンの
木目や弦などの
特徴で簡略化

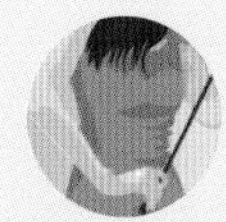

衣服や肌は
陰影のみにして
記号化している

背景を簡略化して
人物や楽器に
注目が向くように

写真と動画は、「情報量」が多い

現実のディテール・情報量は、場合によっては「ノイズ」になることも

写真・動画が「本物らしさ」を生み出すディテールを画におさめているということは、裏返せばそれだけ非常に多くの情報が写真に詰まっているということ。そこに必要のない情報（ノイズ）が紛れ込んでしまうことも、少なくありません。

私たちは、普段のくらしの中で無意識に不必要な情報（ノイズ）を無視しています。そのおかげで、脳がパンクせずに済んでいるのですが……写真を撮ると、現実では無視できていたものが鮮明に写ってしまい、非常にお邪魔に見えてきてしまいます。

特に伝えたいメッセージがはっきり決まっている場合は、この“お邪魔”が本当に邪魔もの。余計な雑念を与え、理解しにくさにつながってしまいます。写真を撮るとき、選ぶときは、メッセージを邪魔するノイズが入っていないかどうかをしっかり見極めることも大切です。

メッセージを伝えるために不必要な情報（ノイズ）はなるべく避けて撮る・選ぶ！

「本物らしさ」を生む情報が詰まっている写真・動画は、それだけに不必要な情報（ノイズ）が紛れ込んでいることも。理想は、伝えたいメッセージの内容だけが写っていること。お邪魔なノイズがなるべく少ない写真を使いましょう。

写真に含まれる情報量は、「多いが正義」ではない

＼雑念が多い／

女性に注目したいはずなのに、人が多すぎてわかりづらい……

ラーメンの右上の調味料は、メッセージとして必要……？

人が減るだけで、誰に注目して良いかがわかりやすくなる

周りのお邪魔をなくした方が、メッセージが伝わりやすい

写真や動画を撮るとき・選ぶときは、
無意識に無視しているような
不必要な情報（ノイズ）が
写り込んでいないかどうか
しっかりと確認しよう

#6-03

Mind & Thinking
デザインの視点で考える

「主役」の設定で、伝わり方がかわる

“画”を支えるメインの被写体が主役としてメッセージを伝える

写真も動画も、基本的に決められた枠内で全ての表現が収まります。表示（印刷）される限られた枠内で、どのようにメッセージを伝えるか……写真家や映画監督といったプロたちはこの“画作り”にこだわり抜いていますが、私たちも大きくは変わりません。

枠内で占める大きさや、登場する頻度で、写真・動画が表現する主役が決まってきます。すなわち、伝わるメッセージも主役とともに変わるということ。伝えたいメッセージに合わせて、主役をコントロールしていく必要があります。

最初から主役にフォーカスしたものが撮れなくても、あとの手直しで調整してOK。不要部分の切り取り（トリミング）や、修正や加工（レタッチ）で、主役を魅力的に仕立てます。まずは、写真・動画におけるメッセージと伝える主役を意識するところから始めましょう！

写真・動画の“枠内”で大きな部分を占める主役がメッセージを伝える

写真・動画は、枠に収めた人や物で主役が大きく変わります。伝えたいメッセージを語ってくれる主役がきちんと映えるように、写真の構図を考えながら撮ったり、撮ったあとの加工で手直ししていきます。

同じ写真でも、主役を変えると伝わり方が変わる

馬とたわむれる女の子の写真を撮ったとき

女の子を主役にすると……

女の子が馬に草を渡そうとしながら楽しんでいる様子が伝わる

馬を主役にすると……

馬が草を食べているところにちょっかいをかけられている様子が伝わる

写真を撮るとき、主役選びに困ったら……

**たくさん人数がいる記録写真など、
撮影時に主役を選びきれないときは、
なるべく高画質、高解像度の設定にしたうえで
全体を撮影すれば、あとでリカバリーできる**

写真を撮る・選ぶ

写真を特徴で見分ける

何を、どのように写しているかで、写真の伝わり方や使い方が変わる

写真は、現実のとある一瞬を切り取ったもの。その切り取り方で、非常に多彩な表現をすることができます。モデルを用意してつくり込んだ写真から、暮らしの一部を切り取った自然な写真まで、一つとして同じものは存在しません。

だからこそ、写真が持つ特徴を理解しておくと、いくつもの選択肢から選びやすくなります。

「メッセージを伝える」視点で写真の特徴を絞ると、大きく4つに分けられます。主役として写る被写体、その背景や広がりを写す風景、被写体がとっているポーズ（または自然さ）、被写体や風景を撮る画角（近さ）です。

これらの特徴がシンプルに構成されている写真ほど、伝わるメッセージがより鮮明になります。逆に、要素が幾重にも複雑に交わり合うような写真は、メッセージがぼやけて伝わりにくくなります。

被写体

主役として写る
人、動物、モノ、自然など
複数の被写体が写る場合、
その関係性も含む

風景・背景

街や自然などの風景
被写体が写る場合は、
その背景に見える風景

ポーズ・自然さ

被写体がとるポーズ
ばっちりキメるのか、
自然な営みを切り取るのか

画角と切り取り方

現実のどの部分を
切り取って写真にするか
全体像か、クローズアップか、
シーンを切り取るのか

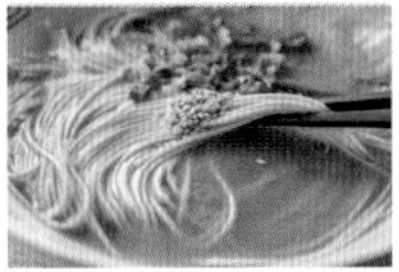

デザインのポイント

- 写真から伝わるメッセージを、4つの特徴から捉えてみる
- 同じテーマでも、特徴のつけ方で伝わるメッセージが変わる
- まずは、しっかりと写真を特徴で見分けられるようになろう

写真の特徴と伝わり方の違い

「スマホで簡単に○○できる」を伝えたい場合

“スマホで簡単に”できることが
より強調されて伝わる

被写体（主役）
スマホがメイン（人がサブ）
背景
オフィス
ポーズ
スマホを触るキメポーズ
画角と切り取り
手元をクローズアップ

“人が簡単に”できることが
より強調されて伝わる

被写体（主役）
人がメイン（スマホがサブ）
背景
自宅（またはくつろげる場所）
ポーズ
スマホを触る自然なポーズ
画角と切り取り
部屋がわかるくらいの全体像

「家族で一緒に楽しめる食事」を伝えたい場合

家族で一緒に楽しく
食事を“作る”ことが伝わる

被写体（主役）
子どもを中心とした家族
（共同作業をする関係性）
背景
家庭のキッチン
ポーズ
料理を作る自然なポーズ
画角と切り取り
家族が収まる全体像

家族で一緒に楽しく
食事を“食べる”ことが伝わる

被写体（主役）
均等な関係の家族
（空間を共有している関係性）
背景
家庭のダイニング
ポーズ
食事を食べる自然なポーズ
画角と切り取り
家族が収まる全体像

**同じテーマであっても、写真の特徴の組み合わせ方次第で
見せ方や伝わり方は大きく変わる**

写真を撮る・選ぶ

目的にあった写真を選ぶ

写真の伝える力は目的と役割に合ったものに宿る

写真が持つ「伝える力」は非常に強力ですが、使いどころを間違えると逆効果。悪いイメージを相手に伝えてしまう可能性があります。写真の伝える力を正しく、最大限に発揮させるためにも、目的から絞り込んで探せるのがベストです

研究発表のような説明のために使う場合、美しい見た目よりも被写体が本物であること、正確であること、説明に必要な部分が写っていることの方が重要です。

一方で、イメージを共有したり雰囲気を伝えたい場合は、写っている内容が厳密に正確でなくても問題ありません。しかし、伝わるメッセージが明確である必要があり、その説得力を高めるために見た目の良さも重要になってきます。

伝えたいこと、写真に任せたいことをしっかりと自分の中で整理してから探すと、より効果的なものを見つけられるはずです！

使う目的と求める役割を整理してから、適した写真を選ぶ

説明のために使う

説明するため必要な
本物・正確さが最も重要

↓

説明と完全一致する写真を選ぶ

説明すること=被写体
説明箇所が全て写っている

イメージ共有のために使う

自分と相手で想像するものを
統一することが重要

↓

メッセージが伝わる写真を選ぶ

被写体や背景が厳密でなくても
雰囲気が正しく伝わる

雰囲気を演出するために使う

ムードや印象に具体性と魅力を
持たせることが重要

↓

色合いや見た目を基準に選ぶ

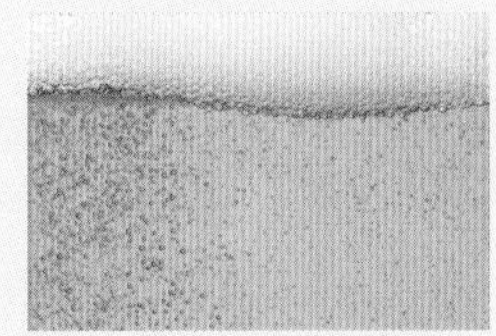

ビジュアルの良さが最優先
主役不在でもOK

デザインのポイント

- ✓ 写真の「伝える力」は非常に強力な“諸刃の剣”
- ✓ 伝える力を最大限に発揮させるため、使う目的と役割を整理する
- ✓ 目的を実現する、条件を満たせる写真を選び出す！

目的から特徴を絞って写真を選ぶ

目的から表現したいことを絞る / 写真の特徴から方向性を絞る

説明のために使う写真

“何を”説明するか？

モノの
しくみや仕様

人や物の
関係性

人の
行動や営み

→

“何を”＝被写体を基本に絞り、
他の特徴のバランスを見ながら選ぶ

説明をするために必要な情報が
写真の中に揃っていることが最重要

→

イメージ共有のために使う写真

“どんなイメージを”共有するか？

容姿や状況
見た目

関係性や
雰囲気

楽しさなどの
感情・印象

→

“どんな”＝背景の状況、
“イメージ”＝被写体の状態、で絞りこむ

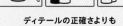

ディテールの正確さよりも
全体としての雰囲気・印象が最重要

→

雰囲気を演出するために使う写真

“何を”“どのように使って”演出するか？

メッセージの背景や幕間で見せる
賑やかし要素

→

“何を”の魅力を最大限に引き出しつつ、
“どのように”使うつもりかで絞りこむ

スライドの背景なのか、動画の幕間か、
印象づけたいことと使い方が重要

→

写真を撮る･選ぶ

自分で写真を撮る

まずは被写体とポーズを意識して
とにかくたくさん撮りまくる

一般に入手できる写真素材ではなく、自分で写真を撮って使いたい場合も多いはず。プロ級の「キレイな写真」を撮るのは難しいため、まずは「伝わる写真」を撮れることを目指していきましょう！

　撮影するカメラは、基本的にスマホでOK。デジカメや一眼レフカメラは、用意できるなら積極的に使いましょう。ただし、撮り直しを避けるために、どのカメラも保存する画像のサイズ（ピクセル数）を最大にしておくのがオススメです。

「伝わる写真」を撮るために大事なのは、被写体をしっかりわかるように（ブレずぼかさず）収めること、被写体の行動や関係性がわかること（ポーズ）と、とにかくたくさん撮りまくること。同じシーンでも、光の当たり方やピントなどで写り方は変わります。いろんな切り取り方を試しつつ、とにかくたくさん撮って、後から選べるようにしましょう！

被写体をしっかり収める

ブレたり、ボケたり、暗すぎたり、見切れていたり……
特にイベントの記録写真のような「一瞬」を切り取る写真は
まず被写体を枠内に確実に収めることから意識する

被写体の行動や関係性がわかるようにする

「何かをしようとしている」ワンシーンを切り取って撮影するときは、
やろうとしていることが1枚でわかるのが大切
関係や行動を表現する人･ものも全て入るように撮る

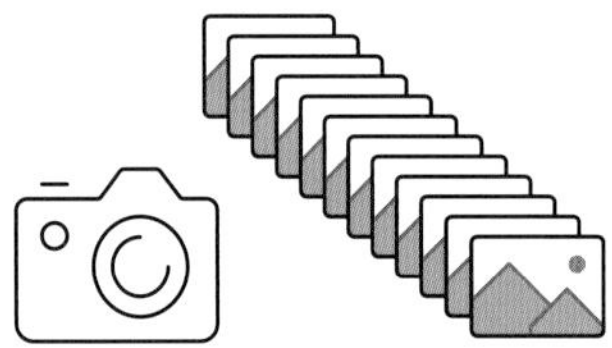

一番大事なのは、たくさん撮りまくること

一度の撮影で良い写真が撮れることは、ほぼありえない！
同じシーンの撮影でも複数枚（4～10枚程度）連射し、
ポーズや角度を調整した別バリエーションも撮影しておく
撮影後の選択肢を増やし、「数打ちゃ当たる」にすることが重要

デザインのポイント

- ✓ いきなりプロ級の“キレイな写真”は目指さなくてOK
- ✓ スマホのカメラでも良いので、伝わる写真の撮影を目指そう
- ✓ 大事なのは、被写体を収めて、たくさん撮ること！

スマホで写真を撮ってみる

iPhone 14 Pro Maxだけで撮影・補正した写真

カフェへの来客者が、
分身ロボット「OriHime-D」のパイロットと
談笑している様子を伝えるとき…

主役として来客者の顔を写すために、
OriHime-Dの目線に近いアングルで撮影

! 手の動きで会話している
雰囲気を演出している

**写真ではわかりづらい会話シーンも、
手の動きを切り取ることで
楽しげな会話の雰囲気を表現できる**

来客者とOriHime-Dの2人を主役にするため
二人を正面から捉えつつ、
背景をカフェとして映える場所で撮影

! 2人の対等な関係性を表すため
体は正面に、顔は互いを向く

**談笑している「2人」の関係を
同時に見せるために、
体を正面に、顔を互いに向けた
ポーズをわざととってもらっている**

撮影協力：吉藤オリィ
撮影場所：分身ロボットカフェ DAWN ver.β

撮影になれてきたら、角度とライティングを意識しよう

被写体を枠内に収められるようになってきたら、徐々に角度にも気を配ってみましょう。下からあおる、上から俯瞰する、近くで接写するなど、被写体に対する角度によって写真の印象は大きく変わります。また、被写体に当たる光の向きも重要。逆光で黒く潰れるのは避けつつ、指向性のある光で明暗をつけるのか、環境光を使い全体を明るく照らすように撮るのかで、雰囲気が大きく変わってきます。

下からあおると、
ちょっと迫力UP

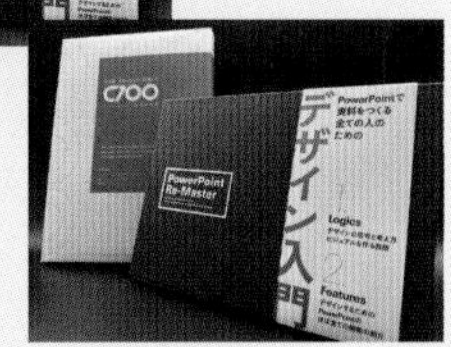

写真を加工する

トリミングする

写真の余計な部分を取り除き、本当に見せたい部分だけを切り出す

用意した写真の一部を切り取るトリミングは、写真の上下左右を単純に取り除く最も簡単な加工方法でありながら、写真の見え方や伝わり方を大きく変えることができます。

写真の一部を切り取るということは、不要な情報を取り除くということ。ノイズが減ることで、写真の主役がより強調され、注目してほしい場所が鮮明になってきます。切り取り方によっては、主役そのものを変えてしまうこともできます。

また切り取るときの縦横比は、写真サイズを維持する必要はありません。正方形でも、縦長でもOK。レイアウトの都合にあわせてサイズを決めましょう。

トリミングは、写真の「伝える力」を整える加工。レイアウトするときに、写真にどのような役割やメッセージを持たせるのかしっかり考えたうえで、試行錯誤しながら切り抜いてみましょう！

伝えたい部分を際立たせるために、不要な部分を取り除く

写真の主役をより強調し、写真の何に注目してほしいかを鮮明にするのがトリミングの役割

トリミングの位置や大きさを変えると、保護者を背景にして主役から外すこともできる

デザインのポイント

- 余計な部分（ノイズ）を取り除き、主役を際立たせるのがトリミング
- 写真にこめるメッセージに合わせて、不要な部分を切り取る
- 最も簡単に伝わり方を変える加工方法

トリミングによる伝わり方の変化

写真の主役を際立たせる

メッセージとして不要な部分をトリミングすると、ノイズが減ることで主役がより明確になります。主役となる被写体がはっきりしていたり、注目してほしいポイントがある場合は、それを中心にトリミングすればOKです。

写真の主役を絞る、変える

大胆にトリミングを行うと、主役を絞ったりあとから変更することもできます。特に被写体が複数写っているときに、伝わり方を整える役割を担います。ただし、写真がもつ本来のメッセージをねじ曲げる可能性もあるため、変更は慎重に。

写真の空間を変えてリズムを生む

背景による空間（余白）が雰囲気をつくる写真は、トリミングで余白の位置を変更することで、レイアウトに合わせたリズム感を生むことができます。特に、被写体の視線に対して余白を右にとるか左にとるかで、受け取る印象が変わってきます。

写真を加工する

複雑な形で切り抜く

被写体"だけ"を見せたいなら、その形に合わせて切り抜くと効果的

トリミングの応用技にして、ノイズを最大限に取り除く方法が、必要な部分のみを切り抜いてしまう加工です。切り抜く形は基本的に自由。丸や三角形、星形など、被写体を効果的に見せられる形で切り抜いてOKです。ただし、あまりに複雑な形で切り抜いてしまうと、逆にその形がノイズになってしまう場合もあるので注意が必要です。

また、被写体の形に沿って切り抜けば、強調して見せられるだけでなく、背景を自由に変えたり、文字を重ねることができたりと、高い自由度でレイアウトが可能になります。人物などをキレイに切り抜いてくれる無料のソフトやサービスも充実し始めているほか、PowerPointでも切り抜くことができます（#6-18を参照）。ただし、髪の毛のような非常に細かな切り抜きは難しいため、ある程度の割り切りは必要です。

丸型で切り抜くと、
被写体がより強調されて見える

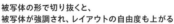

被写体の形で切り抜くと、
被写体が強調され、レイアウトの自由度も上がる

デザインのポイント

- ✓ 四角形以外にも、丸型などで切り抜くと見え方が変わる
- ✓ 被写体の形で切り抜くと、レイアウトの自由度が上がる
- ✓ 細かい切り抜きは手をかけすぎず、割り切って使おう

切り抜き方の例と使い方

四角形以外の切り抜き

元の写真

丸型

平行四辺形

多角形（12角形）

やわらかい形

被写体の切り抜きとレイアウト例

人物の切り抜き

NEW ERA
WORK STYLE
由なワークスタイルの実現へ

背景の色を変えたり、被写体だけはみ出す

背景（青空）の切り抜き

文字を被写体の下に重ねる

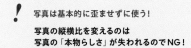

! 写真は基本的に歪ませずに使う！

写真の縦横比を変えるのは
写真の「本物らしさ」が失われるのでNG！

! 背景を透過して書き出すならPNG形式

背景を切り抜いて透明にした写真を
画像として書き出す場合は、
PNG形式を選ぼう！
（JPEG形式は透過できず白背景が入る）

写真を加工する

写真をレタッチする

写真を撮影する仕組みをもとに色や像を手直ししていく

写真の明るさや色などを修正して見栄えを整える「レタッチ」。もともと写真はフィルムに記録し印画紙に焼き付けた（現像した）ものであり、その工程で色をうまく調整するのがレタッチでした。現在ではデジタル化されており、より自由な修正ができますが、基本は変わっておらず、用語にもその名残が多くあります。

　レタッチ作業は、撮影の仕組みで大きく3タイプに分けることができます。レンズに入る光を再現しながら調整するもの、記録された色（RGB）を直接調整するもの、写真として写った像を手直しするものです。本格的にレタッチするにはAdobe Photoshopのようなプロツールが必要ですが、最近ではフリーソフトやアプリでもできるようになりました。「映え」が重要な昨今ゆえ、レタッチで後修正ができるように、基礎知識を押さえておきましょう！

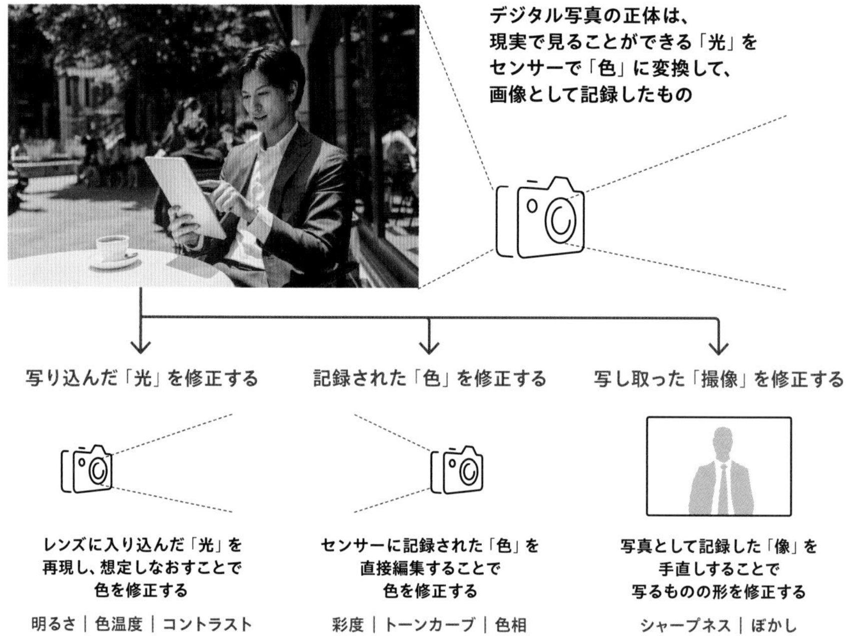

デジタル写真の正体は、
現実で見ることができる「光」を
センサーで「色」に変換して、
画像として記録したもの
写り込んだ「光」を修正する
記録された「色」を修正する
写し取った「撮像」を修正する
レンズに入り込んだ「光」を
再現し、想定しなおすことで
色を修正する
明るさ｜色温度｜コントラスト
センサーに記録された「色」を
直接編集することで
色を修正する
彩度｜トーンカーブ｜色相
写真として記録した「像」を
手直しすることで
写るものの形を修正する
シャープネス｜ぼかし

デザインのポイント

- **レンズに入り込んだ「光」を再現して調整する方法**
- **センサーが記録した「色」をそのまま修正する方法**
- **写った「撮像」を修正する方法、の3つの方法でレタッチする**

写り込んだ「光」を修正する

写真とは、現実世界に飛び交う「光」を写し取ったもの。レンズ越しにカメラに入り込んだ光の特性によって、写真の写り方は大きく変わります。その光の特性をソフト上で再現し、入り込んだ光をシミュレートしながら調整するのが、明るさ、色温度、コントラストです。

「明るさ」で、光の量を調整する

レンズを通してカメラの中に入り込んだ光の総量を変えるのが「明るさ」の調整。写真全体の明るさを調整すると、元々明るい部分が白飛びすることがあります。そのため、写真全体を微調整しつつ、暗い部分のみをトリミングして別に調整することで、明るさのバランスを整えていきます。

明るい

暗い

「色温度」で、暖色・寒色を調整する

光には、光源の温度によって暖色～寒色の色味がつきます（厳密には物理学の話）。カメラは、昼の太陽光や蛍光灯の環境下の「白色」を基準として、撮影した写真が「白色」に見えるように色温度を調整しています（ホワイトバランス）。これを後から変更するのがソフト上の「色温度」です。

高い（8000K）
暖色系の色味に

標準
（5500K）

低い（3000K）
寒色系の色味に

「コントラスト」で、明暗の差を調整する

入り込んだ光の明るい部分、暗い部分の差を、後から調整するのが「コントラスト」。コントラストを高めるとよりきっぱりした印象に、下げると柔らかい雰囲気に変わります。ただし、調整しすぎると全体の色味が大きく崩れるため、微調整のために使うようにしましょう。

高い

低い

記録された「色」を修正する

デジタル写真は、カメラに入り込んだ光をセンサーが記録したデータのこと。基本的にRGBの3色の強度（明るさ）として記録されるため、RGBの数値や色そのものを変更することで、写真全体の色味を修正することができます。

「彩度」で、鮮やかさを調整する

写真として記録された色の鮮やかさを調整するのが「彩度」。配色（Designing #3）における彩度と同じく、写真の色に対してHSLの彩度を上下させる調整のため、彩度を上げたらよりビビッドになっていき、彩度を下げたらモノクロに近づいた色合いに変化していきます。

「トーンカーブ」で、RGB値を調整する

Adobe Photoshopなどの画像編集専用ソフトでは、記録されたRGBの値をグラフにしたうえで、そのバランスを直接調整することができます。「トーンカーブ」と呼ばれており、本格的な編集には欠かせない機能です。ただし、PowerPointには非搭載のため、他のソフトかアプリを使いましょう。

「色相」で、色そのものを変える

写真の色をガラッと変えるとき、写真の色相をずらしてしまう方法があります。全く異なる色に変更できるため、部分的な色の変更に用いられます。ただし、PowerPointでは色相の変更は搭載されておらず、代わりに単色の色に置き換えてモノトーンにする機能が用意されています。

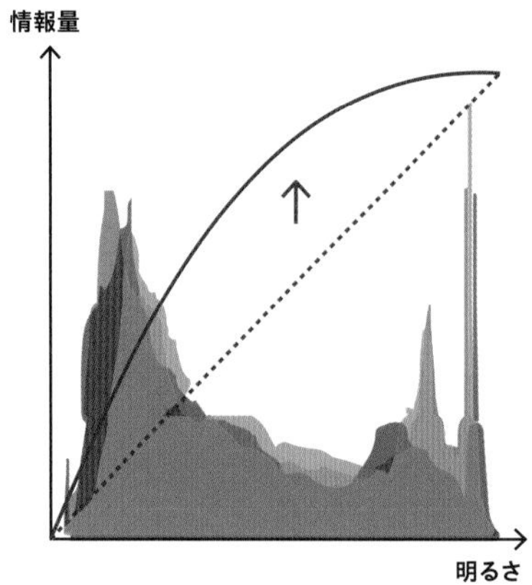

記録されたRGBとホワイト（R+G+B）のバランスを直接変更する

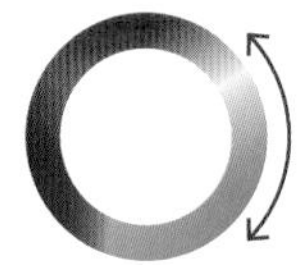

写真の色に対して、色相環を回転させて色をずらすイメージ

本来はこのように色相が“ズレる”

PowerPointでは、色相で色を変更せず、単色で置き換えるのみ

写し取った「撮像」を修正する

写真として記録した像に対して、特殊効果をかけることで像の見え方を変えることができます。画像編集ソフトには多くの効果が用意されていますが、PowerPointにも「シャープネス」や「ぼかし」などいくつかの効果が用意されています。写真の微調整や演出に使ってみましょう。

「シャープネス」で、輪郭を強調する

写った像の輪郭を、より鮮明に強調させる効果が「シャープネス」。手ぶれやピンボケなどによって不鮮明になってしまった写真にシャープネスをかけると、ぼやけた輪郭を鮮明にしてくれます。ただし、強くかけ過ぎると全体的に線が荒れた印象になることには注意しましょう。

強すぎると
荒れた印象に

強い

「ぼかし」で、境界をあいまいにする

写った像を、全体的にぼやかせるのが「ぼかし」。像の境界があいまいになっていくことで、写真の情報量を大きく減らすことができます。そのため、文字の背景にしたり、写真をアニメーションでぼかしたりと、魅力的な演出の手法として多く用いられています。

強い

写真のレタッチは、PowerPointにこだわらなくてOK

近年は、スマホ向けに写真を手軽に加工・編集できるアプリが多くリリースされています。OSの標準機能として、人物の切り抜きや削除などの補正も含めて、全て自動で行ってくれるものもあります。PCで作成する資料だからといって、写真の加工・編集までPCにこだわる必要はありません。使いやすいツールがあればどんどん使い分けていきましょう！

例えばiOS16では、
ワンタッチで
切り抜きや補正を
自動処理してくれる

写真をつかう
魅力的にレイアウトする

写真は大きく見せるのが基本
複数枚ならコントラストをつけよう

写真は1枚の中に含まれる情報量が多く、小さくレイアウトすると細部が潰れてしまいがちです。そのためむやみに小さく配置することは避け、可能な限り大きくレイアウトするのが基本です。

そのうえで肝になるのが、どのくらい写真を大きくレイアウトするか。限界まで大きくすると紙面いっぱいに埋まるように配置することになりますが、そうすると文章や別の写真など、他の要素が入らなくなってしまいます。説明のための写真なら、元も子もありません。

伝えたいメッセージをどのくらい写真に託すのか。写真で語りたいなら文章よりも写真の方が目立つように配置し、文章など他の要素で語りたいなら写真が主張しすぎない程度に大きく見せる、というように、メッセージと役割から調整をしていくことになります。

写真と文章を1枚の紙面にレイアウトするとき……
URBAN SUMMER STYLE
夏の都市“まち”を颯爽と駆ける。
爽やかでアクティブなコーデ。
写真
タイトル
リード文
説明文

写真で語るレイアウト

URBAN SUMMER STYLE
夏の都市“まち”を颯爽と駆ける。
爽やかでアクティブなコーデ。

写真を紙面全体に使うことで、
被写体と背景がメッセージを強く伝えている

文字で語る写真のレイアウト

URBAN SUMMER STYLE
夏の都市“まち”を颯爽と駆ける。
爽やかでアクティブなコーデ。

文字の主張を潰さない程度に小さくしつつ、
被写体の大きさを保つトリミングで補助的に伝える

デザインのポイント

- ✓ **写真は可能な限り“大きく使う”のが原則**
- ✓ **レイアウトに対して、写真に託すメッセージの重さを整理する**
- ✓ **メッセージの重さに合わせて、写真の見せ方を調整する**

写真を使ったレイアウトのアイデア

紙面いっぱいに写真をレイアウト

! 写真の縁に白枠を入れると雰囲気UP!

紙面いっぱいに配置せず、
わずかに白枠をいれると
その余白が写真に
落ち着きと余裕の印象を
プラスしてくれる

写真と文章を両立させるレイアウト

! 写真に文字を少し重ねる応用技もあり

写真の縁が薄い色の場合、
文字を一部だけ重ねると
少しおしゃれに
レイアウトすることができる
やりすぎには注意

文章をメインに、写真を補助とするレイアウト

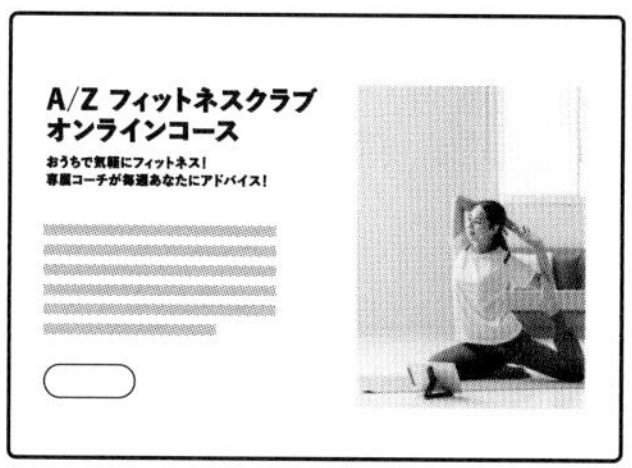

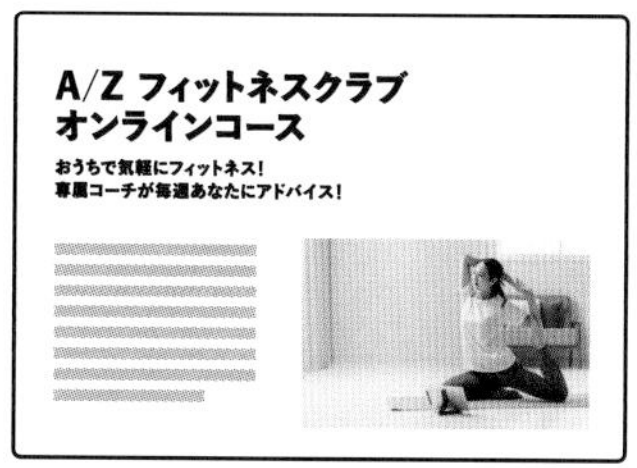

! 小さく使うときは被写体の大きさ優先

写真を小さく配置する場合、
被写体の大きさが
認識できる大きさに
トリミングしてから
レイアウトしよう

写真をつかう

文字を重ねる

見栄えの良い演出方法だが、
文字のコントラストには注意しよう

雑誌やWebサイトでよく見かけるような写真の上に文字を重ねるレイアウトは、大きく写真を見せつつ文字情報も伝えられる、一石二鳥な演出手法です。積極的に使いたいところですが、気をつけるべきは文字のコントラストです。

写真が賑やかになるほど、含まれる色は増えていきます。特に明るい部分と暗い部分（明暗）がはっきり出ている写真だと、シンプルに文字を重ねただけでは写真の明暗の差に文字の色が負けてしまい、視認しづらくなってしまいます。

そのため、文字の周りのコントラストを高めることで、写真に重ねても視認しやすいように工夫してみましょう。文字の下に半透明の背景を敷いてみたり、文字に枠を付けてみたり。自然にコントラストを高める手法がいくつかあるので、まずはマネをしながら、重ね方を調整してみてください！

写真の上に文字を重ねるとき、
文字の色が写真で潰れないように
色のコントラストを意識しよう

↑

明暗の差が大きい部分に
文字をシンプルに重ねると、
写真の色に文字が負けてしまって
どんな色でも見づらくなってしまうことがある

半透明の背景を敷くなど、
写真と調和しつつ文字が視認できる工夫が重要

デザインのポイント

- ✓ **写真に文字を重ねる手法は、演出的にもレイアウト的にもGood**
- ✓ **写真の明暗に負けないよう、文字とのコントラストを確保する**
- ✓ **文字の周りにコントラストを高める工夫を凝らしてみよう**

写真に文字を重ねる、コントラストの工夫

写真の明るさを調整してコントラストを高める

部分的に暗さを調整する

被写体以外の暗さを調整する

帯状に暗さを調整する

文字の下に背景を敷いてコントラストを高める

べた塗りの背景を敷く

半透明の背景を敷く

暗めの背景+ぼかしをした背景を敷く

文字自体を加工して、コントラストを高める

袋文字として文字の縁に線を入れる

文字の下に光彩をあてて、背景を明るくする

！ もともとコントラストを確保できるなら、写真や文字の加工はしなくてOK

動画を加工する

動画の時間を調整する

動画の加工は写真の応用でOK 加えて、再生時間に配慮しよう

SNSに限らず、プレゼンの場面でもよく使われるようになってきた動画。レイアウトや色の調整などの考え方は、基本的に写真と変わりません。だからこそ最大のネックになるのが「再生時間」です。

15秒しかないテレビCMは長く感じる一方で、興味のある動画なら5分でも10分でも関係なく見ることができる。動画は、視聴者の時間を拘束するメディアのため、関心度によって体感時間が大きく変わってしまいます。

そのため、相手に売り込む形で見てもらう動画はなるべく短いのが理想。CM的な動画は15〜30秒、プレゼンで使うような紹介動画でも1〜2分以内が目安です。

視聴者の関心度が高く、しっかり見てくれる場合でも、3〜5分程度が快適に見られる目安。5分を過ぎると、相当関心が高くないと疲れを感じてしまう可能性が高まります。

動画で伝えるために
最も ネックになるのが「再生時間」

相手に売り込む形で
見てもらう動画

CM的な宣伝動画は15〜30秒
プレゼンで見せる紹介動画でも1〜2分以内

相手の関心度が高く
積極的に見てもらえる動画

3〜5分程度が快適に見られる目安
(短い方がストレスなく見やすい)
5分を過ぎると、疲れを感じる人もでてくる

デザインのポイント

- ✓ **動画の色やレイアウトの修正は写真と同じ考え方でOK**
- ✓ **伝わる動画にする最大のネックは、再生時間**
- ✓ **可能な限り短く、1分を切ることを目指した方が見てもらいやすい**

再生時間を調整する考え方

動画の一部だけを切り取れば良い場合

すでにある動画の一部だけを再生すれば良い場合、動画時間のトリミングを行えばOK。再生開始位置と終了位置を指定しなおし、その範囲で動画を書き出します。PowerPoint内で完結できる場合は、動画ファイルとして書き出さなくてもPowerPointだけでトリミングの編集が可能です。詳しくは#6-23をチェック。

複数の動画を組み合わせたり、動画の一部を切り貼りする場合

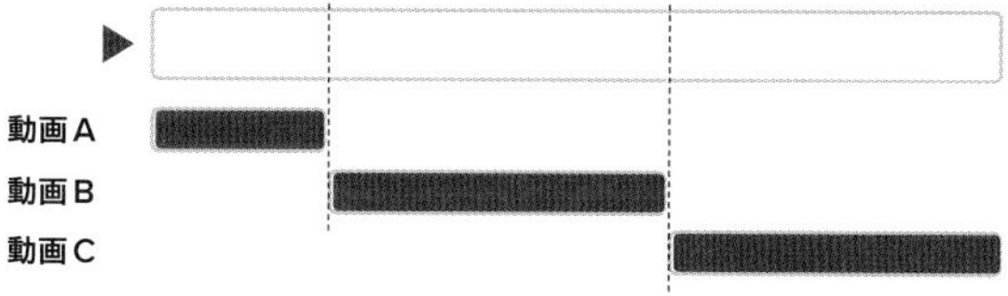

複数の動画を切り貼りして新しい動画にしたい場合、動画編集ソフトを使って制作する必要があります。動画で使用したい部分を時間でトリミングし、それを再生順に並べる方法が基本です。動画再生ソフトやPowerPointではこのような切り貼りの編集ができないため、フリーソフトなどの編集ソフトを新しく用意する必要があります。

PowerPointの基本

写真・動画にまつわる機能

PowerPointで写真と動画を扱うためには、編集・加工の機能を知ることに加えて、画像ファイルの仕様とPowerPoint内での扱われ方について理解しておくことが重要です。挿入したメディアファイルは基本的にpptxファイル内に埋め込まれますが、その際に自動処理が発生しているためです。

写真・動画にまつわる仕様と機能の一覧

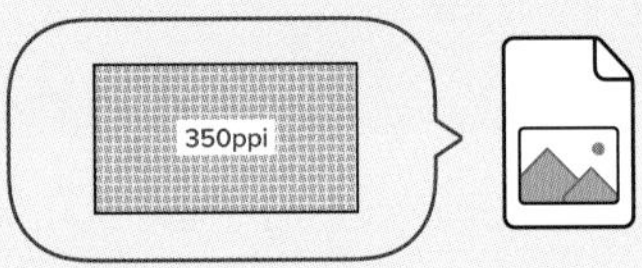

画像・動画の扱われ方と仕様

- #6-14 対応しているメディア形式
- #6-15 画像サイズと解像度の変更
- #6-16 pptxファイルの画像の扱い

写真を編集・加工する機能

- #6-17 画像をトリミングする
- #6-18 背景を削除する
- #6-19 画像の色を編集、修正する
- #6-20 画像を効果で彩る

動画を編集・加工する機能

- #2-21 動画の形をトリミングする
- #2-22 動画の色を編集、修正する
- #2-23 動画の時間と再生を編集する

画像を選択した場合　　画像の加工に関わる設定　　図の形式　　トリミング

動画を選択した場合　　ビデオ形式／再生

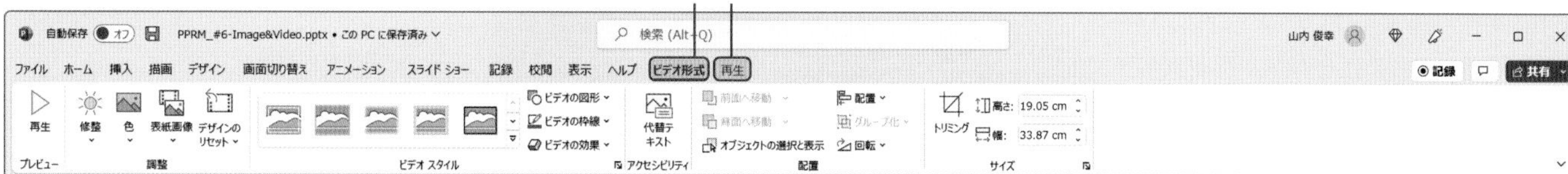

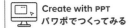

PowerPointの仕様

対応しているメディア形式

PowerPoint 2021では、2022年の時点で使われている主要な画像、動画の形式にほぼ全て対応しています。そのため基本的に画像、動画の挿入に困ることはありませんが、古いバージョンのOSやMicrosoft Officeでは未対応のことがあるため、各形式の特徴を捉えつつ扱うファイル形式を選べるのが理想です。

対応している主な動画形式

オススメの形式

ファイルの種類	拡張子	ひとこと解説
Windows Media file (asf)	.asf .asx .wpl .wm .wmx .wmd .wmz .dvr-ms	Windows Media Playerで再生することを前提とした形式
Windows video file	.avi	Microsoftが開発し、古くから使われ汎用性の高い動画形式
MKV Video	.mkv	汎用性の高さが売りの形式で正式名称が「マトリョーシカ」
MK3D Video	.mk3d	MKV形式を3D映像対応に拡張した形式
QuickTime Movie file	.mov	Appleが開発し、iPhoneで撮った動画などApple製品を中心に使われる形式
MP4 Video	.mp4 .m4v .3gp .3gpp .3g2 .3gp2	最も標準的な動画形式で、最近の端末ならほぼすべて対応している
Movie file (mpeg)	.mpeg .mpg .m1v .mpe .m1v .m2v .mod .mpv2 .mpa	DVDでよく使われている形式
MPEG-2 TS Video	.m2ts .m2t .mts .ts .tts	AVCHDなどハイビジョン映像を保存するのによく用いられる形式
Windows Media Video file	.wmv .wvx	Windowsで再生することに特化した形式 .asfとほぼ同じファイル構造

動画のファイル形式のしくみと注意点

動画ファイルは、「映像データ」「音声データ」をそれぞれ圧縮して"一つのパッケージ"にしたもの

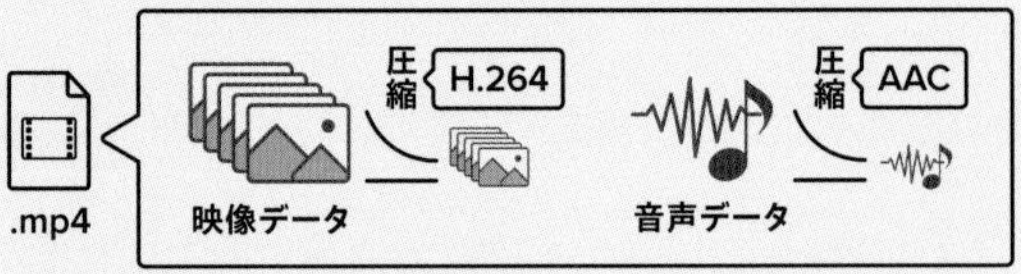

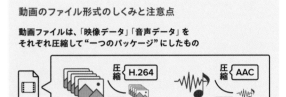

同じ拡張子のファイルでも圧縮方法（コーデック）が異なることがあり、再生ソフトがコーデックに未対応だと再生できない

"確実に"動画を再生させたいときは、「ファイル」の「情報」より動画を最適化するか、外部ツールで.mp4、.wmvに変換する

対応している主な画像形式

オススメの形式

ファイルの種類	拡張子	ひとこと解説
Windows 拡張メタファイル	.emf	MS Officeの図形を保存するベクタ形式
Windows メタファイル	.wmf	MS Officeの図形を保存するベクタ形式（旧）
JPEG形式	.jpg .jpeg .jfif .jpe	現在主流の圧縮形式のひとつで、容量が軽め
PNG形式	.png	現在主流の圧縮形式のひとつで、オールラウンダー
Windowsビットマップ	.bmp .dib .rle	非圧縮形式で、画像形式の元祖
GIF形式	.gif	Web向けの形式で、アニメーションが得意
圧縮Windows拡張メタファイル	.emz	.emf形式を内部でzip圧縮したもの
圧縮Windowsメタファイル	.wmz	.wmfを圧縮したもの
TIFF形式	.tif .tiff	非圧縮の画像形式で、高解像度向けだが重い
SVG形式	.svg	ベクタ形式としてWebやアイコンなどに使われる
アイコン	.ico	ファイルアイコン専用の画像形式
HEIF形式	.heif .heic .hif	より高効率な圧縮形式で最近のスマホ写真の主流
AV1画像ファイル形式	.avif	HEIFと同じ特徴を持つ、今後普及が期待される形式
WebP	.webp	Web向けの高効率な圧縮形式
PDF形式	.pdf	文書ファイルの形式のひとつ
Photoshop形式	.psd	Photoshopの保存形式
EPS形式	.eps	かつての印刷向け画像形式

画像データの種類〈ラスタ形式とベクタ形式〉

ラスタ形式　ピクセルを密集させて画像にする形式

複雑な描写に最適だが
ピクセル密度（解像度）が
変わってしまうため、
拡大・縮小には
適していない

ベクタ形式　位置や形を（ベクトルとして）数値化、計算して表示する

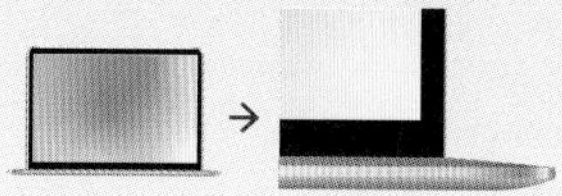

拡大・縮小しても
一切の劣化がないため
編集しやすい形式だが、
複雑な描写には
適していない

どの形式の画像を使うのがいいのか？

JPEG形式　写真などの複雑な描写をする画像向け
ファイル容量を抑えやすいが、圧縮のため
文字や線などの細かな描写が崩れることがある

PNG形式　劣化がなく、文字や図形をクリアに見せたり
背景を透明にできたりと、迷ったらこの形式でOK
ただし、ファイル容量が大きくなりがち

SVG形式　最も普及しているベクタ形式で
PowerPoint上で書式を編集したり、
図形に変換して形を変形させたりできるため、
アイコン素材などはSVGを使うのがオススメ

PowerPointの仕様

画像サイズと解像度の変更

PowerPoint上での画像サイズは「cm」で変更しますが、本来画像の大きさは「px」で決まっています。この2つの単位の変換に「画像解像度（1インチあたりのピクセル密度）」（#0-17参照）が使われており、PowerPointでも画像解像度を指定して「px」のサイズを圧縮させることができます。

画像解像度を扱う基本知識

画像のピクセル数（px）が固定の場合 ＜ **PowerPointに挿入したときのサイズ感と実際のピクセル数にズレがある**

※1 inch=2.54 cm

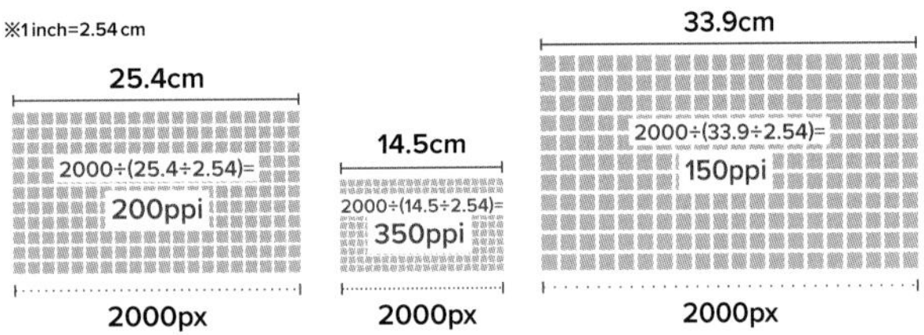

画像解像度によって挿入時のサイズ（cm）が決まる
→PowerPoint上でサイズ（cm）を変えると、画像解像度（=密度）が増減する

PowerPoint上のサイズ（cm）が固定の場合 ＜ **レイアウトしてサイズが確定できたらこの考え方でファイル容量を下げる**

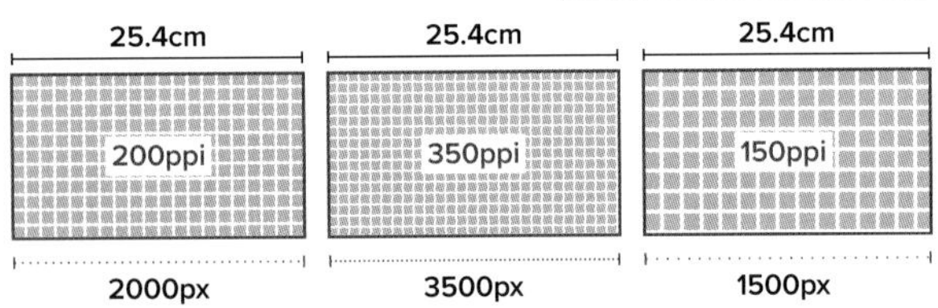

画像解像度を増減させると、必要なピクセル数も増減する
→画像解像度を下げると（ピクセル数が減って）ファイル容量が減る

PowrePointでの画像解像度

画像の圧縮（解像度を下げる）

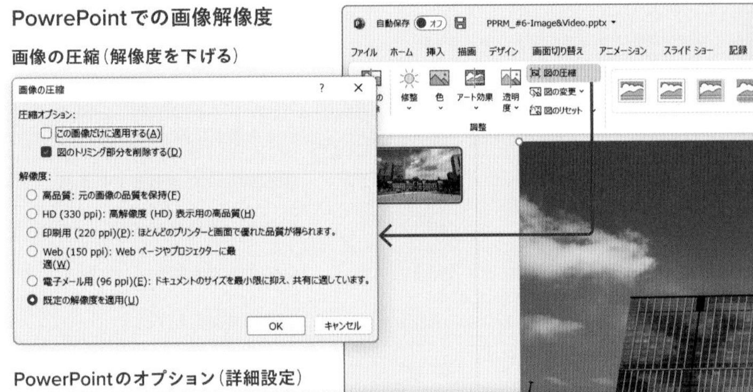

PowerPointのオプション（詳細設定）

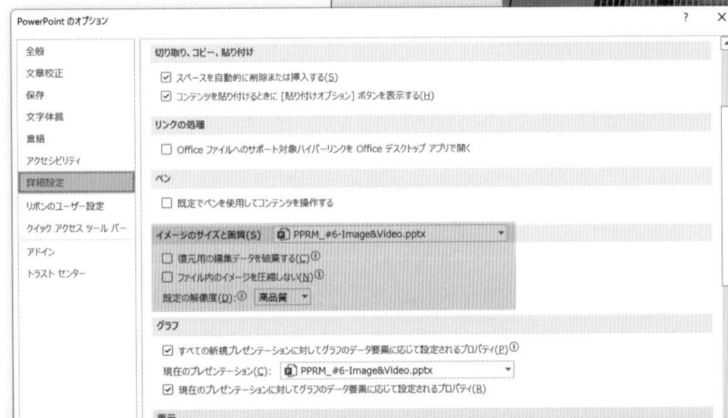

PowrePointで画像解像度を変更する判断基準

PowerPointでは、画像解像度は主に画像を圧縮する目安として扱われます。解像度は、低すぎるとぼやけて見えてしまいますが、高すぎても（出力性能を超えてしまい）意味がありません。再編集をしない完成されたファイルで、かつ容量をどうしても抑えたい場合は、解像度を下げて画像を圧縮できます。

作業を始める前の設定

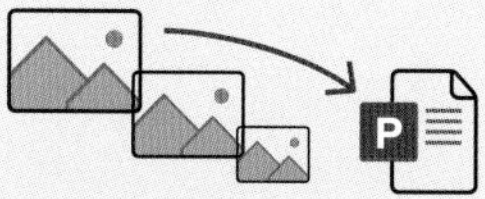

PowerPointに画像を挿入したときに自動で圧縮する設定

「PowerPointのオプション」の「詳細設定」から設定できる

- ✓ **A3サイズを超える大判で、かつ印刷所で印刷する場合**
  「ファイル内のイメージを圧縮しない」をオンにする
- ✓ **上記以外の通常作業時**
  既定の解像度を「高品質」から変えない

※330ppiなどの数値で指定するとサイズ変更ごとに劣化するのでNG

→ レイアウト

作業を終えたときの設定

ファイル容量が問題ないとき → そのまま圧縮せず保存してOK

ファイル容量の圧縮が必要なとき

最終的な出力方法と完成後のファイルの扱いを確認する

- ✓ **作成したスライドをどのように出力するか？**
  - 印刷系
    - **家庭用／業務用プリンター？**
    - **印刷所で本格的に印刷？**
  - ディスプレイ系
    - **4Kなどの高解像度？**
    - **FHD程度の一般的な解像度？**
  - プロジェクター系
    - **プロジェクターだけで本当に済むのか？**
- ✓ **完成したスライドは、今後再編集する予定があるか？**
  - ・少しでも可能性がある
  - ・将来使い回すかもしれない
  - ・再編集を絶対にしない

再編集の可能性があり → 印刷所や高解像度ディスプレイなどに出力

なるべく画像サイズを保持しながら圧縮

- ✓ **図のトリミング部分の削除はせずに残す**
- ✓ **解像度は、高品質を試しさらに下げるなら330ppi**
- ✓ **それでも重いなら、トリミング部分を削除して容量を下げる**

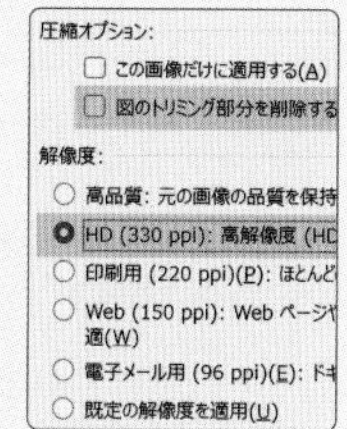

「画像の圧縮（図の圧縮）」

再編集を絶対にしない → プロジェクターやFHDディスプレイ、プリンターで出力する

最低限の画像サイズを保ちながら圧縮

- ✓ **図のトリミング部分を削除する**
- ✓ **解像度は、220ppiを試しさらに下げるなら150ppi**
- ✓ **これ以上は解像度を下げない方が万が一の場合に安全**

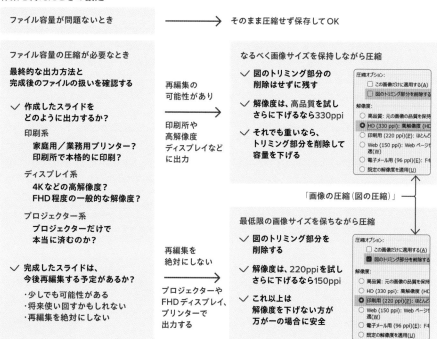

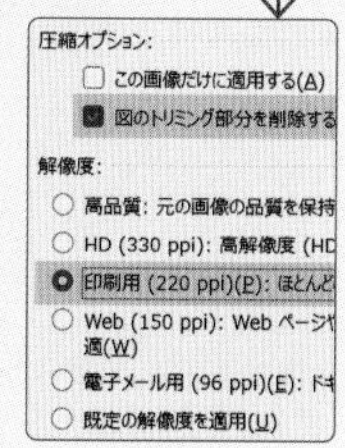

PowerPointの解像度の設定と仕様

PowerPoint 2021では、一定のサイズを超えた画像のみを圧縮するように標準で設定されています（「高品質」と呼ばれる設定）。再編集の可能性を考慮すると、この設定を変えないほうが良いでしょう。しかし画像が多い資料は容量が重くなってしまうため、330ppiなどの解像度を指定して圧縮できます。

一定のサイズを超えない限り画像を圧縮しない

「高品質」の設定は、高さ2475px × 幅4400pxを上限サイズとして、高さと幅のどちらかのpxが超えた場合のみ上限サイズまで圧縮される仕様です。上限サイズのpxを下回る画像は、画像ファイルに設定されている解像度によらず、一切変更されずにそのまま取り込まれます（最大2000ppiまで）。

高品質	**高さ2475px×幅4400pxを上限として、高さと幅のどちらかのpxが上回るときのみ上限サイズまで圧縮される（上限以下なら解像度は2000ppiまで対応）**

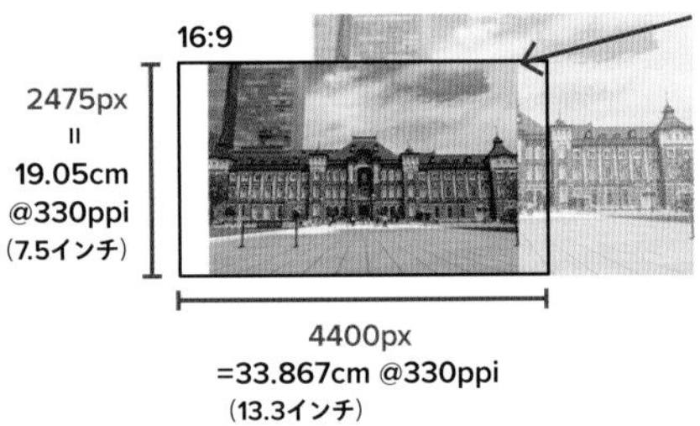

上限サイズは、標準スライドである「ワイド画面」のサイズの330ppiで定義されている

PowerPoint上のサイズに応じて解像度を維持する

330ppiや220ppiなどの特定の解像度を指定すると、PowerPoint上で配置したcmサイズに対して指定した解像度を維持します。なお拡大はされないため、編集画面で一度画像を小さくしてから、解像度を適用し、画像を拡大しなおすと、解像度が下がり画質が落ちてしまいます。

330ppi	**ほとんどの出力方法に対応できる解像度**
220ppi	**簡易な出力や大判印刷で必要とされる解像度**
150ppi	**ファイル容量と画質の劣化を最低限に抑える解像度**
96ppi	**Windows OSの標準ディスプレイ解像度**

PowerPoint上で変更したcmサイズに応じて（挿入前の画像のpxサイズに関係なく）指定した解像度に圧縮される低い解像度の画像を拡大することはない

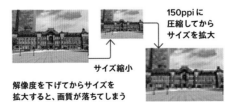

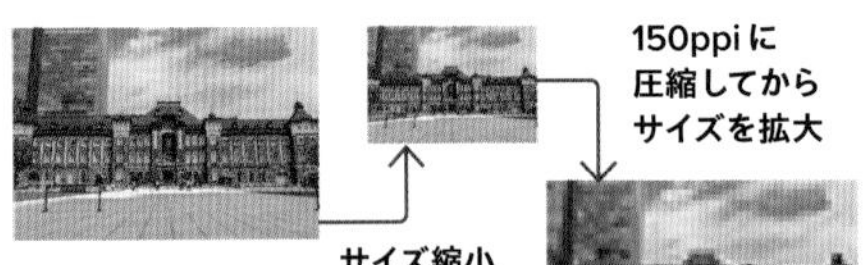

解像度を下げてからサイズを拡大すると、画質が落ちてしまう

動画は96ppiとして換算される

動画は、そもそも印刷されないものであり、cmに換算する解像度を気にする必要はありません。しかし、PowerPoint上ではcmの単位に合わせるため、「96ppi」で換算されています。PowerPointから4Kサイズの動画を出力したいときなど、厳密にピクセル数にこだわりたいときは96ppiでcmに換算してPowerPoint上で配置すればOKです。

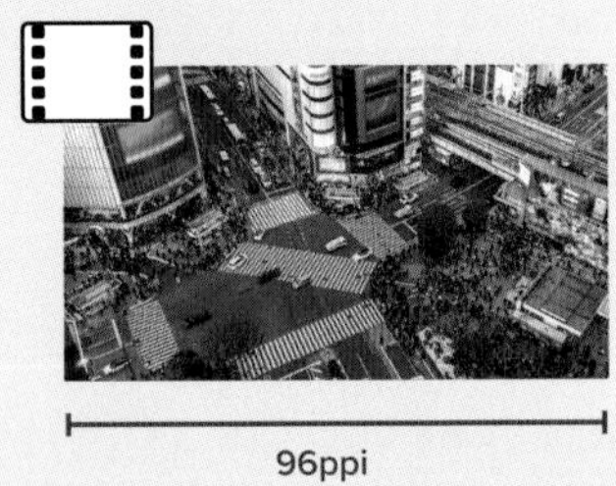

PowerPointで画像を書き出すときの解像度とpxサイズの換算

PowerPointから書き出す画像について、スライドを「名前を付けて保存」で画像にした場合は96ppi、右クリックメニューから「図として保存」した場合は330ppiが適用されます。狙ったpxサイズで書き出したい場合は、「px ÷ 96ppi（または330ppi） × 2.54」でPowerPoint上のcmに換算できます。

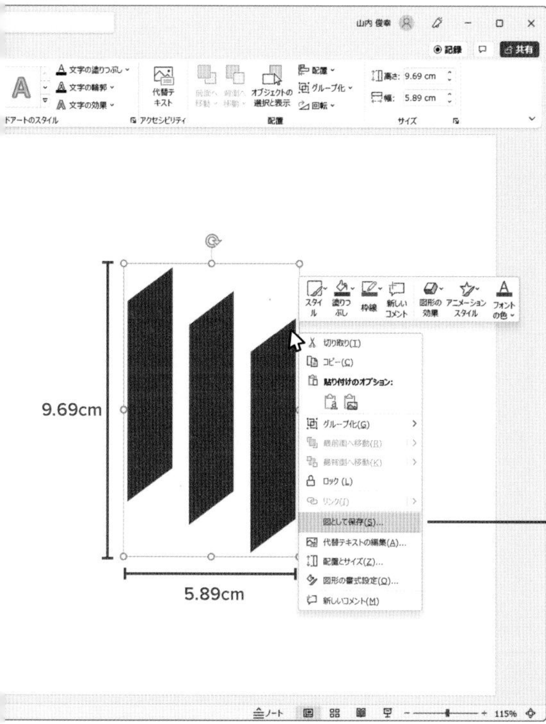

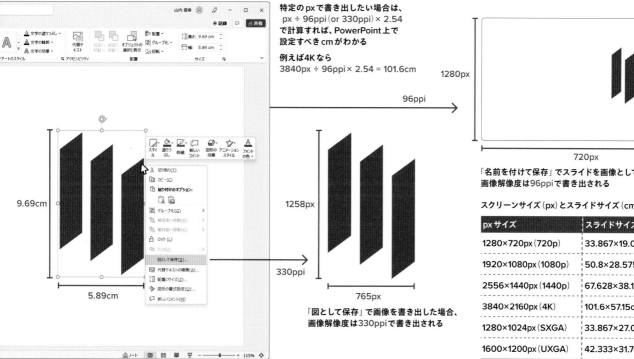

特定のpxで書き出したい場合は、
px ÷ 96ppi（or 330ppi）× 2.54
で計算すれば、PowerPoint上で
設定すべきcmがわかる

例えば4Kなら
3840px ÷ 96ppi × 2.54 = 101.6cm

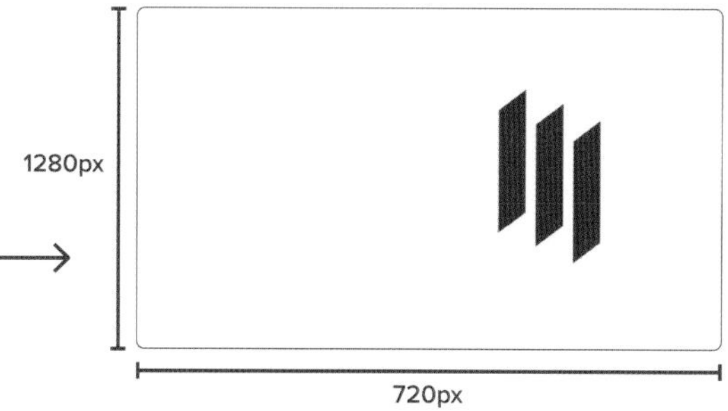

「名前を付けて保存」でスライドを画像として保存した場合、画像解像度は96ppiで書き出される

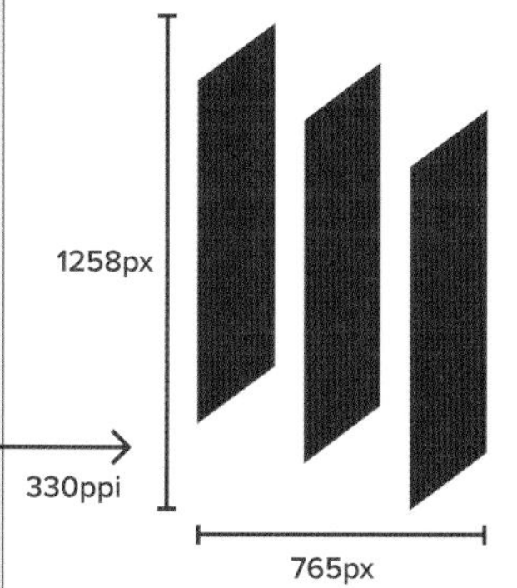

「図として保存」で画像を書き出した場合、画像解像度は330ppiで書き出される

スクリーンサイズ（px）とスライドサイズ（cm）の換算表

pxサイズ	スライドサイズ（96ppi）
1280×720px（720p）	33.867×19.05cm（標準）
1920×1080px（1080p）	50.8×28.575cm
2556×1440px（1440p）	67.628×38.1cm
3840×2160px（4K）	101.6×57.15cm
1280×1024px（SXGA）	33.867×27.093cm
1600×1200px（UXGA）	42.333×31.75cm

PowerPointの仕様

pptxファイルの画像の扱い

PowerPointファイルの保存形式である「pptx」は、XMLファイルとメディアファイルをZIPで圧縮した構造になっています。そのため、拡張子「.pptx」を「.zip」に書き換えて展開すると、PowerPointファイルに埋め込んだ画像や動画を取り出すことができます。

pptxファイルは、ZIPファイルとして展開できる

PPRM_#6-Image&Video - コピー.pptx ← pptxファイルをコピー

↓ 拡張子を.zipに書き換え

PPRM_#6-Image&Video - コピー.zip

↓ ZIPファイルを展開

PPRM_#6-Image&Video - コピー/ppt/media

mediaフォルダ内にメディアファイルが入っている

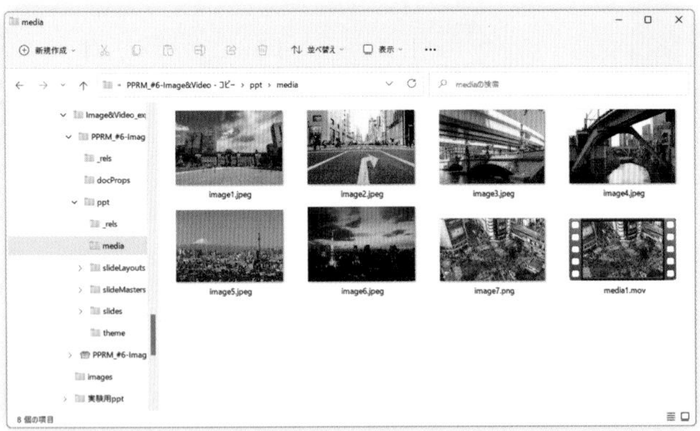

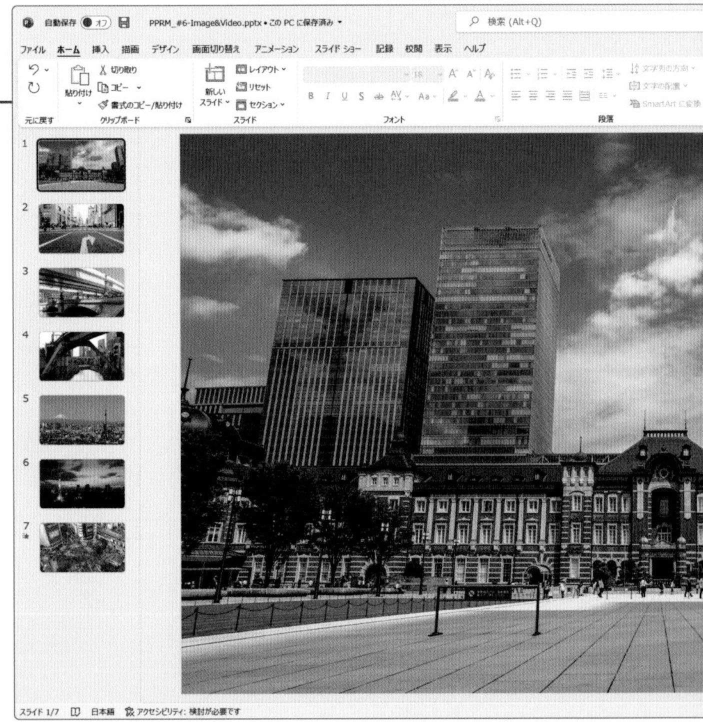

編集した画像のpptxファイル内での保存のされ方

挿入した画像をPowerPoint上で編集した場合、pptxファイル内での保存のされ方は大きく3パターンに分かれます。画像ファイルは変更せずPowerPoint上で再現されているパターン、編集内容が画像として保存されるパターン、そして編集内容が反映された画像が別にコピーされて保存されるパターンです。

画像ファイルを変更しないパターン

元のファイルをいじらずにPowerPoint上で編集されたように見せているパターン。圧縮前のトリミングや色や明るさの修正などが当てはまります。pptxファイルを開いても元のファイルしか入っておらず、変更した画像をファイルとして扱いたい場合は「図として保存」で書き出せばOKです。

編集内容が画像として保存されるパターン

PowerPoint上で変更した内容が、画像としてpptxファイル内でも保存されているパターン。背景の削除などが当てはまります。Ctrl + Zで戻せる限界を超えるか、ファイルを閉じて再度開くと、元の画像には戻せなくなってしまうので、元画像を捨てないよう注意が必要です。

画像がコピーされて別に保存されるパターン

PowerPoint上で変更した内容を、別の画像としてコピーして保存するパターン。ファイル内で同じ画像を複数配置しているのに、一つだけ選択して図の圧縮（#6-15）の「この画像だけに適用する」を適用すると起こります。データを圧縮したつもりが逆に増える、といった現象の原因です。

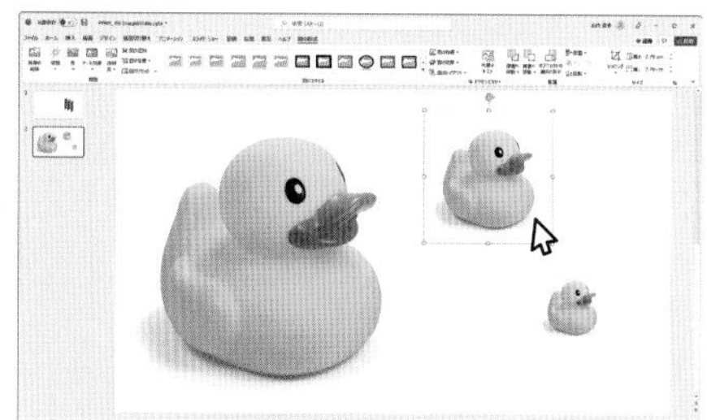

pptx内では元画像のまま

pptx内も編集された画像に置き換わる

一つだけ画像を圧縮すると、pptxファイル内でコピーされて余計にファイルの容量が増える

PowerPointの機能

画像をトリミングする

画像を切り抜くトリミング機能は、PowerPointにも一通り揃っています。長方形などの基本の図形で切り抜くトリミングの他に、「図形の合成」を使えば自分で作成した複雑な図形やテキストで画像を切り抜くことができます。

PowerPointでできるトリミングの種類

基本のカタチで切り抜き

「トリミング」機能で切り抜き

自由なカタチで切り抜き

「図形の合成」機能で切り抜き

テキストで切り抜き

「図形の合成」機能で切り抜き

基本のカタチで画像を切り抜く

「図の形式」リボンの「トリミング」機能は、四角形の切り抜きだけではなく「図形」で用意されているカタチでも切り抜くことができます。切り抜くサイズは特定の比率を指定することもできます。トリミングした部分は、「画像の圧縮」で削除しない限り残っているので、いつでも復元できます。

図形に合わせて
トリミング

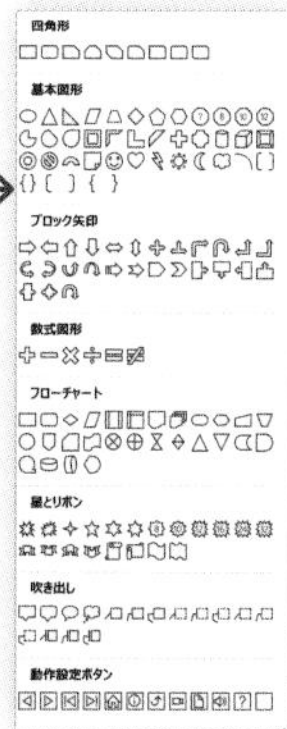

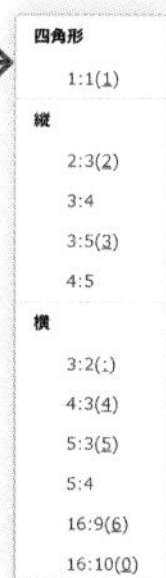

縦横比

トリミングのカタチ、位置、サイズを調整する

トリミング用のハンドルをドラッグすると、
切り抜くサイズを変えられる

写真をドラッグすると、
写真の位置とサイズを変えられる

※書式設定から数値でも調整可

！ 変形ツールで図形の調整はできるが、
頂点の編集はできなくなるので注意！

トリミングの縦横比（アスペクト比）

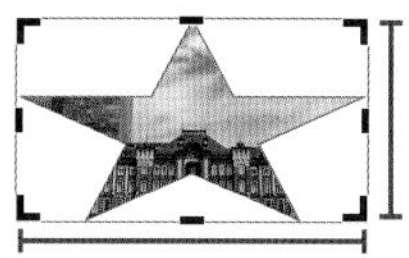

正円やワイドで
切り抜きたいときに
便利な機能

1:1	正方形
3:2	一般的な写真の比率
4:3	XGA：2010年代頃まで使われた比率
5:3	WXGA：XGAの派生
5:4	SXGA：XGAの派生
16:9	現在主流である横長の比率
16:10	WXGA：16:9より少し高さのある比率

写真のサイズの変更

塗りつぶし

画像の短辺が
トリミングに
フィットする

枠に合わせる

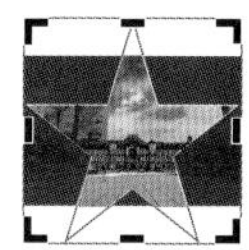

画像の長辺が
トリミングに
フィットする

自由なカタチで画像を切り抜く

「トリミング」機能ではなく「図形の書式」リボンにある「図形の結合」を使えば、自分で作成した図形のカタチに画像をトリミングすることができます。なお、「図形の結合」機能は選択した順番で型抜きされるオブジェクトが決まるため、画像→図形の順に選択するとOKです。

図形の結合

切り出し　重なり抽出　単純型抜き　型抜き/合成

画像→図形の順に選択して「図形の結合」をすると…

切り出し

重なり抽出

単純型抜き

型抜き/合成

! 結合は図形が完成してから!

図形の結合後は、頂点の編集をはじめ図形の調整ができなくなる

図形の結合で切り抜いても、「トリミング」機能で調整できる

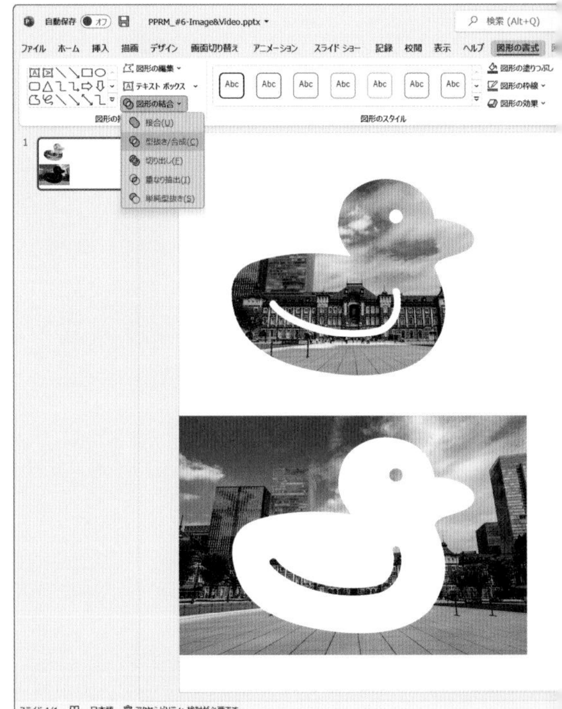

テキストで画像を切り抜く

図形と同じように、テキストでも「図形の結合」で画像を切り抜くことができます。切り出しをすれば文字の塗りのように使えるため表現の幅を拡げることができますが、結合後はテキストの再編集が不可能であることには注意が必要です。文字の塗りとして使いたい場合はテクスチャ機能を使いましょう。

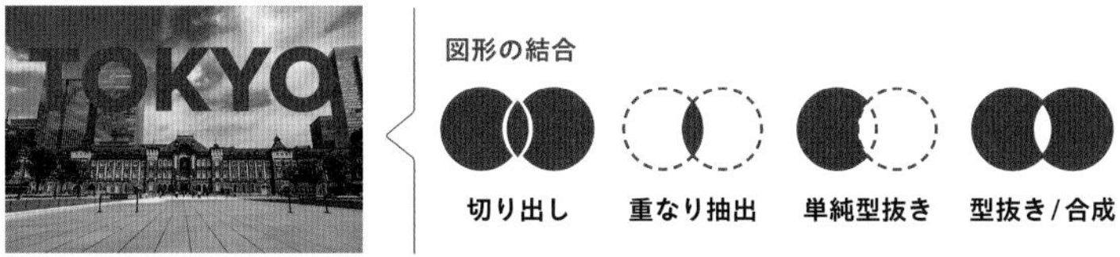

画像→テキストの順に選択して
「図形の結合」をすると…

! テキストは
再編集できない

テキストの塗りとして
画像を使いたい場合は、
塗りつぶしの
「テクスチャ」を使うのが
ベスト（#4-18参照）

図形の結合で切り抜いても、「トリミング」機能で調整できる

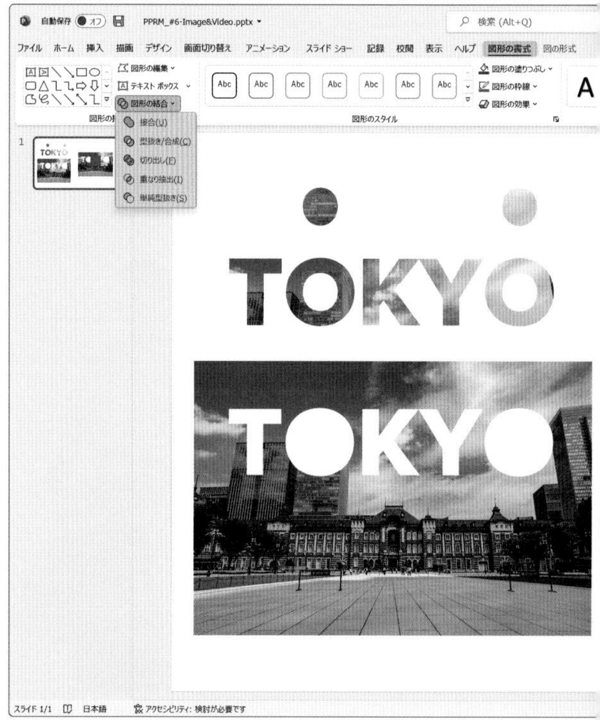

PowerPointの機能

背景を削除する

PowerPointにはトリミング機能とは別に、写真の背景を削除するための機能も備わっています。「図の形式」リボンの「背景の削除」を使えば複雑な背景の写真も簡単に切り抜けるほか、「色」の「透明色を指定」を使えば特定の色のみを削除することができます。

複雑な背景も
簡単に削除できる

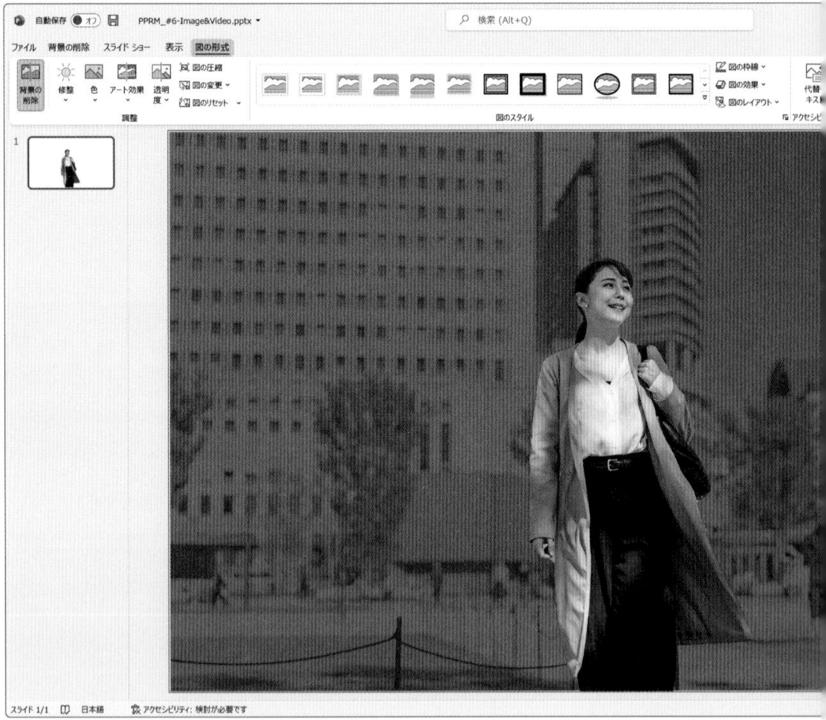

「背景の削除」で切り抜く

「図の形式」リボンの「背景の削除」を使うと専用の編集画面に切り替わり、PowerPointが自動で背景を認識して削除する範囲をピンク色で示してくれます。そこから範囲を修正する場合は、「保持する領域」「削除する領域」をペンでなぞることで、自動で境界を認識して切り取り範囲を調整してくれます。

「背景の削除」の流れ

手順①
背景の削除の機能を使うとざっくり範囲が認識される

手順②
保持する領域と削除する領域をペン（マウス）でなぞる

手順③
自動で認識して修正されるので、ペンで微調整を繰り返す

手順④
ある程度切り抜けたら保存する（再編集可能）

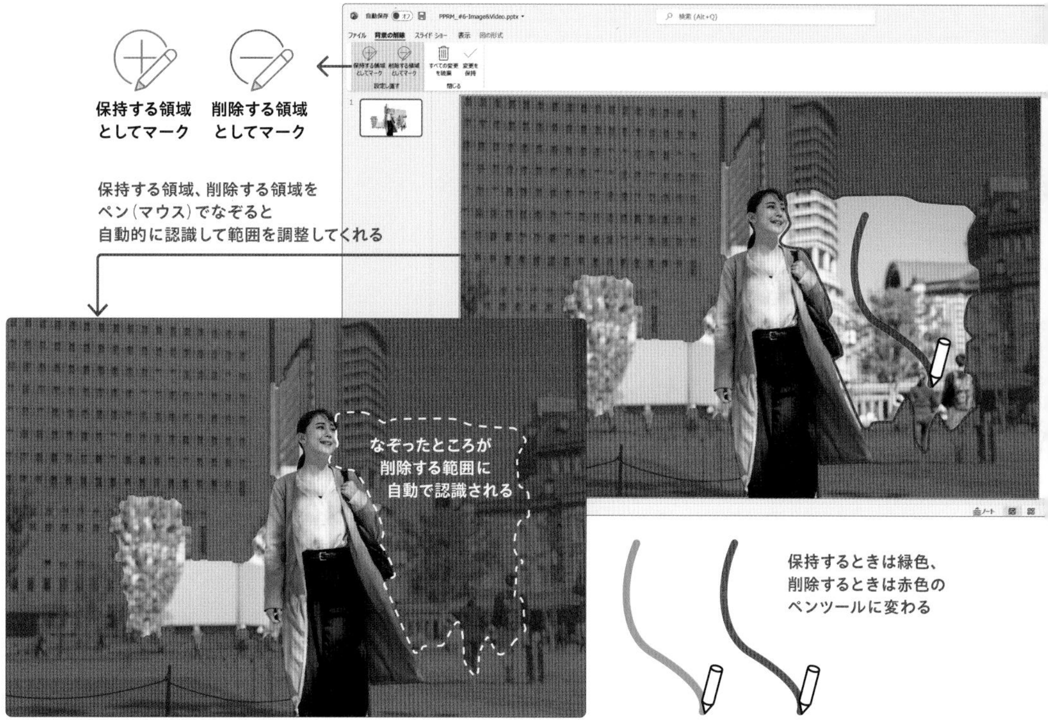
保持する領域としてマーク
削除する領域としてマーク
ファイル
背景の削除
保持する領域、削除する領域をペン（マウス）でなぞると自動的に認識して範囲を調整してくれる
なぞったところが削除する範囲に自動で認識される
保持するときは緑色、削除するときは赤色のペンツールに変わる

！ 自動認識による範囲の指定しかできないため、厳密な切り抜きは難しいことに注意！

「特定の色」のみを透明にする

「図の形式」リボンの「色」にある「透明色を指定」を使うと、特定の色のみを透明にすることができます。指定した色（のRGB値）とそれに近い色のみを透明にするためグラデーションは綺麗に切り抜けず、写真のような複雑な画像には向いていません。単色の背景がある画像などで活躍する機能です。

「透明色を指定」の機能

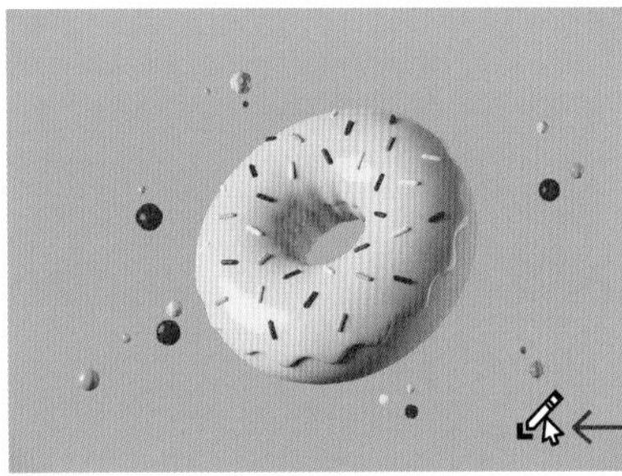

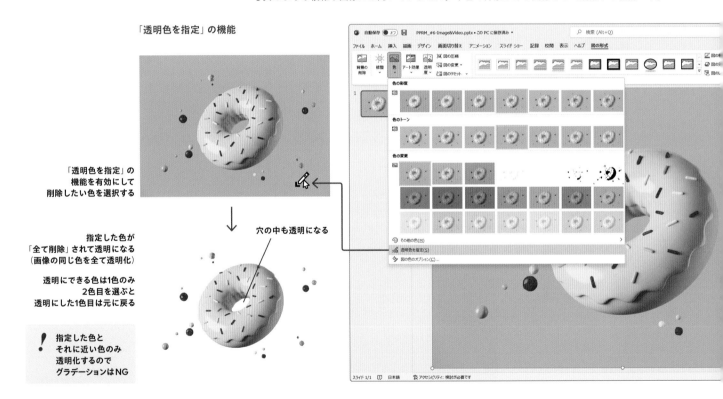

「透明色を指定」の機能を有効にして削除したい色を選択する

穴の中も透明になる

指定した色が「全て削除」されて透明になる（画像の同じ色を全て透明化）

透明にできる色は1色のみ 2色目を選ぶと透明にした1色目は元に戻る

! 指定した色とそれに近い色のみ透明化するのでグラデーションはNG

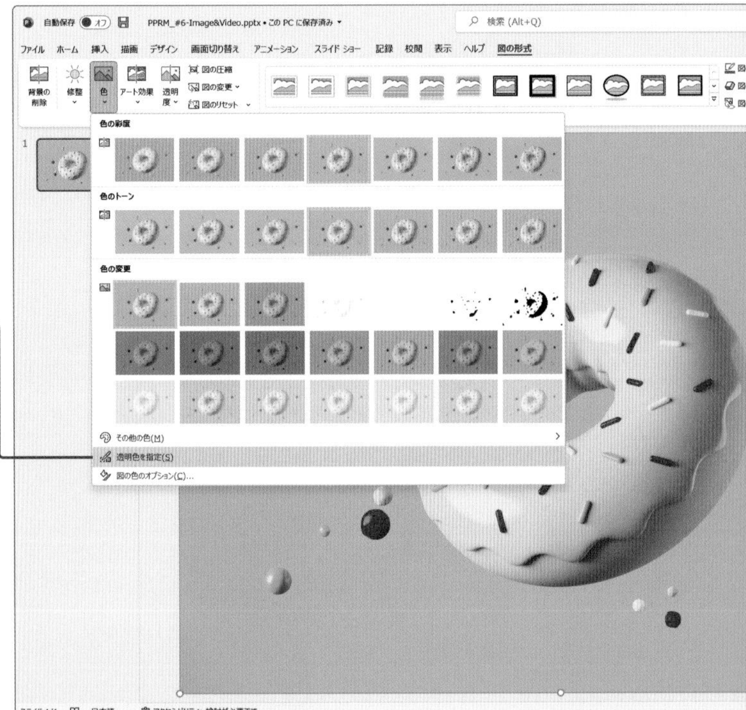

画像全体を半透明にする

PowerPoint 2019以降、「図の形式」の「図の透明度」より画像の透明度を変更することができるようになりました。画像に施した変更を維持でき、書式設定からは透明度の数値（%）で具体的に調整することができるため、画像を背景に馴染ませたり重ねたりと様々な表現に応用できます。

PowerPointの機能

画像の色を編集、修正する

PowerPointには、画像の明るさや色などを調整する機能も備わっており、簡単なレタッチなら他のソフトに頼らずPowerPointのみで完結させることができます。「図の形式」リボンからは大まかに調整でき、書式設定で細かく調整することができます。

画像の「修正」

画像の「色」

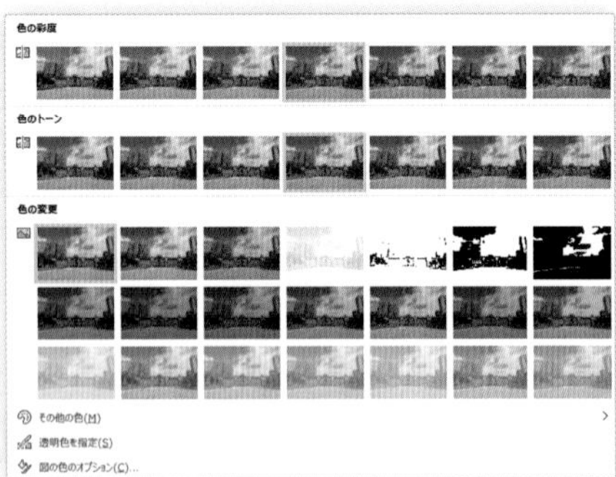

PowerPointでできる画像のレタッチ

PowerPointの画像を調整する機能は、画像を微調整する「修正」と、大きく色調を変える「色」の2種類に分けられています。細かく画像を調整したい場合、「修正」「色」の両機能を横断しながら作業をする必要があるため、「図の書式設定」でまとめて操作できるようにするのがオススメです。

調整前

調整後

PowerPointでの写真のレタッチ例

調整① 明るさを上げる

全体的に
暗い印象に感じるため、
青空が白飛びしない
程度に明るさを上げる

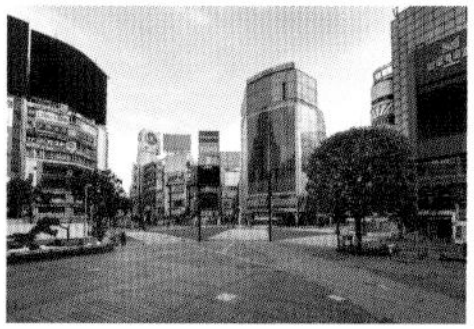

調整② 色温度を変える

少しクールな印象を
持たせるために、
色のトーンを少し下げて
全体に青みを足す
(早朝のイメージ)

調整③ 彩度を変える

地面のタイルや
街路樹の青み具合を、
彩度を上げて
少し調整する

調整④ シャープネスやコントラストを微調整

はっきりとした印象に見せるように、
シャープネスとコントラストを少しだけ上げて調整

画像の「修正」とサンプル

画像の見た目を微調整するのが「修正」機能の役割です。画像の輪郭線の調整（シャープネス）、明るさ、明暗の差（コントラスト）を調整できます。「図の形式」リボンからは極端な調整しかできないため、書式設定から1%単位で調整するのがオススメです。

シャープネス

画像内の輪郭（色の境目）を調整する機能
ピントずれや手ぶれなどでぼやけた画像に適用するとぼやけ具合が緩和されます

-100%

-25%

0%

25%

100%

明るさ

画像全体の明るさを調整する機能
極端に調整すると色が潰れてしまうため、数％程度の調整でOK

-25%

-12%

0%

12%

25%

コントラスト

画像内の明るい部分と暗い部分の差を調整する機能
上げるとパキッとするがやり過ぎ注意

-50%

-25%

0%

25%

50%

! **部分的な修正をしたいときは、背景の削除を活用して修正したいパーツごとに画像ファイルをつくればOK**

画像の「色」機能とサンプル

画像の色調を大きく変更できるのが「色」機能の役割です。色の彩度（鮮やかさ）、色のトーン（色温度）、色の変更（単色画像へ変換）の3軸で変えることができます。画像全体の雰囲気を大きく変えることができる機能のため、特徴をつかみつつ、ぜひ使ってみてください。

色の彩度

画像の彩度（鮮やかさ）を
変更する機能
100%を基準に、
下げると灰色に、上げると
原色（ビビッド）に近づく

0%

50%

100%

150%

200%

色のトーン（色温度）

画像の寒色・暖色の割合を
変更する機能
画像ファイルの色温度とは
関係なく6500Kを基準に
暖色・寒色を変更できる

5300K

5900K

6500K

7200K

8800K

色の変更

フルカラーの画像を
単色の画像に変換する機能
用意された色の他に、
自分で設定した色で
単色画像に変換できる

セピア

オレンジ、アクセント2（濃）

オレンジ、アクセント2（淡）

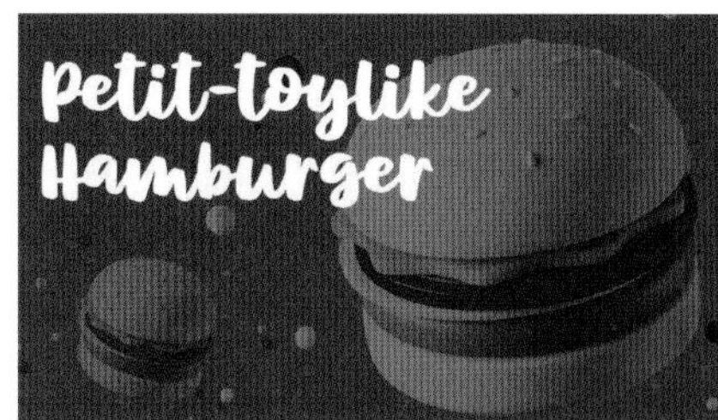

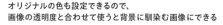

オリジナルの色も設定できるので、
画像の透明度と合わせて使うと背景に馴染む画像にできる

！ 色の変更でオリジナルの色を指定したい場合、
書式設定からは設定できないため、
「図の形式」リボンの「色」から「その他の色」で色を選ぶとOK

PowerPointの機能

画像を効果で彩る

PowerPointでは、画像に追加できる効果が2種類あります。「図形」として追加できる効果と、画像の内容に対して追加できる効果です。図形としての効果は#4-19で紹介したものと同じです。画像の内容に追加できる効果は、「アート効果」の名前で「図の形式」リボンに用意されています。

アート効果

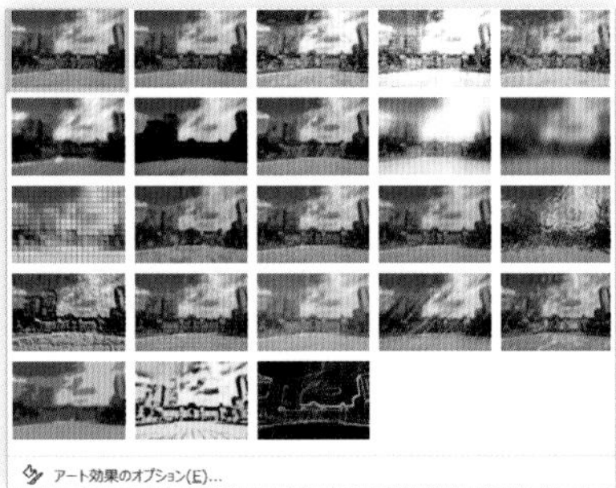

図の効果（「図形」効果（#4-19）と同じ）

影

光彩

反射

ぼかし

3-D書式
3-D回転

「アート効果」と効果の調整

「アート効果」機能も、他の機能と変わらず書式設定で効果の調整を行うことができます。書式設定では「アート効果」と括られているものの、全22種類の効果一つひとつに異なる設定項目が用意されています。特に「ぼかし」は使い勝手の良い効果のため、ぜひ一度ためしてみてください。

「アート効果」は効果ごとに設定を調整できる

→

例えば「ぼかし」なら、
写真のぼかし具合を
細かく調整できる

効果ごとに調整できる項目が
変動する

「ぼかし + 明るさ-30% + トリミング」の組み合わせで、
スマートフォンのUIで見かける
「すりガラスを重ねた」ようなビジュアルをつくれる

「アート効果」のサンプル一覧

アート効果は、画像を大幅に加工し見た目をガラッと変える機能。22種類と豊富に揃っているので、どの効果がどんな変化をもたらすのかを一覧にしてみました。「ぼかし」のような汎用的なものから、「鉛筆：モノクロ」のように特定のシーンで活躍するものまで勢揃いしているので、このサンプルを参考に自身でも試してみてください。

マーカー

鉛筆：モノクロ

鉛筆：スケッチ

線画

チョーク：スケッチ

ペイント：描線

ペイント：ブラシ

光彩：デフューズ

ぼかし

パッチワーク

水彩：スポンジ

フィルム粒子

モザイク：バブル

ガラス

セメント

テクスチャライザー

十字模様：エッジング

パステル：滑らか

ラップフィルム

カットアウト

白黒コピー

光彩：輪郭

PowerPointの機能

動画の形をトリミングする

挿入した動画は、画像と同じように様々なカタチでトリミングすることが可能です。「ビデオ形式」リボンの「トリミング」から長方形に切り抜くことができます。図形に合わせて切り抜く場合は「ビデオの図形」を使う点が画像のトリミングとは異なりますが、機能は同じものです。

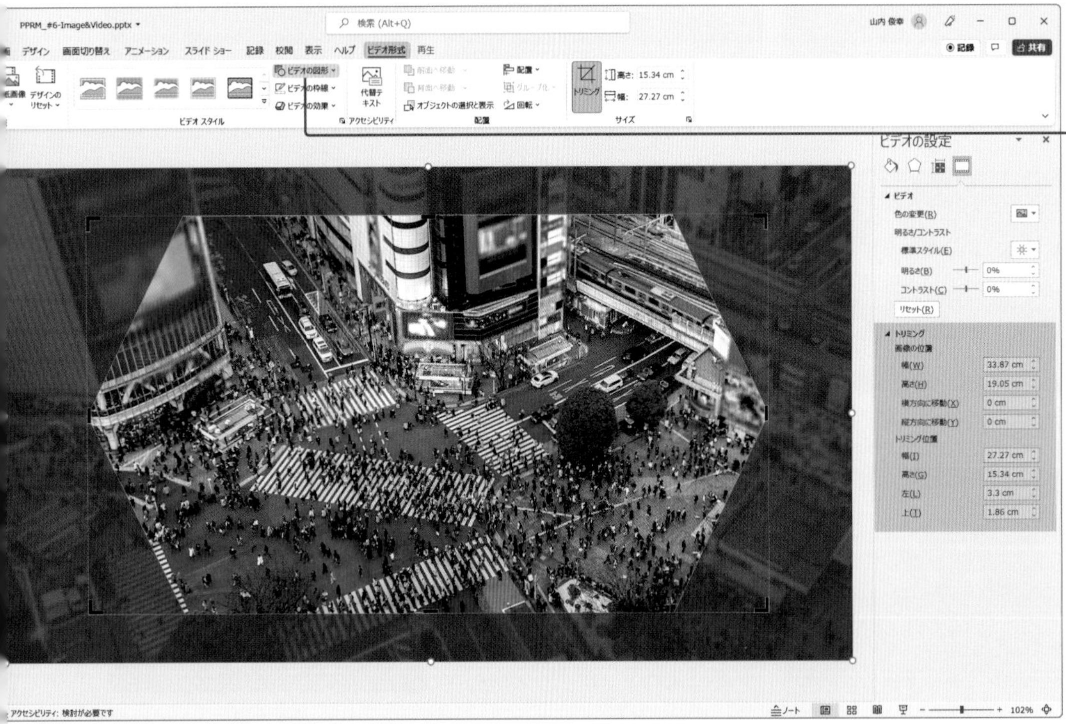

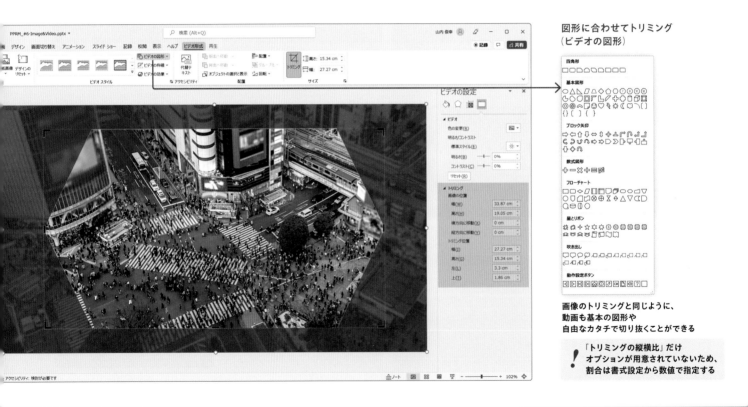

図形に合わせてトリミング
(ビデオの図形)

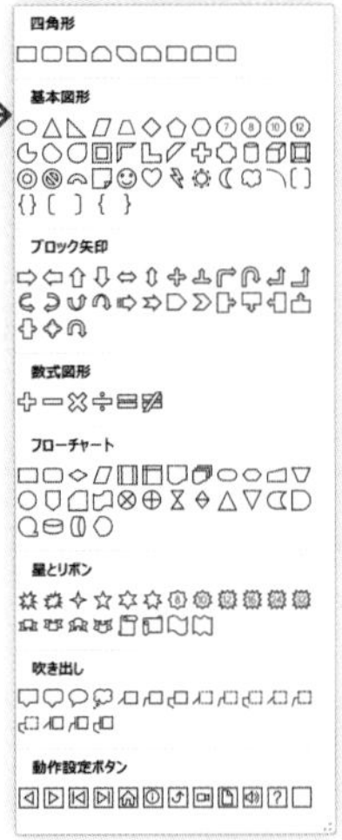

画像のトリミングと同じように、
動画も基本の図形や
自由なカタチで切り抜くことができる

! 「トリミングの縦横比」だけ
オプションが用意されていないため、
割合は書式設定から数値で指定する

自由なカタチで動画を切り抜く

動画も、「図形の結合」を使って図形やテキストのカタチにトリミングできます。ただし、これは隠し機能のため、図形と動画を選択しても「図形の形式」リボンが表示されません。自由なカタチで切り抜きたい場合は、リボンやクイックアクセスツールバーを編集して「図形の結合」を表示させればOKです。

図形の結合

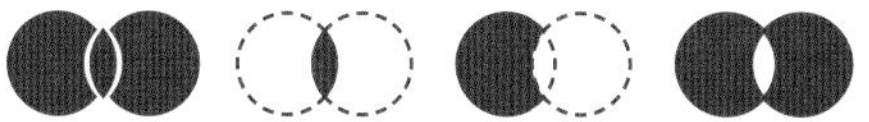

切り出し　重なり抽出　単純型抜き　型抜き／合成

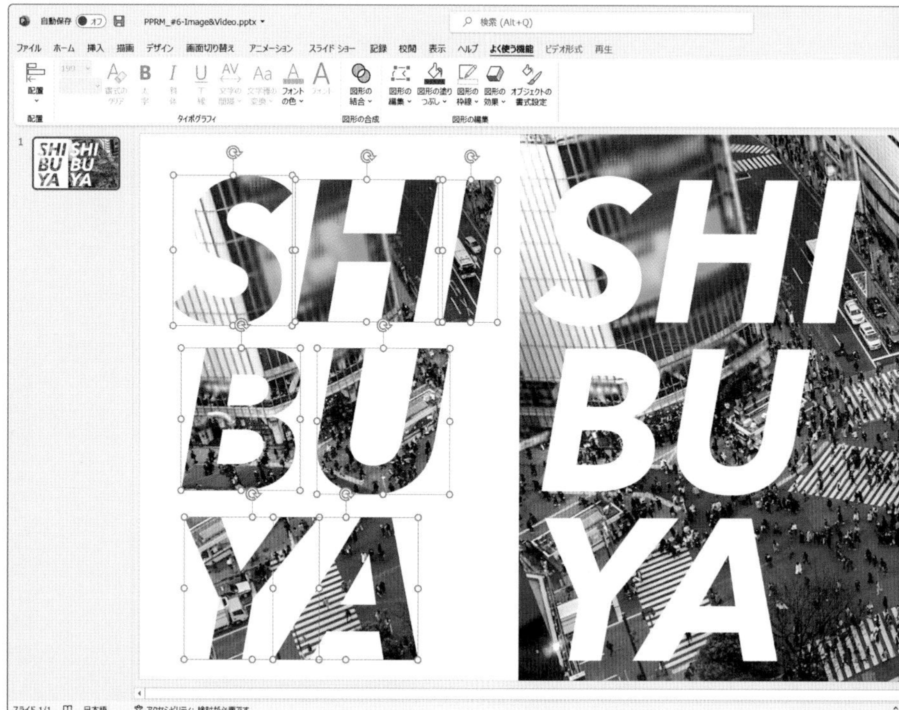

動画→テキスト（図形）の順に選択して「図形の結合」をすると、その形に切り抜ける

> **!** **動画で「図形の結合」は隠し機能なので、標準設定では機能がリボンに表示されないリボンを編集して「図形の結合」を表示させればOK**

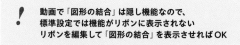

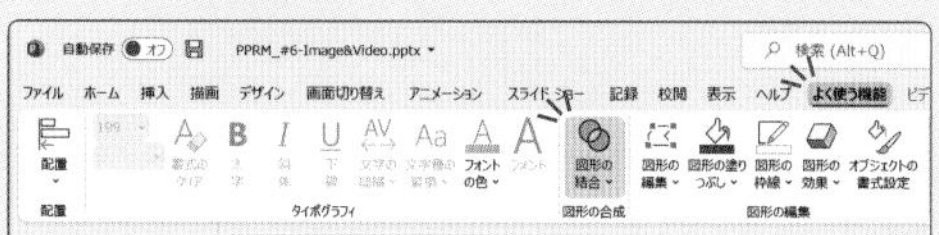

PowerPointの機能

動画の色を編集、修正する

画像に比べると機能が限定されるものの、動画の色も修正や変更をすることができます。明るさ、コントラスト、動画の色を調整できるので、動画を軽く手直しする程度ならPowerPointのみでも完結することができます。

動画の「修正」

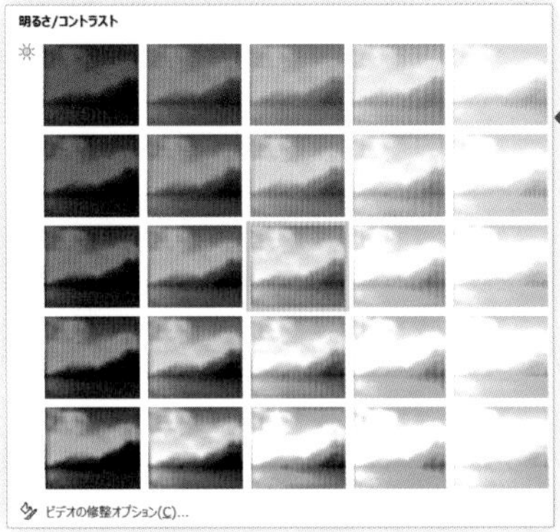

動画の「色」

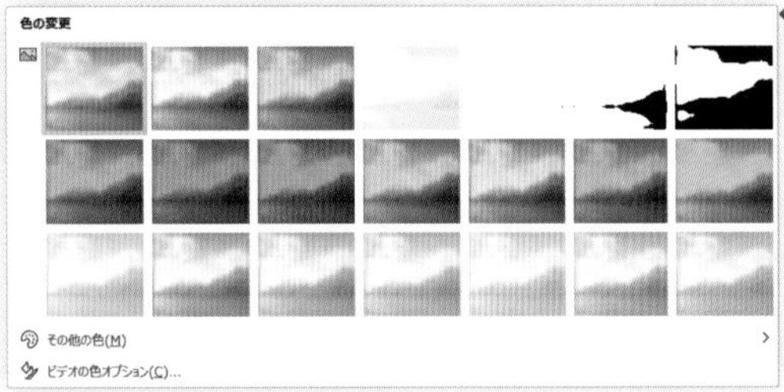

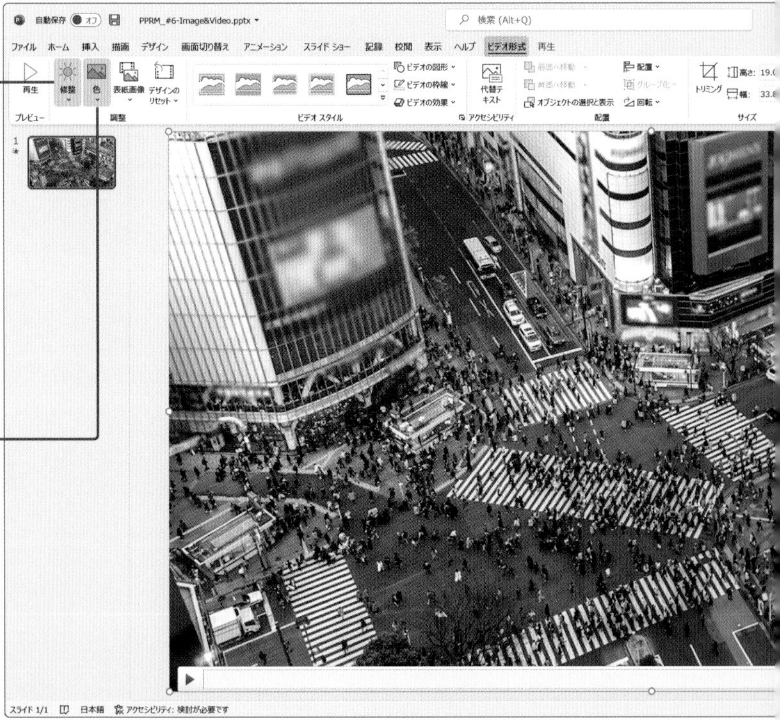

PowerPointでできる動画の色の微調整

PowerPointにおける動画の色の調整は、pptxファイル内に別に保存されるものではなく、ソフトウェア上で再現されるもののため、大幅に色を調整する機能は制限されています。そのため、本機能はスライドに投影したときの色味の調整に活用し、がっつり編集したいときは他ソフトを用意しましょう。

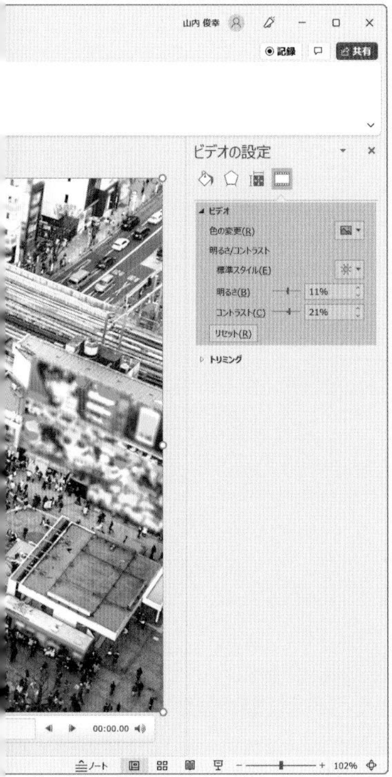

明るさ

**動画全体の明るさを
調整する機能
画像同様、極端な調整は
色が潰れてしまうため、
数％程度の調整でOK**

-25%

0%

25%

コントラスト

**動画内の
明るい部分と暗い部分の
差を調整する機能
上げるとパキッとするが
やり過ぎ注意**

-50%

0%

50%

色の変更

**フルカラーの動画を
単色に変換する機能
用意された色の他に、
自分で設定した色で
単色に変換できる
動画だと
グレースケールが便利**

グレースケール

オレンジ、アクセント2（濃）

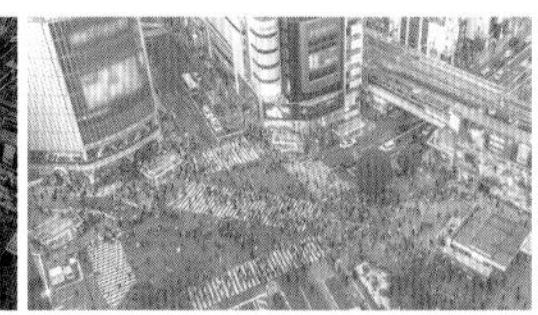
オレンジ、アクセント2（淡）

PowerPointの機能

動画の時間と再生を編集する

動画の時間や再生にまつわる設定は、「再生」リボンから変更することができます。再生時間をトリミングできるほか、動画の始まりと終わりにフェードの演出を足す、アニメーション機能と連動して動画の再生開始時間をスライド再生中に変更できるようにする、といったことなども可能です。

PowerPointでできる
動画の時間に関わる主な編集や設定

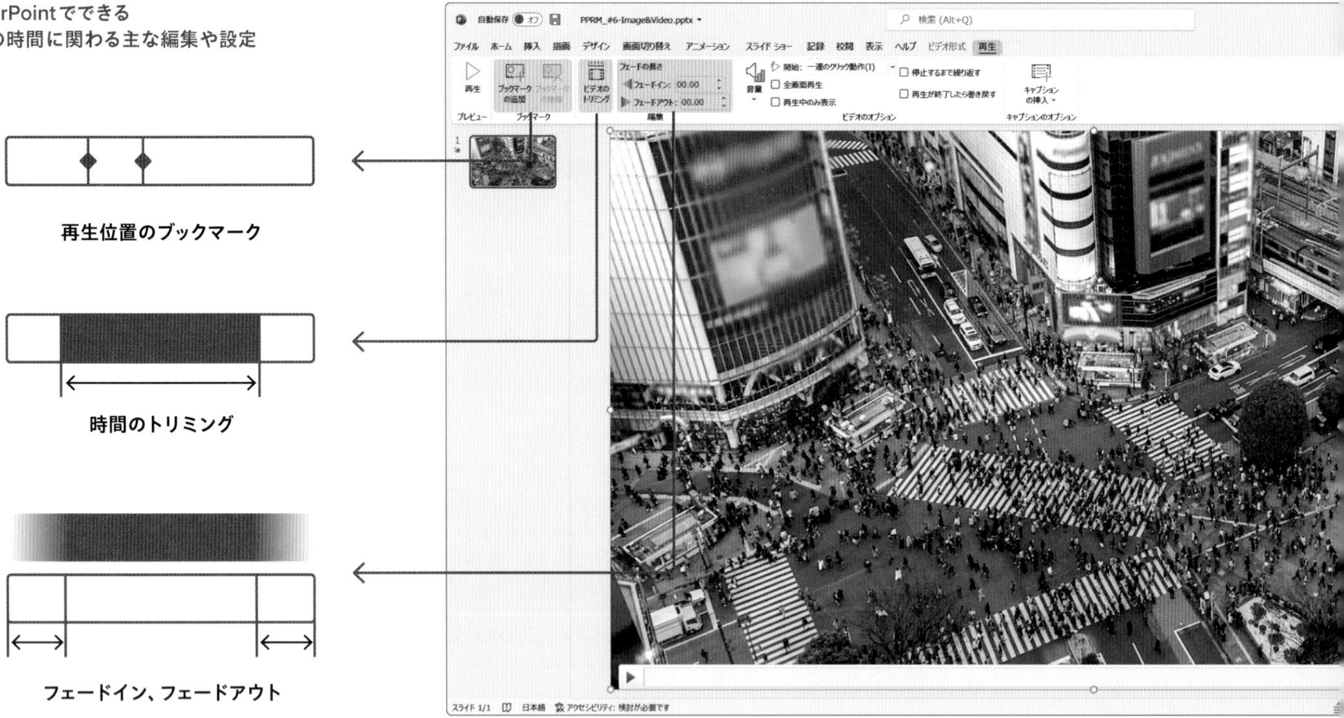

PowerPointで動画の時間を編集する

PowerPointでの動画の時間に対する編集機能は、時間のトリミングと、フェードイン・フェードアウトの2つです。プレゼンにおいて動画は魅力的であるものの、長時間の動画は集中力が持続せず逆に理解しづらくなる可能性をはらみます。最適な長さになるように、時間を編集しておきましょう。

時間のトリミング

挿入した動画の再生時間に対して、開始時間と終了時間を再設定する機能が「ビデオのトリミング」です。この機能で切り取っても動画ファイルは変更されないため、いつでも再編集することができます。再生しない部分をファイルとして削除したい場合は、メディアの圧縮や最適化を行うことで動画ファイルの変換とともに行ってくれます。

「ビデオのトリミング」で再生開始時間と再生終了時間を変更することができる

トリミングした動画を圧縮すれば、pptxファイル内で時間が切り取られたファイルとして保存される

フェードイン・フェードアウト

PowerPointに挿入した動画は、「表紙画像」として動画再生前に表示する画像が設定されます（表紙画像は変更可能です）。スライドとして再生する際、表紙画像から動画本編へ「徐々に変化する」ように切り替えられるのが「フェードイン」「フェードアウト」です。設定からは、徐々に切り替わる時間幅を変更することができます。

「表紙画像」から徐々に動画本編へ切り替わる（フェードイン）または動画本編から「表紙画像」に徐々に戻る（フェードアウト）を設定できる

「表紙画像」は自動で生成されるほか、自分で用意した画像にも設定できる

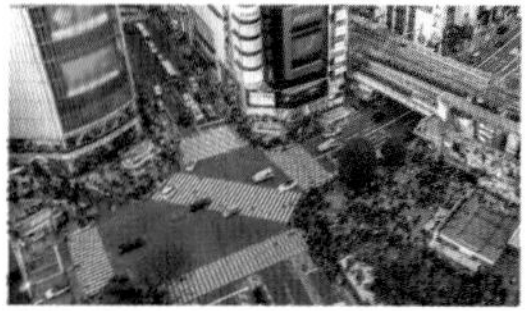

動画の再生とアニメーション機能

PowerPointでは、動画を再生するタイミングを「アニメーション」として管理しています。そのため、「再生」リボンの「ビデオのオプション」などで設定した内容は、「アニメーション」リボンでも追加・変更することでき、動画の再生のタイミングや時間を非常に細かく設定できます。

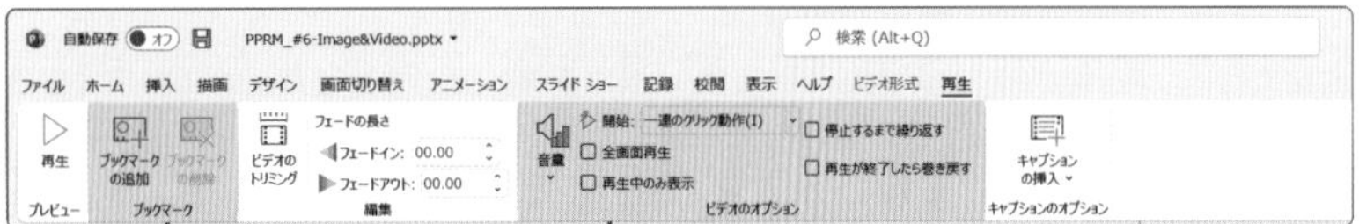

**「ビデオのオプション」「ブックマーク」は
アニメーション機能と連動する機能で、
アニメーションと一緒に管理できる**

再生
動画を再生する
(停止はできない)

一時停止
動画を再生・停止する
(クリックで切り替え)

停止
動画を停止する
(再開すると先頭に戻る)

シーク
**ブックマークした
時間まで移動する**

再生時間をアニメーションで操作する「ブックマーク」

「ブックマーク」は、言い換えれば“タイムスタンプ”です。再生時間にマークをつけることで、動画を任意の時間にスキップさせることができたり（アニメーションの「シーク」）、任意の再生時間になったら他のアニメーションを開始させたり（開始のタイミング）することができます。動画の再生ボタンをつくったり、再生時間に合わせて字幕をつけたりできるため、動画編集の代用としても使えます。

ブックマークした再生時間をトリガーとして、他のアニメーションを開始させることもできる

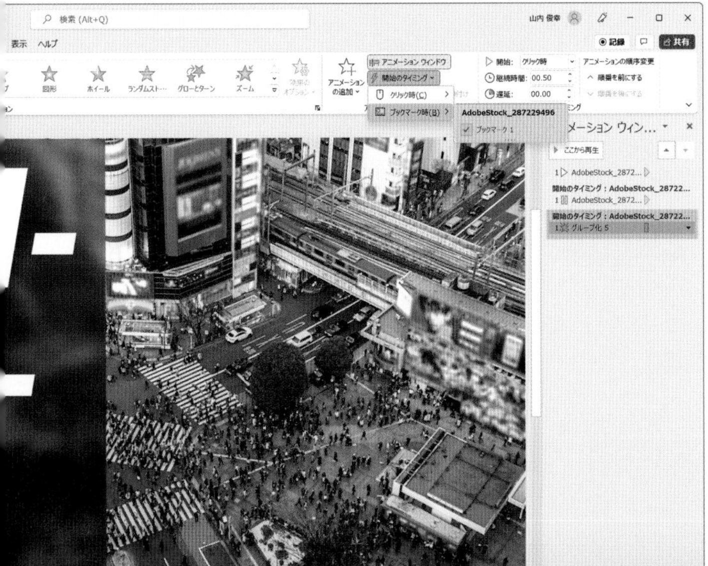

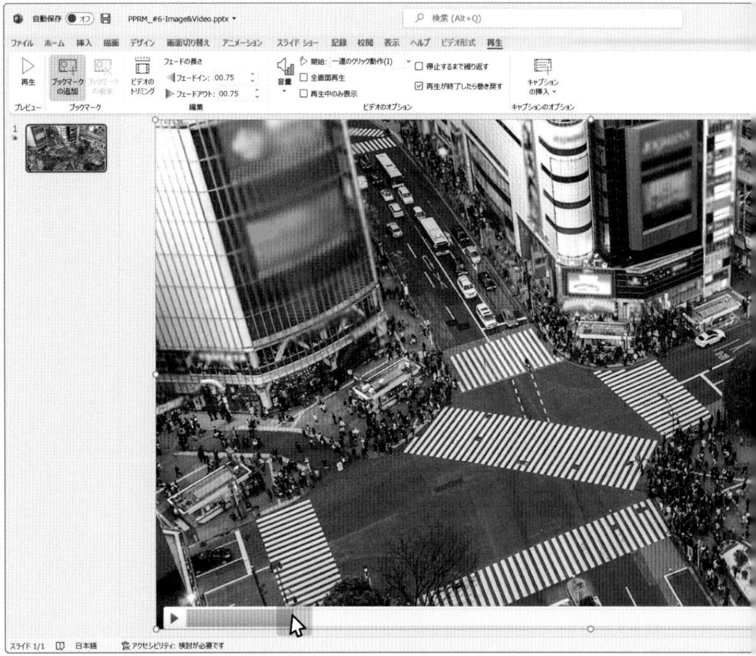

ブックマークをつくりたい位置にプレビューの再生位置を変えて、ブックマークの追加をクリック

黄色の丸点が追加されたらOK

Designing #7

ANIMA

アニメーション

TION

プレゼンテーションでの使用が積極的に“避けられる”、アニメーション。
確かに、プレゼン中に文字があちこちへ動いてしまったら、見づらいのは間違いありません。ゆえに「アニメーションは禁止！」と悪者にしてしまいがちですが、少し落ち着いて。じっくり考えを深めてみましょう。皆が使うスマホには、アニメーションが多用されています。Webサイトにも、Windows OSにも。そのアニメーションには違和感を感じず、むしろ操作の仕方がわかりやすくなり、演出としても魅力を感じるのではないでしょうか。ということは、私たちが使うアニメーションに何かしら“落とし穴”があるから、悪者になってしまっているのかもしれません。その“落とし穴”とは何か。ヒントは、私たちが暮らす「現実の動き」にあります。本質からしっかり理解して、使えるようになりましょう！

アニメーションは「時間」と「動き」で語る

「静止画」しかなかった世界に「時間」と「動き」を加えて物語を拡げる

いまや当たり前となった「画面の絵を動かす」技法、アニメーション。映画やテレビで上映する映像作品として始まり、今では画面の操作（UI）にも応用されるようになりました。スマホから街のサイネージまで、画面を使った表現には欠かせない存在です。

「絵が動く」とは、“時間に沿って静止画が変動する”こと。イラストや図形、文字など、平面に描いたものは基本的に全て“静止画”。これを「時間」の経過に合わせて移動させたり変形させたりすることが「動き」です。

視点を変えると、「時間」に沿うとは、静止画に“始まり”と“終わり”を生み、時間軸にストーリーの枠を拡げること。その具体的な内容が「動き」であり、ふるまいからキャラクター性、重量感、場面の前後関係、心地良さまで、莫大な情報を静止画に上乗せすることができます。

“静止画”だった平面を「時間」で拡げ「動き」を足すことでストーリーが生まれる

静止画に「時間」軸を足すことで“始まり”と“終わり”ができ、「動き」の余地が生まれます。そこに連続性、ストーリーを込めることで、伝えられる情報が莫大に増やせます。つまり、アニメーションとは静止画を「拡張」することと言えます。

「静止画」で伝えることを、「時間」で拡大し「動き」で語る

イラストやレイアウトなどの
「静止画」だけでも
メッセージは伝わる
静止画に「時間」を与えると、“始まり”と“終わり”の枠が拡がる
始まりの静止画
“始まり”と“終わり”の間で語るのが「動き」
終わりの静止画
同じ“始まりと終わり”でも、動きが違うとメッセージが変わる

なぜアニメーションは嫌われるのか？

意味のない動き、制作にかかる時間 コスパの悪さが嫌われる最大の要因

アニメーションは、静止画が動く魅力、表現力、伝えられる情報量より、映像作品からUIまで活躍していますが、プレゼンでは嫌われがちです。それはなぜか。

1つ目の理由は、不要な場面で使っていること。学会発表や社内ミーティングなどの説明系プレゼンは「全体を素早く読み取る」ことが重要。動きは余計です。

2つ目は、動きが不自然で無意味であること。四方八方から登場してきたり、回転したり。目的もなく、現実味のない動きは、邪魔に感じてしまいます。

3つ目が、コストパフォーマンスの悪さ。自然で意味のある動きを作るのは、時間も手間もかかります。そのコストに見合うメリットがビジネス向けでは少ないかもしれません。

アニメーションは諸刃の剣。使う強みと役割、影響を把握しておかないと、自分にダメージが返ってきてしまいます。

自然に意味のある動きをつくる 手間暇をかけて得られる メリットはあるのか？

アニメーションは、強力な表現手法であるがゆえに、用法・用量を間違えたときのデメリットも小さくありません。アニメーションの強みを理解しつつ、自分にとって総体的にメリットを得られる使い方をしないと、逆効果になってしまいます。

「なんで動かしたの？」と疑問に思われてしまう主なシーン

疑問に思われるシーン①

不要な場面で動かしてしまう

説明が目的のプレゼンは、
全体を素早く正確に読み取ることを重視するので、
動きがあるとかえって読みづらくなる

疑問に思われるシーン②

動きが不自然で無意味なもの

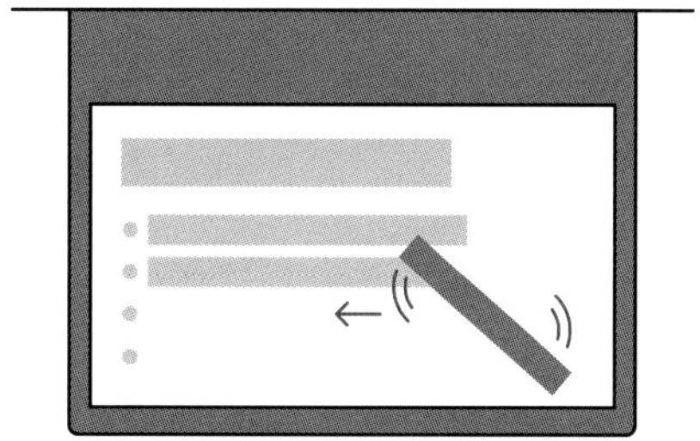

アニメーションで魅力を強調したいときでも、
動きが不自然だったり意味の無いものだと
単なるノイズになって魅力がマイナスになる

疑問に思われるシーン③

コストパフォーマンスの悪さ

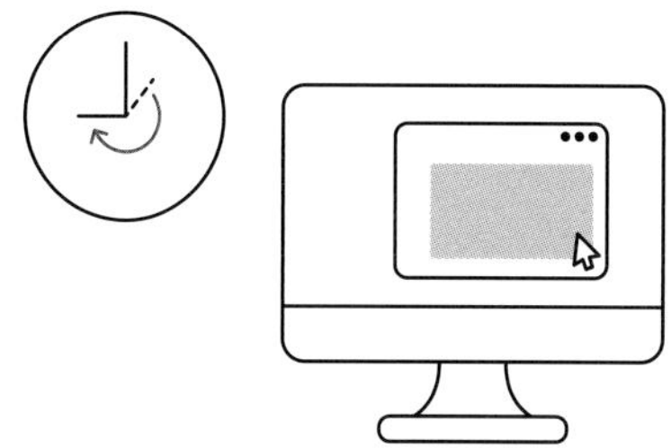

アニメーションを効果的かつ魅力的につくるには
それなりの時間も手間もかかってしまうため、
見合うメリットがないと工数に疑問を持たれる

この章で考えていくこと←

プレゼンにおいて、アニメーションが輝く瞬間は
どのようなシーンだろうか？

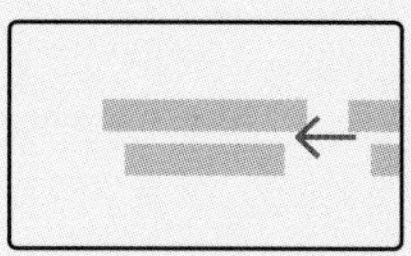

Appleなどの製品発表会は
なぜアニメーションが多用される？

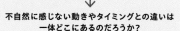

不自然に感じない動きやタイミングとの違いは
一体どこにあるのだろうか？

なぜ、アニメ作品やスマホのUIの動きには
違和感を感じないのだろう？

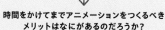

時間をかけてまでアニメーションをつくるべき
メリットはなにがあるのだろうか？

「時間」と「動き」で"異質さ"を生むことで
何を伝えられるのだろう？

#7-03 Mind & Thinking デザインの視点で考える

アニメーションの役割と実現できること

「動くものを理解しようとする」人間の本能を応用して情報を伝える

いまやなじみ深いアニメーションですが、そもそも「絵が動く」ことはかなり特殊なこと。本来「動く」とは現実の物理現象であり、インクで描く絵は動かないことが当たり前でした。ゆえに「動かないはずのものが動く」だけで魅力は絶大。

その魅力を十分に発揮するためには、現実世界での「動き方（静止を含む）」と、それを見る人間の受け取り方を把握し、制作に活かせることが大切です。

現実世界では、私たちは本能的に「動くものに」注意を払い、「動き方」を観察することで対象の個性（特性）と状態を読み取ります。これを繰り返すことで、身の安全を確かめたり、人とのコミュニケーションを円滑にしているわけです。

アニメーションに活かすと、注目させるところを動かし、動き方から個性や状態の情報を上乗せすることて、伝え方を潤滑にすることができます。

動かない「絵」が動く魅力は、現実世界の動き方と人間の本能的な感覚にあり

本来「動く」とは、現実世界の物理現象のこと。その縛りを破るアニメーションに、現実世界の動きの要素や、動くものに対する人間の反応を活かすことで、使いどころや表現方法、実現できる機能性を増やすことができます。

アニメーションの役割と伝わり方の違い

人間の「動くものに注目する」性質を利用して、アニメーションの役割を使い分ける

静止画 ← 静止画+アニメーション → フルアニメーション

止まっている文章やイラストは「読む」ものだ!

静止しているものを提示されると、相手は“読もう”とする

文章やイラストを「読む」時間がある分正確に伝えられるのが強み

文章でもイラストでも、正確に理解するには注視して解釈する時間が必要であり、静止してると相手が自由に時間をかけられる

静止画の役割は……

- ✓ 落ち着いて正確に読み取らせる
- ✓ 相手の裁量で、読み取る場所を自由に選択できる

動いているものを「見て」から止まっているものを「読む」ぞ!

動くものに目が向く人間の性質から、“見て”“読む”を交互に繰り返す

強調や時系列、動作の再現など、情報を部分的に強化できることが強み

静止部分と動作部分のコントラストが「動き(時間変化)」をより際立たせることで、静止画が表現していた情報を強化できる

静止画+アニメーションの役割は……

- ✓ 強調・注目(フォーカス)させる
- ✓ ビジュアル要素の関係性を明示する
- ✓ 操作に対する反応を返す(UI向け)

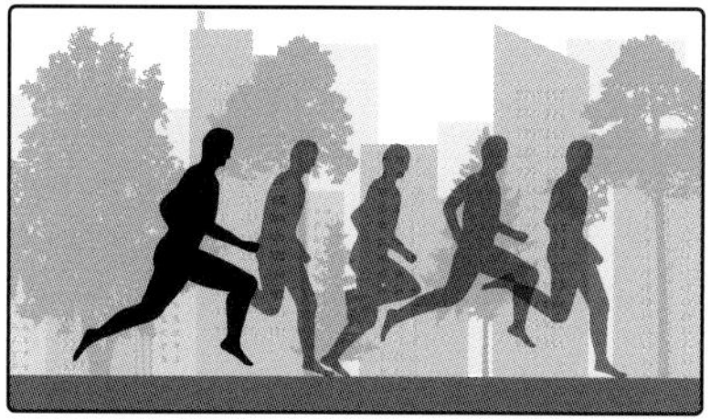

画面全体が動いているから「見る」ものだ!

動き続けるものは映像作品と同じく、相手は“見よう”とする

映像作品のような演出や派手さで魅力を強力に増幅させられることが強み

映像的なアニメーション自体に魅力があるうえ、見ただけで「理解した(つもりになれる)」ため、より感覚的に理解してほしいときに効果的

フルアニメーションの役割は……

- ✓ 実際の動きを理解する
- ✓ ストーリーとして理解する
- ✓ 演出として魅力的に見せる

アニメーションの役割と実現できること

アニメーションの「時間」が実現すること

時間は、“始まり”から“終わり”まで巻き戻しのできない一方向の流れ。その性質から、表示する“順番づけ”や変化する“前後”などの「A→B」の関係性を示したり、画面の切り替わりなど変化の経過を見せたりと、静止画という「点」を時間という「線」で拡げて、伝える情報量を増やすことができます。

“始まり”から“終わり”までの
一方向の流れである性質を活かして、
静止画の「点」を時間という「線」で拡げる

始まりと終わりの静止画を「点」として、その間を時間という「線」でつなげる(拡げる)イメージ

「時系列」として
話の流れをつくる例

説明する順序(=時系列)に合わせて、文章やイラストを表示することで、表示済みのものに集中させられる

「変化の前後関係」として
状況や注目点の変化を強調する例

「状態A」→「状態B」の関係があるときその移り変わりを時間でつなぐと前後関係がわかりやすくなる

「変遷の経過」として
表示している画面の切り替えに使う例

画面の内容が切り替わるとき、その移り変わりの経過を見せると、“何が”“どのように”変わったかわかる

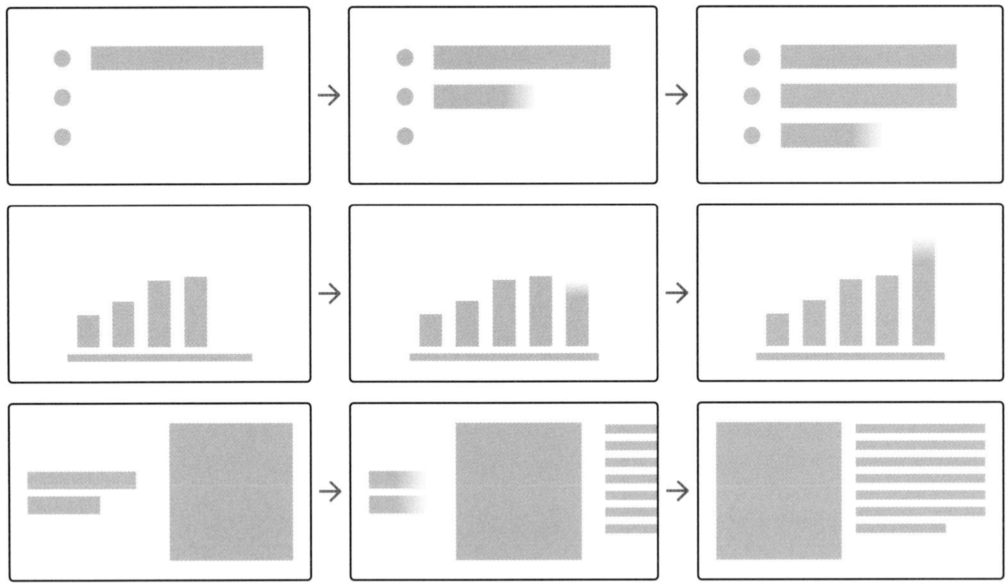

アニメーションの「動き」が実現すること

動きは、現実世界で起こることを再現することで、見た相手が現象そのものや関連するシーンを連想し「意味」を汲み取ってもらうことを狙います。特に、人や動物の動きを模した動きや、物理法則にのっとった動きを再現すると、キャラクター性や関連する意味が連想されて伝わります。

「動き」は一種の連想ゲーム
ふるまいから何が起こっているかを「連想」し、
関連する「意味」を汲み取ることで
理解を深めたり、ストーリーを感じ取ったりする

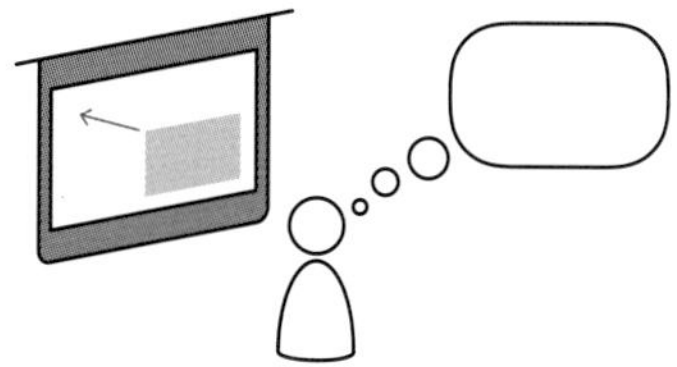

現実の動きを連想させる

**現実でも見かけるような
移動や変形の動きを再現することで、
直感的に理解しやすくする**

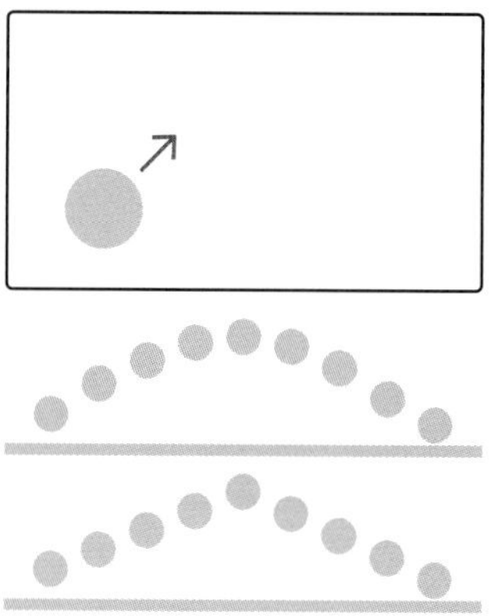

キャラクター性を持たせる

**人や動物のふるまいを模した動きは、
静止画の見た目にキャラクター性や
質感を追加することができる**

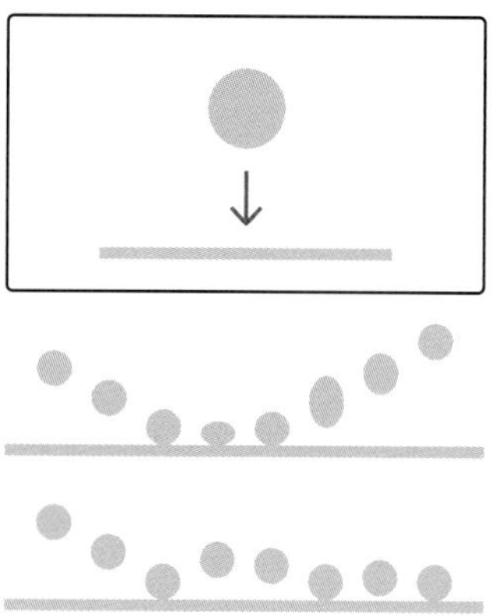

変化に連続性を持たせる

**「状態A」→「状態B」への変遷の様子を
途切れることなく描くことで、
変化後も同じ意味であることを伝えられる**

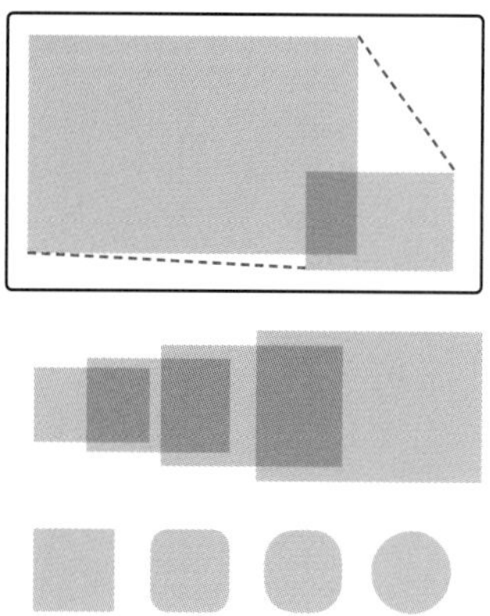

見えない部分を予想させる

**画面に直接描かれていなくても、
動きの一部が見えることで
見えない部分を想像して意味を汲み取れる**

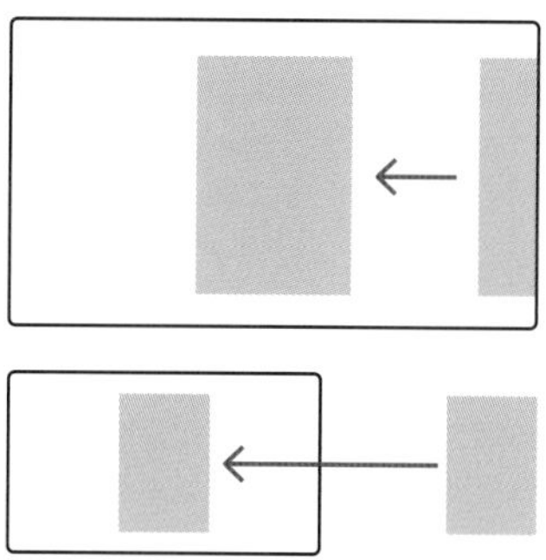

アニメーションを理解する

「時間」と「動き」を知る

アニメーションに関わる原理から時間と動きの仕組みを理解する

アニメーションをつくる前に、基本的な原理からおさらいしておきましょう！

「絵が動いて見える」しくみは、少しずつ変化させた静止画を高速に切り替えるもの。静止画1枚のことを「フレーム」と呼び、一般的に1秒間に30枚（滑らかに動くものは60枚以上）切り替えています。そのため、「時間」も「動き」も最小単位は1フレーム分。30枚/秒は約0.03秒、60枚/秒は約0.015秒間隔で、フレーム間の差分だけ動くことになります。

もうひとつ、アニメーションの「時間」に再生時間があります。始まりから終わりまでの時間のことを指しますが、重要なのが“体感時間”。動きの量や、視聴する環境などによって、同じ再生時間でも体感時間は大きく変わります。したがって時間を絶対的な指標にできないため、アニメーションのスピード（動きの速さ）を基準に時間を調整します。

少しずつ変化させた静止画を高速に切り替えるのが、絵が動いて見えるしくみ
一般的に、1秒間で30枚（より滑らかに動くものは60枚以上）切り替わっている

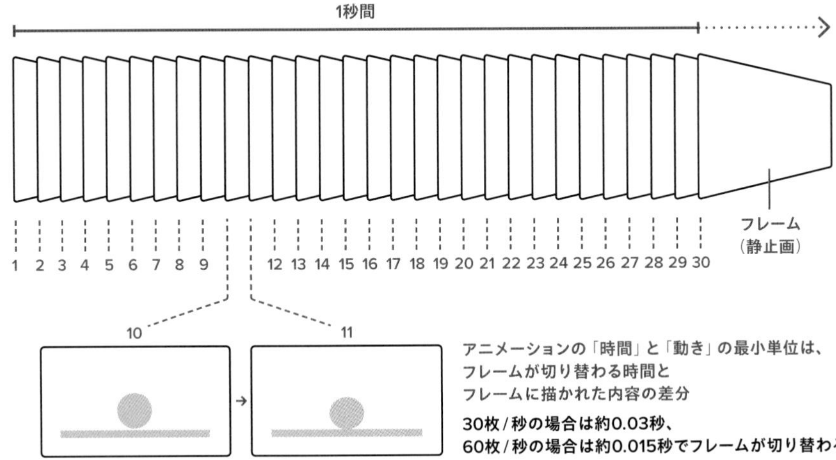

アニメーションの「時間」と「動き」の最小単位は、
フレームが切り替わる時間と
フレームに描かれた内容の差分

30枚/秒の場合は約0.03秒、
60枚/秒の場合は約0.015秒でフレームが切り替わる

絵が動いて見えるしくみは、
厳密にはアニメーション側と再生機器側の
両方で画面を切り替えることで成り立つ

アニメーションは「fps（frame per second）」
再生機器は「Hz（リフレッシュレート）」
で表記されるが、原理はどちらも同じ

デザインのポイント

- ✓ **アニメーションは、フレームを秒間30枚以上切り替えている**
- ✓ **「時間」「動き」の最小単位は、1フレームが切り替わる差分**
- ✓ **再生時間は、人間の体感時間を基準に設定する**

アニメーションの再生時間と、人間の体感時間

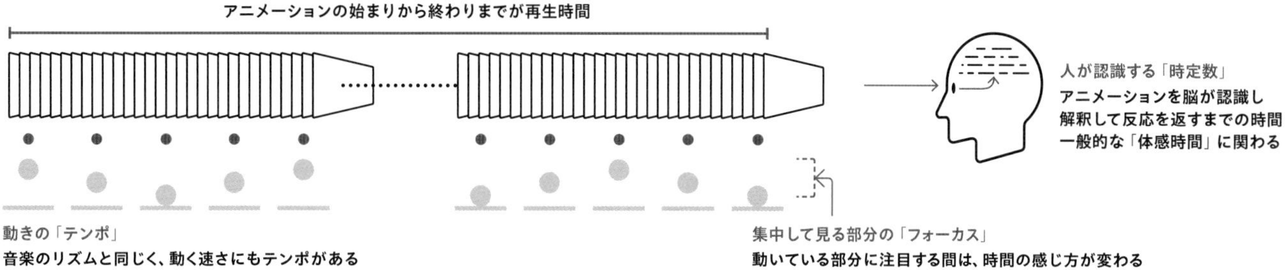
アニメーションの始まりから終わりまでが再生時間
人が認識する「時定数」
アニメーションを脳が認識し
解釈して反応を返すまでの時間
一般的な「体感時間」に関わる
動きの「テンポ」
音楽のリズムと同じく、動く速さにもテンポがある
集中して見る部分の「フォーカス」
動いている部分に注目する間は、時間の感じ方が変わる

動きや行動の「テンポ」

音楽のリズムと同じく、人の行動にも「テンポ」があります。ゆったりしたテンポに豪速の動きが合わないように、テンポを乱すような速さのアニメーションを見ると違和感を感じてしまいがち。相手や場のテンポを意識しつつ、アニメーションのテンポを決めましょう。

周りのテンポからズレると違和感がある

集中して見る部分の「フォーカス」

人は、物事に集中していると体感時間が大きく変わります。アニメーションでも同じく、動いている部分に注目する間は経過時間を意識しないものの、集中が切れた途端に冗長に感じてしまいます。なお、注目されない部分（背景など）は、動きに関わらず時間に意識が向きません。

注目部分へ集中する時間は永遠ではない

人間が認識する「時定数」

人間は目で見たものを常に脳で処理しており、処理を終えて認識するまでに一定の時間がかかります。この時間（時定数）は心理学の研究から目安がわかっており、そこに合わせてアニメーションの時間を設定すると、心地よい動きに感じます。逆に大幅に時間がズレると認識できず違和感を与えてしまいます。フォーカスによっても左右されますが、移動や拡大縮小などの単純な動きなら、なるべく短く完結するのが理想です。

時間	人の反応
0.01秒以下	・音の途切れや、反応の遅延に気づく
0.1秒	・一瞬だと感じられる時間 ・動きや反応の因果関係を認識できる最小値
0.2秒	・視界に入った4〜5個のものを数えずに把握できる時間 ・見た物事の順番を理解する時間 ※ここあたりが、単純な動きを心地よく見られる時間の目安
0.5秒	・見たものをきっかけに意識的に行動を起こせる時間 ※ここあたりから、単純な動きを冗長に感じ始める
1秒	・会話が途切れる沈黙時間 ※単純な動きに冗長さを感じる

参考：Jeff Johnson『UIデザインの心理学』

アニメーションを理解する
「動き」をつくる

**現実世界の動きを基準に、
相手が「連想」しやすい動きをつくる**

アニメーションをつくるために、まず「動き」から解きほぐしていきましょう！

「動き」をつくる大事な要素は、上下左右の“移動と軌跡”、カタチの“変形”、色や透明度の“変化”に分けられます。この要素を単体で使うと比較的シンプルな動きに、組み合わせてつくるとより複雑な動きになっていきます。

ここで大事にしたい視点が、「現実感」です。動きは、もともと現実世界でしか起こらないこと。それを画面上で再現しているのがアニメーションです。

もちろん現実を忠実に再現する必要はありません。しかし、あまりに現実感のない動きには違和感を抱いたり、全く理解が追いつかなくなる場合があります。

大切なのは「連想」できること。現実で見た、または現実にありそうな動きをすれば、意味を連想しやすくなり、最終的にわかりやすさへとつながります。

「動き」は、3つの要素を組み合わせてつくる

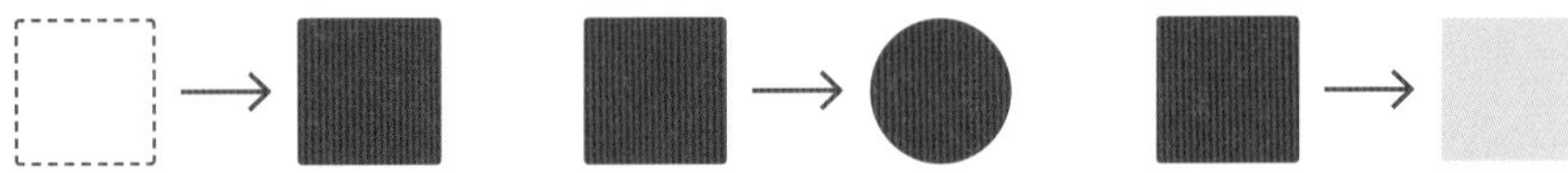

相手が意味を「連想」しやすいように、
「現実感」のある動きをつくれるのが理想

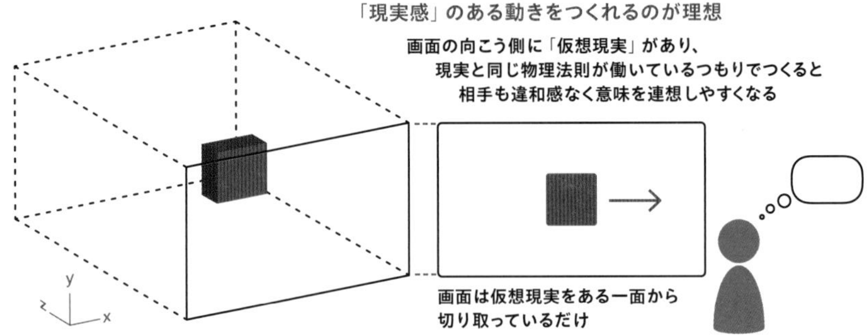

画面の向こう側に「仮想現実」があり、
現実と同じ物理法則が働いているつもりでつくると
相手も違和感なく意味を連想しやすくなる
y
z
x
画面は仮想現実をある一面から
切り取っているだけ

デザインのポイント

- ✓ 「動き」をつくるのは、移動+軌跡、変形、変化の3要素
- ✓ 「動き」には「現実感」がとても大切
- ✓ 「現実感」がアニメーションの「連想しやすさ」を生む

「動き」を形づくる要素：変形、変化

変形

図形のカタチが別のカタチへと変わるのが変形。四角→丸といった全く別のカタチへ変わるほかに、縦横に伸縮する（ゆがむ）、拡大縮小する、上下左右に反転する、回転するなどがあります。

現実世界では、視点の方向が変わることでシルエットが変わったり、ボールがバウンドする瞬間に歪んだり、カードをひっくり返す動きが横方向の伸縮に見えたりと、何かを動かして「見た目が変わる」ときに確認できます（現実のモノはカタチを自在に変えられるものが少ない、とも言えます）。

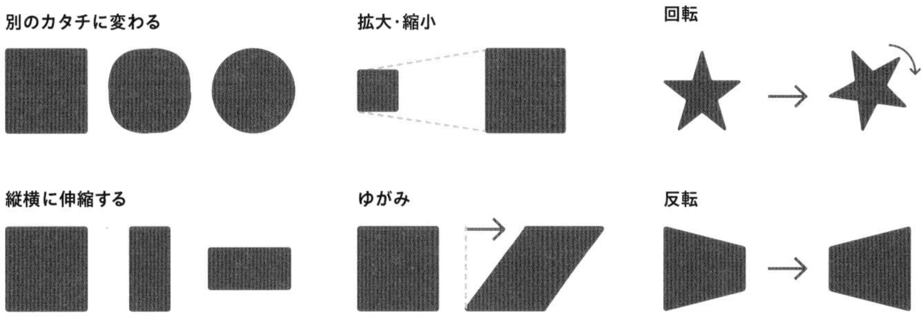

変化

図形の色や透明度が時間とともに変わるのが変化。徐々に色が薄くなったり、何もないところから徐々に出現したり。色が全く別のものに置き換わったり、徐々にぼやけていったりと、イラストなどに施した「効果」を時間とともに変えることで実現できます。

現実世界では、写真が劣化してセピア色になる、太陽の光の色が変わる、映像のピントが変わる、すりガラスが重なるなど、「環境や見え方自体が変わる」ときに確認できます。

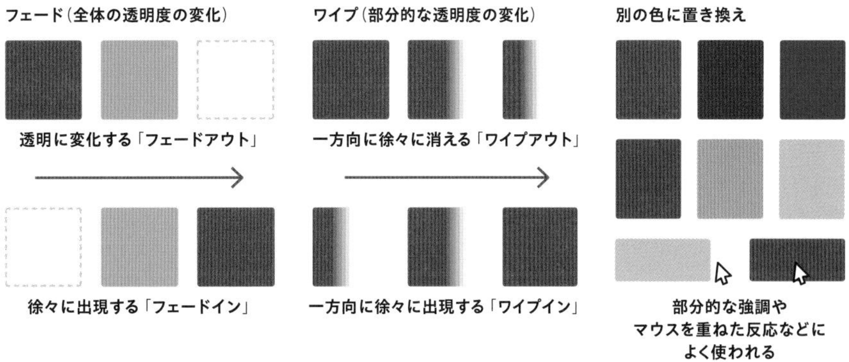

「動き」を形づくる要素：移動+軌跡

移動

図形が元の位置から別の位置に変わるのが移動。動きの最も基本であり重要な要素です。アニメーションを投影する画面は基本的に平面（2次元）のため、移動の動きもx軸とy軸の2次元方向の位置の変化として描きます。画用紙の上に折り紙を置いて、移動させるようなイメージです。

ただし、2次元上の位置の変化であるのはあくまで基本。移動に他の2つの要素を組み合わせることで、表現の幅は大きく拡がります。例えば、“変形”の拡大縮小を遠近感として扱うと、奥行きであるz軸方向の移動も再現することができます。

現実世界においても、移動は動きの基本。人の移動、モノの移動といった純粋な“移動”のほかに、回転するプロペラの羽根（羽根だけ見たら移動にあたる）、重力の落下、天体の動きなど、「位置が変わる」物事は非常に多くあります。

また、現実の移動で必ず発生するのが、加速と減速です。これは時間に関わるため次項#7-06で紹介しますが、移動には加速と減速が必須であることは忘れないようにしておきましょう。

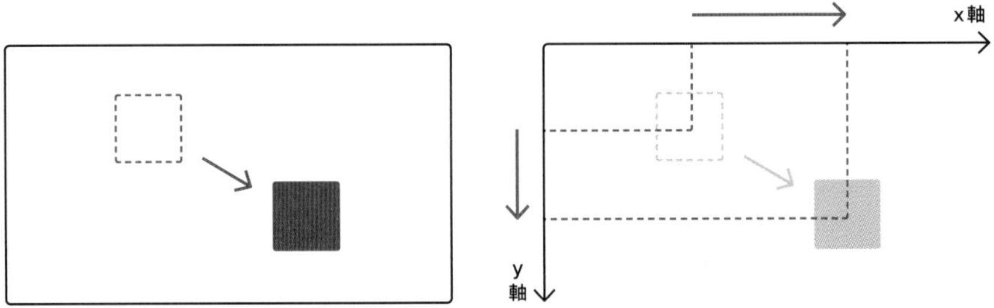

移動とは、平面（2次元）上での位置が変わること
つまり、x軸（横）とy軸（縦）方向の位置をそれぞれ変化させること

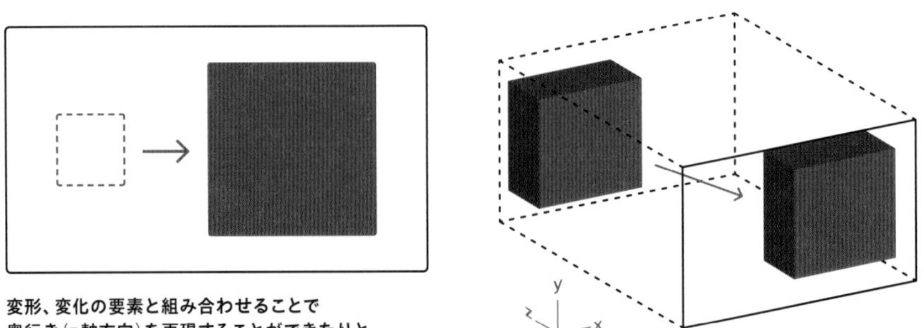

変形、変化の要素と組み合わせることで
奥行き（z軸方向）を再現することができたりと、
表現の幅を拡げることができる

軌跡

元の位置から別の位置まで移動するときの、道筋が軌跡。言い換えれば「動き方」そのものであり、軌跡のつくり方でアニメーションが表現するメッセージも大きく変わります。

現実世界においては、打ち上げたモノが描く放物線で重さを推測でき、落下したモノの跳ね返り方で材質が想像できます。また、歩く姿で個人を特定でき、手足の動きで動物も特定できます。私たちは人やモノの動き方、軌跡によって個性から物性まで非常に多くの情報を理解しています。

アニメーションにおいても、それは変わりません。視聴者は軌跡から個性や物性の情報を読み取り理解します。現実離れした動きをすると違和感を感じてしまうのはそのためです。

とはいえ自然な軌跡をつくるのは熟練が必要。まずは、ポイントである「直線と曲線」「角と円」を押さえましょう。自然界には直線的な動きや角張った動きは少なく、ほとんどの軌跡が曲線を描きます。そのため、自然に見せたいときは曲線でつくればOK。逆に人工的な雰囲気をつくりたい場合は直線や角のある軌跡を使うと演出できます。

軌跡で表現できる個性や物性の例

重さと重力

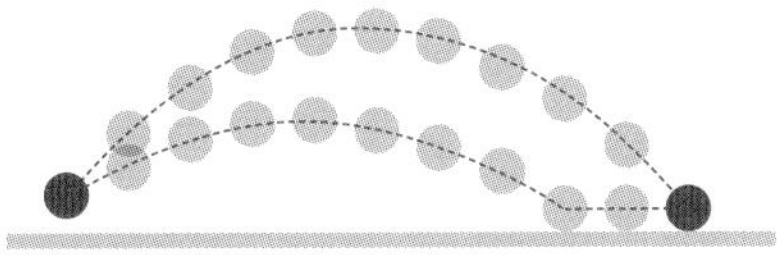

材質（弾性）

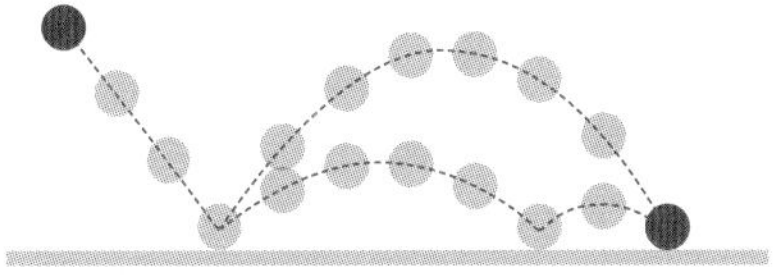

直線的な動きは「人工物」を感じる

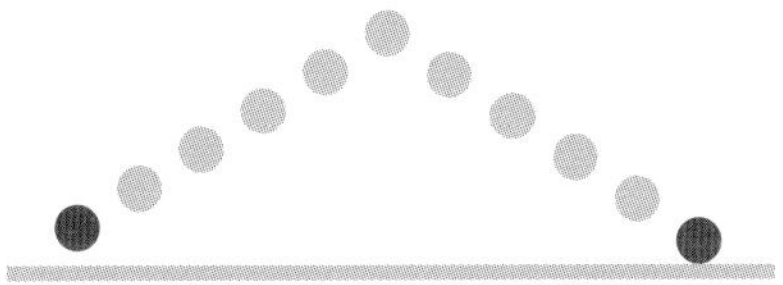

直線的な動きだと、機械や人の手によって不自然に動かされたように見える

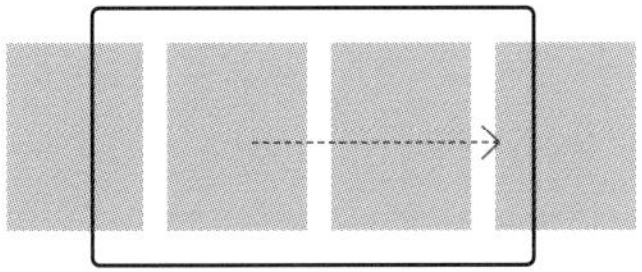

現実世界でも人の手によって生まれる動きは、あえて直線でつくった方が自然に見える

変化・変形の方向からも、軌跡は生まれる

ワイプの方向

タイミングのズレによる方向

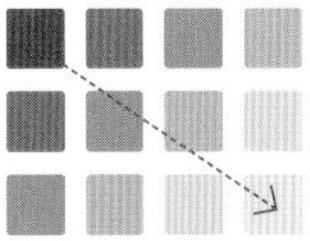

回転するモノの先端の軌跡

アニメーションを理解する

「時間」で彩る

**人間の体感時間を念頭に置きながら
動き始めやスピードを調整する**

「動き」がアニメーションの骨格であるならば、「時間」はその肉付け。複数の動きの順序や速さをコントロールする役割を担います。ただし、基準となるのはあくまで体感時間。最終的にどう見えるか、自分の感覚を信じて調整していきます。

時間を調整する点も、大きく3つに分けられます。複数の動きの開始順と継続時間などを調整する"タイミング"、動きの"スピードとテンポ"、スピードに対する"加速と減速"です。

時間で大事にしたい視点は「自然さ」。瞬間移動のレベルで速かったり、リズムを乱すほど遅かったり、突然急停止したり。現実から逸脱するような時間変化をしてしまうと、相手に強い違和感を与えてしまいます。体感時間を左右する、全体のテンポと認識の時定数を意識しながら、より自然に見えるように調整を繰り返していきましょう。

作成した動きに対して、3つの視点で時間を調整する

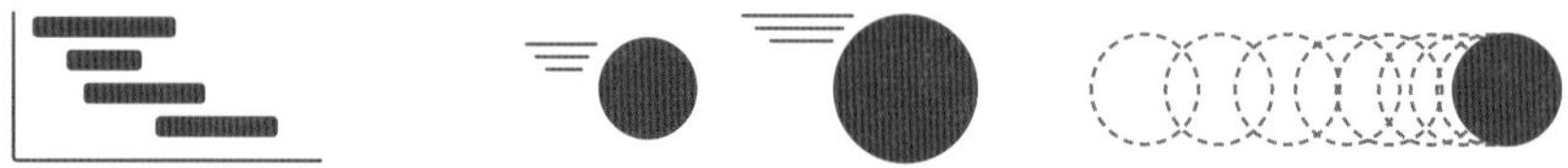

タイミング
複数の動きを開始する順序と時間差

スピードとテンポ
動く距離に対する継続時間の割合

加速と減速
始まりと終わりのスピードの変化

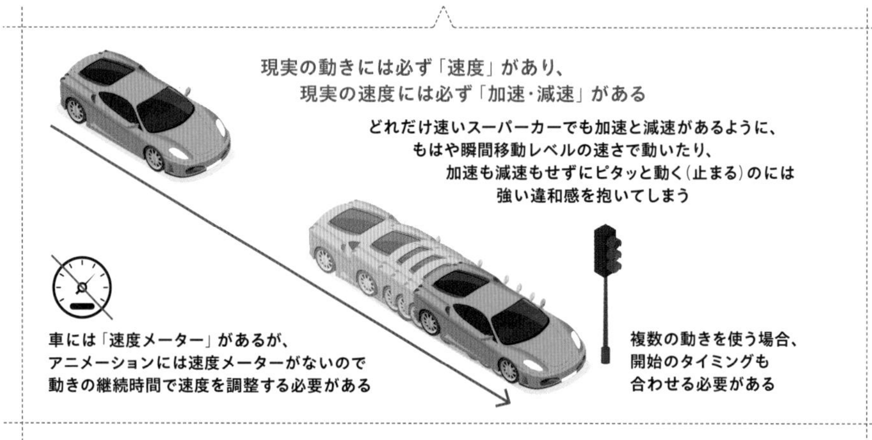

現実の動きには必ず「速度」があり、
現実の速度には必ず「加速・減速」がある
どれだけ速いスーパーカーでも加速と減速があるように、
もはや瞬間移動レベルの速さで動いたり、
加速も減速もせずにピタッと動く(止まる)のには
強い違和感を抱いてしまう
車には「速度メーター」があるが、
アニメーションには速度メーターがないので
動きの継続時間で速度を調整する必要がある
複数の動きを使う場合、
開始のタイミングも
合わせる必要がある

デザインのポイント

- ✓ 「時間」の調整は、タイミング、スピードとテンポ、加速と減速
- ✓ 「時間」の調整には、「自然さ」がとても大切
- ✓ 「自然さ」が違和感を減らし、親しみやすさを生み出す

時間の調整：タイミング

複数の動きを使ってアニメーションをつくるとき、開始する順序とその時間差、それぞれの継続時間といった「タイミング」を管理することで、全体の動きをコントロールします。動きの数と組み合わせ方が複雑になると、0.01秒単位の変更で見た目が大きく変わることがあります。常にプレビューで確認しつつ、試行錯誤を繰り返しながら理想的な動きになるまで調整を重ねていきましょう。

タイミングの管理は“タイムライン”で行う

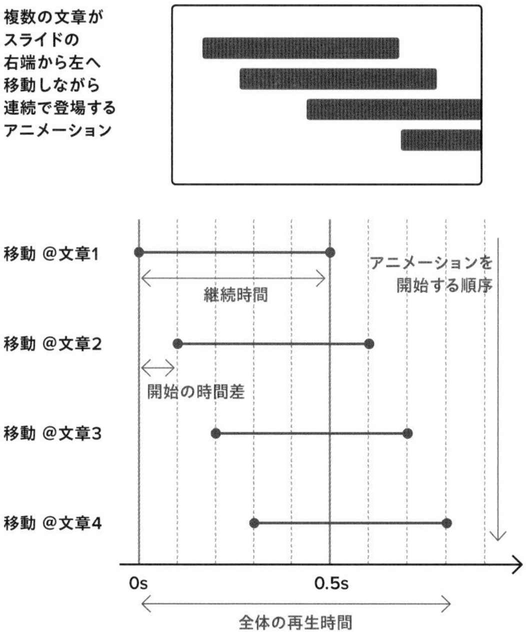

同じ動きでも、タイミング次第で見え方は大きく変わる

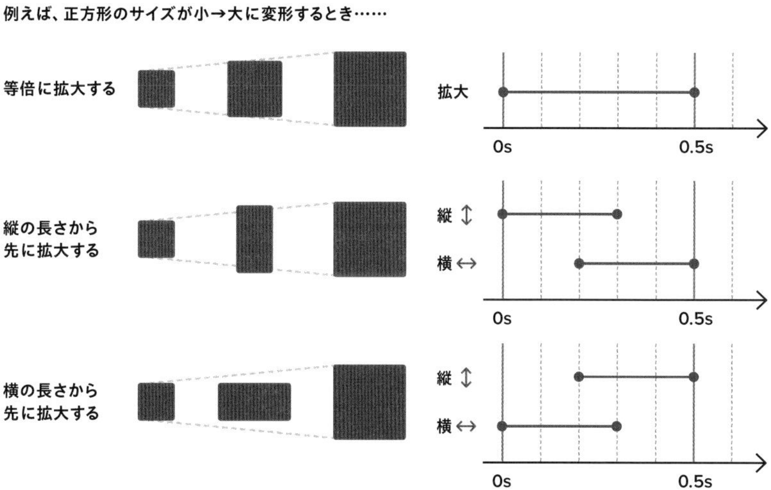

同じ“拡大”の変形でも、動きごとにタイミングを変えるだけで、見え方が大きく変わる
そのため、伝えたいメッセージの順序や意識させたい動きが理想の見え方になるように、
常にプレビューで確認しながら試行錯誤する必要がある

時間の調整：スピードとテンポ

アニメーションの動きに大きく影響する速度は、直接パラメーターで調整をせず、移動距離と継続時間で決定します。つまり、「動き」の距離に対する継続時間を柔軟に調整しないと、見た目の速度がまちまちになりテンポが崩れます。特にプレゼンなど説明を補強するために使う場合は、人間が認識する時定数（#7-04を参照）の0.2〜0.5秒を目安に、手短でも速すぎない速度になるよう調整してみましょう。

「速度」は継続時間で決定する

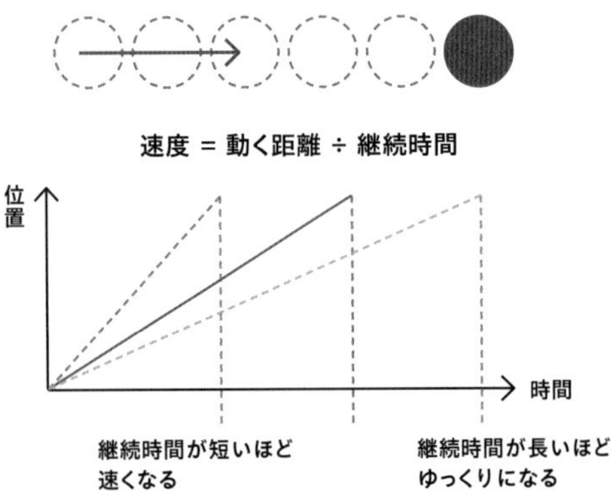

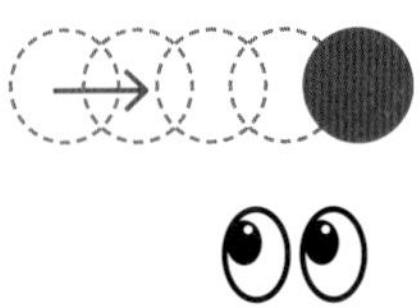

認識の時定数（#7-04）を参考に、0.2〜0.5秒あたりを基準にして、速すぎて瞬間移動せず、遅すぎて冗長にならない速度に調整する

距離に合わせて時間を調整し、テンポを揃える

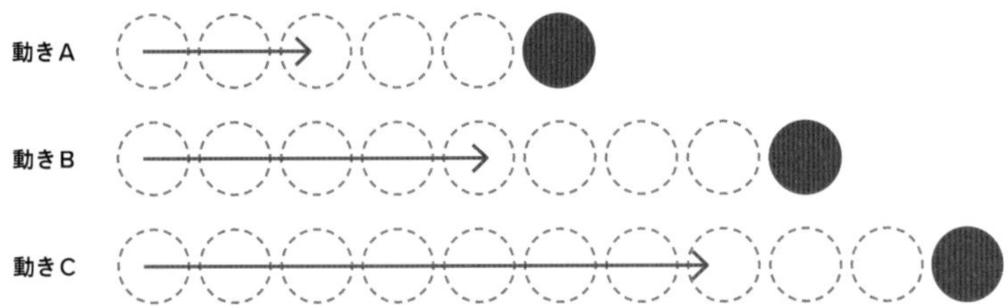

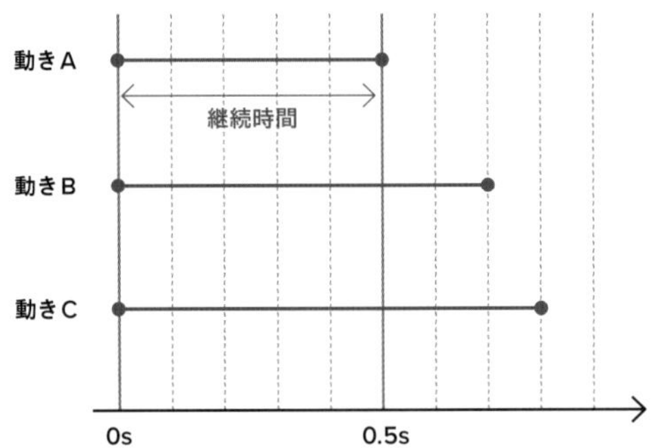

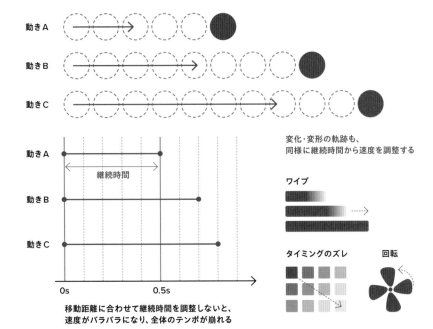

移動距離に合わせて継続時間を調整しないと、速度がバラバラになり、全体のテンポが崩れる

変化・変形の軌跡も、同様に継続時間から速度を調整する

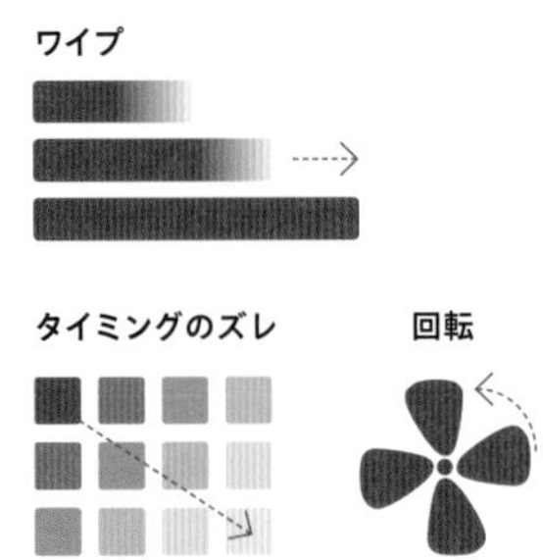

時間の調整：加速と減速

動きを自然に見せる最も重要な要素が、加速と減速です。物理法則が支配する現実では、どんなロケットスタートでも必ず加速と減速が発生します。だからこそ、アニメーションに加速と減速を取り入れるだけで非常に「自然」に見えるようになります。加速と減速は、“移動”だけでなく、“変形”の動きにも適用できます。どちらとも、必ず設定を忘れないようにしましょう。

徐々に速くなる「加速」

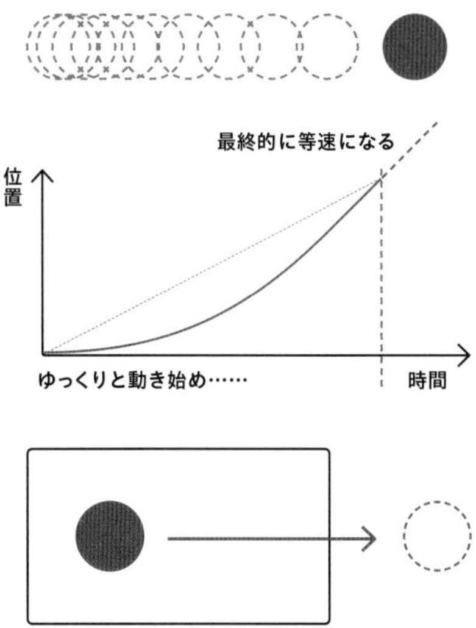

スライドの外に移動して消える動きなど、
「画面内に存在している状態→画面から消える」
ような動きに対して設定する
（画面から消えても等速で動き続けているように見える）

徐々に遅くなる「減速」

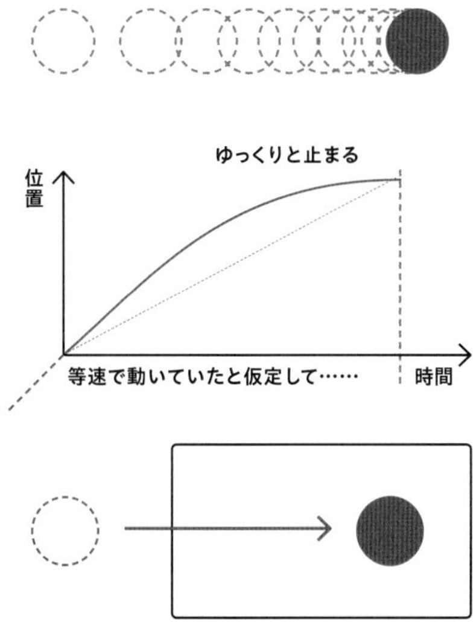

スライドの外から移動して画面内に入ってくる動きなど、
「画面外に存在している状態→画面内に登場する」
ような動きに対して設定する
（画面外でも等速で動き続けていたように見える）

加速と減速の併用

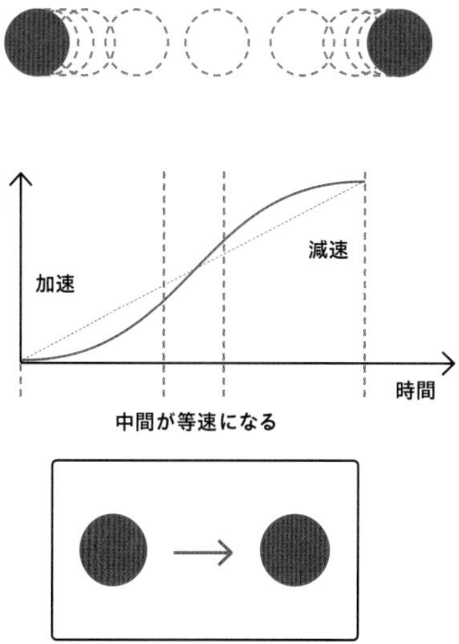

同じ画面内で、動きの開始と終了が完結する際に使う
継続時間の始まりと終わりに加速と減速が入るため、
その中間では動きの速さは等速になる
拡大縮小などの“変形”の動きにも使うとGood

アニメーションを使う

伝わり方と使いどころ

アニメーションを正しく活かせる場面で あくまで「追加要素」として使う

アニメーションについて深めてきた理解をもとに、改めて伝わり方と使いどころを考え直していきましょう。

「伝える」ためにつくるもの、特にプレゼンスライドやWebサイトでは、「静止画」の状態でメッセージが全て伝わるようにつくるのが大前提です。アニメーションありきの魅力的な演出は、超上級者向けの技であり、上手くつくるには相当な練習と勉強が必要です。

そのため、静止画では伝える力が弱い部分にアニメーションを「付け加える」ことが基本。いわば、ごはんにかけるふりかけ。より正しく伝える、より理解を深める、より魅力的に見せる必要があるときのみ、アニメーションの強みや役割を活かしながら少しずつ足していきます。使いこなせたら強力な表現手法であるからこそ、恐れず、ただし慎重に、試行錯誤を重ねてみてください。

静止画の「伝える力」をアニメーションで補完する

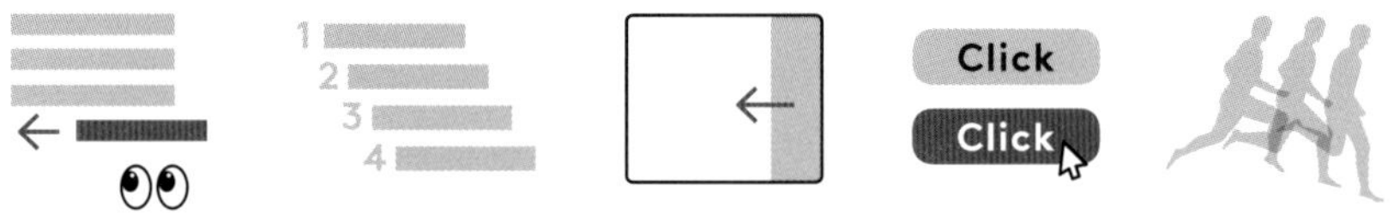

動いたところに注目させる　順番や主従関係を明確にする　話や画面の変遷の前後をつなげる　操作に対する反応を示す　現実の動きを再現する

デザインのポイント

- ✓ 伝える力が弱い部分を補強する「ふりかけ」として使う
- ✓ 使いすぎず、ここぞの場面で使う「奥義」のつもりにしておこう
- ✓ 「アニメーションありき」の演出は、練習と勉強を重ねてから

アニメーションの使いどころ

動いたところに注目させる

動くものに視線が向く人間の性質を利用して、強調したい部分にアニメーションを使うと、その部分に注目を集めることができます。

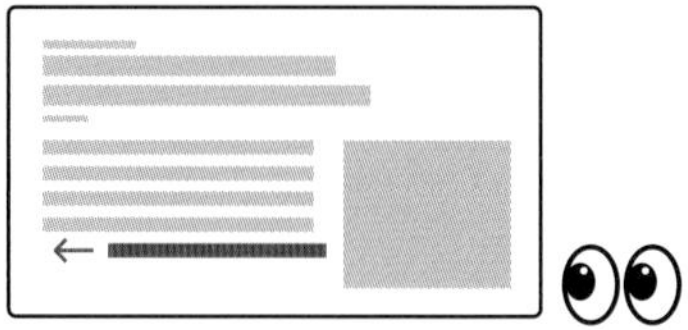

順番や主従関係を明確にする

アニメーションの「時間」を活かして、内容の順番や主従関係に合わせて順番に表示させたり動かすことで、よりわかりやすくなります。

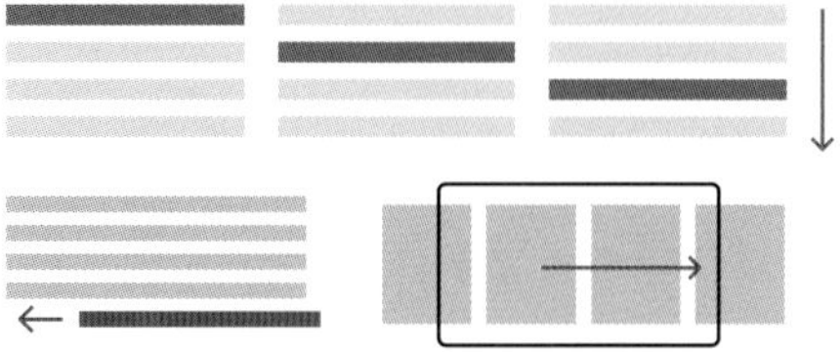

話や画面が移り変わる前後をつなげる

話の内容が切り替わったり、画面が大きく変わるとき、移り変わる様子をアニメーションでつなげることで、前後関係がわかりやすくなります。

操作に対する反応を示す

Webサイトや操作可能なスライドをつくるとき、操作したことに対してアニメーションで素早い反応があると、ユーザーの迷いがなくなります。

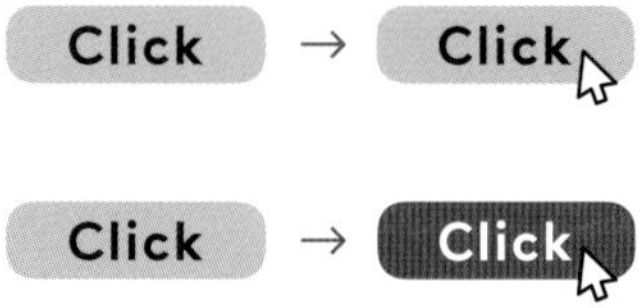

現実の動きを再現する

静止画では伝えづらく、動画にするとかえって複雑になってしまうような現実の動きを、要点に絞って動かすことで理解を深めることができます。

! アニメーションをたくさん使って良いのは豪華な演出が必要なときだけ

大勢の人が見るような基調講演やカンファレンス、
競合他社との勝負がかかるコンペやプロポーザル、
賞や融資がかかる大規模なコンテスト、
ブランディングのためのWebページなど……

感動を演出したり、競合他社と差別化をすることが必要・重要とされるような場面では、アニメーションの採用を検討してみよう

それ以外の「確実に伝える」ことが重要な場面では、ノイズにつながりやすいので要注意

PowerPointの基本

アニメーションにまつわる機能

PowerPointのアニメーションにまつわる機能は充実しており、動き・時間ともに細かく設定を編集することができます。しかし、標準で用意されているアニメーションは派手な動きをするものが多く、使用する際は必ず調整が必要です。

アニメーションにまつわる機能の一覧

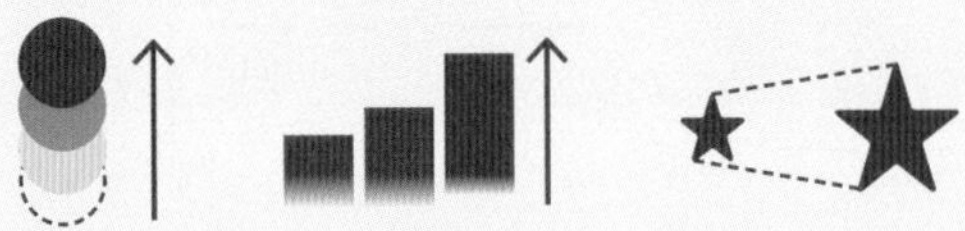

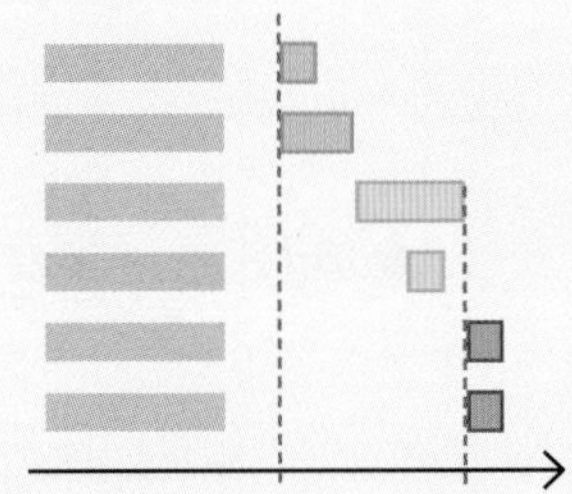

標準の機能を使ってアニメーションをつくる

- #7-09 アニメーションを設定する
- #7-10 動きの軌跡を設定する
- #7-14 画面を切り替える

時間と動きを調整してアニメーションを整える

- #4-11 アニメーションを効果で彩る
- #4-12 アニメーションの時間を変える
- #4-13 オリジナルのアニメーションをつくる

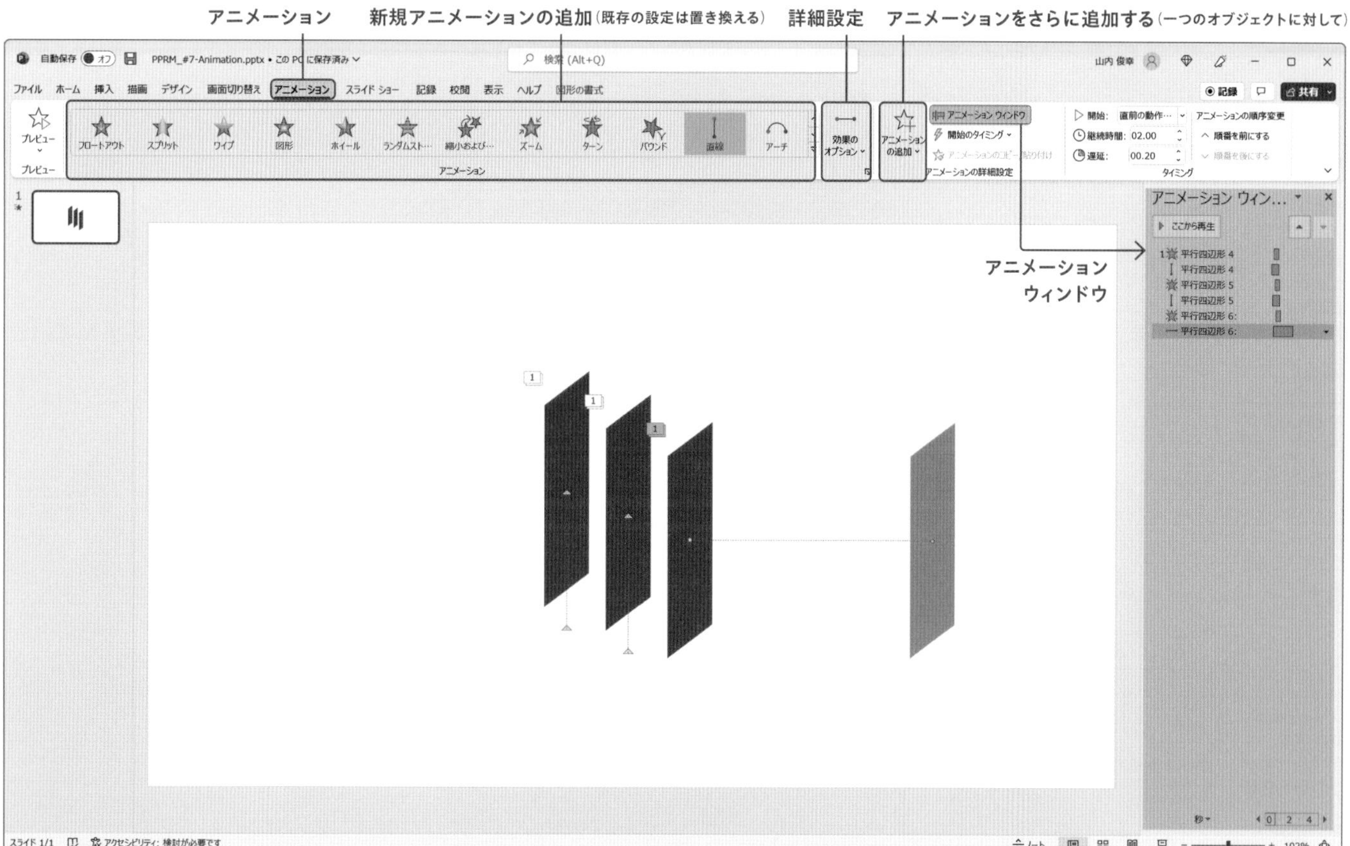
アニメーション
新規アニメーションの追加(既存の設定は置き換える)
詳細設定
アニメーションをさらに追加する(一つのオブジェクトに対して)
アニメーション
ウィンドウ
PPRM_#7-Animation.pptx • この PC に保存済み
ファイル ホーム 挿入 描画 デザイン 画面切り替え アニメーション スライド ショー 記録 校閲 表示 ヘルプ 図形の書式
プレビュー
フロートアウト スプリット ワイプ 図形 ホイール ランダムスト… 縮小および… ズーム ターン バウンド 直線 アーチ
効果の オプション
アニメーション の追加
アニメーション ウィンドウ
開始のタイミング
アニメーションの詳細設定
開始: 直前の動作…
継続時間: 02.00
遅延: 00.20
タイミング
アニメーションの順序変更
順番を前にする
順番を後にする
アニメーション ウィン…
ここから再生
平行四辺形 4
平行四辺形 4
平行四辺形 5
平行四辺形 5
平行四辺形 6:
平行四辺形 6:
スライド 1/1
アクセシビリティ: 検討が必要です
ノート
102%

PowerPointの機能

アニメーションを設定する

PowerPointでのアニメーションの設定は、「アニメーション」リボンに集約されています。100種類を超えるアニメーションが用意されており、ドロップダウンリストには定番のものが並んでいます。全てのアニメーションを設定したければ、リスト下部にある「その他の〇〇効果」から選ぶことができます。

アニメーションの種類

メディア
動画の操作
(#6-23を参照)

開始
スライドに出現するアニメーション

強調
拡大や回転など定位置で動くアニメーション

終了
スライドから消えていくアニメーション

アニメーションの軌跡
スライド内を移動するアニメーション
(#7-10を参照)

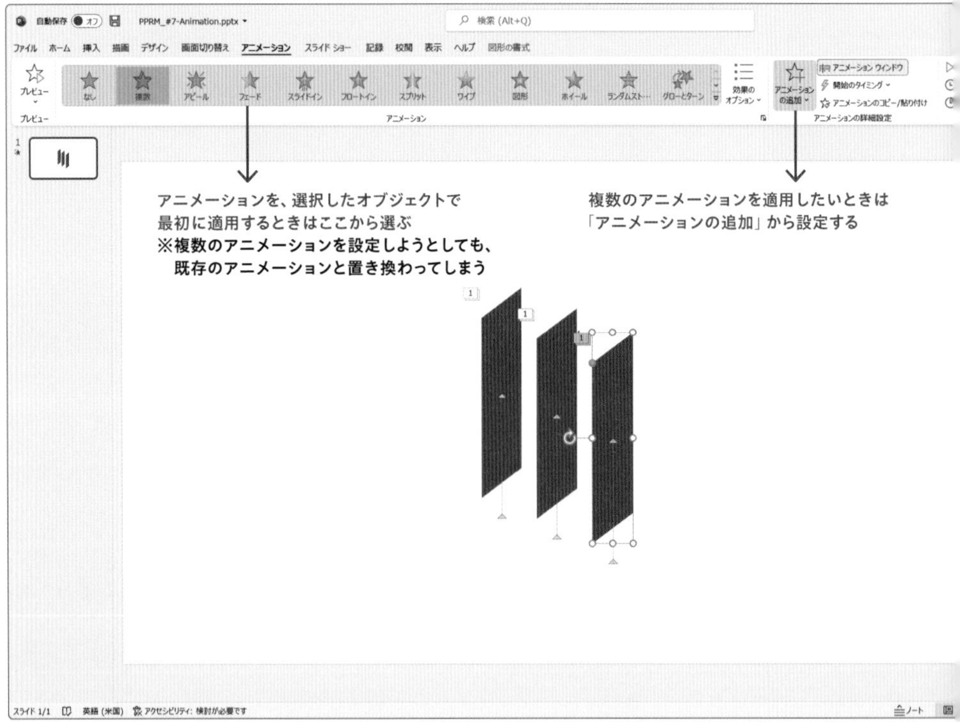

「開始」のアニメーション

スライド内にオブジェクトを出現させるアニメーション。スライド外から移動してくる、透明度が変化する、サイズが変形する動きを基本に、動きの方向や形、組み合わせで多くのバリエーションが用意されています。ただし、意味を汲み取りづらい派手な動きも多くあるため、しっかりと厳選しましょう。

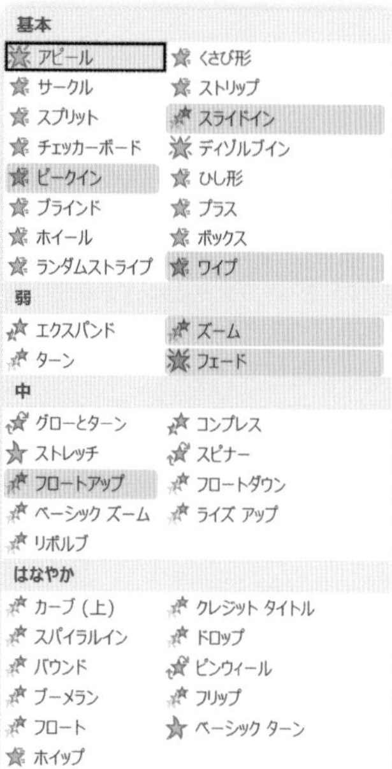

シンプルで扱いやすいアニメーション

基本

動きの要素のうち「移動」「変化」が中心
移動：スライドインとピークイン
変化：上記以外、ワイプの派生
（ワイプする形状や方向が違う）

弱

動きの要素のうち「変化」「変形」のシンプルな組み合わせが中心

中

動きの3要素を全て組み合わせた少し派手な動き
限定的に使えるアニメーション

はなやか

動きの3要素を全て組み合わせた非常に派手な動き
意味を汲み取りづらい
無駄な動きが多いため、使用を避けるのがオススメ

動きの要素と「開始」アニメーションの例

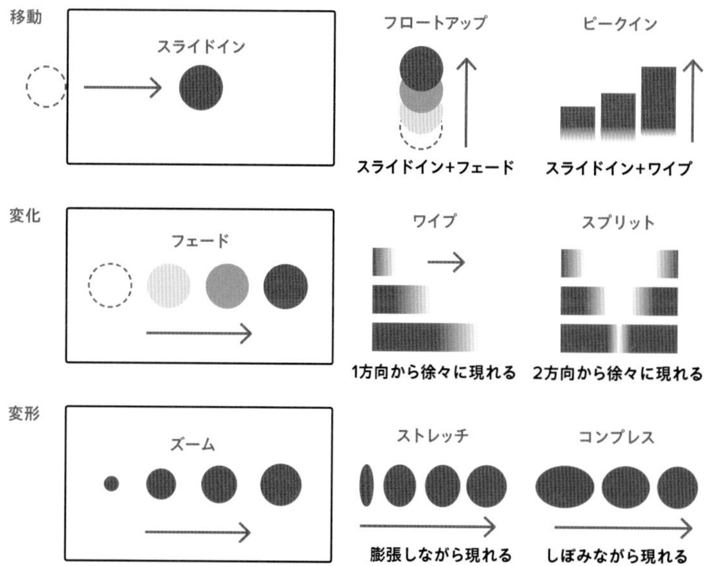

※アニメーションの方向や速さなどの調整は「効果オプション」から変更できることが多いため、一旦上記の3要素を元にどういう動きをするかで選べばOK

「強調」のアニメーション

スライド内の定位置で変化・変形するアニメーション。図形や文字をその場で強調表示するための動きとして用意されていますが、回転、色の変化、点滅、拡大／縮小などの基本的な動きが揃っているため、「アニメーションの軌跡」と組み合わせるとオリジナルのアニメーションがつくれます。

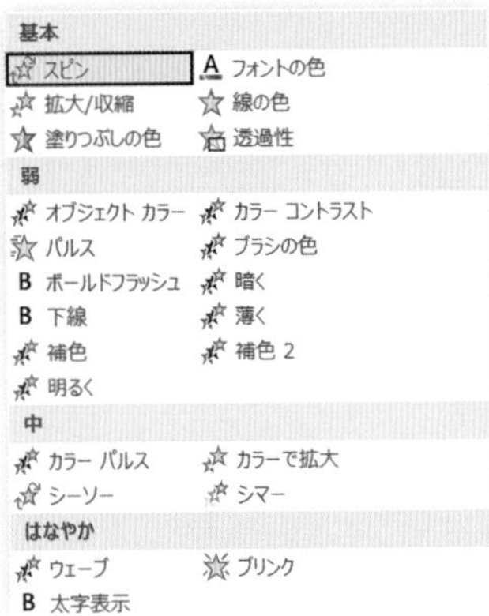

「強調」のアニメーション

**「開始」「終了」と比べて
比較的シンプルなアニメーションが多い
カテゴリを気にせず使ってOK**

動きの要素と「開始」アニメーションの例

変化

変形

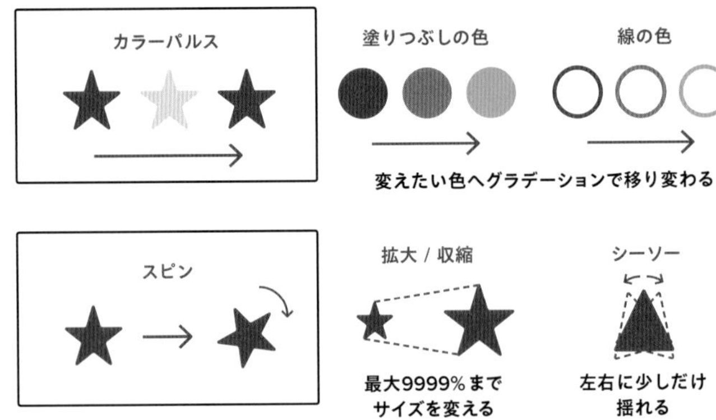

**※「強調」と同時に「移動」させたいときは、
「アニメーションの軌跡」と組み合わせて
同時に動かせばOK**

「拡大 / 収縮」は縦、横の変形にも使える

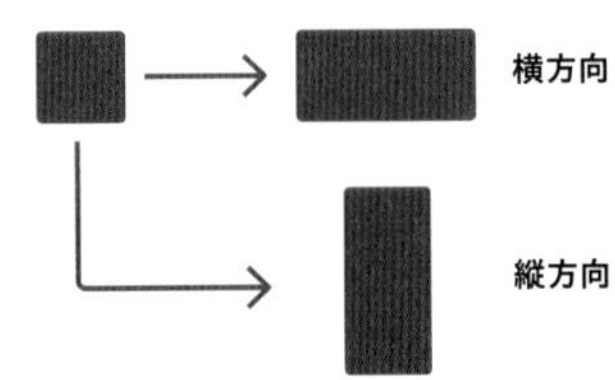

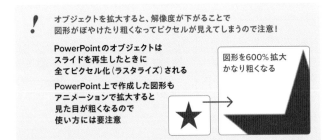

! **オブジェクトを拡大すると、解像度が下がることで
図形がぼやけたり粗くなってピクセルが見えてしまうので注意！**

**PowerPointのオブジェクトは
スライドを再生したときに
全てピクセル化（ラスタライズ）される**

**PowerPoint上で作成した図形も
アニメーションで拡大すると
見た目が粗くなるので
使い方には要注意**

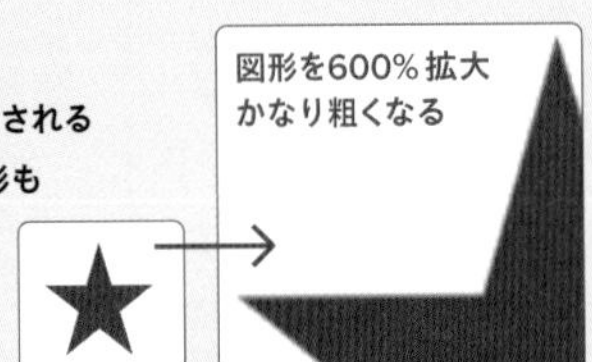

「終了」のアニメーション

スライド内からオブジェクトを消失させるアニメーション。スライド外に移動する、透明度が変化する、サイズが変形する動きを基本に、「開始」のアニメーションの対となる（逆再生したような）動きが揃っています。ただし、両者の間で名前だけ変わっているものもあります。

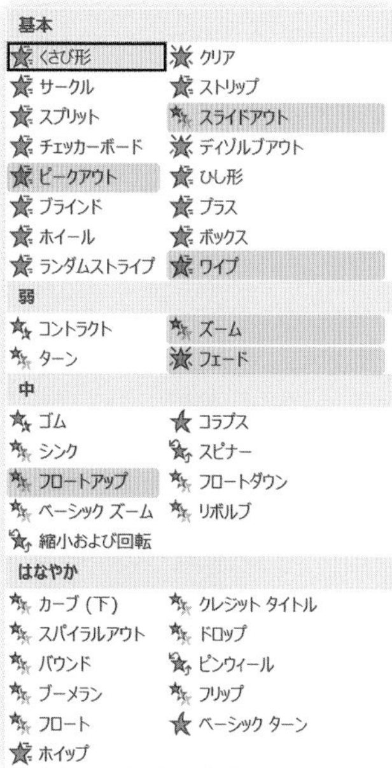

シンプルで扱いやすいアニメーション

基本

動きの要素のうち「移動」「変化」が中心
移動：スライドアウトとピークアウト
変化：上記以外、ワイプの派生
（ワイプする形状や方向が違う）

弱

動きの要素のうち「変化」「変形」のシンプルな組み合わせが中心

中

動きの3要素を全て組み合わせた少し派手な動き
限定的に使えるアニメーション

はなやか

動きの3要素を全て組み合わせた非常に派手な動き
意味を汲み取りづらい
無駄な動きが多いため、使用を避けるのがオススメ

動きの要素と「開始」アニメーションの例

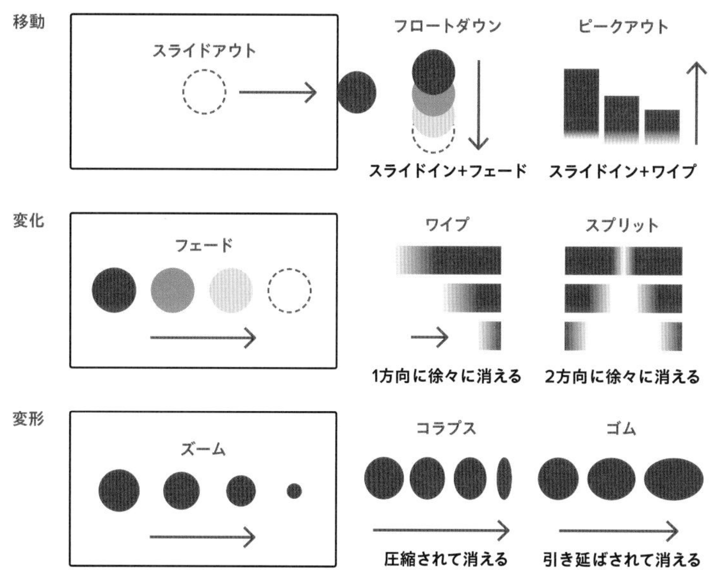

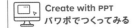

PowerPointの機能

動きの軌跡を設定する

スライド内を移動する動きは、「アニメーションの軌跡」から設定することができます。直線やカーブを描く移動以外に非常に多彩な動きが用意されていますが、使いどころのないものも多く含まれています。そのため、理想の動きに近いものから「頂点の編集」で軌跡を描くのがオススメです。

「アニメーションの軌跡」の調整

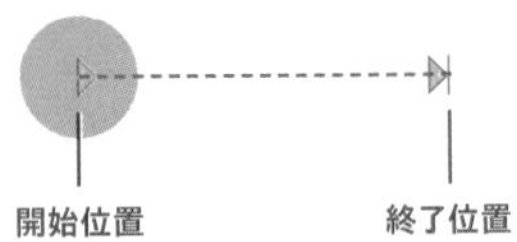

「アニメーション」リボン、アニメーションウィンドウで編集中は、動きの軌跡が細く表示されている

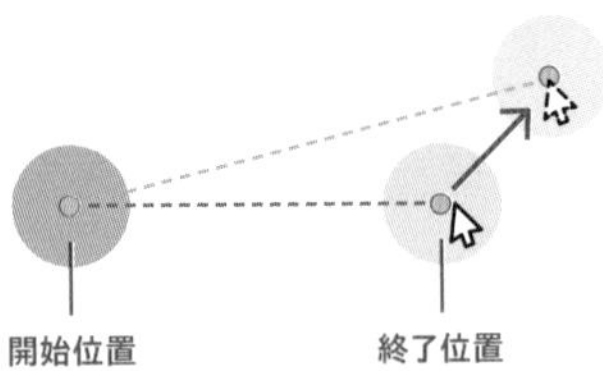

軌跡の開始、終了位置を選択すると、
終了位置に移動後のオブジェクトが薄く表示され、
開始位置、終了位置を変更できるようになる

「直線」以外の軌跡は、右クリックメニューから
「頂点の編集」で軌跡を編集できる

「アニメーションの軌跡」の一覧

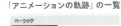

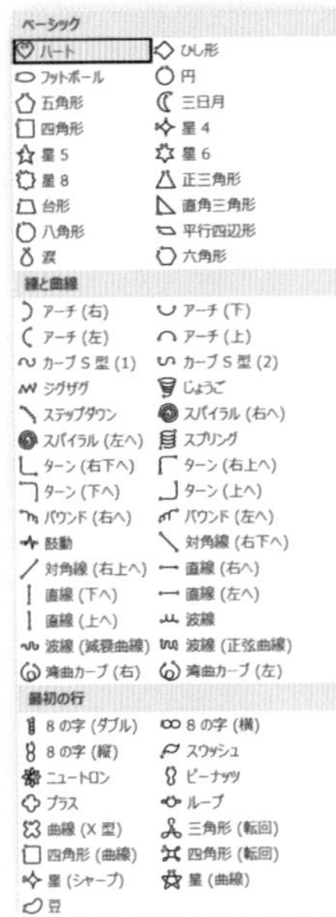

「アニメーションの追加」の
「ユーザー設定」で
軌跡を描くこともできる

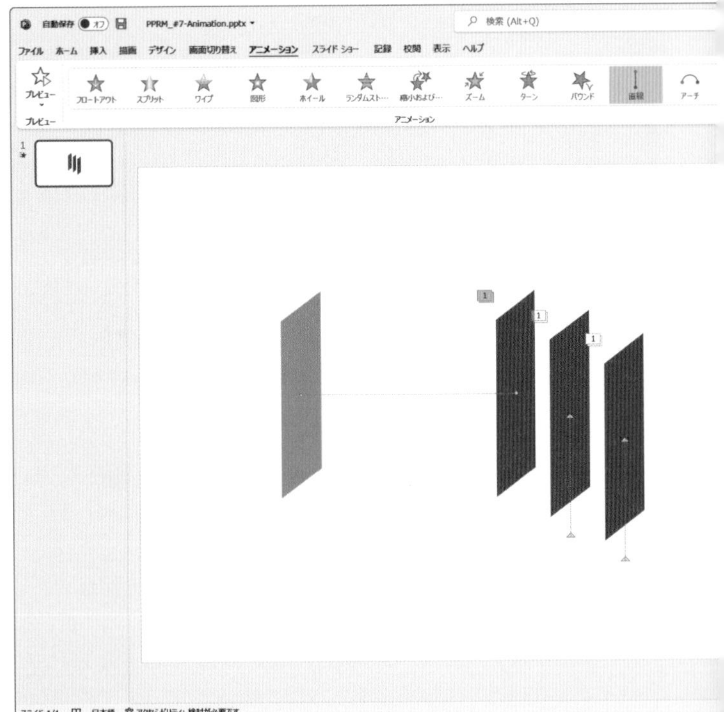

アニメーションの軌跡を編集する

アニメーションの軌跡は、#4-15で紹介した「頂点の編集」と同じように編集することができます。また、軌跡を選択するとハンドルが表示されるため、図形と同じようにサイズの変更や回転もできます（直線は除く）。なお、「閉じたパス」にするとループする軌跡になります。

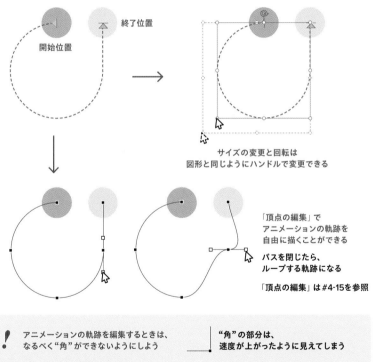

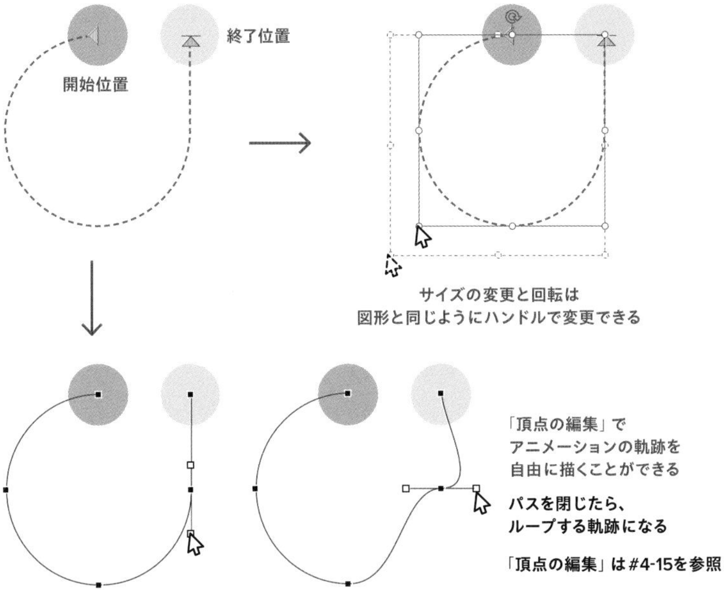

終了位置
開始位置
サイズの変更と回転は
図形と同じようにハンドルで変更できる
「頂点の編集」で
アニメーションの軌跡を
自由に描くことができる
パスを閉じたら、
ループする軌跡になる
「頂点の編集」は#4-15を参照

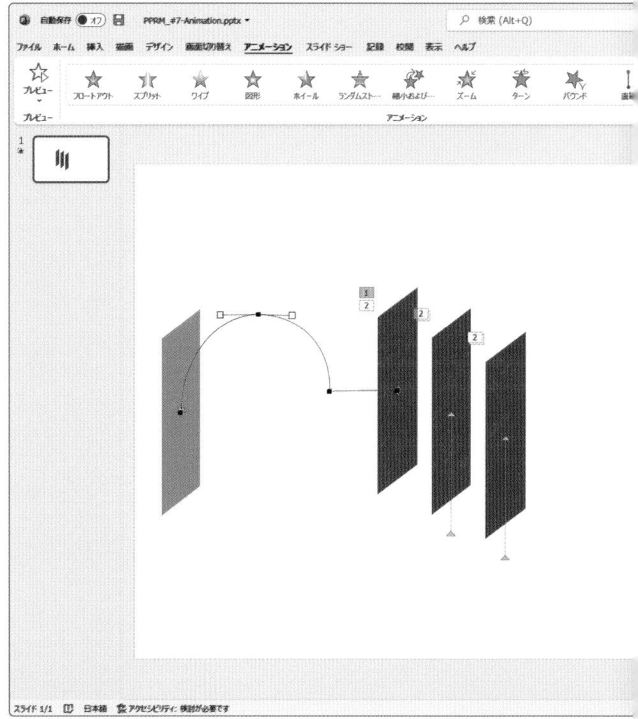

! アニメーションの軌跡を編集するときは、なるべく“角”ができないようにしよう

“角”の部分は、速度が上がったように見えてしまう

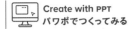

PowerPointの機能

アニメーションを効果で彩る

全てのアニメーションは、「効果」として詳細な設定ができるようになっています。アニメーションの向き、形、速度、繰り返しなどを変更することができ、簡単な変更はリボンの「効果のオプション」から、詳細な調整は⧅やアニメーションウィンドウから専用の画面を出すことができます。

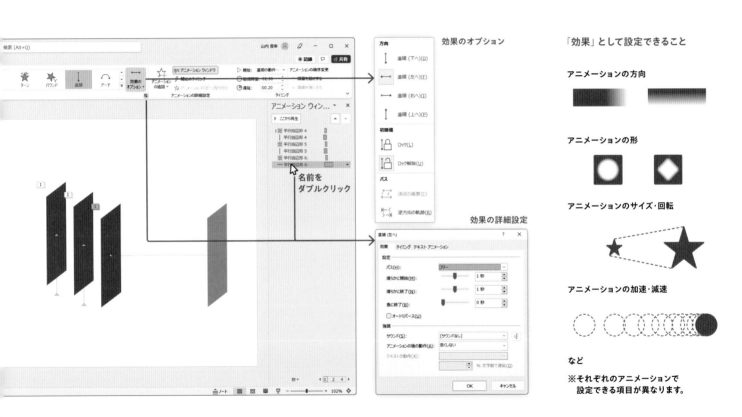

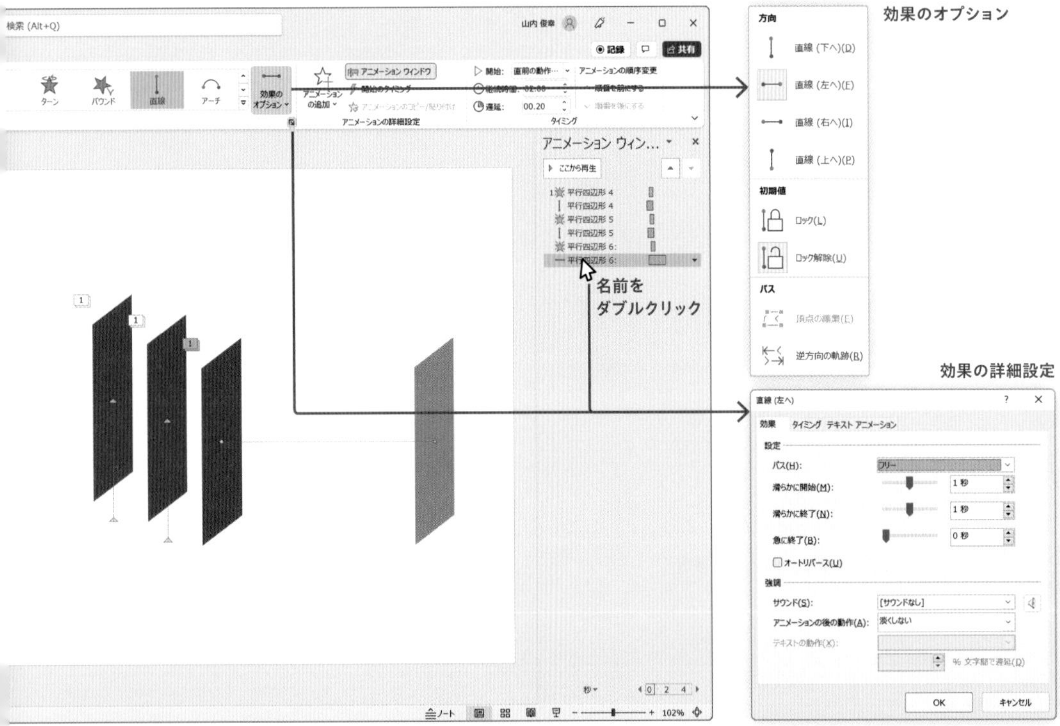

「効果」として設定できること

アニメーションの方向

アニメーションの形

アニメーションのサイズ・回転

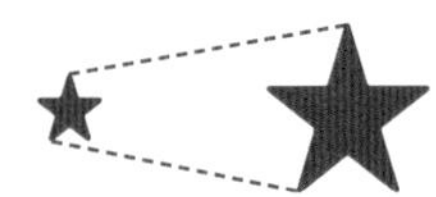

アニメーションの加速・減速

など

※それぞれのアニメーションで
設定できる項目が異なります。

アニメーションの形や方向を調整する

「効果のオプション」から、各アニメーションの動く方向や形を設定できます。「拡大/収縮」のような一部のアニメーションは詳細設定画面から数値などで変更できますが、多くは「効果のオプション」でしか設定できません。アニメーションを適用したら、まずここで設定するフローがオススメです。

! 詳細設定画面での調整が “できる” “できない” があるので注意！

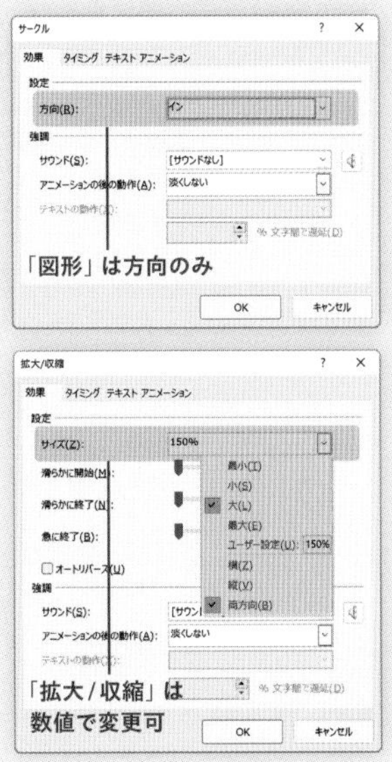

代表的な「効果のオプション」の項目

開始・終了「図形」　開始・終了「スライドイン」　強調「拡大/収縮」　強調「スピン」　アニメーションの軌跡「直線」

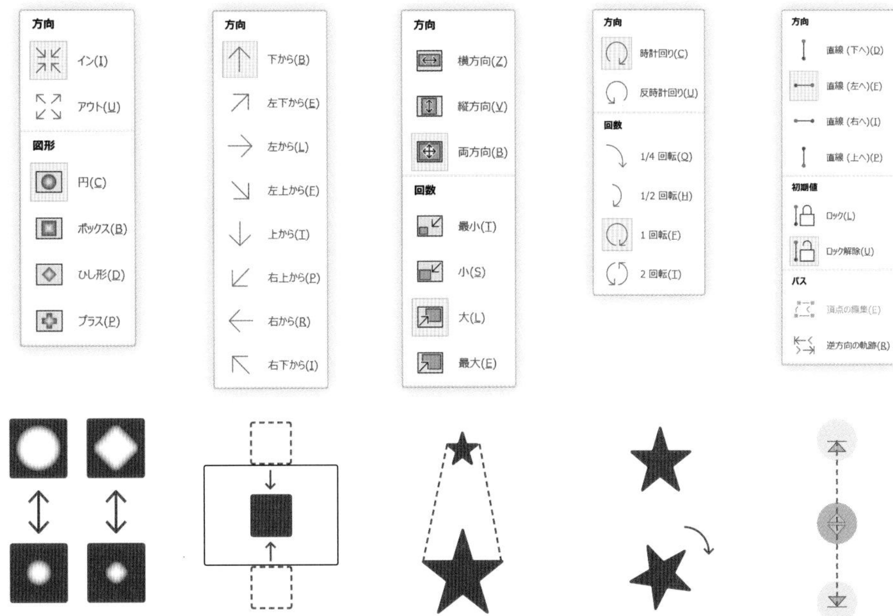

アニメーションの加速・減速

動きに“移動”や“変化”の要素を持つアニメーションの多くは、詳細設定画面で動きの加速と減速を調整することができます。設定画面上では、加速のことを「滑らかに開始」、減速のことを「滑らかに終了」と表記しており、「急に終了」はバウンドするような動きで止まるアニメーションが適用されます。

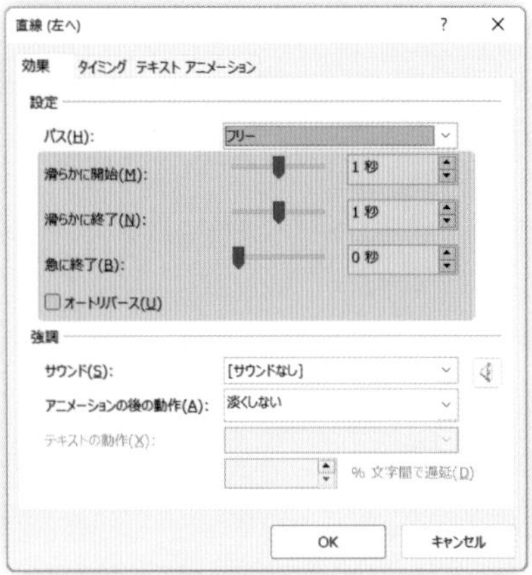

「滑らかに開始」=加速

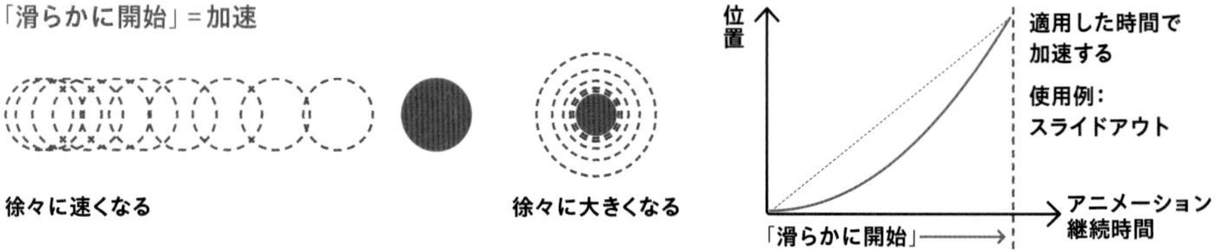

「滑らかに終了」=減速

「急に終了」と「オートリバース」

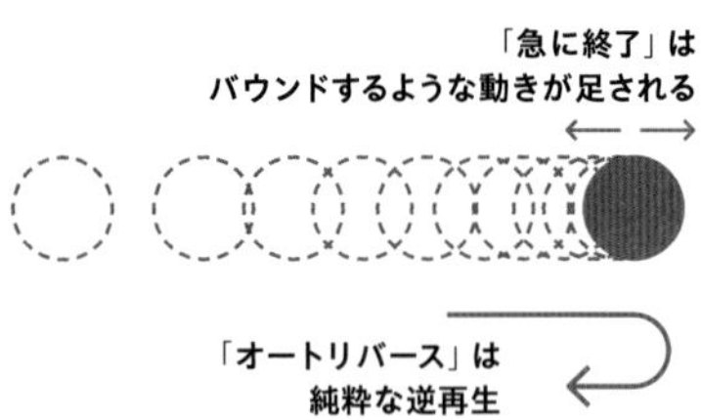

「滑らかに開始」と「滑らかに終了」の併用

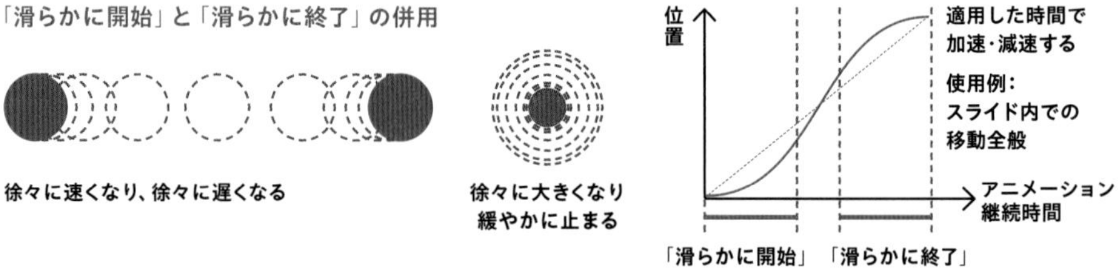

テキストのアニメーション

テキストにアニメーションを適用する場合、一つのテキストボックスに段落（改行で区切った文章）ごとに別のアニメーションを適用することができます。また、「強調」のアニメーションにはテキスト専用のアニメーションもいくつか用意されており、テキストを強烈に印象づけたいときに使えます。

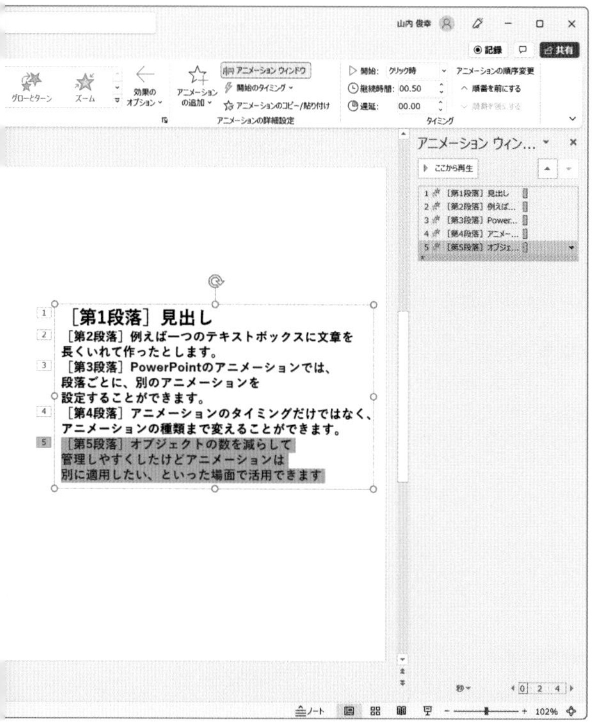

テキストボックスにアニメーションを適用すると、詳細設定画面に「テキストアニメーション」のタブが追加されるほか、テキスト専用のアニメーションが「強調」から選べるようになる

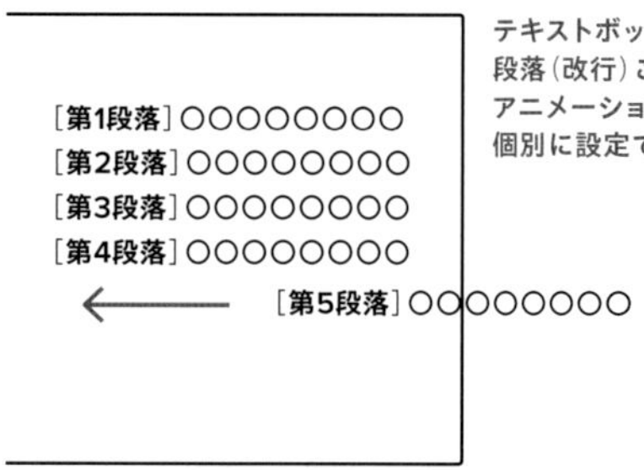

テキストボックスは、段落（改行）ごとにアニメーションを個別に設定できる

! 段落を維持したまま改行したい場合は、Shift + Enter で強制改行

[第1段落] ○○○○○、○○○
○○○、○○○○○○。
[第2段落] ○○○○○○…

↓ Shift + Enter

[第1段落] ○○○○○、
○○○○○○、○○○○○○。
[第2段落] ○○○○○○…

PowerPointの機能
アニメーションの時間を変える

アニメーションにおいて最も重要な「時間」にまつわる設定は、アニメーションウィンドウと詳細設定画面に集約されています。特にアニメーションウィンドウは、時間を含めたアニメーションの管理に必須であるため、隅々まで仕様を確かめてみてください。

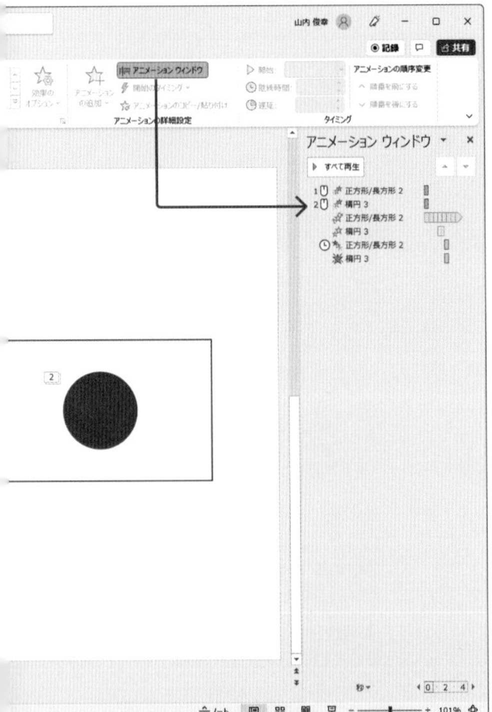

アニメーションウィンドウの使い方

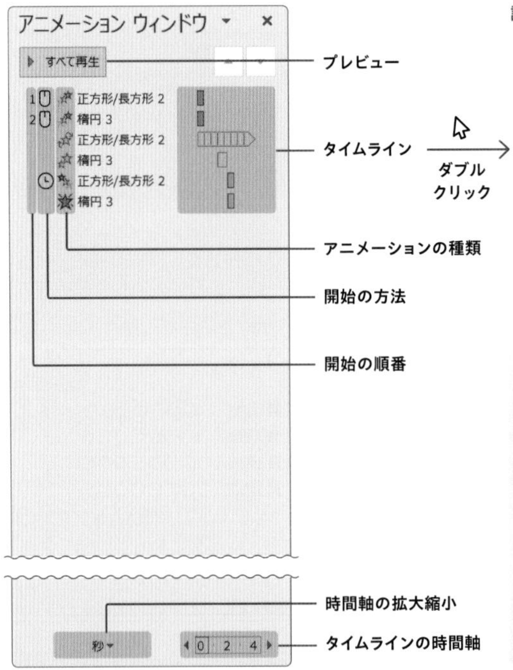

詳細設定画面

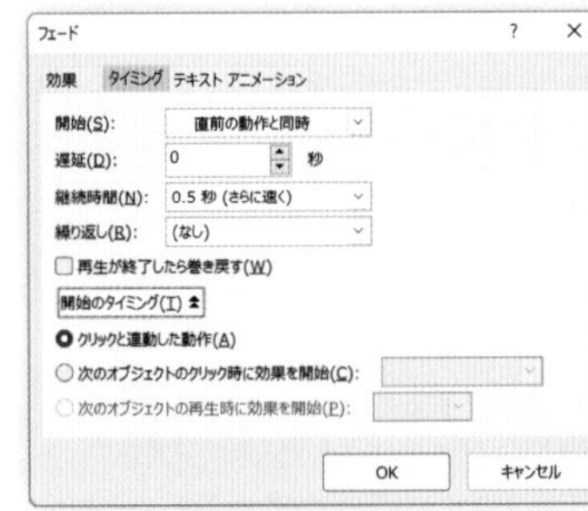

プレビューボタンは、選択したアニメーションによって再生の仕方が変わる

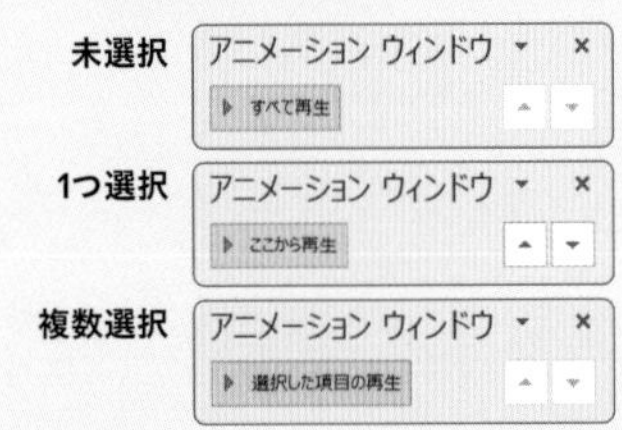

開始の方法と、継続時間の調整

開始の方法

アニメーションを開始させるトリガーは3種類あります。クリック（スライド送り）をトリガーとする「クリック時」、直前のアニメーションと同じトリガーで動作する「直前の動作と同時」、直前までの全ての動作が終了してから開始する「直前の動作の後」です。リボン、アニメーションウィンドウ、詳細設定画面のどこからでも変更できます。

継続時間と遅延

アニメーションの再生時間（継続時間）と遅らせる時間（遅延）は、リボン、アニメーションウィンドウ、詳細設定画面で設定できます。0.01秒間隔で変更でき、アニメーションウィンドウではマウス操作で変更できます。

遅延は、開始のタイミングを基準に開始時間を遅らせます。「直前の動作の後」を設定した場合は、その基準に従って遅延します。

なお、アニメーションは1つ0.25～0.5秒程度に収めないと長く感じてしまいます。0.75秒以上は長すぎるので、なるべく短くするのがオススメです。

タイムラインの見方

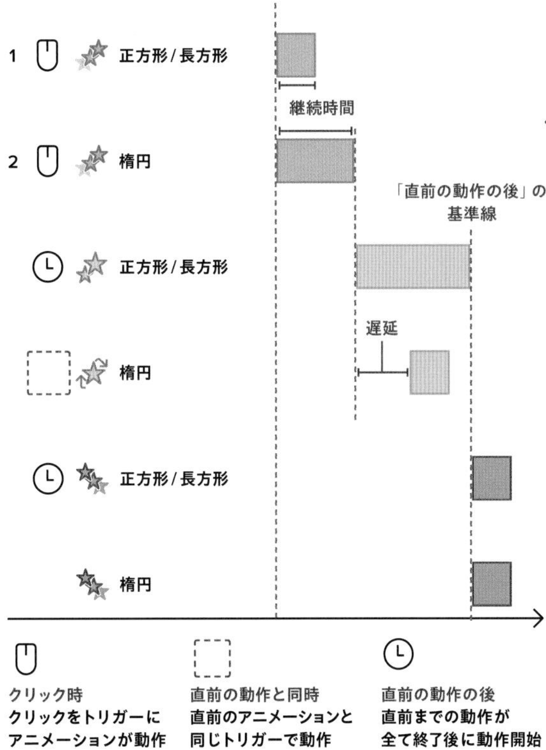

開始と時間の設定

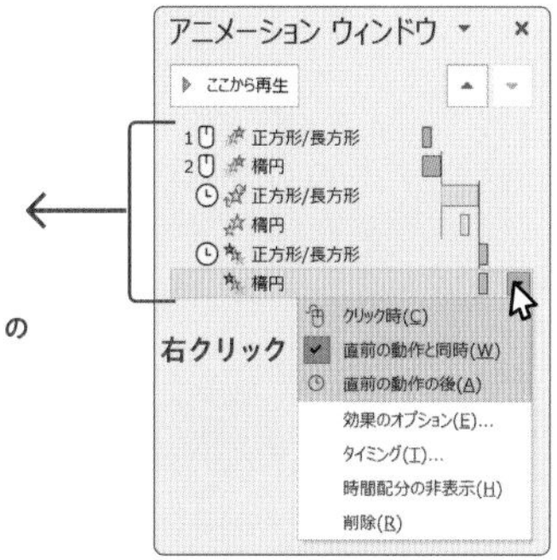

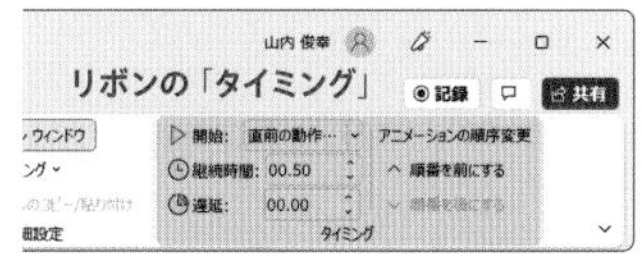

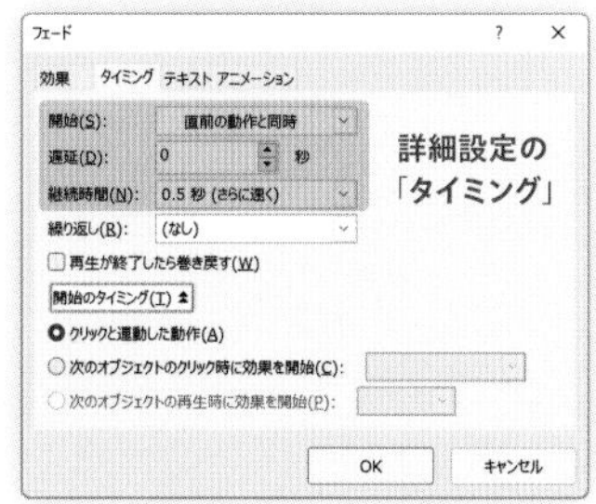

#7-12 パワポでつくってみる PowerPointの機能 | アニメーションの時間を変える

アニメーションを繰り返す

アニメーションを動かし続けたい場合、詳細設定画面で繰り返しを設定することができます。任意の回数や、スライド表示中に無限に繰り返させることができます。また、一部のアニメーションでは逆再生である「オートリバース」も設定でき、同じ動きを繰り返し往復させることもできます。

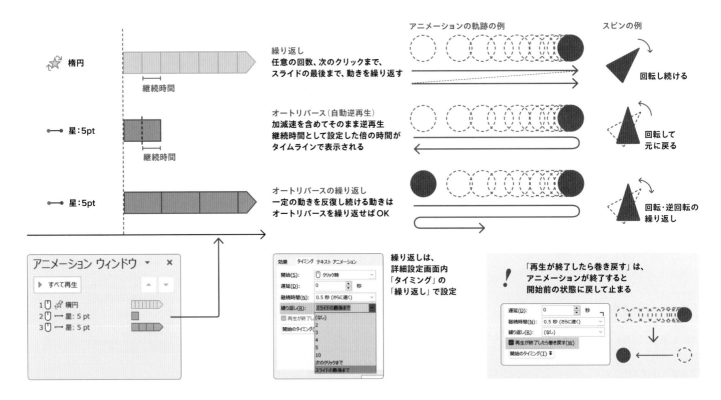

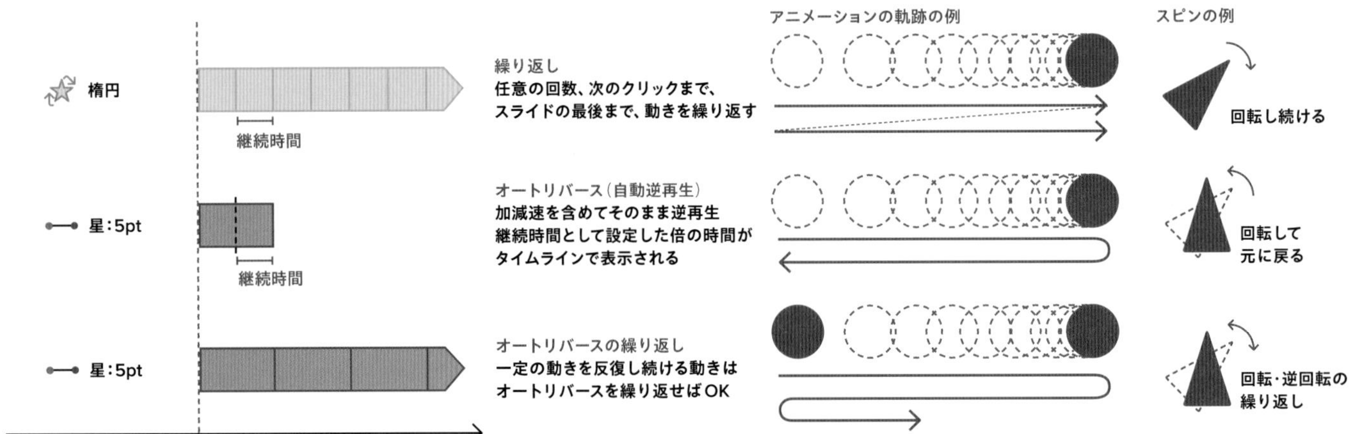

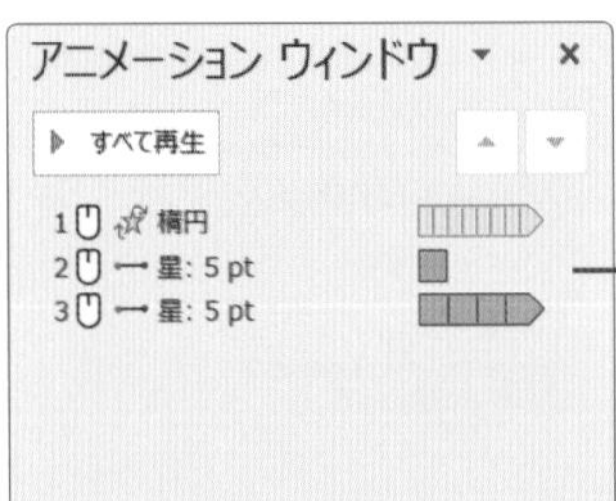

繰り返しは、
詳細設定画面内
「タイミング」の
「繰り返し」で設定

!

「再生が終了したら巻き戻す」は、
アニメーションが終了すると
開始前の状態に戻して止まる

「開始のタイミング」でボタンをつくる

PowerPointでは、アニメーションを開始するトリガーをスライド送りのクリックだけではなく、オブジェクトや動画の再生時間（ブックマーク）に設定することができます。いわゆる、操作可能な「ボタン」をスライド上でつくることができる機能です。

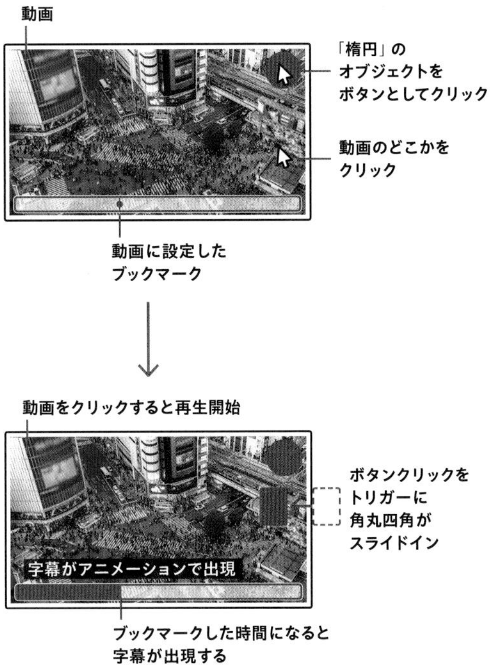

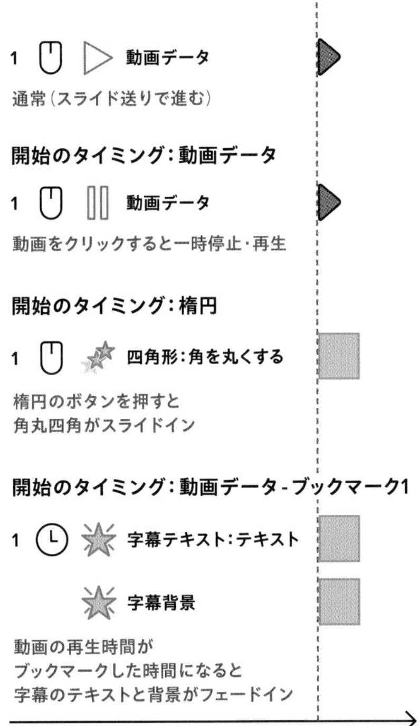

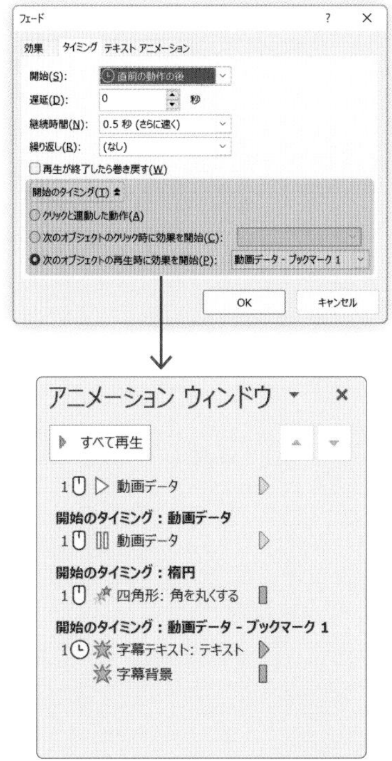

PowerPointの応用

オリジナルのアニメーションをつくる

少し高度な応用技として、複数のアニメーションを同時に動かすことでPowerPointには用意されていないオリジナルのアニメーションをつくることができます。スマホのUIのような自然な動きや、映像のような魅力的な動きもつくることができます。

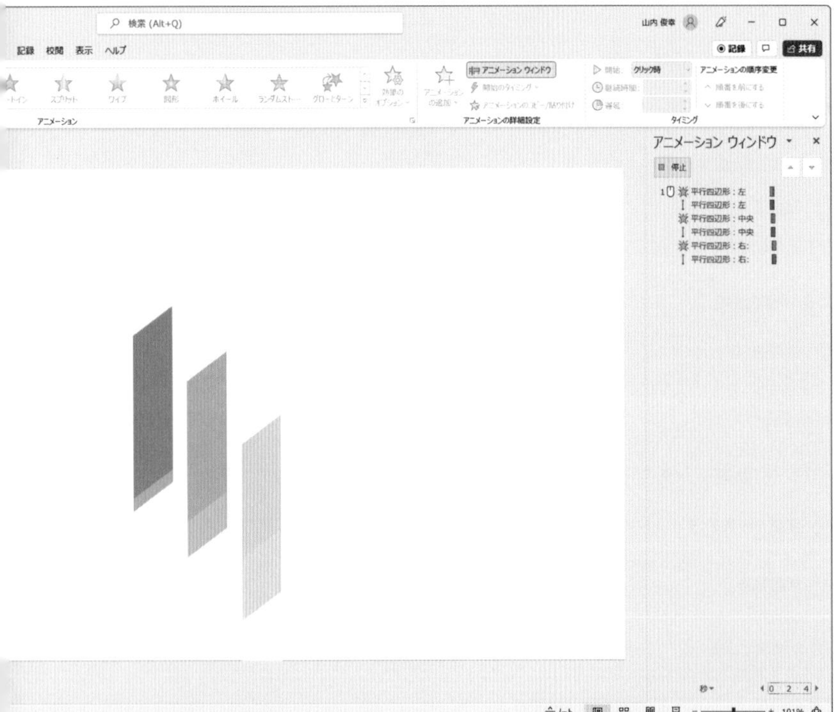

3つの四角形がふわっと浮き上がるようにフェードイン

「フロートイン」だけでは自然な動きにできないので、「アニメーションの軌跡（直線）」と「フェードイン」を組み合わせて新しくアニメーションをつくる

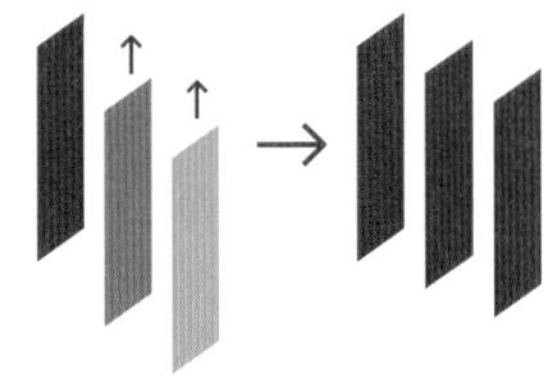

「アニメーションの軌跡」の設定

方向：「直線（下へ）」＋「逆方向の軌跡」── 開始位置と終了位置を入れ替えて上方向にする

速度：「滑らかに終了（減速）」を最大に

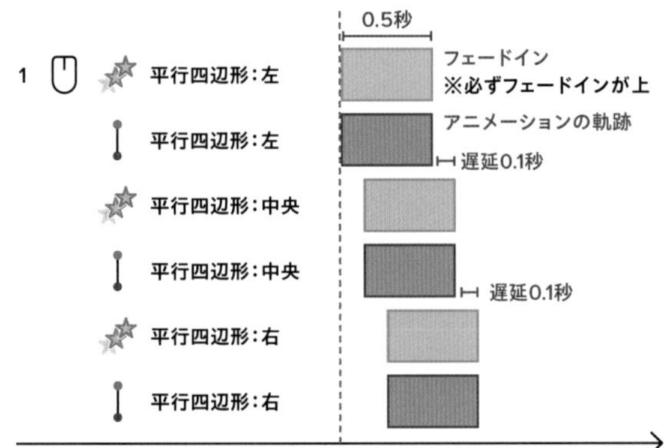

オリジナルのアニメーションをつくるポイントと作例アイデア

スマホのUIアニメーションでも採用されているような“自然な”アニメーションや、現実に起こる現象を説明するための解説用アニメーションは、PowerPointに用意されているアニメーションの組み合わせでもつくることができます。ポイントだけしっかり押さえたうえで、試行錯誤してみてください。

アニメーションをつくるポイント

動きを素早く完結させる

アニメーションは主張しすぎない方がより好印象につながる
アニメーション自体がメイン(現象の再現など)でない限り、
なるべく素早く完結するのが基本

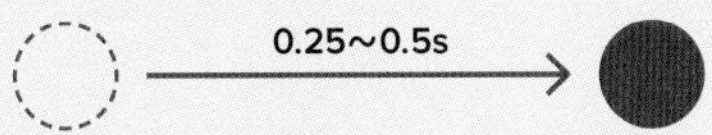

自然な動きをする

自然界では必ず動きに加速・減速があり、重力の影響も大きい
自然界の動きに近づけることで、より自然で受け入れやすくなる
スマホのUIアニメーションが良い参考

意味や意図をはっきり持たせる

理解のノイズにならないように、
動きに対して明確な意図や意味を持たせるようにする

PowerPointでできるオリジナルアニメーションの例

画像をクリックするとポップアップする

Webサイトなどでおなじみの、
画像をクリックすると拡大して表示するアニメーション
拡大すると画像がぼやけてしまうので、
拡大後に綺麗な画像と差し替えるなどの工夫は必要

「拡大/収縮」+「アニメーションの軌跡」を組み合わせ
拡大しながら軌跡でスライド中央に移動させる
また、拡大後に「アピール」で綺麗な写真を上に重ねる

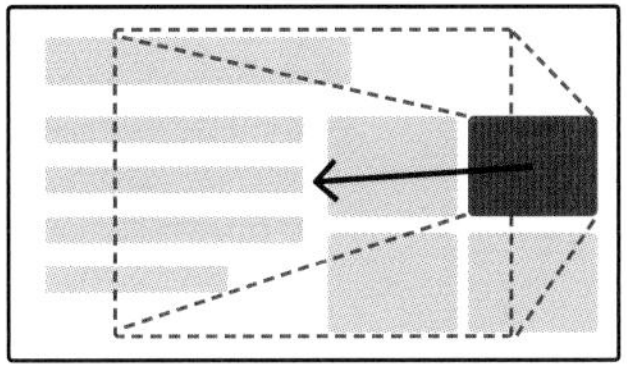

縮小を利用して、形を歪ませる

科学技術などの現象を再現したい場合、
拡大縮小や回転などを駆使するとうまく表現できる
右例は、地震のメカニズムとしてプレートのゆがみを
曲線のゆがみで再現したもの

うまくゆがみが現れやすい曲線で図形をつくり、
「拡大/収縮」で横方向にのみ縮小させる

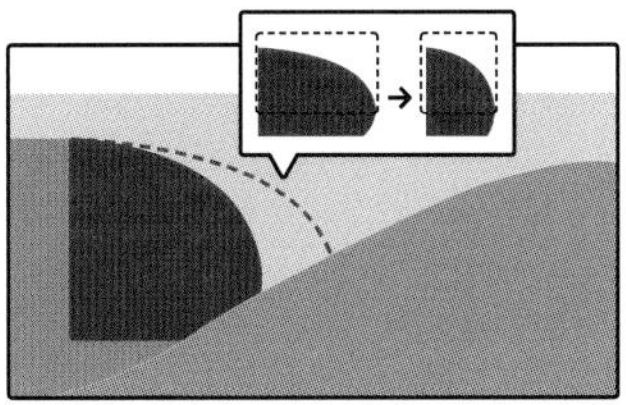

パラパラ漫画のアニメーション

伝統的なアニメーションの手法を踏襲して、
短時間で開始と終了を切り替えることで
気合いでアニメーションに見せる方法

コマ送りの分だけオブジェクトをつくり、
0.1秒間隔で「アピール(開始)」「クリア(終了)」を
繰り返してパラパラ漫画にする

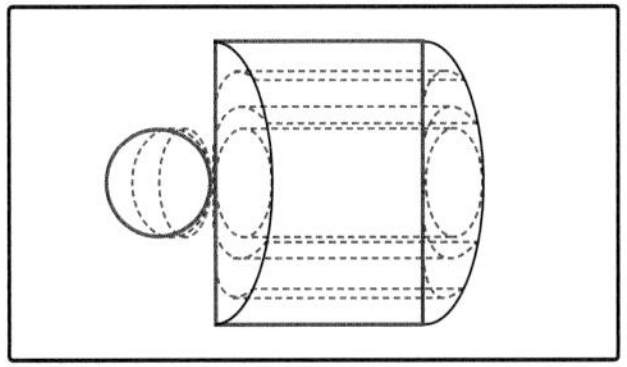

PowerPointの機能

画面を切り替える

PowerPointでは、スライド内のアニメーションだけではなく、スライド間の切り替えもアニメーションを適用できます。「画面切り替え」リボンにその機能が集約されており、うまく活用すれば「アニメーション」機能の一部を画面切り替えに置き換えて、スライドの再編集のしやすさを保つこともできます。

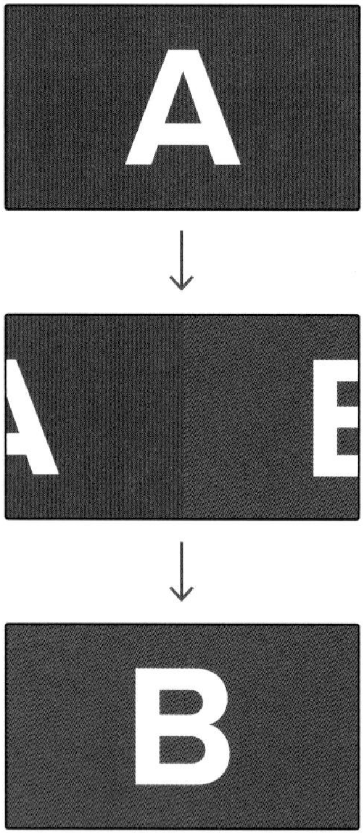

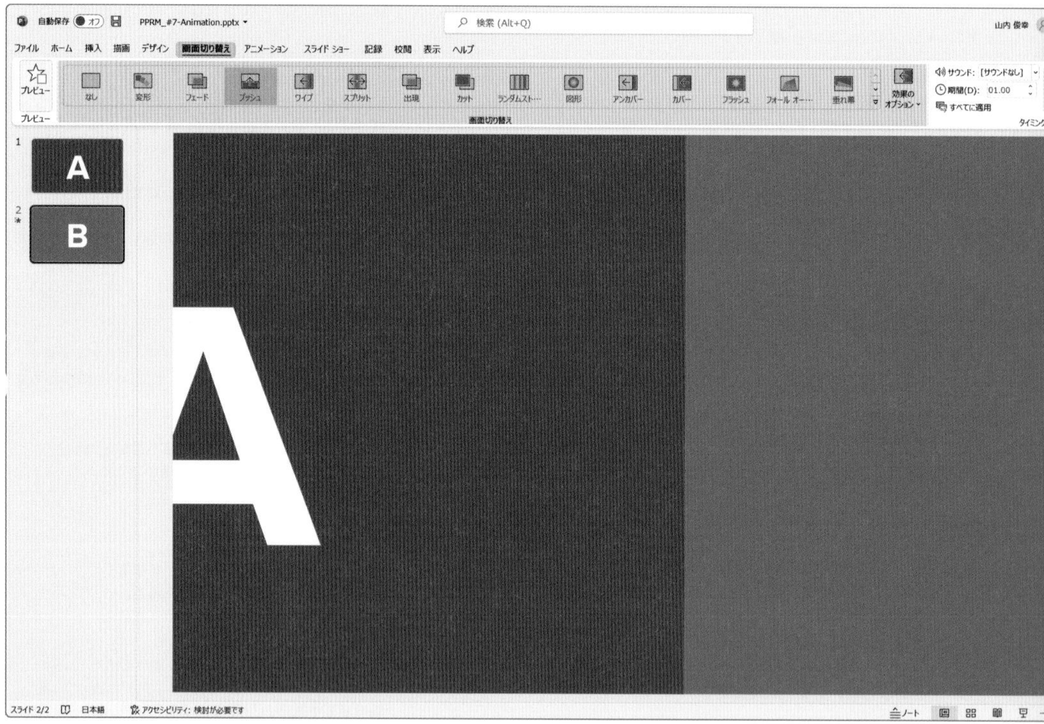

「画面切り替え」の種類とタイミング

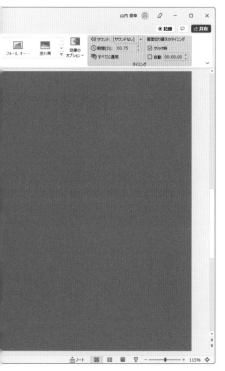

「画面切り替え」の時間とタイミング

画面の切り替えも、アニメーションと同じように時間が長すぎると違和感を与えてしまいます。しかし、スライド内の動きに比べて画面切り替えは動きのスケールが大きく、時間が短すぎると動きが速すぎる場合があります。そのため、少し時間をかけて0.75～1秒くらいを目安にするのがオススメです。

また、スライドを切り替えるタイミングを自動にすることもできます。

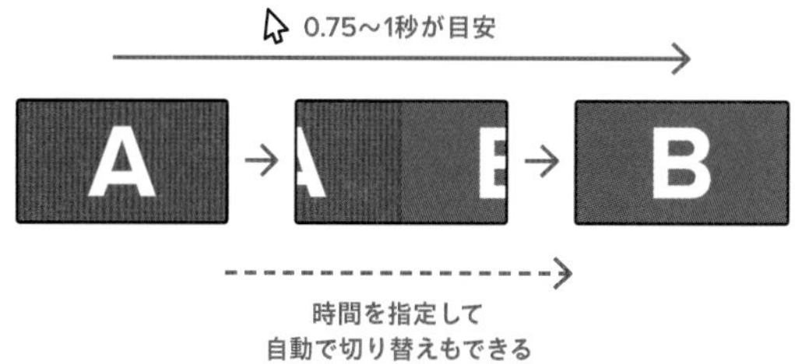

「画面切り替え」の一覧

ダイナミック コンテンツ
スライドマスターや背景を固定したまま、オブジェクトのみが動く

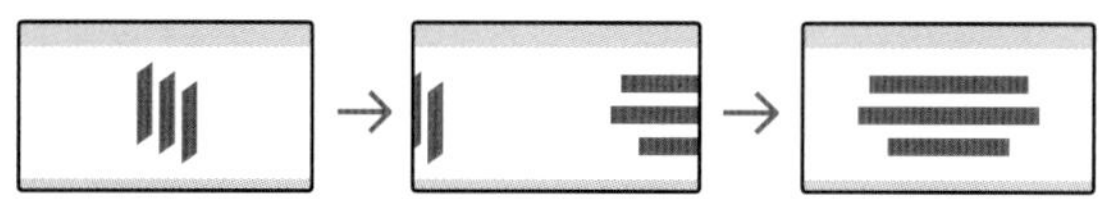

あとがき

ここからが、本当の「デザイン」のはじまり

ここまで読んでいただき、ありがとうございます。本書が案内するデザインの世界はここでおわり。いかがだったでしょうか？　お役に立てるものになっていれば幸いです。

しかし、あなたの「デザイン」はここからが本当のスタートです。本書が案内したのは、あくまで「レシピ」にすぎません。もしくは、車の運転でいう免許証を取得した直後。一般の道路に出れば、教習所で習っていないたくさんの出来事に出会い、経験を積んで上達していくはずです。それは、デザインも全く同じ。

これから、たくさん実践して、たくさん人に伝えてみてください。上手くいくことも、失敗することも、たくさんあるはずです。そのたびに考えて、分析して、理解することを繰り返してください。継続していけば、あなたの「伝える力」と「ビジュアルをつくる力」がめきめき上達していくでしょう。

なんていったって、筆者はデザインを独学で学んだ人間です。天文学で修士号を取得した、純粋な理系。そんな元ノンデザイナーでも、独学で学び習得し、実践して試行錯誤できる環境が、今は整っています。考えて実践していけば、必ずあなたもデザインできるようになるはず。ぜひ頑張っていきましょう！

「伝えるためのビジュアルデザイン」から、
「グラフィックデザイン」、そして「より良いものを生み出す」デザインへ

さて、入門の旅も終わったことですし、少しデザインの深淵を覗いてみましょう。今回案内したのは「伝えるためのビジュアル」のデザインでしたが、実は、本書ではこれを「グラフィックデザイン」と呼ぶことを意図的に避けていました。

グラフィックデザインは、「伝わりやすいものをつくる」なんて生易しいものではありません。2次元平面に描いたものが、どんな視覚的効果を生み、どんな表現ができ、どんな意味の奥深さを生み、力強い印象を残せるのか。個々が限界まで突き詰めて、初めて生まれてくるもの。ロゴデザインやマンガ、イラストのデザイン、広告のデザインなどの華々しいデザインは、グラフィックデザイナーが本書で紹介したことを考えに考え抜いて生み出しているのです。

ゆえに、その思考の範囲は常に拡がっています。2次元平面にとどまらず、表示されるモノと人との間の関係性、認知・認識がもたらす生体的な影響、人間の営みに与える効果など……「モノと人との境界〈インターフェース〉」である特性について、様々な人たちが考え、共有しながら、実践しています。

こういった「より良いものを追求する」デザインの思考・思想は、グラフィックに限らず他の分野にも応用可能です。ゆえに「デザイン」が様々な領域に浸透していき、活用されるようになっているのです。いやはや、だいぶ深い沼ですね。

『パワーポイント・デザインブック』に込めた、「道具を“道具”として使う、“道具”に縛られない」ことの大切さ

沼の深いグラフィックデザインのうち、最も基礎かつロジカルな部分を絞り込んで「伝えるためのビジュアル」として本書で案内しているわけですが、もう一つ案内したものがありました。PowerPointです。

本書では、PowerPointのことを「現実解として優秀なツールの一つ」として捉えており、PowerPoint自体を褒めたり推奨することはありません。「使いやすさ、機能、コストの全てが完璧」なんてツールはこの世になく、ことさらPowerPointは使いづらい部類に入るものです。しかし、手軽さとシェア率から現実解として優秀であることは間違いなく、使う以上は目指す表現を実現する障壁にならないように使いこなせるようになろう、というのが本書の裏テーマでした。

デザインは、アウトプットした「モノ」ありきです。それをつくるための道具は（仕様などの制限を除いて）なんでもOK。Adobe製品でも、PowerPointでも、きちんと表現ができていれば問題ありません。「PowerPointだからできない」も「PowerPointにこだわること」もツールに縛られている証です。

ここを読んでくれたあなたは、道具を道具として使えるように、道具に縛られないように、使いこなしたり使い分けたりできることを目指してください！

これから「デザイン」を極めていく、あなたへ

「あとがき」として少し長く書かせていただきましたが、ここで最後。ここまで読んでいただき、ありがとうございました。

本書は、もともと『PowerPoint Re-Masterシリーズ』として6年間続けていた同人誌をベースに、書籍として大幅にブラッシュアップしたものです。そのもともとの理念として、「新たな未来をつくる人たちを、“伝わるデザイン”で支える」ことを掲げていました。もちろん筆者も必死に頑張っていますが、本当に未来を変えるような、新たな時代をつくってくれるのは、ここを読んでいただいているあなただと思っています。より良い世界を目指して頑張っているあなたへ、自分の持っているノウハウを共有することで支えたい。そんなことを願ってシリーズを続けていましたし、本書も変わりません。

ただ、本書に作例をほとんど載せられなかったことが、少しだけ悔しく。これ以上ページ数を増やすとただの鈍器になってしまうので、泣く泣く諦めました。代わりに、本文ページのレイアウトを参考にしやすいシンプルなものにしています。マネをしてもOKなので、ぜひ参考にしてみてください。もっと極めていくあなたへ、次ページに参考書籍も全て載せたので、ぜひ読んでみてください。

これからの「デザイン」への挑戦、頑張ってくださいね！

これからデザインを深めるお供に

参考文献 一覧

本書を執筆するにあたり、参考にした書籍や文献の一覧です。これからさらにデザインを深めていくための道しるべになるかと思い、著者の一言コメントも添えています。気になるところから少しずつ、自分のデザインの知識や考え方を深めてみてください。

Introduction

デザインとはなにか？

『塑する思考』	佐藤 卓 新潮社、2017	本書のデザインの定義「より良いものを生み出そうとする営み」の原典であり、佐藤氏の考えるデザインの普遍性を説く書籍
『観察の練習』	菅 俊一 NUMABOOKS、2017	デザインにおける「観察」とはなにか、 着眼点とディテールの深さに気づきを得ながら練習できる本

全要素を取り扱うデザイン入門書

『デザイン入門教室 [特別講義] 確かな力を身につけられる―学び、考え、作る授業』	坂本伸二 SBクリエイティブ、2015	デザイン入門書の定番で、基礎を丁寧に解説している名著 本書とあわせて読むとバランス良く理解が進む
『How to Design いちばん面白いデザインの教科書 改訂版』	カイシトモヤ、 エムディエヌコーポレーション、2017	グラフィックデザインとしての入門書であり、 造形から写真編集まで、考え方を中心に学べる必携書
『なるほどデザイン』	筒井美希 エムディエヌコーポレーション、2015	デザインの大事な視点や要素を、ビジュアルを通して深める本 より直感的にビジュアルの役割や機能を理解できる
『ゼロからはじめるデザイン』	北村 崇 SBクリエイティブ、2015	各ビジュアル要素が「なぜ大切なのか」を 漏らさず解説してくれる入門書
『いちばんよくわかるWebデザインの基本きちんと入門 [第2版] レイアウト/配色/写真/タイポグラフィ/最新テクニック』	伊藤庄平、益子貴寛、宮田優希、 伊藤由暁、久保知己 SBクリエイティブ、2021	Webデザインに特化して、下ごしらえからビジュアル制作、運用まで 全ての基本を網羅した一冊で、Webを触りたいなら必携
『誰も教えてくれないデザインの基本』	細山田デザイン事務所 エクスナレッジ、2018	デザイナーを目指す初心者向けの入門書 グラフィックデザインの基礎から印刷の知識まで網羅している
『デザインの基本ノート 仕事で使えるセンスと技術が一冊で身につく本』	尾沢早飛 SBクリエイティブ、2018	デザイナーを目指す初心者向けの入門書 印刷系のデザインを軸に、基礎から印刷の知識まで網羅している

Designing #0

デザインの下ごしらえ

『コンセプトが伝わるデザインのロジック』	OCHABI Institute ビー・エヌ・エヌ、2020	デザインの下ごしらえとして、目的の整理やビジュアルの方針など「コンセプト」を立てるための考え方を集約した本
『シンプル・ビジュアル・プレゼンテーション』	櫻田 潤 ブックウォーカー、2015	プレゼンで人に伝えるための基礎をわかりやすくまとめた本
『広報・PR担当者のためのデザイン入門 これだけは知っておきたい!「伝わる」デザインのポイント』	井上綾乃、山賀沙耶 ビー・エヌ・エヌ新社、2017	デザイナーに発注する立場の人に向けて、デザインへの向き合い方を紹介しており、コンセプトの決め方から品質管理まで学べる
『伝わるプレゼンの法則100』	吉藤智広、渋谷雄大 大和書房、2019	プレゼンとして人に伝えるために重要なポイントをコンパクトに学べる、ハンドブック

Designing #1

レイアウト

『増補改訂版 レイアウト、基本の「き」』	佐藤直樹 グラフィック社、2017	レイアウトがどのような役割を担っていて、どのようにつくれば良いか、基礎をしっかりと学べる定番書
『ノンデザイナーズ・デザインブック[第4版]』	Robin Williams マイナビ出版、2016	ノンデザイナー向けの定番入門書で、読み物として基礎を学べる
『レイアウト・デザインの教科書』	米倉明男、生田信一、青柳千郷 SBクリエイティブ、2019	基本スキルだけでなく、それらを応用したレイアウトの仕方も載っている、隙のない入門書
『レイアウトの基本ルール 作例で学ぶ実践テクニック』	大崎善治 グラフィック社、2015	充実した作例と丁寧な解説で、手を動かしながら学びやすい一冊
『レイアウトデザイン見本帳 レイアウトの意味と効果が学べるガイドブック』	関口 裕、内藤タカヒコ、長井美樹、佐々木剛士、鈴木貴子、市川水緒 エムディエヌコーポレーション、2017	基礎を押さえつつ、伝えたい印象に合わせたレイアウトの見本が充実している一冊
『グリッドシステム グラフィックデザインのために』	ヨゼフ・ミューラー=ブロックマン ボーンデジタル、2019	グリッドシステムを世に広めてきた世界的名著の日本語訳版 欧文を扱う書籍だが、ワンステップ上がるための必読書
『グラフィックデザインにおける秩序と構築 レイアウトグリッドの読み方と使い方』	ユリシーズ・フェルカー ビー・エヌ・エヌ新社、2020	グリッドシステムをベースとしたレイアウトを深める本 少し上級者向けだが、理解を深めるには最適

『文字のきほん』	伊達千代 グラフィック社、2020	文字と文字組みの基礎を学べる一冊 コンパクトに纏まっている入門書で読みやすい
『タイポグラフィの基礎 ―知っておきたい文字とデザインの新教養』	小宮山博史 誠文堂新光社、2010	文字と文字組みを歴史から紐解く一冊であり、タイポグラフィの必携書 日本語組版を理解したいなら、この本が最適
『タイポグラフィの基本ルール ―プロに学ぶ、一生枯れない永久不滅テクニック―［デザインラボ］』	大崎善治 SBクリエイティブ、2010	文字と文字組みを、基礎から応用まで網羅して学べる入門書
『欧文タイポグラフィの基本』	サイラス・ハイスミス グラフィック社、2014	欧文の文字組みの基礎を学べる入門書 コンパクトに纏まっていて読みやすい
『増補改訂版 欧文組版 タイポグラフィの基礎とマナー』	高岡昌生 烏有書林、2019	欧文の組版をしっかり学ぶのに最適な一冊 タイポグラフィに興味があるなら必携
『レタースペーシング タイポグラフィにおける文字間調整の考え方』	今市達也 ビー・エヌ・エヌ、2021	実はかなり難しい文字間隔の調整の方法について、 非常に細かく解説している一冊
『欧文書体　その背景と使い方』	小林 章 美術出版社、2005	欧文書体の歴史や分類、種類を学べる入門書 小林章氏は、海外フォントベンダーで働く書体デザインの第一人者
『欧文書体2　定番書体と演出法』	小林 章 美術出版社、2008	小林氏の2冊目の書籍で、1冊目をベースに 定番書体をたくさん解説している入門書
『欧文書体のつくり方　美しいカーブと心地よい字並びのために』	小林 章 Book&Design、2020	書体デザイナーとして、欧文の文字の仕組みを解説している一冊 ロゴデザインなどをつくりたい人は必携
『タイポグラフィ・ハンドブック 第2版』	小泉均、akira1975 研究社、2021	文字組みについての情報を集約したハンドブックで、 少し上級者向けだが基礎が全て詰まっている
『タイポグラフィ・ベイシック』	高田雄吉 パイ インターナショナル、2018	文字と文字組みの基礎を大きな図版と共に理解できる良書
『ウェブタイポグラフィ ―美しく効果的でレスポンシブな欧文タイポグラフィの設計』	リチャード・ラター ボーンデジタル、2020	Web向けだが、基礎から応用まで網羅された 欧文についてのタイポグラフィ本
『デザインワークにすぐ役立つ 欧文書体のルール』	カレン・チェン グラフィック社、2021	欧文書体の仕組みを、大きな図版と共に基礎から理解できる一冊
『［新デザインガイド］日本語のデザイン』	永原康史 美術出版社、2002	日本語の歴史、筆書きであった時代の日本語に向き合える書籍
『TYPOGRAPHY』ISSUE 1-13	グラフィック社編集部 グラフィック社、2012-2018	文字と文字組みについて紹介している専門雑誌

Designing #3
色と配色

『知りたい配色デザイン』	ARENSKI 技術評論社、2018	色の基礎と配色の仕方を学びつつ、配色サンプルが充実している一冊
『プロとして恥ずかしくない 新・配色の大原則』	ヤマダジュンヤ、柘植ヒロポン、長井美樹、内村光一、永井弘人 エムディエヌコーポレーション、2016	配色の考え方と色がもたらす効果が集約されている一冊 色について理解を深められる必携書
『色の大事典 基礎知識と配色・カラーチャート・伝統色・慣用色名』	井上のきあ エムディエヌコーポレーション、2021	色の仕組み、機能、配色例などを徹底的に解説している必携書
『色の事典 色彩の基礎・配色・使い方』	色彩活用研究所サミュエル 西東社、2012	色の仕組みと機能について図解で学べる良書
『配色の教科書 歴史上の学者・アーティストに学ぶ「美しい配色」のしくみ』	色彩文化研究会 パイ インターナショナル、2018	芸術の歴史を紐解きながら、配色を学べる一冊
『COLOR DESIGN カラー別配色デザインブック』	ingectar-e KADOKAWA、2021	「配色サンプルがとにかくほしい!」に応える一冊 色ごとにサンプルがたくさん用意されている
『デザインを学ぶすべての人に贈る カラーと配色の基本BOOK』	大里浩二 ソシム、2016	作例ベースで配色の仕組みやサンプルをまとめている一冊
『+ DESIGNING VOLUME 31 2013.2』	DESIGNING編集部 マイナビ出版、2013	印刷系のデザイナー向けの雑誌(季刊誌)だが、 配色や文字組みの入門をよく特集している

Designing #4
イラストレーション

『図説 サインとシンボル』	アドリアン・フルティガー 研究社、2015	書体デザイナーの視点で、図形が表現する意味について 考察を深めている一冊
『要点で学ぶ、色と形の法則150』	名取和幸、竹澤智美 ビー・エヌ・エヌ新社、2020	色や形がもたらす心理的効果を集約している一冊
『デッサンの基本』	アトリエ・ハイデ ナツメ社、2009	手描きイラストの基本、デッサンを学べる一冊

Designing #5

インフォグラフィック

『たのしい インフォグラフィック入門』	櫻田 潤 ビー・エヌ・エヌ新社、2013	インフォグラフィックとはなにか、どのようにつくれば良いか、 丁寧に解説している入門書
『伝わる［図・グラフ・表］のデザインテクニック』	北田荘平、渡邉真洋 エムディエヌコーポレーション、2020	プレゼンで使えるインフォグラフィックの技法をまとめた入門書
『VISUAL THINKING 組織を活性化する、ビジュアルシンキング実践ガイド』	ウィリーマイン・ブランド ビー・エヌ・エヌ新社、2018	ビジュアルを活用したグループミーティングの入門書だが、 ラフに「情報を視覚化」するコツが多く紹介されている
『インフォグラフィックス 情報をデザインする視点と表現』	木村博之 誠文堂新光社、2010	インフォグラフィックスの種類や特性を、実例と共に理解できる一冊
『インフォグラフィックスの潮流 情報と図解の近代史』	永原康史 誠文堂新光社、2016	インフォグラフィックスの歴史から、役割や機能性、 視覚化の手法を紐解く一冊
『ISOTYPE［アイソタイプ］』	オットー・ノイラート ビー・エヌ・エヌ新社、2017	「ピクトグラム」とも言われる、 視覚言語としての図記号の使い方を提案した原典の日本語版
『サインシステム計画学 公共空間と記号の体系』	赤瀬達三 鹿島出版会、2013	街の中にあるサインがどのような計画のもとつくられるべきか、 考察を深めている一冊で、上級者向け
『時間のヒダ、空間のシワ …［時間地図］の試み：杉浦康平のダイアグラム・コレクション』	杉浦康平（他） 鹿島出版会、2014	時間と空間、それぞれを視覚化してグラフィックにする方法を ひたすら考察する上級者向けの一冊

Designing #6

写真と動画

『人物写真補正の教科書　Photoshopレタッチ・プロの仕事』	村上良日、浅野 桜、髙瀬勝己、 内藤タカヒコ エムディエヌコーポレーション、2017	Adobe Photoshopを使ってフォトレタッチする方法をまとめた本 だが、基礎的な部分はパワポでも応用できる

Designing #7
アニメーション

『UIデザインの心理学 —わかりやすさ·使いやすさの法則』	Jeff Johnson インプレス、2015	心理学からUIデザインに求められる条件を読み解く一冊 アニメーションの時定数についてまとまっている
『UIデザイン必携 ユーザーインターフェースの設計と改善を成功させるために』	原田秀司 翔泳社、2022	UIデザインの基礎をまとめている一冊で、 アニメーションの使いどころも紹介してくれている
『インターフェースデザインの実践教室 優れたユーザビリティを実現するアイデアとテクニック』	Lukas Mathis オーム社、2013	UIをどのようにつくるべきか、実践するための考え方をまとめており、 アニメーションについても紹介している
Motion Design with animator and Creative Director Jorge R. Canedo E.	Learn Squared https://www.learnsquared.com/courses/motion-design	モーションデザインについて基礎から学べる、学習サイトの教材 動画でわかりやすく学べる（英語のみ）
Material Design 3	Google https://material.io/	Googleの製品に使われているデザインシステム 「Material Design」を学べる公式サイトで、 アニメーションについても詳細に学べる（英語のみ）
Human Interface Guidelines	Apple https://developer.apple.com/design/	Appleの製品向けにソフトを開発する人向けのデザインガイドライン 人への効果、影響を軸にインターフェースの考え方が網羅されており、 インターフェースの基礎とも言えるガイドライン（英語のみ）

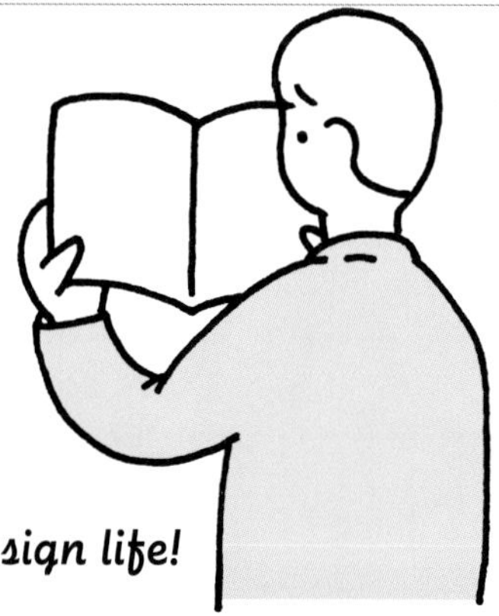

Have a good design life!

INDEX 索引

■さ行

INDEX 索引

山内俊幸（Wimdac Studio）

1990年生まれ。科学コミュニケーター／デザイナー。
関西学院大学大学院理工学研究科修了。科学技術と人、社会との関係をつむぐ「科学コミュニケーション」にデザインの領域から挑戦するため、天文学を学びながらグラフィックデザイナーとしての活動を展開。日本科学未来館の科学コミュニケーターを経て、フリーランスに転向。Wimdac Studioとして、科学技術にまつわるプロジェクトを中心に、展示やイベントなどの企画立案、編集、執筆、制作、実施までの幅広い領域で「デザイン」している。また同時に、本書のもとになった同人誌「PowerPoint Re-Master」の発行などを通じて、誰もが「コミュニケーション」をデザインできるようになることを目指した活動を行っている。

Web: https://wimdac.studio　Twitter: @ty__ws

パワーポイント・デザインブック
伝わるビジュアルをつくる考え方と技術のすべて

2022年11月23日　初版　第1刷発行
2023年　8月24日　初版　第3刷発行

著　者　　山内　俊幸
発行者　　片岡　巌
発行所　　株式会社 技術評論社
　　　　　東京都新宿区市谷左内町21-13
　　　　　電話　03-3513-6150　販売促進部
　　　　　　　　03-3513-6166　書籍編集部
印刷／製本　日経印刷株式会社

ISBN978-4-297-13083-1 C3055
Printed in Japan

カバーデザイン　山之口正和+沢田幸平（OKIKATA）
本文デザイン・DTP　山内俊幸（Wimdac Studio）
本文イラスト　加納徳博

お問い合わせに関しまして

本書に関するご質問については、本書に記載されている内容に関するもののみとさせていただきます。本書の内容を超えるものや、本書の内容と関係のないご質問につきましては、一切お答えできませんので、あらかじめご了承ください。また、電話でのご質問は受け付けておりませんので、ウェブの質問フォームにてお送りください。FAXまたは書面でも受け付けております。
ご質問の際に記載いただいた個人情報は、質問の返答以外の目的には使用いたしません。また、質問の返答後は速やかに削除させていただきます。

質問フォームのURL
https://gihyo.jp/book/2022/978-4-297-13083-1
※本書内容の訂正・補足についても
　上記URLにて行います。
　あわせてご活用ください。

FAXまたは書面の宛先
〒162-0846　東京都新宿区市谷左内町21-13
株式会社技術評論社　書籍編集部
「パワーポイント・デザインブック」係
FAX：03-3513-6183